国家出版基金项目
NATIONAL PUBLICATION FOUNDATION

"十四五"国家重点图书出版规划项目
核能与核技术出版工程

先进核反应堆技术丛书（第二期）
主编 于俊崇

多用途研究堆新进展
（上册）

Recent Progresses of
Multipurpose Research Reactors

刘汉刚　刘永康　王立校 等 编著

上海交通大学出版社
SHANGHAI JIAO TONG UNIVERSITY PRESS

内容提要

本书为"先进核反应堆技术丛书"之一，全面介绍了多用途研究堆（下称研究堆）的前期研究、设计、建造、运行（应用）和退役全寿期的主要知识，分为上、下两册。上册概要介绍了研究堆发展的历史、现状与趋势，重点介绍了具有反中子阱原理游泳池式研究堆的总体、物理、热工水力、控制保护和安全分析等内容，特别介绍了该类堆工程建设的主要经验和堆芯装换料技术。下册重点介绍了研究堆运行的特点和操作实践等内容，系统介绍了中子成像技术、中子散射技术和中子深度分析技术的基本原理、方法、应用领域以及相关装置、制靶、物理实验与理论等四位一体平台知识，初步介绍了该类堆的退役工程与技术。该书具有将多用途研究堆前期研究、建设、运行安全、中子束应用和退役等技术新进展紧密结合的特点，可供从事核能科学与技术相关工作的科研人员及高校相关专业的师生参考借鉴。

图书在版编目(CIP)数据

多用途研究堆新进展：上下册／ 刘汉刚，刘永康，
王立校编著． --上海：上海交通大学出版社，2024.7
（先进核反应堆技术丛书）
ISBN 978－7－313－30081－2

Ⅰ．①多… Ⅱ．①刘… ②刘… ③王… Ⅲ．①反应堆
－研究进展 Ⅳ．①TL4

中国国家版本馆 CIP 数据核字(2023)第 257491 号

多用途研究堆新进展（上册）
DUO YONGTU YANJIUDUI XIN JINZHAN (SHANGCE)

编　著：刘汉刚　刘永康　王立校 等				
出版发行：上海交通大学出版社		地　址：上海市番禺路 951 号		
邮政编码：200030		电　话：021－64071208		
印　制：苏州市越洋印刷有限公司		经　销：全国新华书店		
开　本：710 mm×1000 mm　1/16		印　张：19.75		
字　数：328 千字				
版　次：2024 年 7 月第 1 版		印　次：2024 年 7 月第 1 次印刷		
书　号：ISBN 978－7－313－30081－2				
定　价：319.00 元(上、下册)				

版权所有　侵权必究
告读者：如发现本书有印装质量问题请与印刷厂质量科联系
联系电话：0512－68180638

先进核反应堆技术丛书

编　委　会

主　编

于俊崇（中国核动力研究设计院，研究员，中国工程院院士）

编　委（按姓氏笔画排序）

刘　永（核工业西南物理研究院，研究员）

刘天才（中国原子能科学研究院，研究员）

刘汉刚（中国工程物理研究院，研究员）

刘承敏（中国核动力研究设计院，研究员级高级工程师）

孙寿华（中国核动力研究设计院，研究员）

杨红义（中国原子能科学研究院，研究员级高级工程师）

李　庆（中国核动力研究设计院，研究员级高级工程师）

李建刚（中国科学院等离子体物理研究所，研究员，中国工程院院士）

余红星（中国核动力研究设计院，研究员级高级工程师）

张东辉（中国原子能科学研究院，研究员）

张作义（清华大学，教授）

陈　智（中国核动力研究设计院，研究员级高级工程师）

罗　英（中国核动力研究设计院，研究员级高级工程师）

胡石林（中国原子能科学研究院，研究员，中国工程院院士）

柯国土（中国原子能科学研究院，研究员）

姚维华（中国核动力研究设计院，研究员级高级工程师）

顾　龙（中国科学院近代物理研究所，研究员）

柴晓明（中国核动力研究设计院，研究员级高级工程师）

徐洪杰（中国科学院上海应用物理研究所，研究员）

霍小东（中国核电工程有限公司，研究员级高级工程师）

本 书 编 委 会

（按姓氏笔画排序）

丁文杰　　王立校　　王学杰　　王冠博　　刘　栋

刘汉刚　　刘永康　　孙光爱　　杨　鑫　　李　航

李润东　　张　东　　张之华　　张松宝　　陈　博

袁　姝　　唐　彬　　黄　文　　黄召亚　　黄洪文

总　　序

　　人类利用核能的历史可以追溯到 20 世纪 40 年代,而核反应堆——这一实现核能利用的主要装置,则于 1942 年诞生。意大利著名物理学家恩里科·费米领导的研究小组在美国芝加哥大学体育场取得了重大突破,他们使用石墨和金属铀构建起了世界上第一座用于试验可控链式反应的"堆砌体",即"芝加哥一号堆"。1942 年 12 月 2 日,该装置成功地实现了人类历史上首个可控的铀核裂变链式反应,这一里程碑式的成就为核反应堆的发展奠定了坚实基础。后来,人们将能够实现核裂变链式反应的装置统称为核反应堆。

　　核反应堆的应用范围广泛,主要可分为两大类:一类是核能的利用,另一类是裂变中子的应用。核能的利用进一步分为军用和民用两种。在军事领域,核能主要用于制造原子武器和提供推进动力;而在民用领域,核能主要用于发电,同时在居民供暖、海水淡化、石油开采、钢铁冶炼等方面也展现出广阔的应用前景。此外,通过核裂变产生的中子参与核反应,还可以生产钚- 239、聚变材料氚以及多种放射性同位素,这些同位素在工业、农业、医疗、卫生、国防等众多领域有着广泛的应用。另外,核反应堆产生的中子在多个领域也得到广泛应用,如中子照相、活化分析、材料改性、性能测试和中子治癌等。

　　人类发现核裂变反应能够释放巨大能量的现象以后,首先研究将其应用于军事领域。1945 年,美国成功研制出原子弹,而 1952 年更是成功研制出核动力潜艇。鉴于原子弹和核动力潜艇所展现出的巨大威力,世界各国纷纷竞相开展相关研发工作,导致核军备竞赛一直持续至今。

　　另外,由于核裂变能具备极高的能量密度且几乎零碳排放,这一显著优势使其成为人类解决能源问题以及应对环境污染的重要手段,因此核能的和平利用也同步展开。1954 年,苏联建成了世界上第一座向工业电网送电的核电站。随后，各国纷纷建立自己的核电站，装机容量不断提升，从最初的 5 000 千瓦发展到如今最大的 175 万千瓦。截至 2023 年底，全球在运行的核电机组总数达到了 437 台，总装机容量约为 3.93 亿千瓦。

核能在我国的研究与应用已有 60 多年的历史，取得了举世瞩目的成就。

1958 年，我国建成了第一座重水型实验反应堆，功率为 1 万千瓦，这标志着我国核能利用时代的开启。随后，在 1964 年、1967 年与 1971 年，我国分别成功研制出了原子弹、氢弹和核动力潜艇。1991 年，我国第一座自主研制的核电站——功率为 30 万千瓦的秦山核电站首次并网发电。进入 21 世纪，我国在研发先进核能系统方面不断取得突破性成果。例如，我国成功研发出具有完整自主知识产权的压水堆核电机组，包括 ACP1000、ACPR1000 和 ACP1400。其中，由 ACP1000 和 ACPR1000 技术融合而成的"华龙一号"全球首堆，已于 2020 年 11 月 27 日成功实现首次并网，其先进性、经济性、成熟性和可靠性均已达到世界第三代核电技术的先进水平。这一成就标志着我国已跻身掌握先进核能技术的国家行列。

截至 2024 年 6 月，我国投入运行的核电机组已达 58 台，总装机容量达到 6 080 万千瓦。同时，还有 26 台机组在建，装机容量达 30 300 兆瓦，这使得我国在核电装机容量上位居世界第一。

2002 年，第四代核能系统国际论坛（Generation IV International Forum，GIF）确立了 6 种待开发的经济性和安全性更高、更环保、更安保的第四代先进核反应堆系统，它们分别是气冷快堆、铅合金液态金属冷却快堆、液态钠冷却快堆、熔盐反应堆、超高温气冷堆和超临界水冷堆。目前，我国在第四代核能系统关键技术方面也取得了引领世界的进展。2021 年 12 月，全球首座具有第四代核反应堆某些特征的球床模块式高温气冷堆核电站——华能石岛湾核电高温气冷堆示范工程成功送电。

此外，在聚变能这一被誉为人类终极能源的领域，我国也取得了显著成果。2021 年 12 月，中国"人造太阳"——全超导托卡马克核聚变实验装置（Experimental and Advanced Superconducting Tokamak，EAST）实现了 1 056 秒的长脉冲高参数等离子体运行，再次刷新了世界纪录。

经过 60 多年的发展，我国已经建立起一个涵盖科研、设计、实（试）验、制造等领域的完整核工业体系，涉及核工业的各个专业领域。科研设施完备且门类齐全，为试验研究需要，我国先后建成了各类反应堆，包括重水研究堆、小型压水堆、微型中子源堆、快中子反应堆、低温供热实验堆、高温气冷实验堆、高通量工程试验堆、铀-氢化锆脉冲堆,以及先进游泳池式轻水研究堆等。近年来,为了适应国民经济发展的需求,我国在多种新型核反应堆技术的科研攻关方面也取得了显著的成果,这些技术包括小型反应堆技术、先进快中子堆技术、新型嬗变反应堆技术、热管反应堆技术、钍基熔盐反应堆技术、铅铋反应堆技术、数字反应堆技术以及聚变堆技术等。

在我国,核能技术不仅得到全面发展,而且为国民经济的发展做出了重要贡献,并将继续发挥更加重要的作用。以核电为例,根据中国核能行业协会提供的数据,2023 年 1—12 月,全国运行核电机组累计发电量达 4 333.71 亿千瓦时,这相当于减少燃烧标准煤 12 339.56 万吨,同时减少排放二氧化碳 32 329.64 万吨、二氧化硫 104.89 万吨、氮氧化物 91.31 万吨。在未来实现"碳达峰、碳中和"国家重大战略目标和推动国民经济高质量发展的进程中,核能发电作为以清洁能源为基础的新型电力系统的稳定电源和节能减排的重要保障,将发挥不可替代的作用。可以说,研发先进核反应堆是我国实现能源自给、保障能源安全以及贯彻"碳达峰、碳中和"国家重大战略部署的重要保障。

随着核动力与核技术应用的日益广泛,我国已在核领域积累了丰富的科研成果与宝贵的实践经验。为了更好地指导实践、推动技术进步并促进可持续发展,系统总结并出版这些成果显得尤为必要。为此,上海交通大学出版社与国内核动力领域的多位专家经过多次深入沟通和研讨,共同拟定了简明扼要的目录大纲,并成功组织包括中国原子能科学研究院、中国核动力研究设计院、中国科学院上海应用物理研究所、中国科学院近代物理研究所、中国科学院等离子体物理研究所、清华大学、中国工程物理研究院以及核工业西南物理研究院等在内的国内相关单位的知名核动力和核技术应用专家共同编写了这套"先进核反应堆技术丛书"。丛书包括铅合金液态金属冷却快堆、液态钠冷却快堆、重水反应堆、熔盐反应堆、新型嬗变反应堆、多用途研究堆、低温供热堆、海上浮动核能动力装置和数字反应堆、高通量工程试验堆、同位素生产试验堆、核动力设备相关技术、核动力安全相关技术、"华龙一号"优化改进技术,以及核聚变反应堆的设计原理与实践等。

本丛书涵盖了我国三个五年规划(2015—2030 年)期间的重大研究成果,充分展现了我国在核反应堆研制领域的先进水平。整体来看,本丛书内容全面而深入,为读者提供了先进核反应堆技术的系统知识和最新研究成果。本丛书不仅可作为核能工作者进行科研与设计的宝贵参考文献,也可作为高校核专业教学的辅助材料，对于促进核能和核技术应用的进一步发展以及人才培养具有重要支撑作用。本丛书的出版，必将有力推动我国从核能大国向核能强国的迈进，为我国核科技事业的蓬勃发展做出积极贡献。

于俊崇

2024 年 6 月

前　　言

　　本书由我国长期以来从事研究堆全寿期科学实验技术活动和核技术应用等工作的一线科技人员面向我国先进研究堆技术发展和科研管理与人才培养等需求,结合其工作实践并展望未来国内外研究堆发展趋势编著而成的具有多用途研究堆特色的著作。

　　本书以近年来国内外在役并具有反中子阱原理特征的游泳池式研究堆(swimming pool research reactor,SPRR)全寿期活动为编写对象,重点聚焦这类研究堆的共性特点和技术发展新方向,尽可能阐释清楚一些重要的研究堆工程物理概念和三类应用装置及其应用前沿技术,并注重将这些概念、技术与所从事的研究堆全寿期科学实验技术活动和核技术应用等实践相结合,解决研究堆前期研究、建设、运行、科学实验活动和退役中所关注的实际问题,力求突出所介绍知识内容具有可操作性和实用性强的特点;从研究堆工程建设和安全管理实践经验反馈角度,简介该类堆工程建设期间积累的主要经验;在内容选材和安排上,坚持问题导向原则,注重理论和数学公式在解决工程、运行和科研问题中的实际应用,避免艰深的理论和复杂的数学公式推导,力求做到突出重点与抓住难点,适当兼顾一些知识的全面性和系统性。

　　阅读本书的读者应具有数值分析、偏微分方程数值解、软件编程、高等反应堆物理、热工水力实验、仪控、反应堆动力学和核能科学与技术专业相关基础技术等方面的知识。

　　本书由刘汉刚和刘永康主持编写,刘汉刚负责了全书的总体框架、章节构成和审定,刘永康负责了全书的统稿、图、表、公式以及文字的标准化工作。第1、2章由刘汉刚编写,第3章由刘永康、王冠博和袁姝编写,第4章由黄洪文和丁文杰编写,第5章由王学杰和黄文编写,第6章由刘汉刚和王冠博编写,第7章由刘汉刚和张之华编写,第8章由张松宝编写,第9章由唐彬和李航编写,

第 10 章由孙光爱和刘栋编写,第 11 章由杨鑫和李润东编写,第 12 章由张东、陈博和黄召亚编写。

在本书稿的编著过程中,中国核动力研究设计院于俊崇院士提出了该书的编写方向与读者定位,中国工程物理研究院王立校原副总师和师怀发研究员受邀对本书进行审读并提出了许多建设性意见,书中所介绍的经验、知识等内容包含了老一辈专家、科技人员的贡献,在此一并表示诚挚的谢意。

纵观当今世界研究堆发展趋势,随着人类对新能源、新材料和新生命科学与技术发展需求的日益提升,研究堆技术发展正处于提质增效时期,近年来各类高性能多功能研究堆堆型不断被提出,鉴于本书编著者学识有限,对上述日新月异的研究堆的介绍可能存在不够精准的地方,对书中存在的不足和错误之处,恳请各位专家、学者和广大读者不吝赐教。

总 目 录

上 册

第 1 章　研究堆发展历史、现状与趋势 ……………………………………… 001
第 2 章　研究堆总体技术 …………………………………………………… 019
第 3 章　研究堆物理 ………………………………………………………… 093
第 4 章　研究堆热工水力 …………………………………………………… 145
第 5 章　研究堆仪表与控制系统 …………………………………………… 177
第 6 章　研究堆安全分析 …………………………………………………… 213
第 7 章　研究堆工程建设主要经验 ………………………………………… 255

下 册

第 8 章　研究堆运行技术 …………………………………………………… 295
第 9 章　中子成像技术及其应用 …………………………………………… 347
第 10 章　中子散射技术及其应用 ………………………………………… 411
第 11 章　在线中子活化分析技术及其应用 ……………………………… 507
第 12 章　研究堆退役工程与技术 ………………………………………… 561

索引 …………………………………………………………………………… 619

上 册 目 录

第 1 章　研究堆发展历史、现状与趋势 ················· 001

1.1　研究堆与核电厂的主要差别 ················· 001

1.2　研究堆发展历史沿革 ················· 003

1.3　国内外研究堆发展现状 ················· 005

1.3.1　国际研究堆发展现状 ················· 006

1.3.2　国内研究堆发展现状 ················· 010

1.4　国内外研究堆发展趋势 ················· 012

1.4.1　需求及问题的提出 ················· 012

1.4.2　采取的解决措施 ················· 013

参考文献 ················· 015

第 2 章　研究堆总体技术 ················· 019

2.1　研究堆各里程碑节点监管要求 ················· 019

2.2　预可行性研究的总体技术要求 ················· 021

2.2.1　建堆必要性与厂址选择条件要求 ················· 021

2.2.2　厂区总体布置要求 ················· 022

2.2.3　建立设计准则与多方案论证要求 ················· 026

2.2.4　关键技术辨识和预研结果技术要求 ················· 031

2.2.5　《项目建议书》的编写内容、格式和深度要求 ······ 036

2.3　可行性研究的总体技术要求 ················· 038

2.3.1　建设目标、技术指标与物项分级要求 ················· 038

2.3.2　建筑安装工程要求 ················· 042

2.3.3　堆芯与主/辅工艺系统特点与技术 ················· 047

2.3.4 主要应用研究装置及冷中子源技术 ·············· 057

2.3.5 中子导管特点与技术 ······························ 072

2.3.6 关键技术课题研究 ································ 077

2.3.7 关键设备与技术可行性分析要求 ·············· 083

参考文献 ······································ 091

第3章 研究堆物理 ······································ 093

3.1 堆芯核设计 ······································ 093

3.1.1 设计准则与技术指标 ·············· 094

3.1.2 核设计方法 ······························ 096

3.2 计算堆芯临界特性参数的"三步法" ·············· 097

3.2.1 碰撞概率法求解积分中子输运方程理论基础 ······ 097

3.2.2 计算堆芯各类栅元和结构材料的均匀化
群截面 ······································ 099

3.2.3 计算堆芯各类组件及反射层的群截面 ·············· 112

3.2.4 计算全堆芯参数 ·············· 115

3.3 计算堆芯临界特性参数的"两步法"与蒙特卡罗方法 ·············· 117

3.3.1 计算堆芯临界特性参数的"两步法" ·············· 117

3.3.2 计算堆芯临界特性参数的蒙特卡罗方法 ·············· 119

3.4 堆芯燃耗与主要核设计结果参数 ·············· 121

3.4.1 燃耗方程与堆芯燃耗计算程序 ·············· 121

3.4.2 燃料管理 ······························ 122

3.4.3 堆芯反应性系数、性能指标和参数 ·············· 126

3.5 研究堆物理实验技术 ·············· 129

3.5.1 中子注量率的测量 ·············· 130

3.5.2 临界实验的基本原理方法 ·············· 138

3.5.3 反应性测量方法与首次零功率实验技术 ·············· 140

参考文献 ······································ 142

第4章 研究堆热工水力 ·············· 145

4.1 研究堆水力设计计算基本方程 ·············· 145

4.1.1 流体力学基本方程 ·············· 146

        4.1.2 流动不稳定性机理 ·············· 150
    4.2 研究堆热工设计计算基本方程 ·········· 151
        4.2.1 传热的三种基本方式 ·············· 151
        4.2.2 传热过程与传热系数 ·············· 153
        4.2.3 沸腾传热 ······················ 154
        4.2.4 燃料元件传热 ·················· 156
    4.3 热工水力计算流程框图及基本公式 ······ 159
        4.3.1 热工水力计算流程框图 ·········· 159
        4.3.2 板/管状燃料元件热工计算基本公式 ········ 162
        4.3.3 板/管状燃料元件水力计算基本公式 ········ 164
    4.4 开口池式研究堆热工水力计算要求 ········ 167
        4.4.1 热工设计准则 ···················· 167
        4.4.2 堆芯热工水力设计计算任务 ········ 168
        4.4.3 热工水力计算模型 ·············· 168
    4.5 注意事项 ···························· 172
        4.5.1 单通道与子通道模型的差别 ········ 173
        4.5.2 稠密栅元堆芯热工水力特点 ········ 173

参考文献 ································ 175

第5章 研究堆仪表与控制系统 ·············· 177
    5.1 研究堆控制物理基础 ·················· 177
    5.2 堆芯反应性控制 ····················· 178
    5.3 堆芯功率控制系统 ··················· 179
        5.3.1 控制棒的手动操作 ·············· 179
        5.3.2 自动调节系统性能指标 ·········· 181
        5.3.3 控制系统的一般构成 ············ 182
        5.3.4 反应堆功率调节系统半实物半模拟调试 ······ 183
    5.4 控制棒驱动机构与棒位指示 ·········· 184
        5.4.1 钢丝绳悬吊式控制棒驱动机构 ······ 185
        5.4.2 可动线圈电磁铁磁力驱动机构 ······ 185
        5.4.3 可动线圈电磁铁驱动机构设计注意事项 ······ 188
        5.4.4 两种控制棒棒位指示 ············ 189

5.5 反应堆保护系统 ·· 190
   5.5.1 保护系统设计的一般原则 ························· 191
   5.5.2 安全监测与保护 ································· 192
   5.5.3 保护监测变量分析 ······························ 194
   5.5.4 保护系统故障的应对措施 ······················ 196
   5.5.5 数字化保护系统 ································· 198
   5.5.6 数字化保护系统结构 ···························· 198
5.6 ATWS事故缓解、核测与主/辅控制室系统 ············· 201
   5.6.1 ATWS系统功能与设计原则 ····················· 201
   5.6.2 核功率测量系统 ································· 201
   5.6.3 核测系统与核测系统源量程 ····················· 202
   5.6.4 中间量程与宽量程核测系统 ····················· 203
   5.6.5 电流线性放大器与对数放大器 ··················· 205
   5.6.6 核测系统数字化与主/辅控制室系统 ············· 206
5.7 反应堆过程计算机系统 ································· 208
   5.7.1 反应堆过程计算机系统结构 ····················· 208
   5.7.2 就地采集与智能控制以及冗余 ··················· 209
   5.7.3 主要技术参数要求与过程计算机系统使用
      经验 ·· 211

参考文献 ·· 212

第6章 研究堆安全分析 ······································ 213
6.1 安全设计原则和核安全目标 ······················· 215
   6.1.1 安全设计原则 ··································· 215
   6.1.2 核安全目标 ····································· 216
6.2 游泳池式研究堆的安全措施 ······················· 218
   6.2.1 三项安全功能的可靠性措施 ····················· 218
   6.2.2 "三无"事故的预防和缓解措施 ················· 221
6.3 安全限值与要求 ··································· 223
   6.3.1 堆芯燃料和热工水力安全限值与要求 ············ 223
   6.3.2 装置回路和辐射安全限值与要求 ················· 224
6.4 事故分析总体要求 ································· 225

    6.4.1 选择始发事件及典型事故要求 ················ 225

    6.4.2 采用的判据、程序、模型和中子动力学参数

        要求 ··· 228

6.5 典型事故瞬态过程安全分析要求 ····················· 229

    6.5.1 控制棒失控提升事故分析要求 ·················· 230

    6.5.2 外网供电丧失事故分析要求 ····················· 233

    6.5.3 辐照样品意外移出堆芯事故分析要求 ········· 236

    6.5.4 堆芯燃料组件冷却剂流道堵塞事故分析要求 ····· 239

    6.5.5 重水箱破损轻水进入重水箱事故分析要求 ········ 246

    6.5.6 ATWS事故及其专设安全设施分析要求 ········ 249

6.6 研究堆"核应急" ··· 251

参考文献 ··· 254

第7章 研究堆工程建设主要经验 ····························· 255

7.1 建筑安装工程施工主要经验 ··························· 255

    7.1.1 主厂房负挖经验 ································· 255

    7.1.2 大体积混凝土施工控制裂缝产生经验 ········ 257

7.2 主工艺系统研制经验 ································· 263

    7.2.1 轻水输热系统研制经验 ······················ 263

    7.2.2 室外应急补水系统抗震设计经验 ············· 269

    7.2.3 仪控系统研制经验 ···························· 271

    7.2.4 冷源与重水箱接口设计及安装经验 ·········· 276

7.3 堆芯物理和热工实验经验 ··························· 279

    7.3.1 首次临界实验经验 ···························· 279

    7.3.2 堆芯进出口温差标定实验经验 ··············· 287

7.4 工程建设三大控制的经验 ··························· 289

    7.4.1 进度控制的难题 ································ 290

    7.4.2 原因分析 ······································· 291

    7.4.3 采取的主要管理措施 ·························· 292

参考文献 ··· 294

第1章
研究堆发展历史、现状与趋势

多用途研究堆是指 21 世纪以来全世界在役在建的,主要利用中子开展科学实验研究和核技术应用等的可控链式裂变装置(下称研究堆)。在中子与铀或钚原子核相互作用发生核裂变反应期间,除了释放能量(简称裂变能),还会产生中子。研究堆就是利用核裂变反应产生的中子为多个前沿科学实验研究和核技术应用等提供一个大型固定中子源。近 80 年来,世界上各有核国家利用该中子源在科学实验研究、核技术应用和教学培训等方面取得了大量创新性成果,该中子源与辐照回路、科学检测分析装置、热室和手套箱等相配套已成为引领核能科学与技术创新发展的重要大型综合性科学实验研究平台。

1.1 研究堆与核电厂的主要差别

研究堆与核电厂(以下主要指轻水堆核电厂)的主要差别除了用途、需求不同外,还存在下述六个方面的不同。

1) 反应堆堆芯结构和参数以及特征不同

研究堆的堆芯结构主要由活性区、反射层、垂直管道和水平实验孔道等组成,堆芯结构需满足反射层和垂直管道装载多变的要求;核电厂反应堆的堆芯结构主要由活性区和反射层等构成,每一炉燃料在发生核反应期间,各类组件和构件对堆芯结构的需求相对固定。

现有在役研究堆的热功率水平一般小于 100 MW、中子注量率在 $10^{10} \sim 10^{15}$ cm^{-2} · s^{-1} 量级范围;核电厂反应堆的热功率一般大于 900 MW、中子注量率在 $10^{13} \sim 10^{14}$ cm^{-2} · s^{-1} 量级范围;目前全世界 222 座在役研究堆的总功率水平相当于一座热功率为 3 000 MW 核电厂反应堆的功率水平。研究堆堆芯核燃料装量在数十千克水平,中子注量率沿径向分布有贝塞尔函数或反中子阱两种形状,中子能谱能区覆盖从冷中子、热中子、中能中子、快中子到超高能中子全能区;核电厂反应堆堆芯核燃料装量在吨量级水平,中子注量率沿径向分布只有贝塞尔函数形状,中子能谱能区不包括冷中子和超高能中子这两个能区。研究堆堆芯基本为常温常压,其中,只有几座堆的压力 $P \leqslant 2$ MPa,堆芯出口温度 $t < 90$ ℃,堆芯进出口温差 $\Delta t < 21$ ℃;核电厂反应堆堆芯均为高温高压,压力 $P < 16$ MPa,堆芯出口温度 $t < 330$ ℃,堆芯进出口温差 $\Delta t < 40$ ℃。

在强迫循环时,开口游泳池式研究堆冷却剂的流向特征是从上向下流经堆芯,以减小游泳池上部辐射剂量水平,有利于停堆较短时间后在堆顶操作堆芯或反射层内的部件以及辐照样品;核电厂反应堆冷却剂的流向特征是从下向上流经堆芯,因堆芯被压力容器包容,且在堆芯顶部的装换料是在停堆状态下操作的,相对来说,不存在堆芯顶部由于冷却剂流向导致辐射剂量水平增高的问题。在强迫循环和自然循环相互转换瞬间,研究堆堆芯冷却剂流向存在倒向的滞流死时间问题;核电厂反应堆则一般无此问题。

2) 反应堆回路系统布置和最终热阱不同

游泳池式研究堆一回路系统主要有轻水回路、重水回路,或轻水和重水回路3种,布置支路不超过3个,系统设备通常处于常温低压,少数为低温中压状态,最终热阱主要有大气和江河两种;核电厂反应堆一回路系统只有轻水回路一种,布置环路不超过4个,系统设备均处于高温高压状态,最终热阱主要有海洋、内陆江水和沙漠大气三种。

3) 厂址选择与应急范围要求不同

对研究堆而言,原则上,反应堆功率小于 20 MW 的研究堆可建在城市附近,由于研究堆堆芯放射性源项相对较小,所以即使发生部分堆芯燃料元件烧毁等严重事故也无须实施场外应急;对核电厂而言,由于核电厂反应堆堆芯放射性源项相对较大,所以必须建在沿海或人口稀少地区且划定有限制发展区。

4) 总体设计依据的要求不同

对研究堆而言,任何一座具有不同堆型和功率水平研究堆的设计均需基于已有法律、法规和标准并结合拟建目标堆的实际,补充编制缺乏的设计准则,以满足设计依据充分性的要求;对核电厂反应堆而言,除首堆外的商业核电厂反应堆的设计一般仅需根据厂址相关情况开展差异性分析,然后对相关设计依据进行适应性调整和完善即可。

5) 投资和建设周期控制难度不同

研究堆投资控制难,近年来,国内外新建的研究堆基本上都出现超概算现象,建设周期控制更难,对于堆功率大于 10 MW 的研究堆,其建设周期均大于 8 年,主要原因是每座研究堆基本是全新的研究堆;而核电厂的投资基本能控制,目前,其建设周期小于 5 年,因核电厂基本已达到商业化程度,如果是全新的首堆核电厂,则其投资和建设周期也是难以控制的。

6) 运行管理与安全业绩不同

研究堆具有稳态、瞬态和脉冲等灵活的运行工况且具有自主停堆权,到目前为止,全世界 841 座研究堆总计一万多堆年的安全运行业绩表明:无一座研究堆发生过全堆芯熔化事故;核电厂反应堆只有稳态和瞬态工况,无自主停堆权,目前,我国所有核电厂的运行总体是安全受控的。

近年来,随着基础科学实验研究及其应用技术不断发展,借助研究堆及其配套装置这个平台,从事核能科学与技术研究的科研人员通过开展中子无损检测技术及其应用、中子散射技术及其应用、中子活化分析技术及其应用和放射性同位素技术及其生产等科学实验研究和核技术应用实践活动,充分发挥了该平台的中心凝聚和辐射作用,为拓展核能科学与技术同工程材料科学、核医学和计算机科学等多学科的交叉融合提供了重要的技术支撑。展望未来,借助这个平台继续深入开展这些活动对于推动工程材料表征与试验验证技术、核医学诊断与治疗技术、反应堆运行技术与人工智能技术、反应堆数值模拟技术与虚拟现实以及大数据分析等领域的持续创新发展具有重要意义,预期将产生巨大的协同和溢出效益。

1.2　研究堆发展历史沿革

1789 年,德国化学家马丁·克拉普罗特(Martin Klaproth,1743—1817)发现了铀元素,1932 年,英国科学家詹姆斯·查德威克(James Chadwick,1891—1974)发现了中子[1],如果将实验研究核裂变反应比作实验研究炮轰效应,则这两个重大发现使得随后的科学家和实验人员开展实验研究中子与铀原子核发生裂变反应有了炮弹和靶物质的基础。1939 年,法国物理学家约里奥-居里(Irene Joliot-Curie,1897—1956)、科瓦尔斯基与德国化学家哈恩三位科学家基于铀核的分裂提出了用中子轰击铀原子核实现链式裂变反应的可能性并知晓了这种反应可释放出大量能量。

1942 年,美籍意大利裔物理学家恩里科·费米(Enrico Fermi,1901—1954)及其团队在美国芝加哥大学废弃网球场西侧看台下建成了世界上第一座反应堆

（史称"芝加哥1号堆"，简称CP-1），该堆的建成具有四个方面的开创性意义：

在工程技术可行性方面，证实了用中子轰击铀原子核实现可控自持链式裂变反应的可行性，从此开启了利用核裂变反应产生原子能和中子的大门；

在首次达临界方法方面，提出了用逐步堆砌石墨块、插入铀元件和分步提升控制棒达临界的方法，该方法沿用至今；

在中子测量原理和方法方面，采用中子探测器测量中子的基本原理和方法等沿用至今；

在控制和保护方面，提出了采用控制棒实现快速调节堆芯反应性变化和依靠控制棒重力势能实现快速停堆的策略，该策略沿用至今。

例如，针对快速停堆策略，在CP-1达临界期间现场实验人员用绳子的一端系着最大反应性控制棒并将其提出至堆顶，这根绳子的另一端拴在看台围栏杆上，一旦出现超临界事故，在看台围栏杆旁有人手握斧头可砍断绳子，这根控制棒将依靠其重力势能落入堆芯，实现快速停堆。该控制棒就是今天反应堆上设置的安全棒，这个安全控制棒握斧人（safety control rod axe man，SCRAM）实际上就是今天反应堆主控制室控制台上的手动停堆操作按钮（专业习惯上称"手操"），在美国洛斯阿拉莫斯国家实验室（Los Alamos National Laboratory，LANL）的戈地瓦（GODIVA）快中子脉冲堆控制台上直接用红色标注"手操"按钮"SCRAM"。

CP-1相当于今天的零功率原型装置，据IAEA统计[2]，自CP-1建成起，截至2023年底，全世界70个国家和地区在IAEA共注册有研究堆840座。其中，在役226座，在建和计划建造20座，其余处于临时或永久关闭或退役状态。纵观全世界研究堆约80年的发展历史，按照建成时间、堆功率、中子注量率和主要用途等指标，全世界研究堆的发展历史大致可划分为四个阶段。

第1阶段，20世纪40年代，是研究堆发展的初期，堆型主要是以美国CP-1（1942年12月2日首次达到临界）为代表并采用金属铀做核燃料、石墨做慢化剂的一类反应堆和以加拿大ZEEP（1945年9月首次达到临界）为代表的一些重水零功率装置。这些反应堆和装置的堆功率水平只有数瓦到数千瓦，中子注量率在$10^8 \sim 10^{12}$ cm$^{-2} \cdot$ s^{-1}的量级范围，裂变产生的热量主要依靠空气冷却，无冷却回路系统；主要用途是从工程上验证自持链式裂变反应原理的可实现性，研究中子与原子核在装置和堆芯内发生相互作用的一些基础中子物理和核物理问题，利用这些装置测量了诸如临界质量、中子与物质相互作用的反应率等反应堆物理参数，初步培训了反应堆启动技术和实验研究人员。

第 2 阶段,20 世纪 50 年代,是研究堆发展的中期,堆型主要是以美国欧米伽西堆(Omega West Reactor,OWR,1956 年 7 月首次达到临界)为代表,采用浓缩铀做核燃料、轻水做慢化剂的池内水罐式研究堆,以及以中国重水研究堆(Heavy Water Research Reactor,HWRR,1958 年 9 月首次达到临界)为代表,采用 ^{235}U 富集度为 2% 的金属铀做核燃料、重水做慢化剂的重水研究堆。这些研究堆的功率从数兆瓦到数十兆瓦,中子注量率在 $10^{13} \sim 10^{14}$ cm^{-2} · s^{-1} 的量级范围,具有完善的热工水力、控制保护测量、送配电和通风等主工艺系统;主要用途是开展基础科学研究,利用这些研究堆开展了与临界安全相关的反应堆参数测量和核技术应用等工作。

第 3 阶段,20 世纪 60 年代到 80 年代初,是研究堆发展的鼎盛期,堆型主要是以苏联 SM - 3(1961 年达到临界)、美国高通量同位素反应堆(High Flux Isotope Reactor,HFIR, 1965 年达到临界)和中国高通量工程试验堆(High Flux Engineering Test Reactor,HFETR,1979 年达到临界)为代表,采用高富集度 ^{235}U 做核燃料、轻水做冷却剂和慢化剂的一些水罐研究堆。这些反应堆基本属于工程试验堆,反应堆功率水平大于 100 MW,中子注量率在 $10^{14} \sim 10^{15}$ cm^{-2} · s^{-1} 的量级范围;主要用途是考验材料服役环境性能、生产高比度医用和工业用同位素。

第 4 阶段,20 世纪 90 年代到 21 世纪头 20 年,是研究堆发展的性能提质期,堆型主要是以改进的日本 3 号研究堆(Japan Research Reactor - 3 Modified,JRR - 3M,1990 年 12 月达到临界)、中国先进研究堆(China Advanced Research Reactor,CARR,2010 年达到临界)为代表,采用 ^{235}U 富集度为 19.75% 的低浓铀做核燃料、轻水做冷却剂、重水做反射层的一些具有反中子阱原理特征的游泳池式研究堆,反应堆功率水平在数十兆瓦,快/热中子注量率在 10^{14} cm^{-2} · s^{-1} 的量级范围。这些研究堆通过提升其先进性、安全性和经济性等综合性能指标,实现其高性能和多功能;主要用途是利用中子散射技术、中子成像技术和中子活化分析技术等开展材料科学、生命科学和高新技术领域的凝聚态精密物理实验研究和无损检测以及其他领域的核技术应用等工作。

1.3　国内外研究堆发展现状

高中子注量率研究堆是一种稳定经济的固定中子源,是当前全球中子应用研究的最重要工具。近年来,随着多个高中子注量率研究堆与配套相关谱仪形成的中子科学实验研究综合平台的建成并投入使用,利用这些平台开展的实验研究种类越来越多,聚集的人才越来越多,基于平台、理论、实验和应用相结合的研究模式逐步形成协同效应并产生溢出效益。主要体现是将中子作为一种有用的工具不断地扩大着基础科学实验研究的范围,极大地促进了众多学科的交叉、融合与发展,衍生出一些新的研究方向;随着国际上几个著名的大型中子科学平台用户数量的逐年增加,来自不同学科领域的科学家、专家、研究人员和高校师生等面向各国重大任务需求、聚焦前沿、热点和难点问题,利用这些平台进行了持续的深入研究和探索,攻克了一个又一个关键技术难关,阐释了一个又一个机理,获得了越来越多的卓越成果。

1.3.1 国际研究堆发展现状

近 30 年以来,国际上相继建成了以法国的 ORPHÉE、印尼的 RSG‐GAS‐30、日本的 JRR3‐M、韩国的 HANARO、德国的 FRM‐Ⅱ、澳大利亚的 OPAL 和俄罗斯的 PIK[2-9] 等为代表的一批先进新型多用途研究堆,其中,印尼的 RSG‐GAS‐30 由德国设计和建造。相较于早期建成的充分慢化的热谱研究堆堆芯,这类研究堆的堆芯具有功率密度高、冷却剂流速高和中子注量率高等三高特征。其主要参数如表 1‐1 所示。

这些研究堆的共同特征是采用代表研究堆先进技术发展方向的反中子阱原理设计,堆芯和反射层两区的快、热中子注量率沿径向空间分布形成反中子阱形状,采用确定论程序计算的这类研究堆的快、热中子注量率沿堆芯 x 和 y 方向以及三维空间分布形状如图 1‐1 所示。

与早期的研究堆相比,这些研究堆突出的优点体现在三个方面。

一是从核设计及其应用上,将燃料元件设计成薄板或薄管或渐开线等,形成具有稠密栅结构的紧凑型欠慢化堆芯并设置厚反射层,在堆芯活性区内欠慢化的中子将形成快中子场,裂变产生的具有较硬中子能谱特征的约 50% 的中子从堆芯泄漏到厚反射层,与反射层中介质碰撞慢化并形成宽广区域的热中子场,这种在径向空间上分区的快或热中子注量率分布为辐照材料和实验研究选择恰当中子场提供了方便。

二是从堆芯燃料元件及其热工流体力学上,将燃料元件设计成薄板或薄管等形状,在燃料芯体与包壳之间无气隙存在,避免了气隙间气体的热阻,芯体和包壳之间依靠固体导热,特别是随着燃料元件芯体和包壳厚度的减薄,燃料芯体和包壳内热阻也随之减少,燃料芯体中心温度和包壳外表面温度梯度大幅减小,有利于燃料芯体热量的导出,进一步增大了燃料芯体达到熔化温度的安全裕度。

表 1 - 1 国际上具有反中子阱特征的研究堆的主要参数

堆 名	国 家	热功率/MW	堆型	冷却剂/慢化剂	^{235}U富集度/%	燃料元件类型	反射层材料	堆芯最大快中子注量率/$(cm^{-2} \cdot s^{-1})$	反射层最大热中子注量率/$(cm^{-2} \cdot s^{-1})$	临界日期
ORPHÉE	法国	14	池式	H_2O/H_2O	90	板状	D_2O	3×10^{14}	3×10^{14}	1980
RSG - GAS - 30	印尼	30	池式	H_2O/H_2O	20	板状	Be	3×10^{14}	5×10^{14}	1987
JRR - 3M	日本	20	池式	H_2O/H_2O	19.75	板状	D_2O	3×10^{14}	2×10^{14}	1990
KMRR - 30	韩国	30	池式	H_2O/H_2O	19.75	棒状	D_2O	2×10^{14}	4×10^{14}	1994
FRM - II	德国	20	池式	H_2O/H_2O	90	渐开线	D_2O	3×10^{14}	8×10^{14}	2004
OPAL	澳大利亚	20	池式	H_2O/H_2O	19.75	板状	D_2O	3×10^{14}	2×10^{14}	2006
PIK	俄罗斯	100	池式	H_2O/H_2O	90	十字麻花棒状	D_2O	7×10^{14} ($>0.7\,MeV$)	2×10^{15}	2011

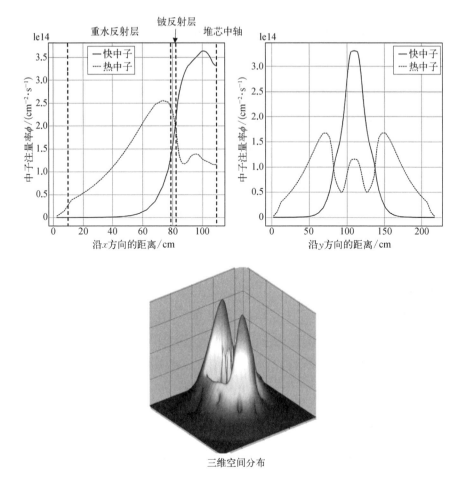

图 1-1　紧凑堆芯快、热中子注量率沿径向和三维空间分布形状示意图

三是从燃料元件破损放射性释放通道上,由于板状或管状等燃料元件的燃料芯体与包壳是紧密结合无气隙存在的,所以,万一发生燃料元件包壳局部破损,初期裂变气体的释放也仅限于破损处的裂变气体具有释放通道,大幅降低了整根燃料元件运行期间积累的裂变气体全部释放的可能性。

通常,这些研究堆的堆型是以轻水做冷却剂和慢化剂、重水或铍做反射层的游泳池式研究堆,普遍具有下述高性能、多功能和高集成等特点。

高性能的特点主要表现为具有高品质因子、高安全性和高利用率等三高性能。高品质因子系指针对反应堆功率在 $14\sim100$ MW 范围和快/热中子注量率均大于 10^{14} cm^{-2} · s^{-1} 量级的这类研究堆,其先进性可用品质因子[1]和

---

① 衡量一座研究堆的先进性指标,具体参见本书第 3 章 3.4 节。

辐照空间越大,则该研究堆越先进来表征。高安全性是指在任何工况下均能实现停堆、冷却和包容等三项安全功能,具体功能如下:通过设置能动控制棒、能动与非能动相结合的排放重水形成两套独立的停堆系统,进一步提高了停堆可靠性;通过在游泳池内盛装约 $100~m^3$ 的去离子水形成非能动余热排出系统,利用池水流经堆芯建立的全自然循环,确保具备 72 小时内无须人为干预排出堆芯余热的能力;通过将反应堆厂房设计成微负压运行和专设多级过滤内循环事故通风系统等,可确保在正常工况运行期间和事故发生后的放射性物质泄漏率(泄漏的放射性气体容积/大厅容积)以及厂区边界接收的放射性流出物测量值满足国家辐射防护安全限值要求。高利用率是指拓展了堆内垂直中子辐照场、堆外水平中子束场和配套的实验研究装置等的利用空间,同时,结合不同应用目的,借助堆芯活性区与反射层内的快或热中子分区等特点提高了中子的利用率。

多功能的特点主要表现为具有提供从冷中子到 14 MeV 聚变中子的全能中子能谱[10-11]和提供多个辐照空间中子场等特点。这些特点可用两个功能指标表征:一个堆内能提供从热中子到 14 MeV 聚变中子能谱的垂直辐照场与空间,二是堆外能提供从冷中子到热中子能谱的水平辐照场与空间,其中,第一个功能指标是指堆内垂直中子辐照场的中子注量率在堆芯活性区和反射层沿径向分布能够分区,活性区内沿径向的快中子注量率峰值比热中子注量率峰值约高 4 倍,反射层中区沿径向的热中子注量率峰值比快中子注量率峰值约高 5 倍和反射层外区沿径向形成镉比为无穷大的充分热化热中子能谱;在堆芯活性区与反射层两个垂直方向区域,可依据应用需求分别设置不同直径的垂直实验管道,开展多种类多尺寸样品辐照实验。第二个功能指标是指在反应堆大厅和比邻反应堆大厅外的中子散射大厅内能分别提供两个具有多束流接口和多特征波长的水平中子束场,具体的功能指标是不仅可依据应用需求在反射层的高热中子注量区正对堆芯位置和切向堆芯位置分别设置水平实验孔道,由此在反应堆大厅内能提供多个水平热中子束场,而且其中至少有一个为中子、γ 混合场,其余均为充分热化的 n/γ 比值高的热中子束辐照场;同时可在满足投资控制要求的条件下,在反射层的热中子注量率最高区域设置冷中子源装置并借助相应水平实验孔道引出冷中子束,再采用中子导管远程输运技术分别将具有不同特征波长的这些水平冷中子束从反应堆大厅引导至比邻的中子散射大厅,形成具有多个不同特征波长的水平冷中子束辐照场,通常,这些辐照场的冷中子波长具有恰当的梯度分布。基于这些垂直和水平辐射场再配套相应物理实验诊断装置和放射化学设施,例如,配套的物理实验研究装置主要包括中子散射(衍射)谱仪、中子成像装置和中子活化分析装置等,放射化学设施主要包括相应的强、中和弱放射性样品操作热室、厚/薄壁屏蔽手套箱及其转运、切割、测量和分析手段等。由此形成的实验研究和生产等综合平台可在一个研究堆上同时满足多用户不同用途的实验研究和核技术应用等需求。

高集成的特点主要表现为具有高度集成轻水研究堆和重水研究堆二回路输热系统的特点。在一、二回路输热系统的设计上,针对研究堆堆芯和反射层的热量导出问题,一回路系统可将流经堆芯的轻水和流经反射层的重水系统设计成相互独立运行的两个系统,二回路系统则可将两个热交换器出口侧各自的进出支路两两集成为一个系统并由此将热量输送至最终热阱。

1.3.2　国内研究堆发展现状

1958 年 6 月,在苏联的援助下,我国建成了第一座研究堆,也就是中国原子能科学研究院的 101 重水研究反应堆,该堆的建成开启了我国原子能事业起步的大门;建成之后,利用该堆提供的各种中子场及其相关配套设施,在发展核科学实验技术、培养核科学与技术人才和产出相关科研成果等方面发挥了先驱引领和历史性作用;该堆安全运行近 50 年后于 2007 年 7 月 18 日最终停运,目前处于安全关闭状态。

为推动我国核科学与技术和核能基础技术研究持续创新,依据国家核安全局统计,截至 2023 年,我国先后共建成了 16 座研究堆(不包括零功率装置),其中,在役 11 座、永久关闭 1 座、退役中 4 座。在这些研究堆中,从堆型上看,游泳池式轻水冷却和慢化堆有 11 座;从堆内中子注量率沿径向分布和可利用中子场来看,20 世纪建成的所有研究堆属于我国的第一代研究堆,堆芯内中子注量率沿径向分布主要为贝塞尔函数形状,可利用中子场主要为堆内垂直中子场和位于反应堆大厅内的水平中子束辐照场;21 世纪头 10 年建成的 CARR 等研究堆属于我国的第二代研究堆,采用了先进的反中子阱原理进行设计,堆内中子注量率沿径向分布为反中子阱形状,可利用中子场在堆内垂直和堆外水平两个方向的范围均得到拓展,总体建设、运行以及实验研究应用技术等处于国际先进水平。所获研究成果对于进一步推动我国核科学实验技术、核能基础技术研究和其他核技术应用与发展等发挥了重要作用。到目前为止,这些研究堆的名称及其主要参数如表 1-2 所示。

表 1-2 中国研究堆主要参数

序号	堆 名	堆热功率/MW	堆 型	快中子注量率/$(\mathrm{cm}^{-2}\cdot\mathrm{s}^{-1})$	热中子注量率/$(\mathrm{cm}^{-2}\cdot\mathrm{s}^{-1})$	状 态	首次达临界时间
1	101 重水反应堆 HWRR-II	15	重水	5.2×10^{12}	2.4×10^{14}	永久关闭	1958 年 9 月
2	49-2 游泳池式反应堆 SPR	3.5	开口池式	2×10^{13}	3×10^{13}	在役	1964 年 12 月
3	屏蔽实验反应堆 ESR-901	2	开口池式	2×10^{13}	3×10^{13}	退役中	1964 年 10 月
4	300# 反应堆 SPRR-300	3.5	开口池式	2×10^{13}	6×10^{13}	退役中	1979 年 6 月
5	高通量工程试验堆 HFETR	125	压力壳式	1.7×10^{15}	6×10^{14}	在役	1979 年 12 月
6	中国脉冲反应堆 TRIGA	3.0	开口池式	2.4×10^{13}	1.4×10^{13}	在役	1990 年 9 月
7	岷江试验堆 MJTR	5	开口池式	1.4×10^{14}	8×10^{13}	在役	1991 年 3 月
8	原型微型反应堆 MNSR-CIAE	0.027	开口池式	0.5×10^{12}	1×10^{12}	在役	1984 年 3 月
9	深圳微型中子源反应堆 MNSR-SZ	0.03	开口池式	0.5×10^{12}	1×10^{12}	在役	1988 年 11 月
10	山东微型核反应堆 MNSR-SD	0.033	开口池式	0.5×10^{12}	1×10^{12}	退役中	1989 年 5 月
11	上海微堆 MNSR-SH	0.03	开口池式	0.5×10^{12}	1×10^{12}	退役	1991 年 12 月
12	北京凯佩特微堆 MNSR(IHNI-1)	0.03	开口池式	0.5×10^{12}	1×10^{12}	在役	2009 年 12 月
13	5 MW 低温核供热堆 NHR-5	5	压力壳	1.7×10^{13}	1.6×10^{13}	在役	1989 年 11 月
14	10 MW 高温气冷实验堆 HTR-10	10	压力壳	①	①	在役	2000 年 12 月
15	中国实验快堆 CEFR	60	压力壳	2.5×10^{15}	3.2×10^{15}	在役	2010 年 7 月
16	中国先进研究堆 CARR	60	池内水罐	5×10^{14}	8×10^{14}	在役	2010 年 5 月

① 主要利用裂变能,关注的是反应堆功率。

1.4 国内外研究堆发展趋势

目前,俄罗斯、美国和欧洲面向本国和地区未来核能科学与技术及其核技术应用发展重大需求,坚持问题导向基本原则,正在建造、设计和计划建造超高中子注量率研究堆。为全面了解国内外研究堆发展趋势,本节将主要从需求及问题的提出以及采取的解决措施两个方面介绍并预测国内外研究堆的发展趋势。

1.4.1 需求及问题的提出

21世纪以来,随着人类对能源科学、材料科学和生命科学及其技术研究工作的不断深入,尤其是核技术与其他高新技术发展的深度融合,预计未来新建研究堆的总体建设目标如下:采用综合优化设计技术和新材料,使得这个固定中子源能提供超高中子注量率和超高性能的全能中子能谱及其辐照场,以满足极端科学与技术研究和提高超小截面核素辐照反应率的重大需求。总体技术指标是堆芯的快中子和反射层内热中子注量率达到 $5 \times 10^{15} \sim 1 \times 10^{16}$ cm^{-2} · s^{-1} 量级,全能中子能谱能区应能覆盖从甚冷中子到聚变超高能中子能区。具体研究领域及其技术指标如下:在聚变堆包层第一壁材料抗14 MeV中子辐照损伤积分验证实验中,其积分辐照损伤效应需要达到15 dpa/a,在凝聚态精密物理测量技术中,利用中子散射技术测量物质原子结构及诊断晶格瞬态信息的信噪比需要达到更高,在某些超小截面材料辐照中,中子与其核素的反应率需要达到更高。

超高中子注量率(10^{16} cm^{-2} · s^{-1} 量级)技术指标需求的提出使研究堆的发展面临新的挑战。当今世界在役并采用水作为冷却剂和慢化剂且具有代表性的研究堆包括美国的先进试验堆(Advanced Test Reactor,ATR)和HFIR,中国的HFETR,这些研究堆堆芯或反射层能提供的最高中子注量率约为 10^{15} cm^{-2} · s^{-1} 量级,其中,2011年,在俄罗斯圣彼得堡核物理研究所建成的PIK研究堆堆芯的热中子注量率为 5×10^{15} cm^{-2} · s^{-1},属于当今世界最高水平。这些研究堆提供的中子辐照场难以满足上述指标的需求,主要技术瓶颈与采用水作为冷却剂的热导率有关,PIK堆设计的堆芯高/热中子注量率已达到极限,换句话说,就目前的设计、材料和工业技术水平来看,采用水冷堆芯难以将研究堆堆芯或反射层的中子注量率提高到 10^{16} cm^{-2} · s^{-1} 量级。

1.4.2 采取的解决措施

为解决上述问题,国内外核反应堆工程领域专家采取了两种技术路线。

一是基于散裂反应设计建造固定散裂中子源,该中子源采用入射粒子与靶原子核发生散裂反应,也就是利用高能质子加速器产生的吉电子伏特水平的高能质子与重金属钨或铀等的原子核发生散裂反应;该反应的机理主要是高能入射粒子直接与靶核内一个接一个的核子碰撞形成级联反应,1 GeV 高能质子与靶核每次反应产生的平均中子数是裂变反应的 10 倍,释放的能量是裂变反应的 $\frac{1}{4}$,这种反应产物的特点属于丰中子而贫能量。已建成并投入运行且具有代表性的散裂中子源有美国洛斯阿拉莫斯国家实验室的 LANSCE、瑞士保罗谢勒研究所(Paul Scherrer Institute, PSI)的 SINQ 和我国中科院高能物理研究所与中科院物理研究所联合研制的 CSNS,这些散裂中子源的中子注量率均达到 10^{16} cm^{-2}·s^{-1} 量级。但是,此类固定中子源中大部分提供的是束流脉冲中子场,可满足某些研究领域的瞬态辐照和诊断技术研究工作,难以在数月内提供连续稳定的中子辐照场,其中,只有 SINQ 散裂源工作在连续状态,可连续提供稳态中子束场[12]。

二是从堆芯核设计、热工流体力学设计和应用上看,对于核设计,在满足后备反应性和燃耗深度不变,也就是保持经济性不降低的条件下,采用高富集度铀作为燃料形成更稠密栅紧凑堆芯,在堆芯可获得超高快中子能谱,同时,可进一步增大堆内快中子向反射层的泄漏,提高反射层区的热中子注量率水平;对于热工流体设计,采用液态金属钠、锂和液态铅铋合金等代替目前水冷研究堆的水作为冷却剂,其中钠、锂、铅铋和水等 4 种介质的热导率与熔点等物性参数列于表 1-3 中。由表 1-3 可见,金属钠、锂和铅铋合金的热导率要比水的热导率至少高 1 个数量级,因此,在导出堆芯热量上,有望能解决采用水作为冷却剂无法克服的技术瓶颈;在应用方面,由快谱堆芯局部提供的超快中子注量率将超过现有在役研究堆可得到的快中子注量率,使得材料的辐照损伤效应可达到 16 dpa/a,有助于加快推进先进聚变能用材料技术创新发展步伐。目前,采用钠作为堆芯冷却介质在国内外第 4 代快堆核电厂已积累了一定的运行和使用经验,但利用机器人巡检钠漏点和处理事故等技术仍在深入探索之中;液态铅铋合金在俄罗斯的核动力堆上具有一定的运行经验。通过近 15 年的持续研究,俄罗斯三个科研单位的科研人员认为:液态铅铋合金对堆芯燃料元件包壳、结构材料的腐蚀和质量迁移等难题已得到解决,关于测控氧技术以及^{210}Po的辐射防护等实验研究也取得了较大技术进步[16],关于建成堆长期运行的可靠性技术等总体上仍处于深化研究之中。

表1-3 4种冷却剂介质的主要物理性能参数[13-15]

序号	介质种类	密度/ (g/cm³)	热导率/ [W/(m·K)]	沸点/K	熔点/K
1	金属钠	0.92(473.2 K)	82(473.2 K)	1 156.00	370.70
2	金属锂	0.53	42.0	1 590.16	453.54
3	铅铋合金	9.59	13.0	1 943.00	398.20
4	水	1.00	0.6(293 K)	373.16	273.16

下面介绍几种目前具有代表性且处于建造和设计阶段,主要用于材料与燃料辐照效应研究、同位素生产和人员培训等的超高中子注量率研究堆。

俄罗斯的多用途快中子研究堆(multipurpose fast neutron research reactor,MBIR)是当今世界在建且唯一一座反应堆功率为150 MW和设计寿命达50年的多用途钠冷快中子研究堆[17]。MBIR是国际研究中心在其多边研究计划中面向2025—2035年的材料和燃料研发需求提出的一项工程建设项目,该堆采用富集度为90%的^{235}U和^{239}Pu混合的MOX薄壁燃料元件,堆芯包括93个燃料组件,每个燃料组件由91根燃料元件组成,液态金属钠作为冷却剂,设计有多个金属冷却回路,设计的堆芯最大中子注量率约为5.3×10^{15} cm^{-2}·s^{-1},最大快中子注量率约为3.5×10^{15} cm^{-2}·s^{-1}。该堆于2015年批准建设,预计将于2027年达到首次临界,2028年开始辐照材料。主要用途是辐照新型包层材料和快堆燃料闭式循环,从辐照任务的饱满度和运行经济上考虑,当该堆运行在中功率和低功率时,主要作为一座热堆使用。

由法国原子能和替代能源委员会牵头在卡拉奇研究中心建设的儒勒·霍洛维茨研究堆(Jules Horowitz reactor,JHR)是一座反应堆功率为100 MW的游泳池式高性能、多用途超高快中子研究堆[18],该堆采用富集度为90%的^{235}U作为燃料,轻水作为冷却剂和慢化剂,实验回路采用液态金属钠等作为冷却剂,设计的堆芯最大中子注量率约为1.0×10^{15} cm^{-2}·s^{-1},材料最高辐照损伤效应为16 dpa/a;同时,在比利时国家核能研究中心处于设计阶段的高技术应用多用途混合研究堆（multipurpose hybrid research reactor for high-tech applications，MYRRHA）是一座反应堆功率为 100 MW 的临界-次临界池式多功能混合研究堆，该堆采用铅铋合金作为冷却剂，最大中子注量率约为 3.0×10^{15} cm$^{-2} \cdot$ s^{-1}，在等同的反应堆功率条件下，MYRRHA 的最大中子注量率是 JHR 的 3 倍，在功能和用途上两座研究堆形成互补。

美国在役且具有代表性的高中子注量率试验堆有 ATR 和 HFIR，其堆功率分别为 250 MW 和 85 MW。目前已完成施工图设计的超高中子注量率试验堆（versatile test reactor，VTR）是一座反应堆功率为 300 MW 的多功能快中子试验堆[19-20]，该堆采用富集度为 90% 的 ^{235}U 和 ^{239}Pu 的 MOX 元件作为燃料，液态金属钠或铅铋合金作为冷却剂，堆芯最大快中子注量率约为 5×10^{15} cm$^{-2} \cdot$ s^{-1}，设计寿命为 30 年。2017 年在美国能源部核能办公室（DOENE）的资助下该反应堆工程开始设计，预计将于 2028 年达到首次临界。

展望未来，随着这些具有超高中子注量率的超高性能研究堆的建成，各研究堆运营单位将获得堆芯和反射层两个先进快或热中子辐照场，再配套先进辐照试验回路、热室以及实验研究分析谱仪，将形成超大型先进新型高性能材料和燃料辐照效应试验研究平台。这些平台在功能上可填补当今国际核工业在超高快中子注量率辐照能力方面的缺口，在用途上可为材料科学、能源科学和生命科学等众多基础科学研究及先进核技术综合应用等提供更多可能。研究成果对促进凝聚态物理实验研究、积累铅铋堆的回路考验数据、深化基于液态金属冷却剂堆芯的多物理耦合规律认识与提高实堆运行可靠性以及进一步提升高新核技术创新发展水平等具有十分重要的意义。

参考文献

[1] Isbin H S. Introductory nuclear reactor theory[M]. London：Reinhold Publishing Corporation，1963.

[2] International Atomic Energy Agency. Reaearch reactors in the world，research reactor database[R]. Vienna：IAEA，2023：1 - 5.

[3] Sudo Y. Experimental study of difference in DNB heat flux between upflow and downflow in vertical rectangular channel[J]. Journal of Nuclear Science and Technology，1985，22(8)：604 - 618.

[4] Harami T，Uemura M，Ohnishi N. Reactivity initiated accident analyses for the safety assessment of JRR - 3(in Japanese)[R]. Tokai-mura，Naka-gun，Ibaraki-ken：Information Division Department of Technical Information，JAERI - M 84 - 142，1984.

［5］　Hirano M，Sudo Y. Analytical study on thermal-hydraulic behavior of transient from forced circulation to natural circulation in JRR‐3［J］. Journal of Nuclear Science and Technology，1986，23(4)：352‐368.

［6］　Kaminaga M，Murayama Y，Usui T，et al. Safety principle and analysis of the upgraded JRR‐3［C］//JAERI and CIAE. Japan-China Symposium on Research and Test Reactors，February 29-March 2，1988. Tokai-Mura. Tokai Research Establishiment：JAERI，JAPAN，1988：CA‐03，1‐12.

［7］　Onishi N，Issiki M，Takahashi H，et al. Reconstrution program for JRR‐3［C］// JAERI and CIAE. Japan-China Symposium on Research and Test Reactors，February 29-March 2，1988. Tokai-Mura. Tokai Research Establishiment：JAERI，JAPAN，1988：CA‐04，1‐10.

［8］　Erykalov A N，Kondurov I A，Konoplev K A，et al. Research feasibilities of the PIK reactor［R］. Gatchina：Preprint LNPI‐852，1987：1‐20.

［9］　Konoplov K A. Status of construction of PIK reactor［C］// PNPI of Russian Academy of Sciences. Workmeeting on High-Flux Reactor PIK Project，May 14‐16，1992，Gatchina，St：Petersburg. Gatchina：Russian Academy of Sciences Petersburg Nuclear Physics Institute，1992：7‐27.

［10］　Liu H K，Tanaka S，Nakashima H. Measurement of the neutron spectrum at the pneumatic irradiation facility JRR‐4 reactor［R］. Tokai-muro，Naka-gun，Ibaraki-ken：Information Division Department of Technical Information，JAERI‐M 88‐144，1988.

［11］　Wang G B，Liu H G，Wang K，et al. Thermal-to-fusion neutron convertor and Monte Carlo coupled simulation of deuteron/triton transport and secondary products generation［J］. Nuclear Instruments and Methods in Physics Research B，2012，287：19‐25.

［12］　丁大钊,叶春堂,赵志祥,等. 中子物理学：原理、方法与应用（下册）［M］. 北京：原子能出版社,2005：511‐512.

［13］　Glasstone S，Sesonske A. Nuclear reactor engineering ［M］. New York：The Division of Technical Information，US Atomic Energy Comission，1963：811‐814.

［14］　John R L. Introduction to nuclear engineeering［M］. Sydney：Addison-Wesley Publishing Company，1975：588‐589.

［15］　阮於珍. 核电厂材料［M］. 北京：原子能出版社,2014：31‐33.

［16］　Zrodnikov A V，Chitaykin V I，Gromov B F，et al. Use of Russian technology of ship reactors with lead-bismush coolant in nuclear power［R］. Vienna：XA0056274，IAEA，2020：127‐133.

［17］　Gulevich A V，Klinov D A. Multilateral research program international research center MBIR ［C］//State Atomic Energy Corporation. R&D Activities （Fuels and Materials）for the Ten Year Period 2025‐2035，Dec. 4，2019，Oblinsk. Moscow：ROSATOM，2019：1‐21.

［18］　Bignan G，Colin C，Pierre J，et al. Flux and dose effects ［C］//CEA-INSTN

Cadarache，France. 2nd Int. Workshop Irradiation of Nuclear Materials，Nov. 4 –
6，2015，Cadarache. Paris：EDP Sciences，2016：1 – 40.

[19]　Hill T. Versatile test reactor(VTR) overview[C]//US DOE. Applied Antineutrion
Physics Worksshop，Oct. 10 – 11，2018，San Diego，California. New York：Idaho
State University，INL，2018：1 – 22.

[20]　Pasamehmetoglu K. Versatile test reactor(VTR) overview[C]//ANL，INl，LANL
and ORNL. Advanced Reactors Summit VI，Jan. 29 – 31，2019，San Diego，
California. New York：Idaho State University，INL，2019：1 – 9.

第 2 章

研究堆总体技术

　　研究堆工程是一项复杂的系统性核工程,其主要特点是核技术和高新技术密集,投资强度大、建设周期长、参建单位多、设计建造接口多,三大控制(主要指对工程建设的投资、进度、质量/安全进行控制)、两大管理(指对工程建设的合同和信息进行管理)和一大协调(对内对外等综合协调)具有综合性与复杂性。

　　为全面了解国家对研究堆全寿期活动的监管和突出设计阶段的技术要求,本章将概述各里程碑节点的监管要求,主要介绍预可行性研究和可行性研究等研究堆工程建设前期研究阶段的总体技术要求,将可行性研究阶段重要关键非标核级设备的研制技术适当拓展到初步设计阶段的相关研制技术要求,简介《研究堆工程建设项目建议书》(以下简称《项目建议书》)的编写内容、格式和深度要求,其他总体技术要求可参照动力堆或核电厂相关部分的介绍。

2.1　研究堆各里程碑节点监管要求

　　为了对一座研究堆全寿期内活动的重大节点实施有效控制和管理,按照国家基础能力建设、研究堆运行和退役等相关管理规定,结合各研究堆各阶段工作实际,国家相关部委对于一座研究堆的前期研究、设计、建造、运行和退役等期间的主要事项(技术、安全和环境三大报告的申报、评审和批准等)实行里程碑节点控制和许可证管理。从批准《研究堆工程建设项目建议书》(含厂址选择报告)到批准"厂址恢复"期间的里程碑节点如图 2-1 所示[①]。

[①]　在图 2-1 中,与各阶段安全分析报告节点相对应的还有批准环境影响评价报告书的节点。

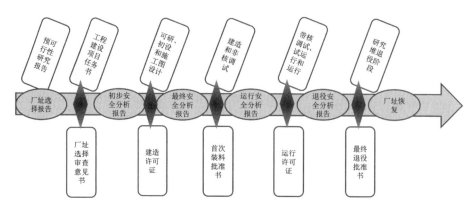

图 2-1　研究堆全寿期活动里程碑节点示意图

按照上述里程碑节点要求,项目建设单位应组织编写相应阶段的各类报告并上报国家相关部委审查和批准,关于编写工程建设项目各个阶段报告的格式、内容和深度等要求,国家相关部委发布有相关规定文件。其中,工程前期研究和建设各阶段编写相关报告的关注点分别如下:在预可行性研究阶段,研究目标是所优选的方案需满足用户合同中规定的使用要求,研究内容主要是开展多方案比较、分析和论证,研究结果为建设单位编写《研究堆工程建设项目建议书》提供优选方案和输入参数,研究深度需具备开展可行性研究工作的基础;在可行性研究阶段,研究内容主要是基于预可行性阶段选定的优选方案,依据国家批复的《项目任务书》,紧密围绕方案的技术可行性、安全性和经济性(简称"三性")方面开展分析和论证工作,研究结果需在建筑安装工程、堆芯和系统以及配套应用装置等方面为初步设计提供满足"三性"要求的总体技术方案和输入参数,研究深度需具备开展初步设计工作的基础;在初步设计阶段,设计内容主要是基于可行性研究阶段的"三性"总体技术方案和输入参数,充分论证所设计的建筑安装、堆芯和系统以及配套应用装置的完整性,固化其技术状态,不能出现漏项,否则难以满足该阶段投资概算误差控制的要求,设计结果是形成初步设计报告和相关技术资料,设计深度需具备开展施工图设计工作的基础;在施工图设计阶段,设计内容主要是基于初步设计提供的输入条件并围绕包含设计说明书、计算书和设备技术规格书及其布置流程图等"三书一图"的要求开展设计,设计结果是形成"三书一图",设计深度是出具的"三书一图"必须满足建筑安装工程、主/辅工艺系统、设备和材料等物项的采购招标和现场施工方案制订等方面的要求。

此处需注意的是,可行性研究、初步设计和施工图设计等三个阶段的目标和主要技术指标必须与国家在"项目任务书"中批复的建设目标和技术指标一致;在初步设计阶段,依据国家近年来的相关管理规定,随着设计深化、安全评审和环境影响评价要求的提高,在国家批复的《工程建设项目可行性研究报告》的基础上允许对其中变化的建筑面积、系统设备台套数、非主要指标和招标投标方案等进行调整,但在实施调整之前,项目建设单位须提出拟调整部分内容的申请报告,通过国内同行专家的评审并得到国家批准,严格控制新增建设内容,如果确需新增,则必须严格按照立项要求重新论证其必要性。

下面将逐一介绍预可行性研究和可行性研究阶段的总体技术要求。

2.2　预可行性研究的总体技术要求

预可行性研究的主要研究内容包括开展厂址选择、环境影响初步分析和多方案论证研究,研究结果形成《研究堆厂址选择报告》《研究堆预可行性研究报告》和《环境影响初步评价报告(厂址选择阶段)》三大报告。

本节将主要介绍研究堆预可行性研究总体技术中的建堆必要性、厂址选择、厂区总体布置、建立设计准则和多方案论证等方面的要求,简介关键技术识别,以及《项目建议书》的编写内容、格式和深度等方面的要求。

2.2.1　建堆必要性与厂址选择条件要求

建堆必要性和厂址选择是研究堆建设单位编写《项目建议书》的重要内容,提交的《项目建议书》所论证的建堆的必要性和满足厂址选择条件的要求对于申请的拟建研究堆工程建设项目通过国家立项具有重要意义。本节将简要介绍建堆必要性,并结合编写《研究堆厂址选择报告》相关内容介绍研究堆厂址选择的基本条件和差异性要求。

1) 建堆必要性

业主面向国家任务或单位制订的科学与技术中长期发展规划需求,结合本单位现有能力等实际条件,组织相关用户科学家、专家及工程师等反复多次研讨,主要针对研究堆的安全性、先进性和经济性以及配套设施的适宜性等综合指标进行论证,提出拟建研究堆工程项目的必要性。例如,建堆必要性的内容如下:

依据国家任务或单位的科学与技术中长期发展规划,为提升国家开展相应科学实验技术研究、同位素生产和人员培训等方面的能力,业主拟在相应时期和地区建设一座热功率为 30 MW、以轻水作为冷却剂和慢化剂、重水或铍作为反射层、堆芯快中子注量率大于 3×10^{14} cm^{-2}·s^{-1}、反射层热中子注量率

大于 3×10^{14} cm^{-2}·s^{-1} 的游泳池式高性能多功能研究堆,并配套相关应用设施和装置以满足多用户多用途需求。这一建设需求是完全必要的。

2) 研究堆厂址选择基本条件要求

目前,在社会公众和媒体对核安全高度关注的背景下,研究堆厂址选择除了需满足反应堆功率水平、厂址自然条件(水、电、气、道路与通信)和外部事件以及辐射安全等方面的基本条件要求外,还必须考虑地方政府的区域经济发展规划、地方环保部门的意见和当地公众的态度。针对 HAFJ 0005—1992《研究堆厂址选择》在抗震设防等方面提出的标准仅适用于研究堆功率小于 5 MW 的研究堆的问题,对于反应堆功率为 5~100 MW 的研究堆,在开展厂址选择之前,业主可基于该标准,结合拟选厂址条件并参照 HAF 101《核电厂厂址选择安全规定》标准要求,制订相应准则,申报并经过国家核安全局批准后作为开展厂址选择工作的依据。

3) 研究堆厂址选择的差异性要求

研究堆内放射性源项的大小正比于反应堆的功率水平,正如在第 1 章中指出的一样,研究堆与核电厂的差别之一是,前者的最高功率水平比后者的最低功率水平约低 1 个数量级。原则上,对于反应堆热功率小于 20 MW 的研究堆来讲,其厂址可选在靠近中小城市的人口密度相对较小的区域,简言之,该类功率水平的研究堆可以进城。选址主要依据体现在三个方面:一是从游泳池式研究堆设计和建设采取的工程设防措施角度看,所采用的燃料元件包壳、游泳池冷却剂和密封厂房是三道完善的放射性包容措施,形成了对放射性释放的纵深防御,即使发生 1~3 个燃料组件烧毁的万一情况,泄漏出反应堆厂房进入厂区的放射性水平最多涉及厂区应急处置,无须场外应急干预;二是从方便用户和提高利用率角度看,建在城市或靠近城市的位置,方便科学实验研究,有利于束流中子的产生与医院研究和高校研究的结合,可进一步提高研究堆的利用率;三是从世界上已建成研究堆服役情况和研究堆安全运行记录可见,美国将密苏里大学研究堆(Missouri University Research Reactor, MURR)建在其校园内,日本将 JRR-1、JRR-2、JRR-3M 和 JRR-4 四座研究堆相邻排列并建在了东海村(该村实际人口数量已达到东海市水平),全世界 841 座研究堆已积累了 1 万多堆年安全运行的经验,迄今为止,没有一座研究堆发生过全堆芯熔化事故。

2.2.2　厂区总体布置要求

长期的研究堆工作实践表明,在设计阶段,如果研究堆这个综合平台的厂区总体布置满足安全、美观和适宜等综合因素要求,则该厂区建成后在长期的运行、应用甚至退役期间对于激发科研人员的创新灵感和提升单位投入与产出的效费比等方面具有重要意义。研究堆厂区布置的总体要求如下:充分吸收国内外已有研究堆厂区总体布置经验和教训,结合拟建研究堆的特点和实际,深度融合核技术、建筑、人文和环境等学科特色,重点突出安全、美学和经济等三个效果。在安全上,反应堆主厂房应具有全密封和抵御外部事件的功能,实验室等具有辐射防护、抗震、减振和降噪等功能;在美学上,主体建筑群和门面设计要保证至少 20 年不落后;在经济上,建筑安装工程费用需在投资额度控制范围内。主要布置内容涵盖厂区平面以及各建筑子项的总体布置等四个部分:一是厂区±0 m 平面的水、电、气、风、通信和道路等各类管线的布置;二是各建筑子项位置的布置;三是主要建筑子项内及其之间主/辅工艺系统的布置;四是反应堆大厅内垂直和水平空间各类应用装置的位置和基础等的布置。

1) 布置原则

在选定研究堆厂址的基础上,对于一个全新厂址,在开展厂区总体布置设计时,业主和设计者应坚持下述四项布置原则。

(1) 突出中心与形成主体建筑群的原则。研究堆主厂房和实验研究室的建筑物应形成主体建筑中心,用于开展材料、能源和生命科学与技术研究的中子散射大厅和开展核化学、放射性同位素研究生产的热室群及其手套箱可对称布置在反应堆主厂房两侧,其他二回路泵房、冷却塔、电气厂房和送排风中心等辅助厂房可布置在中心周围;若厂区具有多个研究堆组成的群堆,应结合厂区地理特征形成中心轴线的综合布置方案,并充分考虑共有建筑物或构筑物(以下简称建构筑物)子项的综合利用,以提高建设和运行等方面的经济性。

(2) 主体建筑群置于同一基岩和筏基并紧凑化的原则。反应堆主厂房、乏燃料厂房和主控制室等安全重要建筑物或包含放射性物质的建筑物应布置在同一基岩和筏基上,以防止发生地震期间由于各建筑物的密度差使得不同基岩和筏基的承载能力不同造成沉降位错,导致连接管线被撕裂;由于主体建筑群造价较高,从投资控制和退役放射性废物处理与处置最小化角度看,在满足可维修性要求的条件下,应尽可能提高主/辅工艺系统对建筑空间的利用率,尽可能避免导致空间浪费的不合理布置。

(3) 放射性和非放射性子项建筑合理分区的原则。依据厂区风向玫瑰图,辨识出常年静风频率和主导风向,将"三废"处理等子项建构筑物尽可能设置在主导风向的下风向,从空间上避免脏区放射性物质流向干净区,减少发生放射性物质交叉污染的概率。

（4）满足厂区内堆芯辐照样品和乏燃料运输工艺要求的原则。设置专用运输通道，避免放射性物品运输期间在空间管线上出现交叉的现象。

2）总平面布置图与建构筑物

依据上述布置原则，平面布置在满足厂区±0 m平面场、道路、水、电、气、风和通信等布置条件要求的基础上，还应结合厂区周围地理环境条件考虑。通常，一座全新研究堆厂区各建筑子项主要包括反应堆主体、辅助系统子项、配套实验研究及其生产子项，其总平面布置如图2-2所示。

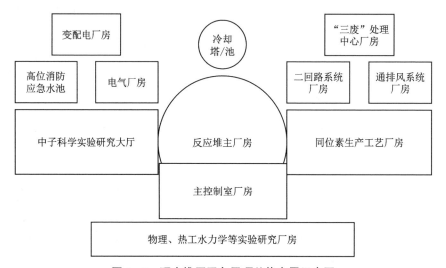

图2-2 研究堆厂区各子项总体布置示意图

建筑安装工程中研究堆厂区主要建构筑物子项名称及功能要求如表2-1所示。

表2-1 研究堆厂区主要建构筑物子项名称与功能

序号	名　称	功　能	备　注
1	研究堆主厂房	容纳反应堆本体、一回路系统、乏燃料池系统和反应堆大厅中子场及其应用装置等；在正常工况和事故工况期间用于防止放射性物质进入环境，安全纵深防御上是防止放射性物质释放进入环境的最后一道屏障；具备抗震、防火隔离等功能	该子项是研究堆的中心建筑，其建筑结构早期为砖混结构，近年来新建研究堆分为钢壳或钢筋混凝土整体浇筑结构两类，采取全密封微负压模式运行

(续表)

序号	名　　称	功　　能	备　　注
2	主控制室厂房	为仪控全数字化系统操作层的台屏柜和计算机平台等的布置提供空间,是运行人员、工程师等的工作场所;具备抗震、防火隔离等功能	具有可视化功能:近年来,主控制室内的运行人员通过隔离主厂房与主控制室的玻璃墙面可实时观测反应堆大厅的状态;通过隔离参观廊道与主控制室的玻璃墙面可实时观测主控室内的状态
3	二回路系统厂房	提供布置二回路系统与设备冷却水系统等的空间,具备抗震等功能	如果是采用轻水作为冷却剂和慢化剂,重水作为反射层的近代多用途游泳池式研究堆,则二回路对一回路的轻、重水热交换器输出管线具有集成功能
4	冷却塔/衰变池	如果最终热阱为大气,则通过泵和喷淋系统将二回路轻水中的热量散发进入大气,具备抗震功能	如果最终热阱为江水,则通过与其连接的三回路系统将二回路系统中轻水的热量载带入江水;具备抗震功能
5	高位消防应急水池	为全厂区提供生产、生活消防和事故应急等水源,具备抗震功能	早期研究堆供水管道采用直埋方式,近年来要求采用管沟方式,便于检修、维护和应急;具备抗震功能
6	变配电厂房	设置的变压器输入端为接收两路外网高压电源,输出端向厂区电气厂房各配电柜供电;具有抗震、防火、防雷和电磁屏蔽等功能	——
7	电气厂房	提供设置高、中和低压配电柜、盘等的空间,具有抗震、防火、防雷和电磁屏蔽等功能	厂房内防火电话除了设置拨号电话外,还应设置调度直通电话
8	通风中心厂房	提供设置通风系统风机、阀门和管道等的空间,具备抗震、防火等功能	如果厂区为多堆布置,则最好设计成公用通风中心,以降低投运后的多岗位值班的运行成本
9	应急不间断电源厂房	为设置 UPS 屏柜及其蓄电池组系统提供空间,具备抗震、防火和电磁屏蔽等功能	

(续表)

序号	名　称	功　能	备　注
10	备用电源厂房	为设置一用一备两台柴油机及其系统提供空间,具备抗震、防火等功能	厂房内储油罐必须与柴油机建筑子项相隔离,且具有抗震、防火和防雷击等功能
11	物理、热工水力等实验研究大楼(厂房)	提供设置研究堆物理或化学实验、测试和分析等工作场所,为布置相应实验、测试和分析设备及仪器等提供空间	—
12	中子科学实验研究大厅	提供设置各类谱仪、冷或热中子导管和屏蔽体等的空间,实验工作人员开展实验、获取数据的场所;具备承重、抗震和降噪等功能	—
13	同位素生产厂房	为设置屏蔽热室群和屏蔽厚/薄手套箱系列提供合理空间,满足放射性辐照罐接收、解体、分装、转运、测试和分析等要求;具备承重、抗震和消防等功能	比邻的同位素药品生产大楼具备容纳同位素生产线的功能,为同位素生产和实验工作人员开展生产、实验和获取数据等提供工作场所;具备承重、抗震、消防和 GMP 条件要求等规定的功能
14	"三废"处理中心厂房	提供设置固废/液废处理线相关设备、转运系统等的空间和处理后废物暂存空间,是三废处理中心运行和相关实验人员的工作场所	—

2.2.3　建立设计准则与多方案论证要求

设计标准是开展一座全新研究堆设计工作的依据文件,多方案论证是预可行性研究的主要工作内容,为满足设计依据充分性和全面开展预可行性研究阶段工作要求,下面主要介绍建立设计准则和多方案论证等要求的内容。

1) 建立设计准则要求

近年来,除了少数微型反应堆的功率水平在千瓦量级,在役、在建和拟建的全新研究堆的功率水平均在 10～100 MW 范围内,1995 年 6 月 6 日国家核安全局批准发布的 HAF 201—1995《研究堆设计安全规定》等文件仍缺乏反应堆功率水平在该范围的相关抗震设防设计标准,缺乏划分该类堆安全重要物项的抗震类别和冷中子源装置设计等的依据性文件。

针对上述问题,提出的解决措施主要是依据 HAF 1000 - 1《研究堆设计安全规定》、HAF 202—1995《研究堆运行安全规定》等文件,参照核电厂和国外相关研究堆已有标准文件,结合拟建研究堆工程建设项目投资控制和主要限制条件等实际,逐一对照、分析和研究现行研究堆核安全法规的要求,在确保满足停堆、冷却和包容等三项基本安全功能要求,确保满足实施三道屏障的纵深防御和合理可行尽可能低的辐射防护要求等安全规定的基础上,对已有标准文件的条款和技术要求等的适宜性、必要性和缺失等进行修改、裁减和补充。采取的基本策略是修改与拟建工程建设项目不相符的条款以及各标准之间相互重复或不一致的内容,裁减对某些系统不适合和不必要的要求,补充拟建研究堆工程建设项目需要但原标准中缺少的技术要求,确保设计依据文件的充分性、完整性和适宜性。

在满足三项安全功能要求方面,依据 HAF 1000 - 1《研究堆设计安全规定》,为确保全寿期内研究堆的安全,在补充并制订相关设计准则时,应充分考虑下述基本安全要求。

(1) 研究堆与核电厂的差异性要求,需综合平衡研究堆厂址总的安全要求与风险水平。

(2) 固有安全性要求,研究堆在全寿期内任何条件下均需具有负反馈温度系数。

(3) 可靠停堆要求,在任何运行和事故工况下,研究堆均能安全停堆并保持冷停堆状态。

(4) 堆芯冷却要求,在Ⅰ、Ⅱ和Ⅲ类工况下,堆芯始终处于被淹没状态,确保不发生燃料元件烧毁事故。

(5) 余热可靠排出要求,在任何事故工况下,确保堆芯余热能可靠排出。

(6) 在设计基准事故下,现场工作人员和厂区公众不会遭受过量辐射剂量。

(7) 老化的要求,所有安全重要物项必须在其全寿期内为老化留有安全裕度,确保全寿期内执行其安全功能并满足性能指标要求。

2) 多方案论证要求

本阶段工作的主要研究目的是基于堆芯和主要工艺系统的多方案探索寻优,在先进性、安全性和经济性等方面获得一个初步可行并满足用户合同中提出的研究目标和技术指标要求的优选方案。主要研究过程如下：首先，依据建设单位结合其任务需求提出的研究目标和技术指标，在堆芯核设计、燃料元件设计和热工水力学设计三个专业之间开展协同设计，反复迭代，形成一个堆芯方案。其次，结合总体和主工艺系统布置开展多方案设计研究、比较和分析，形成一个堆芯和主工艺系统相匹配的设计结果。最后，按照应用配套装置建设需求，确定一个优选方案。具体的多方案论证要求主要包括下述 4 项内容。

（1）研究目标和主要技术指标要求。总体上看，研究堆属于国家大型核设施，预可行性研究阶段研究目标和技术指标的提出主要与资金筹措模式有关，目前，研究堆的建设、运行和退役等所需的费用主要有两种筹措模式。用于教学、培训或医学且堆功率在千瓦量级水平的微型研究堆，所需费用可由民营企业筹措，研究目标和技术指标主要由投资企业提出并作为开展研究工作的输入参数；其余研究堆所需费用主要由国家财政拨款，研究目标和技术指标主要由项目建设单位提出并作为开展研究工作的输入参数。无论哪种模式，要求所提出的研究目标和技术指标能够全面完成拟建堆将承担的各项任务，能够形成和提升建设单位在核能科学与技术和核技术应用等方面的能力和水平。

通过预可行性研究，按照研究结果确定的研究目标和技术指标将作为编写工程建设项目立项申请报告的输入参数，其中，技术指标主要包括堆型、堆功率、中子注量率水平、堆芯燃料元件、反射层辐照垂直管道与水平实验孔道数量、控制棒驱动机构布置方式和拟选用的仪控技术等。

（2）依据和参照文件要求。从依据文件及其关系上看，研究堆作为一座大型核设施，在全寿期内，其安全性备受公众和媒体关注，为确保研究堆在运行、使用和退役期间各项活动的安全，国家和国家核安全局建立了完整的核安全法律法规文件体系。其中，国家制定及发布的有《中华人民共和国放射性污染防治法》和《中华人民共和国核安全法》等国家法律文件，国家核安全局作为监管方，是代表我国政府承担监管责任并行使监管权力的监管机构，对研究堆的选址、设计、建造、运行（应用）和退役等各阶段活动制定和发布有 HAF 和 HAD 两套文件。在这两套文件中，HAF 依据建立的安全原则规定全寿期内必须达到的安全目标和最低安全要求，是强制性执行文件；HAD 则为满足 HAF 要求，做解释、补充和说明，推荐拟采用的工作程序和方法，是推荐性文件；在实践中通常也把 HAD 视为强制性要求文件执行。

从参照文件上看，在一座新型研究堆的预可行性研究工作中，除了参照

HAD 文件开展工作外，为充分借鉴国家、其他行业主管部门等批准发布的相关文件以及在相关工程设计使用过程中积累的经验，增强具体工作细节的适应性，满足在职业安全卫生、消防和环保等方面的"三同时"要求，还应有相关参照文件作为补充。例如，该阶段研究工作可参照的主要文件有 GB、GB/T、EJ 和 EJ/T，核电厂、核动力堆以及职业安全卫生、消防和环保等行业主管部门批准/发布的相关文件。

　　这里需注意的是，在引用这些文件时，要求关注各文件的层次。例如，针对该阶段的核安全研究，所引用的依据文件主要是我国已制定和发布的核安全法律法规体系文件，总体上该体系文件的层次与国家的法律法规体系文件的层次一样，主要分为国家法律、国务院条例和国务院各部委规章等三个层次，其中，国家法律是顶层纲领性文件，对于研究堆等核设施的核安全起决定性的作用；国务院条例是第二层次文件，是国家法律在核安全领域要求的细化；国务院各部委规章是第三层次文件，是第一、二层次文件在核安全领域的落地文件，其内容必须与第一、二层次文件的要求一致，是研究堆各运营单位必须执行的强制性文件。原则上，三层次文件是拟建研究堆业主开展核安全研究工作必须遵循的文件。

　　三层次文件在批准/发布权限、结构构成和核安全领域的法律法规等三方面之间的关系如图 2-3 所示。

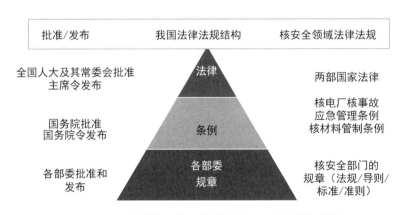

图 2-3　研究堆核安全研究依据的三层次文件关系图

　　在预可行性研究工作中，要求按照上述三类文件开展研究工作，满足依据充分性、参照适宜性和管理规范性等方面的要求。

（3）堆型选择的原则和技术路线要求。堆型选择要求坚持三条基本原则：一是面向重大任务需求牵引、坚持科学与技术进步推动的原则，即面向国家（单位）重大任务或重大科技发展前沿需求，针对长期存在的重大关键核心技术瓶颈、当前面临的科学或技术挑战，预测近期科学与技术发展态势，并充分考虑当时国内的科学与技术发展实际水平和国家核工业以及相关工业基础现状等因素，选择拟建反应堆的堆型；二是坚持具有高性能和多功能的原则，鉴于采用反中子阱原理设计的研究堆代表了近年来全世界新建研究堆的发展方向，通常按照该原理并结合任务发展需求，配套相应的实验研究装置，所选择的堆型均具有高性能和多功能特点，其中，具体功能和性能应据实际用途予以确定；三是坚持不采用未经其他工程验证的"四新"原则，这里的"四新"指新材料、新技术、新工艺和新设备，由此可为项目立项后的工程建设进度控制降低难度。

依据上述堆型选择原则，结合建设目标、总体技术指标和建设内容等要求，基于几座研究堆堆型选择工作的实践，所采取的技术路线主要是根据有、无参考堆型去开展堆型选择工作。下面主要介绍两种技术路线的优点和论证重点要求。

有参考堆型的主要优点是可以借鉴参考堆型的设计、建造、调试和运行经验，要求充分吸收其经验和教训，避免走弯路；论证重点是要求充分借鉴参考堆型的总体、物理、热工水力、仪控系统和辐射防护等相关设计计算资料，深入研究分析总体布局、堆芯和系统等的主要技术指标与拟建堆型相关部分的可借鉴性，结合业主提出的主要任务实际，开展预可行性研究工作。

无参考堆型的优点主要是有利于厂区总体布局、反应堆总体结构、堆芯物理、热工水力、燃料和系统等的创新设计；不足之处是在设计工作方面，由于无参考堆相关参数借鉴，所以在开展多方案比选时，堆芯多物理设计需从反应堆物理的栅格水铀比等基础工作起步，在完成多个堆芯方案设计的基础上，再寻找堆芯和系统相匹配的优化设计方案，由此将陡增预可行性研究的工作量，如果再采用"四新"原则设计，则将进一步增加达到预期技术指标、实现预期目标的难度和风险。

（4）多方案论证要求。基于上述工作，设计单位需采用自研或已有软件和数据，采取理论分析、数值模拟计算和工程经验判断等相结合的技术路线，依次开展堆芯、系统和应用装置等预可行性研究工作，经过多方案比选、研究、分析和论证，获得一个满足用户合同要求的初步可行优选方案。该方案的深度要求是可为建设单位编写工程建设项目的《项目建议书》提供技术支撑。

2.2.4　关键技术辨识和预研结果技术要求

针对总体技术方案将实现的研究目标、拟达到的主要技术指标和应用研究装置指标,预可行性研究工作的结果还需识别且凝练出需攻克的核心关键技术研究课题并提出其解决途径。近年来,国内外新建成的具有反中子阱原理特征的游泳池式研究堆工程的建设经历和经验表明:一座全新研究堆工程项目的关键技术主要涉及关键建构筑物、系统(设备、部件)等关键物项建设内容,这些内容能否被辨识和提前攻克不仅直接影响拟建研究堆工程项目的质量安全、进度和投资的总体控制,而且直接影响其功能、性能指标的实现和环境条件的适宜程度。例如,就工程建设进度控制而言,如果这些关键技术未解决,将直接影响相关物项设计图纸的出图时间,设备制造、到达现场和安装的时间,系统安装和调试时间,因这些物项与其他系统的接口条件和接口关闭时间等均在关键里程碑节点控制路线图上,只要其中一个物项的关键技术问题未解决,势必影响总体里程碑节点的实现;针对拟建研究堆工程项目中采用的"四新"问题,为使工程项目设计、建造和调试工作能按照预期进度推进,从管理和技术角度,必须高度关注哪些单项关键技术在预可行性研究阶段已识别出并提出了解决途径,同时预测未提出解决途径的关键技术在可行性研究、设计和设备制造阶段能否完成,尤其是一些长周期非标关键核级设备的研制过程不仅会引起工程最高决策层的高度关注,甚至国家相关部门也会亲临设备制造厂了解主要制造工艺过程、跟踪研制进度和协调解决在此期间的接口等相关管理和技术难题。因此,在拟建研究堆工程项目的预可行性研究阶段,与其他核工程建设一样,通过辨识并设置相关课题,对潜在的核心关键技术进行识别、开展理论研究并初步分析攻克这些关键技术的技术可行性,可提前初步释放工程建设技术风险,在转入可行性研究和工程建设阶段,对于工程的设计,重要物项的制造、安装和调试等具有重要的现实意义。

从总体设计、堆芯设计、核热转换系统设备研制和安全等方面来看,预可行性研究工作结果要求辨识的关键技术分为下述 3 类关键技术课题和 8 个子课题。

课题 1　研究堆总体设计技术

　　子课题 1:完善设计依据文件体系(主要是补充设计准则);

　　子课题 2:轻水/重水系统集成设计技术。

课题 2　堆芯物理热工水力设计技术[1-4]

　　子课题 1:燃料元件研制技术;

子课题 2：建立 CHF 关系式；

子课题 3：流致振动实验技术；

子课题 4：流量分配实验技术。

课题 3　关键系统和安全重要非标设备研制技术

子课题 1：大型重水箱研制技术；

子课题 2：控制棒驱动线研制技术。

现以具有反中子阱原理的游泳池式研究堆为例，预可行性研究结果的主要技术要求如表 2-2 所示。

表 2-2　反中子阱原理游泳池式研究堆预可行性研究结果的主要技术要求

序号	名　称	单　位	技　术　要　求	备　注
1	反应堆热功率	MW	14～100	堆型：开口池式或池内水罐水冷反应堆
2	最大快/热中子注量率	$cm^{-2} \cdot s^{-1}$	$\Phi_f \leqslant 7 \times 10^{14}$ （>0.9 MeV） $\Phi_t \leqslant 2 \times 10^{15}$	堆芯和反射层无扰动状态下
3	反应堆堆芯			
3.1	燃料元件结构	mm	板状/管状/十字麻花棒状	
3.2	燃料芯体		U_3Si_2Al/UAl_x	
3.3	包壳材料		Al/SS	
3.4	^{235}U 富集度	%	19.75～90	
3.5	堆芯燃料组件数	个	<40	
3.6	A 型燃料组件	个	18～32	为展平堆芯中子注量率分布和增大后备反应性，可在燃料组件边框加入丝状可燃毒物
3.7	其他燃料组件	个	<8	组件外廓尺寸与控制棒吸收体外框尺寸相同，但加入可燃毒物的位置或数量不同

（续表）

序号	名　　称	单　位	技 术 要 求	备　　注
3.8	堆芯垂直实验管道数量	个	<6	
4	反射层			
4.1	反射层内径	m	<1	
4.2	反射层外径	m	$\leqslant 2.5$	
4.3	反射层高度	m	<2	
4.4	反射层材料		SS/Al	
4.5	反射层内垂直管道数	个	>10	
4.6	实验/辐照回路数量	个	>3	主要有冷中子源、气动跑兔、材料辐照等回路
5	水平实验孔道			
5.1	水平实验孔道数	个	>5	
5.2	水平实验孔道尺寸	cm	$W>9$ $H>20$	断面为矩形
5.3	水平实验孔道密封结构		双层密封环/板	铝材
5.4	水平实验孔道密封材料		SS/Al	
6	控制棒驱动线			
6.1	控制棒驱动机构位置		堆芯下部/堆芯水平方向	
6.2	控制棒驱动力		伺服电机/直线电机	电机带动丝杠＋磁力或钩爪＋磁力
6.3	全密封控制棒导管数	根	>4	
6.4	控制棒吸收体根数	根	>4	
6.5	控制棒材料		银铟镉/铪	

（续表）

序号	名　　称	单　位	技　术　要　求	备　　注
7	仪控系统		全数字化分散控制系统	分散控制系统＋模拟
8	堆芯功率密度	kW/L	＞100	核电厂为 50～80
9	燃料温度系数	$10^{-5}\,K^{-1}$	＜−1	
10	两套停堆系统反应性			
10.1	控制棒总当量		−0.31～−0.35	JRR−3M 第一套停堆系统初装净堆到平衡氙循环末期[2]
10.2	第二套停堆系统最大反应性		−0.063～−0.107	JRR−3M 第二套停堆系统[2]
11	换料周期	d	＞30	
12	平均燃耗	％	≥40	
13	反应堆热工水力			
13.1	堆芯入口温度	℃	≥35	
13.2	堆芯出口温度	℃	≥42	
13.3	堆芯进出口温差	℃	≤21	
13.4	一回路流量	t/h	＜3 000	
13.5	二回路流量	t/h	＜4 500	
13.6	堆芯冷却剂流速	m/s	＞6	
13.7	燃料元件包壳外表面平均温度	℃	80～95	
13.8	燃料元件中心最高温度	℃	＜250	
13.9	MDNBR		＞1.5	
14	反应堆游泳池			

（续表）

序号	名　　称	单　位	技　术　要　求	备　　注
14.1	池壳材料		SS/Al	钢骨架支撑 SS
14.2	SS 厚度	mm	＞20	
14.3	水池深	m	≤20	
14.4	水深	m	＞10	
14.5	游泳池装水量	t	＞150	
15	水下运输通道			
15.1	通道壳体材料		SS/Al	钢骨架支撑 SS
15.2	SS 厚度	mm	＞15	
15.3	水池深	m	≤15	
15.4	水深	m	＞10	
15.5	装水量	t	＞100	
16	乏燃料池			
16.1	通道壳体材料		SS/Al	钢骨架支撑 SS
16.2	SS/Al 厚度	mm	＞25	
16.3	水池深	m	≤18	
16.4	水深	m	＞15	
16.5	装水量	t	＞400	
17	屏蔽热室			
17.1	热室壳体材料		SS	重混凝土＋SS 内壳体
17.2	SS 厚度	mm	＞20	
17.3	屏蔽门材料		铅玻璃	
17.4	屏蔽 γ 射线能力	Ci	＞10 万	$1\ Ci = 3.7 \times 10^{10}\ Bq$
17.5	热室内腔体积	m^3	＜40	

(续表)

序号	名　　称	单　位	技 术 要 求	备　　注
18	实验室			
18.1	物理实验室	$m^2/个$	18~54	用于反应堆运行参数测量和数据处理
18.2	化学实验室	$m^2/个$	18~54	用于反应堆运行参数测量和数据处理

2.2.5 《项目建议书》的编写内容、格式和深度要求

在完成上述研究堆《厂址选择报告》《预可行研究报告》和《环境影响初步评价报告(厂址选择阶段)》三大报告的基础上,为使拟建研究堆工程项目被国家通过立项,研究堆建设单位须向国家提交《项目建议书》。国家据此批复《项目任务书》(见图2-1),《项目建议书》的编制是介于预可行性和可行性研究阶段之间的工作,主要由建设单位负责编写,是向国家申请拟建项目立项的重要文件。鉴于国家尚未发布有关研究堆项目建议书的编写格式、内容和深度要求的文件,本节将参照《核电厂项目建议书的编写格式、内容和深度要求》文件的相关规定,并结合国内近年来已建成研究堆的《项目建议书》的编写工作实践,简要介绍建议书编写的内容、格式和深度要求。具体要求由以下12个部分组成。

(1)建设项目概况。主要概述工程建设项目的名称、依据、目标、内容及规模等内容。

(2)建设项目的必要性。主要介绍申请拟建项目的背景、重要性和必要性。

(3)建设地点、规模和厂址条件。主要依据建设单位在预可行性研究阶段提供的《研究堆厂址选择报告》中的主要内容和结论,说明拟建研究堆工程建设项目的建设地点,新征地条件,重点论述拟建厂址的气象、水文、地质、交通、水电等自然和外部条件以及当地政府的中长期规划等内容。

(4)初步建设方案。主要依据完成的《预可行性研究报告》,重点介绍总体建设思路和优选方案两部分内容,在优选方案中,简要介绍建筑安装工程、主/辅工艺系统及其应用配套装置/设施三部分内容。其中,建筑安装工程主

要包括厂区地平面上下总平面布置和建筑子项工程设计;主/辅工艺系统主要包括堆芯物理、燃料元件和热工水力、控制棒驱动线、主工艺系统和辅助工艺系统布置等方案;应用配套装置/设施主要包括物理、化学和其他应用项目等方案。

(5) 环境影响初步评价。简要介绍拟建项目《环境影响初步评价报告(厂址选择阶段)》中的主要内容和结论,包括环境要求及其对策。

(6) 职业安全卫生等要求及对策分析。参照核电厂建设项目编写的格式和内容,主要回答拟建设项目执行同时规划、同时建设和同时投产"三同时"的要求,包括职业安全、卫生、消防、节能和地震安全等。

(7) 组织机构、工作制度和劳动定员。主要介绍建设和运行阶段营运单位的组织机构图,重点关注业主内部的执行层、管理层、决策层和参建单位以及设备供货单位之间的关系是否清晰,所建立的组织机构图是否满足行政、技术和质保三条线具有独立性的原则要求;建设期间和投产之后的工作制度和资源配置等情况。

(8) 投资估算、资金来源和投资风险分析。主要介绍拟建设项目的投资估算、资金来源和筹措方式等内容,并进行投资风险和建成效果分析。

(9) 项目建设进度安排。主要介绍拟建设项目的建设周期和进度安排,给出建设进度的里程碑节点,阐明提出的建设周期和进度安排的合理性。原则上,如果有类似工程建成经验,则应将提出的建设周期和进度安排的合理性与其相比较;如果属于全新工程,可借鉴相关工程的建设经验,再结合拟建工程项目的实际情况,通过投资、进度和质量等三大控制要素研究分析,提出一个基本合理的建设周期和进度安排。

(10) 工程建设项目招投标方案。依据国家的工程建设项目招投标法,主要介绍建筑安装工程和主/辅工艺系统、设备及主材的采购模式。

(11) 结论和需要说明的问题。基于上述 10 个部分内容,主要回答拟建研究堆工程建设项目的必要性、采取的总体技术方案的初步可行性、安全性和经济性;如果安排有配套和提前实施等内容,则必须说明配套效果和提前实施的必要性。

(12) 附件。主要介绍业主在预可行性研究阶段工作中产生的并与本工程建设项目有关的报告和国家批复的相关文件,例如,业主编写的《厂址选择报告》《预可行性研究报告》和《环境影响初步评价报告(厂址选择阶段)》等。

此外,近年来,为便于国家主管部门和专家评估建设单位已有的资质、基础条件和能力,在概述之前,增加了介绍"项目建设单位概况"一章的编写要求。

2.3 可行性研究的总体技术要求

可行性研究的总体技术要求主要是依据国家批复的《研究堆工程建设项目任务书》(以下简称《项目任务书》),从先进性、安全性和经济性等方面全面开展研究,分析论证实现建设目标和技术指标的可行性。可行性研究结果形成该阶段的三大报告:《可行性研究报告》(技术方案)、《初步安全分析报告》和《环境影响评价报告》(可行性研究阶段)。

本节将主要介绍可行性研究报告中的总体技术方案的主要内容,具体包括建设目标、技术指标与物项分级要求,建筑安装工程要求,堆芯与主/辅工艺系统特点与技术,主要应用研究装置及冷中子源技术,中子导管特点与技术,关键技术课题研究,关键设备与技术可行性分析要求等 7 个部分内容,其中,对于重要核级非标关键设备的研制深度拓展到初步设计阶段。

2.3.1 建设目标、技术指标与物项分级要求

依据可行性研究的总体技术要求,下面主要介绍建设目标与技术指标以及研究堆物项分级等 3 个方面要求的内容。

可行性研究工作所依据的建设目标和技术指标主要来源于《项目任务书》中的相关批复,要求采用的建设目标和技术指标与《项目任务书》批复的一致。其中,主要技术指标包括反应堆堆型、燃料元件采用的富集度,反应堆功率以及堆芯和反射层中的最大快或热中子注量率水平等参数,如果在《项目任务书》批复后,随着研究工作的深入,建设单位可补充诸如控制棒驱动线和仪控系统采取的模式等技术指标要求,但不得裁减已批复的技术指标。

物项是指工程建设项目中建构筑物、系统、设备和部件等内容。相较于常规工业民用工程建设项目中的物项,研究堆物项的安全功能更为重要,因其安全功能不仅是研究堆运行的生命线,而且涉及整个核事业的可持续发展命脉,由此提出了物项的安全功能按照其对安全的重要程度进行分级的概念。分级的主要目的有三,一是在安全性和经济性之间找到一个平衡点,防止过度安全设计;二是依据不同的分级标准满足物项的设计、建造、检验和试验等的要求;三是在任何工况下,物项的安全功能均能实现,确保研究堆运行的安全性和可

靠性。研究堆物项分级要求主要与物项安全分级、抗震质保类别划分、标准规范选择等要求有关。

总体上,与核电厂和动力堆等核设施一样,研究堆物项安全分级主要是为物项的抗震类别的确定、质保大纲的制定,规范和标准等的选择提供依据。依据 HAF 201—1995《研究堆设计安全规定》等文件要求,在设计研究堆的物项时,应划分其安全级别、抗震类别、质保等级及采用的相关规范和标准等,确保所设计的研究堆的安全重要物项在遭遇外部自然灾害影响时,具有不丧失执行安全功能的能力,在发生安全停堆地震(safety stop earthquake, SSE)期间和之后,具有执行规定功能的能力。但是,近年来,随着核安全监管技术要求的提高、深化和发展,在执行步骤上,研究堆物项安全分级又分为研究堆功率分类和安全分级,还要遵循抗震和质保分类原则、设计规范选择原则。

1) 研究堆功率分类

从第 1 章可知,因研究堆的功率水平从零到 100 MW 量级,跨越范围较宽,源项差别较大,万一发生事故,其危害程度差别较大。所以,近年来,随着核安全监管技术向精准防控和精细化管控方向的推进,21 世纪初国家核安全局提出了对研究堆的功率水平进行分类的要求,其主要目的是为安全分级、设计、监管和应急决策等提供依据。据此要求,在对研究堆物项的安全级别、抗震和质保类别等进行划分之前,首先应确定研究堆的功率类别,在对研究堆的功率进行分类时,需总体考虑堆芯物理、热工水力、控制保护、系统安全特性和实验内容等诸多因素,其中,应重点考虑潜在源项大小、安全特性和放射性释放后果三个因素,这些因素的综合判据是反应堆的功率水平,这是因为堆芯装载核燃料的多少、剩余反应性的大小和裂变产物的总量等放射性源项正比于研究堆的功率水平。目前的做法是,按照拟建反应堆的热功率水平从高到低将其分为三类:Ⅰ类高等级功率水平研究堆,热功率范围为 $10\ \mathrm{MW} \leqslant P < 300\ \mathrm{MW}$,Ⅱ类中等级功率水平研究堆,热功率范围为 $500\ \mathrm{kW} \leqslant P < 10\ \mathrm{MW}$,Ⅲ类低等级功率水平研究堆,热功率范围为 $P < 500\ \mathrm{kW}$。在研究堆功率水平确定后,从设计依据、设备制造和安全监管角度,设计人员可研判所划分物项的安全、质保级别、抗震类别和所选取规范以及标准等的适宜性和正确性。

例如,从厂址选择角度,若拟建研究堆是热功率为千瓦等级的Ⅲ类堆,则类似我国深圳大学、山东大学等建造的微型研究反应堆,可建在校园内;若拟建研究堆等级是 1~10 MW 的Ⅱ类堆或热功率不大于 20 MW 的Ⅰ类堆,如 2.2.1 节所述,则类似日本东海村的 JRR‐1、JRR‐2、JRR‐3M 和 JPR‐4

等,可建在靠近城市的位置,这些研究堆的运行、提供的中子源和各种实验研究装置等条件为外部科研人员和高校师生开展核科学与技术实验研究以及人员培训等提供了极大的方便。

2) 研究堆物项安全分级原则

通常,属于 I 类研究堆的物项分为安全重要物项和非安全重要物项两大类,其中,安全重要物项主要包括预防事故工况出现和发生事故期间缓解事故后果两类物项。涉及停堆、冷却和包容三项安全功能的安全重要物项的安全等级又分为安全 1 级、安全 2 级、安全 3 级,以及非安全级,具体划分原则如下。

安全 1 级,用 SC-1 表示,是指用于预防和缓解事故**特别重要**的物项,这些物项的功能失效可能导致堆芯严重损坏,大量放射性物质释放;在通用质量要求上,这类物项应具有尽可能高的可靠性、可维修性和可测试性等质量要求,必须开展环境适应性分析或试验鉴定。

安全 2 级,用 SC-2 表示,是指用于预防和缓解事故**重要**的物项,这些物项的功能失效不会直接导致堆芯燃料元件烧毁,不会有大量放射性物质释放;在通用质量要求上,这类物项应具有较高可靠性、可维修性和可测试性质量要求,需开展环境适应性分析或试验鉴定。

安全 3 级,用 SC-3 表示,是指用于 SC-1 和 SC-2 之外但安全上又是必需的物项,这些物项的安全功能失效,可能导致局部的安全问题;在通用质量要求上,这类物项应具有高于一般工业级物项的可靠性、可维修性和可测试性等质量要求,需开展环境适应性分析。

非安全级,用 NC 表示,是指除上述 SC-1、SC-2 和 SC-3 之外的其他物项,这些物项可参照一般工业级物项进行设计和使用;依据物项服役环境条件,有的 NC 物项需做抗震分析和试验鉴定。

如果是两个不同安全等级的系统、管道等的连接过渡件或焊接的接口,其安全等级按照就高不就低的高可靠原则执行。

3) 抗震和质保分类原则

物项安全等级的差别主要体现在所划分的该物项所执行的抗震和质保类别两个方面,换句话说,安全分级只是为抗震和质保分类提供一个依据或基准,在具体物项安全功能的落地上,主要体现在执行抗震和质保的类别。例如,划分物项的抗震类别主要体现在发生安全停堆地震期间和之后,要求确保不丧失物项的功能性和完整性;对于机械或电气设备,划分质保类别主要体现在设备的设计、制造、安装和试验环节中所采取的质量保证和质量控制要求不同。

总体上,对同一种物项,在安全等级划分确定的基础上,其抗震和质保类别应高于或等于相对应的安全级别。例如,对于 SC-1 级设备,其抗震类别必须执行抗震Ⅰ,在设计、制造、安装和试验阶段,必须执行最高质量标准,即质保Ⅰ;对于 SC-2 级设备,所选择的抗震类别和质保级别,可为抗震Ⅰ或抗震Ⅱ,质保Ⅰ或质保Ⅱ。

4) 物项安全分级表

依据上述分级原则,研究堆物项的安全分级如表 2-3 所示。

表 2-3　研究堆物项的安全分级

序号	物 项 名 称	级别	安 全 功 能
1	堆芯部件和构件	SC-2	保持堆芯完整性
1.1	燃料元件	SC-2	保持燃料元件包壳完整性
1.2	反射层	SC-2	保持堆芯完整性
2	控制棒驱动线	SC-1	紧急停堆及保持停堆状态
2.1	控制棒驱动机构	SC-1	防止过剩反应性加入,确保停堆安全
2.2	控制棒吸收体	SC-1	停堆安全
2.3	控制棒导管	SC-2	承压边界,保持压力边界完整性
2.4	隔离阀	SC-2	承压边界,保持压力边界完整性
2.5	棒控棒位指示系统	SC-2	实现控制棒位置显示
3	一回路系统	SC-2	冷却堆芯、保持燃料元件包壳完整性、承压边界、保持压力边界完整性
3.1	主泵等设备	SC-2	为一回路循环冷却剂提供动力、承压边界、保持压力边界完整性
3.2	一回路管道	SC-2	承压边界、保持压力边界完整性
4	二回路系统	SC-3	冷却堆芯、保持燃料元件包壳完整性
4.1	主泵等设备	SC-3	为二回路冷却剂循环提供动力
4.2	二回路管道和阀门	SC-3	冷却堆芯、保持燃料元件包壳完整性

(续表)

序号	物 项 名 称	级别	安 全 功 能
5	余热排出系统	SC-2	冷却堆芯、保持燃料元件包壳完整性
6	反应堆大厅事故排风系统	SC-2	包容放射性、确保放射性气体等流出物达标排放
7	反应堆保护系统	1E	实现停堆信号触发
7.1	反应堆功率保护系统	1E	实现停堆信号触发、确保反应堆功率不超过功率保护整定值
7.2	反应堆短周期保护系统	1E	实现停堆信号触发、确保反应堆周期不超过短周期整定值
7.3	ATWS事故缓解系统	1E	实现停堆信号触发,当功率保护失效时,确保反应堆功率不超过功率设定值的120%
8	应急和备用电源系统	SC-2	采用UPS和柴油机分别作为应急和备用电源,从工程安全上应对全厂断电事故
9	辅助停堆系统	SC-3	当主控制室不能居留时,在辅助控制室执行停堆和事故后反应堆过程状态参数监测
10	液废和固废处理系统	SC-3	收集、处理、运输和暂存液体和固体放射性物质
11	游泳池壳体焊缝和水平实验孔道密封层	SC-2	确保堆芯不失水
12	堆顶和水下运输通道换料系统	SC-3	燃料组件、堆内构件和堆芯垂直管道辐照后部件的操作、转运和储存
13	反应堆大厅	SC-2	包容进入反应堆大厅的放射性物质

2.3.2 建筑安装工程要求

可行性研究阶段的建筑安装工程要求主要是基于预可行性研究阶段的研究堆厂区总体布置,依据批准的准则、相应的设计标准和规定,开展厂区±0 m平面管网、各建构筑物和堆本体的技术可行性、安全性和经济性设计技术研究,并以图表形式给出研究结果。

1) 厂区管网与建构筑物的可行性研究

该研究的主要内容包括 4 个方面,一是依据厂区总体布局和功能,开展厂区±0 m 平面的水、电、气、风、道路和通信等的管沟与管线布置的可行性研究;二是依据厂区地震谱图、楼层响应谱,开展各建构筑物子项(包括中子散射大厅内和同位素厂房等)框架结构的抗震类别的可行性研究;三是依据主工艺系统和设备的功能和技术指标,开展各楼层标高、建筑面积、耐火等级、辐射防护及工艺运输路线等布置的可行性研究;四是依据辅助系统及其设备的功能和技术指标,开展厂区公用系统工程中各系统的可行性研究。

该研究的主要结果包括给出厂区平面与各建构筑物子项参数表、各工艺房间各层平面布置图以及各公用系统流程示意图等。

该研究的深度要求是研究结果应为初步设计的开展奠定基础,如果前期准备充分,此阶段的建筑安装工程与主工艺系统的接口研究深度可拓展到初步设计阶段,以便为下一步初步设计工作的全面展开提供更充分的条件。

这里需注意的事项主要包括 3 个方面,一是在技术可行性方面,应基本固化建筑安装工程与堆芯以及主工艺系统及其重要核级设备的接口布置方案,包括空间位置和预埋管件等,为重要系统管道、设备初步设计固化设计指标奠定基础,防止现场浇灌第一罐混凝土后土建施工出现局部甩项,避免后期土建与工艺系统交叉施工期间采取二次浇灌等补救措施;二是在安全可行性方面,应注重制定的准则或选择的抗震标准的适宜性,在保证安全并留有安全裕度的条件下,合理选择钢筋尺寸、密度和水泥强度等级,避免过度安全设计;三是在技术、安全和经济等综合可行性方面,应统筹考虑安全运行、方便维护和综合应用等因素并采用合理紧凑的系统布置方案,总体上要求在确保满足维护维修空间的条件下,反应堆厂房、主/辅工艺系统和热室群等建筑物应防止出现空间浪费现象。

2) 堆本体的特点及技术要求

研究堆堆本体的特点是该本体由游泳池、生物屏蔽层和水平实验孔道等三部分组成,各部分的功能和采用的建筑材料等均不相同,三部分在径向位置之间的关系如下。

游泳池位于堆中心,是一个常温常压水池,池内盛装的去离子水体积范围为 $50\sim200\ m^3$,是一回路冷却剂的压力边界;生物屏蔽层包覆在游泳池周围,设计材料采用重混凝土,依据屏蔽剂量要求计算,厚度约为 2 m;水平实验孔道设置在堆芯的反射层、游泳池和生物屏蔽层中且沿径向布置。例如,俄罗斯 PIK 研究堆和我国 CARR 研究堆的堆本体结构分别如图 2-4 和图 2-5 所示[5-6]。

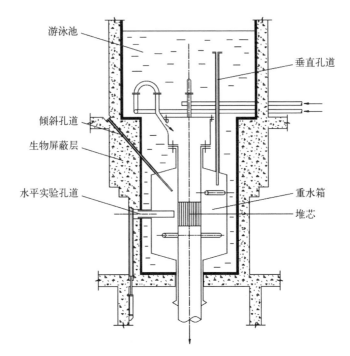

游泳池

垂直孔道

倾斜孔道

生物屏蔽层

水平实验孔道

重水箱

堆芯

图 2-4　俄罗斯 PIK 研究堆的堆本体结构图

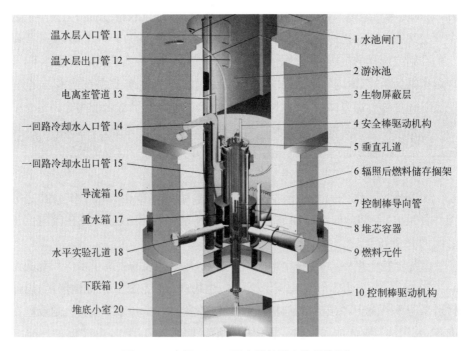

温水层入口管 11

温水层出口管 12

电离室管道 13

一回路冷却水入口管 14

一回路冷却水出口管 15

导流箱 16

重水箱 17

水平实验孔道 18

下联箱 19

堆底小室 20

1 水池闸门

2 游泳池

3 生物屏蔽层

4 安全棒驱动机构

5 垂直孔道

6 辐照后燃料储存搁架

7 控制棒导向管

8 堆芯容器

9 燃料元件

10 控制棒驱动机构

图 2-5　中国 CARR 研究堆的堆本体结构图

下面将主要介绍游泳池和生物屏蔽层的特点与技术要求(水平实验孔道的特点与技术将在 2.3.3 节介绍)。

(1) 游泳池的特点主要体现在支撑反应堆堆芯结构、导出堆芯热量、屏蔽辐射剂量、可视化堆顶操作和预防失水事故等五项功能和结构所用材料方面。一是支撑堆芯结构方面,游泳池底部用于支撑下联箱以及堆芯的活性区和反射层。二是导出堆芯热量方面,在正常工况强迫循环运行条件下,游泳池、堆芯、下联箱与一回路管道形成冷却剂流通闭环回路,通过主泵机送力对冷却剂形成的强迫循环将堆芯热量导出给二回路,在正常工况自然循环运行条件下,随着位于堆芯下联箱上的常闭自然循环阀被打开(对于池内水罐型研究堆,此阀可依靠强迫循环停止时水罐内和游泳池内的压差非能动打开;对于开口池式研究堆,此阀可依靠电动或手动打开。为确保研究堆全寿期内打开和关闭的可靠性,此阀须采取冗余设计),游泳池内冷却剂通过此阀自下往上流经堆芯再回到游泳池,由此构成冷却回路并将堆芯热量载带给游泳池池水;此外,早期的反应堆热功率约为 3 MW 的游泳池式研究堆在堆芯下联箱上设置两个常开的喇叭状喷射管,游泳池、堆芯、下联箱和喇叭管可独立构成冷却剂流通回路,在正常工况强迫循环运行期间,游泳池水从上往下流经堆芯,通过此回路将堆芯部分热量排出至游泳池,可有效减少一回路流量和主泵功率,提高运行经济性,在正常工况自然循环运行或一回路失水事故发生期间,游泳池池水通过此两个喷射管从下往上流经堆芯,可将堆芯热量载带给池水。三是屏蔽辐射剂量方面,在运行和停堆期间堆芯上方几米厚的池水使得堆顶大厅的辐射剂量水平大幅降低,有利于巡检和缩短操作等待时间。四是可视化堆顶操作方面,池水的透明特性使得在堆顶的操作人员可实现可视化操作。五是预防失水事故方面,游泳池相当于核电厂设置的非能动余热排出大水箱,万一一回路管道发生破裂导致失水事故,通过增设的虹吸破坏阀可保持池水液面高于堆芯,确保堆芯始终处于淹没状态,近年来,设计并建成的具有反中子阱原理的游泳池式研究堆的游泳池均装有大于 $100 \, m^3$ 的去离子水,安全分析结果表明:这些池水具有相当大的热容量,从失水事故发生到剩余功率将池水加热到沸腾大约需要 72 h,这给事故处理留出了充裕的时间。依据国内外池式研究堆的运行经验,目前研究堆游泳池所采用的建筑材料主要有铝(Al)或不锈钢(stainless steel, SS)两种。

(2) 生物屏蔽层的特点主要体现在辐射屏蔽、结构和反应堆热功率三项功能方面。一是辐射屏蔽功能方面,从反应堆大厅内水平中子束场应用上看,在开堆期间生物屏蔽层可将反应堆大厅内水平方向的中子和 γ 射线的辐射剂量水平控制在安全限值以下,实验人员可在位于该方向的大厅内开展相关实验研究工作;在堆顶部开展操作期间,现场工作人员和实验人员可以站在屏蔽层顶部以接近游泳池。二是结构功能方面,径向生物屏蔽层可为游泳池壳体提供定位和支撑。三是反应堆热功率功能方面,径向生物屏蔽层可有效减少堆芯热量沿径向的散发,增大堆芯进出口温差,减少反应堆热功率与核功率的差值,降低反应堆大厅的环境温度水平。

(3)游泳池与生物屏蔽层技术要求主要包括总体结构和屏蔽等设计技术要求。总体结构设计技术要求的主要内容包括沿堆底小室轴向负标高到游泳池底、游泳池底至堆芯上表面、堆芯上表面再到堆顶三部分结构的设计技术要求,沿堆芯径向与 z 轴中子注量率分布平坦区位置水平实验孔道前端接口结构的设计技术要求,生物屏蔽层与游泳池壳外接口、固定与支撑结构的设计技术要求,游泳池壳上各条环焊缝防泄漏监测结构的设计技术要求,各类工艺管线预埋件、堆顶平台和堆顶屏蔽盖板的接口设计技术要求。屏蔽设计技术要求的主要内容包括堆芯放射性源项计算、屏蔽材料的选择和生物屏蔽层的结构设计等技术要求,具体过程如下:首先,依据堆芯物理设计结果得到堆芯放射性源项数据。然后,依据总体结构设计初步结果和选择的屏蔽材料,采用确定论或蒙特卡罗(Monte Carlo, MC)程序在生物屏蔽层钢筋结构建模、水泥和铁矿石等材料种类配比之间反复迭代计算,其收敛标准是生物屏蔽层外的放射性剂量水平须满足国家规定的安全限值或单位管理目标值要求。

此处需说明的是,游泳池与生物屏蔽层的总体结构设计和屏蔽设计计算不仅要满足结构力学、抗震和射线屏蔽等综合性能指标要求,还需满足游泳池壳铆接件、多个水平束流孔道贯穿件、检漏管线预埋管、水位、压力等工艺预埋管的接口条件以及水泥、铁矿石电磁等主要性能指标要求;不仅要依据业主的质量保证(quality assurance, QA)大纲满足大体积重混凝土浇注施工方案中采取的质量控制(quality control, QC)措施的适宜性和有效性要求,还需判断生物屏蔽层外中子和 γ 射线辐射剂量水平是否满足国家安全限值或单位管理目标值要求。屏蔽设计计算的主要难点如下:一是由于生物屏蔽层大约厚2 m,在不同配比重混凝土结构条件下,采用蒙特卡罗程序进行计算属于深穿透问题;二是计算水平中子束在水平实验孔道内的输运问题时,中子束将与水平实验孔道内设置的铝窗、预充的 He/N_2 防腐蚀气体以及水平孔道出口设置的闸阀等多种部件和材料发生反应,其中铝窗的厚度和闸阀的屏蔽效果设计计算误差控制也具有挑战性。验证和判断所设计的屏蔽效果是否达标的主要难点如下:由于游泳池壳位置的中子和 γ 射线经约 2 m 厚的生物屏蔽层屏蔽后,反应堆大厅内中子或 γ 剂量数值远远低于中子和 γ 探测器的测量下限或活化探测片的反应阈值,难以从实测数据对计算结果进行验证。目前的实际做法如下:为确保现场工作人员和实验人员的受照辐射剂量水平满足国家规定的安全限值或营运单位的目标管理值要求,通常,将设计计算结果误差预留 1 倍的安全裕度,待反应堆建成后,在反应堆大厅内放置盆栽花卉植物,通过植物的新鲜和存活时长等判定反应堆运行期间堆大厅内的中子和 γ 射线累积辐射剂量水平,由此间接模拟人体受到的累积辐射剂量值。

2.3.3　堆芯与主/辅工艺系统特点与技术

研究堆与核电厂或动力堆在堆芯与主/辅工艺系统方面的最大差别在于反应堆的堆芯和中子输运系统/能量转换系统两个部分,下面将主要介绍研究堆的堆芯和水平实验孔道系统的特点与技术,简介其他主/辅工艺系统的名称和功能。

2.3.3.1　堆芯特点与技术

研究堆堆芯是研究堆的心脏,主要由各类组件、构件和辐照管道等构成。从总体上看,研究堆与核电厂或动力堆堆芯的特点一样,它是反应堆的核心,在这个复杂立体空间内部,其核反应过程具有多物理相互耦合以及多场相互作用等特点。其中,多物理耦合包括物理、热工水力、结构力学和水化学相互耦合。多场相互作用包括中子场、温度场、化学场和辐射场等之间的相互作用。在运行期间,这些多物理和多场发生相互耦合作用,其作用机理具有从微观、介观到宏观尺度跨越大的特点。从复杂程度上看,研究堆相较于核电厂或动力堆的堆芯,具有下述复杂性特点。

(1) 堆芯的装载和中子能谱具有复杂性。一是这些装载随辐照和实验研究任务的不同而变化;二是堆芯中子能谱复杂,对于采用反中子阱原理建造的游泳池式研究堆,在堆芯中央局部通过设置铍垂直管道不仅可提供热中子阱,而且堆芯主要是由快中子形成的反中子阱辐照场,有利于开展材料辐照实验研究工作。

(2) 堆芯组件构件结构具有复杂性。通常,研究堆的堆芯结构紧凑,总体积小于 1 m³,堆芯组件主要由燃料组件、控制棒组件和辐照管道等构成。其中,燃料组件主要分为标准燃料组件和非标准燃料组件,这些组件是由多个相邻均匀布置重复排列的燃料元件及其结构件组成,其尺寸远小于核电厂反应堆堆芯的燃料组件尺寸;控制棒组件有棒状、空心矩形盒状、板状和十字形等结构,数量和吸收段长度远低于核电厂反应堆堆芯控制棒束的数量和相应长度,且单根控制棒反应性价值较大,由此导致堆芯中子注量率沿径向分布,在局部位置具有较大的畸变,其功率分布不均匀因子 F_q 大于核电厂反应堆堆芯的相应因子,例如,对于采用反中子阱原理设计的堆芯,$F_q \approx 3.0$;辐照管道指堆芯垂直实验管道,种类包括与燃料组件等高的短垂直实验管道和高度固定于游泳池顶盖板的长垂直管道,直径包括小于一个燃料组件的非标准垂直实验管道或占据一个燃料组件位置的标准垂直实验管道,或占据几个燃料组件位置的大型垂直实验管道等,主要功能是为辐照样品提供堆芯垂直稳态和瞬态辐照场。构件是指堆芯活性区结构件,包括轴向上下栅格板和支撑板、径向内筒体和挤水器等,功能是起支撑、定位和为冷却剂提供流道的作用,各类构件的形状各异,大多结构复杂。

（3）燃料组件结构及燃料芯体具有复杂性。常见的研究堆燃料组件结构形式主要有下述四种:一是棒状燃料组件,这种燃料组件由插入搁架孔的棒状燃料元件和上下两层搁架组成,棒状燃料元件之间的冷却剂流动具有横向搅混流,每根棒状燃料元件由两层正方形格架固定;二是管状燃料组件,这种组件由从内向外具有不同直径且在包壳外表面带肋的管状燃料元件组成,其冷却剂流道之间无横向搅混流,各冷却剂流道为环形单流道;三是板状燃料组件,这种燃料组件由插入燃料组件两个边板沟槽的直/曲板状燃料元件及其两个边板等组成,两板状燃料元件之间流道与两个侧面的相邻流道无横向搅混流,各冷却剂流道为矩形或弯曲形单流道;四是六角燃料组件,两种燃料组件由棒状和麻花状燃料元件组成,其中,麻花状旋转冷却剂流道增强了旋转搅混流。这些燃料组件如图 2-6 所示。

从图 2-6 可见,各种燃料组件不仅外形结构复杂,而且燃料元件芯体的核燃料以及包壳的种类也复杂。研究堆用燃料芯体主要有金属型、陶瓷型、弥散型三种,燃料包壳主要有铝、不锈钢两种,陶瓷燃料的突出优点是陶瓷的熔点高、耐辐照性能稳定、与金属局部结合的强度和塑性较好,热导率较高,裂变碎片所引起的辐照损伤基本上被包覆在燃料颗粒内;金属基体所受损伤相对较轻,易于像金属一样采取压力加工,最大燃耗可达到 50%。在弥散型燃料中,UO_2Mg-Al 主要在 20 世纪 80 年代前的研究堆上使用较多,例如,我国的

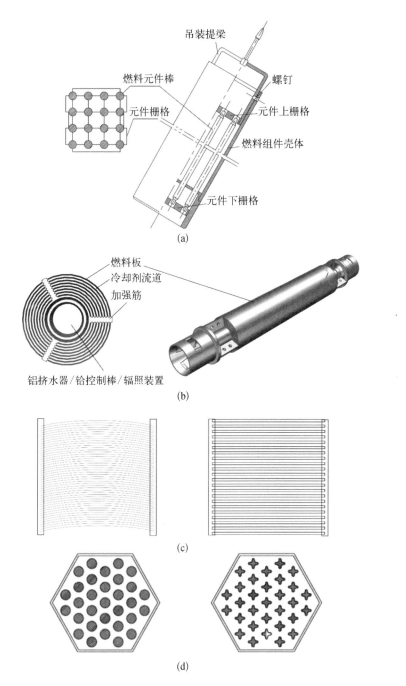

图 2 - 6　四种燃料组件示意图

（a）棒状燃料组件横截面与结构图；（b）管状燃料组件横截面与结构图；
（c）直/曲板状燃料组件横截面图；（d）六角形（棒状和麻花状元件）燃料组件横截面图

游泳池式反应堆（swimming pool reactor，SPR）、屏蔽实验反应堆和 300♯ 游泳池式研究堆（SPRR - 300♯）等使用的棒状燃料元件，UAl_x - Al 在 20 世纪 90 年代前的国外研究堆上使用较多；U_3Si_2 - Al 近年来在新建研究堆的板状或管状燃料元件上使用较多，主要原因是从燃料芯体中的铀密度来看[7-8]，UAl_x - Al 铀密度（2.16 g/cm³）小于 U_3Si_2 - Al 的铀密度（4.8 g/cm³），在相同的堆芯体积和功率水平下，在堆芯循环初期阶段使用 U_3Si_2 - Al 可装载更多的核燃料，每一炉的换料周期大于前两种燃料的换料周期。从未来发展趋势上看，如果 UN 核燃料通过了堆内辐照考验，则该类核燃料在换料周期方面更具有竞争优势。

这种由燃料组件结构和燃料芯体复杂性形成的多样性优点是可设计成具有不同中子场的堆芯，可满足不同实验研究和辐照任务的需求；不足之处是需维护多条核燃料元件生产线，维护成本较高，研究堆运行的经济性降低。

在可行性研究阶段，堆芯技术主要包括堆芯总体结构、物理、燃料元件和热工水力学等四个专业的设计计算。可行性研究阶段的主要设计计算任务是基于预可行性研究阶段确定的优选方案，依据优选方案中给出的堆芯总体结构和参数，从技术可行性、安全性和经济性三个方面，各专业设计人员通过开展结构力学、物理、燃料组件和热工水力四个专业之间的协同设计计算，获得满足堆芯总体结构、物理、燃料组件和热工水力设计准则以及技术指标要求的堆芯方案和参数。

2.3.3.2 反射层特点与技术

游泳池式研究堆的反射层由径向和轴向反射层组成，其主要特点如下：

一是在采用的材料种类上与核电厂或动力堆不同，其中，径向反射层材料有重水、铍和石墨三种单一材料或它们之间不同组合构成的材料可供选择，例如：我国的 HFETR 和马来西亚的 RSG - GAS - 30 等的径向反射层采用铍块材料，我国的 CARR 和日本的 JRR - 3M 等的径向反射层采用重水材料，我国早期的三座游泳池式研究堆的径向反射层均采用铍和石墨组件的组合作为反射层材料等；轴向反射层材料主要包括去离子水与各类组件上下端结构材料组成的混合物。二是研究堆反射层的功能大于核电厂或动力堆的功能，两者的径向和轴向反射层的相同功能是将从堆芯泄漏出去的中子反射回去，以节省核燃料、提高中子的利用率，其中，研究堆的径向反射层可在径向减少中子对容器内筒壁的辐照损伤，轴向减少反应堆顶部的辐射剂量水平；而除了上述功能外，从利用中子的角度，径向反射层在径向形成宽广且有用的中子场；对于具有池顶盖板的游泳池式研究堆,轴向反射层的池顶盖板不仅可减少游泳池深度,在运行期间减少反应堆大厅的辐射剂量水平,还可有效防止运行期间异物(尤其是无色透明物体)意外掉入游泳池而堵塞燃料组件流道,防止发生燃料元件烧毁事故。

基于上述介绍的游泳池式研究堆反射层的特点,下面将结合近年来建造的具有反中子阱原理特征的游泳池式研究堆的铍和重水两种径向反射层,分别介绍其特点及技术。

1) 铍反射层的特点及技术

此类反射层的主要特点是利用堆芯燃料原子核裂变直接产生的 γ 射线以及中子和结构材料发生反应产生的次级 γ 射线与反射层材料铍的核素 ^{9}Be 发生 ^{9}Be(γ, n)反应,可获得比用其他材料额外多的光激中子,节省部分燃料元件费用,通常一个铍组件产生的光激中子份额对堆芯正反应性的贡献相当于一个燃料组件裂变中子份额对堆芯正反应性的贡献;可作为长期停堆后重新启动反应堆的点火中子源;铍块可根据实验需要设置,易于更换。不足之处是铍材料脆性大、有毒,不易加工,价格较高。铍反射层的主要技术包括结构、物理和热工水力等设计技术,在开展结构设计时,不仅需要考虑铍材料的物理、化学和工程应用经验等因素,还需考虑铍材料的种类选择,目前研究堆上使用的铍材料主要有金属铍和氧化铍两种,设计期间需关注两种铍材料各自的特性及其相关技术,例如,金属铍不用包壳,可作为裸铍使用,但是耐高温不如氧化铍,使用氧化铍作为反射层材料,其外部需用包壳材料包覆;同时还需考虑铍块的固定、支撑以及在垂直和水平方向的开孔连接等制造工艺技术。在开展物理设计时,主要考虑堆芯内各类 γ 射线与 ^{9}Be 发生反应产生的光激中子对堆芯正反应性的贡献;在开展热工水力设计时,主要考虑运行期间大型铍块的冷却技术;在开展结构和物理协同设计时,从中子利用的角度,主要涉及全寿期内铍块内垂直中子场与水平中子束场的引出、结构上的接口和拆装灵活性等相关技术。

2) 重水反射层的特点及技术

重水反射层的主要特点是在研究堆常用的重水、铍和石墨三种慢化剂材料中,重水材料比其他两种材料的慢化比大 1 个数量级,慢化性能最高;采用重水材料作为反射层,其径向反射层厚度大于铍反射层厚度,中子场可利用空间更宽广;在运行安全上,排放重水可作为独立的第二套停堆手段。不足之处是使用重水反射层不仅需增设重水冷却、净化、浓缩、真空和氦气载带五大系统,还需考虑五大系统的重水箱中重水、氦气和氚气等介质与游泳池内轻水的密封、隔离、接口和相关仪控等技术。总体上，由于国内外的一些研究堆营运单位已有重水研究堆和轻水研究堆设计、建造、运行和退役等全寿期成熟经验（见表 1-1）。目前采用重水作为反射层建成的具有反中子阱特征的游泳池式研究堆主要有法国的 ORPHÉE、日本的 JRR-3M、韩国的 KMRR-30、澳大利亚的 OPAL、德国的 FR-Ⅱ、俄罗斯的 PIK 和中国的 CARR。主要技术包括结构、物理和热工水力等设计技术，在开展结构设计时，不仅需考虑重水箱内重水、氦气和氚气与箱外游泳池内轻水的密封、隔离等设计技术，而且还需考虑运行期间将重水箱中由于辐照分解产生并聚集的爆炸性氘气浓度控制在安全限值以下，此外还需考虑在重水反射层的中子注量率最高区域垂直实验管道的布置、冷中子场的建立及其水平束流冷中子的引出等接口设计技术；在开展物理设计时，不仅需考虑重水反射层的建模、三群中子截面和热中子辐照场参数等的计算技术，同时还需考虑在重水反射层内垂直区域热中子场综合利用的反应性变化等设计技术；在开展热工水力设计时，主要考虑将反应堆正常运行期间在重水反射层中产生的热量载带出去，该热量主要由堆芯泄漏中子和 γ 射线与箱内重水原子核发生碰撞慢化过程中沉积的能量形成，同时还需考虑与重水净化、浓缩系统等相关的设计技术。

2.3.3.3 主/辅工艺系统的功能、特点与技术

研究堆的主/辅工艺系统主要由研究堆输热系统、仪控系统、水下输运系统、辐射防护系统、垂直中子场系统、水平实验孔道系统以及水、电、气和送排风等 22 大系统组成。下面主要介绍与核电或动力堆不同的水平实验孔道的功能、特点与技术，简介其他主/辅工艺系统的名称与功能。

1）水平实验孔道的功能、特点及技术

依据实验研究任务不同，通常，一座游泳池式研究堆设置有 5～10 个不等的水平实验孔道，每个水平实验孔道主要由重水箱内、游泳池内和生物屏蔽层内三段组成。

水平实验孔道的功能是将反应堆反射层内的中子沿水平实验孔道内输运到反应堆大厅或中子散射大厅，为实验研究提供水平中子束场。为使引出的中子束达到反应堆水平方向的最高水平，每个水平实验孔道前端必须设置在堆芯轴向和径向均位于最高中子注量区域且沿径向引出，穿过重水反射层、游泳池池水、壳体和生物屏蔽层，在生物屏蔽层外部采用闸阀屏蔽和密封。游泳池式研究堆水平实验孔道的内部结构剖视图如图 2-4 和图 2-5 所示，总体结构俯视图如图 2-7 所示。

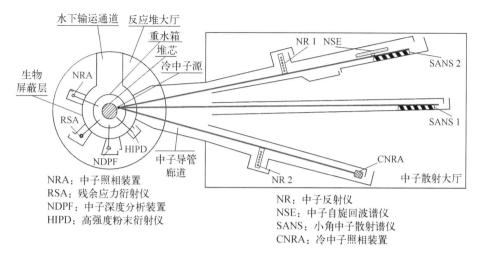

NRA：中子照相装置
RSA：残余应力衍射仪
NDPF：中子深度分析装置
HIPD：高强度粉末衍射仪

NR：中子反射仪
NSE：中子自旋回波谱仪
SANS：小角中子散射谱仪
CNRA：冷中子照相装置

图 2-7　游泳池式研究堆水平实验孔道总体结构俯视示意图

水平实验孔道的特点是通过设置水平实验孔道,在研究堆大厅和中子散射大厅内形成两个空间上完全独立的水平中子束场。其中,大部分水平实验孔道将水平中子束引出反应堆大厅,为实验研究提供水平热中子束场;采用一个水平实验孔道将冷中子源装置产生的冷中子束引出至生物屏蔽体外的中子导管(如果投资强度允许,为满足一些基础科学实验研究需求,也可采用另外两个水平实验孔道分别建立超热中子源和甚冷中子源装置,将其产生的超热中子束和甚冷中子束分别引出至生物屏蔽体外的中子导管),借助中子导管将冷中子束、热中子束、甚冷中子束分别输运到中子散射大厅以形成相应的水平中子束场。

水平实验孔道的技术体现在可行性研究阶段的内容主要包括下述水平实验孔道结构、接口、选材和环境适应性等方面的设计技术。

从结构设计技术方面来看,到目前为止,水平实验孔道结构设计技术主要有两种。一种是早期设计和建成的研究堆的水平实验孔道前端的横截面基本为圆环形和整体为圆筒形的设计技术;另一种是近年来随着冷中子源技术的深入发展,具有反中子阱原理特征的游泳池式研究堆的水平实验孔道前端横截面基本为长方形和整体为长方锥体形的设计技术。设计成后一种结构的主要原因有三。一是早期的圆筒形结构主要将水平中子束引出到反应堆大厅,引出中子束的输运距离短,导管材料主要采用易于加工成圆筒形结构的不锈钢。近年来,为了减少中子束在超长距离输运过程中的损失,从反应堆大厅到中子散射大厅内的中子导管所采用的基材主要是玻璃,相对于圆筒形,平板形玻璃的加工工艺更易于达到设计精度要求。二是为了充分利用反应堆反射层内热中子在 z 轴方向形成的中子注量率分布的平坦区域,通常将采用液氢作为冷却介质的冷包结构设计为圆柱形,且高径之比均大于 2。三是从冷却介质驱动力上看,采用圆柱形结构冷包后,其轴向高度的增加有利于增加冷包内盛装的液氢冷却介质的自然循环提升力,这样冷包后面引出的冷中子束也为长方形,由此,近年来堆内水平实验孔道均设计成长方锥体结构。此外,针对位于重水箱内的一段这种长方锥体形导管,其结构设计与锥度大小、导管长度和前端结构形状设计等技术有关,其中,前端的结构形状设计主要涉及三个问题。一是如何确定导管前端与冷包表面之间间隙的大小和均匀性问题,如果间隙过大,则冷包输出的冷中子与重水发生反应后将被热化,如果无间隙,则冷包外面真空筒产生的热量将难以排出。计算结果和验证试验表明:通常将前端结构设计成弧面,弧面的内高和内弦宽两个指标可通过计算确定,衡量均匀性的指标是前端整个弧面与冷包外表面之间任一点的间隙需小于 1 mm。二是应解决如何获得最大束流冷中子注量率的问题,为了满足不同实验研究对不同波长冷中子束的需求,在生物屏蔽层内将设置多个与后端中子导管相匹配的镜面准直器,利用这些镜面准直器把由游泳池壳位置引出的宽波长(0.1~1.8 nm)的冷中子束分成具有不同特征波长的中子束,设计的最佳值是需要每束中子注量率具有最大值。计算结果和验证试验表明:从视角上,达到最大值需满足的条件是后端各分束中子导管均应看到冷包,多条中子束中心线应汇聚在冷包中心点或导管弧面外表面的中点。三是如何确定导管前端最佳面积尺寸指标,如果导管前端表面积过大,则会有更多的杂散粒子进入管内而影响冷中子束品质,如果导管前端表面积过小,则会减少导管入口处冷中子注量率水平,由此可见,导管的前端存在一个最佳的垂直和水平尺寸设计指标。计算结果和验证试验表明:对于采用液氢作为冷却介质和特征波长为 0.2 nm 的冷中子束,导管前端应设计成宽和高分别为 90 mm 和 220 mm 的最佳尺寸,其中,冷包输出的冷中子注量率 ϕ 与导管前端水平 x 和 y 方向尺寸之间关系分别如图 2-8 和图 2-9 所示。

从接口设计技术方面来看,整个水平实验孔道沿径向在重水箱、游泳池和生物屏蔽层内共设计成三段,这里有两个接口设计技术。一是关于重水箱内与游泳池内及壳体水平实验孔道的接口设计技术,为防止重水的泄漏,位于重水箱内的水平实验孔道设计成前端面封闭薄窗和后端开孔的中空矩形结构,为便于游泳池内各中子导管与生物屏蔽层及池壳预留孔的安装对中连接和防

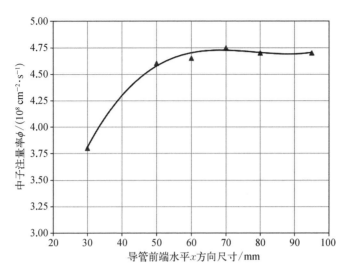

图 2 - 8　冷包输出中子注量率 φ 与导管前端水平 x 方向尺寸关系

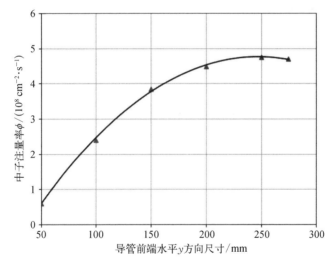

图 2 - 9　冷包输出中子注量率 φ 与导管前端水平 y 方向尺寸关系

止游泳池内轻水的泄漏,位于游泳池内一段导管可设计成可调节结构;在游泳池内的各个水平实验孔道与游泳池壳的接口设计上,设置有独特的密封连接结构,且在这段水平实验孔道内设置有一道厚度小于 1 mm 的薄铝窗,该铝窗对中子的输运基本可看成透明体,主要功能是可进一步防止游泳池内的轻水沿水平实验孔道泄漏。二是关于生物屏蔽层内与外闸阀水平实验孔道的接口设计技术,为减少水平实验孔道内中子输运过程中的损失,在生物屏蔽层内一段导管可采用准直器技术,通常准直器采用光学导管,为进一步防止游泳池水的泄漏,在光学导管的两个端口也设置有密封的薄铝窗;各个水平实验孔道与生物屏蔽层外端面的接口处设置有可电动或手动开关的屏蔽闸阀,该阀的屏蔽、准直、密封、开关效果以及与前端生物屏蔽层内的光学导管和后端反应堆大厅内中子导管之间的接口均需经过屏蔽、结构力学、控制和中子输运等专业的协同设计计算和综合验证试验;这些闸阀设置成常闭状态,在开展实验期间,打开此闸阀,可将水平中子束引出至辐照实验平台,不进行实验期间,关闭此闸阀,可有效降低水平实验孔道外和反应堆大厅内中子辐射剂量水平。

从选材设计技术方面来看,主要关注游泳池内部分水平实验孔道与重水箱所用材料的一致性以及生物屏蔽层内水平实验孔道与游泳池壳及预埋管材料的密封接口,如果存在两种材料,则在其接触面位置应采取过渡环或金属表面处理等隔离措施,防止异种材料长期浸泡在去离子水中因接触产生电化学腐蚀。近年来,位于重水箱内的锥形和游泳池内的长方形水平实验孔道材料基本选用铝材。主要原因有二:一是因这两段水平实验孔道在反应堆30年寿期内属于不可更换部件,在反应堆服役期间将经受冷中子源出口到水平实验孔道(中子导管)入口($>2\times10^{14}$ $cm^{-2}\cdot s^{-1}$)再到游泳池壳位置($>2\times10^{10}$ $cm^{-2}\cdot s^{-1}$)强中子场的辐照(对于热中子水平实验孔道同样存在此强辐射中子场的辐照),如果选用玻璃,则其寿命难以满足耐辐照剂量要求和力学强度要求,如果选用不锈钢,则其吸收截面大于铝材料;二是铝材作为游泳池壳和堆芯结构材料在国内外多座游泳池式研究堆上具有数十年耐辐照使用经验,且中子吸收截面较小,无长半衰期核素,有利于退役工程的实施。在生物屏蔽层内的准直器通常采用玻璃镜管,选择理由有二:一是对于冷包处中子注量率为2×10^{14} $cm^{-2}\cdot s^{-1}$的水平实验孔道,按照中子注量率$\phi\propto\dfrac{1}{r^2}$的原理,在游泳池壳位置中子注量率水平已下降到约$2\times10^{10}$ $cm^{-2}\cdot s^{-1}$的水平,采用玻璃镜管作为准直器可在15年内耐受此中子注量剂量的辐照,设计时只需考虑在反应堆寿期中更换此准直器即可;二是可使中子在穿出生物屏蔽层后仅损失1个数量级,也就是采用玻璃镜管作为准直器,水平束流中子在经过近2 m厚的生物屏蔽层的输运后到达闸阀出口位置时的中子注量率可达到2×10^{9} $cm^{-2}\cdot s^{-1}$的水平。

从环境适应性方面来看,为确保水平实验孔道内三段中子导管的使用寿命、防止与空气接触被腐蚀和降低孔道内的运行环境温度,各水平实验孔道内均充有氦气或氮气。

此处需注意的是,在水平实验孔道设计技术中,除了关注上述设计技术外,还需满足制造和建造期间的可实现性等要求。这些要求主要包括两个方面:一是在制造连接件、密封件和过渡件期间,所采取的质量控制措施应满足产品质量检验要求;二是在连接、对中和密封等安装工艺上,所采取的方案设计应满足下述三个要求:首先是游泳池内的各个水平实验孔道与游泳池壳接口的连接、对中和焊接等现场的可实现性要求;其次是在生物屏蔽层内各个预埋管道与该部分水平实验孔道两个端面的焊接质量,其泄漏率应满足氦气质量检测的要求;最后是水平实验孔道内腔与镜面光学导管准直器的结构设计,应满足两端准直器的安装、定位、调节和可更换等技术要求。总体上,应确保安装精度满足设计技术指标要求,便于全寿期内的拆卸和更换操作。

2) 其他主/辅工艺系统的名称与功能

现以 JRR-3M 为例,主要介绍与核电厂相比在功能或环境条件等方面存在差异的前 21 个系统,各主/辅工艺系统及其子系统的名称和功能如表 2-4 所示。

2.3.4　主要应用研究装置及冷中子源技术

研究堆的中子场主要包括堆芯及反射层内的高温高压辐照回路、跑兔装置和辐照管道等形成的垂直中子场,反应堆大厅内的水平热中子束场,中子散射大厅内的水平冷、热中子束场。研究堆基于这些不同位置的中子场配套相应的应用研究装置或热室,开展相关科学与技术实验研究和核技术应用工作。

依据研究目的和投资强度的不同,各研究堆配套的应用研究装置或热室具有差异性,主要研究装置配有物理及材料实验研究装置,包括中子成像、中子散射、中子深度分析、单晶硅与黄玉辐照改性和燃料辐照回路等装置;主要热室数量通常为 1~20 个不等,从使用功能上热室主要分为三大类,分别为接收热室、分解热室、强中弱辐射计量测量和参数分析热室。其中,中子成像、中子散射和中子深度分析三类物理及材料研究装置将分别在第 9、10 和 11 章中介绍。

这些装置使用的中子源分为热中子源和冷中子源等,冷中子源技术于 1957 年在欧洲 Harwell 研究中心的石墨反应堆 BEPO 上研发成功并投入使用[9]。下面主要介绍冷中子源的特点、用途、装置与技术。

表2-4 研究堆主/辅工艺系统及其子系统的名称和功能表

序号	主/辅系统名称	子系统名称	主要功能	备注
1				
1.1		轻水一回路系统	通过水泵强迫循环将堆芯核裂变产生的热量由该系统的冷却剂载带到热交换器,再由热交换器传热传递给二回路系统的冷却剂,确保堆芯的冷却和反应堆的运行安全	该系统与核电厂的主要区别是系统环境处于常温常压或低温中压,其中,低温中压的压力波动采用大水箱的容积补偿器进行调节,无稳压器及其相关控制系统
1.2	轻水一回路输热系统	轻水余热排出系统	在反应堆停止运行后,有效和及时排出堆芯剩余热量,确保燃料元件的温度低于设计安全限值	该系统在设计、运行管理模式上与核电厂的主要区别如下:在设计上,该系统由一台辅助泵,管道和阀门等组成,通常将其与一回路系统每个支路并联,在设计进出口止回阀之间考虑一回路在运行期间同的水温和水封封等问题。其运行管理模式有两种:一是类似JRR-3M的余排泵与一回路主系统同步运行,可免除主泵停止时,余排泵不能随之启动的潜在反应堆主池内水罐型低温中压反应堆上应采似主泵同步运行,但在运行规程上应规定,每次开堆前需对余排泵做可启动性的例行检查
1.3		轻水设备冷却水系统	反应堆在正常运行期间采用二回路冷却水向一回路轴承的轴承,控制棒驱动机构和重水泵轴承等高速动载设备提供冷却条件,确保轴承的温度保持在设计安全限值以内	系统压力和温度均低于核电厂设备冷水系统的压力和温度

（续表）

序号	主/辅系统名称	子系统名称	主要功能	备注
2				铍作为反射层无此系统
2.1	重水一回路输热系统	重水循环冷却系统	物理功能：将堆芯泄漏的中子在厚重水反射层内慢化成热中子；热工水力功能：通过重水泵强迫循环重水冷却剂将中子和γ射线在重水反射层中衰变产生的热量载带到重水热交换器，再由热交换器传热传给二回路系统的轻水冷却剂	如果采用大型铍柱作为反射层，则其物理功能是将堆芯泄漏的中子在厚铍反射层内慢化成热中子；热工水力功能是通过堆芯轻水主泵强迫循环轻水冷却剂将中子（包括堆芯泄漏中子和γ射线作用产生的光激中子和γ射线在铍反射层中衰产生的热量载带到轻水热交换器，再由热交换器传热传给二回路系统的轻水冷却剂
2.2		氦气覆盖和载带系统	将反应堆运行期间重水箱内的重水受中子辐照产生的氘气和氧气等爆炸性气体载带出去进行复合，再对复合成的重水进行回收，减少重水的损失	重水箱溢流管以上空间均覆盖氦气并与氢气系统相连通
2.3		重水净化系统	控制并使重水箱及其系统的重水质满足水质标准的重水质要求，净化产物并控制其放射性强度	
2.4		重水浓缩系统	将净化系统中净化出的杂质进行浓缩	
2.5		真空系统	用于首次充重水前、运行或检修后对重水系统抽真空或检漏，避免重水系统中放射性气体扩散到工作现场，维持重水浓度和氘气纯度	

（续表）

序号	主辅系统名称	子系统名称	主要功能	备　注
3	轻水二回路输热系统		将一回路轻水和重水循环系统的冷却介质载带并经各自热交换器传热管传递过来的热量输送到最终热阱	该系统与核电厂的主要区别如下：系统运行的环境条件为常温常压或低温低压。其中热阱和排放模式或两种：第一种是以大气作为最终热阱，采取从天上排放，也就是通过最终冷却塔的喷淋作用将热量排入大气；第二种是以最近以至江水，也就是二回路排入最近水源。对于常温常压池式研究堆，再经三回路传热管破裂时，一回路的放射性物质泄漏入二回路，导致最终热阱（大气环境）受到放射性污染，在设计时，需考虑将二回路放射性设计成高于一回路的压力
4	仪控系统			
4.1		测量系统	该系统的功能与核电厂测量系统的功能相同	在研究堆和核电厂的测量系统中，只是各自所测量的对象和过程参数指标有差别
4.2		控制与保护系统	两个系统功能与核电厂两个系统的功能相同	在研究堆和核电厂对保护的对象和要求均有差别；近年来，对于功率大于 10 MW 的新建研究堆和要求有两套独立的停堆系统，此外在仪控系统中，通常还设有 ATWS 事故缓解系统

（续表）

序号	主/辅系统名称	子系统名称	主 要 功 能	备 注
5				
5.1	主控制室系统	操作台和值班长台系统	为反应堆操作员和值班长操作反应堆提供工作台	
5.2		报警系统	如果检测的参数上升到报警整定值，报警系统出现灯光报警，提示操作员采取行动来补充自动系统的动作，将监测参数控制在正常运行限值范围内	
5.3		显示屏系统	用于显示运行状态参数	
5.4		工程师站系统	监督分散控制系统的运行状态	
5.5		后备盘柜系统	在严重事故发生期间，通过此系统将过程参数切换到辅助控制室系统，同时，在此盘柜及屏上显示各专用设施及堆芯过程状态参数	
6	辅助控制室系统	过程状态监测系统	在辅助控制室通过切换开关，显示各专用设施及堆芯过程状态参数	在严重事故发生后，当主控制室不可居留时，运行人员撤离到辅助控制室
7				
7.1	供配电系统	厂外供电系统	通过双塔双回路向厂级变电站供电，确保厂级变电站具有可靠电源	
7.2		厂内高、中和低压供电系统	在Ⅰ、Ⅱ、Ⅲ类工况下，向主/辅泵、隔离等各种负荷正常供电	
7.3		电气辅助系统	确保从厂内变电站、配电柜到电气负荷的正常供电	

（续表）

序号	主/辅系统名称	子系统名称	主 要 功 能	备 注
8	事故应急与备用电源系统			
8.1		UPS应急电源系统	在无正常供电时，确保事故工况期间和事故工况之后，向执行停堆、冷却和包容三项安全功能的安全重要物项及时供电，以确保这些物项执行其安全功能	该系统属于1E级系统，例如，当发生全厂断电等严重事故时，自动投入并向专用设施供电
8.2		柴油机备用系统	在正常电源不可用和UPS供电2小时能力范围内，启动该系统向专用设施供电	该系统属于1E级系统，通常按照一用一备设置两台柴油机
9	专设安全设施系统			
9.1		重水排放系统	该系统依靠重力可将重水箱内的重水排至重水溢流箱，作为第二套独立安全停堆手段	控制棒系统与本系统形成两套独立的停堆系统，确保实现可靠停堆
9.2		虹吸破坏系统	在一回路管道发生破裂时，保持游泳池水位始终在淹没堆芯，确保堆芯得到有效冷却	
9.3		自然循环阀系统	当研究堆运行在自然循环功率水平以下及停堆后，通过打开此阀，在游泳池水和堆芯形成循环回路，可依靠池水有效冷却堆芯	
10	压缩空气系统		向管道和设备提供吹扫气体，确保被吹扫管道和设备的清洁度和干燥度满足标准要求	在管道和设备安装完成并清洗后维修期间投入使用

（续表）

序号	主/辅系统名称	子系统名称	主 要 功 能	备 注
11	送排风系统		在反应堆正常运行期间，确保主控制室、反应堆大厅、中子散射大厅、热室区和实验室环境等满足下述三个要求：	
11.1		正常运行送排风系统	（1）确保为运行、实验及维修等现场工作人员提供所需环境条件和清新空气； （2）确保清洁区处于正压状态，反应堆大厅、热室、手套箱等放射性区处于负压状态，防止室外气流进入建筑物内形成空气污染源，确保建筑物内气流由绿区流向黄区再流向红区 （3）确保合理分配气流组织，防止室外PM$_{2.5}$等污染空气进入建筑物内形成气溶胶悬浮物，	现场环境条件主要包括温度、湿度、气压及清洁度等
11.2		事故排风系统	在发生事故时和事故后，确保满足下述三个要求： （1）确保游泳池、乏燃料池水面及主回路系统等现场所夹带、悬浮和扩散的放射性气溶胶及水溶胶的分离、过滤和净化； （2）确保除惰性气体外的放射性碘的吸附、净化和扩散得到有效控制； （3）确保通过反应堆大厅通风隔离阀后国家法规规定的安全限值，并满足合理、可行和尽可能低的原则的要求	

（续表）

序号	主/辅系统名称	子系统名称	主　要　功　能	备　注
12	通信系统			
12.1		全厂广播报警电视电话通信系统	包含全厂广播、现场报警、有线/无线电话和闭路电视等4个系统的主要功能，与核电厂相应系统的功能相同	
12.2		事故应急通信系统	在事故发生期间和事故后，通过设置的事故应急通信系统，包括专线电话和无线对讲机等，确保厂内、事故现场内外信息的有效交换和传递	
13	辐射监测系统			
13.1		个人剂量和实验室监测系统	在研究堆Ⅰ、Ⅱ、Ⅲ和Ⅳ类工况期间，为控制室运行人员、现场实验和维修等人员提供其受照射性和剂量检测等，避免其受到过量放射性危害，并为建立个人剂量档案提供依据	
13.2		工艺过程放射性监测系统	监督安全级设备的运行状态、主回路压力边界的完整性，监测放射性物质向环境的泄漏和排放量，确保研究堆的运行安全和环境安全	
13.3		流出物及环境监测系统	确保从烟囱及经过废水处理系统处理后排出的放射性物质总量不超过国家标准规定的安全限值，确保研究堆厂内和厂外公众的健康不受到危害；为评价研究堆正常运行或发生事故对公众健康和环境的影响提供监测数据	

（续表）

序号	主/辅系统名称	子系统名称	主要功能	备注
14	给排水系统			
14.1		场外给水系统	向厂区高位水池提供水源	因研究堆建在内陆,其水源主要来自附近江、河或大型水库等
14.2		厂内高位水池系统	在正常运行和发生事故后,确保游泳池位高于堆芯,使堆芯始终处于淹没状态	
14.3		应急补水系统	在研究堆发生失水事故及事故后,向游泳池实施应急补水	在正常运行工况期间,应急补水系统的水箱处于满容积状态,其容量至少满足2/3游泳池的池水量需求,且具备抗震功能
15	除盐水系统		为研究堆游泳池、水下运输通道、一回路乏燃料储存池等提供补水,为辐照后单晶硅清洗、物理、放化和热室等科学实验研究提供去离子水	
16	放射性源项及废物处理系统			
16.1		放射性源项	在正常运行工况和假设发生严重事故发生期间,为堆本体生物屏蔽层、堆顶和一回路管道等的屏蔽设计计算提供放射性活度输入参数	
16.2		液废处理系统	在研究堆厂区内收集、运输和处理反应堆正常运行和维修期间产生的低放射性废水,处理达标后进行排放或复用	达标的要求是经处理后废水的放射性浓度须达到排放或复用所规定的安全限值

（续表）

序号	主/辅系统名称	子系统名称	主要功能	备注
16.3	放射性源项及废物处理系统	固废处理系统	收集、固化、压缩减容、处理并暂存研究堆运行和两维（维护与维修）期间所产生的固体放射性废物	系统建造标准是满足中间暂存、转运和最终处置的要求
17	垂直中子场系统			
17.1		跑兔装置系统	在开堆状态下，为短寿命或超短寿命辐照样品入堆辐照提供装入接口，气动输运和辐照固定等条件；为辐照后反向退出辐照位置取达放放热室位置提供条件	
17.2		辐照回路系统	为核电厂等新燃料装配、中子辐照提供入堆辐照，中子/伽马混合辐照场和辐照后转运条件	
17.3		其他辐照管道系统	为医用同位素以及其他核技术应用样品等的辐照提供中子或伽马单一或中子/伽马混合辐照场和空间	
18	水平实验孔道系统			
18.1		热中子水平实验孔道系统	在重水反射层、游泳池和生物屏蔽层内，为研究堆大厅和中子散射大厅中子导管和样品台提供束流热中子源	

（续表）

序号	主/辅系统名称	子系统名称	主 要 功 能	备 注
18.2	水平实验孔道系统	冷中子水平实验孔道系统	在重水反射层、游泳池和生物屏蔽层内，为中子散射大厅中子导管和样品台提供经过冷中子装置引出的束流冷中子源	
18.3		甚冷中子水平实验孔道系统	在重水反射层、游泳池和生物屏蔽层内，为中子散射大厅中子导管和样品台提供经过甚冷中子装置引出的中子能量更低的束流甚冷中子源	
19	运输系统			
19.1		水下运输系统	为堆芯乏燃料转运至临时储存水池和乏燃料池、堆芯辐照后样品转运至热室等提供水下屏蔽和运输通道	
19.2		反应堆主大厅吊车运输系统	为反应堆芯和大厅回路大型设备安装、更换以及堆内强放射性样品出堆提供运输能力	
20	热室系统			
20.1		辐照后同位素样品接收系统	为从水下运输通道转运来的辐照后的同位素罐等提供接收和屏蔽空间	

（续表）

序号	主/辅系统名称	子系统名称	主 要 功 能	备 注
20.2		切割、分装和转运系统	为切割辐照后同位素罐等部件、在热室之间分装和转运同位素样品等提供相应工具与工艺技术能力	
20.3	热室系统	测量分析系统	为确定辐照罐的放射性测量、同位素样品等的纯度、杂质和活度等指标提供测量和分析手段	
20.4		热室大厅吊车系统	在生产和维修期间，为热室大厅内开关热室屏蔽顶盖、转运同位素辐照铅罐等强放射性部件提供运输能力	
21	实验室系统	物理化学实验室系统	在研究堆正常运行、堆芯装载变化后提供堆芯参数测量和分析能力	
22	其他系统	火灾、消防、地震监测、实体保卫等其他系统	与核电厂相关系统的功能相同	

1) 冷中子源的特点与用途

该类中子源是近年来国内外在研究堆和散裂中子源装置上配套建设并不断发展的一种低温中子源,主要特点是利用冷中子的波动性采用中子导管做远距离传输(中子导管输入谱与冷中子源的初始谱有关,输出谱与中子导管的调节、接口的数量和出口位置等因素有关),形成具有不同特征波长的冷中子束。

该类中子源的主要用途是在反应堆大厅外沿水平方向形成一个冷中子辐照场,在同一座研究堆上扩大中子场的利用空间,利用冷中子与物质相互作用的中子散射技术和中子成像技术开展物质微观结构和部件质量等方面的研究和检测工作。

冷中子源及其中子散射技术形成了 21 世纪人类研究并探索材料、能源、生命和信息等前沿科学与技术的重要工具。冷中子源技术主要由冷中子源装置、冷中子输运和冷中子应用三部分技术组成,以下主要介绍该类装置与技术的内容。

2) 冷中子源装置与技术

冷中子装置主要包括堆内部分和堆外系统,堆内部分由冷包、冷包真空筒和低温介质热虹吸回路组成,整个热虹吸回路被冷包真空筒所包覆,热虹吸回路的最下端是冷包,冷包主要用于盛装液态氢(LH$_2$)或液态氘(LD$_2$)等低温慢化介质并将热中子慢化成冷中子;堆外系统主要用于维持冷包处于低温状态,其装置如图 2-10 所示。

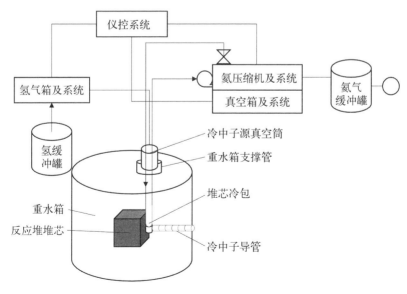

图 2-10　冷中子源装置及系统示意图

图 2 - 10 中的冷包相当于反应堆的堆芯,是该装置的核心和关键部件。冷包的高度和宽度应大于水平实验孔道前端口的高度和宽度,冷包的形状主要有球状、圆柱状和扁平状(类似行军壶)三种,采用液氘作为冷却介质的冷包通常设计成球状,例如,法国高通量反应堆(high flux reactor, HFR)和俄罗斯PNPI 反应堆 WWR - M 上的 LD$_2$ 冷中子源的冷包[10-12];采用 LH$_2$ 作为冷却介质的冷包通常设计成圆柱状或扁平状,例如,法国 ORPHÉE 堆上的 LH$_2$ 冷中子源的冷包等,近年来设计并采用 LH$_2$ 作为冷却介质的冷中子源装置的堆内部分及冷包结构如图 2 - 11 所示。

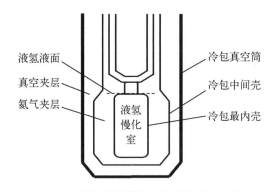

图 2 - 11　冷中子源装置的堆内部分及冷包结构示意图

从图 2 - 11 可见,冷中子源堆内部分的结构相当于从外到内嵌套了内外两个热水瓶,由两个夹层和三个壁组成;外热水瓶(真空筒)夹层的真空系统包覆内热水瓶外壳,内热水瓶夹层的氦气系统包覆充满低温介质氢的慢化剂室,慢化剂室的气氢被其外的夹层氦气冷却成液氢;真空筒的功能是力学上定位和支撑冷包,真空系统的功能是传热学上对其内低温(平均约为 16 K)的氦气系统环境和外部(平均约为 320 K)的重水环境提供绝热隔离条件,真空筒夹层内外管壁的功能分别是形成真空边界的完整性和满足防爆条件要求。

堆外系统主要由氢气系统、氦气系统、真空系统和仪控系统等组成,这些系统的组成、功能与技术如下:

(1) 氢气系统组成、功能与技术。氢气系统由热虹吸回路、氢缓冲罐及其管道、阀门和仪控系统等组成。该系统被氦制冷系统所包覆,其主要功能是在运行前,从氢缓冲罐向冷包充氢气,当充满冷包的氢气被包围它的氦冷却成液氢时,由于液氢的容积小于氢气的容积,所以冷包中空余的空间将由氢缓冲罐中的氢气继续填充,直至冷包内全部为液氢;在停运和备用运行工况下,将冷包内的液氢汽化再由氢回路抽回氢缓冲罐。氢气系统技术主要包括氢气与液氢的运行技术、防爆安全技术等。

(2)氦气系统组成、功能与技术。氦制冷系统主要由两台氦压缩机(一用一备)、透平膨胀机、氦缓冲罐、管道、阀门及其仪控系统等组成。其中,透平膨胀机的主要作用是冷却氦制冷布雷顿循环系统的所有热源,也就是在循环系统中,将换热器出口的氦气通过透平膨胀机做功后,将其温度冷却到热虹吸回路入口所需温度值。该系统包括氦气保护和氦制冷两个系统,其中,氦气保护系统的主要功能是包覆并密封包括氢缓冲罐、管道和阀门等在内的整个氢系统,隔绝氢回路中氢介质与空气的接触,控制并检测氢的泄漏(采取的工程措施是将氦气保护系统内氦气压力设计成低于氢气系统的压力,如果氢气发生泄漏则能在氦气中被检测出来);氦气保护系统主要由多头支管和氦气储罐、阀门和压力计等设备组成。氦制冷系统的主要功能如下:一是当冷中子源装置处于正常工况运行期间,将氢系统产生的核发热载带出冷包,使慢化剂室内的冷却介质——氢保持在液氢状态;二是当冷中子源装置处于停运或备用工况运行期间,将慢化剂室的液氢排空,充入氦气并将堆芯裂变 γ 射线、回路结构材料的次级 γ 与 β 射线等导致的核辐射热量排出,确保氢回路处于安全状态。氦气系统技术主要包括氦制冷、氦气对氢气系统的冷却、包覆以及氦气中微量氢气的检测等技术。

(3)真空系统组成、功能与技术。真空系统主要由游泳池内的冷包真空筒和堆外的真空箱、真空泵、泵与密封层之间的连接管道、阀门和仪控系统等组成。其中,真空筒主要包括上法兰、上壳体、下壳体和底部等部分。该系统的主要功能是在冷中子源低温运行工况期间,由冷包真空筒形成高真空绝热环境,即在冷包中间壳和冷包真空筒两个界面之间形成绝热隔离,确保冷包真空筒内氦气系统的介质氦与冷包真空筒外的介质重水彼此之间无热量交换。真空系统技术主要包括真空筒上下法兰接口处密封技术、真空系统在运行和检修期间的相关切换技术等。

(4)仪控系统组成、功能与技术。仪控系统由测量、控制和保护三个系统组成。其中,测量系统具有两个功能:一是系统监测功能,即监测氢气、氦气和真空三个系统的启停和运行期间的流量、温度、压力、液位、真空度和氢含量等过程参数,为冷中子源装置运行人员掌握该装置运行过程的状态提供所需的信息;二是安全功能,为保护系统提供保护触发用的过程变量信号,为冷中子源装置事故后监测系统提供该装置的过程状态主要参数的信息。控制与保护系统的主要功能是依据测量系统监测的运行状态参数,控制和保护真空系统、氦气系统的安全可靠运行,从选择的控制和保护参数上来看,两个系统将分别控制和保护冷包真空系统中真空筒和真空泵的真空度,氦气保护系统的压力和氦制冷系统中氦气的流量、温度、压力和氢含量。仪控系统技术主要包括其测量、控制和保护以及装置的运行技术,其中,运行技术包括冷中子源装置控制站和反应堆主控制室的启停、运行模式和安全监督等技术,例如,保护系统将分别向该装置运行站和研究堆主控制室提供保护信号,确保该装置与三个系统及反应堆的启停和运行的安全性和可靠性。

3) 研究堆产生冷中子的基本原理

在研究堆的中子能谱中,冷中子所占份额是极其少的,可利用的冷中子束主要由设置的冷中子源装置产生。在研究堆上利用冷中子源装置产生冷中子并形成冷中子束的基本原理如下:首先,将冷中子装置的冷包部分插入研究堆高热中子注量的重水或铍反射层内,反射层内的热中子穿过冷包期间与冷包慢化剂室中的超低温介质原子核发生碰撞,损失其能量变成冷中子,冷中子的能量约比室温下的热中子能量(0.025 eV)低 1 个数量级(通常取铍的缝合能为 $0.004\,6$ eV),常用的冷中子的波长在 $1\sim18$ Å(1 Å$=0.1$ nm)范围内。其次,从冷包输出的冷中子采用水平实验孔道引出形成水平冷中子束。最后,借助具有全反射功能的中子导管将冷中子束输运到中子散射大厅,作为多种科学实验研究的微探针。冷包中的两种冷却介质——液氢和液氘的冷却效果采用冷中子增益因子 G(冷中子/热中子)表征,其中,液氘的增益因子大于液氢,主要有两个原因,一是 LD_2 比 LH_2 的中子吸收截面小,二是由于 LD_2 冷包的直径大于 LH_2 冷包的直径,增加了中子与介质 LD_2 原子核发生非弹性散射的碰撞次数。但由于液氘的用量较少、市场需求量不大,导致液氘比液氢更贵且目前只有少数国家能生产满足纯度要求的产品,扁平状冷包液氢的冷中子增益因子与冷中子波长的关系如图 2 - 12 所示。

2.3.5 中子导管特点与技术

中子导管的概念产生于 20 世纪 60 年代初,首套中子导管于 60 年代中分别在德国 München 反应堆和法国的 EL3 反应堆上研制成功[13],经过 60 余年的发展,近年来,凡是设置有水平实验孔道的研究堆,均采用中子导管作为水平束流中子的远距离传输系统。中子导管主要包括堆内水平实验孔道、反应

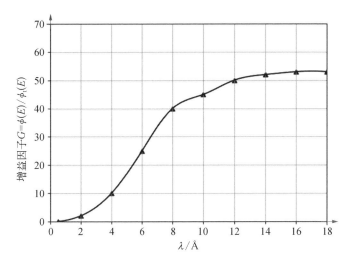

图 2 - 12　扁平状冷包液氢的冷中子增益因子与冷中子波长的关系

注：增益因子中 $\phi_t(E)$ 是重水箱内充分热化的麦克斯韦热中子能谱

堆大厅和中子散射大厅三段，其中，水平实验孔道及其相关技术已在 2.3.3 节中做了介绍，本节只介绍位于反应堆大厅和中子散射大厅内的中子导管的主要特点与技术。

1）中子导管的主要特点

反应堆大厅和中子散射大厅内的两段超镜中子导管的主要特点体现在材料、结构和中子传输技术等方面，这两段中子导管与水平实验孔道内的中子导管在这三个方面完全不一样。

（1）材料方面：采用基材为玻璃并在其内表面蒸镀厚度为微米量级的吸收截面小且具有全反射功能的镍元素薄层或镍钛粉末合金复合层，形成具有全反射镜面的超镜导管。

（2）结构方面：利用两块内表面为超镜的玻璃板和两块超镜玻璃条组装成两端断面为矩形、长度约为 1 m 的中空超镜玻璃标准短方管，依据使用要求，再将这些短方管组装成长度为 40～60 m 不等的超镜中子导管。在结构形状上，这些超镜中子导管有弯曲导管和直导管两种。弯曲导管结构如图 2 - 13 所示。

这种中子导管主要位于反应堆大厅内（如果中子传输距离超长，随着曲率半径的增大，则部分弯曲导管与屏蔽体将相应延伸至中子散射大厅内），这些导管由多个标准短方管相连接并形成近似多边形结构，不同导管的多边形结

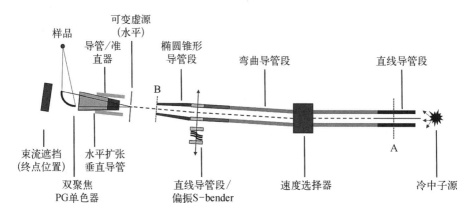

图 2-13　游泳池式研究堆的三段中子导管示意图

构具有不同的曲率半径,在设计计算上,各种弯曲导管的曲率半径大小需满足在弯曲导管反射面的任意一点均可看到冷包或其表面所张开的立体角的要求,满足这一要求又需具备两个条件,一是几何上取决于弯曲导管反射面的临界角,二是结构上取决于水平实验孔道前端对冷包所张开的面积,通常将水平实验孔道前端的面积设计成略小于冷包表面的立体角,这样可有效减少重水箱内热中子进入中子导管的份额;直导管结构如图 2-14 所示,这些导管由多节标准短方管直接连接并形成直线结构。

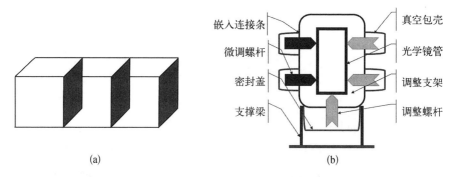

图 2-14　研究堆中子散射大厅内直导管的结构示意图
(a)主视图;(b)左视图

(3) 中子传输技术方面:从提高中子利用率角度上看,为拓展中子束场的利用空间,需将水平实验孔道出口位置的中子进行远距离传输,这里就涉及使用中子导管的远距离传输技术问题。从中子在弯曲导管和直导管的传输技术上看,中子在弯曲导管内的输运技术是使低能中子在弯曲导管内的输运过程中至少经过一次全反射才能向前传输,为了降低内本底粒子对中子束的干扰水平,在设计上虽然对水平实验孔道前端与反应堆堆芯采用了切向布置,大幅减少了堆芯裂变直接产生的 γ 射线以及中子与结构材料相互作用产生的次级γ 射线从水平实验孔道前端进入导管的概率,但是,如果不将在重水反射层内经过散射从侧面进入水平实验孔道的热中子以及这些中子与导管结构材料相互作用产生的次级 γ 射线剔除掉,则将构成测量信号的内本底,而弯曲导管恰好对这些热中子和 γ 射线具有过滤器的功能,因依据粒子的波粒二象性原理,这些能量的粒子基本上是以粒子的形式输运的,它们在弯曲导管处与导管壁发生作用时直接贯穿出管壁后被包覆导管的屏蔽材料所吸收,而冷中子基本上是以光波的形式传输,在弯管处基本不会损失,由此,从冷中子输运技术上看,采用弯曲导管相对提高了谱仪位置冷中子的信噪比。中子在直导管内的输运技术主要包括直接输运和数次锯齿波全反射输运,中子在该类导管内的输运具有几乎无损失的特性。基于多座研究堆的计算结果和测量验证表明:利用弯曲导管、直导管和管内真空条件,不仅可以提高谱仪位置冷中子的信噪比,而且水平实验孔道出口处的中子注量率在中子导管内经 50 m 的输运后,在导管出口处仅降低 1 个数量级。

2) 中子导管的主要技术

反应堆大厅和中子散射大厅内的两段中子导管主要由位于反应堆大厅内的直导管、弯曲中子导管、屏蔽体和穿过反应堆安全壳的屏蔽密封门以及位于中子散射大厅内的直导管、屏蔽系统和真空系统等组成,主要功能是将反应堆生物屏蔽层出口处的冷中子束输运到中子散射大厅,在该大厅内的中子导管相应束流出口处为中子散射谱仪和冷中子成像装置等提供冷中子束。反应堆大厅和中子散射大厅内的两段中子导管的技术主要包括设计、研制工艺、安装调试和测试等四部分。

中子导管设计技术主要包括中子导管总体、结构和中子束输运等三种设计技术。其中,中子导管总体设计技术涵盖四部分内容:一是中子导管在反应堆大厅和中子散射大厅内的总体布局设计技术,二是位于反应堆大厅内的直导管两端接口的设计技术,三是中子导管穿过研究堆安全壳的屏蔽密封和对中设计技术,四是在中子散射大厅内中子束出口与中子散射谱仪的接口设计技术。中子导管结构设计技术涵盖三部分内容:一是每节中子导管横断面结构设计技术,二是在导管的内表面蒸镀厚度均匀的天然镍(或镍核素[58]Ni)层形成镜面结构的设计技术，三是中子导管全长接口、连接密封、对中、屏蔽和真空系统等的结构设计技术。如果中子导管内漏入空气，则将降低中子束流的品质，因此，在全寿期内应高度关注真空系统中真空包壳连接处的气密性、抽真空的可行性和长期保持足够真空度的可靠性等结构设计技术。中子束输运设计技术涵盖三部分内容：一是中子波在导管内的输运计算，包括中子波与天然镍（或镍核素^{58}Ni）原子核相互作用的计算，在中子导管不同隙口处利用锗或石墨晶体单色器的分中子束注量率计算；二是中子导管出口位置中子束场的信噪比计算；三是位于生物屏蔽层外闸门、反应堆大厅内弯曲中子导管、中子散射大厅内直导管以及导管隙口到中子谱仪的屏蔽设计计算，主要包括源项、屏蔽材料和屏蔽体结构的优化设计计算。

在中子导管的设计和计算过程中，为进一步阐明上述三项设计技术基础，下面将介绍中子在导管内输运的基本原理。

中子导管主要是利用中子全反射原理，即利用中子与导管内表面发生多次反射作用，以损失 $1\% \sim 10\%$ 的极小概率实现中子的远距离输运。中子发生全发射的关系式可表示为

$$\theta_{\mathrm{C}} = \sqrt{2(1-n)} = A\lambda \qquad (2-1)$$

式中：θ_{C} 为中子发生全反射的临界角；$n = 1 - \lambda^2 A_{\mathrm{coh}} N/2\pi$ 为全反射材料的折射率；λ 为入射中子波长；A_{coh} 为材料的相干散射长度；N 为材料的原子密度；$A = \sqrt{\dfrac{N A_{\mathrm{coh}}}{\pi}}$ 为材料特性系数。

式（2-1）中，A 值越大，则材料的全反射临界角越大。由于金属镍或镍钛合金具有较大的 A 值，因此常用作中子导管玻璃内表面的镀层材料。

中子导管研制工艺技术主要由玻璃板研制、内表面核素材料镀层和包装运输等工艺技术组成。中子导管是一种非标准设备，其中，所选择的玻璃板研制和内表面核素材料镀层两项工艺技术主要取决于两个方面：一是各研究堆依据实验研究任务需要，选择不同的结构、长度和中子波长的技术指标；二是依据投资强度条件和运维经济性要求，选择在其内表面镀覆不同材料的核素以及相应的镀层厚度、反射和吸收等工艺技术。

安装调试由每节导管与导管之间的连接、支撑、固定、密封和中子束调试等技术组成，测试技术主要包括全长导管的连接、对中、密封、氦气检漏、抽真空以及输入与输出端的中子注量率测量等技术。

总体上,经过建成的某研究堆冷中子源实测,在反应堆生物屏蔽层出口处的中子注量率达到 10^9 量级,在中子导管内飞行 50 m 后到达中子散射大厅内中子导管出口处的中子注量率达到 10^8 量级水平。

2.3.6　关键技术课题研究

可行性研究阶段的重要任务之一是要解决预可行性研究阶段识别出的关键技术问题,为便于说明问题,本节将预可行性研究阶段识别出的第二类关键技术课题中的四个子课题合并为两个,主要介绍总体设计技术、物理热工水力验证实验技术、关键系统及非标核级设备技术等三类关键技术课题研究中六个子课题可行性研究的内容。

2.3.6.1　总体设计技术研究

针对一座采用反中子阱原理设计的全新池式研究堆的特点,总体设计技术研究的内容主要包括建立相应的设计准则,以满足设计依据充分性要求;研究重水与轻水两个系统的集成技术,以降低二回路系统的建造和运行成本。由于堆芯总体设计技术已在 2.3.3 节中做了介绍,其他系统的总体设计技术可参照核电厂相应系统的内容,下面将分别介绍建立设计准则和重水/轻水系统设计相关技术两个部分的内容。

1) 建立设计准则

按照 2.2.3 节提出的建立设计准则的相关条款要求,建立设计准则的方法和内容如下。首先,由设计单位和业主共同研究并建立下述五个方面的设计准则:系统设备安全分级准则、物项抗震分类准则、质保等级的划分准则、数字化仪控等系统的设计准则和冷中子源的接口条件准则。其次,通过由国家安全局组织的国内同行专家的技术评审,并经国家安全局批准。最后,这些准则作为总体设计中开展相关部分设计的依据文件。

2) 重水/轻水系统总体设计技术

近年来,国内外已建成的具有反中子阱原理的池式研究堆的厚反射层(参见第 1 章表 1-1),除了印度尼西亚一座研究堆采用大型铍块外,其他均采用重水作为反射层。对于采用重水介质作为反射层的这类研究堆,在可行性研究的总体技术方案中须解决下述五个问题:一是反应堆活性区泄漏的中子和 γ 射线在与重水介质原子核发生碰撞期间,其能量将沉积在重水反射层内,在反应堆运行期间,随着这些能量的不断沉积将导致重水介质温度不断升高,必须采取措施将这些热量导出,使重水温度与游泳池池水温度保持平衡,确保堆芯入口温度保持恒定;二是在反应堆运行和重水受到中子辐照期间,由于辐照分解反应将会产生氘气和氧气,这种混合气体的浓度积累到一定程度将会发生爆炸,必须设置相应的气体载带系统将聚集的混合气体连续带出,确保其浓度控制在爆炸安全限值以下;三是在运行期间必须使重水水质满足运行条件要求;四是由于整个重水箱沉浸在轻水的游泳池内,所以盛装在箱内的重水、氦气、氘气和氧气等介质必须完全密封并与游泳池内的轻水相隔离;五是在设计一、二回路输热系统时,必须考虑轻水系统和重水系统的集成设计技术。

针对上述前三个问题,设计上可采取下述工程措施:设置重水强迫循环冷却系统,该系统由位于游泳池内的重水箱、低于堆芯位于堆外的溢流箱、重水泵、热交换器、泄放阀以及相应管线等组成,设置的该系统依靠重水泵强迫循环排出运行期间重水反射层中产生的热量,维持重水温度在设计值范围;设置氦气系统,该系统由鼓风机、冷凝器、直线分离器、接触室、瓷质过滤器、低压罐、高压罐、阀门及其相关管线组成,该系统可将氦气充于重水箱内上部空间作为重水上表面的覆盖层,在运行期间,通过氦气鼓风机强迫循环将辐照分解产生的混合爆炸性气体氘气和氧气连续载带出重水箱,确保箱内这种混合气体的浓度控制在安全限值以内,同时,采取一定工艺将这种爆炸性气体在堆外复合成重水并回收,以减少重水的损失;设置重水净化系统和重水浓缩系统,其中,重水净化系统由 2 台预滤器、2 台离子交换床、1 台机械过滤器、阀门及其相应的不锈钢管线等组成,其主要功能是控制重水系统中的重水以满足重水水质指标要求,这些指标主要包括重水浓度、电导率和 pD($pD=pH+0.4$,采用轻水缓冲溶液标定)值等,重水浓缩系统采用的主要工艺技术是高温蒸馏去除固体残渣后再回收重水;此外,为了上述四个系统的安装、运行和检修工作的开展,还需设置真空系统,该系统由无油真空泵、油分离器、湿气凝冻器、不同阀径的高真空手动阀和管线等组成,其主要功能有三个,一是针对新建研究堆,在上述四个系统设备、管线等安装完成,经清洗打压和吹扫干燥后,为确认各系统的密封效果,需对系统抽真空,然后采用氦气进行检漏;二是在重水系统运行期间,如果重水泵需要进行解体检修,则在检修前后均须对重水泵抽真空;三是在对重水系统进行检修期间,由于重水价格昂贵,不允许检修期间损失重水,且重水一旦与空气接触,其水质将会下降,所以检修期间需利用氦气作为过渡气体,以避免空气进入系统影响重水浓度和氦气纯度,减少氦气损失。

针对上述第四个问题,设计上可采取下述工程措施:如果重水箱体积较小且国家的铝工业浇注锻造基础也较好,则可采取整体浇注锻造再机械加工的工艺;如果重水箱体积较大,则可采取尽可能减少整个重水箱焊缝的策略,例如,重水箱内筒壁和重水箱上、下盖板三个部件可采取分别整体浇注锻造三个大型铸件再机械加工的工艺,因此在顶盖板上设置的所有辐照管道连接短管座和在下盖板上设置的杯型连接插座等形成无焊缝结构,可提高整个重水箱的耐辐照能力和密封性能。

对于第五个问题,设计上可采取的工程措施如下:在一回路系统的设计中,针对堆芯内轻水和重水箱内重水的热量输出以及轻重水的隔离等问题,可将一回路系统分别设计成由两套不同的热交换器、泵阀和管道等构成的两个独立的轻水系统和重水系统;在二回路系统的设计中,由于载带两个热交换器传热管热量的介质只有轻水,不存在轻水和重水两种输热介质隔离问题,所以在设置的两个热交换器出口位置,可将两进两出轻水支路分别汇集形成一个进出口二回路轻水系统。

2.3.6.2　研究堆物理与热工水力验证实验技术研究

对于一座采用反中子阱原理设计的全新池式研究堆,堆芯物理与热工水力实验是可行性阶段需要开展的重要验证实验,实验方式是借助已有研究堆的堆内辐照考验装置和研制的台架开展相关实验,实验目的是获得相应实验参数,验证设计程序的建模、算法和参数的正确性。下面将主要介绍研究堆物理和热工水力两类验证实验技术研究的内容。

1) 研究堆物理验证实验技术研究

研究堆物理验证实验技术研究的主要内容包括燃料元件堆内辐照考验技术和零功率物理实验技术研究等两个部分,其中,与核电厂相比、零功率实验后的扩载和提升功率期间,研究堆的实验内容多,所需时间长,采用的实验技术也相对较多。下面将主要简介燃料元件堆内辐照考验技术研究内容,零功率物理实验技术研究及实验方法将在第 3 章中介绍。

燃料元件是研究堆堆芯的核心关键部件,燃料元件及其组件能否研制成功是可行性研究阶段必须要解决的核心关键问题。燃料元件的研制技术主要包括设计、制造工艺、堆内辐照考验等。设计技术主要包括堆芯总体结构设计、核设计、热工水力设计和安全分析等多专业的协同设计技术;制造工艺技术主要涉及核材料、非核材料的基本性能、混料、化工、机械加工、焊接和质检等复杂工艺技术;燃料元件堆内辐照考验技术主要包括入堆考验、出堆冷却和热室检测等技术,是一座拟建研究堆必须首先要解决、也是最难和耗时最长的核心关键技术,因为堆内辐照考验技术不仅涉及入堆燃料元件与堆芯及辐照回路的中子场、温场、流场、压力场和水化学场等多场耦合作用,而且就目前国内外的计算能力和数值模拟水平而言,首座全新研究堆用燃料元件及其组件的研制任务难以仅通过数值模拟计算完成,必须经过堆内辐照考验,其主要技术指标等方可确定。

参照近年来建成的具有反中子阱特征游泳池式研究堆用燃料元件及其组件的辐照考验经验,所涉及的主要技术与下述两种模式有关。

其一,入堆辐照考验模式。对于无参考堆的首个全新燃料元件及其组件的研制模式可概括为以下三点:首先,在初期科研阶段,基于多种包壳材料和芯体材料配方工艺方案研究并确定一种包壳和芯体材料方案,依据堆芯总体设计提供的堆型、堆功率、物理、热工水力等总体技术参数,借助已有软件和设计经验,开展燃料元件及其组件的热力耦合结构设计,在棒、板或管等元件结构以及矩形、圆筒或六角形等组件的热力耦合结构中,经计算分析并确定拟采用的一种结构及其技术指标。其次,开展燃料芯体和包壳材料制造技术研究,基于结构设计方案和主要技术指标,在燃料芯体和包壳制造方面,需综合考虑燃料芯体和包壳材料的物理、化学和工程相容性等因素,结合燃料元件包壳材料制造厂和燃料元件制造厂已有工艺技术和经验,先后分别研制出模拟燃料元件和先导燃料组件。最后,开展模拟燃料元件和先导组件堆内辐照和堆外检测技术方案研究,该方案的主要研究内容包括确定辐照回路位置相关参数、辐照功率水平和时间,明确出堆暂存、运输和热室检测工艺技术以及安全质量分析技术等;按照批准的辐照方案先后开展燃料元件或组件的堆内辐照考验与堆外检测技术工作,考验与检验的主要技术指标如下:从新燃料元件或组件入堆辐照到满足设计燃耗深度要求的受照积分中子注量,辐照期间的温度、发热量和堆芯冷却剂流速等技术参数;依据考验和检测结果校核设计程序,设计并制造真实堆用燃料组件。

其二,不入堆辐照考验模式。如果有参考研究堆,且其反应堆功率和中子注量率等主要参数均高于拟建研究堆的设计参数,拟采用的燃料元件及其组件制造厂家也为同一厂家,并在参考研究上具有全套运行数据,则可借鉴这些数据,对于拟采用的燃料元件及其组件的相关技术参数可用包络方法和内插法计算得到,计算结果可用于校验物理、热工水力和结构力学等多专业耦合设计所用程序的建模、算法和输入参数,无须再进行堆内辐照考验,由此可直接设计并制造真实堆用燃料组件。

2) 研究堆热工水力验证实验技术研究

研究堆热工水力验证实验技术研究的主要内容包括开展燃料组件临界热流密度（critical heat flux，CHF，记作 q_{CHF}）、燃料组件流致振动和全堆芯流量分配三项验证实验，其中，与核电厂反应堆相比，研究堆的实验场条件较为简单，实验技术研究的难度相对较低，因为无论是研究堆堆芯和一回路系统，还是模拟实验本体均处于常温常压或低温中压状态，相对于核电厂或动力堆的堆芯和一回路系统以及采用的模拟实验本体来讲，不存在高温、高压和沸腾换热两相流的问题，所采用的实验元器件的耐温、耐压条件及其测试技术难度也相对较低。下面分别简介三类验证实验技术的研究内容。

（1）堆芯燃料组件临界热流密度验证实验技术研究。开展临界热流密度实验的主要目的是获得拟建研究堆堆芯热工水力计算中所需的临界热流密度关系式，依据此关系式计算得到临界热流密度值 q_{CHF}，为计算最小偏离泡核沸腾比（minimum departure from nucleate boiling ratio，MDNBR）提供输入数据，据此验证设计的研究堆热工水力安全限值是否满足热工设计准则要求[14-15]。对于首座全新堆型用燃料组件，该关系式涉及的影响因素不仅有组件冷却剂流道的总体结构，诸如材料种类、规格尺寸、机械加工工艺和形貌等，还有堆芯入口温场、流场和压力场相关参数变化等多场耦合作用以及加热方式和实验测量技术等相关因素。到目前为止，对于稠密栅堆芯结构燃料组件，尚缺乏广泛的基础实验数据拟合出一个能够满足这些复杂变化因素耦合作用下普遍适用的临界热流密度关系式。虽然著名的 W-3 关系式也是基于 207 个实验数据建立的关系式，但是，其普适性仍然有限。

通常，首座新型研究堆堆芯燃料组件临界热流密度关系式的获得过程、影响因素和实验技术难点如下。

获得计算 q_{CHF} 数值关系式的过程主要包括通过搭建实验台架和研制实验本体，借助在线和离线测量技术开展实验，采用拟合实验数据方式获得计算临界热流密度 q_{CHF} 的关系式。在临界热流密度实验设计和分析技术中所关注的主要影响因素包括两个方面：一是燃料元件在堆内经历的循环初期（begining of cycle，BOC）、循环中期（middle of cycle，MOC）和循环末期（end of cycle，EOC），随着燃耗加深和控制棒沿 z 轴的逐步提升，轴向功率峰值（俗称大肚子）所处位置将从 BOC 的堆芯活性区底部逐步向 MOC 的堆芯活性区中部和 EOC 的堆芯活性区顶部移动；二是研究堆轴向非均匀加热功率变化分布曲线与核电厂反应堆所采用的截断两端尾部余弦分布曲线在长度和形状因子等方面存在差异,在役期间这种轴向功率分布不均匀性将影响燃料组件冷却剂流道内的温场和焓场,通常,这些影响因素可通过引入相关因子进行修正,这些因子需通过验证实验予以确定。在实验过程中需突破的主要实验测量技术难点包括在温度飙升期间如何掌握临界点的测量和控制技术?通常,如果冷却剂流道是轴向均匀加热,则临界点会发生在流道出口处,其测控技术易于掌握;但如果冷却剂流道是轴向非均匀加热,由于临界点不一定位于流道出口处,很有可能出现在低于流道出口的某一位置。那么,如何及时发现临界点并将加热功率降下来,避免发生实验本体被烧毁呢?多项实验的经验表明,在低于流道出口段可加密测点(从测量技术发展上看,近年来发展的光纤测温技术可进一步加密测点),一旦某测量位置的温度飙升至临界点,则该点可被及时发现和确定,此时通过及时采取降低加热功率等措施可有效防止实验本体被烧毁。

(2)堆芯流致振动验证实验技术研究。在研究堆堆芯热工水力学设计中开展流致振动实验的主要目的是验证在设计的冷却剂流速下,堆芯内的组件和构件是否会产生振动,进而导致燃料组件流道变形或出现不稳定流场并引发堆芯反应性震荡。为实现研究堆的高性能建设目标,近年来,新设计的具有反中子阱原理特征的游泳池式研究堆堆芯轻水冷却剂流速均大于 6 m/s。在此种流速下,如果其设计值仅仅依据数值模拟计算结果,缺乏相应的实验数据验证,不仅难以通过安全审评,而且研究堆工程建设一旦开始,未经实验验证的设计结果对工程建设可能存在颠覆性。为提前释放建设期间的技术风险,通常,新建新型研究堆的冷却剂流致振动实验主要借助台架实验开展,具体实验和分析过程是通过搭建实验台架和研制实验本体,借助在线可视化和离线测量技术等开展实验,初步验证设计结果的可行性和正确性;在研究堆工程建设的非核调期间,采用随堆实验测量结果进一步予以验证。

(3)全堆芯流量分配水力学验证实验技术研究。开展全堆芯流量分配水力学实验的主要目的是验证所设计的流经活性区和旁流的冷却剂流量分配系数,评价分配给堆芯各冷却剂流道流量和展平堆芯温度场分布的合理性,在额定工况下确保流经热管的冷却剂流量能够满足导出其热量和降低热点温度的要求。由于采用 RELAP/5 等多种程序对堆芯入口、活性区和出口冷却剂流场均能开展数值模拟,且数值模拟计算结果已具有较高的置信度,所以,一般不再新建 1∶1 零功率装置开展此类实验,而是借助数值模拟计算开展研究和分析,初步验证设计结果的正确性;在研究堆工程建设的非核调试期间,在堆芯入口不同流道位置布置涡轮流量计,在线随堆开展实验,采用测量结果进一步验证设计结果,在涡轮流量计的布置中需关注两点,一是涡轮流量计的流道需与被测流道保持一致,二是所布置的测量线不能对被测流场产生扰动;如果实测的堆芯个别流道所需冷却剂流量不满足要求,或后续运行中个别实验管道流道发生变化,则在工程上可采取节流圈等措施调整这些流道的冷却剂流量。

2.3.7　关键设备与技术可行性分析要求

为确保一项全新研究堆工程建设项目如期建成,在可行性研究阶段要求重点关注所设计的重要核级非标准关键设备的研制状态,分析所采用技术的可行性等是十分必要的,本节将主要介绍重要核级非标准关键设备研制技术、技术可行性分析等要求的内容。

2.3.7.1　重要核级非标准关键设备研制技术要求

为实现高性能和多功能的建设目标,追求技术上的跨越式发展,从发展和创新的角度讲,一座全新研究堆重要核级关键设备的设计需要采用一定量的新设备,这是因为研究堆与核电厂不同,核电厂作为低碳能源可批量建造,而研究堆主要作为一种科学与技术研究和核技术应用工具,即使是当今世界的几个核大国,也可能多年都难以建造一座。如果要采用一些新设备,则在可行性研究的单项设计技术攻关阶段,这些设备的原型样机应在实验室研制成功,技术成熟度(technology readiness level,TRL)至少应达到 5 级(TRL5);在初步设计和设备制造阶段,所研制的工程样机不仅要在功能和性能上满足设计技术指标要求,而且其质量必须通过模拟环境条件试验的验证,技术成熟度至少应达到 7～8 级水平(TRL7～8),最好能达到产品供货阶段的水平。总体上来看,由于这类重要核级设备均为非标准关键设备,不仅专业性极强,而且研制技术难度大,所以必须由专业单位承担其研制任务。通常,针对各类关键设备原型样机/样件研制的特点,国内外采取的研制模式如图 2-15 所示。

由图 2-15 可见,首先,业主和设计单位在完成拟建研究堆工程建设项目的可行性研究之后,基于初步设计结果,形成《设备研制要求报告》,按照设备采购招投标程序,依据此报告在具有设备潜在供货能力的单位之间进行招标。其次,投标单位依据招标文件包括《设备研制要求报告》中提出的相关要求,开展拟研制设备的二次技术设计,设计结果形成投标文件;投标时,提交的投标文件至少应包括框图中的《方案论证报告》《方案设计报告》和《技术设计报告》等文件;其中,《方案论证报告》需要论证的主要内容是基于业主提出的《设备

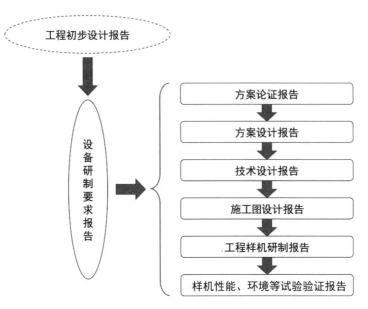

图 2‒15　重要核级非标准关键设备研制模式框图

研制要求报告》开展多方案论证,《方案设计报告》需设计的主要内容是基于《方案论证报告》的多方案选择,确定一个满足设计技术指标要求的最优方案,凝练出需解决的关键技术问题,提出拟采取的技术路线,开展总体结构设计,全面评价其可行性、安全性和经济性。《技术设计报告》需设计的主要内容是完成关键技术研究内容,开展选定方案的技术设计,确定制造工艺和技术状态;中标后,设备研制单位开展并完成施工图设计,形成《施工图设计报告》,提交"三书一图"等技术文件,提出设备工程样机与现场工程的接口条件,形成并提交反提资文件,以便业主和设计单位关闭设备与工艺控制系统及其土建等的二次接口问题单,及时向施工现场提交设备的施工图文件。最后,设备研制单位开展并完成工程样机研制及其相关验证试验,形成《工程样机研制报告》和《样机性能、环境等试验验证报告》,完成样机出厂鉴定,技术成熟度应达到产品供货阶段的水平。

　　针对游泳池式研究堆用大型重水箱这类重要核级非标准关键设备原型样件(下称原型样件)研制的特点,在方案设计和技术设计两个阶段工作中,两个阶段工作之间的关系是,技术设计是方案设计结果的深化。相关技术要求如下:不仅两个设计阶段设计深度的技术要求不同,而且设计结果的技术要求也不相同。本节主要介绍两个设计阶段原型样件研制的相关技术要求。

1) 方案设计阶段原型样件研制的技术要求

方案设计阶段原型样件研制的技术要求包括两部分内容：一是原型样件研制结果的技术深度要求，二是原型样件研制的功能、性能、主工艺流程及其技术等要求。其中，对于第一项要求，原型样件承制单位依据签订的合同开展方案设计工作，设计结果形成《方案设计报告》，其技术深度应满足可开展"技术设计"阶段工作的要求。对于第二项要求，下面将介绍原型样件研制的功能和性能技术指标、主工艺流程与技术以及其他三个要求的内容。

原型样件研制的功能和性能技术指标要求如下：针对原型样件为重水箱这类非标准关键设备，鉴于该箱内盛装重水、氦气和氚气等介质，全寿期内置于游泳池底部，一旦服役将具有强放射性，属于不可更换的 SC-2 级设备，要求满足三项功能：一是能够密封和隔离轻水、重水、氦气以及氚气等介质，二是可形成宽广的重水反射层并为垂直和水平实验孔道的设置提供位置、空间与支撑，三是为保持堆芯完整性和稳定性提供支撑。原型样件研制的性能技术指标要求如下：针对原型样件材料为不锈钢/铝重水箱非标准关键设备，承制方依据签订的合同，基于已掌握的软件并结合类似原型样件的研制经验，开展数值模拟计算和工艺流程推演，得到预计的计算结果，将业主要求的原型样件的性能技术指标和计算预计的相关技术指标结果列于表 2-5 中，并给出其符合程度的评价。

表 2-5　原型样件性能技术指标对照

序号	设备名称	材料	合同要求性能技术指标	计算预计性能技术指标	符合程度评价
1	不锈钢重水箱	316 L/321	寿命：30 年	寿命超过 30 年	满足要求
1.1			气体元素氧/氢等含量满足核级材料技术标准要求	气体元素氧/氢含量优于核级材料技术标准要求	优于标准要求
1.2			杂质硫/磷含量满足核级材料技术标准要求	杂质硫/磷含量优于核级材料技术标准要求	优于标准要求
2	铝重水箱	5052/6061	寿命：30 年	寿命超过 30 年	满足要求
2.1			杂质硼/镉含量满足核级材料技术标准要求	杂质硼/镉含量优于核级材料技术标准要求	优于要求

(续表)

序号	设备名称	材料	合同要求性能技术指标	计算预计性能技术指标	符合程度评价
2.2			焊接质量检测方式及精度，PT、RT、UT检测等满足相应技术指标要求，氦气检测泄漏率小于 1×10^{-8} Pa·m³·s⁻¹	焊接质量检测方式及精度，PT、RT、UT检测等满足相应技术指标要求，氦气检测泄漏率为 1×10^{-9} Pa·m³·s⁻¹	氦气检测泄漏率等优于技术指标要求

原型样件研制的主工艺流程与技术要求如下：工艺流程主要涉及从原材料、熔锭到机械加工等工艺过程，针对不锈钢/铝重水箱的研制，其主工艺流程如图 2 - 16 所示。

图 2 - 16 不锈钢/铝重水箱研制主工艺流程图

对照上述各工艺流程框图，各研制环节所关注的技术要求如下。

在材料精选环节，主要关注所采用规范中候选材料的物理、化学和工程性能技术指标是否满足设计性能技术指标要求，例如，针对拟建研究堆工程项目所选 316 不锈钢系列材料的化学成分和组织等要求，如果 GB 和 ASME 等规范给出的条件不满足所设计材料的化学成分和组织等指标要求，则新研制的 316 不锈钢材料样件在方案设计阶段要求研究并分析材料的主要化学成分、组织(铁素体、晶粒度、非金属夹杂物)和晶间腐蚀等指标，研究分析结果需给出明确的结论，并以表格形式逐一给出研究分析结果；针对拟建研究堆工程项目所选铝材料的化学成分要求，需研究并分析硼、镉等杂质含量，研究分析结果需给出明确的结论，并以表格形式逐一给出研究分析结果。

在熔炼环节，主要关注两个方面的技术要求：一是材料入炉前，为避免熔炼其他材料期间杂质的引入，应关注熔炉清洗结果的清洁度；二是熔炼工艺的成熟度和稳定性。

在锻造环节，主要关注冷却时间、锻造温度和锻造速度等技术指标的匹配度要求，包括数值模拟与借鉴相关产品的锻造经验等。

在机械加工环节,主要关注大型不锈钢或铝锭的机械加工难度和精度等技术要求。

在退火环节,主要关注机械加工期间所采取的释放残余应力的措施和效果。

在质检环节,主要关注焊接质量所采用的 PT、RT、UT 或其他无损检测技术的适宜性和有效性。

其他要求主要包括设备的运行环境质量、安全分析和研制进度等要求,这些要求与核电非标准设备的研制要求相同。

2) 技术设计阶段原型样件研制的技术要求

技术设计阶段该样件研制的技术要求主要包括研制依据、重点研究内容和研制技术深度三项内容。设备承制单位开展技术设计的依据是签订的合同和方案设计结果,研制内容主要包括开展拟研制设备的结构和力学等相关技术设计、计算和绘图工作,研制结果是形成《技术设计报告》(或《初步设计报告》)。设备样件研制技术深度应满足开展施工设计的要求,部分可拓展到满足工程样件研制条件的要求。

2.3.7.2 技术可行性分析要求

在可行性研究阶段的总体技术方案中,对于一个全新的研究堆工程建设项目,国家审评要求重点分析大型核安全级关键设备研制的国家核工业技术基础,非标准核级设备样机研制的技术成熟度,是否存在颠覆性技术;全面评价所选堆型建成的技术可行性,提出设计阶段的退役技术要求。这里主要介绍燃料元件研制、反应性控制、冷却剂边界完整性、重水和氦气系统密封、反应堆厂房密封包容、大型厚反射层研制、数字化仪控系统和退役等 8 项技术可行性分析要求的内容。

1) 燃料元件研制技术可行性分析要求

在燃料元件、组件设计水平方面,主要应考虑棒状、板状、管状和球状等燃料元件,正方形、六角形等组件的设计水平,结合拟建堆芯选定其中一种;在核燃料采购渠道方面,主要应考虑获得低富集度铀的可行性;在燃料元件、组件制造能力方面,主要应考虑基于选定的燃料元件形状,参照国际上研究堆用燃料元件的发展趋势,设计的燃料芯体采用 UO_2、UAl_x、U_3Si_2、UN 等中的某一种,考虑燃料芯体及其包壳的研制能力和技术成熟度;在燃料元件堆内辐照考验方面,主要应考虑堆内辐照装置、辐照技术和辐照后检测技术。目前,在研究堆燃料元件的设计、制造、堆内辐照考验、定型、批量生产和应用等方面,国内已具有多座研究堆良好的实践基础。

2) 反应性控制技术可行性分析要求

通常,反应堆堆芯反应性控制技术涉及两个方面,一是依靠燃料和冷却剂固有负反馈温度系数自动调节运行期间堆芯反应性变化,二是依靠控制棒的拔出、插入、移动调节补偿或悬停实现反应堆的启动、停止和功率运行。对于采取控制棒技术控制堆芯反应性时,涉及下述三个方面的研究内容:一是从确保实现可靠停堆安全功能和安全审查的发展趋势上看,鉴于研究堆在全寿期内启停堆频繁,新建研究堆均要求具有两套独立的停堆系统;二是从研究堆堆顶操作方便、尽量减少堆芯上方遮挡管道以增大目视场景或远程可视化场景角度看,希望控制棒驱动机构布置在堆芯底部,采取从堆芯底部驱动控制棒做上下往复运动以实现反应堆启动、停堆和运行目的,这是当前采用反中子阱原理设计的游泳池式研究堆普遍采用的控制棒布置方式;三是从控制棒驱动线研制角度看,主要包括控制棒驱动机构、吸收体连接移动和控制棒导管密封隔离等技术。目前,国内已全面掌握研究堆的反应性控制技术,已具有多座研究堆反应性控制的良好实践基础。

3) 冷却剂边界完整性技术可行性分析要求

采用此种技术的主要目的是确保在任何工况和停堆条件下排出堆芯热量,从堆芯冷却本质安全上讲是一种确保堆芯不失水技术。针对采用反中子阱设计的游泳池式研究堆,目前国际上建成的堆型中,主要有两种,一是常温常压游泳池式研究堆,二是低温中压游泳池式研究堆。在第一种堆型中,涉及的压力边界完整性主要包括开式一回路系统、游泳池壳和各种预防失水的非能动措施;在第二种堆型中,涉及的压力边界完整性主要包括闭式或半开式一回路系统、游泳池壳和各种预防失水的非能动措施。两种冷却剂边界完整性技术包括一回路系统、铝或不锈钢堆水池壳体及其水平实验孔道的密封和采取的非能动措施。依据 IAEA 统计,全世界建成和在役池式研究堆均具有冷却剂边界完整性技术的设计建造和运行经验可资借鉴。国内已有几座游泳池式研究堆建造的基础和数十年运行期间确保冷却剂边界完整性的经验反馈。

4) 重水和氦气系统密封技术可行性分析要求

对于采用重水作为反射层的反中子阱原理池式研究堆,一回路输热系统包括由轻水回路系统排出堆芯的热量和由重水系统排出重水箱内的热量。这种堆型的输热系统涉及轻水堆输热系统和重水堆输热系统高度集成技术,两种一回路输热系统与二回路的接口技术,轻水、重水和氦气的密封隔离等设计技术。目前,国内多个单位已全面掌握了重水和氦气系统密封的设计、建造和运行等相关技术。

5) 反应堆厂房密封包容技术可行性分析要求

游泳池式研究堆对放射性释放的纵深防御设有燃料元件包壳、池水和反应堆密封厂房三道屏障，反应堆厂房是防止放射性泄漏进入环境的最后一道屏障。20 世纪 80 年代之前建造的功率小于 5 MW 的游泳池式研究堆的厂房并不满足密封条件要求，近年来，随着环境影响评价（以下简称环评）要求的提高，新设计的功率大于 10 MW 的游泳池式研究堆的厂房必须满足泄漏率指标的要求。这些反应堆厂房的密封包容技术包括墙壁上各类密封门、屏蔽门和设备门以及穿过墙壁的机械贯穿件与电气贯穿件等的密封包容技术，通常可借鉴其他核工程建设经验反馈，了解并掌握这些设备和部件的设计、制造、安装、调试和泄漏率检测技术。随着近年来我国核电厂安全壳和游泳池式研究堆密封厂房的建成并投运，我国已全面掌握了这些技术，对于新建研究堆具有成熟的密封包容技术基础。

6) 大型厚反射层研制技术可行性分析要求

大型厚反射层研制技术包括大型重水箱研制技术和大型铍组件研制技术。其中，大型重水箱研制技术与所采用的材料有关，主要包括大型铝和不锈钢材料锻件的研制、机械加工和焊接技术，大型铝锻件要求为低硼低镉无夹杂、白点和缺陷的锻件。这些技术和工艺考验一个国家的工业技术基础。目前，随着近年来 CARR 等研究堆的建成，我国已全面掌握了这些技术。

7) 数字化仪控系统技术可行性分析要求

研究堆仪控系统研制技术包括测量、控制、保护技术和主/辅控制室设计技术，我国研究堆仪控技术的发展经历了模拟、无触点和数字化三代技术，参照国际上研究堆仪控技术的发展趋势，今后主控制室的发展方向是少人、无人化和智能化。通常，可借鉴其他核工程建设经验反馈，结合拟建研究堆的仪控系统需求实际，掌握其数字化设计、建造、调试和运行技术。近年来，随着我国多座核电厂和数座研究堆数字化仪控系统的自主研发、建成并运行，国内多个设计单位已全面掌握了这些技术，对于新建研究堆的仪控系统的设计、制造、安装、调试和运行已具有良好的运行业绩作为技术支撑。

8) 退役技术可行性分析要求

参照近年来国内外一些研究堆的退役经验，考虑到各个研究堆的建设目的和运行过程存在的差异性，在设计阶段，设计者需结合所设计研究堆的实际，制订其退役计划并考虑退役技术的可行性。下面将分别介绍需考虑的退役能力、拆除的可实现性并满足废物最小化原则、控制区域/监督区域最小化和资料的齐套与正确性等要求的内容。

(1) 要求设计阶段考虑退役能力的可行性。通常,游泳池式研究堆堆芯的不可更换件(例如重水箱或围筒等)材料的耐辐照力学性能是影响该堆设计寿命的主要指标,依据这类不可更换件的力学计算和预测数据,研究堆的设计寿命一般为 30 年。一座研究堆在达到设计寿期时,能否通过延寿继续运行,必须经过国家核安全局的延寿评估,如果不能继续运行,将进入退役阶段。依据 HAD202/04 号文件相关要求[16],在设计阶段要求考虑在研究堆停运和退役准备期间必须继续确保反应堆具有停堆、冷却和包容三项安全功能的能力。

研究堆停运后,在其安全关停期间,也就是在堆芯和游泳池内临时储存架的燃料组件未卸出期间,其安全功能要求仍与运行期间一样,要求确保反应堆的停堆、冷却和密封包容三项安全功能的实现。按照核安全法规要求,该关停堆必须保持具有可靠停堆并维持冷停堆状态的能力,必须保持主回路水质和燃料元件包壳的完整性、冷却剂压力边界的完整性和余热导出能力,必须保持反应堆大厅的密封包容能力,以应对在此期间可能遭遇的突发外部事件的发生和扩展,确保反应堆各重要关键物项处于安全受控状态。

(2) 要求考虑拆除的可实现性并满足废物最小化原则的可行性。拆除的可实现性包括下述两个方面的内容:一是堆内构件、游泳池壳体、水平实验孔道及一回路系统等在运行期间形成的强放射性在结构设计上必须确保退役期间具有可拆卸性,提出拟采取的拆卸方式,例如,在燃料组件卸出堆芯和游泳池后,重水箱的拆卸是整体还是分步实施,转运路线是从水下还是空气中进行等;二是材料选择上,为使拆卸期间现场操作人员可接近拆卸对象,在主材的选择、熔炼工艺等方面必须严格控制长半衰期杂质的含量。落实废物最小化原则精神涉及的主要内容如下:退役期间必须保持一回路放射水原有的处理能力,如果在安全关停和退役期间,一旦遭遇突发事件,诸如超出设计基准的强烈地震等的破坏,还必须在场地、空间和位置等方面确保具有恢复一回路放射水原有的处理能力,满足所设计的堆本体生物屏蔽层的拆除技术和处置技术的适宜性和可行性要求。

(3) 要求考虑满足控制区域和监督区域最小化的可行性。在厂区 ±0 m 平面的建构筑物总体布局、放射性分区和辐射监测系统设计等方面,应将放射性工作区尽可能集中,使退役期间的涉核控制和监督区域最小化,运行期间设置的固定和移动辐射防护监测系统和设备,在退役期间应继续保持其功能的完整性和有效性,确保退役期间对现场作业人员和环境的辐射满足合理可行尽可能低的原则要求。

(4) 要求考虑满足资料的齐套和正确性的可行性。退役期间所需资料涉及三个时期的文件:施工图设计期间存档的计算书、设计说明书和技术规格书以及流程布置图(简称"三书一图"),工程竣工验收期间存档并盖有红章的竣工图,运行期间局部改造或应对突发事故实施整治期间的各种物项(建构筑物、系统和部件)和活动等的资料。这些资料的完整性及与研究堆退役现状的符合性是制订退役计划和方案的重要技术基础。

综上分析表明,对于建成具有反中子阱的这类游泳池式研究堆不存在颠覆性技术,尤其是随着我国自主设计并建成的 CARR 等多用途研究堆已具有十余年的安全运行业绩,其他退役研究堆已积累有一定的退役经验,我国已全面掌握的上述 8 项关键技术不仅可应用于该类研究堆工程项目的建设,而且也可拓展应用到超高中子注量率研究堆的研制之中。

参考文献

[1]　Henry A F. Nuclear-reactor analysis[M]. Cambridge:The Massachusetts Institue of Technology Press,1975.

[2]　Ohnishi N,Harami T,Hirose H,et al. A computer code for the reactivity accident analysis in a water cooled reactor(in Japanese):JAERI‐M 84‐074[R]. Tokai-mura,　Naka-gun,　Ibaraki-ken:Information　Division　Department　of　Technical Information,1984.

[3]　苏光辉,秋穗正,田文喜,等. 核动力系统热工水力计算方法[M]. 北京:清华大学出版社,2013.

[4]　陆金甫,关治. 偏微分方程数值解法[M]. 北京:清华大学出版社,2004.

[5]　Petrov Y V,Erykalov A N,Onegin M S. The fuel cycle of PIK reactor[C]// PNPI of Russian Academy of Sciences. International Meeting on Reducd Enrichment for Research and Test Reactors,Nov. 3‐8,2002,Bariloche,Argentina. Gatchina:Russian Academy of Sciences Petersburg Nuclear Physics Institute,2002:1‐3.

[6]　袁履正,陈会强,朗瑞峰. 中国先进研究堆(CARR)安全特性[J]. 核动力工程,2003,10:6‐7.

[7]　阮於珍. 核电厂材料[M]. 北京:中国原子能出版社,2014.

[8]　Glasstone S,Sesonske A. Nuclear reactor engineering[M]. New York:The Division of Technical Information,US Atomic Energy Comission,1963:813‐814.

[9]　丁大钊,叶春堂,赵志祥,等. 中子物理学:原理、方法与应用(下册)[M]. 北京:原子能出版社,2005:520‐522.

[10]　Mampe W,Ageron P. Facilities for fundamental physics experiments with neutrons

and neutrinos at the HFR, Grenoble［C］//Institut Laue-Langevin, Grenoble. Institute of Physics Conference Series number 42，Oct. 10 – 11，1977，Greoble. London：The Institue of Physics Bristol and London，1978：148 – 156.

［11］ Serebrov A P. Neutron β-decay today and its studies at PNPI, Gatchina［C］// PNPI of Russian Academy of Sciences. Workmeeting on high-Flux Reactor PIK Project，May 14 – 16，1992，Gatchina，St. Petersburg. Gatchina：Russian Academy of Sciences Petersburg Nuclear Physics Institute，1992：87 – 94.

［12］ Okorokov A I. Solid state research program at the reactor "PIK"［C］// PNPI of Russian Academy of Sciences. Workmeeting on high-Flux Reactor PIK Project，May 14 – 16，1992，Gatchina，St. Petersburg. Gatchina：Russian Academy of Sciences Petersburg Nuclear Physics Institute，1992：39 – 46.

［13］ Jacrot B. Instrumentation for neutron inelastic scattering research［R］. Vienna：IAEA，1970.

［14］ 上海交通大学270教研组. 核反应堆热工计算［M］. 上海：上海交通大学讲义，讲义编号78 – 4 – 08，1979.

［15］ 于平安，朱瑞安，喻真烷，等. 核反应堆热工分析［M］. 北京：原子能出版社，1986.

［16］ 国家核安全局. HAD 202/04. 研究堆和临界装置退役［S］//中华人民共和国核安全法规汇编. 北京：中国法治出版社，1992：4 – 10.

第 3 章

研究堆物理

研究堆物理主要包括研究堆物理分析方法和研究堆物理实验技术[1-2]。其中,研究堆物理分析方法的主要内容由研究堆物理基础和各种计算方法构成,主要任务是计算,包括理论计算和数值计算,围绕求解中子输运方程、燃耗方程和中子动力学方程等开发了多种计算方法。总体上,这些方法分为确定论和蒙特卡罗方法。研究堆物理实验技术的主要内容由各种实验测量方法与数据处理技术构成,主要任务是测量,围绕各种静态和动态等宏观与微观参数的测量,发展了多种实验测量方法与数据处理技术。总体上,这些实验测量方法与数据处理技术包括在线实时和离线等实验测量方法与数据处理技术。本章主要介绍研究堆工程设计、建造和运行三个阶段的研究堆物理,其中,研究堆物理分析方法主要介绍设计阶段的堆芯核设计、堆芯临界特性计算的"三步法""两步法"与蒙特卡罗方法、堆芯燃耗与主要核设计结果参数等内容;研究堆物理实验技术主要介绍建造和运行阶段的相关物理实验方法与测量技术,包括中子注量率的测量、临界实验的基本原理方法、反应性测量方法以及首次零功率实验技术等内容。

3.1 堆芯核设计

堆芯核设计的主要目的是为研究堆的总体设计、带核调试、启停、运行、堆芯燃料管理、堆芯热工水力设计和安全分析与评价、实验研究及其应用等提供必要的基础数据及相关曲线。堆芯核设计的主要任务包括堆芯临界计算和燃料管理计算两项内容,从应用和运行管理阶段来看,一是保障中子场满足用户使用要求,二是确保反应堆反应性安全。前者涉及的主要工作包括提升反应堆品质因子、设计堆芯内不同区域中子场特性以满足各种应用需求以及保证运行具备足够后备反应性等;后者涉及的主要工作包括确保反应堆具有负的温度反馈特性、设置反应性控制手段确保反应性得到安全控制以及进行燃料管理确保燃料燃耗不超出使用限值。解决这两类问题的方法是反应堆物理分析和反应堆物理实验,两者互相补充,缺一不可。理论分析结果要经过实验检验才可信可用,实验测量要通过理论分析,确认其是否合理,然后才能找出规律。在反应堆最初运行阶段,特别是首次临界时,实验测量的重要性极为突出,几乎所有的物理参数都需要有直接或间接的测量值作为技术支撑;不过当研究堆转入常规运行后,反应堆的物理工作倾向于依靠经过基准实验验证的理论方法来解决问题。

堆芯核设计的基本策略是按照业主任务书提出的建设目标和堆芯技术指标要求,基于堆芯总体结构设计、燃料元件和组件结构设计,依据核设计准则,采用反应堆物理数值计算软件开展堆芯核设计,设计结果提供给堆芯热工水力并开展设计,逐个计算不同的堆芯布置方案,如此,在反应堆堆芯物理、燃料、热工流体和结构力学之间反复迭代,不断优化,从而最终确定堆芯布置方案。通常,为获得一个先进性、安全性和经济性等综合性能指标均满足建设目标和核设计技术指标要求的全新堆芯布置方案,依据堆芯材料种类、燃料及相关部组件几何结构和数据库截面等不同输入参数的不同组合,通常需要进行数十次到近千次反复临界特性和燃耗计算。

本节主要介绍堆芯核设计准则与技术指标以及核设计方法等两个部分的内容。

3.1.1 设计准则与技术指标

设计准则与技术指标是开展核设计的前提。通常,设计单位依据工程建设项目业主在合同中提出的任务需求与技术指标要求,按照国家颁布的法律、法规和批准的设计准则等文件作为开展设计工作的依据性文件,利用单位已有的设计软件和经验开展相关核设计工作。这里主要介绍堆芯核设计所遵循的设计准则和任务书要求达到的技术指标两项内容。

1) 设计准则

针对拟建研究堆的特点,核设计必须遵循的设计准则主要包括如下内容。

(1) 固有安全性要求。在任何运行工况下、堆芯慢化剂温度系数须为负值,这种负反馈效应可确保反应堆的运行具有内在安全稳定性。

（2）可靠停堆要求。应设置两套原理不同的独立停堆系统,其中,采用控制棒的反应性控制系统需满足卡棒准则,不采用控制棒的反应性控制系统则需确保负反应性的引入并实现可靠停堆。

（3）反应性引入速率限制要求。须限制控制棒的反应性添加速率和单次添加量,防止控制棒意外拔出;须限制辐照样品反应性引入速率,在正常稳态运行工况下,出入堆芯辐照样品引入的最大反应性不得大于自动控制棒的跟随调节能力,单根控制棒提升引入的反应性速率应小于 $4 \times 10^{-4} (\Delta K / K) \cdot s^{-1}$。

（4）功率分布不均匀因子 F_q 的要求。堆芯装载在循环初期（BOC）、循环中期（MOC）和循环末期（EOC）除了需满足燃耗深度要求外,还需使堆芯功率分布不均匀因子 $F_q < 3.0$,以提高研究堆运行的经济性。

（5）后备反应性和经济性要求。全寿期内每炉堆芯的装料须具备足够的后备反应性以确保实现预期的换料周期,具备规定的卸料燃耗深度以实现预期的经济性目标。

（6）中子场和中子/γ 混合场设置要求。为满足用户对中子场和中子/γ 混合场的要求,在堆芯的活性区和反射层的垂直辐照空间内可分区提供快、热两种中子能谱辐照场,在反应堆大厅内可提供具有麦克斯韦谱分布的水平热中子束场和中子/γ 束混合场,在中子散射大厅内可提供水平冷中子束辐照场;应采取先进设计技术、工程措施和新材料新设备等综合集成技术提升各中子场的性能指标,在堆芯、反射层内的垂直辐照空间形成中子注量率梯度分布,提升其辐照利用能力。

2）技术指标

通常,在签订的设计任务书中,工程建设项目业主提出的主要技术指标如下。

（1）反应堆热功率。依据拟建研究堆所承担的任务,在 14～100 MW 范围内选定一个合适的堆功率。

（2）堆型。所选择的堆型是以轻水作为冷却剂和慢化剂,重水或铍作为反射层的游泳池式研究堆。

（3）燃料元件。可选定 UAl_x - Al 和 U_3Si_2 - Al 弥散型的棒、板或管状等燃料元件中的任何一种,要求 ^{235}U 的富集度不大于 19.75%。

（4）最大中子注量率。在堆芯活性区和反射层的垂直实验管道内,快、热中子注量率应满足快中子注量率大于 2.0×10^{14} cm^{-2} · s^{-1},热中子注量率不小于 2.0×10^{14} cm^{-2} · s^{-1};在反应堆大厅内,热中子注量率大于 $1 \times$

10^{9} cm^{-2}·s^{-1}(水平实验孔道出口位置);在中子散射大厅内,冷中子注量率大于 1×10^{8} cm^{-2}·s^{-1}(冷中子导管隙口处)。

(5) 换料周期。最大卸料燃耗深度不小于 45%、平均卸料燃耗深度达到 40%。

3.1.2　核设计方法

在一座全新研究堆工程项目的堆芯核设计工作中,采用确定论或蒙特卡罗程序开展核设计工作的计算流程总是从生成多群截面开始到完成全堆芯核设计计算,其中,采用确定论编制的程序开展堆芯核设计的方法一般分为"三步法"和"两步法"。"三步法"的计算流程如下:首先生成典型栅元的中间群(一般十到数十)截面,再生成典型组件的少群截面(一般 2 群到 4 群),最后用组件的少群截面开展全堆芯计算,即"栅元-组件-全堆"三步;"两步法"的计算流程如下:第一步直接生成组件的少群截面用于第二步的全堆芯计算。从计算资源配置和计算效率等方面考虑,在一座全新研究堆工程项目的核设计工作中,主要采用"三步法"或"两步法"计算堆芯的临界特性,采用蒙特卡罗方法对确定论的计算结果进行校核,采用"三步法""两步法"和蒙特卡罗方法计算堆芯特性参数的计算流程如图 3-1 所示。

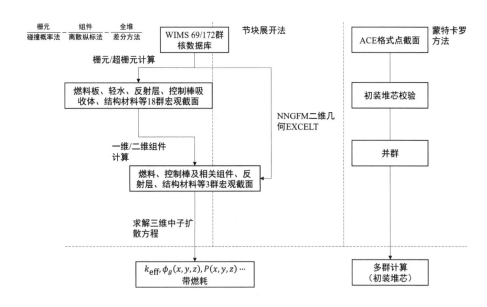

图 3-1　"三步法""两步法"以及蒙特卡罗方法的计算流程

近年来,为大幅降低燃料元件内的中子注量率空间分布沉降因子和温度梯度因子,降低功率分布不均匀因子,实现高性能堆芯的建设目标,游泳池式研究堆通常采用薄板状、薄管状或细棒等燃料元件形成稠密栅结构堆芯。在工程核设计工作中,主要采用"三步法""两步法"计算这种堆芯的 k_{eff}、中子注量率空间分布、反应堆功率和功率分布不均匀因子 F_q 等主要核设计参数,并分析其核特性,最后,采用蒙特卡罗方法或近年来重新引起重视的特征线方法(method of characteristic,MOC)"一步法"校核其计算结果[2-7]。

下面以正方形细棒状燃料组件或正方形板状燃料组件、正方形控制盒组件和辐照垂直管道等组成的圆柱形堆芯和圆环形反射层为例,分别介绍工程设计阶段堆芯核设计常采用的"三步法""两步法"和校核确定论计算结果所采用的蒙特卡罗方法计算堆芯临界特性的主要内容。

3.2　计算堆芯临界特性参数的"三步法"

在如图 3-1 所示的核设计中,"三步法"计算流程的堆芯栅元参数计算主要是采用碰撞概率法(也称积分输运理论方法)求解堆芯积分形式的中子输运方程,常用的程序如英国的 WIMS 程序[3];堆芯各类组件参数计算主要采用一维/二维离散纵标 S_N 方法求解堆芯微分-积分形式的中子输运方程,常用的程序如依据 S_N 方法[4-5]并结合工程实际自研的 S_N 程序;全堆芯参数计算主要采用基于细网有限差分方法求解堆芯三维中子扩散方程,常用的程序如 CITATION 和 PDQ 等程序[6-7]。下面将首先概要介绍"三步法"计算流程中采用碰撞概率法求解堆芯积分形式的中子输运方程的理论基础。其次,详细介绍三步法计算流程中计算堆芯各类栅元截面参数所采用的计算方法。最后,简介三步法计算流程中计算各类组件和全堆芯临界特性参数的计算方法。

3.2.1　碰撞概率法求解积分中子输运方程理论基础

多项研究堆工程堆芯核设计的临界特性参数计算实践表明,在采用碰撞概率法求解积分形式的中子输运方程得到堆芯燃料栅元 i 内各种金属、非金属介质的多群中子能谱 $\phi_{i,g}(r)$ $(g=1,2,\cdots,G)$ 或 $\phi(r,E)$ 的过程中,其计算工作量主要包括计算中子碰撞概率 P_{ij} 和求解源迭代方程,为便于全面理解计算 P_{ij} 所依据的基本方程,下面概要介绍采用碰撞概率法求解堆芯积分形式中子输运方程的理论基础。

1) 计算燃料栅元中子能谱 $\phi(r,E)$ 所依据的积分形式中子输运方程

按照堆芯燃料栅元内中子平衡的基本原理,建立的采用碰撞概率法求解该类栅元中子能谱 $\phi(r,E)$ 所依据的积分形式中子输运方程为

$$\phi(r,E) = \frac{1}{\Sigma_t(r,E)} \left\{ \int_v \left[q(r',E) + S(r',E) \right] P(E;r' \to r) dr' \right.$$
$$\left. + \int_s \left[\frac{r-r_s}{|r-r_s|} \cdot \bar{n} \right] \bar{\phi} \left[r_s, E, \frac{r-r_s}{|r-r_s|} \right] P_s \left[E;r_s \to r \right] ds \right\}$$

$$(3-1)$$

2) 计算燃料栅元 i 多群中子能谱 $\phi_{i,g}$ 和中子碰撞概率 $P_{ij,g}$ 的基本方程

采用数值计算方法求解方程(3-1)的策略如下:首先,引入平源近似假设;对方程中的自变量 E 采用分群近似进行求解,即将该方程中的中子能量 E 分成 g 群。其次,针对稠密燃料栅元,采用全反射边界条件(也就是不考虑所求解碰撞燃料栅元 i 边界以外其他燃料栅元入射流的影响)。最后,得到计算稠密燃料栅元 i 多群中子能谱 $\phi_{i,g}$ 和中子碰撞概率 $P_{ij,g}$ 的基本方程分别为

$$\phi_{i,g} = \sum_{j=1}^{I} \left[\sum_{g'=1}^{G} \left(\Sigma_{j,g' \to g} + \frac{\chi_g}{k} (\nu\Sigma_f)_{jg'} \right) \phi_{j,g'} + \int_{\Delta E_g} Si(E) dE \right] \frac{P_{ij,g} V_j}{\Sigma_{t,i,g} V_i}$$

$$(3-2)$$

$$P_{ij,g} = \frac{\Sigma_{t,i,g}}{V_j} \int_{V_i} dr \int_{V_j} \frac{e^{-\tau_g(r' \to r)}}{4\pi |r'-r|^2} dr'$$

$$(3-3)$$

3) 计算中子在两个柱系统之间首次飞行的碰撞概率 P_{ij} 的基本方程

依据方程(3-3),采用平行线切割法,建立的中子在两个凸形无限长系统之间的首次飞行碰撞概率 P_{ij} 的基本方程为

$$P_{ij} = \frac{1}{2\pi\Sigma_{t,j} V_j} \sum_m \sum_n \left\{ Ki_3(\tau_{ij}) - \left[Ki_3(\tau_{ij}+\tau_i) + Ki_3(\tau_{ij}+\tau_j) \right] \right.$$
$$\left. + Ki_3(\tau_{ij}+\tau_j+\tau_i) \right\} \Delta y_n \Delta \varphi_m$$

$$(3-4)$$

上述方程(3-1)~方程(3-4)构成了采用碰撞概率法求解堆芯积分形式的中子输运方程的理论基础,其中,方程(3-2)是计算稠密燃料栅元内中子能谱的基本方程;方程(3-4)是计算堆芯稠密栅元 i、j 之间中子首次碰撞概率 P_{ij} 或 $P_{i \leftarrow j}$ 的基本方程,从理论和数值计算上,两个方程使计算堆芯稠密栅元的 $\phi_{i,g}$ 和 P_{ij} 成为可能。方程(3-1)~方程(3-4)的具体推导过程和各种符

号的意义可参见文献[8-10]。

下面将主要介绍计算堆芯各类栅元的均匀化群截面的方法,简介计算堆芯结构材料均匀化群截面的方法。

3.2.2 计算堆芯各类栅元和结构材料的均匀化群截面

栅元计算的主要目的是将与栅元材料相关的、海量的核数据(经线性化处理的 ENDF 反应截面数据往往具有十万至数十万个点)压缩成数量较少的群常数供后续组件/全堆计算使用,相当于把复杂的堆芯分解为一个个简单的单元,选取其中典型的单元进行分析。典型单元主要有三种:一是由燃料、包壳、冷却剂/慢化剂构成的简单栅元;二是由简单栅元加上中子吸收/反射材料构成的较复杂栅元;三是由多个简单、较复杂栅元按空间相对位置组合起来的复杂栅元(或称超栅元)。栅元可以视作反应堆中最小的具有自持链式反应的单元,在由简单栅元构成的紧凑堆芯的计算分析过程中,需要特别留意相邻栅元之间可能存在的相互影响。

研究堆堆芯栅元主要有燃料、冷却剂、吸收体(各类垂直实验管道也可视为吸收体)和反射层等栅元,在这些栅元内,中子和介质原子核发生相互作用的种类主要有吸收、散射、裂变和转移等反应形式,计算这些栅元内的群常数主要包括燃料栅元、控制棒和实验管道栅元等各种介质的多群和少群均匀化截面。

所采取的总体计算策略如下:首先,建立由稠密圆柱燃料系统构成的燃料栅元、等效栅元计算模型并选取恰当的边界条件。其次,计算标准燃料组件中稠密燃料栅元内均匀各向同性产生的中子在燃料棒共振能区发生首次碰撞的概率 $P_{F,r}$、共振中子能谱 $\phi_F(E)$、有效共振积分 $I_x(x=a, f, s, \cdots)$ 和共振能群截面 $\sigma_{x,g}$;计算其他燃料组件中稠密燃料第 i 个栅元的丹科夫修正因子(Dancoff correction factor, D_{cf}),得到经该因子修正的该类组件中稠密燃料栅元的共振能群截面 $\sigma_{i,g}$;依据方程(3-4),计算在单根孤立燃料栅元内子区 j 各向同性产生的一个中子在子区 i 发生首次碰撞的概率 P_{ij} 或 $P_{i\rightarrow j}$;依据方程(3-2),采用源迭代法求解该方程,得到该子区第 g 群的中子能谱 $\phi_{g,i}$。最后,按照各类栅元在空间几何上被均匀化前后各种反应率保持守恒的原则,计算各类栅元体积内的栅元均匀化截面:包括燃料栅元、控制棒栅元、实验管道栅元等材料的多群和少群均匀化截面。

下面将详细介绍计算紧凑堆芯稠密燃料栅元的均匀化多群和少群截面的相关知识,简介计算这类堆芯燃料组件中结构材料均匀化多群和少群截面的策略。

3.2.2.1 计算紧凑堆芯稠密燃料栅元的均匀化多群和少群截面

在"三步法"计算流程中,燃料栅元的均匀化群截面的计算方法是其他栅元均匀化群截面计算方法的基础,为获得第二步组件计算所需群截面,这里主要涉及三个方面的问题:一是建立栅元几何模型、选择恰当边界条件和划分从高能到热能区中子能群结构的方法问题,二是燃料栅元有效共振自屏截面、中子首次碰撞概率和中子能谱等 7 个参数的计算方法问题,三是在所求解燃料栅元空间几何结构上均匀化少群截面的处理方法问题。

下面将介绍计算燃料栅元共振能区的 7 个参数,P_{ij} 和 $\phi_{g,i}$ 等方面的内容。

1) 建模、选择边界条件与划分能群结构

关于建立堆芯组件栅元几何模型的问题,为简化多群和两维问题的计算量,通常采用维格纳-塞茨(Wigner-Seitz)等效栅元模型,即按照体积相等的等效栅元近似原则,将实际的正方形和六角形栅元简化近似成一维无限圆柱。

在由各类组件和构件构成的研究堆堆芯中,对于构成燃料组件并按照重复排列的燃料元件板、棒或管及其外部包覆的冷却剂等栅元的结构如图 3-2 所示。图 3-2(a)中的平板是一维问题;(b)中的正方形和六角形属于二维问题。

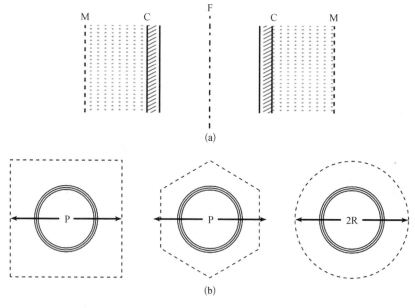

(a)

(b)

图 3-2 等 效 栅 元

(a) 无限平板周期性阵列;(b) 燃料棒/管的栅矩为 p 的周期性正方形或六角形阵列以及圆柱等效的栅元

核电厂两种堆芯复杂栅元的结构如图 3-3 所示。针对这些栅元,需要处理多种不同的各向异性且其中的毒物或控制棒也不像十字形控制棒那样与燃料棒形成规则交错的布置,问题要复杂得多,可以采用超栅元方法处理。

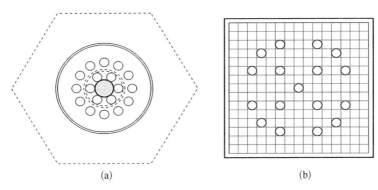

图 3-3　复 杂 栅 元 图

(a) 压力管反应堆的重水慢化燃料棒束;(b) 压水堆的 15×15 正方形燃料组件,
圆圈部分为毒物棒或仪表管

例如,随着计算机技术和高性能计算的长足发展,近年来,可借助蒙特卡罗方法具有处理任意复杂几何的超强功能去解决这类栅元问题,可采用特征线方法直接计算堆芯的临界特性参数。

关于边界条件的选择问题,针对等效后的圆柱形燃料栅元的外部圆形边界对原来正方形或六角形系统边界的影响,设计者常采用白边界条件进行修正(该条件认为,中子达到圆形外边界后几乎是各向同性地被反射回栅元)。多项工程核设计计算结果表明,采用此边界条件可满足工程核设计精度要求。

关于能群结构的划分问题,正如概述中所述,由于研究堆堆芯中子与堆芯裂变物质原子核发生裂变反应产生中子的能区分布不仅有高能、中能和热能,在热能以下,还有在堆芯设置冷中子源后形成的冷中子和甚冷中子能区,在高能以上,还有在堆芯通过设置 ^{6}LiD 转换靶形成的 14 MeV 超高能聚变中子能区[11-12]。此处仅考虑堆芯裂变中子从高能能区慢化到中能能区,再与冷却剂介质发生相互作用达到热平衡的热能能区。关于这一能区中子能群结构的划分主要与研究堆的堆形、堆芯物理和各种材料核截面的特性有关。

多项研究堆工程核设计计算表明:采用如英国 WIMS 的 69 群或 172 群多群数据库的能群结构适合于游泳池式研究堆紧凑堆芯燃料栅元多群截面的计算,其中 69 群的能群结构如表 3-1 所示,该表给出了 WIMS/D4 的 69 群和

PHOENIX 的 25 群并 3 群数据库的能群结构。从表 3-1 中可见,在从 10 MeV 到 9.118 keV 的裂变中子高能区范围被划分成 14 群,此能区结构的划分不仅需考虑两种易裂变同位素^{235}U 和^{239}Pu,还需考虑具有阈能反应的可裂变同位素^{238}U 裂变产生的中子与栅元内介质发生的非弹性散射[13]。

表 3-1　WIMS/D4 的 69 群和 PHOENIX 的 25 群并 3 群数据库的能群结构

69 群	25 群	3 群	能量范围	69 群	25 群	3 群	能量范围
			MeV				eV
1	1		10.0～6.066	19	5		1 425～906.9
2			6.066～3.679	20			906.9～367.26
3	2		3.679～2.231	21	6		367.26～148.73
4			2.231～1.353	22			148.73～75.501
5	3		1.353～0.821	23	7		75.501～48.054
6			0.821～0.500	24			48.052～27.700
7		1	0.500～0.302	25	8		27.700～15.968
8			0.302～0.183	26	9		15.968～9.877
9			0.183～0.111	27			9.877～4.000
10	4		keV	28		2	4.00～3.30
			111～67.34	29			3.30～2.60
11			67.34～40.85	30	10		2.60～2.10
12			40.85～24.78	31			2.10～1.50
13			24.78～15.03	32			1.50～1.30
14			15.03～9.118	33			1.30～1.15
15	5	2	eV	34	11		1.15～1.123
			9 118～5 530	35			1.123～1.097
16			5 530～3 519	36			1.097～1.071
17			3 519～2 239	37	12		1.071～1.045
18			2 239～1 425	38			1.045～1.020

（续表）

69 群	25 群	3 群	能量范围	69 群	25 群	3 群	能量范围
			eV				eV
39	13	2	1.020~0.996	55	18	3	0.180~0.140
40			0.996~0.972	56	19		0.140~0.100
41			0.972~0.950	57	20		0.100~0.080
42	14		0.950~0.910	58	21		0.080~0.067
43			0.910~0.850	59			0.067~0.058
44			0.850~0.780	60	22		0.058~0.050
45			0.780~0.625	61			0.050~0.042
46	15	3	0.625~0.500	62	23		0.042~0.035
47			0.500~0.400	63			0.035~0.030
48			0.400~0.350	64			0.030~0.025
49	16		0.350~0.320	65	24		0.025~0.020
50			0.320~0.300	66			0.020~0.015
51			0.300~0.280	67	25		0.015~0.010
52	17		0.280~0.250	68			0.010~0.005
53			0.250~0.220	69			0.005~0
54			0.220~0.180				

　　针对如 WIMS 的 69 群或 172 群截面数据库,MCNP 使用的 ACE 格式点截面库等[14],所得到的核数据是核素的微观截面,在计算中还需要根据各区材料的化合物或混合物等介质核素组分计算出各核素的密度。通常,这些核素的密度数据在之前已计算完成并放入相应的附录中,供后面作为输入数据使用。

　　2) 计算燃料栅元共振能区的 I_x、D_{cf}、σ_{xg} 和 $\sigma_{i,g}$ 等 7 个参数

　　首先,计算标准燃料组件中燃料栅元的 P_{fr}、P_{Fr}、I_x 和 $\sigma_{x,g}$ 4 个参数。4 个参数的计算过程可分成四步:第一步,计算标准燃料组件中单根燃料栅元共振能区的中子首次碰撞概率 P_{fr} 的数值,主要是基于卡尔维克(Carlvik)和罗曼(Roman)提出的二项有理近似方法[15],建立计算单个孤立燃料栅元内均

匀各向同性产生中子的首次碰撞概率 P_{fr} 的关系式,求解该关系式可得到 P_{fr} 的数值;第二步,计算标准燃料组件中稠密燃料栅元共振能区的中子首次碰撞概率 P_{Fr} 的数值,仍然采用维格纳-塞茨等效圆柱栅元模型和白边界条件,建立 P_{Fr} 与 P_{fr} 之间的有理函数关系式,求解该关系式可得到 P_{Fr} 的数值(除了该关系式中分母的 α 外,P_{Fr} 只是所求燃料栅元的空间几何尺寸和燃料宏观截面的函数,不难计算得到其数值);第三步,计算标准组件中稠密燃料栅元的有效共振积分 I_x 的数值,依据有效共振积分的定义,建立计算标准燃料组件中稠密燃料栅元的有效共振积分 I_x 与 P_{Fr} 等变量的关系式,通过求解该关系式可得到 I_x 的数值;第四步,计算标准燃料组件中稠密燃料栅元的有效共振自屏吸收截面 $\sigma_{x,g}$ 的数值,因为计算有效共振积分的主要目的是计算标准燃料组件中稠密燃料栅元的共振能群截面 $\sigma_{x,g}$,通过建立并求解 $\sigma_{x,g}$ 与 I_x 之间的关系式,便可计算得到 $\sigma_{x,g}$ 的数值。

此处需说明的是,在 P_{Fr} 与 P_{fr} 关系式的分母最后一项 $\alpha \dfrac{S_b}{S_f}$ 中,三个参数的意义分别如下:S_b 为栅元边界表面积;S_f 为燃料芯体表面积;而

$$\alpha = \frac{P_{mb} + P_{cb} + P_{fb}\left(1 - \dfrac{S_b}{S_f} P_{fb}\right)}{P_{bf}^2} \qquad (3-5)$$

式中:P_{mb} 表示中子从外向内各向同性穿过栅元边界未到达燃料芯体前同慢化剂介质发生首次碰撞的概率;P_{cb} 表示中子从外向内各向同性穿过栅元边界未到达燃料芯体前同包壳介质发生首次碰撞的概率;P_{fb} 表示中子从外向内各向同性穿过栅元边界未经任何碰撞到达燃料芯体表面的概率;P_{bf} 表示中子从内向外各向同性穿过燃料芯体表面后未经任何碰撞到达栅元边界的概率。

关系式(3-5)中的 4 个基本概率的数值均可用只与燃料栅元形状、结构以及燃料宏观截面参数有关的卡尔维克和罗曼的二项有理近似公式快速计算得到。

其次,计算非标准燃料组件中燃料栅元的丹科夫修正因子 D_{cf} 和 $D_{cf\infty}$ 2 个参数。对于由标准和非标准棒状或板状燃料组件组成的研究堆紧凑堆芯,在堆芯栅格一定且相同的条件下,非标准燃料组件中燃料栅元的几何条件与标准燃料组件中燃料栅元的几何条件是存在差别的,由此使非标准燃料组件中燃料栅元在共振能区的有效共振积分和有效共振吸收截面与标准燃料组件中燃料栅元的两个相应参数也存在差别,这种差别主要与燃料栅元在非标准

燃料组件中所处的空间几何位置有关,该类组件中第 i 个燃料栅元所处位置以及燃料栅元与燃料栅元之间形成的空间互屏效应的影响通常用丹科夫修正因子进行修正。这里的丹科夫修正因子包括非标准燃料组件中第 i 个燃料栅元的丹科夫修正因子 D_{cf} 和该组件中稠密燃料栅元的丹科夫修正因子 $D_{cf\infty}$。其中计算 D_{cf} 的数值已发展了多种方法[16-17]。例如,D_{cf} 可由下式计算得到:

$$D_{cf} = \frac{D^i}{1 + 0.1(1 - D^i)} \tag{3-6}$$

此处

$$D^i = 1/(3\Sigma_j\Sigma_k\Sigma_{a,j,k}^i\phi_{j,k}^i) \tag{3-7}$$

式中:$\Sigma_{a,j,k}^i$ 为所有元素 j、所有区域 k 和第 i 能群的宏观吸收截面,即下标 a 表示吸收,j 表示所求核子数的所有元素,k 表示所有区域;上标 i 表示能群。也可通过对 3 阶 Bickley-Naylor(比克利-内勒)函数 $Ki_n(x)$ 的积分得到:

$$D_{cf} = \frac{2}{\pi S}\int_0^{2\pi}d\alpha\int_0^{p(\alpha)}dyKi_3[\tau(y,\alpha)] \tag{3-8}$$

这些都较复杂,比较简单的还是依据所求第 i 个燃料栅元的冷却剂流道面积,栅元半径和栅距三个几何数据,采用文献[18]介绍的查表法。具体做法如下:对于在燃料芯块和包壳内表面之间无气隙的圆柱形燃料栅元组成的正方形燃料组件,可通过计算该燃料栅元的两个参数:

$$x = 冷却剂流道面积 \times 栅距 \tag{3-9}$$

$$y = \frac{棒半径}{栅距} \tag{3-10}$$

因非标准燃料组件中第 i 个燃料栅元的空间互屏效应主要受空间几何位置的影响,所以,通过查阅文献[18]中的表 2 并结合内插法即可得到所需的 D_{cf} 数值。

此外,非标准燃料组件中稠密燃料栅元的丹科夫修正因子 $D_{cf\infty}$ 可采取下述求极限或 4 种基本概率的方式得到:

$$D_{cf\infty} = \lim_{\Sigma_F \to \infty}[(1 - P_{Fr})/(1 - P_{fr})] = \frac{1}{1 + \dfrac{S_f}{\alpha \cdot S_b}} \tag{3-11}$$

式中,S_f、S_b 和 α 的意义与 P_{Fr} 和 P_{fr} 关系式中三个参数的意义相同且易于计算得到。

最后，计算 $\sigma_{i,g}$ 参数。计算研究堆堆芯其他燃料组件中第 i 个燃料栅元的共振能群截面 $\sigma_{i,g}$ 的策略如下：采用丹科夫修正因子对非标准燃料组件中第 i 个燃料栅元所处位置以及燃料栅元与燃料栅元之间空间互屏效应的影响进行修正，通过建立 $\sigma_{i,g}$ 与 σ_g、$F_g(D_{cf})$ 和 $F_g(D_{cf\infty})$ 等变量之间的关系式，并求解该关系式，即可得到 $\sigma_{i,g}$ 的数值[10-11]。

3）计算单根圆柱燃料栅元的中子首次碰撞概率 P_{ij}

从方程(3-2)可见，采用碰撞概率法计算该方程中子能谱的主要工作量是计算单根燃料栅元内第 j 子区的中子飞行到第 i 子区的首次碰撞概率 $P_{ij,g}$，此处，下标 g 是从高能到热能所划分的能群编号，为方便讨论问题，下面将其略去。计算 P_{ij} 的基本策略如下：对于正方形棒状燃料栅元，不采用上节计算 P_{fr} 的有理近似策略，而是基于方程(3-4)和平行线切割法去计算单根等效各向同心圆管燃料栅元内燃料区、包壳区和慢化剂区的中子首次碰撞概率 P_{ij}，具体计算过程如下。

首先，在 xOy 坐标内，采用等效栅元模型建立几何模型，即对于图 3-2(b)所示的单根正方形棒状燃料栅元，按照体积相等原则，将正方体棒状栅元等效成圆柱体栅元，再将等效后的圆柱形栅元沿其半径方向划分成 I 个 $0 < r_1 < \cdots < r_i < r_{i+1} < R$ 的同心圆管子区，并假设此处棒状燃料元件的燃料芯体和包壳内表面之间无气体间隙区。各子区划分的方法如下：原则上，各子区的厚度应划分得尽可能薄，即应满足每个子区内的中子源强和中子能谱均为常数的假设要求，由于紧凑研究堆堆芯稠密燃料栅元中的棒状燃料元件通常为细棒，也就是燃料芯体直径较小，为了在保证精度的前提下，尽量减少同时在多群和精细空间网格条件下计算 P_{ij} 的计算量，研究堆工程核设计阶段的做法是将栅元内燃料芯体、包壳和慢化剂分别划分成三个子区，且各子区边界划分在两种介质的交界面上，这样每个子区内的各截面参数可用该子区内的平均值表示。其次，采用白边界条件，主要是修正栅元外边界被等效成圆形边界后给原来实际正方形边界计算结果带来的误差。最后，基于方程(3-4)，经过一系列的推导可得到计算 P_{ij} 的公式：

$$P_{ij} = \delta_{i,j} + \frac{2[S_{i-1,j-1} - (S_{i,j-1} + S_{i-1,j}) + S_{i,j}]}{\Sigma_{t,j}V_j}$$

$$+ \frac{R_iR_j}{\Sigma_{t,j}V_j\sum_{i=1}^{I}R_i}, \quad i = 1, \cdots, I \tag{3-12}$$

式中,在采用的白边界条中,向量 R_j 的表达式为

$$R_j = \Sigma_{\mathrm{t},j} V_j \left\{ 1 - \sum_{i=1}^{I} < \delta_{i,j} + \frac{2[S_{i-1,j-1} - (S_{i,j-1} + S_{i-1,j}) + S_{i,j}]}{\Sigma_{\mathrm{t},j} V_j} > \right\}$$

$$(3-13)$$

$\delta_{i,j}$ 是 Kronecker(克罗内克)符号,当 $i=j$ 时,$\delta_{i,j}=1$;当 $i \neq j$ 时,$\delta_{i,j}=0$;$V_j = \pi(r_j^2 - r_{j-1}^2)$ 是所求解第 j 个子区圆管的横截面积;$\Sigma_{\mathrm{t},j}$ 是所求解第 j 个子区内中子与该区介质原子核发生反应的宏观总截面;

$$S_{i,j} = \int_0^{\max(r_j,\,r_i)} [\mathrm{Ki}_3(\tau_{i,j}^-) - \mathrm{Ki}_3(\tau_{i,j}^+)] \mathrm{d}y \qquad (3-14)$$

$\mathrm{Ki}_3(\tau)$ 是 3 阶 Bickly-Naylor 函数[19-20],这是一个在所积分区间上单调递减函数,其 n 阶关系式为

$$\mathrm{Ki}_n(\tau) = \int_0^\infty \frac{\mathrm{e}^{-\tau \cosh u}}{\cosh^n u} \mathrm{d}u \qquad (3-15)$$

式中,$\cosh u = \dfrac{1}{\sin \theta}$,函数 $\mathrm{Ki}_n(\tau)$ 中 τ 和 θ 的定义分别如下:τ 代表单根等效圆柱燃料栅元内 i 和 j 两个子区的垂直距离(以平均自由程为单位的光学距离),θ 代表极角。从方程(3-12)~方程(3-15)可见,一是 P_{ij} 的计算主要与单根等效圆柱燃料栅元内 i、j 两个子区求解域范围 V_j 和几何建模的复杂度、中子在两个子区输运的光学距离数值 τ 以及中子从 j 飞行到 i 并与 i 区内介质原子核发生反应的各类截面数据等因素有关;二是为获得栅元内各区对所求子区 P_{ij} 的数值,计算量最大的是计算 $\mathrm{Ki}_3(\tau)$ 函数,但是,因函数的自变量只有 τ,当所求解的堆芯的燃料栅元一旦确定,该自变量也就随之确定,所以,其数值易于计算得到,关于该函数在 $\tau = 0 \sim n$ 段之间的有理近似关系式可参见文献[20]的附录 1。例如,对于 $\tau = 0 \sim 0.5$,$\mathrm{Ki}_3(\tau)$ 的有理近似关系式为

$$\mathrm{Ki}_3(\tau) = \langle 0.785\,398\,16 + [4.390\,205\,0 + (-3.076\,178\,7 + 0.687\,330\,11\tau)\tau]\tau \rangle /$$
$$[1.0 + (6.863\,020\,4 + 3.827\,404\,2\tau)\tau] \qquad (3-16)$$

综上可见,首次碰撞概率 P_{ij} 的计算与该子区内中子能谱或三类中子源(自发裂变中子源、中子与裂变材料相互作用产生的裂变中子源和点火用外中

子源)的分布无关,只是栅元位置、几何结构和材料种类等的函数,通过联合求解方程(3-12)～方程(3-15),可得到单根正方形棒状燃料栅元内子区 j 产生的一个各向同性中子未经任何碰撞达到子区 i 内发生首次碰撞的概率 P_{ij} 的数值(概率密度)。要注意的是,这里得到的只是栅元内 $i \geqslant j$ 时各区的中子首次碰撞概率 P_{ij} 的数值,对于 $i < j$ 的 P_{ij} 的数值,则可依据下述 P_{ij} 与 P_{ji} 之间的互易关系式得到

$$V_j \Sigma_{\mathrm{t}, j} P_{ij} = V_i \Sigma_{\mathrm{t}, i} P_{ji} \tag{3-17}$$

4) 计算单根燃料栅元内各子区的多群中子能谱 $\phi_{g, i}$

从图 3-2 可见,无论是棒状等效栅元还是板状栅元,构成栅元的三部分材料包括固体金属和液态非金属,其物性参数相差巨大,中子在这些材料中输运时,各种反应相差巨大,中子能谱在空间上存在强烈的非均匀效应。显然,此处的栅元计算不满足扩散计算假设条件要求,在同样的计算精度要求下,若采用幂迭代法(也称源迭代法)求解微分-积分形式的中子输运方程或采用蒙特卡罗方法计算,则计算量较大。在研究堆工程的核设计计算中,采用将上节计算得到的 P_{ij} 代入前面介绍的求解栅元中子能谱的基本方程(3-2)并建立源迭代方程,该方程是一个 $I \times G$ 阶的线性方程组,I 是所求解单根燃料栅元内所划分的子区总数,G 是划分的能群总数,其中的散射项只考虑高能区中子与介质原子核碰撞向低能区的散射,不考虑热能区中子与介质原子核发生碰撞的向上散射,第 n 次迭代的裂变源项 $Q_{\mathrm{f}, j}^{(n)}$ 与第 n 次迭代的中子能谱 $\phi_{g, i}^{(n)}$ 的方程可表示如下:裂变中子源等于中子和介质原子核发生的反应率 R 与每次反应放出的平均中子数 ν 的乘积,并对所有能群求和,即

$$Q_{\mathrm{f}, j}^{(n)} = \sum_{g'=1}^{G} \nu R_{\mathrm{f}, g', j} = \sum_{g'=1}^{G} \nu \Sigma_{\mathrm{f}, g', j} \phi_{g', j}^{(n)} \tag{3-18}$$

采用源迭代法,可计算得到单根燃料栅元内各子区的多群中子能谱 $\phi_{g, i}$,计算的精度和效率满足研究堆工程核设计精度和效率的要求。

关于 K_∞ 和第 n 次迭代的收敛标准,可依据四因子 K_∞ 的物理意义,即相邻两次迭代裂变中子源或中子能谱的比值得到 K_∞ 与 $Q_{\mathrm{f}, j}$ 或 $\phi_{g, i}$ 的关系式。据此关系式计算得到相邻两次迭代所得 K_∞ 值的相对误差并取其绝对值小于 ε,此处的 ε 数值是开始源迭代之前给定的收敛标准。

关于采用源迭代法计算燃料栅元多群中子能谱 $\phi_{g, i}$ 的具体过程如下:首

先，假定一个初始裂变源 $Q_{f, j}^{(0)}$、四因子 $K_\infty^{(0)}$ 和 $\phi_{g, i}^{(0)}$（其中，假设的初始中子能谱 $\phi_{g, i}^{(0)}$ 可由裂变谱＋I/E 谱＋马克斯韦谱构成），将假设值和前面计算得到的 P_{ij} 代入源迭代方程并求解该方程可得到第一次中子能谱 $\phi_{g, i}^{(1)}$。 然后，将 $\phi_{g, i}^{(1)}$ 代入方程（3-18）的右边，可计算得到第二次迭代的裂变中子源 $Q_{f, j}^{(1)}$。 最后，将求得的两代裂变中子源代入 K_∞ 与 $Q_{f, j}$ 关系式，即可获得四因子 $K_\infty^{(1)}$ 的新估计值，或将假设的 $\phi_{g, i}^{(0)}$ 以及计算得到的 $\phi_{g, i}^{(1)}$ 代入两代中子能谱相对误差与预计收敛标准 ε_2 的关系式，判断是否满足预计的收敛标准 ε_2；将得到的 $Q_{f, j}^{(1)}$ 和 $K_\infty^{(1)}$ 再代入求解单根燃料栅元内 g 群中子能谱 $\phi_{g, i}^{(n)}$ 的源迭代方程……如此循环，当迭代的次数满足之前给定的收敛标准 ε_1 或 ε_2 的数值时，可得堆芯燃料栅元内第 i 子区第 g 群的中子能谱 $\phi_{g, i}^{(n)}$。

5）计算稠密燃料栅元的均匀化多群和少群宏观截面

在得到堆芯稠密燃料栅元第 i 子区第 g 群中子能谱 $\phi_{g, i}$ 的基础上，按照各能群在栅元均匀化后和非均匀栅元的反应率守恒原则，采用中子能谱与栅元体积作为权重因子，可求得均匀化燃料栅元内中子与介质原子核发生吸收、裂变和总反应等的 69 群宏观截面 $\Sigma_{x, g}$（$x = a$，f，t，$\cdots$；$g = 1$，$\cdots$，69）；再依据表 3-1 中的 3 群结构，采用中子能谱与栅元体积做权重因子，归并出均匀化燃料栅元内相应反应种类的少群（也称宽群，通常归并成 2 群或 3 群）宏观截面 $\Sigma_{x, g}$（$x = a$，f，t，$\cdots$；$g = 1$，2，3）。

6）计算稠密燃料栅元的均匀化少群转移截面

根据求得的稠密燃料栅元的多群转移宏观截面 $\Sigma_{m' \to m}$ 和转移中子能谱 $\phi_{m', i}$，这里按照各能群在栅元均匀化后和非均匀栅元的反应率守恒原则，采用中子能谱与栅元体积做权重因子，归并出均匀化燃料栅元的少群（通常归并为 2 群或 3 群）转移宏观截面 $\Sigma_{g' \to g}$，（$g = 1$，2，$\cdots$，G'，G' 为少群总数，通常为 3 群）。 值得注意的是，在归并过程中，为使求和编号不至于发生混淆，此处采用 $\Sigma_{m' \to m}$ 代替 $\Sigma_{g' \to g}$，$\phi_{m', i}$ 代替 $\phi_{g', i}$，其中，m 表示多群编号，g 表示少群编号，且 $m \in g$。

综上所述，基于上面介绍的计算堆芯燃料栅元均匀化多群和少群截面的方法，依据相应的方程或计算公式，可利用 FORTRAN 等语言编成相应程序，也可采用如 WIMS 等计算程序进行计算得到堆芯燃料栅元均匀化的多群和少群截面。为便于进一步理解采用如 WIMS 程序进行计算的主要过程，现将上述方法的主要计算流程写成如图 3-4 所示的框图。

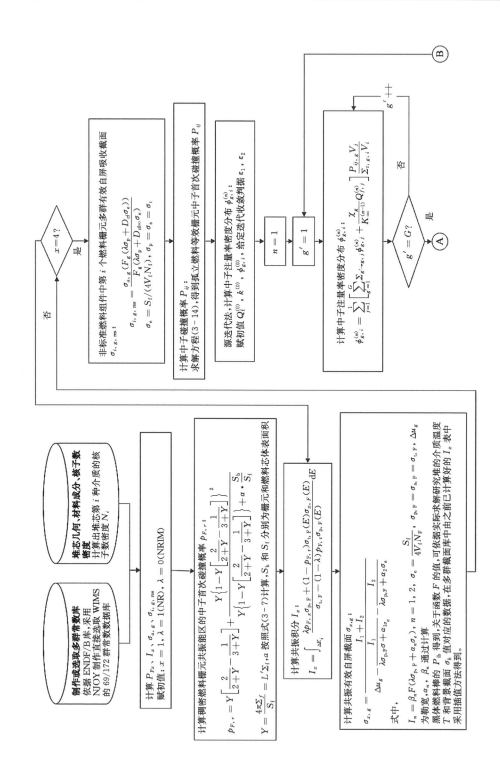

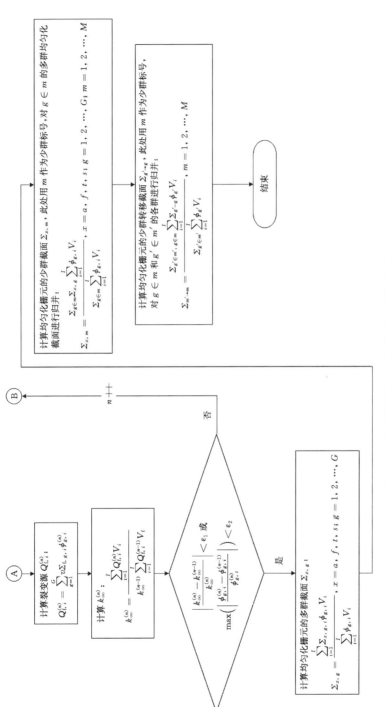

图 3 - 4　堆芯燃料栅元均匀化截面计算流程框图

3.2.2.2 计算燃料组件中结构材料 Al、H₂O 和 Al＋H₂O 的多群截面

对于燃料芯体为 $U_3Si_2 - Al_x$ 或 UAl_x 及包壳为铝的稠密棒状或板状正方形燃料组件,计算该类燃料组件中结构材料 Al、H_2O 和 Al＋H_2O 多群截面的基本策略如下:利用燃料栅元的中子能谱归并出燃料组件中三种结构材料的多群截面,基于上述燃料栅元模型在其上分别附加三种结构材料 Al、H_2O 和 Al＋H_2O 超薄材料区,此处的超薄层划分原则是已获得的燃料栅元中子能谱仍然可用,计算程序仍然可以采用 WIMS 等程序。

此处需说明两点,一是在用源迭代法计算栅元的中子能谱和计算均匀化栅元的多群截面过程中,多群微观截面可从已有的多群截面库中选取,能群结构可采用如表 3 - 1 所示的结构,但是,在计算到共振能区时,其中的共振微观截面需用前面计算得到的标准燃料组件的共振能群截面 $\sigma_{x,g}$ 和其他燃料组件的共振能群截面 $\sigma_{i,g}$ 进行替换;二是针对稠密栅元研究堆堆芯,在"三步法"计算流程中,从几何建模上看,如果栅元具有简单的几何结构,则适于采用 P_{ij} 方法计算堆芯燃料及其他栅元的参数。该方法的主要优点是在工程设计的方案选择阶段,随着堆芯几何和各种介质参数的变化,临界搜索的计算量巨大,为获得一个满足设计任务目标要求的初步方案,主要应考虑计算时间,其次是计算结果精度。大量的工程核设计计算实践表明,P_{ij} 计算结果精度高于扩散计算结果精度,计算机时少于蒙特卡罗方法所用机时,因为随着所求解栅元在空间上分成 I 个子区,中子能区从高能到热能分成 G 群,积分方程离散为一系列的线性代数方程组,求解该代数方程组有多种简单高效的方法,主要计算工作量是计算 $Ki_3(\tau)$ 函数,该函数是一个递减函数且自变量只有所求两个子区之间的光学距离,采用计算机易于编程计算且占用机时较少。该方法的不足之处是为满足"假设的平源和平中子能谱条件"要求,子区必须划分得尽可能薄,使子区内 P_{ij} 的计算量极大,导致 $Ki_3(\tau)$ 函数的计算量巨大,所以,该方法仅适用于计算结构简单栅元,不适用于结构复杂栅元。近年来,随着大型计算机计算能力的提升,对于其他新质堆芯的复杂栅元(或超栅元),也可采用 P_{ij} 方法计算这类堆芯的栅元参数,但是,更通常的做法是直接采用蒙特卡罗或 MOC 方法进行二维全组件非均匀输运计算,获得该类堆芯组件的均匀化群常数。

3.2.3 计算堆芯各类组件及反射层的群截面

计算堆芯各类组件及反射层群截面的策略如下:首先,采用一维离散纵标方法,习惯上一维 S_N 方法,这是 S 表示所划分的弦段(segment),下标 N 表

示所划分弦段的数目,等效圆柱模型,多群常数为上一节利用 WIMS 计算得到的堆芯各类栅元的 69 群群常数,通过计算归并出等效燃料组件的 25 群截面参数,并通过区域归并得到反射层,主要为重水反射层,包括由其他材料如铍或石墨等组成的反射层,以及重水箱的 25 群截面作为下一步二维 S_N 计算的输入参数。第二步,利用二维 S_N 方法,二维全堆几何模型,利用一维 S_N 计算获得的 25 群群常数计算,通过能群和区域归并获得燃料组件、控制棒组件、反射层组件、结构件等 3 群截面,在建模和计算中充分考虑了组件周围环境的影响。最后,将计算得到各类材料区域的 3 群截面作为全堆芯计算程序的输入参数。

本节主要介绍计算等效燃料组件和堆芯其他材料的 25 群截面、堆芯各类组件的群截面和反射层的群截面等的计算策略和计算结果的用途等内容。

1) 计算等效燃料组件和堆芯其他材料 25 群截面的策略

在计算等效燃料组件 25 群截面方面,为简化计算和节省计算资源,可采用体积相等的策略,将具有二维几何特征的正方形燃料组件等效成一维圆形燃料组件,采用 S_N 方法求解一维微分-积分形式的中子输运方程,对该方程中的三个自变量 r、E 和方向 Ω 采取直接离散处理,其中,对能量变量 E 采用分群近似,对空间变量 r 采用传统的细网差分法,对角度的处理采用有限个离散方向近似。自主编制一维 S_N 程序,利用该程序,将上节中计算得到的燃料组件中的燃料栅元和结构材料的 69 群群截面作为输入数据,采用内-外迭代方法求解多群方程,单群内迭代和群与群的外迭代都采用源迭代方法求解,其中,内迭代目标是群内散射源收敛,外迭代目标则是裂变源、向上散射源以及相应的特征值(k_{eff})收敛,计算出各等效燃料组件的中子能谱,按照反应率相等原则,归并出等效燃料组件的 25 群截面。计算结果为计算堆芯控制棒、垂直实验管道组件和反射层等群截面提供相关的输入参数。

在计算堆芯其他材料及反射层材料 25 群截面方面,为进一步减少中子能谱对计算精度的影响,仍然采用等效标准燃料组件的中子能谱归并出堆芯其他组件/构件材料以及反射层材料的 25 群截面策略。其中,几何建模的策略如下:在等效标准燃料组件的棒状栅元或板状栅元上附加各类垂直实验管道以及挤水棒、径向反射层和轴向反射层等材料的超薄层,同样,超薄层的划分原则是使原来等效燃料组件的中子能谱基本不受到影响,仍然可用。计算程序采用一维 S_N,计算结果为下面计算径向和轴向反射层 3 群截面提供 25 群截面输入参数。

2) 计算堆芯各类组件 3 群截面的策略

在计算堆芯各类组件少群截面方面,所采取的策略如下:首先,计算区域利用这些组件具有旋转对称性特点,计算 1/4 组件。其次,利用离散纵标二维

S_N 法求解二维积分-微分中子输运方程,采用恰当的边界条件和求积集,通过源迭代法求解得到各类组件内的中子能谱。最后,按照反应率相等原则,采用求得的中子能谱和所求解的各类组件空间区域作为权重函数,按照表 3-1 所示的 3 群能群结构,归并出各类组件的 3 群截面参数。计算的各类组件主要包括堆芯的燃料、控制棒和垂直实验管道等组件。下面逐一进行介绍。

(1) 计算燃料组件 3 群截面的策略。首先,将前面计算得到的等效燃料组件的 25 群截面作为输入参数。其次,采用二维 S_N 程序和源迭代法,计算堆芯 1/4 组件,得到其中子能谱,依据旋转对称原理,即可获得其他 3 个象限内燃料组件的中子能谱。最后,按照反应率相等原则,采用求得的燃料组件内中子能谱和所求解的燃料组件空间区域作为权重函数,按照表 3-1 所示的 3 群能群结构,归并出燃料组件的 3 群截面。

(2) 计算控制棒组件 3 群截面的策略。计算控制棒组件的 3 群截面的策略如下:在控制棒组件外围一圈等效燃料组件,用等效燃料组件中的中子能谱逐层向内计算出控制棒组件内的中子能谱。具体方法分三步:首先,建立几何模型,建立该类模型面临的难点是控制棒为强吸收体,吸收体表面和内部沿径向的中子注量率梯度呈断崖式陡降,其内部基本无中子能谱而言,解决难点的经验是在控制棒组件的周围附加一圈共 8 个等效燃料组件,计算区域为 1/4。其次,利用前面计算得到的燃料组件的中子能谱和控制棒组件的 25 群截面作为输入参数,逐层向内计算得到控制棒组件沿径向的中子能谱。最后,按照反应率相等原则,采用计算得到的控制棒组件的中子能谱和所求解控制棒区域作为权重函数,按照表 3-1 所示的 3 群能群结构,归并出控制棒组件内的 3 群均匀化截面。

(3) 计算垂直实验管道 3 群截面的策略。计算垂直实验管道 3 群截面与计算控制棒组件截面的策略相同,也分三步。首先,建立几何模型,解决垂直实验管道内部基本无裂变中子源这一难题的经验是通常在垂直实验管道的周围附加一圈共 8 个等效燃料组件,计算区域为 1/4。其次,计算垂直实验管道内的中子能谱,从燃料组件与垂直实验管道的交界面开始,沿燃料组件径向逐渐附加垂直实验管道薄层,利用燃料组件的泄漏中子能谱代表附加垂直实验管道薄层的中子能谱,并将前面计算得到的垂直实验管道 25 群截面作为输入参数,从外向内计算得到垂直实验管道的中子能谱。最后,按照反应率相等原则,采用求得的垂直实验管道内中子能谱和所求解的垂直辐照空间区域作为权重函数,按照表 3-1 所示的 3 群能群结构,归并出垂直实验管道的 3 群截面。

3) 计算反射层群截面的策略

计算反射层的 3 群截面参数的建模与两种堆芯有关,对于中子能谱沿径向服从贝塞尔函数分布的充分慢化大堆芯,由于反射层较薄,快中子和热中子不泄漏概率在 k_{eff} 数值中所占份额小于 10%,计算反应性的误差大小对堆芯临界特性和中子能谱分布影响不大;对于中子能谱沿径向服从反中子阱原理分布的稠密栅紧凑小堆芯,由于从堆芯泄漏到反射层的中子份额较大,快中子和热中子不泄漏概率在 k_{eff} 数值中所占份额达到 30%,且反射层较厚,计算时必须考虑反射层内反应性(包括截面参数)计算误差对堆芯临界特性和中子能谱分布的影响。下面介绍稠密栅紧凑小堆芯的径向和轴向反射层少群均匀化截面的计算策略。

(1) 计算稠密栅紧凑堆芯的径向反射层 3 群截面的策略。首先,建立几何模型,按照体积相等原理,对于六角棱柱或长方形等堆芯,将其等效成圆柱体堆芯,反射层沿径向分成内、中和外三区,网格剖分时,按照内区细网、中区与堆芯组件网格相当和外区采用粗网的原则进行网格剖分,此种建模充分考虑了从堆芯高泄漏的中子与反射层介质碰撞慢化期间中子能谱沿空间的分布。其次,计算反射层内沿径向的中子能谱分布,通常可使用一维离散纵标 S_N 方法求解微分-积分中子输运方程,使用 S_4 或 S_8 高斯求积集,将本节 1)中计算的堆芯各类材料以及反射层材料(轻水和重水/铍)的 25 群截面作为输入参数,计算出反射层内沿径向的中子能谱分布。最后,按照反应率相等原则,采用求得的径向反射层内的中子能谱分布和所求解的径向反射层空间作为权重函数,按照表 3-1 所示的 3 群能群结构,归并出径向反射层的 3 群均匀化截面。计算结果为全堆计算提供输入参数。

(2) 计算轴向反射层 3 群截面的策略。通常,开口游泳池式研究堆的堆芯轴向反射层结构材料可认为是由铝与 H_2O 的混合物组成,但是,燃料组件、控制棒组件和垂直实验管道在轴向上下端产生和泄漏的中子能谱均有差别,因此各自的轴向反射层 3 群截面可采取分别计算。这里主要介绍计算燃料组件轴向反射层 3 群均匀化截面的策略,计算模型是采用一维 S_N 圆柱模型,依据 H_2O 中无限厚反射层概念,通常 $T \approx 3L_r$(T 为无限厚反射层的厚度,L_r 为中子在轻水中的扩散长度)约为 20 cm,但考虑到 H_2O+Al 混合物的散射截面小于 H_2O 的散射截面,由前者构成的反射层的有效厚度可选择为 30 cm,取 1/2 堆芯活性区高度作对称计算,可得到 3 群轴向反射层均匀化截面。计算结果为全堆三维计算提供输入参数。

3.2.4　计算全堆芯参数

近年来,随着研究堆运行的安全性和经济性指标要求的提高,在研究堆工程设计阶段的全堆芯核设计数值计算中,通常,采用相应程序(如 CITATION 等)做三维问题的计算,以进一步提高全堆芯的中子注量率或功率分布等参数的计算精度,满足工程设计指标要求。由于三维问题的差分数值解法与二维问题差别不大,现以二维问题为例,简要说明求解问题的策略:二维扩散方程有限差分方程的本征值问题有建立在网格中心或网格节点的两种差分格式,这里以 x-y 二维分群扩散方程为例,给出建立在网格中心的有限差分格式。

首先,将二维分群扩散方程的本征值问题写成如下形式:

$$-\frac{\partial}{\partial x}\left(D_g\,\frac{\partial \phi_g}{\partial x}\right)-\frac{\partial}{\partial y}\left(D_g\,\frac{\partial \phi_g}{\partial y}\right)+\Sigma_g^r\phi_g\,(x,\,y)-\sum_{g'\neq g}\Sigma_{g'g}^s\phi_{g'}$$

$$=\frac{\chi_g}{k_{\text{eff}}}\sum_{g'=1}^{G}\nu\Sigma_g'^f\phi_g',\ g=1,\,2,\,\cdots,\,G \tag{3-19}$$

式中,$\phi_g(x,\,y)$、D_g、Σ_g^r、$\Sigma_{g'g}^s$、$\nu\Sigma_g^f$、χ_g、k_{eff} 分别为 g 群中子注量率(本征函数)、扩散系数、碰撞迁移截面、跳群散射截面、裂变中子产生截面、裂变中子能谱和有效倍增系数(本征值)。

其次,通过幂迭代求解,将中子注量率满足的方程连同边界条件一起构成的方程组写成以下矩阵($I \times J$)形式

$$
\begin{pmatrix}
c_{1,1}d_{1,1}e_{1,1} \\
b_{2,1}c_{2,1}d_{2,1}e_{2,1} \\
\cdot\ \cdot\ \cdot\qquad\cdot \\
b_{i-1,1}c_{i-1,1}d_{i-1,1}e_{i-1,1} \\
b_{i,1}c_{i,1}0\qquad\qquad e_{i,1} \\
a_{1,2}\qquad\quad 0\quad c_{1,2}d_{1,2}e_{1,2} \\
a_{2,2}b_{2,2}c_{2,2}d_{2,2}e_{2,2} \\
\cdot\qquad\cdot\ \cdot\ \cdot\ \cdot\qquad\quad\cdot \\
a_{i-1,2}b_{i-1,2}c_{i-1,2}d_{i-1,2}e_{i-1,2} \\
a_{i,2}b_{i,2}c_{i,2}\ \ 0\qquad\quad e_{i,2} \\
a_{1,j}\qquad\quad 0\quad c_{1,j}d_{1,j} \\
a_{2,j}b_{2,j}c_{2,j}d_{2,j} \\
\cdot\qquad\cdot\ \cdot\ \cdot\qquad\quad\cdot \\
a_{i-1,j}b_{i-1,j}c_{i-1,j}d_{i-1,j} \\
a_{i,j}b_{i,j}c_{i,j}
\end{pmatrix}
\begin{pmatrix}
\phi_{1,1} \\
\phi_{2,1} \\
\cdot \\
\phi_{i-1,1} \\
\phi_{i,1} \\
\phi_{1,2} \\
\phi_{2,2} \\
\cdot \\
\phi_{i-1,2} \\
\phi_{i,2} \\
\phi_{1,j} \\
\phi_{2,j} \\
\cdot \\
\phi_{i-1,j} \\
\phi_{i,j}
\end{pmatrix}
=
\begin{pmatrix}
f_{1,1} \\
f_{2,1} \\
\cdot \\
f_{i-1,1} \\
f_{i,1} \\
f_{1,2} \\
f_{2,2} \\
\cdot \\
f_{i-1,2} \\
f_{i,2} \\
f_{1,j} \\
f_{2,j} \\
\cdot \\
f_{i-1,j} \\
f_{i,j}
\end{pmatrix}
\tag{3-20}
$$

式中，$a_{i,j} = -\dfrac{2\Delta x_i}{\dfrac{\Delta y_j}{D_{i,j}} + \dfrac{\Delta y_{j-1}}{D_{i,j-1}}}$，$b_{i,j} = -\dfrac{2\Delta y_j}{\dfrac{\Delta x_i}{D_{i,j}} + \dfrac{\Delta x_{i-1}}{D_{i-1,j}}}$，$c_{i,j} =$

$\Sigma_{ij}\Delta x_i\Delta y_j - (a_{i,j} + b_{i,j} + d_{i,j} + e_{i,j})$，$d_{i,j} = b_{i+1,j}$，$e_{i,j} = a_{i,j+1}$，$f_{i,j} = Q_{ij}\Delta x_i\Delta y_j$。

最后，通过迭代法求解上述差分方程，可得到需要的计算结果。

综上所述，基于上述 3.2.1 节～3.2.3 节中介绍的各种计算方法和策略，将计算获得的堆芯及反射层区域各种材料的全套 3 群均匀化截面作为输入参数，采用合适程序进行全堆三维计算（例如 CITATION，该程序是求解细网有限差分扩散方程的核反应堆堆芯分析著名程序，对于空间和时间，都用显式的有限差分近似，其中子流与中子注量率的关系是非线性的，用直接迭代法求解中子注量率的本征值问题），可得到堆芯稳态条件下全堆芯的 k_{eff}、各群中子注量率分布 ϕ 和功率分布 P 等特性参数。

3.3 计算堆芯临界特性参数的"两步法"与蒙特卡罗方法

为减少栅元计算中几何近似所带来的偏差，近年来，随着计算机技术和并行算法等高性能计算方法的发展，堆芯物理计算的很多程序已将"栅元-组件"均匀化合并为一步，由此开发并形成了组件和全堆计算的"两步法"。另外，由于蒙特卡罗方法能够比较逼真地描述事物特点及物理实验过程，具有受几何条件限制小，收敛速度与问题的维数无关，程序结构简单，易于实现等优点，其应用领域日趋广泛。本节将简介计算堆芯临界特性参数的"两步法"和蒙特卡罗方法。

3.3.1 计算堆芯临界特性参数的"两步法"

随着反应堆物理分析方法相关程序研发技术的发展，针对计算堆芯临界特性参数的"两步法"计算流程，该领域国内外同行研发了多种程序，本节将简要介绍具有代表性的基于 GREEN 函数节块法及其 NNGFM 程序，基于碰撞概率法、界面流方法或者 S_N 方法等及其 DRAGON 程序[21-22]；

GREEN 函数的节块法由 M. R. 瓦格纳（M. R. Wagner）、F. 本内维茨（F. Bennewitz）和 H. 费内曼（H. Finneman）等于 1975 年提出，现已广泛地用于反应堆的核设计和安全分析研究中。该方法的基本思想如下：为减少"三步法"计算中栅元计算引入的误差，解决用 S_N 方法求解中子输运方程时，在空间变量的处理上采用细网差分方法,对于三维问题其计算量巨大等难题,提出了采用如下解决方案:一是不做栅元计算,直接从组件到全堆;二是在求解中子输运方程时,对空间变量的处理采用节块方法进行离散以代替 S_N 中采用细网差分方法进行离散;角度的处理仍采用 S_N 中的离散方法。

节块法的基本方程如下:

$$-\frac{\partial}{\partial x}D_g^m\frac{\partial}{\partial x}\phi_g^m(x,\ y,\ z)-\frac{\partial}{\partial y}D_g^m\frac{\partial}{\partial y}\Phi_g^m(x,\ y,\ z)$$

$$-\frac{\partial}{\partial z}D_g^m\frac{\partial}{\partial z}\Phi_g^m(x,\ y,\ z)+\Sigma_{tg}^m\phi_g^m(x,\ y,\ z)$$

$$=\sum_{g'=1}^{G}(\Sigma_{g'\to g}+\frac{\chi_g}{k_{eff}}\nu\Sigma'_{fg})\phi'_{g'}(x,\ y,\ z)$$

$$g=1,\ 2,\ \cdots,\ G;\ m=1,\ 2,\ \cdots,\ M \tag{3-21}$$

式中:D_g^m、Σ'_{fg} 为群常数;ϕ_g^m 为第 g 群第 m 种核素的中子注量率;k_{eff} 为有效增值系数。

现代节块法采用横向积分方法处理上述方程,即对方程沿两个横向坐标方向积分而得出三个一维偏中子注量率的微分方程。以下令:$u=x,\ y,\ z$;$u\neq v,\ w$。沿 v、w 两个方向对方程积分得 u 向微分方程,整理得

$$-D_g^m\frac{\mathrm{d}^2}{\mathrm{d}u^2}\phi_{gu}^m(u)+\Sigma_g^m\phi_{gu}^m(u)=Q_{gu}^m(u)-L_{gu}^m(u)$$

$$u=x,\ y,\ z;\ g=1,\ 2,\ \cdots,\ G;\ m=1,\ 2,\ \cdots,\ M \tag{3-22}$$

格林函数节块法是引进格林函数将上述方程变为积分方程,于是将节块内中子注量率与节块表面的中子流(或通量)联系起来。引入与方程对应的第二类边界条件格林函数 $G_{gu}^m(u,\ u_0)$,它满足以下方程及边界条件:

$$-\overline{D}_g^m\frac{\mathrm{d}^2}{\mathrm{d}u^2}G_{gu}^m(u,\ u_0)+\overline{\Sigma}_{tg}^mG_{gu}^m(u,\ u_0)=\delta(u-u_0) \tag{3-23}$$

$$\left[\frac{\mathrm{d}}{\mathrm{d}u}G_{gu}^m(u,\ u_0)\right]_{u=\pm a_u^m}=0\ (第二类边界条件) \tag{3-24}$$

通过一系列方程变换和近似处理,最后可得节块的中子平衡方程式,净中子流耦合方程式和节块内偏中子能谱展开系数方程式,它们构成了基本求解公式,采用源迭代方法求解,得出节块界面净中子流、节块内中子注量率展开系数及本征值 k_{eff} 等。

　　NNGFM 程序是一个求解三维中子扩散方程的堆芯物理稳态分析程序。它是基于第二类边界条件格林函数的,带有不连续因子的先进节块法程序。它可以给出堆芯稳态本征值、节块平均的堆芯功率和中子注量率分布。NNGFM 程序能够处理三维和二维问题,堆芯的空间划分以笛卡儿坐标为基础。将堆芯划分成若干个计算单元——节块(一般以一组件为一节块,轴向划分为若干段),一个节块内的核截面相同。对于装载对称的反应堆可以用 1/4 堆芯计算,并且具有 90°旋转对称边界条件的选择。通过改变节块内的核截面来模拟控制棒的移动和燃耗变化。

　　节块法与有限差分法相比较,对同样问题,前者计算所花费的机时更少,计算结果精度更高。这是因为有限差分方法简单并有着良好的数学基础,是最经典的数值计算方法,但它存在一个重要的缺陷,那就是为了保证一定的计算精度,差分网格必须取得足够小,因而对于多群三维问题就需要巨大的存储空间和计算时间,从计算效率来说是很不经济的。所以在此基础上发展出来的粗网节块法能在很粗的网格下获得较高的精度,通常可以是一个组件作为一个计算网点,因而大大提高了计算效率,节约了时间。实际应用计算表明 NNGFM 具有相当高的精度和速度。与细网有限差分法 CITATION 程序加密网格的计算相比,当本征值和平均中子注量率的精度提高 1 个数量级以上时,而计算时间只需后者的 1/7。

　　DRAGON 程序是由加拿大蒙特利尔大学开发的一个开源程序,具有很强的建模能力,可直接对堆芯多个组件进行二维建模,模拟反应堆中燃料栅元或者组件的中子输运行为,通过求解完全的多群中子输运方程得到二维燃料组件或者三维超栅元的少群截面,求解中子输运方程的求解器可选择碰撞概率、界面流或者 S_N 等方法。

3.3.2　计算堆芯临界特性参数的蒙特卡罗方法

　　蒙特卡罗方法又称随机抽样技巧或统计试验方法,与一般数值计算方法有很大区别,是以概率统计理论为基础的一种方法。蒙特卡罗方法的基本思想如下:当所求问题的解是某个事件的概率,或者是某个随机变量的数学期望,或者是与概率、数学期望有关的量时,通过某种试验的方法,得出该事件发生的频率,或者该随机变量若干个具体观察值的算术平均值,通过它得到问题的解。可以通俗地说,蒙特卡罗方法是用随机试验的方法计算积分,即将所要计算的积分看作服从某种分布密度函数 $f(r)$ 的随机变量 $g(r)$ 的数学期望,

$<g>=\int_0^\infty g(r)f(r)dr$，通过某种试验，得到 N 个观察值 r_1，r_2，$\cdots$，r_N（用概率语言来说，从分布密度函数 $f(r)$ 中抽取 N 个子样 r_1，r_2，$\cdots$，r_N），将相应的 N 个随机变量的值 $g(r_1)$，$g(r_2)$，$\cdots$，$g(r_N)$ 的算术平均值 $\overline{g}_N = \frac{1}{N}\sum_{i=1}^{N}g(r_i)$ 作为积分的估计值（近似值）。

蒙特卡罗方法求解粒子输运问题的一般原理与关键过程包括源抽样、空间输运过程跟踪、碰撞过程描述、记录和结果统计。该方法求解有效增值因子 k_{eff} 的过程如图 3-5 所示。第一步，中子从初始点发射，发射点位置由上一代信息给出，出射角度和初始能量按照某种角度抽取。第二步，抽样输运距离，按照 $L=\dfrac{\rho}{\Sigma_t(E_m)}=-\dfrac{\ln\xi}{\Sigma_t(E_m)}$ 关系式抽取，得到碰撞点位置 $x=x_0+L\times u$，u 为出射角余弦，如果发生穿面，进行进一步的处理。第三步，抽取碰撞类型，采用直接抽样法即可处理，中子与材料的反应包括裂变反应、吸收反应、散射反应，分别为 Σ_f、Σ_a、Σ_s，这样发生次碰撞后的散射概率为 $P_s=\dfrac{\Sigma_s}{\Sigma_t}$，被吸收的概率为 $P_a=\dfrac{\Sigma_a}{\Sigma_t}$，产生新中子的概率为 $P_f=\dfrac{\Sigma_f}{\Sigma_t}$。 如为纯吸收，则结束此中

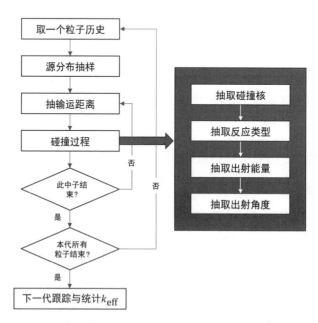

图 3-5 蒙特卡罗方法求解有效增值因子 k_{eff} 的过程框图

子跟踪；如为裂变，则跳转到第五步；否则为碰撞，进行第四步跟踪。第四步，确定碰撞后能量与出射角度，能量由碰撞类型抽样即可确定，跳转到第二步继续跟踪，直到被吸收或穿出几何体。第五步，发生裂变反应，记录反应位置作为下一代初始位置，结束此中子跟踪。第六步，统计这一代的增殖系数 k_{eff}。

蒙特卡罗(以下简称"蒙卡")方法在求解堆物理中，一些重要基础问题包括权与轮盘赌降方差、多群能量与连续点能量问题差异、复杂重复几何问题处理、通量等参数的统计、蒙卡深穿透问题、蒙卡微扰计算、伴随函数的蒙卡方法统计等。这些问题在很多专著已有介绍。

如前所述，本书主要关注蒙卡软件在研究堆工程设计中的使用。至于各种方法在其他核工程中的应用，感兴趣的读者可参见相关专著[23-25]。

3.4　堆芯燃耗与主要核设计结果参数

燃耗问题是通过研究放射性物质的累积、衰变和处理等过程，得到各种核素随时间的变化规律。涉及燃耗问题的方面如下：核燃料组成的变化，主要应用于反应堆物理性能分析，包括燃料消耗和增殖、反应性变化、换料优化；堆外乏燃料后处理和堆内材料辐照与活化等问题。随着计算机能力的发展，进一步深入研究核燃料燃耗的精细化计算问题，对于推动反应堆物理分析、材料辐照、中子经济性等方面的数值模拟技术发展具有重要的意义。

研究堆堆芯反应性系数体现了对堆芯动态变化的响应能力，研究堆的综合性能指标表征了所设计的研究堆综合性能的优劣，主要核设计结果参数反映了所设的主要参数是否满足设计指标的要求。

本节将首先简介燃耗方程与堆芯燃耗计算所采用的相关程序，其次介绍燃料管理，最后介绍反应性系数，研究堆性能综合指标和主要核设计结果参数等几个方面的内容。

3.4.1　燃耗方程与堆芯燃耗计算程序

燃耗计算是堆芯核设计的任务之一，下面主要介绍该计算任务中的燃耗方程与堆芯燃耗计算程序两部分内容。

1）燃耗方程

在反应堆中，中子注量率和核素成分都是时间和空间的函数，两者之间相互影响。为关注燃耗问题本身，一般采用以下假定：将问题的关注区域限定在一个特定区域(燃耗区)内,中子注量率和核素成分随空间变化不大,去掉空间变量;假定中子注量率随时间变化缓慢,可近似为常数;此外,假定中子能谱随时间变化不大,近似认为核素反应截面为常数。在这些假定下,燃耗问题相关的方程可写为一阶差分方程系统。

燃耗方程形式上并不复杂,但精确求解却是比较困难的。首先,燃耗方程涉及的核素数量很大,典型燃耗系统包含 1 200～1 700 个核素;其次,核素链转换网非常复杂并且核素之间的转换系数量级差异很大;最后,在不同计算条件下,燃耗计算的时间步长量级差异也很大。这些导致了燃耗矩阵具有大型、稀疏、刚性的特点。

2) 堆芯燃耗计算程序

随着计算机技术的发展,20 世纪 60—70 年代,出现了较为成熟的商业化程序,如 ORIGEN、CINDER 等。为解决燃耗矩阵的刚性问题,ORIGEN 程序采用瞬时衰变和长期平衡近似来处理短寿命核素,然后对简化过渡矩阵采用幂级数近似计算矩阵指数。在 1980 年正式发布 ORIGEN2,随后得到广泛应用,并应用到其他系统中(如 SCALE 中的 ORIGEN-S)。CINDER 程序采用核素线性链法进行求解,早期需要手动输入转换链参数,随后在 1990 年发布了新版本 CINDER'90,并且不断更新发布相应的核数据库,目前 CINDER 程序已经和 MCNP-MCNPX 耦合,作为其计算燃耗的子模块。

在实际工程设计中,为简化问题,通常只考虑了工程计算中有重要意义的一些核素和燃耗链。锕系核素通常只考虑铀、钚、钍相关的燃耗链,而对于裂变产物链,只选择吸收截面大或者裂变产额较大的一些主要核素单独进行计算,其余核素则采用集总参数求解。这类程序的代表有 WIMS、CASMO、DRAGON 等。由于燃耗链较少(燃耗方程数少),可采用简单的线性子链法或者常用的差分方法[显式差分、隐式差分、Runge Kutta(龙格-库塔)等方法]求解。

近些年,针对大规模核素系统燃耗问题,发展了多种点燃耗方程的方法,包括 TTA 方法、Taylor 展开、Padé 近似、求积组方法、CRAM、Krylov 子空间方法、Laguerre 正交多项式逼近等。相关研究进展可参见相关文献,本书不做讨论。

3.4.2　燃料管理

燃料管理包括新燃料储存安全、堆芯燃料换载、乏燃料储存安全,本节仅从核设计角度探讨这些问题。不同于商业核电厂,研究堆的燃料管理与核电厂最大的区别,在于对燃料经济性要求不高,多数研究堆采用换料不倒料的方式,而有些研究堆整个堆芯燃料一次性全部更换,如德国的 FRM‐Ⅱ 堆。燃料管理需要遵循相关法规导则,国内技术性的指导要求是《研究堆堆芯管理核燃料装卸》(HAD 202/07—2012),该文件详细说明了研究堆堆芯燃料管理核燃料装卸方面的安全要求,并提供了相关的指导和建议。

1) 新燃料管理

新燃料的管理,核设计关注重点是在运输、储存、转运过程中的临界安全问题。一般需制订新燃料装卸大纲,严格限制新燃料堆放时的堆放量,对于在水池中储存的新燃料,要计算其次临界度,必要时采用技术手段进行测量核实计算结果的正确性。

2) 堆芯燃料管理

堆芯燃料管理原则如下:研究堆堆芯燃料管理与动力堆不同,它的经济性指标不全在于追求用最少的燃料投料获得最大的功率输出,而是要满足研究堆的特定用途,权衡是否能够获得最大的特定效果,平衡考虑众多用户的使用要求,以获得更充分的中子利用。尽管理论上可以追求换料方案的最优化,但实践上只是遵循一些换料优化原则,根据具体情况制订换料大纲或换料方案,这些原则包括如下四个方面:

(1) 卸载燃料的燃耗尽可能深,但不得超过允许的燃耗限值。

(2) 每次换载补充的后备反应性尽可能多,以延长两次换载的时间间隔,但在换料后的初期其临界棒位的位置应确保有足够的停堆深度。

(3) 在所有装载下,均应保证功率峰值因子等重要参数在限定的范围内。

(4) 留有适当的安全裕度,以允许计算预期与实际运行测量值的偏差。

装换料方案:由于研究堆堆内燃料管理自身的特殊性决定其困难程度远大于普通核电厂反应堆堆内燃料管理。研究堆燃料管理的目标可以概括为在满足研究堆的运行和安全限值的条件下,力求达到最优的中子经济性。中子经济性包含了两重含义,其一,对于需要的中子注量率水平,一定要满足;其二,尽量减少未利用的中子。实际上,这也就实现了对核燃料的优化利用。

研究堆的运行计划是根据实验任务安排的,每次运行的时间长度不确定,有可能连续运行很长时间,以便大量辐照长半衰期同位素,也有可能启动之后很快就停堆,进行一次持续时间很短的实验。每次运行的功率水平也不确定,这些都要根据实验任务来进行安排,但实验任务总是要提前一段时间进行讨论,批准手续等,也就是说,仍能安排进行堆内燃料管理的时间。在换料周期所采取的计算方式上,由于研究堆与动力堆的运行功率均具有不确定性,这种不确定性造成研究堆和动力堆均没有一个固定的换料周期,只能按照有效满功率天(EFPD)进行计算。

综上所述,研究堆的装换料方案设计比较灵活,只需在满足研究堆的运行和安全限值的条件下,采用较优的堆内燃料、其他组件和实验样品的布置,使得在消耗较少燃料的情况下,完成预定的实验任务。

3) 装换料方案的实施和验证

一般来说,在实施装换料方案之前,相应的《换料大纲》《换载方案》等文件都应该先经过审批。实际操作时,只需严格按照文件中规定的程序和步骤实施即可。

换料后堆芯物理性能验证的主要目的是通过开展相关实验,验证经过堆芯换料操作后,堆芯控制棒孔道是否会出现卡滞现象,依据程序计算的控制棒价值曲线、预计的临界棒位和电流值指示的核功率数值等是否满足堆芯运行安全要求。验证的方法有两种:第一种,对于我国第一代棒状燃料元件研究堆,在堆芯换料或倒料后,通常在自然循环条件下,通过开展堆芯相对、绝对和功率刻度实验(习惯上称为"钓鱼实验"),控制棒效率刻度实验,外推达临界实验等验证堆芯物理性能;第二种,对于紧凑稠密栅堆芯,在堆芯换载后,由于堆芯冷却剂流道狭窄,在堆顶平台无法对距离约 10 m 的堆芯冷却剂流道实施准确的探测杆插入和取出,也即无法开展"钓鱼实验",为确保换载后的运行安全,此类堆芯的安全相关物理性能可以通过下述 5 类实验进行验证:

(1) 时间间隔法。该方法主要是测量并验证控制棒落棒时间是否满足设计指标要求。将控制棒提升到上限位置,停堆断路器分闸,控制棒驱动机构电磁铁线圈失电,使控制棒自由下落到下限位置。从停堆断路器打开到控制棒下限灯亮即控制棒落棒时间,以此进一步确认控制棒导管是否受到挤压变形,验证控制棒落棒是否满足设计安全限值要求。

(2) 逆动态法。该方法主要是测量并验证计算的控制棒价值数值。由中子探测器测量的中子计数率来确定反应性,测量在变化过程中的瞬发反应性 $\rho(t)$。

(3) 落棒法。该方法主要是测量并验证停堆裕度及卡棒停堆裕度是否满足卡棒准则要求。将欲刻度控制棒提升至活性区顶部,并将堆稳定在某一功率水平上,持续运行一段时间,测定稳定运行时的中子密度 $N(0)$。 然后,将此棒迅速落入堆内,并测量中子密度 $N(t)$ 随时间 t 的变化规律,由此求得欲刻度棒的反应性积分当量 ρ。

(4)外推趋近临界法。该方法主要是测量并验证计算的临界棒位。在将新燃料组件逐盒安全放入堆芯后,采用提控制棒外推趋近临界的方法,每次反应性的添加量不超过外推临界差值的 1/3,每次外推必须至少计数 3 次,以此找到新的临界棒位,为研究堆启动提供基准。

(5)热功率校核法。该方法主要是标定并验证堆芯核功率。采用堆芯流量、堆芯进出口温差以及重水箱流量、温差等热工水力参数,计算反应堆的实际热功率,用来标定反应堆核功率。

4)乏燃料管理

针对游泳池式研究堆的乏燃料的特点,其乏燃料管理的内容主要包括游泳池、运输通道内和乏燃料池内三个位置的乏燃料管理,下面逐一进行介绍。

(1)游泳池和运输通道内乏燃料的位置管理。换料时,乏燃料从堆芯游泳池被提出,先通过乏燃料转运通道运输到乏燃料暂存水池内存放,经过一段时间后,转运到乏燃料储存池。每次移动燃料组件,必须及时在"燃料组件档案卡"上记录位置与变动日期、操作与监护人员。

(2)游泳池和运输通道内乏燃料的剂量管理。操作人员穿戴好剂量防护用品,在转运过程中,操作区域有固定式区域 γ 和中子剂量仪进行剂量在线测量,同时现场应有具备资格证的剂量监测人员利用移动式 γ 和中子剂量仪进行工作位置剂量监测。

(3)乏燃料池内乏燃料的位置管理。在乏燃料储存池或储存水池内每次移动燃料组件,必须及时在"燃料组件档案卡"上记录位置与变动日期、操作与监护人员。

(4)乏燃料池内乏燃料的计量管理。在邻近乏燃料储存水池表面的地方,可分别设置中子和 γ 各一个探测器以实时在线监测该区域的剂量率。当乏燃料储存水池中的燃料发生事故时,该区域的剂量率将会增加,设置的探测器可及时给出报警信号。

在邻近乏燃料暂存水池表面的墙上,设置了一个 γ 探测器以实时监测该区域的剂量率。当乏燃料暂存水池中的燃料发生事故时,该区域的剂量率将会增加,在邻近乏燃料储存水池表面的地方,设置了两个探测器监测该区域的剂量率。当乏燃料储存水池中的燃料发生事故时,该区域的剂量率将会增加。

（5）乏燃料池内乏燃料的水温监测。在乏燃料储存池典型位置设置测温探头,通过在线温度测量仪实时监测储存池中乏燃料的剩余释热量,以保持池水温度在一定范围内,确保乏燃料剩余释热及时排出。

3.4.3 堆芯反应性系数、性能指标和参数

反应性系数用于描述因堆芯条件如温度、功率等变化引起的反应性变化。它关系到堆芯动态特性,即堆芯对外部条件变化的响应特性,决定堆芯对正常和事故瞬变的响应能力。它与反应堆运行工况及燃耗有关。反应堆堆芯内温度变化时,中子能谱、微观截面等都将发生变化,所以与反应性有关的许多参数都是温度的函数。因而,反应堆内各种材料的温度变化都会引起反应性的变化。

宏观上看,在可行性研究阶段,体现核设计结果的综合参数主要是先进性、安全性和经济性3个指标。本节将首先介绍温度、空泡和功率变化引起的反应性变化等3个反应性系数,然后简单评价研究堆性能的3个指标,最后给出堆芯主要核设计结果参数种类。

1）反应性系数

对于一座游泳池式水冷反应堆,堆芯的反应性系数与核电厂反应堆堆芯的反应性系数种类相同,只是其数值大小有差别,下面主要介绍研究堆核设计和运行安全所关注的温度、空泡和功率3个反应性系数的内容。

温度系数是指温度变化1 ℃（或 K）时所引起的反应性变化,称为温度反应性系数,简称温度系数 α_T:

$$\alpha_T = \frac{\partial \rho}{\partial T} \qquad (3-25)$$

温度系数包括燃料温度系数、慢化剂温度系数、冷却剂温度系数等。具有负温度系数的反应堆由于温度变化引起反应性变化为负反馈效应,反应堆具有内在的稳定性。因此在反应堆设计准则中要求所有的温度系数都是负的。

空泡反应性系数是指冷却剂中空泡份额变化百分之一所引起的反应性变化量,简称空泡系数。空泡份额（x）是指冷却剂中所包含的空泡体积份额,在研究堆堆芯中冷却剂空泡体积变化对反应性也有很大影响,在事故工况下,随着堆芯冷却剂沸腾空泡份额增加,燃料组件流道内冷却剂减少,燃料相对增加,热中子利用系数增加,反应性会增加;另外,空泡份额增加会导致中子泄漏

增加,反应性会减少;再者,空泡份额增加导致慢化能力减少,有可能引起反应性增加,也可能引起反应性减少。因此,空泡增加,最后导致反应性增加还是减少,要看上述几个方面哪一方占优势。

尽管研究堆在正常运行过程中不允许冷却剂发生沸腾,但是考虑到在发生事故情况下仍有可能发生冷却剂沸腾。我们必须考虑冷却剂沸腾产生气泡对堆芯反应性的影响,且在反应堆设计准则中空泡系数也必须是负值。

功率反应性系数是指单位功率变化所引起的反应性变化量。事实上,无论什么参数变化,都是通过功率变化来影响反应性的。所以功率系数就是一个总体综合系数,只要功率系数为负值,核反应堆的运行就是安全的。由于功率变化来源于燃料温度、慢化剂温度、空泡等因素的变化,所以功率系数可以表达为

$$\alpha_\rho = \alpha_T^F \frac{\partial T_F}{\partial P} + \alpha_T^M \frac{\partial T_M}{\partial P} + \alpha_V^M \frac{\partial x}{\partial P} \qquad (3-26)$$

2) 堆芯性能综合指标

在一座多用途研究堆堆芯的总体和核设计工作中,评价设计结果是否达到高性能的综合指标主要是看其先进性、安全性和经济性的数值,下面逐一介绍三个指标。

先进性指标主要由研究堆的"品质因子"和辐照空间大小表征。在国际上,为了评价一座研究堆的先进程度,一是根据研究堆"品质因子",该因子是指堆芯和反射层中子注量率的最大值与其热功率之比:

$$K = \frac{\phi_{\max}}{Q} \qquad (3-27)$$

据此关系式,在一座研究堆的热功率一定的条件下,如果所得到的中子注量率越高,则效费比越高;二是是否可为实验和辐照样品提供大辐照空间和宽广的快/热中子场。因此,先进性指标是指兼有高品质因子和能提供快/热中子场辐照空间两项高性能综合指标。

安全性指标主要由在研究堆运行管理期间与堆芯物理特性相关的下述 2 个因子和 2 个限值表征。

功率峰值因子 F_q 及核焓升因子 $F_{\Delta H}$ 的大小表征了研究堆设计方案及后续的换料方案中堆芯功率分布的均匀性,要求各炉从初期到末期堆芯功率峰值因子及核焓升因子均不超过规定的限值。

停堆深度限值主要用于规定研究堆在任何时刻的停堆裕度都要大于规定的停堆限值;燃耗深度限值主要用于规定卸出燃料组件的最深燃耗组件的平均燃耗百分比要求小于规定的燃耗限值。

经济性指标主要由核燃料、水电、人工费用和中子利用率等表征。其中,核燃料费用是研究堆运行成本的主要来源,因此对核燃料的充分利用,合理加深燃耗深度可有效提高研究堆利用的经济性。但由于加深燃耗深度会带来研究堆运行和燃料组件安全方面问题,所以需要综合考虑影响安全与经济性两方面的因素,给出合理的燃耗深度作为燃耗限值,确保运行过程中实际燃耗深度不会超过允许的安全限值。此外,在一座研究堆上开展实验和辐照任务还需兼顾下述两条要求以提高中子场中自由中子的利用率:

一是要求研究堆在最低热功率水平和实验装置的大体积内应能提供尽可能高的中子注量率;二是要求在其他条件相同的情况下,研究堆能为不同用户提供相应需求的中子能谱,充分利用各中子场的空间。

3) 堆芯核设计结果参数

通常,在可行性研究报告的核设计章节中,需以表格形式给出具体的核设计结果参数,由于具体的研究堆均有各自不同的核设计结果,为体现要求的通用性,这里概要介绍所需给出的主要参数种类。

(1) 中子学参数。主要包括有效倍增系数、峰值/平均中子注量率、中子注量率能群分布、辐照样品或燃耗对中子场的扰动、冷源处中子注量率和中子束参数等。

(2) 功率分布。主要包括功率峰值因子、冷却剂核焓升因子。

(3) 反应性温度系数。主要包括三个反应性温度系数,即燃料温度系数、慢化剂温度系数和空泡系数。

(4) 反应性控制参数。主要包括燃料元件价值、其他部件价值、临界棒位、停堆深度、后备反应性、控制棒积分价值、控制棒微分价值曲线、控制棒反应性调节速率、重水反射层价值、平衡氙价值和碘坑深度等。

(5) 燃料管理方案。主要包括换料方案、卸出燃料燃耗深度、补充的反应性和平衡堆芯特征。

(6) 反应堆动力学参数。主要包括瞬发中子衰减常数 α、有效缓发中子份额 β_{eff} 和中子代时间 Λ 等。

3.5　研究堆物理实验技术

研究堆物理实验所需测量的堆芯参数与特性包括中子注量率相关参数，如中子注量率分布、反应率、功率峰值因子、中子能谱等；堆物理静态设计参数，如材料曲率、扩散长度、栅格参数等；反应性相关参数，如控制棒价值曲线、各种反馈系数和各类部件反应性等；临界相关参数，如临界装量、临界棒位、停堆深度等；堆芯安全监督与近年来提出的健康诊断，如沸腾不稳定性、流道阻塞等。

反应堆物理实验与一般核物理实验所关注的对象不同，前者所关注的对象不是研究单个中子与原子核相互作用的微观特性，而是研究大量中子与大量介质相互作用的综合结果，并通过这些结果反映出反应堆堆芯的"宏观"参数。这些参数往往是通过中子注量率对空间、能量或时间的积分定出的。因此反应堆物理实验常常是带有积分性质的实验。反应堆物理参数是根据中子运动规律确定的，所以只有通过对中子的测量才能获取这些参数的信息。例如，"反应性"本身是不能直接测量的，只能由测得的中子密度随时间的变化规律，再根据其定义而间接定出。按照中子密度随时间变化规律的不同，反应堆物理实验方法可分为下述静态、动态和噪声等 3 种测量方法。

静态测量方法主要以稳态中子注量率测量为基础。属于这类的实验有在次临界装置上测定反应堆材料曲率 B_{m}^2；在临界装置上进行的临界实验和堆芯栅格参数的测量等。其特点是，不涉及中子密度随时间的变化，而只需测定稳定状态下中子注量率分布或反应率就可以求得所需要的参数。根据所测的参数可以校核理论计算模型和基本核数据。

动态测量方法主要是根据测得的堆内中子密度随时间变化的规律来定出动态参数。典型的如反应性的测量、传递函数的确定。这类实验方法很多，如常用于测量反应性的周期法、落棒法、脉冲中子源法以及测量反应性及传递函数的振荡法等。这类实验的特点是反应堆一般处于次临界或超临界状态，而不处在临界状态。

反应堆噪声分析方法主要是根据中子密度围绕其稳态平均值的随机统计涨落的变化来测定堆动态参数。从宏观观点来看，中子注量率是静态的，因为其平均值不随时间变化；但从微观观点来看，它是动态的，因为其瞬时值是随机变化的。反应堆噪声分析方法已不限于用来分析噪声，也在其他方面得到了广泛的应用。噪声分析方法的优点是不必使反应堆受到扰动而获取反应堆动态参数信息。此方法还可用于反应堆的在线安全监测与事故诊断。

从测量对象与实际操作角度,可以大致分为堆芯装载实验、中子能谱测试实验、反应堆临界测量实验、反应性测量实验、噪声分析实验。前两种属于静态测量原理类实验,而临界与反应性测量则属于动态测量类实验。

3.5.1　中子注量率的测量

研究堆堆芯中子注量率测量是堆芯每次换料后和开堆前必须开展的一项工作,下面主要介绍辐照场中子注量率的测量理论和相对中子注量率测量实验技术等两部分内容。

1）辐照场中子注量率的测量理论

中子注量率的测量是反应堆中子学实验的基础。反应堆中子学参数都是通过中子注量率测量得到的。如反映反应堆中子注量率热点的不均匀系数;反映反应堆某个位置的辐照能力;反映反应堆空间各点中子注量率对能量的相对分布的中子能谱;反映反应堆的后备反应性或控制能力大小的反应性;反应堆的安全监督等主要通过测量中子注量率得到的。测量中子注量率不是直接测量中子的,而是通过中子与物质相互作用的核反应率。从宏观上,测量研究堆的堆内中子注量率的技术可以分为中子探测器方法和中子活化方法两大类。

中子探测器测量方式通常可以直接获得测量位置的中子注量率实时信息。采用活化箔是一种常用的中子注量率测量方法。其优点是灵活方便,活化箔尺寸可做得很小,或根据待测位置的实际情况制作,从而放到一般实时测量用的探测器无法放置的地方;由于活化箔所占空间小,对于中子场的扰动也较小;灵敏度宽,可按通量密度需要,测量不同能量段,不同强度的中子注量率。其缺点是不能测量中子注量率随时间的变化和实时给出中子注量率。

这两大类方法的基本原理与主要应用场景概要介绍如下。

（1）中子探测器测量。中子探测器利用中子与原子核发生（n，α）、（n，p）、核反冲、核裂变等反应产生的次级粒子引起的电离过程进行实时记录。常用的探测器包括 BF_3 计数管、（γ 补偿）硼电离室、裂变室、自给能探测器等。探测器大多布置于堆芯外,有些也用于堆芯内,用于监测不同功率或不同场景下的特定位置堆内中子注量率,如 BF_3 计数管,γ 补偿硼电离室常用于反应堆中高功率下功率监测与保护,裂变室则可用于所有功率水平下。三个量程段探测器的选择如图 3-6。

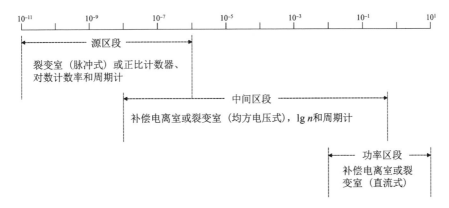

图 3 - 6 三个量程段探测器的选择图

BF_3 计数管测量的基本原理主要是利用 $^{10}B(n, \alpha)^7Li$ 核反应,输出脉冲信号。它对热中子灵敏,灵敏度约为 4 cps/nV,常用于反应堆启动过程下监测。典型的 BF_3 探测器外径为 25 mm,灵敏长度为 200 mm,内充 0.5 atm(1 atm = 101 325 Pa)的 BF_3 气体。

硼电离室测量的基本原理同样是利用 $^{10}B(n, \alpha)^7Li$ 核反应,但输出连续电流信号,记录电离电流确定热中子注量率。它对热中子灵敏度在 2×10^{-14} A/nV 左右,中子注量率测量范围一般为 $10^8 \sim 10^{15}$ $cm^{-2} \cdot s^{-1}$。电离室通常是在一个电极上涂一层富集的硼。在反应堆中,由于有很强的 γ 射线本底,影响测量效果,通常会设计 γ 补偿的方式,由两个背靠背的电离室组成,一个电离室的两个电极都涂有硼,另一个则都不涂硼。这样流过前者的电流为中子电流与 γ 电流之和,流过后者的电流仅为 γ 电流,这样两个方向的 γ 电流相互抵消,达到 γ 补偿的目的。

裂变室测量的基本原理主要是在电极上涂敷易裂变物质如 ^{235}U,通过裂变碎片引起的电流或脉冲测量中子。既有脉冲工作的裂变室,类似于 ^{10}B 计数管,其灵敏度在 0.5 cps/nV,最高计数率可达 10^5 cps。也有电流工作模式的裂变室,这种裂变室一般尺寸较小,外径为 6 mm 左右,用于高功率下堆芯中子注量率测量系统,灵敏度为 3×10^{-5} cps/nV。

自给能探测器测量的基本原理是探测器中心为钒或铑做成的电极,经中子辐照会产生 β 衰变,这种探测器信号电流全部来自辐射体发射的电子,不需要外加电源,故称为"自给能"探测器,其中子灵敏度约为 2×10^{-21} A/nV,一般适用于 10^9 $cm^{-2} \cdot s^{-1}$ 以上的辐照场监督。由于其响应时间较长,不适用于控制调节系统。

在上述 3 类中子探测器中,探测器输出的信号被传输到外部的电子学系统后,可得到反应堆的实时中子注量率信息,进而获得反应堆功率、周期、功率分布、噪声等其他重要信号。例如,源量程的裂变室、中间量程的补偿电离室和功率量程的非补偿电离室等在研究堆保护系统中的应用框图如下图所示。

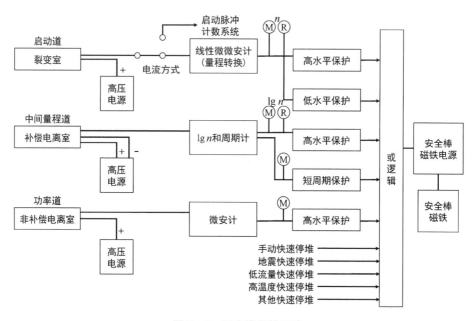

图 3-7 研究堆保护系统

(2) 活化箔测量。活化法测量中子注量率的方法是将探测箔放在中子场中待测处进行照射,然后测量该箔经照射而感生的放射性活度,再根据辐照的中子注量率与箔的放射性活度的关系定出待测处的中子注量率。

为了说明原理,假设箔片极薄,忽略箔片对周围中子场的扰动。取箔片放入中子场,开始辐照的时间为 0,照射结束的时间为 t_r,开始测量放射性活度的时间为 t_1,设 $N(t)$ 代表 t 时刻放射性核的核数。按核数守恒原理,

$$\frac{dN(t)}{dt} = 产生率 - 损失率 \tag{3-28}$$

在稳定的中子场中辐照时,放射性核素的产生率亦即活化反应率 R_0 为

$$R_0 = \int_v dv \int_0^\infty \Sigma_a(E) \cdot \phi(r, E) dE \tag{3-29}$$

式中,$\phi(r, E)$ 是 r 处能量为 E 的中子注量率,$\Sigma_a(E)$ 是与中子能量有关的

箔的宏观活化截面，V 为探测箔的体积。在不考虑其他次级效应的情况下。放射性核的损失率 $\lambda N(t)$ 等于衰变率，于是：

$$\begin{cases} \dfrac{\mathrm{d}N(t)}{\mathrm{d}t} = R_0 - \lambda N(t), \ t \leqslant t_r \\ \dfrac{\mathrm{d}N(t)}{\mathrm{d}t} = -\lambda N(t), \ t > t_r \end{cases} \tag{3-30}$$

在稳定中子场中，R_0 不随时间变化，且有初始条件：

$$t = 0, \ N(0) = 0$$

代入式(3-30)。可得

$$\begin{cases} N(t) = \dfrac{R_0(1 - \mathrm{e}^{-\lambda t})}{\lambda}, \ t \leqslant t_r \\ N(t) = N(t_r)\mathrm{e}^{-\lambda(t-t_r)}, \ t > t_r \end{cases} \tag{3-31}$$

相应的放射性活度：$A(t) = \lambda N(t)$。当 $t = t_1$ 时，有

$$A(t_1) = R_0(1 - \mathrm{e}^{-\lambda t_r})\mathrm{e}^{-\lambda(t_1 - t_r)} \tag{3-32}$$

令 $t_d = t_1 - t_r$ 为从停止照射到开始测量的时间，于是根据测量时刻活度、测试时间、辐照时间，即可得到 R_0：

$$R_0 = \frac{A(t_1)\mathrm{e}^{\lambda t_d}}{1 - \mathrm{e}^{-\lambda t_r}} \tag{3-33}$$

进而即可得到辐照的中子注量率，这便是活化法的基本原理。在实际实验中需考虑多种因素，包括根据测量对象(热中子、中能中子、快中子)和待测位置来选择合适的活化箔种类；考虑实际活化箔厚度引起的中子沉降并进行修正；考虑不同位置中子能谱差异进行测量结果修正。对活化箔的选择，需根据材料的中子截面随中子能量的变化关系，选择在待测能区内有较高吸收截面的材料，又能满足在待测中子场中的中子注量率水平下产生合适的放射性活度；同时材料要纯，不能含有活化截面较大的杂质，并且具有一定的机械强度以便于加工；材料的半衰期要适于测量等。

常用 (n, γ) 反应活化材料、(n, x) 反应活化材料和几种共振活化箔材料分别如表 3-2、表 3-3 和表 3-4 所示。

表 3-2 常用 (n, γ) 反应活化材料

核素	丰度/%	$\sigma_{th} \times 10^{28}$ m²	共振能量/eV	放射性核	半衰期	主要射线/MeV
115In	95.7	145	1.45	116mIn	54.1 min	β⁻(1.0)，γ(0.14 等)
113In	43	60		114mIn	49.51 d	
197Au	100	96	4.9	198Au	2.7 d	β⁻(0.964)，γ(0.412)
122I	100	5.5	20~200	123I	24.99 min	β⁻(2.12)
164Dy	28.1	2 600	54	165Dy	139.8 min	β⁻(1.25)，γ(0.78 等)
63Cu	69.2	4.3	590	64Cu	12.70 h	β⁻(0.573)，γ(1.35)
65Cu	30.8	1.8	230	66Cu	5.1 min	
59Co	100	36	135	60Co	5.27 a	β⁻(0.315)，γ(1.77, 1.33)
55Mn	100	13.4	330	56Mn	2.58 h	β⁻(2.84)，γ(0.847)
23Na	100	0.56	3 000	24Na	15 h	β⁻(1.39)，γ(1.37, 2.75)
51V	99.75	4.5	4.2~13 keV	52V	3.76 min	β⁻(2.1)，γ(1.5)
37Cl	24.23	0.56	26 keV	38Cl	37.3 min	β⁻(5.0)
107Ag	51.83	45	16.4	108Ag	2.4 min	
109Ag	48.17	3.2	5.2	110mAg	252 d	β⁻(0.53)，γ(1, 51 等)

表 3-3 常用 (n, x) 反应活化材料

材　料	熔点/℃	核　反　应	半衰期	阈能/MeV	最大截面/mbarn	平均截面/mbarn
LiF	870	³⁹F(n, 2n)³⁸F	1.83 h	13.1	121	8.5
Mg	651	²⁴Mg(n, p)²⁴Na	15.00 h	7.2	50	1.3
Al	660	²⁷Al(n, α)²⁴Na	15.00 h	7.5	74	0.75
		²⁷Al(n, p)²⁷Mg	9.45 min	4.3	80	3.5

（续表）

材　料	熔点/℃	核　反　应	半衰期	阈能/MeV	最大截面/mbarn	平均截面/mbarn
Si	1 420	^{28}Si(n，p)^{28}Al	2.29 min	6.1	187	4.0
$NH_4 \cdot H_3PO_4 \cdot H_2O$		^{31}P(n，p)^{31}Si	2.62 h	2.7	120	30
NH_4HSO_4	147	^{32}S(n，p)^{32}P	14.40 d	2.7	265	66
NaCl，NH_4Cl	801	^{35}Cl(n，α)^{32}P	14.40 d	6.1	178	6.1
Ti	1 800	^{46}Ti(n，p)^{46}Sc	84.1 d	6.0		12
		^{47}Ti(n，p)^{47}Sc	3.42 d	2.40	85	18
		^{48}Ti(n，p)^{48}Sc	1.84 d	7.2	50	0.31
Fe	1 535	^{54}Fe(n，p)^{54}Mn	299 d	5.1	1 160	74
		^{54}Fe(n，α)^{51}Cr	27.7 d	9.1		0.74
		^{56}Fe(n，p)^{56}Mn	77.3 d	7.5	120	0.90
Mn	1 260	^{55}Mn(n，2n)^{54}Mn	299 d	10.3		0.18
Ni	1 452	^{58}Ni(n，p)^{58}Co	71.2 d	2.8	493	100
		^{60}Ni(n，p)^{60}Co	5.26 a	6.8		2
Cu	1 083	^{63}Cu(n，2n)^{62}Cu	9.74 min	12.8		0.11
		^{63}Cu(n，α)^{60}Co	5.26 a	9.2		0.72
		^{65}Cu(n，2n)^{64}Cu	12.85 h	11.2		0.31
Zn	419	^{64}Zn(n，p)^{64}Cu	12.85 h	4.4	220	33
		^{66}Zn(n，2n)^{65}Zn	246 d			＜4
Mo	2 620	^{92}Mo(n，p)^{92}Nb	13 h	6.3		6.1
		^{95}Mo(n，p)^{95}Nb	35.3 d	6.6		0.1
Rh	1 955	^{103}Rh(n，n′)^{103m}Rh	57.5 min	0.06	693	1 093

（续表）

材　料	熔点/℃	核　反　应	半衰期	阈能/MeV	最大截面/mbarn	平均截面/mbarn
In	155	^{115}In(n, n′)$^{115\,m}$In	4.59 h	1.4	260	179
KI：I$_2$O$_5$	723：300	^{127}I(n, 2n)^{126}I	13.0 d	10.7	1 280	1.7
Th	1 845	^{232}Th(n, fission)		1.7	145	72

表 3－4　常用的几种共振活化箔材料

材　　料	$T_{\frac{1}{2}}$	E_r/eV	$I_{act}\int_{0.55\,eV}^{\infty}\sigma_a\dfrac{dE}{E}$	$\dfrac{I_r}{I_{act}}$
^{115}I	54.0 s	1.457	2 700	≈ 0.98
^{197}Au	2.70 d	4.905	1 150	≈ 0.95
^{186}W	24 h	18.87	400	≈ 0.98
^{139}La	40.2 h	73.5	11	≈ 0.97
^{55}Mn	2.58 h	337	15.7	≈ 0.88

2）中子注量率测量实验技术

为满足实验研究和辐照任务需要，实验人员需要知晓堆芯实验和辐照位置的中子注量率数值，在研究堆每次变换堆芯装载和换料后，均需重新对反应堆功率进行刻度，这些需求都涉及堆芯中子注量率测量实验技术。研究堆堆芯中子注量率测量实验技术主要包括下述绝对中子注量率测量实验、相对中子注量率测量实验和堆芯功率刻度等三类技术，现逐一进行介绍。

（1）绝对中子注量率测量实验技术。采用活化法测量堆内中子注量率，可以分为绝对值测量与相对值测量两种方式。所谓绝对中子注量率测量，是指测量得到堆芯某个点的中子注量绝对值；所谓相对中子注量率测量，是指测量堆芯内多个空间位置点的相对中子注量率分布。根据活化法测量中子注量率的关系式可以看到，影响测量精度的几个关键因素是宏观截面 Σ、活度测量值 N、辐照时间、冷却时间以及稳定的辐照功率。对于宏观截面 Σ，可以通过理论计算或查表等辅助方式得到;对于活度测量值 N,可以通过选择恰当的活化箔,入堆辐照一定的时间后取出经离线测量其活性并计算得到;对于稳定的辐照功率可以通过在活化箔位置布置功率监督片对辐照期间波动的反应堆功率进行校正。

实验采用的是金箔镉差活化法,将纯度大于 99.99% 的金活化箔放在堆芯燃料组件水隙相应位置辐照一定时间后取出,用 $4\pi\beta\text{-}\gamma$ 符合计数装置测量其活度,确定金箔所在位置处的绝对热中子注量率 ϕ_1。绝对测量系统如图 3-8 所示。

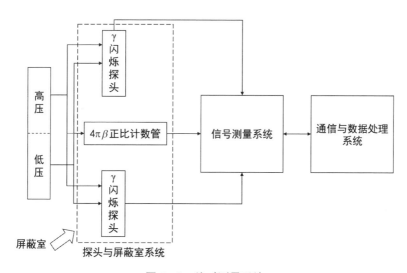

图 3-8 绝对测量系统

(2)相对中子注量率测量实验技术。中子注量率的绝对测量是比较复杂的,对于热中子注量率在活性区内空间各点的分布,没有必要逐点进行绝对测量。通常是对堆内某点进行中子注量率的绝对测量,得到 ϕ_1,然后以此点归一,对其他各点进行相对测量、经算数平均得到冷却剂流道内中子注量率空间分布的平均值 ϕ_w。开展中子注量率相对测量的主要任务是通过测量出一些典型特征冷却剂冷流道和燃料元件内的中子注量率平均值的空间分布。其中,对于棒状燃料元件内的中子注量率的平均值,由于燃料元件芯体到包壳的中子注量率变化的空间梯度较大,可以采用特制燃料元件进行测量以得到 ϕ_f;对于板状或管状燃料元件,由于芯体和包壳较薄,中子注量率变化不大,可以不用特制测量燃料元件。

(3)堆芯功率刻度技术。在完成堆芯首次装载或堆芯换载后,由于堆芯发生了变化,相应的堆芯中子注量率、反应堆功率、反应性及控制棒临界棒位等均发生了变化,必须对中子探测器(例如功率调节电离室)电流指示的功率与堆芯实际的功率进行刻度,才能依据电流指示值开堆。通常,刻度反应堆功率的方法是采用活化箔法,基于前面介绍的相对和绝对测量所得数据 ϕ_w、ϕ_f 和 ϕ_1,借助堆芯核燃料裂变产生的热功率的关系式,并考虑快中子裂变对堆芯反应堆功率的贡献,可得到下述反应堆功率计算式:

$$P = \frac{1}{C} \phi_1 \; \frac{\phi_f}{\phi_w} \; \frac{\phi_w}{\phi_1} \sigma_f \frac{N_0}{235} W_f (1 + \eta) \qquad (3-34)$$

式中: $C = 3.18 \times 10^{10} \ \text{W}^{-1} \cdot \text{s}^{-1}$,为换算系数;$\sigma_f = \sigma_o g_f(T) = 582 \times 0.96 \times 10^{-24} \ \text{cm}^2$,为活化箔微观截面;$g_f(T)$ 为活化箔偏离 V^{-1} 截面修正因子;$N_0 = 6.023 \times 10^{23}$,为阿伏伽德罗常数;$W_f$,为首炉或换载后堆芯^{235}U 的总装载量;$\eta = 1\%$,为堆芯核燃料裂变期间、快裂变所占份额。

具体做法如下:首先,采用相对测量和绝对测量技术,得到堆芯中子注量率的相对和绝对数值;其次,依据公式(3-34)计算得到堆芯反应堆功率;最后,以计算的反应堆功率对应的电离室电流作为刻度的基准点,刻度出不同功率台阶所对应的电离室指示的电流值。

3.5.2 临界实验的基本原理方法

临界实验的主要目的是确定反应堆在临界点($k_{\text{eff}} = 1$)时的装载量,即临界质量、临界体积、临界水位、临界棒位等。通常临界实验在很低的功率水平下进行,实验装载和过程是利用反应堆各种材料的组合装载开展实验并在该装载下逐渐达到临界状态或超临界状态的过程。

在临界实验中,我们通过某些特定的方式,组合反应堆内的各种材料,使反应堆内产生的中子数逐步增加或消失的中子数逐步减少,最终满足 $k_{\text{eff}} = 1$ 或 $\rho = 0$ 的临界条件要求。如果是要使反应堆的中子数逐步增加,就逐步增加反应堆的核燃料,这在临界实验中是经常采用的方法;也可逐步增加反应堆内的慢化剂,使中子数逐步增加,这是在重水反应堆的临界实验中或一些特殊要求的实验中采用的方法。如果是要使反应堆消失的中子数逐步减少,一般反应堆内核燃料和慢化剂在实验前已经加得足够多,系统中产生的中子被控制棒吸收掉。为了实现 $k_{\text{eff}} = 1$,可逐步从堆内提出控制棒,如果全部控制棒已提到线性段下端仍不能达到临界,则可再向堆芯添加一盒燃料组件,重新用棒位法寻找临界点,以达到被吸收的中子数逐步减少。

反应堆的临界实验主要有三种方法来确定 $k_{\text{eff}}=1$,这三种方法分别是次临界时的中子计数倒数外推临界方法、超临界时的反应性内插方法和临界时的稳定功率方法。下面简介三种方法的物理思想。

1) 中子计数倒数外推临界方法

该方法从次临界状态下向临界趋近。其物理图像是,在中子有效增殖因子 $k_{\text{eff}}<1$ 的次临界反应堆内,放入一个源强度为 S_0(单位为 s^{-1})的外中子源,反应堆内中子从产生到消失的平均时间为 l(单位为 s),那么 S_0 个外中子在反应堆内,在时长为 l 的时间内经过慢化、散射、吸收等,这些中子数变为 $S_0 \cdot l$,次临界反应堆在外中子源作用下引起增殖,经过一代时间后,$S_0 \cdot l$ 个中子就变为 $S_0 \cdot l \cdot k_{\text{eff}}$ 个中子,同时每经过一代时间,中子源又放出 $S_0 \cdot l$ 个中子。因此第一代末反应堆内有 $(S_0 \cdot l + S_0 \cdot l \cdot k_{\text{eff}})$ 个中子,第二代末反应堆内有 $(S_0 \cdot l + S_0 \cdot l \cdot k_{\text{eff}} + S_0 \cdot l \cdot k_{\text{eff}}^2)$ 个中子……第 m 代末反应堆内有 $N = (S_0 \cdot l + S_0 \cdot l \cdot k_{\text{eff}} + \cdots + S_0 \cdot l \cdot k_{\text{eff}}^m)$ 个中子。由于反应堆是次临界,$k_{\text{eff}}<1$,中子的寿命很短,不需要很长时间就可认为已经增殖无穷代,从物理意义上讲,中子总数趋于一个稳定值,从数学意义上讲就是一个无穷递减等比级数,其数学表示式如下:

$$N = \frac{S_0 l}{1 - k_{\text{eff}}} \tag{3-35}$$

式(3-35)称为“次临界公式”。它是中子计数倒数外推方法的依据,也是中子放大器的依据。中子源每秒有 S_0 个中子,经过次临界反应堆系统的增殖后,使中子数放大了 $\dfrac{1}{1 - k_{\text{eff}}}$ 倍。所以有时也称 $\dfrac{1}{1 - k_{\text{eff}}}$ 为“次临界倍增数 M”:

$$M = \frac{N}{N_0} = \frac{1}{1 - k_{\text{eff}}} \tag{3-36}$$

在未装核材料之前,只有其他结构材料时,有外中子源时单位时间内的中子计数为 N_0,加入某些核材料之后单位时间内中子计数为 N_1,则此时的 k_{eff} 为

$$k_{\text{eff}} = 1 - \frac{N_0}{N_1} \tag{3-37}$$

当反应堆越接近临界,反应堆的中子数 N 就越大。当反应堆到达临界,

$k_{\text{eff}} = 1$ 时,中子数无限增大,它的倒数趋于 0。

所谓的中子计数倒数外推方法就是以测量的 $1/N$ 为纵坐标,以每次向堆芯添加的燃料组件数或向反应堆游泳池添加的液位等为横坐标,作图即可得到 $1/N$ 随燃料组件数或反应堆游泳池液位添加量的变化曲线,将此曲线外推到与横坐标相交处,就可以估计出达到临界所需要的装载量即与横坐标相交点就是临界的装载量,这个曲线就是外推曲线。在此装载量下,当中子探测器的计数指示 $N \to \infty$,即 $\dfrac{1}{N} \to 0$ 时,$k_{\text{eff}} = 1$,表示反应堆达到临界。

2)超临界时的反应性内插临界方法

从反应性定义可知,当反应性 $\rho = 0$ 时,反应堆处于临界状态。所谓的超临界时的反应性内插临界方法就是使反应堆的装载量在两次(至少两次)都微弱超过临界装载,分别测量两次装载量时的反应性,以反应性 ρ 为纵坐标,以装载量 M 为横坐标作图,内插到反应性 $\rho = 0$ 时的装载,此装载即为临界装载,堆芯 $\rho = 0$ 的状态即为反应堆达到临界的状态。

3)稳定功率确定临界的方法

临界时的稳定功率方法也就是在稳定功率时确定临界的方法,该方法是最直观的确定临界的方法。在没有外中子源的情况下,反应堆内中子总数宏观上讲是不变的,反应堆内产生的中子总数等于消失的中子总数。如果在一个相当长的时间内反应堆功率保持不变,那么此时的状态即是临界状态,需要指出的是:该方法不能确定以固态核燃料加料方式的临界质量,但可确定以液态核燃料或加液方式的临界质量,可以得到反应堆的临界水位,临界棒栅高度等参数。

此处需指出的是,在反应堆堆芯达临界的三种方法中,第一种方法是首次临界实验安全稳妥且常用的方法,第二种方法较少使用,第三种方法只适用于液态零功率装置或溶液堆、不适用于栅格非均匀堆芯的首次达临界实验。

3.5.3 反应性测量方法与首次零功率实验技术

反应性测量是反应堆物理实验的基本内容之一,剩余反应性、停堆深度、控制棒效率、各种反应性效应和反应性系数,都涉及反应性测量问题;首次零功率实验是一项大型的综合性实验,它几乎涉及了反应堆所有的重要安全相关系统,而且需要多个技术部门的通力合作。下面主要介绍反应性测量方法和首次零功率实验技术等两部分内容。

1) 反应性测量方法

反应性测量方法各种各样,在临界实验中,反应堆接近临界的程度,也是对反应性的度量。因此,临界实验也属于反应性测量,只是中子水平不随时间变化,我们称此为静态反应性测量方法。另一种是动态测量方法,它是利用堆内引入反应性与中子的动力学行为之间的对应关系进行测量的,反应堆动态测量方法中,应用较广泛的有周期法、落棒法、跳源法及脉冲中子源法等。根据不同反应堆堆型,可采用不同的方法。关于周期法、落棒法和逆动态法的一般原理、堆上测量过程以及基于反应性仪的测量方法的介绍可参见本书第 8章的 8.4 节。

2) 首次零功率实验技术

开展首次零功率实验的主要目的是通过零功率实验对堆芯、安全保护和控制性能进行实测,使实验人员对这些性能有全面了解和掌握,从而为后续提升功率调试实验、保证反应堆长期安全稳定可靠运行或建立相应的数据库打下基础;通过所获得的测量结果,实现验证理论计算的有效性和合理性、堆芯核设计的正确性和安全分析假设条件的保守性等目标。下面主要介绍基于临界装置、随堆开展的首次零功率物理实验技术和实验技术的主要关注点等内容。

(1) 基于临界装置的首次零功率物理实验技术。对于无参考堆的全新研究堆,开展首次零功率物理实验所采取的做法是,在研究堆工程建设同期,开展零功率装置的建设。由于零功率装置相对于研究堆工程建设内容简单,通常早于研究堆工程建成,在此期间可利用建成的该装置开展多种堆芯装载下的零功率物理实验。

该实验目的是依据 HAF/HAD 相关文件要求,一个全新开发的研究堆工程设计软件必须通过基准验证试验和工程验证试验,通过建成的零功率装置并在其上开展相关物理实验,所获实验结果用以验证新开发程序的建模、算法和输入参数以及设计计算结果的精度和置信度,缩短研究堆工程建设的首次零功率实验周期。

实验内容主要包括冷态临界实验、相对和绝对中子注量率测量、“卡棒”次临界度实验、控制棒积分/微分价值测量、冷态停堆深度测量,堆芯径向和轴向中子注量率分布测量等,其相关实验测量技术如前所述。

(2) 随堆开展的首次零功率物理实验技术。该实验技术主要包括具有零功率装置及其实验结果的实验模式和无零功率装置的实验模式。该实验的主要目的有两个:其一是所获实验结果可用于复核零功率装置实验结果并为后续提升功率实验提供条件；其二是实验结果用于校验新开发程序的设计结果并为该研究堆今后全寿期内的换料和实验提供堆芯物理特性基准。实验模式主要包括下述两种：

基于已有零功率装置实验结果的实验模式是鉴于新建研究堆堆芯的临界质量和不同装载的堆芯的临界特性等参数已在零功率装置上获得，在研究堆工程非核调试完成的基础上，可做临界质量的复验实验和运行装载堆芯的首次达临界实验，或只做后一种实验。实验模式是首先将水位直接添加到超过堆芯上方的一定高度，随后装入中子源并在控制棒全插状态下将燃料组件装成临界堆芯，最后利用棒位法直接达临界。其相关实验测量技术如前所述。

无零功率装置的实验模式是基于元件法、水位法和棒位法，严格按照达临界实验程序的 1/2 和 1/3 原则逐步外推，开展首次达临界实验，获得首次投料期间堆芯达到临界状态的临界质量、临界体积和 k_{eff} 等临界特征参数；然后在零功率条件下，基于逆动态法、相对/绝对离线测量等技术，获得堆芯相关物理参数（如控制棒价值，中子注量率沿径向和轴向分布、反应堆功率、堆芯功率分布不均匀因子 F_q 以及动力学参数等）。实验结果为提升功率期间包括自然循环、低功率、中功率和高功率等各功率台阶下的实验和全寿期内堆芯换料等建立堆芯物理计算基准。其相关实验测量技术如前所述。

首次零功率实验技术的主要关注点是首次零功率实验过程中的临界安全和获取的实验数据可靠性。

关于临界安全的关注点是在首次零功率实验过程中，实验者需采取有效的临界安全监督措施。为确保不发生意外的临界事故，必须严格按照预先制订的实验方案进行实验，采用多路可靠的核探测器、核测仪表等进行监测；在向堆芯添加反应性时，应采用单一反应性控制原则，不能采用两种或两种以上的方式向堆芯引入正反应性等措施。

关于数据可靠性的关注点是为保证实验数据的可靠性，或为了能够有效验证理论计算，对于所采取的实验方法、实验材料、实验数据处理方法等，实验人员应作翔实的记录并符合基本的实验原理。

参考文献

［1］　Zweifel P F. Reactor physics [M]. New York：McGraw-Hill Book Company, 1973.

［2］　胡永明. 反应堆物理数值计算方法[M]. 长沙：国防科技大学出版社,2000.

［3］　Askew J R, Fayers F J, Kemshell P B. A general discription of the lattice code

WIMS[J]. Journal of British Nuclear Energy Society，1966，5：565 - 584.

[4] Carlson B G. Solution of the transport equation by Sn approximations：LA - 1599 [R]. New York：Los Alamos Scientific Laboratory Report，1953.

[5] 谢仲生，尹邦华，潘国平，等. 核反应堆物理分析[M]. 北京：原子能出版社，1985.

[6] Fowel T B，Vondy D R，Cunningham G W. Nuclear reactor core analysis code：CITATION[R]. New York：ORNL - TM - 2496，Review. 2，1971.

[7] Cadwell W R. PDQ - 7 reference manual[R]. New York：WAPD - TM - 678，1967.

[8] Donnelly J V. WIMS - CRNL，a user's manual for the Chalk River version of WIMS [R]. Toronto：AECL - 8955，1986.

[9] 谢仲生. 压水堆核电厂堆芯燃料管理计算及优化[M]. 北京：原子能出版社，2001.

[10] 曹良志，谢仲生，李云召. 近代核反应堆物理分析[M]. 北京：中国原子能出版社，2017.

[11] Wang G B，Liu H G，Wang K，et al. Thermal-to-fusion neutron convertor and Monte Carlo coupled simulation of deuteron/triton tansport and secongdary products generation[J]. Nuclear Instruments and Methods in Physics Research B，2012，287：19 - 25.

[12] Deng Y J，Yuan S，Li R D，et al. Fission-fusion mixed neutron field in fission reactor[J]. Nuclear Power Engineering，2010，31(2)：121 - 124.

[13] Stamm'ler R J，Abbate M J. Methods of steady-state reactor physics in nuclear design[M]. London：Academic Press，London，1983.

[14] Rose I P F. ENDF/B - Ⅵ summary documentation[R]. New York：BNL - NCS - 17541，4th Ed. 1991.

[15] Carlvik I. A simplified treatment of spectrum hardening in a fuel rod caused by selective absorption[R]. Stockholm：AB Atomenergi Internal Report RFR - 174，Stockholm，Sweden，1962.

[16] Strawbridge L E，Barry R F. Criticality calculations for uniform water-moderated lattices[J]. Nuclear Science and Engineering，1965，23：58 - 73.

[17] Ishiguro Y，Kaneko K. Generalized Dancoff factor in complex lattice arrangement [J]. Journal of Nulear Science and Technology，1985，22(10)：853 - 856.

[18] Carlvik I. A method for calculating collision probabilities in general cylindrical geometry and applications to flux distributions and Dancoff factors[C]//IAEA. Third United Nations International Conference on the Peaceful Uses of Atomic Energy，May，1964，Sweden. Vienna：IAEA，1964：1 - 15.

[19] Makino K. Some rational approximation for Bickley functions $Ki_n(x)(n=0, 1, 2, 3\cdots)$[J]. Nucleonik，1967，9：351.

[20] 吴宏春，郑友奇，曹良志，等. 中子输运方程的确定论数值方法[M]. 北京：中国原子能出版社，2018.

[21] Karthikeyan R，Hèbert A. Performance of advanced self-shielding models in Dragon for the estimation of Candu-6 safety parameters[J]. Nuclear Technology，2007，157 (3)：299 - 316.

［22］ Karthikeyan R，Hèbert A. Performance of advanced self-shielding models in Dragon version 4 on analysis of a high conversion LWR lattice［J］. Annals of Nuclear Energy，2008，35(5)：963 - 975.

［23］ 康崇禄. 蒙特卡罗方法理论与应用［M］. 北京：科学出版社，2015.

［24］ 李泽光、王侃、佘顶，等. 自主堆用蒙卡模拟程序 RMC2.0 开发［J］. 核动力工程，2010，S2：43 - 47.

［25］ 邓力，雷炜，李刚，等. 高分辨率粒子输运 MC 软件 JMCT 开发［J］. 核动力工程，2014，S2：221 - 223.

第 4 章

研究堆热工水力

　　无论是研究堆还是核电厂反应堆，一个基本物理现象是核燃料在堆芯"燃烧"时产生热量，为了使反应堆安全可靠地运行，关键是如何保证在燃料元件包壳不过热的条件下将热量经一回路冷却剂导出堆外。堆芯所能释放的能量大小，最终受到材料所能承受的最高温度的限制。具体的三条传热限制如下：一是在正常运行工况下不允许堆芯内冷却剂发生泡核沸腾；二是在运行状态下，堆芯内最小偏离泡核沸腾比（MDNBR）应大于某一限值，以确保燃料包壳不被烧毁；三是在正常运行工况下，燃料芯体最高温度应低于起泡温度。

　　一座全新反应堆的热工水力研究内容主要包括研究堆堆芯和系统的热工水力设计计算、验证试验、调试和运行等。由于绝大多数研究堆的堆芯和系统处于常温常压状态，在正常运行工况下，冷却剂介质为单相液体，相对于核电厂的高温高压和冷却剂气液两相介质，研究堆堆芯和系统的热工水力现象要简单一些。本章主要介绍具有反中子阱原理的开口游泳池式研究堆在设计阶段的堆芯和系统的热工水力学设计计算内容，具体包括研究堆水力设计计算基本方程、研究堆热工设计计算基本方程、热工水力计算流程框图及基本公式、开口池式研究堆计算要求和注意事项等，其他研究内容可参考核电厂设计计算相关知识。

4.1　研究堆水力设计计算基本方程

　　研究堆堆芯和输热系统的水力学计算是游泳池式研究堆堆芯设计和一、二回路系统设计的基础，随着数值模拟技术的发展，除了堆芯组件和构件的流致振动数据还需依靠试验台架获得外，堆芯入口流场和流量分配等数据采用数值模拟技术已可获得并具有较高置信度的数值。本节主要介绍流体力学基本方程和流动不稳定性机理等两部分内容。

4.1.1　流体力学基本方程

这里主要介绍研究堆流体力学计算所涉及的流体连续性、动量守恒、迹线、流线与伯努利和流动阻力计算等 4 类方程的内容。

1）连续性方程

$$\frac{\partial \rho}{\partial t} + \nabla (\rho \boldsymbol{u}) = 0 \tag{4-1}$$

对于不可压缩流体（$\triangle \rho = 0$）

$$\nabla (\boldsymbol{u}) = 0 \tag{4-2}$$

式中：ρ 为流体密度；$\boldsymbol{u}$ 为速度矢量。

2）动量守恒方程

不可压缩流体动量守恒方程为

$$\rho \frac{\mathrm{d}\boldsymbol{u}}{\mathrm{d}t} = \rho \boldsymbol{F} - \nabla p + \mu \nabla^2 \boldsymbol{u} \tag{4-3}$$

对于理想流体（$\mu = 0$）：

$$\rho \frac{\mathrm{d}\boldsymbol{u}}{\mathrm{d}t} = \rho \boldsymbol{F} - \nabla p \tag{4-4}$$

式中：μ 为动力黏度；p 为压力；$\boldsymbol{F}$ 为作用在流体上的质量力。

式（4-4）又称为欧拉方程。$\dfrac{\mathrm{d}\boldsymbol{u}}{\mathrm{d}t}$ 代表三个分量，每个分量可以按照质点导数定义如下，其中 A 为流体质点的物理量：

$$\frac{\mathrm{d}A}{\mathrm{d}t} = \frac{\partial A}{\partial t} + u_x \frac{\partial A}{\partial x} + u_y \frac{\partial A}{\partial y} + u_z \frac{\partial A}{\partial z} \tag{4-5}$$

u_x、u_y、u_z 为速度分量。

3）迹线、流线与伯努利方程

流体质点在空间运动时描绘出的轨迹称为迹线，如果以 $\mathrm{d}x$、$\mathrm{d}y$、$\mathrm{d}z$ 代表流体质点在时间 $\mathrm{d}t$ 内位移的三个分量，则：

$$\mathrm{d}x = u_x \mathrm{d}t, \ \mathrm{d}y = u_y \mathrm{d}t, \ \mathrm{d}z = u_z \mathrm{d}t$$

流线是某一瞬时流场中绘出的一条曲线,在该曲线上各点的速度矢量相切于这条曲线。流线方程为

$$\frac{\mathrm{d}x}{u_x} = \frac{\mathrm{d}y}{u_y} = \frac{\mathrm{d}z}{u_z} \tag{4-6}$$

对于理想流体在重力场作用下的定常流动,欧拉方程沿流线积分可以得到微小流束的伯努利方程[1]:

$$\frac{u_1^2}{2g} + z_1 + \frac{p_1}{\rho g} = \frac{u_2^2}{2g} + z_2 + \frac{p_2}{\rho g} \tag{4-7}$$

下标 1 和 2 代表微小流束的两个断面,$\frac{u^2}{2g}$、z、$\frac{p}{\rho g}$ 分别代表单位重量流体所具有的动能、位能和压能。

式(4-7)只适用于微小流束,但是,在工程中所遇到的是解决总流的流动问题,例如管道中的流动。如果所取的两个过流断面是缓变流(流线几乎是平行直线的流动)断面且同时满足微小流束伯努利方程条件,并且在两个过流断面之间没有能量的输入和输出,微小流束的伯努利方程可以推广到总流中去,方程如下:

$$\frac{v_1^2}{2g} + z_1 + \frac{p_1}{\rho g} = \frac{v_2^2}{2g} + z_2 + \frac{p_2}{\rho g} \tag{4-8}$$

下标 1 和 2 代表两个断面,v 为断面上的平均流速。

4) 流动阻力计算方程

实际流体由于存在黏性,会在流动过程中产生阻力,从而消耗流体的机械能,这种能量损失成为水力损失。水力损失分为沿程损失和局部损失。沿程损失是在均直通道内由于克服沿程阻力而消耗的能量,其数值大小与流体流程的长度有关。在管道系统中,除了有均直管外,还有许多管道构件和连接件,如渐缩管、渐扩管、突缩管、突扩管、弯头、阀门等。流体流经非均直管的水力损失称为局部阻力损失。为了计算阻力损失,首先要了解流体状态,一般把圆管中的流动分为层流和紊流。层流是指流体呈层状运动,流体质点互不混杂。紊流是指流体质点在运动中不断地互相混杂,发生不规则的脉动现象。层流和紊流可以通过雷诺数的大小来判断,其定义为

$$Re = \frac{\rho v d_e}{\mu} \tag{4-9}$$

式中, d_e 为当量直径, 定义为

$$d_e = \frac{4A}{x} \tag{4-10}$$

式中: A 为断面面积; x 为流体湿润的周界长度。

一般取 $Re > 2\,000$ 时的流态为紊流, $Re \leqslant 2\,000$ 时的流态为层流。由于层流和紊流流动机理不同, 所以层流和紊流的速度分布、剪切应力以及流动损失都有着很大的区别。

下面分别介绍沿程、局部和回路总阻力等损失的计算公式。

(1) 沿程损失的计算。下面以圆管为例, 给出沿程摩擦阻力因数的计算公式。沿程损失可表示为

$$h_f = f \frac{l}{d} \frac{v^2}{2g} \tag{4-11}$$

式中, f 为阻力因数。

对于层流流动:

$$f = \frac{64}{Re} \tag{4-12}$$

对于紊流流动, 分为两种情况: 一种是水力光滑管, 摩擦阻力因数只与雷诺数有关, 而与粗糙度无关, 此时的粗糙度为黏性底层所淹没。在圆管中, 从管壁沿径向至管中心线, 可分为黏性底层区、过渡区和紊流核心区。在黏性底层区内, 流动状态接近于层流的规律。对于水力光滑管, 摩擦阻力因数为

$$f = \frac{0.316\,4}{Re^{0.25}} \tag{4-13}$$

当雷诺数继续增大, 会产生另外一种情况, 即阻力平方区。此时, 粗糙度超出黏性底层的厚度, 从而直接影响紊流核心区的流动, 阻力因数与雷诺数无关。阻力因数为

$$f = \left(2\lg\frac{r_0}{\Delta} + 1.74\right)^{-2} \tag{4-14}$$

式中: r_0 为圆管半径; Δ 为粗糙度。

对于矩形通道, 有

$$\begin{cases} f = \dfrac{96}{Re} & Re \leqslant 2\,300 \\[2ex] f = \dfrac{0.316\,4}{Re^{0.25}} & 2\,300 < Re \leqslant 4\,000 \\[2ex] \dfrac{1}{\sqrt{f}} = -2\lg\!\left(\dfrac{\Delta/d_{e}}{3.71} + \dfrac{2.51}{Re\sqrt{f}}\right) & Re > 4\,000 \end{cases} \quad (4-15)$$

（2）局部损失的计算。局部损失是由于流体边界形状的突然变化,流动状态也随之而发生急剧的改变,常常发生旋涡,这样就会引起机械能转化为热能,从而导致机械能损失。由于边界形状发生变化的形式多种,局部阻力因数的计算针对性比较强,大部分是在实验的基础上给出的。下面仅给出突缩和突扩管的阻力因数。

局部损失的计算公式可表示为

$$h_{j} = \zeta\,\frac{\nu^{2}}{2g} \qquad (4-16)$$

式中,ζ 为水头损失系数。

对于突缩管:

$$\zeta = 0.5\left(1 - \frac{A_{2}}{A_{1}}\right) \qquad (4-17)$$

式中:A_{2} 为细管横截面积;A_{1} 为粗管横截面积;ν 为细管流速。

对于突扩管:

$$\zeta = \left(\frac{A_{2}}{A_{1}} - 1\right)^{2} \qquad (4-18)$$

式中:A_{2} 为粗管横截面积;A_{1} 为细管横截面积;ν 为粗管流速。

对于其他结构形式的局部阻力系数可以参照相关阻力手册取值。

（3）回路总损失的计算。总阻力损失计算公式为

$$\sum h_{f} + \sum h_{i} = \left(\frac{\nu_{1}^{2}}{2g} + z_{1} + \frac{p_{1}}{\rho g}\right) - \left(\frac{\nu_{2}^{2}}{2g} + z_{2} + \frac{p_{2}}{\rho g}\right) \quad (4-19)$$

在反应堆堆芯部分,由于存在大量核发热,所以沿冷却剂通道的温度是不同的。此时,物性参数如密度、黏度等也是不同的。在进行阻力计算时,要沿冷却剂通道把它分成很多段,根据能量守恒,计算出每段冷却剂热工参数,取物性参数的平均值,有时还要进行黏度修正。然后把各段的阻力损失相加,便

可以得到整个通道的阻力损失。

4.1.2　流动不稳定性机理

流动不稳定性是指在一个质量流速、压降和空泡之间存在着热力-流体动力学联系的两相系统中，流体受到一个微小的扰动后所发生的流量漂移或者以某一频率的恒定振幅或变振幅进行的流量振荡[2]。流动不稳定性带来的问题很多，比如持续的流动振荡会使各个组件产生不希望存在的机械振动；流动振荡会使反应堆系统控制发生问题；流动振荡会影响到局部放热特点和沸腾危机等。流动不稳定性可分为很多种，包括流型不稳定性、莱迪内格不稳定性、动力学不稳定性、平行通道不稳定性和热振荡等。到目前为止，流动不稳定性的类型和机理还没有研究透彻，一般需要试验观察。现在以莱迪内格不稳定性为例，简单介绍一下产生流动不稳定性的机理。

莱迪内格不稳定性的特点是系统内的流量会发生非周期性的漂移。发生不稳定性的原因，可以由一个具有恒定热量输入的沸腾通道的压降与流量之间的关系来说明。当进入通道内的水流量很大、外加的热量不足以使水达到沸腾时，通道内流动的全都是水，这样如果流量降低，则通道内的压降也随着单相水的水动力特性曲线单调下降。当进入通道内的水流量降低到一定的程度后，通道内开始出现沸腾段，这时压降随流量变化的趋势就由两个因素来决定：一是由于流量的降低，压降有下降的趋势；二是由于产生沸腾，汽水混合物体积膨胀流速增加，从而使压降反而随流量的减少而增大。如果第二个因素起主要作用，就会出现流量减少压降反而上升的现象。如果继续降低流量，通道出口处的含汽量就会很大，甚至出现过热段，流量越低，过热段所占的比例越大，这时体积膨胀的因素对增加压降所起的作用已经很小了，压降差不多是沿过热蒸汽的水动力特性曲线随流量而单调下降。这样，就造成压降和流量之间不是单调关系，有可能出现一个压降对应不同的流量。如果并联工作的各个通道处于这种流动工况，那么虽然它们两端的压差是相等的，但是却可以具有不相等的流量。某一通道中的流量可能时大时小（非周期性地变化），与此同时，在并联通道的总流量不变的情况下，其他通道的流量也会发生相应的非周期性变化，这就是发生流动不稳定性的原因。在正常运行时不允许发生流动不稳定性。

在研究堆的冷却剂流道堵塞等严重事故安全分析中，研究和分析堆芯冷却剂发生流动不稳定性现象的机理有助于分析和阐明紧凑型单通道研究堆堆芯冷却剂流道被堵塞期间发生燃料元件烧毁事故以及演化过程中的一些现象,研究分析结果可为这类严重事故的安全分析结论提供技术支持。

4.2 研究堆热工设计计算基本方程

研究堆堆芯和输热系统的传热学计算是游泳池式研究堆堆芯设计和一、二回路系统设计的基础,本节主要介绍传热的三种基本方式、传热过程与传热系数、沸腾传热和燃料元件传热等 4 部分内容。

4.2.1 传热的三种基本方式

传热的三种基本方式是导热、对流以及热辐射,由于热辐射在游泳池式研究堆中影响甚微,在此我们只讨论导热和对流这两种方式。

1) 导热

物体各部分之间不发生相对位移时,依靠分子、原子及自由电子等微观粒子的热运动而产生的热量传递称为导热(或称热传导)。通过对实践经验的提炼,导热现象的规律已被总结为傅里叶定律。我们来进一步考察如图 4-1 所示的两个表面均维持均匀温度的平板的导热过程。

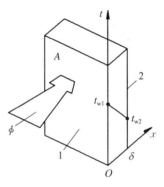

图 4-1 通过平板的一维导热

这是个一维导热问题,对于 x 方向上任意一个厚度为 $\mathrm{d}x$ 的微元层来说,根据傅里叶定律,单位时间内通过该层的导热热量与当地的温度变化率及平板面积 A 成正比,即:

$$\phi = -\lambda A \frac{\mathrm{d}T}{\mathrm{d}x} \qquad (4-20)$$

式中,λ 为比例系数,称为热导率,又称导热系数,负号表示热量传递的方向与温度升高的方向相反。

单位时间内通过某一给定面积的热量称为热流量,记为 ϕ,单位为 W。单位时间内通过单位面积的热流量称为热流密度(或称面积热流量),记为 q,单位为 $\mathrm{W/m^2}$。当物体的温度仅在 x 方向发生变化时,按照傅里叶定律,热流密度的表达式为

$$q = \frac{\phi}{A} = -\lambda \frac{\mathrm{d}T}{\mathrm{d}x} \qquad (4-21)$$

傅里叶定律又称为导热基本定律。式(4-20)与式(4-21)是一维稳态导热时傅里叶定律的数学表达式。由式(4-21)可见，当温度 T 沿 x 方向增加 $\left(即 \dfrac{dT}{dx} > 0\right)$ 时，得到 $q < 0$，说明此时热量沿 x 减小的方向传递；反之，当 $\dfrac{dT}{dx} < 0$，得到 $q > 0$，说明此时热量沿 x 增加的方向传递。导热系数是表征材料导热性能优劣的一个参数，是一个物性参数，其单位为 W/(m·K)。

2）对流换热

对流是指由于流体的宏观运动，从而流体各部分之间发生相对位移、冷热流体相互掺混所引起的热量传递过程。对流仅能发生在流体中，而且由于流体中的分子同时在进行着不规则的热运动，因而对流必然伴随有导热现象。工程上特别感兴趣的是流体流过一个物体表面时的热量传递过程，并称之为对流换热。

就引起流动的原因而论，对流换热可分为自然对流与强迫对流两大类。自然对流是由流体冷、热部分的密度差引起的，而如果流体的流动是由水泵、风机或其他压差作用所造成的，则称为强迫对流。另外，工程上还常遇到液体在热表面上沸腾及蒸气在冷表面上凝结的对流换热问题，分别简称为沸腾换热及凝结换热，它们是伴随有相变的对流换热。

对流换热的基本计算式是牛顿冷却公式：

流体被加热时

$$q = h(T_w - T_f) \tag{4-22a}$$

流体被冷却时

$$q = h(T_f - T_w) \tag{4-22b}$$

式中，T_w 及 T_f 分别为壁面温度和流体温度，单位为℃。如果把温差(亦称温压)记为 ΔT，并约定永远取正值，则牛顿冷却公式可表示为

$$q = h \Delta T \tag{4-23}$$

$$\phi = A h \Delta T \tag{4-24}$$

式中，h 为比例系数，称为对流换热系数，单位是 W/(m²·K)。对流换热系数的大小与换热过程中的许多因素有关。它不仅取决于流体的物性(λ、μ、ρ、c_p 等)以及换热表面的形状、大小与布置，而且还与流速有密切的关系。

4.2.2 传热过程与传热系数

能在研究堆运行和停堆期间可靠地导出堆芯热量是研究堆热工水力设计计算的重要任务,这里主要介绍研究堆热工计算所涉及的传热过程和传热系数两部分内容。

1) 传热过程

前面叙述了导热、对流换热单独作用时热传播过程的规律。实际上有些传热过程中几种方式同时起着作用。例如在热交换器中,进行热量交换的冷、热流体分别处于固体壁面的两侧,这种热量由壁面一侧的流体通过壁面传到另一侧流体中去的过程称为传热过程。

一般来说,传热过程包括串联着的三个环节:

(1) 从热流体到壁面高温侧的热量传递。

(2) 从壁面高温侧到壁面低温侧的热量传递,亦即穿过固体壁的导热。

(3) 从壁面低温侧到冷流体的热量传递。

传热过程的剖析如图4-2所示。

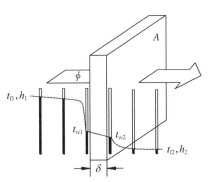

图4-2 传热过程的剖析

2) 传系热数

对于稳态过程,通过串联着的每个环节的热流量 ϕ 应该是相同的。设平壁表面积为 A,参照图4-2可以分别写出上述三个环节的热流量表达式:

$$\phi = Ah_1(T_{f1} - T_{w1}) \tag{4-24a}$$

$$\phi = \frac{A\lambda}{\delta}(T_{w1} - T_{w2}) \tag{4-24b}$$

$$\phi = Ah_2(T_{w2} - T_{f2}) \tag{4-24c}$$

将式(a)、(b)、(c)三式改写成温压的形式:

$$T_{f1} - T_{w1} = \frac{\phi}{Ah_1} \tag{4-24d}$$

$$T_{w1} - T_{w2} = \frac{\phi}{\lambda A/\delta} \tag{4-24e}$$

$$T_{w2} - T_{f2} = \frac{\phi}{Ah_2} \qquad (4-24f)$$

三式相加，消去温度 T_{w1}、T_{w2}，整理后得

$$\phi = \frac{A(T_{f1} - T_{f2})}{\dfrac{1}{h_1} + \dfrac{\delta}{\lambda} + \dfrac{1}{h_2}} \qquad (4-25)$$

也可以表示成

$$\phi = Ak(T_{f1} - T_{f2}) = Ak\Delta T \qquad (4-26)$$

式中，k 为传热系数，单位为 $W/(m^2 \cdot K)$。数值上，它等于冷、热流体间温压 $\Delta T = 1\,℃$、传热面积 $A = 1\,m^2$ 时的热流量的值，是表征传热过程强烈程度的标尺。如果流体与壁面间的辐射换热需要考虑，则式(4-25)中的表面传热系数 h_1 或 h_2 应为复合的表面换热系数。

式(4-26)称为传热方程式，鉴于传热过程总是包含两个对流换热的环节，因此式中的 k 称为总传热系数，可得到传热系数 k 的表达式：

$$k = \frac{1}{\dfrac{1}{h_1} + \dfrac{\delta}{\lambda} + \dfrac{1}{h_2}} \qquad (4-27)$$

4.2.3 沸腾传热

液体的汽化以在液体内部形成气泡的形式出现时称为沸腾。沸腾分为大容器沸腾（或称池内沸腾）和强制对流沸腾（主要应用是管内沸腾）。这些又可分为过冷沸腾和饱和沸腾。在此我们只讨论大容器沸腾。

1) 大容器饱和沸腾

加热壁面沉浸在具有自由表面的液体中所发生的沸腾称为大容器沸腾。此时产生的气泡能自由浮升，穿过液体自由表面进入容器空间。如图 4-3 所示。

液体主体温度达到饱和温度 T_s，壁温 T_w 高于饱和温度所发生的沸腾称为饱和沸腾。在饱和沸腾时，随着壁面过热度 $\Delta T = T_w - T_s$ 的增高，会出现 4 个换热规律全然不同的区域。水在 1 个大气压($1.013 \times 10^5\,Pa$)下的饱和沸腾曲线（见图 4-3）具有代表性。图中横坐标为壁面过热度 ΔT（对数坐标），纵坐标为热流密度 q（算术坐标）。这 4 个区域的换热特性如下：

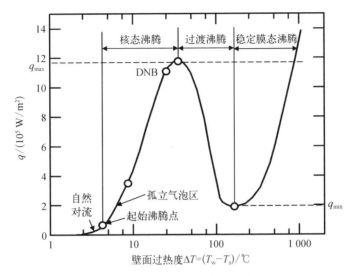

图 4-3　饱和水在水平加热面上沸腾的典型曲线($p = 1.013 \times 10^5\,\text{Pa}$)

壁面过热度较小时(见图 4-3 中 $\Delta T < 4\,℃$)沸腾尚未开始,换热服从单相自然对流规律。从起始沸腾点开始,加热面的某些特定点上(称汽化核心)产生气泡。开始阶段,汽化核心产生的气泡彼此互不干扰,称为孤立气泡区。随着 ΔT 进一步增加,汽化核心增加,气泡互相影响,会合并成气块及气柱。在这两区中,气泡的扰动剧烈,换热系数和热流密度都急剧增大。由于汽化核心对换热起着决定性影响,这两区的沸腾统称为核态沸腾(或称泡状沸腾)。核态沸腾有温压小、换热强的特点,所以一般工业应用都设计在这个范围。核态沸腾区的终点为图 4-3 中热流密度的峰值点 q_{max}。

从峰值点 q_{max} 进一步提高 ΔT,换热规律出现异乎寻常的变化。热流密度不仅不随 ΔT 的升高而提高,反而越来越低。这是因为气泡汇聚覆盖在加热面上,而蒸气排出过程越趋恶化。这种情况将持续到最低热流密度 q_{min},这段沸腾称为过渡沸腾,是很不稳定的过程。

从 q_{min} 以后规律再次发生转折。这时加热面上已形成稳定的蒸气膜层,产生的蒸气有规则地排离膜层,而且壁面的辐射增强,q 随 ΔT 增加而增大。此段称为稳定膜态沸腾。

实践中,上述热流密度的峰值 q_{max} 意义重大,它被称为临界热流密度(critical heat flux,CHF)。一旦热流密度超过峰值,工况将沿 q_{max} 至稳定膜态沸腾线,ΔT 将猛升至近 $1\,000\,℃$,可能导致设备烧毁,所以必须严格监视并控制热流密度,确保其在安全工作范围之内。也由于超过它可能导致设备烧毁,所以 q_{max} 称为烧毁点。在烧毁点附近(比 q_{max} 密度略小)有个在图 4-3 上表现为上升缓慢的偏离核态沸腾(departure from nucleate boiling,DNB)的转折点,它用于监控接近 q_{max} 的情况,是很可靠的。因为一旦 ΔT 超过转折点之值,就可能导致膜态沸腾,使传热能力大大降低。

2) 沸腾危机和最小烧毁比 MDNBR

热工设计准则规定,在正常运行时,不允许堆芯内冷却剂发生泡核沸腾。但是,在瞬态或事故中有可能发生沸腾现象,而且有可能出现沸腾危机。由于沸腾机理的变化引起传热系数陡降,导致燃料元件壁面温度骤然升高的现象称为沸腾危机。发生沸腾危机时的热流密度称为临界热流密度,记作 q_{CHF},单位为 W/m^2。无论反应堆处于何种运行工况,总要求燃料元件壁面的最大热流密度小于其临界热密度。为了定量表达这个安全要求,通常用烧毁比来表示,即燃料元件某一点临界热流密度 $q_{CHF}(z)$ 与该点的实际热流密度 $q(z)$ 的比值,记作 DNBR(z)。沿轴向各点比值最小的 DNBR 称为最小烧毁比 MDNBR。

$$DNBR(z) = \frac{q_{CHF}(z)}{q(z)} \tag{4-28}$$

如果计算公式没有误差,则当 MDNBR≤1.0 时,表示燃料元件壁面被烧毁。因此,热工设计准则总是规定 MDNBR 为大于 1 的某一限值。通常,研究堆的限值取为 1.5。

4.2.4 燃料元件传热

这里主要介绍研究堆堆芯燃料元件的传热,包括泡核沸腾起始点的确定、沿燃料元件轴向的冷却剂温度分布、燃料元件包壳外表面温度和燃料板内的传热等内容。

1) 泡核沸腾起始点的确定

为满足传热限制条件的要求,必须计算泡核沸腾开始时元件壁面温度 T_{ONB}。泡核沸腾起始点就是流体从单相对流传热向两相流传热的转折点。因此,该点必须同时满足单相对流传热方程和泡核沸腾传热方程。即用两个传热方程联立则可求解泡核沸腾起始点。

2) 沿燃料元件轴向的冷却剂温度分布

从板状燃料组件中取出任一燃料元件。假定已知燃料元件的释热分布、几何尺寸以及冷却剂进口温度等条件。

设冷却剂的进口温度为 $T_{f, in}$，当它流经元件包壳外表面时被加热，所以它的温度不断升高。冷却剂从堆芯进口到位置 z 处的输热量为

$$Q(z) = q_m c_p \Delta t_f(z) = q_m c_p [T_f(z) - T_{f, in}] \tag{4-29}$$

则

$$T_f(z) = \frac{Q(z)}{q_m c_p} + T_{f, in} \tag{4-30}$$

式中：$Q(z)$ 为从冷却剂通道进口到堆芯位置 z 处所传热量，W；q_m 为冷却剂质量流速，kg/s；c_p 为冷却剂的定压比热容，J/(kg·℃)；$T_{f, in}$ 为冷却剂进口温度，℃；$T_f(z)$ 为在位置 z 处的冷却剂温度，℃。

如果燃料元件沿轴向的释热按余弦规律分布，则有

$$Q_{(z)} = \int_{-\frac{1}{2} L_R}^{z} q_l(0) \cos \frac{\pi z}{L_{Re}} \mathrm{d}z \tag{4-31}$$

整理得到：

$$T_f(z) = T_{f, in} + \frac{q_e(0)}{\pi} \frac{L_{Re}}{q_m c_p} \left(\sin \frac{\pi z}{L_{Re}} + \sin \frac{\pi L_R}{2 L_{Re}} \right) \tag{4-32}$$

式中，q_l 为线功率密度，W/m。

用不同的 z 值代入式(4-32)，就得到不同位置 z 处的冷却剂温度，由此得到的温度分布如图 4-4 所示。

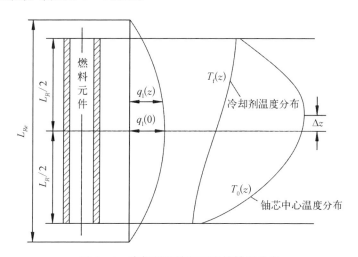

图 4-4　冷却剂和铀芯温度的轴向分布

3) 燃料元件包壳外表面温度

在求得了 $T_f(z)$ 以后,可根据对流换热方程求包壳外表面温度 $T_w(z)$:

$$T_w(z) = T_f(z) + \frac{q_l(z)}{\pi d_w h(z)} \tag{4-33}$$

如果释热量按余弦分布,则有

$$T_w(z) = T_f(z) + \frac{q_l(0)}{\pi d_w h(z)} \cos \frac{\pi z}{L_{Re}} \tag{4-34}$$

式中,d_w 为包壳的当量直径,m。

4) 燃料板内的传热

由于板状燃料元件的芯体和包壳之间不存在气隙,所以板状燃料元件内的传热主要由燃料包壳的传热和燃料元件芯体的传热两个部分构成,下面分别介绍两个部分的内容。

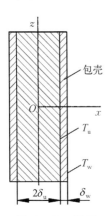

图 4-5 板状燃料元件示意图

（1）燃料包壳的传热。包壳一般很薄,若忽略吸收 γ 射线、β 射线以及极少量裂变碎片动能所产生的热量,包壳的传热可以看作是无内热源的导热问题。

对于平板（见图 4-5）,由傅里叶定律给出 $q = -\lambda dT/dx$,解此方程可得包壳内外表面之间的温度分布:

$$T_u(x) - T_w = \frac{q}{\lambda_w}(\delta_u - x) \quad \delta_u \leqslant x \leqslant (\delta_u + \delta_w) \tag{4-35}$$

式中:δ_u 为燃料芯体的半厚度,m;λ_w 为包壳的导热系数,W/(m·℃);$T_u(x)$ 依 x 取值不同,表示不同的温度值。

如果忽略芯体和包壳分界面上的热阻,则 T_u 同时为芯体的表面温度和包壳的内表面温度。

（2）燃料元件芯体的传热。燃料元件芯体的传热主要是指燃料芯体内产生的热量通过导热传到燃料包壳内、外表面的过程。设板状燃料元件双面冷却且冷却条件相同,并忽略掉轴向导热。那么具有内热源的平板形燃料芯体如图 4-6 所示。

导热微分方程式为

$$\frac{\mathrm{d}^2 T(x)}{\mathrm{d}x^2} = -\frac{q_\mathrm{v}}{\lambda_\mathrm{u}} \quad 0 \leqslant x \leqslant \delta_\mathrm{u} \quad (4-36)$$

假设燃料芯体的体积释热率是均匀的,且 λ_u 是常数,解方程(4-36)则得到板状燃料芯体内温度分布:

$$T(x) - T_\mathrm{u} = (\delta_\mathrm{u}^2 - x^2)\frac{q_\mathrm{v}}{2\lambda_\mathrm{u}} \quad 0 \leqslant x \leqslant \delta_\mathrm{u}$$

$$(4-37)$$

式中: q_v 为燃料芯体的体积释热率,W/m³; λ_u 为燃料芯体的导热系数,W/(m・℃)。

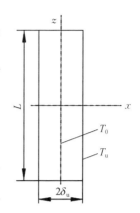

图 4 - 6　平板形燃料芯块示意图

用式(4-37)可以求出芯体内任一位置 x 处的温度 $T(x)$,因假设芯体内的中心平面对称,所以式(4-37)也适用于负的 x 值。当 $x=0$ 时,燃料芯体的中心温度和表面温度之间的差为

$$T_0 - T_\mathrm{u} = q_\mathrm{v}\frac{\delta_\mathrm{u}^2}{2\lambda_\mathrm{u}} = q\frac{\delta_\mathrm{u}}{\lambda_\mathrm{u}} \quad (4-38)$$

如果芯体沿轴向的释热按余弦分布,则可求中心温度沿轴向分布,如图4-4所示。

4.3　热工水力计算流程框图及基本公式

在研究堆的预可行性研究和可行性研究阶段,堆芯的热工水力计算主要是依据堆芯总体结构和核设计的结果开展计算并反复迭代,本节主要介绍热工水力计算流程框图、板/管状燃料元件热工计算基本公式和板/管状燃料元件水力计算基本公式等三部分内容。

4.3.1　热工水力计算流程框图

通常,热工水力计算的主要目的有二:一是为了校核燃料元件的包壳温度、中心温度和最小偏离泡核沸腾比等是否满足热工准则的要求;二是计算冷却剂、温度和流量,用于分析冷却剂流动的稳定性。要校核以上各个参数,就需要知道热管内冷却剂的轴向焓场分布。而计算冷却剂焓场分布必须先知道冷却剂流量,计算冷却剂流量又必须知道流体物性参数,流体的物性参数又与流体的温度和压力等有关[3]。因此整个计算过程是一个迭代过程,其中主要的计算内容和方法如下：

1）计算堆芯平均管冷却剂质量流量

平均管中,冷却剂的平均质量流速 G_{av} 可由堆芯冷却燃料元件所用的实际有效总流量除以堆芯冷却燃料元件用的冷却剂有效流道横截面积得到。

2）计算平均管冷却剂焓沿轴向分布

平均管中冷却剂焓的计算式如下：

$$h_1(z) = h_{1,in} + \frac{L}{A_b G_{av}} \int_0^z q(z) \mathrm{d}z \tag{4-39}$$

式中：$h_1(z)$ 为沿轴向 z 处冷却剂的焓值,kJ/kg；$h_{1,in}$ 为进口处冷却剂的焓值,kJ/kg；$q(z)$ 为冷却剂流道表面的热流密度,kW/(m²·s)；L 为流道内的加热当量周长,m；A_b 为冷却剂流道的横截面积,m²；G_{av} 为平均管道中的平均质量流速,kg/(m²·s)。

3）计算热管冷却剂焓升

在热管中,冷却剂焓场的计算公式可通过热管因子对平均管中冷却剂焓场的计算公式修正获得：

$$h_{1,h}(z) = h_{1,in} + \frac{F_{\Delta h}^N F_{\Delta h}^E L}{A_b G_{av}} \int_0^z q(z) \mathrm{d}z \tag{4-40}$$

式中,$h_{1,h}(z)$ 为热管中轴向 z 处的冷却剂焓值,kJ/kg；$F_{\Delta h}^N$ 为核焓升热管因子；$F_{\Delta h}^E$ 为工程焓升热管因子。

4）获得最小偏离泡核沸腾比

采用与拟建堆型相匹配的专用公式计算堆芯临界热流密度,进而获得最小偏离泡核沸腾比。如果验算结果满足热工准则要求,则热管中的燃料元件便不会发生烧毁,整个堆芯也是安全的,因此接下去便可校核燃料元件的最高温度。

5）校核燃料元件中心最高温度

在校核计算燃料元件最高温度时,堆芯轴向的功率分布仍按余弦分布,但是必须考虑工程热管因子的影响。如果要精确计算,堆芯轴向发热率应由堆芯物理程序计算获得或实测给定。此时校核燃料元件中心温度的步骤如下：首先将流道进行分段,根据堆芯进口处冷却剂的温度逐段向堆芯出口计算冷却剂的温度；其次根据求得的冷却剂轴向温度分布,由外向内计算燃料元件径向温度分布;最后计算并得到燃料元件轴向温度分布和燃料元件中心最大温度值及其在轴向的位置,将所求得的燃料元件中心最高温度值与热工设计准则的要求值进行比较,确认是否满足准则要求。

综上计算内容和方法,如果将其写成具体计算流程框图,则如图 4-7所示。

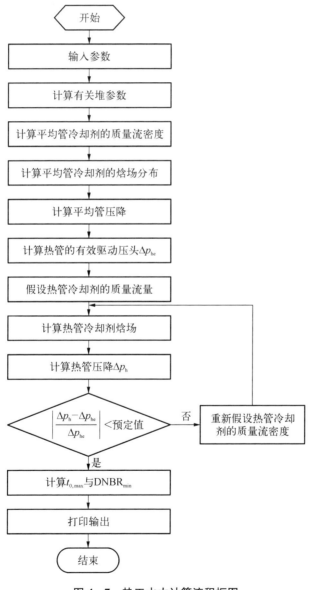

图 4-7　热工水力计算流程框图

4.3.2 板/管状燃料元件热工计算基本公式

针对板/管状燃料元件堆芯热工计算的特点,这里主要介绍单相对流换热和沸腾传热等计算的基本公式。

1) 单相对流换热

现以圆形燃料组件为例,当流体在圆形通道内强迫对流时,计算这种情况下的换热系数 h 的经验表达式较多,其中形式较简单且应用最广的是迪图斯-波尔特(Dittus-Boelter)关系式:

$$Nu = 0.023 Re^{0.8} Pr^n \qquad (4-41)$$

式中,Nu 为努塞尔(Nusselt)数。式(4-41)中采用流体平均温度 T_f 为定性温度,取管内径 d 为特征长度,加热流体时 $n=0.4$,冷却流体时 $n=0.3$。式(4-41)的适用范围如下:$1.0 \times 10^4 < Re \leqslant 1.2 \times 10^5$,$0.6 \leqslant Pr \leqslant 120$,$L/d$(管长/内径)$\geqslant 50$,流体与壁面具有中等以下膜温差(对于气体不超过 50 ℃;对水不超过 30 ℃)。

对具有较大膜温差的情况,可采用齐德-泰特(Sieder-Tate)公式:

$$Nu = 0.023 Re^{0.8} Pr^{\frac{1}{3}} \left(\frac{\mu_f}{\mu_w}\right)^{0.14} \qquad (4-42)$$

式中:μ_w 为按管壁温度确定的流体动力黏性系数,Pa·s;μ_f 为按主流温度确定的流体动力黏性系数,Pa·s。

板/管状燃料元件的冷却剂流道是非圆形的,在应用上述公式时,其中的特征尺寸要用当量直径 D_e 代替,当量直径 D_e 的计算公式如下:

$$D_e = \frac{4 \times 冷却剂流道的横截面积}{冷却剂流道的润湿周长} \qquad (4-43)$$

需要指出的是,虽然非圆形流道的计算中使用了当量直径,但仍不能完全消除流道几何形状对换热系数所造成的影响。因此,部分研究中更倾向采用佩图霍夫(Petukhov)关系式计算板/管状燃料元件的对流换热系数,Petukhov关系式是 Petukhov 基于极广泛的实验数据并充分考虑黏度变化影响后得到的适用性更好的关系式。部分研究表明:Petukhov 关系式比 Dittus-Boelter 公式更适用于板状元件的计算[4]。Petukhov 关系式的形式如下:

$$Nu = \frac{Re \cdot Pr}{1.07 + 12.7(Pr^{\frac{2}{3}} - 1)\sqrt{\frac{f}{8}}\left(\frac{f}{8}\right)} \tag{4-44}$$

式中，f 为摩擦因数。

2）沸腾传热

1966 年，美国学者 John C. Chen 提出提出流动沸腾换热是核态沸腾换热和强迫对流换热共同作用的结果，这个物理模型被认为是流动沸腾换热中最成功的模型，在此后的许多学者研究中被采用。

Chen 公式的强迫对流部分采用 Dittus-Boelter 关系式进行修正，其换热系数 h_c 的关系式可表示为

$$h_c = 0.023\left[\frac{G(1-x)D_e}{\mu_f}\right]^{0.8} Pr_f^{0.4} \frac{\lambda_f}{D_e} F \tag{4-45}$$

式中：h_c 为强迫对流部分的换热系数，$W/(m^2 \cdot K)$；G 为质量流速，$kg/(m^2 \cdot s)$；x 为流动含汽率；μ_f 为液相流体的动力黏度，$Pa \cdot s$；Pr_f 为液相流体的普朗特数；λ_f 为液相流体的热导率，$W/(m \cdot K)$；F 为修正因子。

修正因子 F 的计算公式如下：

$$F = \begin{cases} 1 & X_n > 10 \\ 2.35\left(0.213 + \dfrac{1}{X_n}\right) & X_n \leqslant 10 \end{cases} \tag{4-46}$$

其中，

$$X_n = \sqrt{\left(\frac{\mu_f}{\mu_g}\right)^{0.2}\left(\frac{1-x}{x}\right)^{1.8}\left(\frac{\rho_g}{\rho_f}\right)} \tag{4-47}$$

式中：μ_g 为汽相流体的动力黏度，$Pa \cdot s$；ρ_g 为汽相流体的密度，kg/m^3；ρ_f 为液相流体的密度，kg/m^3。

Chen 公式的核态沸腾部分换热系数 h_{nb} 的关系式可表示为

$$h_{nb} = \frac{0.00122}{1 + 2.53 \times 10^{-6} Re^{1.17}}\left[\frac{\lambda_f^{0.79} c_{p,f}^{0.45} \rho_f^{0.49}}{\sigma^{0.5} \mu_f^{0.29} h_{fg}^{0.24} \rho_g^{0.24}}\right]\Delta T_{sat}^{0.24} \Delta p_{sat}^{0.75}$$

$$\tag{4-48}$$

式中：h_{nb} 为核态沸腾部分的换热系数，$W/(m^2 \cdot K)$；$c_{p,f}$ 为液相流体的定压

比热容,kJ/(kg・K);h_{fg} 为汽化潜热,kJ/kg;ΔT_{sat} 为壁面温度与流体饱和温度之差,K;Δp_{sat} 为壁面温度对应压力与流体饱和温度对应压力的差,Pa。

Collier 将 Chen 关系式推广到欠热沸腾区时进行了修正,即有

$$q = h_{nb}(T_w - T_s) + h_c(T_w - T_b) \tag{4-49}$$

式中:T_w 为壁面温度,K;T_s 为流体饱和温度,K;T_b 为主流温度,K。

4.3.3 板/管状燃料元件水力计算基本公式

针对板/管状燃料元件堆芯水力计算的特点,这里主要介绍单相流动阻力和两相流动阻力等计算的基本公式。

1) 单相流动阻力计算

对于单相流,摩擦压降由达西(Darcy)公式计算:

$$\Delta p_f = f \frac{L}{D} \frac{\rho u^2}{2} \tag{4-50}$$

式中:Δp_f 为摩擦压降,Pa;f 为摩擦阻力因数(简称摩擦因数);L 为流道的长度,m;D 为流道直径,m;ρ 为冷却剂密度,kg/m³;u 为冷却剂平均流速,m/s。

对于在圆形流道中做定型等温流动的流体,在层流的情况下,有

$$f = \frac{64}{Re} \tag{4-51}$$

其中,

$$Re = \frac{\rho u D}{\mu} \tag{4-52}$$

式中:Re 为雷诺数;μ 为冷却剂动力黏度,Pa・s。

对于在表面光滑的圆形通道内定型湍流的情况,下面介绍常采用的关系式。

麦克亚当斯(McAdams)关系式:

$$f = \frac{0.184}{Re^{0.2}} \tag{4-53}$$

布拉修斯(Blausius)关系式:

$$f' = \frac{0.079}{Re^{0.25}} \tag{4-54}$$

Blausius 关系式的使用范围是 $2\,300 < Re \leqslant 10^5$。用 Blausius 关系式算得的摩擦因数 f' 称为范宁（Fanning）摩擦因数，其与 f 的关系为 $f' = \frac{f}{4}$。当 $Re > 10^5$ 时，可采用卡门-普朗特（Kármán-Prandstl）关系式计算，该式为

$$\frac{1}{\sqrt{f}} = 2\lg Re\sqrt{f} - 0.8 \tag{4-55}$$

对于粗糙的圆形通道，在整个湍流区常用的经验公式为

$$f = 0.11\left(\frac{\varepsilon}{D} + \frac{68}{Re}\right)^{0.25} \tag{4-56}$$

式中，ε 为通道表面的绝对粗糙度，m。

板/管状燃料元件的冷却剂流道是非圆形的，在这种非圆形流道内做定型等温流动时的摩擦因数仍可用同样条件下的圆形流道相关公式计算，但流道的内径需要用非圆形流道的当量直径（D_e）来计算。

需要指出的是，虽然非圆形流道的计算中使用了当量直径，但仍不能完全消除流道几何形状对摩擦因数所造成的影响。针对板状燃料组件的矩形流道，部分研究采用如下计算公式[5]计算摩擦因数：

$$f = \begin{cases} \max(f_1, f_2) & R_e \leqslant 1\,500 \\ \min(f_2, f_3) & R_e > 1\,500 \end{cases} \tag{4-57}$$

式中：f_1 为层流区壁面等温摩擦因数；f_2 为过渡区壁面等温摩擦因数；f_3 为紊流区壁面等温摩擦因数。

f_1、f_2、f_3 的计算公式如下：

$$f_1 = \frac{64}{Re} \tag{4-58}$$

$$f_2 = 0.048 \tag{4-59}$$

$$f_3 = 0.005\,5 \times \left[1 + \left(20\,000\,\frac{\varepsilon}{D_e} + \frac{10^6}{Re}\right)^{\frac{1}{3}}\right] \tag{4-60}$$

流体在反应堆堆芯或换热器内流动时，存在热交换（加热或冷却），使流体

的温度不仅沿截面变化,而且沿流道的长度方向也发生变化,即流动为非等温的,流体的黏度和速度分布也会随着变化,进而影响到 f 值。对于这个问题,通常先按流体的平均温度计算等温流动的摩擦因数 f_{iso},然后再对它做适当的修正,便可得非等温流动时的摩擦因数 f_{no}。 非等温流动湍流摩擦因数可采用西德尔(Sieder)-塔特(Tate)关系式:

$$f_{\mathrm{no}} = f_{\mathrm{iso}} \left(\frac{\mu_{\mathrm{w}}}{\mu_{\mathrm{f}}} \right)^{0.14} \qquad (4-61)$$

式中:f_{no} 为非等温流动的摩擦因数;f_{iso} 为用主流平均温度计算的等温流动摩擦因数;μ_{w} 为按管壁温度确定的流体动力黏度,Pa·s;μ_{f} 为按主流温度确定的流体动力黏度,Pa·s。

2) 两相流动阻力计算

对于两相流,特别是气液沸腾两相流,其流动结构和参数不仅沿通道的轴向和横截面积都有变化,而且还是时间的函数,因而在一般情况下将构成一个非稳态的二维或者三维的流动与换热问题。求解这类问题的难度很大,因此期望能将问题进行适当的简化,找到一个既满足分析要求,又保持两相流重要特性的处理方法。在两相流压降的分析计算中,广为应用的模型有"均匀流模型"和"分离流模型"。均匀流模型假设两相均匀混合,把两相流动看作某一个具有假想物性的单相流动,该假想物性与每个相的流体的特性有关。分离流模型则假设两相完全分开,把两相流动看作各相分开的单独的流动,并考虑相间的相互作用[2]。

在计算两相摩擦压降时,经常要用到两相摩擦倍增因子 ϕ_{lo}^{2},其定义为

$$\phi_{\mathrm{lo}}^{2} = \frac{-\dfrac{\mathrm{d}p_{\mathrm{f,\,tp}}}{\mathrm{d}z}}{-\dfrac{\mathrm{d}p_{\mathrm{f}}}{\mathrm{d}z}} \qquad (4-62)$$

式中:$-\dfrac{\mathrm{d}p_{\mathrm{f,\,tp}}}{\mathrm{d}z}$ 为两相摩擦压降梯度;$-\dfrac{\mathrm{d}p_{\mathrm{f}}}{\mathrm{d}z}$ 为以等价于两相流总质量流量的液相在同一管内流动时的摩擦压降梯度。

在过去的几十年里,人们进行了大量的理论和实验研究,提出了许多两相摩擦倍增因子计算模型,如 Chisholm 模型[6]、Friedel 模型、Muller-Steinhagen-Heck 模型[7]等。以 Friedel 模型为例,其考虑了重力和表面张力

等因素的影响,提出:

$$\phi_{lo}^2 = (1-x)^2 + x^2 \left(\frac{\rho_l f_{go}}{\rho_g f_{lo}} \right)$$

$$+ \frac{3.24 x^{0.78} (1-x)^{0.224} \left(\dfrac{\rho_l}{\rho_g} \right)^{0.91} \left(\dfrac{\mu_g}{\mu_l} \right)^{0.19} \left(1 - \dfrac{\mu_g}{\mu_l} \right)^{0.7}}{Fr_{tp}^{0.0454} We_{tp}^{0.035}} \qquad (4-63)$$

式中：x 为流动含汽率；f_{go} 为假定总流全是蒸汽情况下的摩擦因数；f_{lo} 为假定总流全是液体情况下的摩擦因数；μ_g 为蒸汽的动力黏度,Pa·s；μ_l 为液体的动力黏度,Pa·s；Fr 为弗劳德数；We 为韦伯数。

Fr_{tp}、We_{tp} 的计算公式如下:

$$Fr_{tp} = \frac{G_{tp}^2}{\rho_{tp}^2 g D_e} \qquad (4-64)$$

$$We_{tp} = \frac{G_{tp}^2 D_e}{\sigma \rho_{tp}} \qquad (4-65)$$

其中,

$$\rho_{tp} = \frac{\rho_g \rho_l}{(1-x)\rho_g + x\rho_l} \qquad (4-66)$$

4.4 开口池式研究堆热工水力计算要求

类似日本的 JRR-3M、澳大利亚的 OPAL 和我国的 CARR 等开口池式研究堆是近年来采用反中子阱原理建造的一种紧凑堆芯堆型,为便于理解这类研究堆堆芯热工水力设计计算的依据、任务和建模等过程,本节主要介绍热工设计准则、堆芯热工水力设计计算任务和热工水力计算模型 3 部分内容。

4.4.1 热工设计准则

在设计反应堆堆芯和冷却剂系统时,为了保证反应堆安全可靠地运行,要针对不同的堆型,预先规定热工设计必须遵守的要求,这些要求通常称为热工设计准则[2]。热工设计准则是热工设计的基础,是制订运行规程和设计保护系统的依据。但设计准则要根据现有的设计水平尽量定得恰当,否则就会使设计不是过分保守就是偏于危险[8]。

不同类型的反应堆,其热工设计准则是不同的。现以近年来建成的日本池式研究堆 JRR-3M[9] 与中国先进研究堆 CARR[10] 为例,目前设计中所规定的热工设计准则主要包括:

(1) 在正常运行工况下,不允许堆芯内冷却剂发生泡核沸腾。

(2) 在正常运行和运行瞬变工况下,最小偏离泡核沸腾比(MDNBR)应大于 1.5。

(3) 在正常运行和运行瞬变工况下,燃料元件芯体最高温度低于 400 ℃。

4.4.2 堆芯热工水力设计计算任务

依据上节三条热工设计准则,研究堆热工水力设计计算的主要任务如下:不仅要确保在任何工况下都必须将堆芯产生的热量安全可靠地载带出堆芯,而且还要满足下述目标、指标和功能等的要求。

(1) 提出堆芯结构尺寸:依据堆芯总体和反应堆物理的设计计算结果,协调配合并提出堆芯组件和构件的尺寸及其布置等。

(2) 确定反应堆热功率:依据堆物理的计算结果,通过与一、二回路系统协调配合,提出满足设计目标要求的反应堆热功率。

(3) 确定反应堆热工水力参数:通过与一、二回路系统协调配合,提出满足设计目标要求的反应堆热工水力参数,包括堆芯进出口温度、温差、冷却剂流速、流量分配因子、一/二回路系统流量等。

(4) 确定反应堆的额定功率:通过对反应堆堆芯和一回路系统在全寿期内的预期运行瞬态和事故工况进行安全分析,确定反应堆在全自然循环和强迫循环运行模式下可能达到的额定功率水平,进一步确定所设计的安全保护系统在停堆、冷却和包容等各种功能动作时的整定值。

4.4.3 热工水力计算模型

研究堆堆芯和一回路系统的热工水力计算主要涉及热流密度关系式的选择和采用何种几何模型,这里主要介绍计算 CHF 的 Sudo 公式和几何模型——集总模型两部分的内容。

1) 计算 CHF 的 Sudo 公式

在核电厂发展的初期,适用于轻水反应堆核电厂(LWR)的 CHF 关系式是研究的热点。其特征如下：临界热流密度为 $1\ \mathrm{MW/m^2}$ 左右；流道长度与直径比值较大，典型值为 300 左右；压力较高，约为 15.0 MPa；与其对应的流道形状多为圆形。目前，随着反应堆工程技术的发展，燃料的形状和堆内参数较过去均有了较大变化。为满足不同条件下不同工况的需求，管道形状由圆形通道发展为矩形通道，其 CHF 关系式也相应发生变化[11]。

1985 年，Sudo 等首次提出了适用于矩形加热通道的临界热流密度计算公式[12]。该公式适用范围广，就流量而言，它包括向下流动和向上流动（包括自然对流）的大、中、小流量乃至零流量，而且它是一个很保守的关系式，因此广泛应用于板状燃料堆芯的临界热流密度计算。早期的 Sudo 公式存在很强的局限性，即出口欠热度为零，为此，Sudo[13] 于 1993 年对该公式进行了改进，改进后的 Sudo 公式如下：

$$q_{\mathrm{CHF1}}^{*}=0.005\mid G^{*}\mid^{0.611} \tag{4-67}$$

$$q_{\mathrm{CHF2}}^{*}=\left(\frac{A}{A_{\mathrm{H}}}\right)\Delta T_{\mathrm{sub,\ in}}^{*}\mid G^{*}\mid \tag{4-68}$$

$$q_{\mathrm{CHF3}}^{*}=0.7\frac{A}{A_{\mathrm{H}}}\frac{\left(\dfrac{W}{\lambda}\right)^{0.5}}{\left[1+\left(\dfrac{\rho_{\mathrm{g}}}{\rho_{1}}\right)^{0.25}\right]^{2}} \tag{4-69}$$

$$q_{\mathrm{CHF4}}^{*}=0.005\mid G^{*}\mid^{0.611}\left[1+\frac{5\,000}{\mid G^{*}\mid}\Delta T_{\mathrm{sub,\ o}}^{*}\right] \tag{4-70}$$

$$G_{1}^{*}=\left[\frac{0.005}{\left(\dfrac{A}{A_{\mathrm{H}}}\right)\Delta T_{\mathrm{sub,\ in}}^{*}}\right]^{2.570\,7} \tag{4-71}$$

式中：ρ_{g} 为饱和气体密度，$\mathrm{kg/m^3}$；ρ_{1} 为饱和液体密度，$\mathrm{kg/m^3}$；A 为流通面积，$\mathrm{m^2}$；A_{H} 为加热面积，$\mathrm{m^2}$；W 为流道宽度，m；λ 为特征长度；G^{*} 为无量纲质量流速；$\Delta T_{\mathrm{sub,\ in}}^{*}$ 为无量纲进口过冷度；$\Delta T_{\mathrm{sub,\ o}}^{*}$ 为无量纲出口过冷度。

当 $G^{*}\leqslant G_{1}^{*}$ 时（中、小流量和零流量），向下流动采用 $q_{\mathrm{CHF}}^{*}=\max(q_{\mathrm{CHF2}}^{*},$ $q_{\mathrm{CHF3}}^{*})$，向上流动采用 $q_{\mathrm{CHF}}^{*}=\max(q_{\mathrm{CHF1}}^{*},\ q_{\mathrm{CHF3}}^{*})$；当 $G^{*}>G_{1}^{*}$ 时（大流量），向上和向下流动均采用 $q_{\mathrm{CHF}}^{*}=\min(q_{\mathrm{CHF2}}^{*},\ q_{\mathrm{CHF4}}^{*})$。 在上面各式中，无量纲质量流速 G^{*} 和无量纲临界热流密度 q_{CHF}^{*} 的定义如下：

$$G^* = \frac{G}{\sqrt{\lambda_g \rho_g (\rho_l - \rho_g)}} \qquad (4-72)$$

$$q_{CHF}^* = \frac{q_{CHF}}{h_{fg}\sqrt{\lambda_g \rho_g (\rho_l - \rho_g)}} \qquad (4-73)$$

$$\lambda = \sqrt{\frac{\sigma}{(\rho_l - \rho_g)g}} \qquad (4-74)$$

$$\Delta T^* = c_{pl} \frac{\Delta T}{h_{fg}} \qquad (4-75)$$

$$\Delta T = T_s - T \qquad (4-76)$$

式中：h_{fg} 为汽化潜热，kJ/kg；g 为重力加速度，m/s^2；σ 为表面张力，N/m；C_{pl} 为液相定压比热容，kJ/(kg·K)；T_s 为饱和温度，K；T 为实际温度，K。

下面列出 Sudo 关系式的适用范围：p 为 0.1～4 MPa，G 为 -25 800～6 250 kg/(m^2·s)，$\Delta T_{sub,in}$ 为 1～213 K，$\Delta T_{sub,o}$ 为 0～74 K，出口含汽率为 0～1，L/D_e 为 8.0～240。

2）几何模型——集总模型

在工程上有许多这样的瞬态过程，即被研究量随空间坐标的变化很小。在被研究的区域中，在任一时刻 t，被研究量在任一位置上的取值与其在被研究区域上的平均值非常接近，或在所研究的区域上，参数变化规律相同。对于这样的过程，可以不考虑被研究量在空间上的微观分布，而只按空间上的平均值或某个代表值进行研究[3]。把连续的流体空间分割成一块一块，每一块的参数（速度或压力）都用这一块的平均参数来描述，使所要研究的问题求解大为简化，这种分析方法称为集总参数法[14]。

现以日本研究堆 JRR - 3M 热工水力系统回路的集总参数建模为例。JRR - 3M 整个反应堆系统由堆芯、一回路冷却系统、重水冷却系统、二回路冷却系统及相关辅助系统与设备等组成，整个反应堆堆芯被深度为 8.5 m 的水池淹没，并放置在距离水面 5.5 m 下的位置。堆芯中共放置 26 盒标准燃料组件、6 盒控制棒燃料组件与 5 个材料辐照孔道，堆芯外围设置有金属铍，并与轻水一同作为反射层，最外围设置重水箱，为堆芯提供高热中子注量率与部分冷却。其中，一回路冷却系统和堆芯俯视图分别如图 4 - 8 和图 4 - 9 所示。

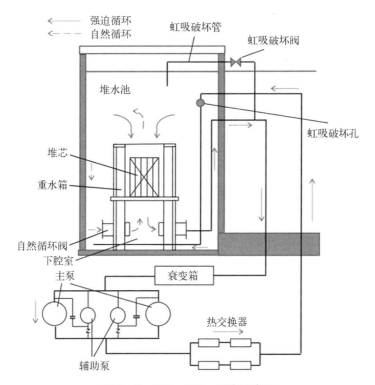

图 4-8　JRR-3M 一回路系统图

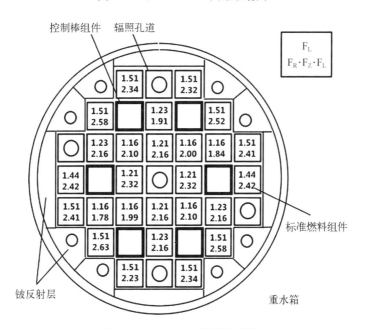

图 4-9　JRR-3M 堆芯俯视图

由于JRR-3M系统内包含了多种部件,且每个部件均有着复杂的几何结构,采用三维模型对整个系统建立精确模型难以实现,而集总参数法则可将该问题大为简化。将反应堆系统内主要部件(如堆芯与旁流、衰变箱、主泵与辅助泵、热交换器、反应堆水池、自然循环阀、虹吸破坏阀及连接管道)简化为若干个质点,构建出JRR-3M反应堆主冷却剂系统回路的节点图,每个质点内的速度、压力被视为均匀分布,从而可对整个系统的热工水力展开分析计算。

JRR-3M系统回路节点如图4-10所示。

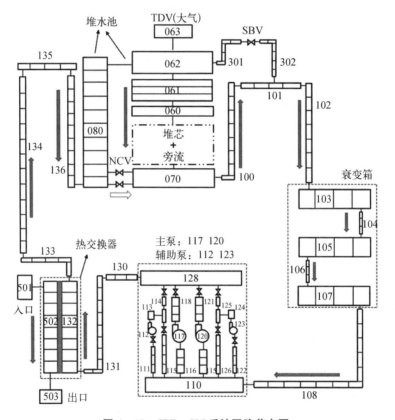

图4-10 JRR-3M系统回路节点图

4.5 注意事项

为便于理解板状燃料元件堆芯热工水力设计计算的建模和特点,本节主要介绍板状元件单通道与无盒棒状元件子通道模型的差别和稠密栅元堆芯热工水力特点等两部分内容。

4.5.1　单通道与子通道模型的差别

由于近年来国内外采用反中子阱原理设计并建成的研究堆大多数为由板状燃料元件构成的紧凑堆芯,在这种堆芯的热工水力设计计算中,普遍采用的计算分析模型是单通道模型。即把所要计算的换热流道看作是孤立的、封闭的,认为它在整个堆芯高度上与相邻通道之间没有质量、动量和能量交换[15]。这种分析模型最适合于计算像板状燃料组件等闭式通道,但却不适合用于像压水堆无盒棒状燃料组件那样的开式通道。由于板状燃料元件只在出口和入口两个位置存在质量、动量和能量的交换,所以,进入各流道的冷却剂流量受到入口位置的冷却剂流场的影响,而下腔室冷却剂流场是一个紊流场,造成堆芯各流道入口冷却剂流量分配的不均匀性,为充分考虑这种不均匀性给计算结果带来的影响,近年来发展了多通道计算分析模型。

为了使计算更符合实际情况,无盒棒状燃料组件通常采用子通道模型,这是采用数值模拟方法计算堆芯热工水力学参数常用的一种模型,它适用于全堆芯或个别组件的数值模拟计算。该模型认为相邻通道冷却剂之间在流动过程中存在着横向的质量、动量和能量的交换(即横向交混),因此各通道内的冷却剂质量流密度将沿着轴向不断发生变化,热通道内冷却剂的焓和温度也会有所降低,相应地燃料元件表面和中心温度也随之略有降低[2]。在研究分析横向交混时,通常把交混分成四种机理,即横流混合、湍流交混、流动散射和流动后掠[15]。对每种机理独立进行研究,分别处理,这样有助于问题的简化。其中,横流混合是由径向压力梯度引起的定向交混,在交混过程中有净质量转移;流动后掠是由定位格架的导向翼片等引起的附加定向净质量转移;单相流的湍流交混是流体脉动时的自然涡团扩散引起的非定向自然交混,在交混过程中一般无净质量转移(两相流的湍流交混按等体积交换模型分析时,流体间可能发生非等质量交换,即有净质量转移),但有动量和能量的转移;流动散射是由定位格架的非导向翼片部分、端板等机械部件引起的非定向强迫交混,一般也不引起净质量转移。

4.5.2　稠密栅元堆芯热工水力特点

在压水堆中采用稠密栅元组件不仅能减小堆芯体积,增加堆芯功率密度,还能提高燃料的转换比,从而提高燃料的利用率[17]。近年来,采用反中子阱原理设计并建成的游泳池式研究堆中,普遍采用板/管等燃料元件构成稠密栅紧凑堆芯,这种堆芯在热工水力上的主要特点是"一小两高":燃料元件芯体和燃料包壳表面温差小,堆芯功率密度高和堆芯冷却剂流速高。为了说明稠密栅元设计对反应堆性能的提升,现以 7.5 MW 堆芯为例,表 4-1 中将稠密栅元设计与常规设计进行了对比,结果表明:

(1)稠密栅堆芯功率密度比常规设计高 50% 以上。

(2)在堆芯高度与主参数近似的条件下,稠密栅堆芯冷却剂平均流速为常规设计的 2.5 倍左右。

(3)正方形常规栅格排列堆芯慢化剂与结构材料为稠密栅元结构的 1.4 倍。稠密栅元堆芯设计功率密度可达 115 MW/m³,堆芯功率不均匀系数降至2.9 左右。这些参数体现了稠密栅堆芯体积小、主参数先进等综合性能的优势。

表 4-1 稠密栅与常规栅性能对比[18]

参 数 名 称	参 数 值	
	稠 密 栅	常 规 栅
栅格形式	正三角形	正方形
元件棒尺寸(直径)/mm	6.2	6
元件棒中心距/mm	7.2	8.3
堆功率/MW	7.5	7.5
堆芯发热面积/m²	22.5	22.5
堆芯体积/m³	0.065 5	0.099
功率密度/(MW·m⁻³)	115.0	76.0
冷却剂流量/(t·h⁻¹)	350	350
堆芯流通面积/m²	0.059 62	0.161 3
冷却剂平均温度/℃	300	300
冷却剂压力/MPa	15.5	15.5
冷却剂平均流速/(m·s⁻¹)	2.24	0.844

（续表）

参 数 名 称	参 数 值	
	稠 密 栅	常 规 栅
堆芯当量直径/m	0.486	0.595
堆芯有效高度/m	0.35	0.355
燃料元件线功率密度/(kW·m⁻¹)	6.505	6.288
堆芯疏松度/%	46.74	65.94

参考文献

［1］ 景思睿,张鸣远. 流体力学[M]. 西安：西安交通大学出版社,2001.

［2］ 于平安,朱瑞安,喻真烷,等. 核反应堆热工分析[M]. 3 版. 上海：上海交通大学出版社,2002.

［3］ 陈文振,于雷,郝建立. 核动力装置热工水力[M]. 北京：中国原子能出版社,2013.

［4］ Chen N C J, Wendel M W, Jr. Yoder G L. Conceptual design loss-of-coolant accident analysis for the Advanced Neutron Source Reactor[J]. Nuclear Technology, 1994, 24(4): 105 - 114.

［5］ 宋小明,张立吾,王建民,等. 矩形通道堆芯稳态热工水力分析程序的开发[J]. 核动力工程,2002,23(3): 1 - 4.

［6］ Chisholm D. Pressure gradients due to friction during the flow of evaporating two-phase mixtures in smooth tubes and channels[J]. International Journal of Heat & Mass Transfer, 1973, 16(2): 347 - 358.

［7］ Müller-Steinhagen H, Heck K A. A simple friction pressure drop correlation for two-phase flow in pipes[J]. Chemical Engineering Progress, 1986, 20(6): 297 - 308.

［8］ 任功祖. 动力反应堆热工水力分析[M]. 北京：原子能出版社,1982.

［9］ Sudo Y, Ando H, Ikawa H, et al. Core thermohydraulic design with 20% LEU fuel for upgraded research reactor JRR - 3[J]. Journal of Nuclear Science and Technology, 1985, 22(7): 551 - 564.

［10］ 郝老迷,李文双,张春明,等. CARR 稳态热工水力设计[R]. 北京：中国原子能科学研究院年报,1994.

［11］ 王玮,黄慧剑,陈宝文,等. 矩形通道轴向非均匀加热条件下的 CHF 研究[J]. 原子能科学与技术,2017,51(7): 1195 - 1201.

［12］ Sudo Y, Miyata K, Ikawa H, et al. Experimental study of differences in DNB heat flux between upflow and downflow in vertical rectangular channel[J]. Journal of Nuclear Science and Technology, 1985, 22(8): 604 - 618.

［13］ Sudo Y，Kaminaga M. A new CHF correlation scheme proposed for vertical rectangular channels heated from both sides in nuclear research reactors［J］. Journal of Heat Transfer，1993，115(2)：426－434.

［14］ 俞冀阳，贾宝山. 反应堆热工水力学［M］. 北京：清华大学出版社，2003.

［15］ 邬国伟. 核反应堆工程设计［M］. 北京：原子能出版社，1997.

［16］ 赵光颐. 反应堆热工流体力学［M］. 北京：清华大学出版社，1992.

［17］ 戴春辉，王丽，邰云，等. 细棒稠密栅格参数优化设计［J］. 原子能科学与技术，2012，46(1)：20－25.

［18］ 董秀臣，许川，刘聚奎. 稠密栅棒型燃料元件堆芯设计及应用［J］. 核动力工程，2006，27(6)：9－12.

第 5 章
研究堆仪表与控制系统

研究堆仪表与控制系统(instrumentation and control system，I&C)简称仪控系统，其主要功能是为启动反应堆、维持恒定功率水平、升降功率以及停闭反应堆等提供手段，当出现可能导致潜在不安全的工况事故时，保护系统能快速地自动停闭反应堆。研究堆仪控系统主要由仪表系统(测量系统)、控制系统和保护系统组成。仪表系统用于测量过程参数以监测反应堆系统的运行状态；控制系统通过驱动不同的控制机构以改变反应堆系统的运行状态；保护系统主要用于防止某些过程参数偏离正常值而导致事故的发生，限制和缓解事故发生后所产生的后果。例如：在研究堆中，仪表系统有堆芯外测量、过程参数测量以及核辐射测量等系统；控制系统主要指反应堆功率控制系统；保护系统有功率限制、周期保护、反应堆紧急停堆以及专设安全设施驱动等系统。研究堆的仪控系统是该类堆的中枢神经系统，在其全寿期内确保堆实现其设计功能并具有高性能，对于研究堆的运行和应用的安全性、可靠性和经济性具有重要意义。

本章将简介研究堆控制物理基础和堆芯反应性控制，详细介绍堆芯功率控制、控制棒驱动机构、控制棒棒位指示、反应堆保护系统、ATWS 事故缓解系统、核功率测量系统、主控制室系统和过程计算机系统等内容。

5.1 研究堆控制物理基础

研究堆堆芯内核裂变释放能量期间产生的热功率 P_n 包括由冷却剂沿轴向流动载带出的热功率 P_{th} 和沿径向生物屏蔽层散发的热量，P_n 可表示为

$$P_n = CE_f N\sigma_f \phi V \qquad (5-1)$$

式中：C 为单位换算系数；E_f 为每次核裂变平均释放的能量，其值为 200 MeV；N 为堆芯平均单位体积内核裂变材料的核数，其值为 10^{24} cm^{-3}；σ_f 为裂变材料的微观裂变截面积，cm^2；ϕ 为堆芯活性区平均中子注量率，cm$^{-2} \cdot$ s^{-1}；V 为堆芯活性区体积，cm^3。

由式(5-1)可以看出，研究堆功率与活性区的中子注量率 ϕ 或中子密度 $n = \dfrac{\phi}{v}$（v 为中子速度）成正比，因此，如果能够控制研究堆堆芯的中子注量率，就可以实现对研究堆功率的控制。

5.2　堆芯反应性控制

为确保研究堆实现设计的换料周期，达到最大的有效满功率天(efficient full power day，EFPD)，在该换料周期内满足反应堆启动、停堆以及功率变化对反应性的要求，任一座研究堆从燃料循环初期到循环末期必须具有足够的后备反应性。由于堆芯后备反应性在燃料循环初期最大，在换料周期内是逐步减小的，其减小的速率和程度主要受设计的燃耗速率、裂变产物的增长率、固有反应性温度效应、辐照样品以及预期的控制范围等因素的影响。为控制初期最大后备反应性和补偿这些因素影响所引起的反应性损失，在研究堆的启动、停堆以及功率变化期间，反应堆必须具备有效的反应性控制和补偿手段，使得堆芯的 k_{eff} 值能维持在所需要的各种数值上。

实际上，凡是能改变核反应堆有效增殖因子的任何一种方法均可作为反应性控制和补偿手段。例如，移动中子吸收体，添加可燃毒物、增减冷却剂液位和反射层等，其中，移动中子吸收体是最常用的一种方法。该方法是指将固体或液体中子吸收体移入或移出堆芯，从而改变堆芯的反应性。固体中子吸收体主要是普通的控制棒，液体中子吸收体一般是硼(^{10}B)或钆(Gd)溶液等[1]。

控制棒材料主要有镉(Cd)、硼(^{10}B)、银铟镉(AgInCd)或铪(Hf)等，这些材料诸如对中子的吸收能力、与其他材料的相容性、耐冷却剂腐蚀和加工工艺等物理、化学和工程性能已经得到大量验证试验，并在相关研究堆内使用，具有成熟的使用经验；控制棒的结构形状有棒状、板状或十字状等。使用控制棒的优点是控制速度快、灵活以及反应性价值变化小，适于控制反应堆堆芯快速的反应性变化，满足反应堆启动、停堆以及功率变化对反应性控制的要求。

5.3 堆芯功率控制系统

研究堆堆芯功率控制系统的功能是执行控制棒正常提升、插入或悬停等有关的控制任务,完成反应堆的启动、功率运行、功率转换和正常停堆。研究堆功率控制系统主要由棒控系统和自动调节系统组成。

在堆芯利用和功率运行方面,相比于核电厂,研究堆的特点是堆芯操作频繁,启动、停堆次数多,并要求在较宽的功率范围内稳定运行。为适应这些特点,通过设置研究堆堆芯功率控制系统、操作控制棒来满足反应性的保持、频繁和快速变化等各种需求。控制棒按其功能分为反应性当量足以使反应堆处于次临界状态的安全棒,用来补偿反应性的慢变化的补偿棒(手动棒),以及用来抵消过程的瞬变,维持反应堆的功率水平的调节棒(自动棒)。

研究堆功率控制系统与相关系统的关系如图 5-1 所示。反应堆启动、功率转换和正常停堆过程中的控制棒操作由手动完成。在功率运行过程中的功率维持方面,设置了手动控制和自动调节两种方式。

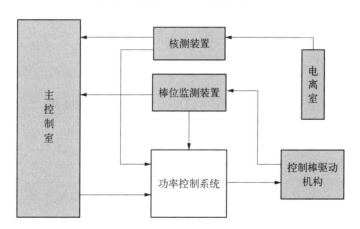

图 5-1 功率控制系统与相关系统原理框

5.3.1 控制棒的手动操作

研究堆启动主要依靠主控制室的操作员手动操作控制棒实现,棒控系统实现以下控制逻辑。

1) 控制安全联锁

控制棒安全联锁设置必要的控制安全联锁,确保在手动和自动运行方式下研究堆的安全。下面逐一介绍这些安全联锁条件：

（1）只有在规定的启动条件全部满足时，才允许棒控系统投入并处于工作状态。

（2）当堆功率与设定功率相差小于$\pm 2\%$时，才允许投入并处于自动调节状态。

（3）手动控制只允许同时操作一根控制棒。

（4）在自动调节状态下，封锁对自动棒的手动操作。

（5）在$k_{\mathrm{eff}} > 0.99$后，发生控制棒连续提升过多时，限制进一步地提棒。

（6）保护系统一旦动作，将通过联锁信号抑制控制系统的提棒动作。

（7）在运行过程中，如果任意一根安全棒离开上限位置，联锁电路自动将所有控制棒插入堆芯。

2）允许启动联锁

功率控制系统允许启动联锁逻辑的作用是确保只有在设计规定的启动条件全部满足时，才允许本系统投入并处于工作状态。允许启动联锁条件如下：

（1）功率控制系统设备处于正常工作状态。

（2）保护系统投入并处于正常工作状态。

（3）控制棒位置测量系统处于正常工作状态。

（4）驱动机构处于正常工作状态。

3）操作控制棒的条件

控制棒操作联锁在控制棒操作过程中，实现下列操作联锁：

（1）只有在棒控系统投入后，才能提升安全棒。

（2）只有当两根安全棒均达到上限位置后，才允许提升其他控制棒。

（3）在自动调节状态下，封锁对调节棒的手动操作。

（4）在任何情况下（除正常停堆功能外），手动操作时只允许操作一根控制棒。

4）反应性引入速率联锁

反应性引入速率联锁的具体内容包括以下四条。

（1）功率控制系统对控制棒移动速度及一次连续提升量进行了限制，确保反应性引入速度限制在安全分析确定的安全限值内。

（2）在手动操作情况下，控制棒（包括调节棒）的移动速度是由棒控输出接口电路内部设定的。

（3）调节棒在自动调节情况下的移动速度主要由功调逻辑装置控制。

（4）在功率运行时，棒控逻辑装置对控制棒连续提升情况和核功率进行监视,若发现控制棒一次连续提升超过运行限值或核功率超过预报警值(无论是手动操作还是自动调节引起),则自动禁止控制棒进一步提升操作,以避免过量反应性引入事故。

5) 自动调节棒运行的条件

自动调节运行联锁,在自动运行工况下,为确保反应性的控制安全,自动调节系统设置如下控制联锁:

(1) 只有在下列 3 个自动调节投入条件全部满足后,才能将选定的调节棒由手动控制方式切换到自动控制方式;至少有一套功调回路处于正常工作状态,主要包括有关的功调逻辑装置自检正常,有关的核测量装置自检正常,驱动机构电机驱动器工作正常;有关调节棒的位置在所要求的范围内;反应堆功率的当前值与给定值之间的偏差在允许范围内($\leqslant 2\% P_{给定}$)。

(2) 如果设有两套自动调节系统,要保证两套自动调节回路不可同时投入运行。

(3) 调节棒处在自动工况下运行时,通过相关联锁禁止手动操作这根调节棒。

(4) 在自动调节状态下,如果调节棒连续提升过多,反应性连续引入超出限值时,将自动回到手动控制状态,以防止发生反应性异常添加事故。

(5) 当运行的功率调节回路发生故障时,自动切换到另一套(系统存在两套功率调节回路时)或直接退出自动调节(系统仅有一套功率调节回路时)。

5.3.2　自动调节系统性能指标

通常,控制系统的控制质量可以用单位阶跃输入下系统瞬态响应的典型性能指标来评价。这些性能指标包括最大超调量、峰值时间、延迟时间、上升时间、调节时间和震荡次数等。

线性控制系统的典型单位阶跃响应如图 5-2 所示。

图 5-2 中,σ_p 为最大超调量,主要反映了系统的阻尼特性,其表达式为

$$\sigma_p = \frac{C(t_p) - C(\infty)}{C(\infty)} \times 100\% \tag{5-2}$$

式中:t_p 为峰值时间,是指产生最大超调量 σ_p 所需的时间;t_d 为延迟时间,是指阶跃响应到达稳态值的 50% 所需的时间;t_r 为上升时间,在过阻尼情况下,上升时间 t_r 是阶跃响应从稳态值的 10% 上升到 90% 所需的时间,在欠阻尼情

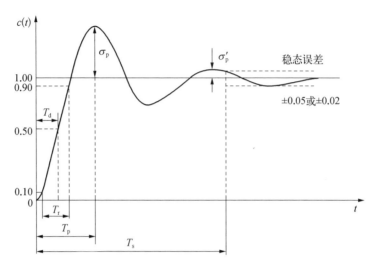

图 5-2　典型单位阶跃响应曲线

况下,上升时间是从 0 上升到稳态值的 100% 所需的时间;t_s 为调节时间,控制系统的响应曲线一旦达到 $C(t)=C(\infty)\pm\Delta C(\infty)$ 便不再超出 $C(\infty)\pm\Delta(\infty)$ 的范围时,所需的最短时间就是调节时间 t_s。 Δ 为误差范围,一般由设计时给出,$\Delta=0.02\sim0.05$。

如果超调量 σ_p 和稳态误差 $\Delta C(\infty)$ 愈小,调节时间 t_s 愈短,则调节系统动态品质愈好。

5.3.3　控制系统的一般构成

研究堆控制系统的主要功能是确保反应堆中子注量率水平在设定值上运行。它是一个中子注量率恒定控制系统,结构比较简单,研究堆功率控制系统如图 5-3 所示。

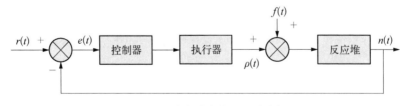

图 5-3　研究堆功率控制系统方框图

图 5-3 中,反应堆为控制对象,控制棒驱动由控制器和执行机构组成,它作用于控制对象实现自动控制,中子计数 $n(t)$ 为调节量,控制棒的移动产生

的反应性变化量 $\rho(t)$ 为操作量。在反应堆中,不仅控制棒移动能产生反应性的变化,而且冷却剂的温度、流量变化、燃耗和辐照样品出入等也能产生,后者是自动控制系统之外引入的外部扰动量。

在自动控制时,由电离室检测到的中子计数的实际值 $n(t)$ 与中子计数设定值 $r(t)$ 相比较,其误差信号 $e(t)$ 驱动控制棒动作,最终 $n(t)=r(t)$, $e(t)=0$。在自动控制系统中,误差信号与操作量之间的关系是线性的,也就是线性控制系统。在实际应用时,为避免反应堆功率的微扰动引起的控制棒频繁动作,减少传动机构的磨损,往往在调节器中加入具有继电器特性的环节,当 $e(t)$ 小于一定值时,调节系统无输出,即设置死区,这就是非线性系统。

研究堆自动调节系统的主要任务是抑制反应堆的反应性扰动,即反应性扰动补偿,使反应堆功率维持在一个给定水平上。在控制器多方案设计阶段,采用以闭环负反馈为基础的 PID(比例-积分-微分)控制器方案是比较好的选择。

随着研究堆数字控制技术的广泛应用,功率自动调节系统也由反应堆分散控制系统(distributed control system,DCS)的过程控制站实现。将模拟 PID 控制器的算式进行数字化后就可以得到数字 PID 控制器的离散控制算式。理想的模拟 PID 算式可表示为

$$u(t) = K_{\mathrm{p}}\left[e(t) + \frac{1}{T_{\mathrm{I}}}\int_0^t e(t)\mathrm{d}t + T_{\mathrm{D}}\frac{\mathrm{d}e(t)}{\mathrm{d}t}\right] \qquad (5-3)$$

式中:$u(t)$ 为控制器输出信号;$e(t)$ 为控制器输入信号,等于给定值 $r(t)$ 与实际测量值 $n(t)$ 之差值;K_{p}、T_{I} 和 T_{D} 分别为控制器的比例增益、积分时间常数和微分时间常数,这些参数需要在自动调节系统调试时最终确定。

在数字计算机技术广泛应用前,人们用电子模拟装置仿真反应堆动态特性,现在用计算机实时仿真技术已经可替代真实的反应堆。

5.3.4　反应堆功率调节系统半实物半模拟调试

半实物仿真系统以反应堆的实时数学模型为基础,把功率调节回路的真实设备(包括功率控制器、控制棒驱动机构)与计算机模拟的实时反应堆模型联系起来,构成一个半实物的反应堆闭环控制系统,在这样的半实物仿真系统上,进行各种控制方式的闭环运行试验,在较大程度上近似真实地研究自动调节系统性能,用以确定自动调节系统的控制模型和参数。

反应堆仿真系统添加正阶跃 $7.3 \times 10^{-4} \Delta K / K$ 时,利用仿真系统记录的反应堆自动调节系统响应曲线如图 5 - 4 所示[2]。

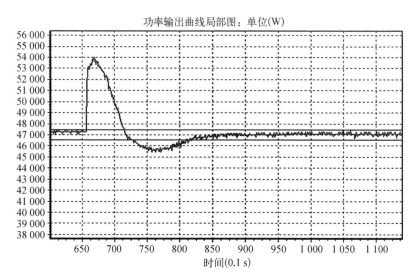

图 5 - 4 　仿真系统添加正阶跃 $7.3 \times 10^{-4} \Delta K / K$ 时反应堆自动调节系统响应曲线

5.4　控制棒驱动机构与棒位指示

控制棒是中子吸收能力强、移动速度快、操作可靠、使用灵活并且控制反应性准确度高的反应性控制装置。它是各类反应堆中功率调节和应急控制不可缺少的控制部件。

不同类型的核反应堆,其控制棒的形状与尺寸以及吸收材料也不同。在 PWR 核电厂中,一般采用棒束控制。每个棒束组件有一根驱动棒,由驱动机构驱动该棒并带动棒束组件(习惯上称为一拖多)在堆芯移动。

通常,PWR 核电厂使用的控制棒的主要参数指标如下:额定行程为 3.619 m,最大行程为 3.664 m,移动步数为 228 步,步距为 15.875 mm。控制棒平均运行压力为 15.5 MPa,设计温度为 343 ℃。线圈最高温度为 200 ℃,寿命 20 a,供电电压为 DC 125 V±12.5 V。机械寿命为 40 a,相当于移动 1.3×10^7 步[3]。

研究堆堆芯高度较压水堆短,控制棒根数比压水堆少得多,单根控制棒的价值较压水堆大得多。例如日本 JRR - 3M 堆的活性区高仅 0.75 m,控制棒最大行程小于 0.9 m,堆芯只有 6 根控制棒。鉴于反应性添加限制,控制棒驱动一般采用连续可调方式、不采用压水堆的步进式的驱动方式。

控制棒棒位指示是研究堆控制棒棒位系统(习惯上称棒控棒位系统)的重要组成部分,随着反应堆控制技术的发展和进步,目前研究堆的控制棒棒位指示的精度和可靠性仍在不断提升。

本节主要介绍开口池式研究堆用钢丝绳悬吊式控制棒驱动机构、可动线圈电磁铁磁力驱动机构、可动线圈电磁铁驱动机构设计注意事项和两种控制棒棒位指示四部分内容。

5.4.1　钢丝绳悬吊式控制棒驱动机构

早期研究堆的控制棒驱动机构布置在堆池上方。例如,我国的 300♯ 和492 游泳池式研究堆的控制棒驱动线主要是将驱动机构布置在堆顶上方,通过钢丝绳悬吊方式操作控制棒。

采用该方式的控制棒驱动机构和驱动线如图 5-5 所示。

控制棒和配重棒通过钢丝绳穿过悬架的塞子中心孔,跨过滑轮,固定在伺服传动装置轴套筒上,伺服电机通过减速机构带动钢丝绳滚筒转动。钢丝绳悬吊控制棒有两种驱动机构:一种是安全棒驱动机构,其钢丝绳滚筒与减速机构之间有一个电磁离合器,当离合器通电时,钢丝绳滚筒与减速机构转轴同步转动,当电磁离合器断电时,钢丝绳滚筒失去保持扭矩,在安全棒重力拖拽下,快速转动,释放滚筒上缠绕的钢丝绳,控制棒得以快速落入活性区中,安全棒传动装置内的机械制动机构使安全棒停在下限位置;为了减少阻力,安全棒的控制棒导管底部是封焊的,导管内没有水。另一种是手动棒和自动棒驱动机构,其减速机构转轴与钢丝绳滚筒刚性连接,控制棒的提升和下插都需要通过伺服电机的转动实现。

5.4.2　可动线圈电磁铁磁力驱动机构

随着研究堆应用的扩展,为满足在堆芯的上方进行辐照实验操作,以及频繁换料的要求,需要在堆芯的上部保持很大的自由空间,这就要求把控制棒驱动机构设在堆池下方,自下而上进行驱动。驱动机构无论设在堆池上方还是堆池下方,在紧急停堆时,控制棒都是靠重力下落,插入堆芯。

目前常见的控制棒驱动机构有磁力提升型、磁阻马达型、液压水力驱动、齿轮齿条驱动等形式。我国的 CARR 堆和日本 JRR-3M 堆使用的可动线圈

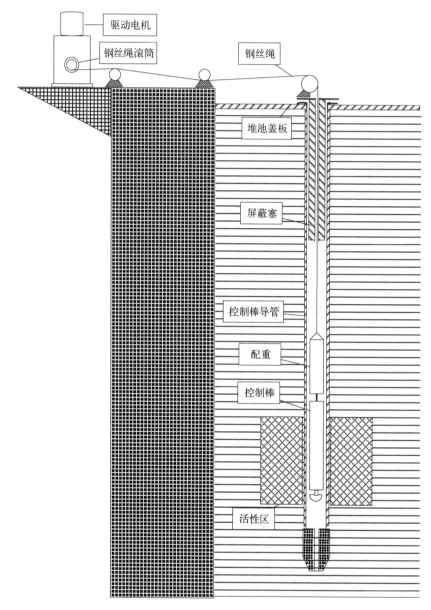

图 5-5　采用钢丝绳悬吊方式的控制棒驱动机构和驱动线

电磁铁驱动机构与目前在压水堆上使用的磁力提升器相比,虽然同属全封闭电磁传动,但其原理上存在着根本差别:压水堆控制棒驱动机构磁力提升器是靠三组线圈和钩爪的交替作用,使处于密封筒内的驱动棒做步进式的运动,其可动机构完全处于密封筒内,密封筒始终保持不动;而我国的 CARR 堆和

JRR-3M 堆的可动线圈电磁铁驱动则是靠电磁铁线圈沿控制棒导管轴向的连续移动,使位于密封筒内的衔铁被外面的电磁铁线圈产生的电磁力所吸引而随之移动,并带动与其相连的控制棒及跟随部件等一起移动,实现控制棒在堆芯的插、拔、悬停和失电下落等功能[3]。

可动线圈磁力驱动控制棒驱动机构的电磁铁线圈剖面图如图 5-6 所示。

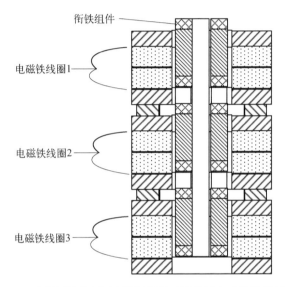

衔铁组件

电磁铁线圈1

电磁铁线圈2

电磁铁线圈3

图 5-6　可动线圈磁力驱动控制棒驱动机构的电磁铁线圈剖面图

控制棒驱动机构及控制棒驱动线的驱动原理如下:电磁铁衔铁组件位于与池壳密封相连的密封筒内,电磁铁线圈(1、2、3)处于密封筒外。当电磁铁线圈(1、2、3)通电时,线圈产生的磁场通过密封筒作用到衔铁组件上,线圈与衔铁组件相互作用产生电磁吸力(产生的电磁吸力的大小可通过改变磁铁材料种类和线圈数量调节,例如,在材料种类一定的条件下,如果单根控制棒所需驱动力增加,则可通过增加线圈数量增大相应的驱动力);当步进电机转动推动电磁铁线圈向上或向下运动时,衔铁组件与电磁铁线圈保持相对固定的位置关系,由此保持或推动位于连杆上的跟随体及控制棒悬停或做上下运动,实现控制棒对堆芯反应性的控制。当电磁铁线圈断电时,包括控制棒、连杆、衔铁组件等驱动线的运动件,将在重力作用下下落,确保失电可靠停堆。

可动线圈电磁铁驱动机构电磁铁线圈如图 5-7 所示。其中,驱动机构电磁铁线圈剖面如图 5-7(a)所示,主要由三层构成,最外层是电磁铁线圈,中间层是密封筒,最内层是衔铁组件。当给电磁铁线圈通电时,密封筒内的磁力线分布不是均匀的,越靠近密封筒壁,磁力线越密集,所以衔铁组件并不是悬浮在密封筒中央,而是随机靠在密封筒壁上,衔铁向上移动时,电磁力除了克服控制棒驱动线的重量外,还需克服衔铁组件与密封筒壁的摩擦力。

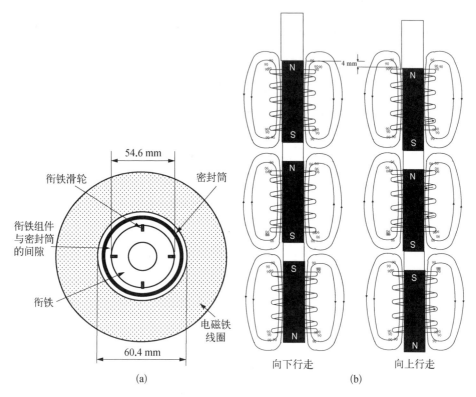

向下行走　(b)　向上行走

图 5-7　可动线圈电磁铁驱动机构电磁铁线圈示意图

(a) 驱动机构电磁铁线圈剖面图;(b) 控制棒向下向上行走的相对位置

5.4.3　可动线圈电磁铁驱动机构设计注意事项

这里主要介绍可动线圈电磁铁驱动机构设计需注意的控制棒转向间隙和可动电磁铁线圈冷却等两个设计注意事项的内容。

1) 控制棒转向间隙

提出问题:可动线圈电磁铁驱动机构的衔铁组件与滚珠丝杆连接的电磁铁线圈不是刚性连接,当电磁铁线圈朝一个方向移动时,控制棒能够较好地跟随,基本看不到不同步现象;而当电磁铁线圈转向后,控制棒明显要滞后一段时间才开始跟随。所谓转向间隙是指电磁铁线圈运动方向改变,由向上转向下或由向下转向上时,衔铁组件与电磁铁线圈存在一个位置差,为 2～4 mm,如图 5-7(b)所示,即控制棒转向间隙。产生转向间隙的原因是可动线圈电磁铁磁力驱动控制棒的衔铁设计与普通螺线管衔铁设计有区别[4]。

采取措施:一是使得控制棒提升推力与控制棒驱动线的重量适配,基于数值模拟计算对三组电磁铁材料的配比和结构进行优化设计并经反复试验验证后,所设计的三组电磁铁的载荷在理论上达到了设计要求的技术指标;二是在满足控制棒提升推力的前提下,适当减小电磁铁线圈的工作电流,使得衔铁组件与电磁铁线圈气隙磁通变窄,控制棒转向时,衔铁组件就可以较快跟随。

2) 可动电磁铁线圈冷却设计

随着池式研究堆辐照各类实验样品工作的开展和长期运行,堆池内异种金属材料接触之间发生的电化学反应以及堆芯结构材料长期受冷却剂侵蚀的水化学反应可能产生腐蚀产物,随着一回路的冷却剂在强迫循环下从上往下流经堆芯,如果这些悬浮或小颗粒状产物随冷却剂流动飘落入上部开口底部密封的控制棒导管筒内,会造成两个问题:一是可能增加衔铁组件与密封筒内壁的摩擦力,使得控制棒上下移动不平滑;二是随着这些产物在控制棒导管底部的堆积,将大幅增加该区域的放射性剂量水平,使维护维修工作人员遭受过量辐射剂量照射。

在设计阶段可设计多个小回路,每个回路由一根细管和通断阀组成。各小回路的一端与每根控制棒导管密封筒靠下部适当位置侧的一个小孔相焊接,另一端可与堆池壳相连接或与地下室废液收集罐相连接。这些小回路上的阀门在反应堆运行期间处于开启状态,检修时,可将其关闭。这些小回路属于非能动回路,具有三个功能:一是可将飘落入控制棒导管内的产物排出;二是在控制棒下落期间可减少导管中冷却剂对控制棒的阻力;三是可冷却电磁铁线圈,因电磁铁线圈外圈可以向环境散热,内圈散热只能向密封筒传热,随着密封筒内部冷却剂的流动,可排出电磁铁线圈内圈传导的热量,从而降低电磁铁线圈温度,防止线圈骨架和薄壁密封筒的过热变形,保证控制棒的顺畅升降。

5.4.4　两种控制棒棒位指示

通常,控制棒棒位指示主要分两种方式,连续式测量和终端位置指示。游泳池式研究堆采用的控制棒棒位指示主要有两种,一种是钢丝绳悬吊控制棒的棒位指示,另一种是可动线圈电磁铁式磁力驱动控制棒的棒位指示。

1) 第一种控制棒棒位指示

对于使用钢丝绳在堆池上方悬吊的控制棒如图 5-5 所示,其连续棒位指示采用自整角机,自整角机的发送机固定在控制棒驱动机构减速机构上,使得控制棒全长行程内自整角机转角小于 $360°$ 的角度。发送机给出的信号通过三相电缆送至主控制室,主控制室的自整角机接收机就可以同步指示控制棒棒位。

钢丝绳悬吊控制棒的终端位置指示采用机械微动开关,也固定在驱动机构的减速机构上,与自整角机发送机同轴的凸轮,在转动一圈内分别压下上限行程开关和下限行程开关,作为控制棒上下限指示。

2) 第二种控制棒棒位指示

对于可动线圈电磁铁式磁力驱动控制棒,其连续棒位测量采用旋转编码器,旋转编码器的转轴与驱动电磁铁线圈的丝杠同轴固定,在控制棒全行程中,丝杠转多少圈,编码器也转多少圈。滚珠丝杠螺距为 5 mm,旋转编码器每圈的分辨率是 8 位,测量分辨力是 5/256 mm;旋转编码器用 8 位二进制数累计圈数,最多累计 256 圈。

连续棒位指示实际上并不是对控制棒位置的直接指示,而是通过线圈的位置间接反映出控制棒的位置。因为在线圈和衔铁之间随着驱动负荷的变化或控制棒转向,有一定相对位移,电磁铁线圈位置作为控制棒位置指示是有误差的(最大可能达到数毫米)。为指示真实控制棒的位置,在连杆上设置一个永磁体,在电磁铁线圈骨架上部,密封筒外设置另一个永磁体线性轴承(滑环),使密封筒外永磁体可跟随连杆永磁体光滑移动。通过测量密封筒外永磁体相对线圈的位置变化,制成衔铁位置指示器,并将所得的衔铁位置信号与旋转编码器的信号相加,测得衔铁也即控制棒的实际位置。

终端棒位指示为磁传感器,当安装在与控制棒衔铁相连的连杆上的永磁铁接近固定在驱动机构上层连杆密封筒外的上下限磁传感器时,永磁铁吸附磁传感器使其动作,给出终端位置信号。

5.5 反应堆保护系统

保护系统通过其测量通道监测设计规定的保护变量,当实际测量值达到或超过保护限定值时,自动触发保护动作,紧急停闭反应堆,同时给出报警信号。反应堆保护系统用来预防事故的发生,制止事故的扩展和限制事故后果。

反应堆保护系统有广义保护系统和狭义保护系统两个概念,广义保护系统设备包括从敏感元件到安全动作系统输入端的所有设备和线路；狭义保护系统主要指保护逻辑柜。保护系统设计准则主要针对保护逻辑柜。

保护系统与相关控制系统关系如图 5-8 所示。

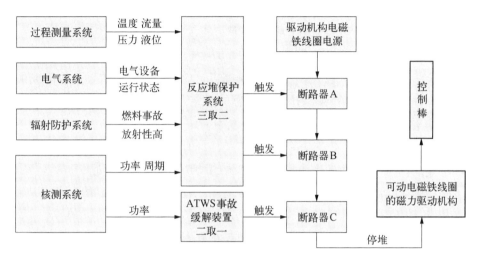

图 5-8　保护系统与相关系统关系图

5.5.1　保护系统设计的一般原则

保护系统设计原则都是从保证反应堆保护系统安全、可靠和万无一失这样的基本出发点考虑的，其设计一般原则包括：

（1）单一故障准则。该准则使反应堆保护系统具有足够的冗余度，保证不会因为单一故障而失去保护功能。单一故障应考虑发生在本系统内部的、辅助系统中的以及由外部原因引起的故障。

（2）冗余性。为了使保护系统满足单一故障准则的要求，提高反应堆的安全性，设计中应用冗余技术。它一般包括安全监测装置的冗余、安全逻辑装置的冗余或整个系统的冗余。如采用二重、三重或四重通道及三取二（2/3）、四取二（2/4）等符合逻辑。

（3）符合技术。为了减少保护系统误动作的概率，应使用符合技术。根据情况选用总体符合、局部符合或总体-局部混合符合的形式。

（4）独立性。为了排除由环境因素、电气的物理现象相关影响，具有相同保护功能的重复通道间应彼此独立，保持物理上的隔离，以免丧失冗余性。独立性是使用冗余技术的前提，是克服由单一故障引起的多故障，也是实现在役检验和维修的重要措施。在保护系统与控制系统和其他系统之间，要求在电气上和结构上也相互独立。

（5）多样性。包括功能的多样性及设备的多样性。对每个规定的反应堆，假定始发事件尽量用不同的物理效应或不同的变量来监测。在某些条件下，可用不同类型的设备来测量同一物理变量，以便克服共因故障。

（6）故障安全准则。这是一种系统中发生任何故障时仍能使该系统保持在安全状态的设计准则。紧急停堆系统的设计应当保证当元件发生故障或失去动力源时都使系统趋于保护动作。为了避免误停堆造成的经济损失，安全故障率要限制在最低水平。

（7）在役检查。如果设备要求的检验时间间隔短于反应堆正常运行间隔，则此设备应能进行在役检验。检验应尽量包括从敏感元件到安全驱动器输入端（可扩展到输出端）的所有部分；检验时间尽量短；在役检验过程中不应引起误动作。如需将被检验部分旁通，则剩余部分应尽可能满足单一故障准则。

（8）系统可靠性。保护系统的安全故障概率和非安全故障概率是度量系统可靠性的重要指标。所谓安全故障概率是指在一定时间内保护系统内的一种增加安全动作的故障概率。设计系统时对可靠性应该进行定性分析和定量计算。PWR核电厂的紧急停堆系统一般要求每个变量的系统安全故障概率（误停堆率）每年不大于 1 次；每个变量在要求保护动作时，系统因随机故障而不动作的概率（拒动率）每年不大于 10^{-5} 次。

（9）控制系统与保护系统的相互关系应尽量避免保护系统与控制系统的相互联结。控制系统与保护系统共用探测器时，为了防止控制系统的故障延伸到保护系统，信号传输必须经过隔离装置，隔离装置属于保护系统，按照保护系统的要求设计。保护系统一旦动作，将提供联锁信号抑制控制系统对控制棒的提升动作。

5.5.2 安全监测与保护

保护变量的选取是根据反应堆初步安全分析报告确定的。在事故分析时，先对假设始发事件进行事故瞬态分析，然后从分析结果中对各种假设始发事件选择必要的停堆参数，再根据事故分析中得出的偏安全的限值，定出其安全限值，并考虑足够的安全余量，从而确定保护系统动作整定值。为了保证保护系统动作的可靠性和反应堆的安全，对各种假设始发事件尽可能采用多重监测变量进行保护，以实现保护功能的多样性。设计基准事故举例分析如表 5-1 所示。

表5-1　保护系统假设始发事件、保护监测变量和保护动作的关系

假设始发事件	保护监测变量											动作保护
	核功率高(低功率定值)	核功率高(高功率定值)	反应堆周期短	一回路冷却剂流量低	堆芯出口温度高	堆芯出入口温差高	反应堆水池液位低	一回路主泵断电	一回路辅助泵断电	一回路水放射性活度高	堆水池惰性气体活度高	
丧失厂外电源	√			√				√				(1)
在零功率情况下控制棒失控提升		√	√									(1)
在满功率情况下控制棒失控提升		√	√									(1)
在半功率情况下控制棒失控提升		√	√									(1)
在满功率运行时，一台主循环泵停运				√				√				(1)
在满功率运行时，一台主循环泵卡轴				√				√				(1)
主回路管道破裂				√			√					(1)(2)
燃料组件冷却剂流道阻塞										√	√	(1)(3)

注：保护动作：
(1) 控制棒重力落下
(2) 虹吸终止阀打开
(3) 反应堆厂房通风系统从正常通风切换为由反应堆水池上方抽风的事故排风
(4) 符号说明：√保护监测变量

5.5.3 保护监测变量分析

按照保护检测变量分析要求,下面将主要介绍手动紧急停堆、核功率、功率增长短周期、一回路冷却剂流量低、堆芯出口温度高、堆芯出入口温差 ΔT 高、反应堆堆水池液位低和燃料事故放射性剂量监测高等 10 个保护的内容。

1) 手动紧急停堆保护

手动紧急停堆装置与自动的事故保护停堆电路无关,而且它不受可能使部分自动触发线路不能工作的故障影响。两个分设在主控制室和辅助控制点的紧急停堆按钮串联在安全触发器的线圈回路中,只要其中一个紧急停堆按钮被按下,安全触发器即断电,其中手动紧急停堆按钮优先级最高。

2) 核功率保护

压水堆核电厂的核功率保护设有 3 个量程的核功率保护即源量程核功率保护、中间量程核功率低定值保护和功率量程核功率高定值保护。

反应堆启动或提升功率时,需要高一级量程给出一个允许信号,而且在较低量程超功率保护之前能够由操作员手动闭锁其停堆保护功能,当功率降低时,停堆保护功能自动恢复。下面逐一介绍三个量程停堆保护和研究堆核功率保护高定值的设定方法等内容。

(1) 源量程停堆保护。

与压水堆源量程停堆保护一样,研究堆也需要在中子注量率超过源量程探测器测量范围后切除探测器,当中间量程探测器(γ 补偿电离室)输出电流大于 8×10^{-10} A,允许操作员手动关闭硼计数管高压电源;当中间量程探测器输出电流小于 7.2×10^{-10} A 时自动恢复硼计数管高压,返回系数 0.9。

通常,研究堆不设源量程功率保护,只设源区中子计数率和计数率周期测量两类装置,其中,两类装置信号均不接入保护系统,只作为启堆参考信号。主要原因如下:通常池式研究堆的中子探测器布置在反射层外,此处接收到的由堆芯裂变产生的中子数较少,压水堆堆芯外围无厚反射层,此处泄漏的裂变中子份额相对研究堆要高,加之在源区量程范围内,研究堆在此处的裂变中子注量率就更低,堆外核测量的源区中子计数就更少,测量值受干扰影响大,导致源区的中子计数率和计数率周期易跳变,从而增加误触发的概率。为避免在盲区中开堆,通常将其作为启堆参考。

(2) 中间量程停堆保护。压水堆的中间量程保护:当两个中间量程通道的任何一个输出电流高于 $25\% P_{额}$ 时,将触发保护停堆,该停堆信号用于防止反应堆意外的功率升高(骤增)。当四取二功率量程通道指示高于 P10(整定值 10%$P_{\text{额}}$)时,可以手动闭锁中间量程事故保护停堆信号;如果四取三功率量程通道指示值低于 P10 时,自动恢复中间量程触发功能。反应堆功率在 10%$P_{\text{额}}$~25%$P_{\text{额}}$ 时,操作员可以手动闭锁中间量程保护触发信号。

研究堆核功率高低定值保护触发信号设置在中间量程 1%$P_{\text{额}}$(大约为 4×10^{-6}A)处,当三取二的中间量程指示值大于 0.4%$P_{\text{额}}$(大约为 1.6×10^{-6}A)时,可以手动闭锁中间量程的核功率高低定值保护触发信号,否则反应堆三个核功率监测通道中的两个大于 1%$P_{\text{额}}$ 时将触发保护停堆。研究堆是用中间量程的监测信号闭锁中间量程的触发信号,即在堆功率 0.4%$P_{\text{额}}$~1%$P_{\text{额}}$ 之间,允许操作员手动闭锁核功率高低定值保护触发信号。

(3) 压水堆功率量程停堆保护。当四取二功率量程通道指示值高于核功率事故保护高定值时,将触发保护停堆。高功率定值保护是防止正常运行期间的超功率,压水堆的保护定值设在功率量程的 109%$P_{\text{额}}$ 处,该保护信号始终有效。在达到 109%$P_{\text{额}}$ 事故保护之前,四个功率量程的任何一个超过 103%$P_{\text{额}}$ 时,将发出一个闭锁信号,禁止控制棒手动或自动提升[5]。

(4) 研究堆核功率保护高定值的设定方法。研究堆的运行方式与核电不同,核功率保护高定值的设定方法也就不同。压水堆的高功率保护信号只有 25%$P_{\text{额}}$ 和 109%$P_{\text{额}}$ 2 个固定点,研究堆的高功率保护定值可以设在 0~110%$P_{\text{额}}$ 范围内的任意位置,而且始终有效。研究堆保护系统加电后,核功率高保护高定值的缺省值是 1%$P_{\text{额}}$,与核功率高低定值保护相同。在反应堆启动前,操作员根据运行计划在保护系统预设一个比预计运行功率稍高的功率定值,待反应堆到达预定功率并投自动后,再修改核功率保护高定值,保护定值功率为本通道测量功率的 110%,由于不同测量通道电离室输出电流不一样,所以每个通道保护高定值独立设定。

3) 功率增长短周期保护

研究堆在源量程和中间量程都设有周期测量装置,源量程周期信号不接入保护系统,中间量程周期保护信号始终有效。

反应堆在零功率阶段,即中间量程电离室输出电流小于 10^{-10}A 之前,周期信号不稳定,不时出现单通道周期报警信号,由于该信号执行三取二逻辑符合,误触发停堆的概率不大。

4) 一回路冷却剂流量低保护

在发生一回路冷却剂流量低事故时,触发停堆动作。这一停堆信号可防止堆芯因热量不能及时有效载出而造成事故。

5）堆芯出口温度高保护

堆芯出口温度高的原因包括：一回路冷却剂流量低造成堆芯热量不能载出；二回路冷却剂流量丧失或降低造成堆芯热量不能载出。该信号是一回路冷却剂流量低停堆信号的冗余，也可保护二回路冷却剂流量低事件。

6）堆芯出入口温差 ΔT 高保护

该信号实际是热功率停堆保护信号，通过这一保护措施，能确保燃料元件的温度在安全限值内。

对于一回路为轻水、重水冷却的研究堆，这一保护信号可以预防轻水流入重水箱事故发生。轻水流入重水箱后，重水被稀释，会导致核功率测量值不能正确反映堆功率，有可能使功率调节系统上调堆功率，堆芯出入口温差 ΔT 升高。此监测信号可对重水箱渗漏事件进一步扩展起到有效的保护作用。

7）反应堆堆水池液位低保护

在发生一回路冷却剂失水事故且堆池内液位低至设计保护值时，自动触发停堆。

8）一回路主泵跳闸保护

该信号是一回路冷却剂流量低停堆信号的冗余。

9）一回路余热排除系统辅助泵跳闸

一回路余热排除系统属于安全级系统，反应堆功率运行期间，要求两台一回路余热排除系统辅助泵一直处于运行状态，如果一台跳闸，则立刻停堆。

10）燃料事故放射性剂量监测高保护

如果一回路放射性活度、惰性气体活度高时，表明堆芯正在发生燃料元件包壳破损事故，则自动触发停堆。

5.5.4 保护系统故障的应对措施

保护系统基本故障类型可分为非安全故障和安全故障。前者是指核电厂在异常工况下，某些保护参数值超限，而保护系统中某些部件发生拒动性故障而导致保护系统不能正常触发保护动作，这是一种危险故障；后者是指核电厂在正常运行工况下，保护参数值处于安全限值以内，但由于保护系统自身的故障，导致误触发动作。这种故障虽不影响核电厂安全，但破坏了运行的连续性，降低了可用性，影响了经济性，也是不允许的。

借鉴 PWR 核电厂设计和运行经验,在研究堆保护系统可靠性设计中,也正在应用 $m/n(m < n)$ 符合逻辑电路。例如,三取二(2/3)、四取二(2/4),或双重二取一(2×1/2)等,继电器逻辑符合原理如图 5-9 所示。

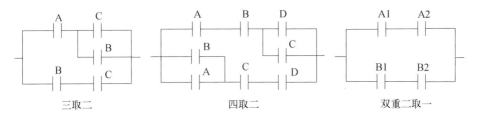

三取二　　　　　　　　四取二　　　　　　　双重二取一

图 5-9　继电器逻辑符合原理图

在时间 T 内,设单通道非安全故障率为 $q(T)$,安全故障率为 $p(T)$,则常用的符合逻辑方式故障率列于表 5-2。从表 5-2 中所列数据可见,采用符合逻辑后相较单通道的非安全故障概率和安全故障概率都有明显的下降。其中 2/4、2/3、2×1/2 等更佳,特别是 2/4 符合逻辑非安全故障概率最低。但 1/2 符合逻辑的安全故障概率提高了,为了确保安全停堆,在紧急停堆系统中仍然采用[6]。

表 5-2　常用的符合逻辑故障概率一览表

符　合　逻　辑	非安全故障概率近似值	安全故障概率近似值
单通道(1/1)	$q(T)$	$p(T)$
二取一(1/2)	$q^2(T)$	$2p(T)$
二取二(2/2)	$2q(T)$	$p^2(T)$
三取一(1/3)	$q^3(T)$	$3p(T)$
三取二(2/3)	$3q^2(T)$	$3p^2(T)$
四取二(2/4)	$4q^3(T)$	$6p^2(T)$
双重二取一(2×1/2)	$2q^2(T)$	$4p^2(T)$
双重三取一(2×1/3)	$2q^3(T)$	$9p^2(T)$
双重三取二(2×2/3)	$6q^2(T)$	$9p^4(T)$

5.5.5　数字化保护系统

由于计算机技术及网络通信技术的飞速发展、数字化技术在传统工业领域日益广泛的成功应用,以及数字化技术所表现出的巨大优越性,核电厂的仪表控制系统已经采用数字化技术。作为核反应堆最重要的安全系统之一,保护系统的数字化也是技术发展的必然。

反应堆数字化保护系统采用现代超大规模集成电路构成数据处理硬件设备,通过软件程序执行保护逻辑处理功能。比较传统模拟保护系统,它具有许多突出的优点:

(1) 可减少漂移和干扰的影响,工作稳定性高。

(2) 可易实行更加复杂和高级的保护算法,保护精度高。

(3) 可实现多层次保护策略,便于实现故障的安全化设计。

(4) 大量工业应用实践证明,采用超大规模集成电路构成的数字化设备的可靠性较传统的模拟设备高得多,设备故障率低。

(5) 易于实现实时在线自检,可维护性好。

(6) 有良好的人机界面,可操作性好等。

上述优点不仅可以有效提高核电厂的安全性,而且大大降低了误停堆概率,提高了生产效益,同时减少了维护成本。目前,数字化保护系统已在核电厂上得到成功应用,如法国的 1 300 MW 核电厂、法国的 1 450 MW N4 核电厂、日本的 ABWR 核电厂和我国的华龙一号等。

5.5.6　数字化保护系统结构

鉴于数字化保护系统所具有的上述优点,借鉴数字化保护系统在核电厂的成功应用经验,结合研究堆频繁启停和单根控制棒价值较大等特性,采用全数字化保护系统,可大幅提高研究堆的操控可靠性和运行安全性,目前,国内外多用途研究堆的仪控系统均已采用数字化保护系统。研究堆数字化保护系统总体结构设计常采用如图 5-10 和图 5-11 所示的两种结构。

数字化保护系统的设计特点如下:保护参数检测通道具有多样性,逻辑系列具有二重性。图 5-10 所示为采用全局符合、图 5-11 所示为采用局部符合[7]。控制棒电源主断路器采用二取一逻辑表决方式,前者用 3 个断路器,后者用 2 个断路器。

图 5-11 表示保护系统采用现场可编程门阵列(field programmable gate

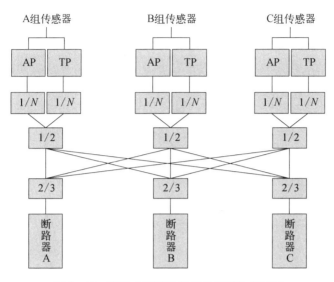

图 5-10　基于全局符合的保护系统结构框图

array，FPGA)和微处理器(micro control unit，MCU)两种技术并行处理，由软件和硬件同时执行保护逻辑处理功能。这种数字化保护系统的主要优点和总体结构特点如下：

(1) 系统响应时间约 30 ms，可以满足某些特定反应堆的快速响应要求。

(2) MCU 和 FPGA 两种技术并行处理，从设备多样性角度可以有效克服共因失效问题。

(3) 系统可靠性比采用单一软件或硬件处理的保护系统有明显提高。

(4) 设置三个冗余监测通道和三个逻辑符合"列"，实现两级"2/3"表决。

(5) 采用局部符合逻辑，对每个保护变量分别进行"2/3"表决。

(6) 采用 MCU 和 FPGA 并行处理的技术方案，即在三个冗余逻辑列的每一个列内，在信号监测级和逻辑符合级均同时设置采用 FPGA 处理单元和采用 MCU 处理单元两个并行处理的单元，同时执行保护逻辑处理功能，最后停堆触发采用"1/2"(二取一)表决。

(7) 不同处理单元之间的通信都采用 RS422 点对点方式，并且设计了特殊的安全通信协议。对通信采用 loopback 模式进行自诊断，采用了多种方法进行报文检查，检查如超时错、奇偶校验错、帧错、溢出错和 CRC 错等，有效地保证了在强干扰环境下报文的正确接收[8]。

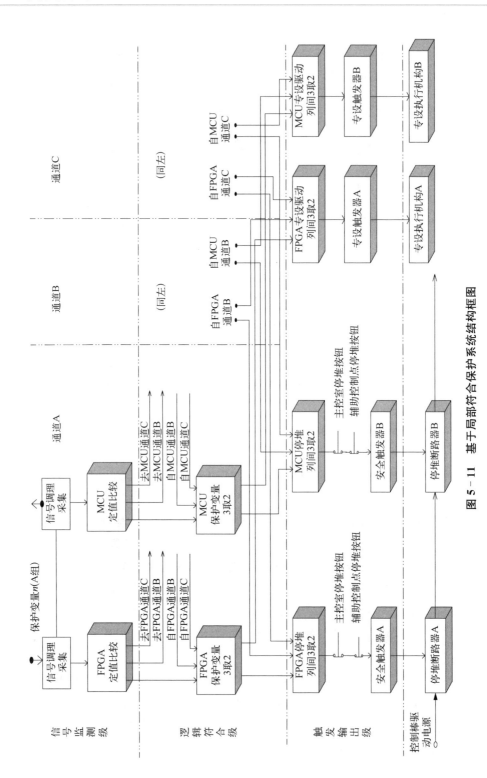

图 5-11　基于局部符合保护系统结构框图

5.6　ATWS 事故缓解、核测与主/辅控制室系统

未能紧急停堆的预期瞬态 ATWS(anticipate transient without SCRAM) 是多用途研究堆仪控系统设计必须设置的系统,研究堆的核测系统、主/辅控制室系统与核电厂的相应系统有所差别。本节主要介绍 ATWS 系统功能与设计原则、核功率测量系统、源量程、中间量程与宽量程核测系统、电流线性放大器与对数放大器、核测系统数字化与主/辅控制室系统等 6 个部分内容。

5.6.1　ATWS 系统功能与设计原则

ATWS 的系统功能是在反应堆发生严重事故期间,如果预计的瞬发事件要求紧急停堆,而同时紧急停堆系统因共模故障等而完全丧失停堆能力时,所设置的 ATWS 缓解系统能触发相应保护动作信号,避免事故进一步扩张,同时缓解事故后果。

ATWS 缓解系统不是安全系统,而是反应堆紧急停堆系统的后援[7]。

ATWS 系统的设计原则主要包括下述 8 条:

(1) 从变送器输出端至执行装置的输入端,本系统与保护系统保持相互独立,即两者是实体分离和电气隔离。

(2) ATWS 电路、器件与反应堆保护系统不同,以便达到设备多样性的要求。

(3) 满足工作高可靠性和可试验性要求。

(4) ATWS 缓解系统不需满足单一故障准则的要求。

(5) ATWS 所用电源与反应堆保护系统保持多样性。

(6) ATWS 缓解系统的设备是非 1E 级设备,不需要满足 1E 级设备的要求。

(7) ATWS 缓解系统的设备设计不需要满足故障安全准则的要求。

(8) ATWS 缓解系统需经受抗震试验。

5.6.2　核功率测量系统

核功率测量系统(简称核测系统)的功能是实时监测堆内中子注量率,因为它同反应堆的功率成正比,通过测定中子注量率,可以确定当时的堆功率,

而测定中子注量率随时间的变化,则可确定堆内裂变链式反应的增长周期。

压水堆核测系统监测范围从停堆状态直至 $200\%P_\text{额}$ 功率水平,中子注量率测量范围从 10^{-1} cm^{-2}·s^{-1} 到 10^{11} cm^{-2}·s^{-1},跨越 12 个数量级。

核测仪表一般分三段,即源量程段、中间量程段和功率量程段,三段衔接关系如图 5-12 所示。

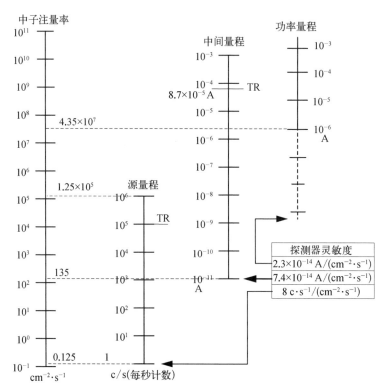

图 5-12　压水堆核测系统中子探测器测量范围

5.6.3　核测系统与核测系统源量程

研究堆核测系统与核电厂的堆外核测系统一样,都有源量程和中间量程,只是研究堆一般没有设置功率量程探测器,用中间量程测量范围覆盖功率量程。本节主要介绍研究堆的核测系统与核测系统源量程等两个部分的内容。

1) 研究堆核测系统

核电厂核测系统由堆外核测系统和堆芯核测系统组成,而研究堆一般没有堆芯核测系统,主要原因如下:研究堆堆芯体积较小,其垂直空间主要供实验使用、无堆芯状态参数测量管道布置空间,否则堆芯中子注量率将受到影响。尤其是对于近年来建造的紧凑堆芯而言,其堆芯中子注量率较高,如果堆芯布置核测系统,则该系统的探测器很快将被照坏。

2) 研究堆核测系统源量程

该系统源量程由两个独立的通道组成,探测器一般采用硼计数管或者裂变室。源量程探测器径向对称布置,纵向灵敏区中心对准堆芯中心。

在反应堆长期运行期间,堆芯积累了大量裂变产物,停堆后的再次启动,在探测器周围产生的 γ 辐射场很强而中子注量率很低。源量程测量装置的功能之一是设法将反应堆在该量程运行期间由中子产生的相当少量的脉冲信号与 γ 射线产生的大量脉冲信号区分开。

源量程测量装置有计数率计和计数率周期计。计数率计读数是每秒计数(c/s),表示每秒产生的脉冲数,最大中子计数率可达 10^6 c/s。源量程高端与中间量程低端之间至少有一个多数量级的“重叠”,这也保证了在逐步上升的中子注量率超出源量程和切断源量程探测器高压之前即可利用中间量程。当中间量程电流上升到 8×10^{-10} A 时,允许操作员手动关计数管信号,当中间量程电流下降至 7.2×10^{-10} A,自动恢复计数管高压,返回系数 0.9。只有在较低功率下才可自动恢复源量程高压,这是为了防止在高中子注量率水平下重新使计数管高压供电,因为在这种情况下供电,会烧毁计数管的阳极丝。

研究堆源量程计数率信号和计数率周期信号一般不接入保护系统,只是作为启堆的参考信号。

5.6.4　中间量程与宽量程核测系统

研究堆的中间量程完全覆盖其功率量程,所以核功率低(低定值 P10)和核功率高(高定值)保护信号都来自中间量程;研究堆宽量程核测系统的中子测量技术优点是减少了探测器数量,也减少了探测器与核测装置的连接电缆,简化了核测系统的结构。20 世纪 80 年代,我国开展了类似技术研究,并应用于几座研究堆的核测量系统。下面分别介绍研究堆中间量程与宽量程核测系统等两个部分的内容。

1) 研究堆核测系统中间量程

该系统的中间量程采用 γ 补偿电离室,设三个独立通道。其测量范围:$2.5 \times 10^2 \sim 2 \times 10^{10}$ nV,相对应的电流为 $1 \times 10^{-11} \sim 8 \times 10^{-4}$ A。三个中间量程探测器径向对称布置,纵向灵敏区中心对准堆芯活性区中心。中间量程与源量程有 2 个数量级的搭接。中间量程除功率信号外,还测量功率增长周期。

核测中间量程与相关系统接口关系如图 5-13 所示。

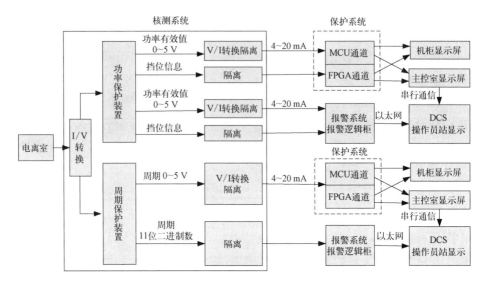

图 5-13 核测系统与保护系统接口连接图

电离室输出信号先输入"小电流放大器"(或称前置放大器),小电流放大器由线性放大器组成,分 8 个挡,测量范围为 $10^{-11} \sim 10^{-4}$ A,自动换挡,小电流放大器输出电流有效值和二进制挡位信息(000~111)至"功保和周保单元",在保护系统设定功率保护定值,由保护系统读取功保信号并与设定值比较,判断是否超功率。周期测量装置对小电流放大器输出信号进行数值运算,取对数再微分,得到功率增长周期,保护系统读取周期信号并与设定值 10 s(倍周期)比较,判断是否送出短周期事故信号[9]。

2) 宽量程核测系统

研制并采用该系统的背景是在反应堆高功率运行后,停堆几天后再启动时,堆内剩余功率较高,可能还没低于硼计数管恢复高压的功率限值。再有长期高功率运行后,停堆状态下裂变产物蜕变产生的次级强 γ 场,使布置源量程探测器位置的 γ 剂量可达 17 Gy·h^{-1},而硼计数管工作最大可耐 10 Gy·h^{-1}。如果源量程用裂变室就可以克服 γ 射线的干扰,裂变室所用的中子灵敏物质为 ^{235}U 等可裂变物质,一般将裂变物质涂覆在电极表面,电离由中子和裂变物质产生的裂变碎片引起。200 MeV 的裂变能中约 165 MeV 是裂变碎片的动能,若裂变碎片将全部能量消耗于工作气体,将产生 3×10^6 左右的离子对。

因此,对应于一次裂变反应,电离室输出电荷量约高达 10^{-13} C(或 0.5 pC),这要比硼电离室大数十倍。由于裂变信号显著大于 γ 次级电子的信号,因而裂变室具有极强抗 γ 干扰能力[10]。

20 世纪 60 年代,国外开始了宽量程中子注量率测量技术的研究,应用裂变室可实现较宽范围的中子注量率监测。在注量率较低水平时,裂变室输出脉冲形式的电信号,脉冲的频率与中子注量率水平成正比。随着中子注量率升高,脉冲信号之间相互叠加,形成具有一定频率的脉动直流电信号,根据坎贝尔理论,此时信号的均方根值与中子注量率水平成正比,即与反应堆功率成正比。宽量程中子测量应用脉冲测量技术和均方电压测量技术的结合,仅用一个固定位置的裂变电离室,完成宽量程(10 个数量级)的中子注量率测量。

5.6.5　电流线性放大器与对数放大器

线性放大器通过换挡能够保证在电离室输出信号范围内 9 个数量级的线性测量,较对数放大器 7 个数量级的线性放大更宽、测量精度更高,但线性放大的换挡过程中会产生瞬态的不确定性。下面逐一介绍研究堆仪控系统的电流线性放大器与对数放大器两个部分的内容。

1) 电流线性放大器

如图 5-13 中,反应堆保护系统将 4~20 mA 信号与挡位信息还原成堆功率时,要求这两个信号必须同步,否则保护系统就会误判。例如电离室输出电流增长到 9.8×10^{-5} A,核测功保输出电流为 19.68 mA,挡位信息"110",此时保护系统显示堆功率为 4.9 MW;当电离室电流继续增长,大于 9.8×10^{-5} A 时,放大器自动换挡,仪器立刻输出挡位信息"111",而此时仪器输出电流还是 19.68 mA,保护系统将电流信号与挡位信息还原,功率就变成 49 MW。若保护系统的功率定值是 10 MW,则测量功率大于定值功率的 110%,此时保护系统就会发通道触发信号,即便采取技术措施使核测功保的挡位信息滞后于电流信号,功率增长时保护系统不会发误触发信号,但反应堆降功率运行时,保护系统同样会误判。即使核测功保输出的电流信号与挡位信息做到了微秒量级的同步,保护系统在还原功率信号时,模拟电流信号与开关量信号读取的不同步也会造成保护系统的误判。好在保护系统触发信号执行三取二符合,单通道触发不会引起停堆,而三个通道同时换挡也是小概率事件。但换挡必定触发 105% 的预报警信号,这对操作员还是会产生干扰[11]。

2）对数放大器

放大电路采用对数放大器（$10^{-10} \sim 10^{-4}$ A 经对数放大器后输出 $-10 \sim -4$ V），这样不需要换挡，其输出信号可用于功率显示、功率定值比较和微分计算周期。对数放大器的测量范围窄，一般跨 7.5 个数量级，其中只有 5 个线性度优于 0.1％。在要求不间断测量时，对数放大器相较线性放大器有优势。对数放大器与线性放大器的响应时间相当。

热 γ 仪器（Thermo Gamma Metrics）公司和堪培拉（Canberra）公司生产的核电厂核测设备中，如果探测器用硼计数管＋电离室＋自给能探测器，其测量装置的中间量程一般用对数放大器；如果探测器用裂变室，宽量程测量装置的中间量程一般用线性放大器。

5.6.6　核测系统数字化与主/辅控制室系统

数字化是研究堆仪控系统的发展趋势，目前在役和在建的采用反中子阱原理的游泳池式研究堆均采用分散控制系统的仪控系统。下面主要介绍核测系统数字化与主/辅控制室系统两部分内容。

1）核测系统数字化

核测量装置技术发展与电子技术发展紧密相关。早期反应堆使用的放大装置是基于电子管的，新中国建设反应堆时，电子技术已经进入晶体管时代了，中国早期建设的反应堆核测装置也是基于晶体管技术。如 300♯反应堆核测系统的功率测量装置、功率保护装置和周期测量装置。其中，功率测量装置、功率保护装置为使用分立元件组成的线性放大器，通过手动换挡可实现 9 个数量级的电流测量。周期测量装置使用对数放大器，1967 年出厂的周期测量装置采用分立元件搭建的对数放大器＋微分放大器，实现电流 $10^{-9} \sim 10^{-4}$ A 的连续 5 个数量级的电流测量，由于微分放大器工作极不稳定，300♯反应堆取消了周期保护功能，仅保留短周期报警信号。

到 20 世纪 90 年代，国内新建反应堆以及部分在役的反应堆陆续采用基于集成电路的核测装置。1994 年 300♯反应堆新购的 2 台周期测量装置就采用对数放大集成电路(lg112)联合微分放大器代替之前的分立元件放大器，对数集成电路放大器构成的周期测量装置电流测量范围可达 $10^{-10} \sim 10^{-4}$ A，跨 6 个数量级，较老装置电流测量范围向下拓宽了一个数量级，且对数放大器输出信号稳定，仅微分放大器偶有跳动，集成电路放大器较之前的分立元件工作稳定多了。

20 世纪后期,随着数字技术在反应堆核测技术中的应用,国内新建反应堆大都采用数字化核测系统。热 γ 仪器公司 20 世纪 90 年代就推出了数字化宽量程测量装置。

21 世纪国内新建的核电厂反应堆、研究堆大多采用数字化技术,虽然核测的前端测量器件还是传统模拟技术,但后端的数字化使得现代数字滤波技术得以应用,例如,中国工程物理研究院物理与化学研究所自行研制的反应性仪的数字周期要比模拟周期计稳定得多。核测系统数字化可以减少探测器数量,基于模拟技术的核测量仪器,每台仪器的探测器必须专属使用,即功率测量装置需要一个电离室,周期测量装置也需要一个电离室,两台测量仪器共用一个电离室非常困难。核测系统数字化后,功率测量装置与周期测量装置可以共用一个电离室。

2) 主/辅控制室系统

研究堆主控制室是反应堆状态、参数集中显示和控制中心,主控制室主要由模拟显示屏、控制台和值班长工作台等组成。

模拟显示屏分为光字牌报警屏、模拟图显示屏和投影显示屏三个区域。光字牌报警屏在需要时产生声、光信号做事故报警和预报警;模拟图显示屏用于提供反应堆及辅助系统重要设备的运行状态;投影显示屏可以提供反应堆及各工艺系统的实时运行动态显示画面(流程图、动态参数、趋势曲线等),从而为控制室运行人员在运行工况和事故工况下进行监测和操作提供辅助信息。

报警显示屏上的声、光信号及模拟图上的设备状态显示均由分散控制系统过程控制站的开关量输出通道控制。

研究堆控制台由主控制室的主控制台和值班长工作台以及辅助控制室监控台组成。其中,主控制台为主控制室操作员执行集中监测及控制任务提供有所需要的人机接口设备,其主要功能是为反应堆操作员在各种运行工况和事故工况下,为完成所需的运行任务并维持反应堆的安全提供必要的监测信息和有效的操作手段,为主控制室运行人员与厂内外的联络提供必要的通信手段;主控制台为超宽型台式结构,依据主控制室空间范围,通常分为 3~5 个单独部分,主控台设计最好采用平面控制台,因为在反应堆寿期内,计算机系统硬件需完成 3~4 次升级,如果选用斜面琴式控制台,显示器更新后,可能无法实现原位装配。

值班长工作台主要为反应堆运行值班长提供工作场所和平台。值班长工作台上安置 PC 机、打印机,分别用于运行工况监测及运行数据打印。

辅助控制室监控台的主要功能是在发生主控制室不可居留事故期间,运行人员能在辅助控制室的监控台上停止研究堆并监督停堆后的过程状态参数,即为研究堆停堆提供独立手段并为监督反应堆保持在停堆状态提供信息。

5.7 反应堆过程计算机系统

计算机用于核电厂,最初是从核反应堆复杂科学计算开始的。随着核电厂的装机容量逐步增大,核反应堆变得更加复杂庞大,迫切需要寻求先进的监测和控制技术,以进一步发挥先进核反应堆的功能,并保证核电厂的安全。

近 20 多年来随着控制和信息技术(网络通信技术、计算机硬件技术、嵌入式系统技术、现场总线技术、各种组态软件技术、数据库技术等)的不断发展和日益成熟,系统可靠性也有了很大提高,加之人们对核电厂信息的获取和对先进控制功能的实现等有了更高的要求,数字化仪表与控制技术开始全面进入核电厂的实际应用。

计算机用于核电厂过程参数的在线监测、数据处理、数据记录以及越限报警等功能,是计算机在核电厂替代常规仪表的应用。运用计算机来实现核反应堆堆芯及设备的性能计算、核反应堆功率控制、堆芯功率分布控制、汽轮机启动、负荷控制、换料装置控制以及核反应堆异常状态的检测和安全系统的启动等功能,才构成了完整的核电厂计算机监测与控制。

5.7.1 反应堆过程计算机系统结构

过程计算机系统是一个由若干个过程控制站、若干个操作员站及一个工程师站通过工业以太网联系起来的分级分散控制系统(DCS)。反应堆过程计算机系统一般采用全冗余的分级分布式网络拓扑结构,系统分成人机界面层、通信网络层及过程控制层,其中,人机界面层和过程控制层的设备通过系统通信网络联系起来。

1) 人机界面层

人机界面层由一个工程师站和多个操作员站组成,其主要功能如下:

(1) 工程师站用于系统配置组态、系统功能编程、系统状态诊断及监视。

(2) 操作员站在主控制台上,操作员通过操作员站进行对反应堆运行状态的监测及对设备操作命令的下达。

(3) 在值班长台上值班长通过操作员站对反应堆运行状态监测及运行报

表的打印和调度。

2）过程控制层

过程控制层由多个过程控制站及若干个扩展 I/O 站组成，其主要功能如下：

（1）过程控制站具有独立智能，可以独立执行数据采集、算法控制、逻辑控制等功能。

（2）过程控制站由一个控制器和 1 个或若干个 I/O 站组成，控制器与 I/O 站之间的连接采用冗余通信总线，I/O 站可以分散放置在不同地点，进一步提高 I/O 的分散性。

（3）过程控制站采用模块化的单元结构。控制器由 2 个（冗余配置）处理器模块和若干个通信接口模块组成。

（4）I/O 站包括若干个 I/O 模块，可以根据需要配置成具有不同数量的模拟量 I/O 通道或开关量 I/O 通道。

（5）过程控制站可以配置不同的通信接口模块，提供各种工业标准的通信总线接口，实现与其他数字化子系统（安全级数字化保护系统、辐射监测系统等）的数据通信。

（6）反应堆功率控制系统采用过程控制站作为手动控制和功率自动调节的处理装置，报警系统采用过程控制站作为报警处理装置。它们除独立执行处理功能外，也通过通信网络向过程计算机系统发送本站所监测的信息，报警系统的过程控制站还能通过通信网络从其他过程控制站接收某些报警触发信号。

3）通信网络层

通信网络层由两个冗余的光纤以太网环构成，其主要功能如下：实现过程控制站与网络服务器、操作员站及工程师站之间的网络通信。网络服务器有 3 台，以 2/3（三取二）方式工作，进行组态数据库、实时数据库及系统用户账户的统一管理。可根据需要配置 1 台历史数据服务器，建立历史数据库，进行历史数据的存档及分类检索。

5.7.2　就地采集与智能控制以及冗余

针对研究堆分散控制系统的仪控系统特点，下面主要介绍就地采集与智能控制以及冗余两部分内容。

1）就地采集与智能控制

在就地采集方面，研究堆分散控制系统的仪控系统采用具有独立智能的过程控制站及远程 I/O 站,分散安装在工艺现场,尽量靠近传感器/变送器,实现就地采集变换和处理,然后以数字量的形式将测量结果经网络总线发送给系统其他部分。主要优点有两个:一是缩短了模拟信号的传送距离,有利于提高抗干扰性;二是大大减少了现场到控制室/仪器间的电缆数目。

在智能控制方面,研究堆分散控制系统的仪控系统过程控制站具有独立执行复杂控制算法的能力,可以不依赖系统其他部分独立实现算法控制、逻辑控制等功能。在各工艺控制系统的设计中使执行控制功能的过程控制站直接经自己的 I/O 通道获取所需要的监测变量,尽可能避免经系统网络获取监测变量,从而保证控制功能的独立性。

2) 冗余

分散控制系统采用全冗余技术,尽可能消除单一故障引起系统功能失效的可能性。全冗余包括下述过程控制站内部冗余、通信网络冗余和重要设备冗余。

过程控制站内部冗余是指每个过程控制站内部配置冗余的处理器和冗余的总线接口模块,采用冗余的电源供电,消除了过程控制站单一故障失效的可能性。

通信网络冗余是指系统主干网络采用冗余的光纤以太网环,具有下述主要特点:

(1) 环上的任一网段均是其他网段的冗余,环形光纤以太网具有"自愈(合)"功能,任一网段的开断或失效不会影响该以太网干线的正常通信。

(2) 两个环形以太网干线互为冗余。

(3) 每个过程控制站的两个处理器模块各有两个以太网接口,分别与两个光纤以太网环相连。

(4) 每个操作员站、工程师站及网络服务器都通过冗余网络接口分别与两个光纤以太网环相连。

(5) 网络交换机的内置软件和过程控制站、操作员站、工程师站及网络服务器中的系统软件能实现自动故障渡越(在发生故障情况下自动切换到冗余部件)。

重要设备冗余的主要内容如下:

(1) 三台网络服务器,以 2/3(三取二)方式工作。

(2) 主控制台多台操作员站执行完全相同的监测和操作功能,互为备用。

(3) 如果有两套功率调节系统则互为备用。

5.7.3　主要技术参数要求与过程计算机系统使用经验

结合近年来几座研究堆分散控制系统的仪控系统的设计和运行管理实践,这里主要介绍该类系统主要技术参数要求和过程计算机系统使用经验两部分内容。

1) 主要技术参数要求

该类系统的主要技术参数包括时间分辨率、平均无故障时间和响应时间三项内容,这些参数应满足下述要求:

(1) 对开关量事件的时间分辨率应不大于 2 ms 和模块的平均无故障时间(MTBF)应不小于 50 000 小时。

(2) 过程控制站的控制响应时间应不大于 0.1 s(从变量输入到控制输出),系统响应时间应不大于 1 s(自控制台显示屏下达操作指令到过程控制站输出,或自现场信号输入到在控制台显示屏显示)和显示响应时间应不大于 1 s[显示画面切换(即新画面调出)时间,或显示刷新时间]。

2) 过程计算机系统使用经验

根据过程计算机系统使用经验,该系统需满足下述隔离、质量、调试和故障诊断等方面的要求

(1) 满足隔离和质量等方面的要求。在隔离方面该系统应满足外电源与系统内部直流工作电源隔离、I/O 通道与现场信号完全隔离等要求;在质量上该系统应满足可靠性、可维修性、环境适应性和电磁兼容等要求,其中,可维护性插件模块应具有在线自诊断能力、在前面板应有状态指示,插件模块应可带电热插拔,并支持即插即用。

(2) 满足调试方面的要求。该系统主要应便于反应堆工艺系统的调试,即将反应堆工艺设备的控制和状态参数都送到过程计算机系统中,工艺系统的状态可以方便地在工程师站设定;同时应便于有联锁关系的设备之间的模拟调试,如与泵联动的阀门,需要单独调试,则可以在工程师站设定泵的启/停状态,以验证联动阀门的跟随情况。

(3) 满足故障诊断方面的要求。在反应堆运行期间该系统应便于关联故障的查找过程,因该系统各个过程站的时钟信号是同步的,在个别信号异常时,可以通过同期的关联信号验证。如发现水泵出口压力瞬时降低事件,可以调阅同期的流量信号,看看是否有变化,以确认报警信号是否真实。

参考文献

[1] 张建民. 核反应堆控制[M]. 北京：原子能出版社，2009.

[2] 冯俊婷，黄晓津，张良驹. 核反应堆功率调节系统控制特性研究[J]. 原子能科学与技术，2006，40(3)：307-309.

[3] 张继革，吴元强，王敏雅. 控制棒新型电磁驱动机构性能实验研究[J]. 核动力工程，2001，22(6)：365-367.

[4] 张继革，吴元强，盛选禹. 控制棒新型电磁铁驱动机构动态特性实验研究[J]. 核科学与工程，2003，23(2)：124-125.

[5] 马明泽. CP300 核电厂仪表和控制系统/设备及运行[M]. 北京：原子能出版社，2010.

[6] 傅龙舟. 核反应堆控制[M]. 北京：原子能出版社，1995.

[7] 张明葵，杨自觉，金华晋，等. CARR 保护系统设计[J]. 核动力工程，2006，27(增刊5)：146.

[8] 黄晓津，张良驹，石铭德，等. 数字化保护系统工程样机研制及质量鉴定[J]. 全国第四届核反应堆用核仪器学术会议论文集，2005：136-137.

[9] 王学杰，朱世雷，黄文，等. 反应堆控制保护系统监测参数校准[J]. 核科学与工程，2010，30(4)：347.

[10] 安继刚，卿上玉，邬海峰，著. 充气电离室[M]. 北京：原子能出版社，1997：127.

[11] 王学杰，唐风平，朱世雷，等. 核测量系统采用标准输出信号的接口问题处理[J]. 核动力工程，2012，33(4)：17-18.

第6章
研究堆安全分析

当今世界,无论是在军事还是民用领域,人类正广泛地利用核能和中子在维持世界和平和提高人们生活质量上造福人类。但是,从社会舆论对于核安全的关注度上来看,近年来在非军事领域,人们对利用核能和中子的安全性始终存在争议,一些人认为核能和中子的利用是安全可控的,人类掌握的核能和中子应用技术就像阿拉丁手里的神灯正在不断地造福人类;另一些人则认为核能和中子技术的利用是不安全和难以控制的,人类建造的核设施就像潘多拉盒子,一旦遭遇严重事故导致这个盒子被打开,所有牛鬼蛇神都将释放出来并给公众和环境带来灾难。到目前为止,打消后者的顾虑的难点主要有两个方面:一是受限于目前人类所掌握的核科学与技术水平,尤其是耐受严重事故下极高温、超高压、强辐射和水化学腐蚀等多场耦合交互作用下的新材料尚未研制出来,在核能和中子技术的利用过程中一旦发生严重事故尚不能承诺做到绝对安全;二是无论从国际上核电厂所发生的三次核安全严重事故给环境和公众所造成的后遗症,还是从国内郑州钴源放射性泄漏事故引发的公众恐慌来看,再叠加近年来几位关键人物提出的质疑和媒体的渲染等,这些案例和因素均放大了核能和核技术应用的负面效应,充分说明核安全与核设施生存和发展的命运密切相关。值得庆幸的是,在核电厂方面,随着第三代和第四代核电厂技术的开发和应用,近30多年来我国所有在役在建核电厂均创造了良好的核安全记录;在研究堆方面,近80年来,纵观全世界840座研究堆积累的1万多堆年运行安全记录,所有研究堆均具有良好的安全运行业绩!这些业绩的取得主要与IAEA及各成员国研究堆管理水平和能力的提升有关,以我国的16座研究堆为例,从研究堆选址、设计、建造、运行(应用)到退役的全生命周期内,国家均采取了严格的安全管理措施。首先,从国家、政府行业主管部门到研究堆营运单位建立了健全的、严格的核安全监管体系文件。在国家法律依据文件层面有原子能法（待颁发）、职业病传染防治法和核安全法，在政府主管部门监管文件层面有 HAF/HAD 和国家国防科技工业局核安全监管一号令，在营运单位执行文件层面有质量、安全和环境三大体系文件等，这些体系文件为做好研究堆核安全相关工作提供了依据、指导和参考。其次，从国家、政府行业主管部门到业主（营运单位）建立了健全的安全监管组织，各级组织使制定的安全体系得到有效运行，例如：在研究堆的选址、设计、建设、运行（应用）和退役各阶段，国家和政府行业主管部门依据国家法律和相关文件对其中的重大环节和节点实施安全监督和管理；业主和营运单位依据其体系文件对所有活动进行全要素、全过程和全覆盖安全管理。最后，政府行业主管部门通过执行许可证制度和举办年度研究堆运行经验交流会等形式，提升各法定代表人和涉核人员的安全意识；各业主（营运单位）高度重视各单位之间的运行经验反馈、运行人员的培训效果和本单位核安全文化建设水平的提高，确保全寿期内研究堆始终处于安全受控状态。

研究堆安全分析是研究堆安全分析报告中专章分析的重要内容，是提升所分析研究堆本质安全水平和实现其安全目标的重要抓手。安全分析的主要目的是由事故处置为主向基于风险辨识的预想、预测和预防为主前移，针对辨识出的风险源制定有效管控措施，提前释放和化解设计、建造、运行和退役过程中潜在的各种风险，确保研究堆全寿期的活动安全受控。安全分析的主要任务是采用适当的分析工具全面评价研究堆在各种运行和事故工况下可能产生的潜在风险，确认安全重要物项的设计基准和安全限值。安全分析的主要特点体现在专业性强、系统性复杂和综合性突出等方面，主要分析方法是采用确定论、概率论和经验反馈，主要分析过程是对各类事件的起因、演化、发展成事故的机理、采取措施的有效性和后果等进行科学分析，得出科学的结论。在一座全新研究堆的后四个阶段活动中，安全分析是必须要开展和完成的重要工作，工作结果输出的主要载体包括设计阶段的初步安全分析报告（primary safety analysis report，PSAR）、装投料前的最终安全分析报告（final safety analysis report，FSAR）、运行阶段（一年试运行后颁发运行许可证之前）的安全分析报告和退役阶段的安全分析报告四个安全性技术文件，这些文件是该研究堆在四个阶段内开展所有与核安全相关活动的重要技术支撑文件，国家行业主管部门通过对这四个技术文件的审评后，颁发四个阶段的相关许可证，业主（运营单位）依据批准的许可证条件对该研究堆的核安全相关活动进行管理。

此处需说明的是,在编写 PSAR 与 FSAR 的安全分析一章时需关注在内容选择和编写重点上的差异性。在编写 PSAR 时,因工程建设尚处于初步设计阶段,该报告的安全分析一章主要是对各类事故的始发事件进行初步分析,逐项描述了对研究堆运行、实验应用等各类典型安全事故所做出的设防承诺,依据或参照哪些国家的法律法规、标准、安全准则和验收准则等所采取相关安全预防措施的初步设计等内容,通常,给出的初步计算分析结果和参考数据等预留有较大的安全裕度;而在编写 FSAR 时,不仅工程建设的施工设计结果已向现场提供了"三书一图",而且建筑安装工程和非核调试工作也已经完成,该报告的安全分析一章要求重点说明该阶段的安全分析结果满足了 PSAR 的安全分析一章中所做出的所有承诺,并基于全部台架实验和非核调试试验结果给出其验证性结论意见,对于不具备验证条件的 ATWS 等超设计基准事故分析计算结果承诺在带核调试阶段给出其试验验证意见和结论。

综上可见,核安全是研究堆运行和发展的生命线,安全分析工作应贯穿于一座研究堆全寿期各个阶段,分析过程和结论可为该座研究堆的全寿期安全活动管控提供重要的技术支撑。本章首先简要介绍研究堆安全设计原则和核安全目标,其次重点提出游泳池式研究堆的安全特性、需满足的安全限值和事故分析总体要求,最后详细介绍六类典型核安全事故从事故起因、采取的预防或专设安全设施的有效性到分析结论等七个方面的瞬态过程安全分析要求。

6.1　安全设计原则和核安全目标

研究堆的安全原则贯穿于研究堆全寿期,依据 IAEA 1993 年发布的《核设施安全》(安全丛书 110 号)和 2006 年变革并发布的《基本安全原则》(SF-1),研究堆在全寿期内应遵循的安全原则如下:在研究堆的选址、设计、建造、运行和退役等各个阶段,必须确保其核安全,保护现场工作人员、公众和环境免遭不可接受的辐射危害。研究堆的安全原则共有 25 条,其中,安全设计原则是设计阶段必须遵守的基本原则。总体核安全要求是在正常和事故工况下,必须将放射性物质的释放控制在合理可行且尽可能低的水平,其释放量必须确保现场工作人员和厂区公众的安全,确保不会导致场外应急。

6.1.1　安全设计原则

在研究堆设计阶段,为满足总体核安全目标要求,在编写安全分析报告的安全分析一章中总体上应贯彻"基于多重屏障的纵深防御理念，与核安全相关重要物项具备相应的安全功能，采用多重性、多样性和独立性等设防措施使共因故障的影响降至最低程度，采用经过验证的类似工程实践经验和运行经验反馈，具备抵御自然灾害的能力和满足合理可行尽可能低的辐射防护标准要求"等安全设计原则。针对按照反中子阱原理设计的游泳池式Ⅰ类研究堆，在编写 FSAR 报告的安全分析一章时，对其内容、格式和深度等的要求应坚持的主要安全设计原则有下述三条。

一是坚持依据文件的充分性和适宜性原则，总体框架可按照 HAD201/01 并参照 RG1.70 的要求进行编写，但是应注意到 HAD201/01 中提出的核安全要求仅适用于热功率范围在 0～5 MW 水平的研究堆，必须针对Ⅰ类研究堆的安全特性作适当的补充和完善，如补充编制相应的安全设计准则等。

二是坚持经验反馈原则，按照满足核安全目标要求，如果要求进行安全设计分析的对象既不是"原型堆"，也不是"类似研究堆"且有"参考研究堆"，则依据的安全设计原则可借鉴"参考研究堆"的相关安全设计原则，否则仍须坚持按照"原型堆"执行安全设计原则。

三是坚持结合特点与突出重点相结合的原则，在核安全事故分析中，要求针对游泳池式研究堆的安全特点，详细分析"三无"、辐照样品和流道堵塞等几类典型的核安全事故以及主要 ATWS 超设计基准稀有事故的起因、演化过程、采取的专设安全设施的有效性与可靠性、分析计算结果和结论等内容。

6.1.2　核安全目标

研究堆的安全目标包括总体核安全、辐射防护和技术安全三个目标，为便于理解三个目标的相关内容，下面主要介绍三个目标的定义及其之间的关系。

依据 1995 年 6 月 6 日，国家核安全局发布的《研究堆设计安全规定》HAF201 第 2 节中的相关要求，在研究堆核安全设计中，三个目标的定义如下[1]：

（1）研究堆总的核安全目标是建立并维持一套有效的防御措施，以保护工作人员、公众和环境免受过量的放射性危害。

（2）研究堆辐射防护目标是确保研究堆的运行和使用满足辐射防护要求，确保在各种运行状态下厂区工作人员及公众的辐射照射低于国家的规定限值，并保持在合理可行尽可能低的水平，确保任何事故引起的辐射照射得到缓解。

（3）研究堆技术安全目标是确保广泛地预防事故,确保设施设计中考虑到的所有事件序列（包括那些概率低的）,其辐射后果要小,通过采用预防及缓解措施;确保有严重后果的事故发生的概率极低。

总体看来,上述三个目标的定义较为原则和抽象,不易理解,下面将再从定性和定量两个方面阐述三者之间的关系。

从定性上看,总的核安全目标中的防御措施和辐射防护两项要求落地在技术安全目标和辐射安全目标的实现上,后两个目标的实现结果可为总的核安全目标的达到提供技术支持,三者之间互为印证和补充。从定量上看,可参照美国核管会的做法,即针对核电厂运行或事故的核辐射对人员造成危害的确定性效应和随机性效应,采用两个数值进行量化,一是反应堆事故导致立即死亡风险小于 1×10^{-3},即对紧邻核电厂的正常个体成员来说,由于反应堆事故所导致的立即死亡风险不应超过美国社会成员所面对的其他事故所导致的立即死亡风险总和的 1×10^{-3};二是反应堆运行致癌死亡风险小于 1×10^{-3},即对紧邻核电厂周边的人口来说,由于反应堆运行所导致的癌症死亡风险不应超过美国社会成员其他原因所导致癌症死亡风险总和的千分之一。

此处需要说明的是,国际上从 20 世纪 80 年代已开始对定量核安全目标进行研究,到目前为止,因有利事件数样本不够和技术经验不足,通常,定量核安全目标仅作为整体追求目标,在核安全设计中并不作为法定要求,具体做法是参照上述两个风险小于 1×10^{-3} 的定量目标,由于研究堆的源项远小于核电厂,只要两个效应的数值分别小于 1×10^{-3},也就标志着实现了对人的核安全目标。不过,对于环境的核安全目标量化的问题,由于各研究堆厂房内环境、场区环境和放射性物质释放的复杂性,目前还无法做到对环境保护进行量化（总体上,从逆向计算和国际研究堆运行事故处理经验上判断,一座研究堆万一发生部分堆芯烧毁严重事故,也只需实施厂区应急,换句话说,万一某座研究堆发生部分堆芯燃料元件烧毁这类严重事故,释放的放射性物质总量对周围环境造成的影响是在国家法规规定的安全限值之内）。因此,分阶段来说,在设计和建设阶段,需严格按照三个目标要求进行核安全设计和建造,确保全寿期内具有实现总核安全目标的可行性;在运行和退役阶段,需严格按照设计和建成的软硬件条件并采取有效的技术和管理措施,包括培训岗位人员并严格执行运行规程、形成营运单位良好核安全文化和核安全主管部门实施严格监管等,确保研究堆在全寿期内实现总的核安全目标。

6.2 游泳池式研究堆的安全措施

近年来,为满足当今国际最高核安全标准要求,在研究堆的可靠停堆、冷却和密封包容等核安全功能的实现和预防严重事故两个方面,各研究堆的工程设计均采取了相应安全措施,针对具有反中子阱原理的游泳池式研究堆,所采取的安全措施主要包括下述可靠性、预防与缓解等措施。

6.2.1 三项安全功能的可靠性措施

目前,对于采用反中子阱原理设计的在役和在建游泳池式研究堆,为确保三项安全功能的实现,设计者采取了下述可靠性措施:

1)停堆可靠性措施

为确保实现停堆的可靠性,设计者结合研究堆的物项特性和现场条件,在满足"两套独立停堆系统、棒控系统在卡棒准则下的停堆深度和主/辅控制室'手操'(SCRAM,手动触发)的切换可靠性"等安全功能要求方面,采取了下述措施:

(1)设计有依靠控制棒和排放重水两套独立的停堆系统。第一套系统可设计成全密封磁悬浮机电一体化控制棒停堆系统,第二套系统可设计成能动联合非能动的排放重水停堆系统。两套系统的停堆方式如下:在正常运行和事故工况期间,依靠控制棒实现反应堆的启动、运行和停堆;如果棒控停堆系统发生故障或失效,通过手动或电动打开重水排放管线上设置的阀门,重水箱内的重水可依靠其重力自动排入重水溢流箱,由于逐渐排放重水的过程是引入负反应性的过程,在排放过程中可逐渐降低堆芯功率水平,实现缓慢热停堆,再附加相应安全管理措施,可将反应堆引入并保持在冷停堆状态。

(2)满足棒控系统在卡棒准则下停堆深度要求的可靠性措施。此处考虑了两种初始事件,一是堆芯一根最大反应性价值控制棒被卡事件,通常分两种情况采取相应的可靠措施,如果堆芯具有相对较多的栅格,可在堆芯适当位置均布多根控制棒,减少单根控制棒的积分价值,当发生此类事件时,其余控制棒插入堆芯可满足停堆深度要求;如果堆芯栅格紧张,布置控制棒的栅格受限,单根控制棒的积分价值较大,当发生此类事件时,其余控制棒插入堆芯不满足停堆深度并保持在冷停堆状态要求,则可在反射层内侧沿堆芯对称位置另设两根采用其他驱动源驱动的控制棒,在运行规程上规定,每次启堆和运行期间,将这两根控制棒提出堆顶并保持在一定位置。二是如果发生堆芯多根或全部控制棒被卡在堆芯某一高度位置事件,可通过启动上述排放重水系统实现停堆。

(3)满足主/辅控制室两点"手操"和功能切换可靠性要求的可靠性措施。主/辅控制室的操作台均设置有"手操"按钮,通过按下该按钮和切断电源,控制棒依靠其重力插入堆芯可确保可靠停堆。在突发地震并出现主控制室不能居留的情况时,在主控制室的备用盘上,运行人员可将状态参数监控功能切换到辅助控制室,并在该处监控事故后反应堆的状态参数,设计的控制逻辑考虑了两点"手操"和功能切换的可靠性。

迄今为止,全世界所有研究堆一万多堆年安全运行业绩表明:在任何条件下,尚无一座研究堆发生过不能停堆的事故,即使影响进一步拓展到核电厂,2011 年 3 月 11 日在日本福岛发生 9 级地震期间,福岛所有在运核电机组均实现了可靠停堆。换句话说,在现有反应堆的可靠停堆设计和运行等技术方面,设计者和运行人员已有良好的实践并积累了丰富的经验。

2)堆芯余热排出可靠性措施

为保障余热可靠排出,设计并建成有能动和非能动余热排出系统。近年来,针对游泳池式研究堆在外网失电事件下的堆芯余热排出问题,工程设计上采取了下述三重可靠性措施。首先,在研究堆一回路主泵轴承上安装惰转飞轮,一旦主泵失去电源,该飞轮的转动惯量可延长主泵的转动时间,由此实现一回路流量的衰减速率低于堆芯功率下降速率或至少达到两者降速相匹配的水平的要求。其次,随着主泵惰转的停止,当堆芯流量下降到一定水平时,由于依靠应急电源带动的辅助余热排出泵的跟随投入或实时启动,可实现堆芯余热的可靠排出。最后,当反应堆剩余功率降至自然循环功率水平时,类似 JRR-3M 这类常温常压研究堆,通过打开在堆芯下联箱上设置的采用电动或手动模式开启的一对自然循环阀中的任何一个,类似 CARR 这类低温中压池内水罐研究堆,也可通过打开在池内设置的非能动压差翻板阀,在堆芯和游泳池之间建立起冷却剂自然循环回路,将堆芯余热载入游泳池水内,通过游泳池水表面散入反应堆大厅,反应堆大厅内随温升进入的热量由通风系统冷却,确保堆芯余热被连续排出。总体上,就堆芯余热排出效果来看,此类堆属于固有安全性好的研究堆。

这里需说明的是,对于设置主泵惰转飞轮增加主循环泵轴的转动惯量这种非能动余排技术的有效性,在设计阶段,设计人员从下述两个方面进行了分析:一是定性上分析了只要让事故发生初期主回路冷却剂流量的衰减曲线适配于堆功率的下降曲线,堆芯产生的热量就不会出现聚集现象,也不会导致燃料元被烧毁;二是定量上进行了瞬态计算和分析,给出了新增的主循环泵的转动惯量的下限值,计算时考虑了计算对象、材质和边界条件等要素,其中,计算对象的主泵旋转部分总转动惯量包括飞轮、转轴和转子三个子部件的转动惯量,在相同的总体尺寸下,通常选用钨合金或贫铀等密度大的材料作为飞轮材质以增大转动惯量,边界条件是考虑了主回路系统的沿程和局部等总流动阻力特性。在实验和调试阶段,业主采用台架实验数据和主回路系统在低功率调试期间的调试数据对设计值进行了验证,总体上,设置的非能动余排系统可满足堆芯余排可靠性的要求。

3)密封包容可靠性措施

为确保实现密封包容的可靠性,设计并建成有满足国家辐射防护目标要求密封包容系统。近年来,为满足纵深防御和国内外核安全标准提高的要求,针对第Ⅰ类研究堆的反应堆厂房不仅需设计成具有密封包容功能,而且其漏率需达到不实施场外应急限值的问题,工程设计采取了两种可靠性措施:一是设计增大反应堆厂房的承压能力,在严重事故发生和演化期间,采用"闷"的办法,即关闭通排风系统阀门,依靠放射性物质的自然衰变,以此降低短半衰期放射性核素的辐射水平,此种办法的优点是少设置一个系统,不足之处是由于短半衰期核素自然衰减的时间缓慢,随着燃料元件熔化和游泳池池水温度的升高,从游泳池液面释放的蒸汽升入反应堆厂房,厂房内的压力将逐渐上升,导致厂房承压风险随之增大;二是在反应堆厂房内设置事故循环通风系统,一旦发生堆芯部分燃料元件烧毁等严重事故,立刻关闭正常通排风系统的隔离阀,启动事故循环通风系统,通过设置在该系统上的高、中、低多级过滤器的吸附和过滤作用,可快速降低反应堆厂房内短半衰期核素辐射剂量的峰值水平,该峰值水平降低到满足排放标准的时间小于第一种措施所需时间,此种措施的优点是通过缩短达标排放所需时间,可大幅降低反应堆厂房承担的包容承压风险,不足之处是需多设置一个系统。

总体上看,工程上所采取的这两种可靠性预防措施均可确保反应堆厂房密封功能的实现且其泄漏率满足国家批准的安全限值要求,兑现营运单位对国家监管当局做出的不实施场外应急干预或处置的承诺,最终满足研究堆辐射防护目标的要求。

6.2.2　"三无"事故的预防和缓解措施

针对游泳池式研究堆全寿期内可能发生的无水、无电和无停堆"三无"事件，在事件发生后，为防止事件进一步扩展成堆芯烧毁并导致放射性物质释放等严重事故，在研究堆设计阶段，设计者采取了下述预防和缓解措施。

1) 应对无水事故的预防和缓解措施

针对一回路系统、水平实验孔道和游泳池池壁可能诱发池水泄漏的主要初始事件，工程设计采用了下述四种预防措施。一是将整个一回路系统的水管及其设备布置在高于堆芯顶部的一定位置，此种设计的突出优点是可彻底消除 LOCA 带来的危害，不足之处是将导致后期运行费用的增加。二是将整个一回路系统及其设备布置在远低于堆芯底部的一定位置，同时将该系统的进出口水管的某一位置布置在高于堆芯顶部和低于正常池水液面位置，在出水管最高点设置虹吸破坏阀，在进水管的最高点处设置虹吸中断孔，如果出水管发生 LOCA 并使得游泳池内水位降低到设置的虹吸破坏阀位置时，通过电动或手动模式打开两个虹吸破坏阀中的任何一个，均可防止池水进一步泄漏，保持堆芯处于淹没状态；如果进水管发生 LOCA 并使得池水水位下降到虹吸中断孔裸露时，由于裸露孔位置空气的吸入，也可中断池水进一步泄漏，保持堆芯处于淹没状态；如果进出口水管同时发生 LOCA，由于设置的虹吸破坏阀和中断孔发生作用，均可防止池水进一步泄漏，保持堆芯处于淹没状态。三是所有水平中子束实验孔道均设置有两道相互独立的隔离装置，无论是不锈钢还是铝材料建造的游泳池壁，在这类研究堆的全寿期内，均未发生过两道隔离装置失效导致的失水事故。四是游泳池池壁周向采用近 2 m 厚的生物屏蔽层包覆，构成池壁的每条环焊缝均经过严格的质量检测，该池壁的其他部位再无失水可能。

针对控制棒导管和堆底小室可能诱发池水从池底泄漏的主要初始事件，工程设计采取有下述两种预防措施：一是控制棒导管采用全密封结构设计；二是安装所有控制棒导管及其驱动机构的腔室空间应远远小于堆芯上部游泳池池水的容积，万一控制棒导管发生破裂，泄漏池水灌满该腔室，剩余游泳池水的水位仍远远高于堆芯顶部。

此处要强调的是，近年来新建造的游泳池式研究堆，在预防和缓解无水事故方面，无需设置类似核电厂那样的非能动余热排出系统，因该类游泳池式研究堆本身就具有下述固有安全特点：在Ⅰ、Ⅱ和Ⅲ类工况下，堆芯始终处于淹没状态;在发生失水事故后,只要所采取的上述预防和缓解措施的功能发挥作用,堆芯也将永远处于淹没状态。

所采用的热工水力程序的计算结果表明:对于堆功率小于 20 MW 的研究堆,池水的热容量对堆芯余热的缓解作用可确保 72 小时无需人为干预,此外,堆芯上部池水对释放的放射性具有阻滞和缓释作用。多座游泳池式研究堆的 PSA 计算结果表明:该类研究堆发生失水事故的概率小于 10^{-8},在正常、停堆和设计基准事故下,堆芯将始终被 100 余吨去离子水所淹没。

2) 应对无电事故的预防和缓解措施

为确保供电系统功能实现的可靠性,针对外网失电事件诱发的全厂断电严重事故,设计者设置了 UPS 应急电源和两台柴油机备用电源。在正常工况下,UPS 由外网交流供电并随研究堆一并投入运行,一旦外电网交流电源失电,UPS 将由外网的交流供电自动切换到蓄电池组直流供电(自动切换时间≤5 ms,在此期间,计算机监视屏不闪动、确保数据不丢失),并向重要核级专设负荷输出 AC 220 V 和 AC 380 V 电源,在约 2 小时内,满足这些设备及其系统的供电需求;在约 30 分钟内,两台柴油机中的任一台可启动接替 UPS 的供电功能。

在正常运行和外网断电期间,UPS、柴油机与专设的供电如图 6-1 所示。

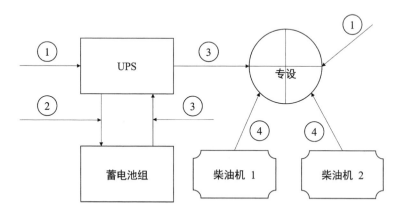

图 6-1 正常运行和断电期间 UPS、柴油机与专设的供电示意图

① 表示在正常工况下,外网分别向 UPS 和专设供电的线路。
② 表示在正常工况下 UPS 由交流变直流向蓄电池充电。
③ 表示外网失电后,UPS 由外网交流供电自动切换到蓄电池组向 UPS 供直流电;
经 UPS 直流变交流后,再由 UPS 向专设供电。
④ 表示在外网失电期间,在蓄电池组的电放完前,一用一备柴油机中的任一台柴油机启动向专设供电。

3）应对无停堆事故的预防和缓解措施

从上述分析并结合研究堆安全运行业绩可见，"三无"事故中的设防重点是无水和无电两类事故，所设置的无停堆预防和缓解措施可参见 6.2.1 节中的相关内容。

6.3　安全限值与要求

按照《研究堆运行安全规定》HAF 202 第 4 节中关于运行限值和条件的要求[2]，为确保研究堆的运行安全，在设计阶段必须设置多层级安全防线，在研究堆全寿期内，运行人员必须严格遵循，这些安全防线包括安全限值、安全系统整定值、运行限值和报警整定值，同时在每两个层级之间预留有一定的安全裕度，关于这些限（整定）值及其预留的安全裕度之间的关系可参见核电厂运行限值和条件[3]。在研究堆运行中，安全限值不仅是运行人员不得突破的最后一道安全防线（否则，其后果将会是灾难性的），而且也是各类事故分析结论的验收准则。这些安全限值主要包括燃料元件中心温度、MDNBR、辐射剂量和辐照回路四类限值。

本节主要介绍与研究堆运行相关的堆芯燃料、热工水力、装置和回路以及厂区边界辐射剂量的安全限值与要求，简介燃料和材料辐照回路安全限值与要求。

6.3.1　堆芯燃料和热工水力安全限值与要求

在介绍了研究堆安全限值重要性的基础上，下面将主要介绍燃料元件温度安全限值与要求和堆芯热工水力安全限值与要求两个部分的内容。

1）燃料元件温度安全限值与要求

针对 U_3Si_2 - Al 弥散性板状或管状燃料元件，燃料元件温度安全限值是芯体温度小于 250 ℃，针对 UO_2 - Mg 棒状燃料元件，其芯体温度小于 400 ℃。

燃料元件包壳是防止放射性物质释放的第一重屏障，无论是板状、管状或棒状燃料元件，在正常运行工况和预期运行事件工况下，要求燃料元件芯体温度低于芯体材料的安全限值，且燃料元件芯体和包壳的安全限值必须通过燃料元件入堆辐照考验予以确定。对于采用 U_3Si_2 - Al 作为芯体和铝作为包壳材料的板状或管状燃料元件，为防止燃料芯体起泡导致燃料元件包壳之间的流道发生变化从而危及燃料板热量的导出，通常要求将其起泡温度作为安全限值，在预留一定安全裕度的条件下，安全分析时取 250 ℃；对于采用 UO_2 - Mg

作为芯体和铝作为包壳材料的棒状燃料元件,由于采用镁作为基体材料,镁的熔点是 651 ℃,UO_2 弥散在其中形成燃料芯体,UO_2 的熔点是 2 875 ℃,为了除去加工期间在燃料芯体中残存的气体,除气工艺温度范围选在 420~450 ℃,要求将除气工艺温度作为燃料芯体的安全限值,通常要求该类燃料元件铀芯温度的安全限值取 400 ℃。

2) 堆芯热工水力安全限值与要求

通常选取燃料元件最小偏离泡核沸腾比(习惯称作最小烧毁比,MDNBR)大于 1.5,保证堆芯始终被水淹没,堆芯冷却剂流速应小于 12 m/s。

在正常运行工况和预期运行事件工况下,要求燃料组件流道中的冷却剂不允许发生偏离泡核沸腾,例如,JRR‐3M 的热工水力设计中采用 SUDO 经验关系式计算 q_{CHF},MDNBR 限值取 1.5[4]。

在所有运行工况下,包括设计基准和超设计基准事故工况下,要求反应堆堆芯应始终处于被水淹没状态,在最高冷却剂流速下,堆芯构件和组件不允许出现流致振动现象。

6.3.2 装置回路和辐射安全限值与要求

针对研究堆上所设置的研究装置和辐照回路的运行特性以及研究堆源项的特点,下面将主要介绍冷中子源装置和材料辐照回路安全限值与要求、辐射安全限值与要求等两个部分的内容。

1) 冷中子源装置和材料辐照回路安全限值与要求

在任何工况下,为确保启/停和维护维修期间反应堆和冷中子源装置堆内部件的核安全、放射性辐射安全和氢或氘的操作安全,冷中子源装置安全限值是冷包材料铝及其环境温度应小于 200 ℃,冷中子源系统压力应在铝材料机械强度范围内,应保持多重屏障保护系统的完整性和遵循单一故障失效准则。

冷中子源装置安全限值要求是依据《研究堆设计安全规定》(HAF201)《研究堆运行安全规定》(HAF 202)《研究堆运行管理》(HAD 202/01)和《氢气使用安全技术规程》(GB 4962—1985)等文件,参照文献[5‐6]中对反应堆和冷中子源装置安全规定的要求,借鉴国外冷中子源装置安全运行的经验,结合国内冷中子源装置设计、建设和运行实际,提出并批准其安全限值要求。例如,针对介质为液氢或液氘和氘气的冷中子源装置,在任何工况下,所设置的安全限值应满足以下两个方面的要求:一是明确冷中子源装置分属第 1、2 和 3 类实验装置中的类别,二是关注使用液氢或液氘以及氘气等的特点。

辐照回路的安全限值与要求是,所设置的安全限值与要求参照核电厂相关安全限值与要求。因为在研究堆或材料试验堆上所设置的辐照回路(无论是稳态还是瞬态辐照回路)均在高温高压环境条件下运行,相当于一座小型压水堆。

2) 厂区边界辐射安全限值与要求

辐射剂量安全限值是选取的研究堆厂区边界公众有效剂量小于 5 mSv。

在反应堆大厅 24 小时内泄漏率小于 1% 的条件下,辐射剂量安全限值的要求是单次事故释放的放射性物质在厂区边界造成的公众有效剂量小于 5 mSv。

6.4　事故分析总体要求

研究堆事故分析是编写和审评各个阶段安全分析报告的重要内容,其中,在一座新型研究堆工程的建设阶段,事故分析一章主要是对涉核内容进行分析,是安全分析报告高度关注的一章,不仅是国家审评业主提交的 FSAR 和发放装投料批准书前提问题最多的一章,而且所分析的内容和结论等对于带核调试和试运行期间的安全管理和决策等具有重要的指导价值。在研究堆事故分析中业主应重点关注两点:一是选择的始发事件的完整性,以确保对各种可预见和不可预见的事件均进行分析,在裁剪时,主要是采取包络性原则,重点选取各类事件中具有包络性的极端事件进行分析;二是对选择的极限事故进行分析时应考虑其合理性和适宜性,在分析"三无"事件发展成极限事故(严重事故)及其演化过程的合理性和适宜性时,应综合考虑各研究堆厂址条件、堆的类别和特性等因素。

本节主要介绍研究堆事故分析中选择的始发事件和三类运行工况中的典型事故、采用的程序和参数要求等相关内容。

6.4.1　选择始发事件及典型事故要求

针对研究堆各类工况的特点和典型事故的安全分析要求,下面将主要介绍选择始发事件和选择典型事故等要求的内容。

1) 选择始发事件要求

依据《研究堆设计安全原则》(HAF201)的相关要求,参照国内外研究堆选择始发事件的原则,结合具有反中子阱原理游泳池式Ⅰ类研究堆的安全特点,针对该类研究堆运行的正常、预期运行事件、事故和超设计基准事故等四类工况,从停堆、冷却和密封包容等安全功能角度,要求重点针对后三类工况,选择下述五类始发事件作为安全分析的诱因。

（1）反应性引入和功率分布异常。

（2）反应堆冷却能力降低。

（3）反应堆冷却剂流量减少。

（4）子系统或部件的放射性释放。

（5）内、外部事件和人因事件。

2）选择典型事故要求

对于类似 JRR - 3M 和 CARR 等采用重水作为反射层的这类研究堆,在编写的安全分析报告中,为确保研究堆的运行安全,需定量分析下述预期运行、事故和超设计基准事故等三类工况中典型事故的瞬态过程,以识别出危及运行安全的潜在危险源,分析判断所设置的安全措施的适宜性和有效性。针对三类工况所选择的始发事件及其典型事故等分别如表 6-1~表 6-3 所示。

表 6-1 选择的预期运行工况中典型事故及安全保护措施

序号	始发事件	典型事故（运行瞬态）	安全保护措施
1	反应性引入事件	在零功率期间、控制棒失控提升	核功率过高或短周期保护信号触发紧急停堆
2		在中功率期间、控制棒失控提升	核功率过高或短周期保护信号触发紧急停堆
3		在满功率期间、控制棒失控提升	核功率过高或短周期保护信号触发紧急停堆
4		在中功率运行时,处于备用的一台主循环泵意外启动	短周期和中子注量率过高信号触发紧急停堆
5	冷却能力下降事件	外电网供电丧失、一回路两台主循环泵停运,流经堆芯流量惯性下降	主回路流量低触发紧急停堆、UPS 应急和柴油机备用电源先后接续对应急辅助泵供电
6		外电网供电丧失、二回路两台循环泵停运,二回路流量降为零	堆芯出入口温差大或堆芯出口冷却剂温度高信号触发紧急停堆

（续表）

序号	始发事件	典型事故（运行瞬态）	安全保护措施
7	冷却能力下降事件	在满功率运行时，一个自然循环阀误开启	堆芯出入口温差大或堆芯出口冷却剂温度高信号触发紧急停堆
8		在满功率运行时，一个虹吸破坏阀误打开	虹吸破坏阀打开、堆芯出入口温差大或堆芯出口冷却剂温度高信号触发紧急停堆

表 6-2　选择的事故工况中典型事故及安全保护措施

序号	始发事件	典型事故（运行瞬态）	安全保护措施
1	反应性引入事件	在满功率运行时，辐照样品意外移出堆芯	核功率过高或短周期保护信号触发紧急停堆
2		重水箱破裂、池内轻水进入重水箱	重水溢流箱水位高或堆芯出入口温差大或堆芯出口冷却剂温度高信号触发紧急停堆
3	冷却能力下降事件	在满功率运行时，一台主循环泵卡轴	主回路流量过低、堆芯出入口温差大或堆芯出口冷却剂温度高信号触发紧急停堆
4		在满功率运行时，一台二回路循环泵卡轴	二回路流量过低、堆芯出入口温差大或堆芯出口冷却剂温度高信号触发紧急停堆
5		主回路管道破裂	先后开启自然循环阀和破坏虹吸阀、始终保持游泳池水位淹没堆芯
6		燃料组件冷却剂流道阻塞	燃料破损检测系统和辐射监测系统触发紧急停堆
7	放射性物质释放事件	反应堆池壳外重水回路管道破裂导致重水流失	重水液位低、辐射监测系统信号触发紧急停堆

表 6-3　选择的超设计基准事故工况中典型事故及安全保护措施 *

序号	超设计基准事故类型	典型事故	安全保护措施
1	失电 ATWS	外网供电丧失 ATWS 事故	安装惰转飞轮增加主泵惰转时间
2	提棒 ATWS	满功率提棒 ATWS 事故	完全独立于功保系统、单独设置 ATWS 事故缓解系统
3		零功率提棒 ATWS 事故	完全独立于功保系统、单独设置 ATWS 事故缓解系统
4	冷却能力下降＋人因失误	丧失外部电源叠加自然循环阀误开启	安装惰转飞轮增加主泵惰转时间和减缓自然循环阀开启速率
5	异物落入游泳池及燃料破损事故	燃料组件中一个流道阻塞叠加该组件流道全部被阻塞	从管理和工程上采取措施,执行防止异物进入游泳池运行管理规程、设置燃料破损检测系统和辐射监测系统触发紧急停堆

　＊超设计基准事故中典型事故的选择原则是基于某个运行瞬态工况再叠加一个安全保障措施失效,在分析此类事故时,可以不采用保守分析方法,而采用实际模型参数。

从表 6-1～表 6-3 中可见,相应的预期运行工况、事故工况和超设计基准事故工况中共选择了 20 种典型事故的瞬态过程。通常,为进一步减少分析工作量,结合具有反中子阱游泳池式研究堆的应用需求和安全特性,所选择的安全分析内容可主要关注控制棒失控提升、外网供电丧失、辐照样品意外移出堆芯、燃料组件冷却剂流道堵塞、重水箱破损轻水进入重水箱和 ATWS 等 6 种典型事故的瞬态过程。

6.4.2　采用的判据、程序、模型和中子动力学参数要求

依据 6.3.1 节中提出的燃料元件芯体温度小于 250 ℃、MDNBR＞1.5 (堆芯始终被池水淹没)和单次事故造成的厂区边界公众有效剂量小于 5 mSv 等三个安全限值,鉴于这些安全限值主要涉及堆芯物理、热工水力和辐射防护的设计结果,参考其他在役研究堆的运行应用经验,结合开口游泳池式研究堆本身的源项实际,所选择的下述 6 种典型事故的安全分析结果将分别采用相应的安全限值作为验收判据。使用的安全分析程序主要是基于第 3 章中介绍

的堆芯临界计算"三步法"相关程序的计算结果作为输入参数,开展热工水力计算,选择的热工水力程序主要是子通道分析程序,例如,COBRA Ⅲ C/MIT－2 以及 COBRA3C/RERTR 等,其中选择的计算程序主要是 COBRA Ⅲ C/MIT－2,选择的验证计算结果程序主要是 COBRA3C/RERTR[7];选择的临界热流密度 q_{CHF} 经验关系式主要是 SUDO 公式等,其中的 SUDO 关系式是日本原子能研究所在低温低压和板状燃料元件堆芯下基于 95 个临界热流密度实验数据拟合得到的关系式,已用于 JRR－3M 的热工水力设计[8-11];建立的几何模型是热工水力计算控制体采用的堆芯和系统模型,其中,一回路堆芯采用最热通道、平均通道、旁流通道和自然循环旁路通道模型,系统采用带回路系统的详细分析模型,换热器的二次侧采用充灌模型以简化模拟。此外,一回路系统的运行模式和冷却剂流程是在该回路为强迫循环模式下,堆芯冷却剂从上往下流经堆芯、经过下腔室、主回路出口管道并在主换热器的传热管将载带的热量交给二回路之后,沿主回路入口管道返回游泳池;在该回路为自然循环模式下,堆芯冷却剂从下往上流经堆芯、将堆芯热量载带给游泳池池水。在事故演化瞬态分析中,要求给出的中子动力学参数主要包括有效缓发中子份额和瞬发中子寿命。

例如,表 6－4 所列的日本 JRR－3M 的两个中子动力学参数[12]。

表 6－4　JRR－3M 的两个中子动力学参数

参　　数	BOC	MOC	EOC	备　　注
$\beta_{eff} \times 10^{-3}$	7.56	7.34	7.24	有效缓发中子份额
$l(s) \times 10^{-4}$	1.17	1.19	1.22	瞬发中子寿命

从表 6－4 中可见,随着堆芯燃料燃耗的加深,从循环初期到循环末期,堆芯中的有效缓发中子份额 β_{eff} 逐渐变小,主要原因是随着燃耗加深,中子动力学方程中的瞬发中子先驱核浓度也随着变小,而瞬发中子寿命 l 则逐渐变长。

6.5　典型事故瞬态过程安全分析要求

研究堆与轻水堆核电厂典型事故瞬态过程具有显著差异性[13-14]。针对具有反中子阱原理特征的游泳池式研究堆在三类工况下运行和应用的瞬态特性,下面将详细介绍6种典型事故瞬态过程的安全分析要求,包括控制棒失控提升、外网供电丧失、辐照样品意外移出堆芯、燃料组件冷却剂流道堵塞、重水箱破损和控制棒失控提升 ATWS 等始发事件的起因分析、事故后果分析、执行的安全验收准则、采取的安全保护措施、假设的初始条件、分析结果和结论等七个方面的内容。

6.5.1　控制棒失控提升事故分析要求

控制棒失控提升事故是研究堆特有的一类事故,在研究堆全寿期的运行期间,为满足各种实验研究和辐照任务需求,在不同功率台阶和不同时间段等,存在频繁的启、停堆现象,在多次启堆和提升控制棒过程中,此类事件可能多次发生。

由于满功率相对于零功率和中功率工况运行期间控制棒失控提升,演化成堆芯燃料元件烧毁事故的时间更短和更容易,通常采用包络法进行分析,本节主要介绍在满功率工况运行期间控制棒失控提升事故在七个方面的分析要求。

1) 始发事件起因分析要求

总体要求分析诱发这类始发事件的直接起因、类别和频次。直接起因:反应堆在满功率的工况下运行,由于操作员误操作、控制棒机械故障或控制系统功能故障等起因造成控制棒失控提升;事故类别:按照表 6-1 及初始事件分类,控制棒失控提升属于预期运行工况下发生的事件;频次:在研究堆全寿期内,为满足堆芯多种样品频繁辐照等的需求,在满功率工况下运行研究堆启停的次数也较多,尤其是在停堆后重新启动的达临界期间提升控制棒次数较多,此类事件预计可能发生数次。

2) 事故后果分析要求

总体要求分析在零功率、中功率和高功率三类工况下发展成事故的差别并以表格形式给出主要事件发生的时间序列和主要事故后果。鉴于在满功率工况运行期间发生控制棒失控提升比在零功率和中功率工况运行期间发生控制棒失控提升造成的燃料元件中心温度更高,MDNBR 值更小(因在满功率工况运行期间,燃料元件芯体和包壳温度更高,从事件发生到设置的核功率保护定值的时间更短,其后果是更容易造成堆芯燃料元件烧毁事故),要求采用包络法进行分析:满功率运行条件下控制棒失控提升事件发生后的瞬变过程造成的事故后果,由于控制棒失控提升期间将连续地向堆内引入正反应性,如果不采取缓解措施,将导致堆芯燃料元件被烧毁。

3) 安全验收准则分析要求

总体要求分析在满功率工况下,发生此种事故和演化期间,依据热工水力设计中热工设计准则给出的安全验收准则,具体要求包括:

(1) 要求不允许燃料元件包壳发生烧毁,最小偏离泡核沸腾比 MDNBR>1.5。

(2) 要求必须保持燃料元件包壳的完整性,燃料元件铀芯温度不高于 U_3Si_2 - Al 材料制造工艺的安全温度限值 250 ℃,UO_2 - Mg 芯体材料制造工艺的安全温度限值 400 ℃。

4) 安全保护措施分析要求

针对该类事件,总体要求分析在设计上采取了哪些保护措施及其有效性。例如,为防止发生控制棒失控提升引入的正反应性事件,安全设计采取了两个方面的安全保护措施。在反应性引入速率方面,提棒运行规程中规定了最大反应性引入速率限值,如果失控连续提棒引入的反应速率超过此限值,将触发停堆;在保护系统方面,设置有短周期和功率过高两个保护信号,至于在这两个保护信号中究竟是哪个保护系统信号先发挥作用,主要取决于先达到哪个停堆限值,无论是反应堆功率增长周期小于所设置的短周期保护停堆限值,还是反应堆功率上升超过所设置的功率过高保护停堆限值,先达到保护停堆限值的那个保护系统必将先发出紧急停堆信号,由此触发控制棒插入堆芯实现紧急停堆。

5) 假设的初始条件分析要求

总体要求分析这类事故所采用的分析方法和分析过程,具体要求是给出反应性引入速率、控制棒驱动机构故障和反应性温度系数等所假设的初始条件,进一步分析在此假设条件下事件发生和演化的结果是否满足设计限值要求。例如,针对此类事故采用保守分析方法,由于该事件从开始和演化过程是随着控制棒的持续提升不断地向堆芯引入正反应性的过程。通常,对于正反应性增加事件设置的短周期安全保护紧急停堆要比超功率安全保护紧急停堆先触发停堆,因此,假设采用保守分析法,只分析后一种安全保护紧急停堆。总体分析过程如下:假设反应性价值最大的一根控制棒失控连续提离堆芯,由此造成预期瞬态事件,分析时给出假设的最大提棒速度,选择的反应性引入速率比最大可能的单棒反应性引入速率大 10%。在事件发生和演化过程中,当反应堆的上升功率超过设置的功率过高保护限值时,就会触发保护停堆信号。随后其他所有控制棒便依靠其重力落入堆芯,实现反应堆紧急停堆。

首先,要求分析假设的控制棒引入速率是否满足设计的相关速率。具体要求包括下述内容:一是分别给出该类堆堆芯的自动棒(R棒)、安全棒(Sa棒)和手动棒(S棒,也称补偿棒)三类控制棒在单位时间内实际达到的最大提棒速度;二是依据控制棒的微分价值最大值计算出各控制棒的最大反应性引入速率数值;三是对照设计准则,判断最大反应性引入速率是否超过设计限值规定的反应性引入速率,如果超过,则从设计上采取措施,直到最大反应性引入速率Sa棒的值满足设计要求。

其次,要求采用控制棒驱动机构的工作原理分析假设的控制棒驱动机构机械故障。因为控制棒机械故障或控制系统功能故障主要与控制棒驱动机构故障有关,采用全密封磁悬浮和机电一化控制棒驱动机构的工作原理如图6-2所示。

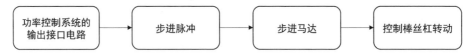

图6-2 全密封磁悬浮和机电一化控制棒驱动机构的工作原理方框图

在图6-2中,由功率控制系统的输出接口电路产生步进脉冲,每个步进脉冲使得步进马达转动一步,步进马达的转动带动控制棒丝杠转动,步进脉冲的频率在接口电路中由电路所设定,丝杆或步进马达的转动与否由有无步进脉冲输入所控制。据此工作原理,如果输出电路出现故障(无论是短路还是开路),由于无步进脉冲输出给步进马达,则步进马达和丝杠就不会转动,不存在控制棒失控提升问题。

最后,要求分析假设的温度系数和功率保护限值是否满足设计的相关限值,且均采用保守假设。具体的针对堆芯三个温度系数,要求保守假定冷却剂温度反应性反馈系数和慢化剂密度反馈系数均为零,只考虑燃料多普勒反馈效应,同时,再保守地将反馈系数取为30%;对于功率保护限值而言,要求保守假定满功率运行的功率保护限值放大10%,同时,再保守地将堆芯核功率的测量误差取作10%。在所作的保守假设条件下,计算分析结果仍然满足设计要求,由此表明所采取的设计措施是有效的。

6) 结果分析要求

对于分析计算的结果,要求以表格形式给出满功率控制棒失控提升期间主要事件发生的序列,也就是从提棒事件发生、发展和演化直至控制棒开始下落,MDNBR 达到最小等的时间和数值;要求采用绘图的形式分别给出 MDNBR 和燃料芯体最高温度随时间的变化曲线。

7) 分析结论要求

要求给出明确的分析结论,对于满功率条件下控制棒失控提升这类事故,主要给出基于进一步灵敏度分析计算的 MDNBR 和燃料芯体最高温度是否满足验收准则要求。

6.5.2　外网供电丧失事故分析要求

外网供电丧失事故也称全厂断电事故,是所有核设施安全分析报告中必须分析的一类事故。本节将结合游泳池式研究堆的厂址环境和运行特性逐项分析相关内容要求。

1) 始发事件起因分析要求

总体要求分析诱发这类始发事件的原因、属性和频次等内容。具体要求分析的始发事件原因可描述如下:在研究堆运行和停堆期间,由于突发大地震,供电线路、继电器、变压器或其他供电部件故障等原因都可能造成双塔双回路外网供电丧失事件。尤其是早期厂址位于山区的研究堆,在缺乏双塔双回路供电的条件下,一旦遭遇突发强烈地震或外网故障等更易发生这类事件。按照表 6-1 及初始事件分类,外电网故障这类事件属于预期运行工况下发生的事件。在研究堆全寿期内,此类事件预计可能发生数次。

2) 事故后果分析要求

总体要求全面分析该类事件在发展和演化期间可能酿成的所有事故后果。具体要求分析该事件发生后将导致的三个后果:首先,比较轻的后果是造成非计划停堆,这类非计划停堆属于事件,会影响核电厂的经济性,但是,对于研究堆,利用其自主停堆权,在供电恢复后,停运的研究堆可以重启。其次,由于失去电源,一、二回路的主循环泵将丧失驱动力,两个回路冷却剂流量急速下降,直至瞬间降为零,由此将导致堆芯传热条件恶化。最后,对于开口游泳池式研究堆,由于其堆芯冷却剂流向与核电厂反应堆堆芯的冷却剂流向不同,在强迫循环模式运行时,大多数池式堆芯冷却剂流向采取从上往下流经堆芯,自然循环冷却时,堆芯冷却剂流向则相反,这样,在失电停堆的堆芯余热排出期间,从强迫循环转向自然循环时,堆芯冷却剂流向将由从上往下流转变成从下往上流,转变期间存在这样一个瞬态,即流经堆芯的冷却剂出现一个滞留死时间(这期间冷却剂停止流动,习惯上称为冷却剂流量翻转时间),此段时间堆芯热量无法导出,若流量翻转的瞬态持续时间过长,可能导致燃料元件温度飙升,直至发生燃料元件烧毁事故。

3) 安全验收准则分析要求

要求分析并给出所采用的安全验收准则仍然是依据热工水力设计中的热工设计准则,即

(1) 计算的最小偏离泡核沸腾比 MDNBR>1.5。

(2) 计算的燃料元件铀芯最高温度低于设计的安全温度限值。

4) 安全保护措施分析要求

针对此类事故,要求分析在设计上所采取的下述六种工程安全保护措施及其有效性。

(1) 控制棒失电非能动停堆:要求分析控制棒一旦失电是否可实现非能动停堆。例如,在反应堆运行期间,一旦外网供电丧失事件发生,由于保持控制棒的电磁力消失,位于堆芯上方的控制棒依靠其重力下落入堆芯,可实现反应堆紧急停堆。

(2) 主回路流量低紧急停堆信号触发停堆:要求分析中使用的保护整定值低于设计中使用的保护整定值,在低于额定流量一定数值的基础上再考虑适当的安全裕度,例如,当主回路流量降低至分析所用保护整定值时,功率保护系统将发出紧急停堆信号,从信号发出到保护系统开始动作延迟 170 ms 后,控制棒开始插入堆芯,可实现紧急停堆。

(3) 主泵惰转飞轮和辅助泵排出堆芯余热:要求分析一回路主泵轴加装惰转飞轮和设置辅助泵(也称应急余热排出泵)是否可确保堆芯余热排出,例如,在外网失电时,主泵电动机停转,惰转飞轮依靠惯性带动主泵惰转,主回路流量惰性下降,在主回路下降到辅助泵扬程附近,依靠该泵启动提供的动力强迫一定流量的冷却剂流经堆芯,可确保排出堆芯余热。

(4) 应急和备用电源向专设供电排出堆芯余热:要求分析所设置的 UPS 作为应急电源和柴油机作为备用电源是否可及时动态响应向专设供电确保排出堆芯余热。关于 UPS 和柴油机的设置和运行模式可参见图 6-1 正常运行和断电期间 UPS、柴油机与专设的供电示意图。

(5) 两种辅助泵运行模式排出堆芯余热:要求分析管理规程中明确的两种辅助泵运行模式是否均可确保排出堆芯余热,例如,针对研究堆一、二回路辅助泵的两种运行模式,一种是随主泵一起运行,在外网供电丧失和主泵停运

时,辅助泵由自动切换的 UPS 供电继续运行,不存在重新启动问题;另一种是不随主泵运行,在外网供电丧失和主泵停运时,辅助泵由 UPS 供电启动运行,只是在运行规程中规定,每次开堆之前进行例行检查时,必须启动一次辅助泵,确保外网供电丧失后辅助泵能可靠启动,以排出堆芯余热。

（6）设置自然循环阀确保排出堆芯余热:要求分析设计的能动自然循环阀或非能动的翻板阀中的任一种开启模式是否均能可靠开启并建立堆芯与池水之间的自然循环回路,确保排出堆芯余热,例如,针对能动开启自然循环阀,当反应堆功率降至一定功率水平时,通过手动或电动可开启设置的自然循环阀;针对非能动翻板阀,当反应堆功率降至一定功率水平或主泵停运时,翻板阀借助水罐内与游泳池之间的压差可自动开启;两种开启模式中的任一种均可在游泳池池水和堆芯冷却剂之间建立起冷却回路,依靠该回路中冷却剂的自然循环,将堆芯热量载带入游泳池内,依靠池水作为热阱可排出堆芯余热。

5）假设的初始条件要求

针对外网供电丧失导致一、二回路主循环泵失去驱动力事故,要求分析下述三种工况:反应堆开始运行在带有偏差的额定运行工况、强迫循环向自然循环转换瞬间的堆芯流量翻转工况和依靠游泳池水作为最终热阱的长期冷却工况。分析三种工况时,要求给出下述八个假设的初始条件:

（1）反应堆运行在带有偏差的额定运行工况。

（2）堆芯全部发热由燃料元件发出。

（3）堆芯入口温度为额定温度再附加最大测量偏差。

（4）游泳池液位为额定液位再减一定的液位测量偏差。

（5）外网供电丧失导致一、二回路的主泵均丧失驱动力,其中,一回路流量为额定流量再减一定量的测量偏差,主泵惰转的转动惯量较小,断电后主泵流量迅速下降,二回路流量惯性下降且瞬时降为零。

（6）反应性最大的一根控制棒被卡在堆外,再叠加其他可用控制棒的停堆反应性计算误差。

（7）紧急停堆后,将堆芯余热保守地放大五分之一。

（8）不考虑任何向外界散热的途径,完全依靠游泳池和中间水池的池水冷却,且游泳池和中间水池之间的闸门在停堆 1 天后被打开,考虑堆本体重混凝土的热容,保守地取素混凝土的热导率。

6）分析结果要求

分析计算结果的要求,一是以表格形式给出外网供电丧失事故期间主要事件发生的序列;二是采用绘图的形式分别给出 MDNBR 和燃料芯体最高温度随时间的变化曲线。

7) 分析结论要求

分析结论的要求是分别给出外网供电丧失事件发生和堆芯冷却剂流量翻转出现滞流期间的计算分析结论,主要包括两个方面的结论:一是需给出所采取的安全措施和专设设施是否可有效抑制和缓解事态,避免事件进一步发展成事故,事件演化期间,计算的 MDNBR 和燃料芯体最高温度是否均小于其安全限值,是否满足安全验收准则要求;二是需给出余热排出期间无需人员干预时长以及简单干预后,是否可确保反应堆保持在冷停堆状态。

6.5.3 辐照样品意外移出堆芯事故分析要求

辐照样品意外移出堆芯引发的异常正反应性添加属于研究堆特有的事故工况,在研究堆不停堆状态下超速取出堆芯辐照样品,有可能发生此类事故,是研究堆安全分析报告中必须分析的设计基准事故。通常,一座新研究堆的设计寿命为 30 年,在此开堆期间,辐照样品是研究堆堆芯和反射层区垂直管道承担的主要任务之一,随着不同的任务需求,受照样品的种类、形状、辐照场条件和所需受照中子或 γ,或中子/γ 的辐照剂量水平等是不同的,这些不同条件潜在的安全风险与受照样品的物理、热工水力、结构力学、水化学和辐射化学等因素有关,这些安全风险在新样品入堆前,均有相应的专题核安全事故分析报告。核安全事故分析将给出受照样品的反应性价值,反应性样品向上意外超速提离堆芯引入的反应性大小以及 MDNBR 计算结果,当引入的最大反应性所对应的 MDNBR 计算值大于规定的 MDNBR 安全限值时,不会发生堆芯燃料元件烧毁事故。

实验人员在开展辐照前,对重复实验样品的安全风险,依据原有实验经验进行判断,可确保入堆样品引入的反应性小于规定的安全限值;对新样品,必须按照安全管理规程,全面识别和分析潜在安全风险因素,如果分析结果超过规定的安全限值,则必须采取相应的安全措施,确保安全风险在受控范围之内。

本节将主要分析游泳池式研究堆堆芯和反射层区垂直辐照管道内辐照不同样品被意外移出堆芯事故的相关安全分析要求。

1) 始发事件起因分析要求

总体要求分析在不停堆状态下,辐照样品提离堆芯期间所导致的堆芯反应性变化。具体要求分析的始发事件起因如下：当反应堆在满功率下稳态运行，需在不停堆状态下，取出位于堆芯或反射层区垂直辐照管道内的受照样品，由于实验和机械人员操作失误或其他原因，造成受照样品突然意外超速向上提升并被提离堆芯。通常，不同受照样品具有不同的中子吸收截面，当受照样品突然意外超速向上提升并提离堆芯期间，吸收截面相应减少，相当于向堆芯快速添加正反应性，由此将引起反应堆功率陡增，这种由于辐照样品意外移出导致向堆芯添加正反应性属于事故工况。按照表 6 - 2 及事故分类，此类事故属于设计基准事故。

2）事故后果分析要求

总体要求分析该类事故造成的主要后果。具体要求分析的后果是，随着反应堆功率的快速上升，堆芯的最小偏离泡核沸腾比 MDNBR 下降，燃料元件芯体和包壳壁面温度上升，假如控制不当，则事故的后果将导致堆芯燃料元件被烧毁。

3）安全保护措施分析要求

针对此类事故，总体要求分析所设计的安全保护措施及其有效性。具体要求分析的内容如下：在研究堆保护系统设计中，针对此类事故设置有两道安全保护措施，其中，任何一道安全保护措施起作用均可实现紧急停堆，确保反应堆处于安全受控状态。这两道安全保护措施分别如下：

（1）短周期保护，简称"周保"，设置有堆功率上升周期过短保护（通常为 30 s 短周期给出保护信号）。

（2）堆功率保护，简称"功保"，设置有堆功率过高保护（通常为 110％超功率给出保护信号）。

4）安全验收准则分析要求

针对此类事故，要求分析并给出所采用的安全验收准则，除了热工水力设计中的热工设计准则外，还需增加辐射安全限值，即共包括下述三个安全验收准则：

（1）最小偏离泡核沸腾比 MDNBR＞1.5。

（2）燃料元件铀芯最高温度低于安全温度限值。

（3）单次事故造成的厂区边界公众有效放射性剂量小于 5 mSv。

5）假设的初始条件分析要求

为计算事故发生和演化期间的瞬态过程，要求分析并给出下述假设的初始条件：

（1）位于堆芯下联箱的自然循环旁路阀门处于关闭状态。

（2）给出主回路流量和堆芯入口温度比额定值低的数值。

（3）考虑测量偏差后，选取的超功率保护定值应考虑测量偏差。

（4）依据设计的各研究堆控制系统电子学线路固有特性，给出紧急停堆信号的延迟时间数值，按照各堆控制棒驱动线行程及活性区实际高度，给出控制棒全部插入堆芯所需时间。

（5）样品意外超速提升直至移出堆芯引入的正反应性速率必须限制在自动棒的调节范围内。

（6）其他假设的初始条件包括反应堆初始运行功率、发热功率来源、游泳池顶部液位、卡棒和堆芯余热等与 6.5.2 节中外网供电丧失事故中假设的初始条件相同。

6）分析结果要求

分析结果的给出有以下要求，一是以表格形式给出辐照样品意外移出堆芯期间导致发生反应性事故主要事件序列；二是采用绘图形式分别给出最高相对功率、MDNBR 和燃料芯体最高温度随时间的变化曲线。

7）分析结论要求

在分析结论中，除了要求给出分析计算结果是否满足上述三条验收准则外，研究堆营运单位在运行管理规程中还应增加下述刚性条款要求：

一是限制在开堆条件下取放辐照样品，如果由于实验条件原因，必须在开堆期间出入堆芯样品，则须限制出入辐照样品引入的反应性速率，诸如在跑兔装置内辐照样品，则出入样品的反应性引入速率必须小于自动调节棒的跟随能力。

二是对于新样品、新材料首次入堆辐照的安全问题，应严格按照相关安全管理程序要求，编写专题安全分析报告并由该堆安全专委会组织论证，尤其是对于存在学科交叉的辐照样品，必须将安全专委会的范围扩大至相关学科专家和科技人员，辨识出入堆和辐照期间潜在的核安全风险，制定有效的预防和管控措施。

三是对于高温高压回路或其他垂直辐照管道内体积较大的辐照样品，在样品入堆前，不仅要求提供相应经过专业评审的安全分析报告，而且还要求上报国家核安全主管部门获批准。评审的目的是提前释放安全风险；评审的重点是关注是否已全面识别出潜在的风险源，拟采取的措施是否有效；评审的结论是关注是否同意营运单位的申报内容和结论，特别是有无限制条件等。

6.5.4　堆芯燃料组件冷却剂流道堵塞事故分析要求

堆芯燃料组件冷却剂流道堵塞事故是板状或管状燃料组件闭式流道游泳池式研究堆堆芯特有的事故,是在研究堆服役运行期间导致燃料元件发生烧毁概率较大的一类事故,也是研究堆安全分析报告中必须重点分析与营运单位必须重点关注的一类事故。通过调研发现,在国际研究堆的运行历史中,曾发生过几起此类事故。

1963 年 7 月 1 日,美国橡树岭国立实验室的研究堆(Oak Ridge Research Reactor,ORR)发生了冷却剂流道堵塞事故。该堆的基本情况及事故的发生及其演化过程如下:

ORR 是一座热功率为 30 MW 的池内箱式采用轻水慢化与冷却,以铍作为反射层的研究堆,该堆采用弧形板状燃料组件形成稠密栅堆芯,每个燃料组件包含 19 块弧形板状燃料元件,燃料包壳材料为铝,燃料芯体厚度为 0.44 mm,铝包壳厚度为 0.38 mm,燃料板总厚度为 1.2 mm。

事故诱因是一块面积较大的氯丁橡胶密封垫片意外飘落至堆芯顶部燃料组件冷却剂流道入口处,由于该堆冷却剂流向是从上往下流,被该垫片堵塞的燃料组件的部分冷却剂流道很快失去冷却能力,结果 3 块燃料板被烧毁。事故的具体发生和演化过程是,1963 年 7 月 1 日,研究堆计划在 30 MW 功率水平运行,按照游泳池式研究堆运行规程,在开堆前须使用水下灯目视检查堆芯顶部冷却剂流道有无异物存在,检查结果未发现异物;于是开堆并将反应功率提升到 6 MW,此时借助堆芯产生的契伦可夫蓝光再次确认有无异物覆盖在堆芯燃料组件冷却剂流道顶部,由于该垫片恰好堵塞在目视检查不到的最南端位置仍未发现;随之继续提升功率到 9 MW,情况好像仍然正常(尽管事故后发现对数周期指示和安全保护信号记录显示堆芯噪声出现少量增大),随后将堆功率提升到 12 MW,此时,所有仪表均出现一些明显的轻微涨落,自动调节系统控制棒难以执行其正常功能,尽管堆芯被堵塞流道内的冷却剂实际已开始沸腾,但自动调节系统试图控制这一涨落引入的反应性波动;加之,运行人员认为可能是自控系统出现的故障,于是又继续将反应功率提升至 24 MW,此时噪声幅度显著增加,设置的反应堆冷却剂系统的几个监测装置均开始报警,由此触发停堆,堆功率下降到 300 kW。事故后检测的放射性结果表明:2 号控制棒位置处的放射性水平约 2 R/h(1 R/h=10 μSv/h),比该堆 30 MW 稳态运行正常值高 100 倍,水中总 β-γ 活度计数为 2×10^6,为 30 MW 稳态运行正常值的 100 倍。事故处理措施包括打开堆芯箱盖,采用新燃料组件更换已损坏的燃料组件,再次确认堆芯燃料组件冷却剂流道上方区域无其他异物后,于 7 月 2 日傍晚重新启堆,堆功率逐步提升到 30 MW。

在全世界板状燃料组件研究堆堆芯的安全运行史上,20 世纪 60 年代美国相继有四座这类研究堆发生过堆芯燃料组件冷却剂流道堵塞事故,其事故简况如表 6-5 所示。

表 6-5 美国四座板状燃料组件研究堆堆芯流道堵塞事故简况表

序号	项目名称	ETR	MTR	ORR	ETR
1	事故发生时间	1961 年 12 月 12 日	1963 年 11 月 13 日	1963 年 7 月 1 日	1967 年 2 月 20 日
2	堆热功率/MW	175	40	30	175
3	发现异常堆功率	90	40	12	175
4	堵塞原因	观察窗上聚丙烯塑料板碎片	跌落的"红塑料"垫片	氯丁橡胶垫片	撕碎的胶带片
5	燃料损坏程度	12.4 g 的 ^{235}U 燃料被熔化	0.7 g 的 ^{235}U 燃料被熔化	约 2 g 的 ^{235}U 燃料被熔化	约 10.5 g 的 ^{235}U 燃料被熔化
6	燃料损坏数量	(相当于一个燃料板的 60% 被熔化)6 个燃料板不同程度受损	一块燃料板表面轻微受损	一块燃料板表面的 20% 受损,30 分钟后释放裂变产物 1000 居	(相当于一块燃料板的 50% 被熔化)一块燃料板表面的 2% 受损

针对这类事件的诱因、后果和验收准则等,下面提出七个方面的分析要求。

1) 初始事件起因分析要求

要求全面分析在研究堆建造、运行和实验等期间人因导致事故的所有初始事件的起因。例如,研究堆建造期间,在堆芯回路管道焊缝处,现场安装和质检人员采用表面着色检查焊缝质量的无色透明不干胶未清理干净;运行和实验期间,现场操作人员在开堆之前和停堆期间在堆顶实施操作过程中所用的橡胶密封垫片、辐照样品所用的透明胶带和塑料薄膜脱落等异物掉入游泳池;随着多数研究堆在稳态强迫循环模式运行期间堆芯冷却剂流向采取从上往下流经堆芯,这些不干胶和异物将被吸附到堆芯燃料组件顶部,加之板状或管状燃料元件组成的燃料组件的冷却剂流道宽度通常约为 2 mm 的闭式流道,即不存在横向冷却剂流动和热量交换空间,一旦这些不干胶和异物被吸附到燃料组件顶部,势必将覆盖或堵塞该组件部分或全部冷却剂流道。这些分析表明:对于这种由人因失误导致的冷却剂流道被堵塞初始事件而引发的事故,按照表 6 - 2 和表 6 - 3 及其事故分类,依据国家监管当局及专家对初步安分报告 PASR 审查意见,结合堵塞不同的冷却剂流道面积和演化后果,此类事故分别属于设计基准、超设计基准和严重三类事故。

2) 事故后果分析要求

要求全面分析这类事故发生的后果和落入堆芯顶部异物的位置、种类、颜色、大小以及所采取的措施等相关因素。按照无后果和有后果原则,主要分析下述两种事故后果:其一,如果落入异物为有色体或堵塞流道位置可视化条件较好,则通过开堆前水下灯目视检查,启堆低功率工况下利用堆芯契伦可夫蓝光再次检查,易于发现这些异物,采用相应堆顶操作工具将其取出后,再开堆只是延迟了开堆时间,不会造成其他后果;其二,如果落入异物位置特殊或异物为无色透明体等因素,虽实施了上述两步检查,但难于将其发现,一旦落入异物将堆芯燃料组件顶部冷却剂流道部分或全部堵塞,加之强迫循环工况下冷却剂流向是向下抽,会导致被堵塞的闭式流道内的冷却剂逐步被抽干,流道两侧的燃料板将失去冷却条件,随着反应堆功率的逐步提升,燃料元件的温度随之升高,传热条件恶化,偏离泡核沸腾比下降,其结果是被堵塞流道位置的燃料元件将很快被烧毁。

3) 采取的安全预防措施分析要求

为防止燃料元件破损和烧毁事故发生,确保实现三个安全目标,要求从设计、建造和运行期间分析所采取的下述安全保护措施及其有效性。

设计阶段所采取的工程措施及其有效性分析,在游泳池顶部的操作平台上设置了游泳池盖板,反应堆运行期间将此盖板处于关闭状态,可防止反应堆操作平台上部异物意外掉入游泳池内;该盖板采用电源或手动进行驱动,可沿堆顶操作平台轨道开闭,且事故期间采用备用电源确保实现其开闭功能。此阶段所采取的技术措施及有效性分析,一是在堆芯周围设置有中子测量系统、周保和功保系统,建立有堆芯中子噪声分析方法;二是在一回路出口主管道适当部位设置有燃料元破损检测系统和放射性剂量辐射检测系统,在发生燃料破损和烧毁初期,这些系统均可触发停堆。

建造阶段所采取的措施及有效性分析要求,一是在建造期间现场施工人员只要严格按照质量管理体系中规定的"堆芯清洁度管理程序"执行,可确保施工现场做到活完、场清和料净;二是通过改进表面探伤工艺,现场施工就不采用透明不干胶材料,现场施工人员只要严格执行进出游泳池内作业场的物品登记检查和归零制度,且在主回路串洗结束后设置停工待检点,通过施工、业主、监理和现场监管四方签字,可确保池内清洁度满足设计指标要求。

运行阶段的管理措施及有效性分析要求,营运单位制定有《堆顶盖板开闭制度》和《堆顶平台操作管理规定》并严格执行,只要对执行情况纳入运行规程进行管理,就可杜绝异物掉入游泳池内;只要所设置的三道防线逐次发挥作用,就可防止事故扩展和恶化,其分析过程是:首先,一旦燃料组件冷却剂流道被堵塞,在事件未发生到燃料元件破损前,被堵塞冷却剂流道内气液两相流沸腾产生的噪声信号将首先被设置的中子探测系统和噪声检测方法所辨识到,由此给出的堆芯中子噪声异常信号将触发停堆,有效抑制事故演化成燃料元件破损事故。其次,如果中子噪声检测方法未能发挥作用,一旦事故发展成燃料元件包壳发生破损,设置的燃料元件破损检测系统可及时检测到一回路出水管道中的裂变气体 ^{85}Kr 等特征核素,发出紧急停堆信号,通过自动或运行人员手操实现停堆。最后,随着燃料元件烧毁的放射性物质进入游泳池内,在三个不同位置分别设置有辐射检测系统,包括在游泳池水面和盖板夹层、反应堆大厅和厂区内三个位置均可检测到释放的裂变产物的放射性剂量水平,其中任何一个位置探测器发挥作用均可实现停堆,以缓解事故后果。此外,从堆芯顶部到反应堆池水液面几米深的池水层可以对释放裂变产物的放射性起到吸附过滤、阻滞和容纳衰变的作用。

综上所述,基于所采取的上述三项安全措施,借鉴世界上发生过的板状燃料组件研究堆堆芯的冷却剂流道堵塞事故经验反馈,从事件的发生、演化成燃料元件被烧毁事故的过程来看,在"燃料元件发生烧毁"之前相应的探测系统均有征兆,诸如堆芯产生的中子噪声和冷却剂气液两相流产生的噪声等都会使得探测系统仪表指示出现一些随机涨落、起伏和波动,自动调节系统难于动态跟随响应,操作员一旦发现这类信号异常,可执行先紧急停堆再检查的运行预案,以防止事故的进一步扩大和恶化。

4）安全验收准则分析要求

针对此类事故，要求给出的安全验收准则是，在厂区边界每次事故所造成的公众有效放射性剂量低于 5 mSv。

5）假设的初始条件分析要求

要求分析假设反应堆运行在满功率稳态工况，此时发生堆芯燃料组件冷却剂流道被异物堵塞事故。依据堵塞流道不同情况，全面分析假设的下述设计基准、超设计基准和严重三类事故。设计基准事故是指一个燃料组件的一个最热子通道被异物堵塞导致这个子通道的两个板被烧毁的事故；超设计基准事故是指一个燃料组件全部被异物堵塞导致该燃料组件被烧毁的事故；严重事故是指基于超设计基准事故并扩展到周围 4 个相邻燃料组件的燃料板被部分烧毁导致放射性物质释放进入厂区的事故。此外，为便于分析和保守起见，进一步给出下述附加的假定初始条件：

（1）被堵塞的流道是堆芯内最热子通道。

（2）反应堆运行在带有一定运行偏差的满功率稳态工况。

（3）将反应性反馈系数的理论值减小一定数值。

（4）叠加保守的焓升因子。

（5）主回路流量小于额定流量。

（6）堆芯入口水温选取在额定值上再叠加 1 ℃的偏差。

（7）游泳池液位比额定值低一定数值。

6）三类事故的发生和演化过程分析要求

从表 6-5 可见，20 世纪 60 年代美国 4 座板状燃料组件研究堆堆芯在发生冷却剂流道阻塞事故期间，熔化的燃料元件板最多在一个板的 60％，损坏最多在 6 个燃料板，处理和事故结果并未对周围环境造成影响，也就是对一个流道的 2 个燃料板发生烧毁这类设计基准事故可借鉴已有处理经验，不再做安全分析。

下面将分别介绍超设计基准事故和严重事故的发生和演化过程分析要求。

超设计基准事故的发生和演化过程分析要求从传热传质上全面分析事故的发生、演化过程、事故后果以及采取的措施的有效性。例如，针对一个燃料组件的流道全部被堵塞这类超设计基准事故，从堵塞组件流道的传热传质上看，该类事故一旦发生，在该流道内的冷却剂未被抽空期间，每个燃料板向冷却剂内的传热随之减少，板状或管状燃料包壳和燃料芯体温差较小，二者同时升温；当燃料元件包壳温度上升到大于 100 ℃ 时,对于常温常压游泳池式研究堆来说,由于燃料板间冷却剂压力只有约一个大气压,即约 1 kg/cm² ,此时将发生泡核沸腾传热,换热系数迅速增大,燃料芯体和包壳升温较慢;但是,随着强迫循环的冷却剂流向是从上往下流,各流道内的冷却剂将迅速减少,当流道内冷却剂流量减少到约 100 g 时,这些冷却剂将迅速被加热到饱和温度,并发生沸腾,随着燃料板逐渐失去冷却能力,将发生燃料板烧毁事故;在此期间,由于低压,较低含汽量将会产生大量空泡(诸如,0.2% 的含汽量、空泡份额即可达到 65%),此时将引入极大的负反应性,对于类似 JRR-3M 这类板状矩形燃料组件,如果整个燃料组件内的水全部汽化,由于空泡效应将会引入大于 2$ 的负反应性,反应堆功率将迅速降低到停堆水平。停堆后,反应堆剩余发热导致的燃料元件继续升温速率较慢,由于与这个燃料组件周边相邻的 4 个燃料组件仍具有强迫循环下的冷却能力,事故不会扩展到相邻燃料组件都被烧毁的燃料组件烧毁事故。

针对这类事故,要求开展瞬态计算,给出的计算结果要求包括被堵塞燃料组件的功率水平、功率分布不均匀因子、燃料板达到起泡温度所需时间、燃料基体达到熔化温度所需时间和探测器开始响应所需时间等关键参数。此外,要求结合各游泳池式研究堆的冷却剂流场特点,采用瞬态计算并预测从发生烧毁到探测器响应的时间,为判断采取措施的有效性提供技术支持。譬如,由于下腔室内的流场多为紊流场,所以裂变产物探测器设置在堆芯出口管口冷却剂流动为稳定流场附近,当被堵塞燃料组件出口段被熔化后,裂变产物从飘落入下腔室、进主回路出口管,并达到裂变产物探测器测点的时间间隔总体小于 10 s,在达到 10 s 时由探测器信号触发紧急停堆,可有效抑制事故的进一步扩展,防止更多的燃料元件被烧毁。

严重事故的发生和演化过程分析要求：针对基于超设计基准事故并扩展到周向 4 个燃料组件的燃料板被部分烧毁导致放射性物质释放进入厂区这类严重事故,总体要求分析假设一个燃料组件全部被堵塞,并分析事故的发生和演化过程。具体要求的分析内容如下：随着一个燃料组件被堵塞,冷却剂流道轴向功率分布最高段的最外侧燃料板和边板也被烧毁后,散落的熔融物将堵塞相邻组件最近燃料板或燃料组件的边板,保守地假定相邻燃料组件的功率同样为功率最高的燃料组件,每个燃料板的功率为该组件燃料板总长度(m)的平均功率 1 m⁻¹。由于相邻燃料组件的每个燃料板冷却剂流道在被融化和扩展过程中、靠外侧的一面总会得到冷却,在堆芯功率下降到初始满功率的 20% 以下时,堆芯强迫循环的总流量仍然保持在初始满功率的水平,从传热传质上粗略估计,相邻燃料组件的每一个燃料板在轴向功率分布最高段熔化并继续扩散,所需时间应大于超设计基准事故安全分析中相应的时间。经过计算发现:如果假定以初始被堵塞组件功率上升使得燃料包壳达到起泡温度的时间为计算参考起点,并且熔化过程在相邻燃料组件内继续扩展,则严重事故发生使得相邻组件发生熔化所需时间约为超设计基准事故相应时间的 3～4 倍,随着相邻组件熔化产生的裂变碎片飘落入反应堆下腔室,并进入主回路管道,此时设置的裂变碎片探测器将测到相应的特征核素[85]Kr,并发出回路放射性水平高信号,触发紧急停堆,可终止相邻燃料组件熔化事故的进一步扩展。按照上述相邻组件熔化扩展时间计算,在此时段内,周边相邻 4 个组件的每个组件内发生熔化的燃料板小于 4 块,换句话说,在相邻燃料组件内第四块燃料板最高功率段不会被熔化。基于上述保守假设所得的分析的结论是:一旦一个燃料组件的冷却剂流道全部被异物堵塞事故发生后,由于设置的中子探测系统和中子噪声分析方法可首先给出停堆信号,触发停堆;若采取的此措施失效,则在主回路系统中设置的探测器能可靠地探测到释放的裂变产物,据此给出的停堆信号可触发保护系统实现紧急停堆,阻止事故的进一步恶化;在尚未停堆之前的事故演化和扩展过程中,4 个相邻燃料组件的燃料板不可能全部被熔化。从事故产生的最大源项来看,当一个燃料组件全部被异物堵塞后,因周边四个燃料组件中被烧毁的燃料板总数小于一个燃料组件的燃料板数目,所以事故进一步扩展所产生的最大源项是最多 2 个燃料组件被烧毁,再叠加20% 的计算误差,最大可信事故产生的源项应小于 3 个燃料组件被烧毁产生的源项。

7) 分析结论要求

针对此类事故,在分析结论中,要求给出最大源项释放的放射性水平是否满足辐射安全限值要求。

综上所述,要求给出此类事故产生的最大源项对厂区边界的影响。例如,基于调研发现:20 世纪 60 年代,在由稠密板状燃料元件组成的研究堆堆芯中,冷却剂流道被堵塞事故是一个多次发生的事故,尤其是类似于塑料薄膜、不干胶等一类透明异物一旦落入游泳池内,由于异物无色且在池水中难以辨识,加之多数研究堆堆芯冷却剂强迫循环采用自上往下流经堆芯的流向,在主回路强迫循环工况运行期间,极易被吸到堆芯顶部堵塞燃料组件冷却剂闭式窄流道。若部分流道被堵塞,则该流道将失去部分冷却剂,若流道被全堵塞,则该流道将全部失去冷却剂,进而发生燃料板传热恶化直至被烧毁。

上述安全分析及计算结果表明,假设的一个燃料组件全部被烧毁和相邻 4 个燃料组件部分燃料板被烧毁,总体上相当于 2 个燃料组件全部被烧毁,再保守地假定放大到 3 个燃料组件被烧毁,在厂区边界处、公众所受到的放射性辐照剂量水平均在安全限值范围内。3 个燃料组件均发生烧毁是板状或管状燃料组件研究堆堆芯冷却剂流道堵塞事故的最严重后果,上述安全分析所做的假设是偏保守的。

按照近年来的安全准则要求,为预防堆芯流道被堵塞事故的发生,已从工程设计、技术和管理规程上采取了多重严格措施,此外,由于国内外研究堆营运单位高度重视此类事故的预防,近 20 年来,全世界在役板状燃料组件研究堆尚未发生过此类事故。

6.5.5 重水箱破损轻水进入重水箱事故分析要求

在采用反中子阱原理设计的游泳池式研究堆中,大多研究堆采用重水箱盛装重水作为反射层。该类重水箱具有两个特点:一是该箱安装在游泳池底板上、长期浸泡在容量约百吨的游泳池内并在具有中子和 γ 的强辐射环境下运行,属于不可更换重要设备,一旦破损,则标志着该研究堆寿期已到;二是该箱的外径和高约 2 m×2 m,内装数吨重水,无论是箱体破损导致箱内重水进入游泳池内与轻水相混,还是游泳池内轻水进入重水箱内与重水混合,都将引起堆芯反应性的变化。此外,国际上的此类研究堆在调试时也曾发生过重水箱破损导致游泳池内轻水进入重水箱内的事故,例如:澳大利亚 OPAL 堆的重水箱在调试期间,由于重水箱制造期间的焊缝质量不符合要求,曾发生了游泳池内轻水进入重水箱的事故。本节将从下述几个方面介绍事故分析的相关要求。

1) 初始事件起因分析要求

总体要求结合重水箱设计和运行环境等实际,全面分析初始事件的起因和事故演化过程。例如,假设反应堆在满功率稳定工况下运行,如果重水箱焊缝工艺和质量检查等原因造成重水箱发生破损(考虑到重水价格昂贵,通常,游泳池内轻水压力设计成略大于重水箱内重水的压力),则游泳池内轻水将进入重水箱并导致箱内重水浓度下降,加之,轻水的吸收截面大于重水,箱内轻重水混合介质对中子的吸收增大,泄漏中子数减少,设置在重水箱外侧的中子探测器接收的计数下降,相当于向堆芯引入一个负反应性,为平衡此反应性的变化,设置的功调系统将通过提棒引入正反应性去补偿中子测量系统因计数下降而引入的负反应性。

通常,重水箱采用不锈钢或铝材料且在低温低压条件下运行,发生大面积破损的概率极低,最多出现微裂纹,加之游泳池内的轻水和重水箱内重水之间的压差较小,轻水从微裂纹处进入重水箱的速率较小。此处要求采用相应程序开展瞬态计算,给出游泳池内轻水从裂纹处进入重水箱并导致重水原浓度下降所需的时长,如果缓慢下降的数值使得位于重水箱外侧的中子探测器测到的中子注量率下降比例在反应堆自动棒的自动调节能力范围内,那么为补偿缓慢持续引入的这部分负反应性,投入的自动棒将持续提升,由此导致正反应性的连续加入,反应堆功率随之持续增长,燃料元件温度将持续上升,而偏离泡核沸腾比将持续下降。重水箱破损导致游泳池内轻水进入重水箱内并与重水混合引起堆芯反应性发生变化是这类研究堆特有的事故。按照表 6-2及事故发生频率,此类事故属于设计基准事故。

2)事故后果分析要求

在此事故的演化过程中,倘若投入自动的自动棒过度提升,向堆芯连续添加的正反应性引起运行功率过高,其严重后果是将导致堆芯燃料元件被烧毁。

3)采取的安全保护措施分析要求

为防止事故扩展成堆芯燃料元件烧毁事故,要求给出所采取的主要安全措施并分析其有效性。在设计阶段,针对此类事故设置有下述三重独立的紧急停堆信号:

(1)位于重水系统的重水溢流箱内的液位过高。

(2)堆芯出入口平均水温温差过大。

(3)堆芯出口平均水温过高。

一旦发生重水箱破损导致轻水进入重水箱事故,设置的上述三重保护措施可实现紧急停堆。

首先,最早发现破裂的是设置在溢流箱内的重水液位过高探测器,由此给出紧急停堆信号实现紧急停堆。其次,重水溢流箱内的液位过高信号触发紧急停堆失效后,在自动棒持续提升导致堆芯功率持续升高期间,假设叠加功率保护系统功能失效,不能停堆,此时选取堆芯出入口平均水温温差过大,并选取水温温差的额定值再加上 1 ℃ 测量误差作为保护定值,可实现紧急停堆。最后,如果堆芯出入口平均水温温差过大,保护信号也不能触发紧急停堆,则按照堆芯出口平均水温过高信号,也可实现紧急停堆。换句话说,设置的三重安全保护措施中的任何一个发生作用均可有效抑制此类事故发展成堆芯燃料元件烧毁这类严重事故。

4) 假设的初始条件分析要求

针对此类事故,总体要求按照保守法给出假设的、失效的和再叠加的所有假设条件。在该事故发生和发展期间,除了假设位于重水箱外的中子探测系统发生故障且设置的核功率保护系统也失去保护功能外,进一步叠加了下述 8 个假设初始条件:

(1) 反应堆在满功率稳态工况下运行且带有一定量的运行偏差。

(2) 反应堆的发热功率全部来自燃料元件的裂变反应。

(3) 主回路中的流量低于额定流量。

(4) 游泳池顶部液位低于额定值。

(5) 堆芯入口温度高于额定值。

(6) 假定破裂纹发生在重水箱上表面与最大垂直辐照管相连接的密封焊接位置,破裂纹大小按照 $\frac{1}{4}DT$(其中,D 为辐照管的直径,T 为辐照管的壁厚)原则选取。

(7) 考虑停堆信号延迟时间,停堆反应性考虑一根反应性价值最大控制棒被卡在堆外,并预留其计算误差,选取保护停堆信号延迟和控制全部插入堆芯所需的时间。

(8) 将堆芯剩余反应性放大一定值。

5) 安全验收准则要求

鉴于发生此类事故的后果可能涉及堆芯燃料元件被烧毁,其影响范围不仅限于堆芯,泄漏的放射性还包括厂区环境,要求给出的验收准则主要包括下述两条:

(1) 计算的最小偏离泡核沸腾比 MDNBR>1.5 和堆芯始终被水淹没。

(2) 在厂区边界单次事故造成公众接受的有效放射性剂量小于辐射安全限值 5 mSv。

6) 分析结果要求

在分析结果中,要求以表格形式给出重水箱破损游泳池内轻水进入重水箱事故发生期间的主要事件序列;并采用绘图形式分别给出最高相对功率、MDNBR、燃料芯体最高温度和总反应性等随时间的变化曲线。

7）分析结论要求

要求给出的分析结论主要包括对于这类研究堆运行期间重水箱发生破损，游泳池内轻水进入重水箱内这类事故，在事故发生和演化期间，采用保守法的所有假设条件下，另外设置的三重安全保护措施是否可确保紧急停堆，并使反应堆处于安全受控状态。

6.5.6　ATWS 事故及其专设安全设施分析要求

各类 ATWS 事故安全分析与前面几种类型事故安全分析的根本区别是，在类似"三无"事故发生后，还需再叠加控制棒被卡住或失控提升等故障不能实现紧急停堆的假设。在研究堆全寿期内，ATWS 这类事故发生概率极低，但潜在后果却是具有灾难性的事故，因此，该类事故一直是监管方和营运单位高度重视的安全审评和分析内容，尤其是所做的安全分析假设的合理性、分析结果的可信性和所采取的事故后果缓解措施的有效性等一直受到多方高度关注。对于采用反中子阱原理设计建造的类似 JRR‑3M 和 CARR 这类游泳池式研究堆，正如 6.2.2 节所述，为防止无水、无电和无停堆"三无"事故的发生同时缓解事故后果，各研究堆上均设置有预防和事故缓解设施。

在核设施的核安全分析中要求分析的 ATWS 事故具有多种类型，本节主要结合采用反中子阱原理设计建造的游泳池式研究堆的特点和服役环境等介绍外电源丧失 ATWS 事故和满功率连续提棒 ATWS 事故及其专设安全设施两个安全分析要求。

对于第一个分析要求，为应对外电源丧失 ATWS 事故，近年来，按照安全审查要求，新建研究堆均设置有相应的专设安全设施，诸如能动和非能动两套独立的停堆系统、主泵加装惰转飞轮等，针对这些专设安全设施应对这类事故的可靠性分析等可参见 6.2.1 节和 6.2.2 节的介绍。

下面将从 7 个方面逐一介绍第二个安全分析要求。

1）初始事件起因分析要求

要求分析初始事件的起因、叠加事故类型和发生的频次。初始事件的起因是假定反应堆在稳态工况下满功率运行，一根控制棒意外失控连续提升，在保护系统发出紧急停堆信号后，叠加控制棒不仅未紧急下落而且继续提升；事故类型属于超设计基准事故以外的附加稀有工况；此类事件诱发该事故的频次极低。

2）事故后果分析要求

要求分析和给出事故演化进程和后果。针对此类事故，具体分析可描述如下：随着正反应性的不断引入，堆功率持续上升，如果不及时采取缓解措施，燃料元件芯体和包壳温度将陡增，最终将导致燃料芯体和燃料元件包壳均损坏甚至烧毁。

3）设置的专设安全系统分析要求

总体要求全面介绍和分析所设置的专设安全系统及其有效性。具体要求介绍和分析的内容可描述如下：为预防此类事故的发生和演化成严重事故，设置有 ATWS 事故缓解专设安全系统，该系统的测量线路从重水箱外周边布置的探测器到主控制室和辅助控制室的显示信号均在物理上独立于功率保护系统线路；当堆功率持续上升达到满功率保护系统整定值时，由于功保系统失效仍未实现紧急停堆；随着该控制棒继续提升，堆功率继续上升并达到设置的 ATWS 缓解系统整定值，此时该系统给出保护信号，触发其电磁铁断电，切断所有控制棒电源；假定失控提升控制棒下落到提升前的原来位置，反应堆功率将快速回落到初始的满功率状态。

4）假设的初始条件分析要求

要求分别给出分析所采用的假设初始条件和计算所采用的初始条件。譬如要求分析假设的初始条件是超设计基准事故再附加稀有工况，要求计算时所采用的初始条件主要包括如下两种：一是保守地选取意外失控提升棒为所有棒中反应性价值最大的一根控制棒，并位于堆芯中部每单位长度反应性价值最大段；二是同时考虑该棒一定量的反应性价值计算误差；其他均取下述真实值。

（1）假设所设定的事故缓解系统触发值高于核功率高保护系统整定值的 110%，通常取为满功率的 120%，从发出触发信号到意外失控提升控制棒开始下落动作的延迟时间取 0.2 s。

（2）假设安全棒的落棒时间依据各研究堆实际活性区高度和控制棒驱动线出厂前在各种条件下验证的从活性区出口全部落入活性区底部全高程所需实际时间，依据失控连续提升控制棒实际提升高度与活性区全高程之比，确定该棒回落至提棒前原位时间。

（3）其他初始条件包括研究堆热功率为满功率和堆芯发热功率均由燃料元件内发出，堆芯入口水温、主循环泵和辅助循环泵流量等三个值均取其额定值，主循环泵的惰转特性取其试验结果。

5）验收准则要求

验收准则是事故造成的厂区边界公众有效放射性剂量低于 5 mSv。

　　6）分析结果要求

　　在分析结果中,要求以表格形式给出满功率连续提棒 ATWS 事故期间发生的主要事件序列,并采用绘图形式分别给出最高相对功率、MDNBR、燃料芯体最高温度和引入反应性等随时间的变化曲线。

　　7）分析结论要求

　　结论中要求给出事故安全分析的结果、属性和是否满足验收准则要求。

　　此处需说明的是,针对两类 ATWS 事故所设置的缓解系统的有效性,可分为分析计算和验证试验两个阶段进行判断。其中,针对定量计算结果,在结论中要求明确给出瞬态计算结果是否满足验收准则要求;针对验证试验又可分为两种情况,如果是在一座新建研究堆的低功率阶段带核调试阶段,则可随堆通过开展专题实验予以验证,所开展的专题实验课题须经过国家主管部门审评和批准;如果是在大于中功率水平上开展该类验证实验,将面临较大安全风险,可采用数字化反应堆的虚拟现实技术多次重现事故发生和演化过程的瞬态现象,验证过程和结果可为事故处置预案的制定提供技术支撑。

6.6　研究堆“核应急”

　　依据 IAEA 发布的《制定核与辐射应急安排的方法》(TECDOC - 953)文件,“应急”是指需要采取快速行动缓解对人类健康和安全、生活质量、财产或环境产生危害或有害后果的非常规情景或事件,“应急”包括“核应急”和“常规应急”两大部分内容。通常,将由核设施发生事故所引起的应急称作“核事故应急”,由核技术应用(诸如实验期间放射性泄漏、放射源失控等)所引起的应急称作“辐射应急”,现在统称为“核与辐射应急”,因为一般只有在发生事故的情况下才会有相应的应急响应行动,也称“核与辐射事故应急”,简称为“核应急”。研究堆事故应急主要关注涉核事故带来的应急,也称研究堆核事故应急,因研究堆既是一座核设施又涉及核技术应用,因此,以下简称“核应急”。

　　研究堆发生核事故期间实施核应急的主要目的是,通过实施核应急可快速有效控制或缓解核事故发展进程并减轻其后果,将其对现场工作人员、场区公众和厂区边界环境的危害降低到尽可能低的程度。对于研究堆营运单位和监管部门等各方来讲,在研究堆的建造、运行(应用)和退役等阶段认真做好“核应急”工作不仅对其自身十分重要,而且也体现了相关方对社会和公众承诺的承担核安全责任的担当精神。

本节将简介研究堆核应急预案与准备、研究堆核应急状态分级与行动水平以及研究堆核应急计划区的划分等三部分内容。其他部分可参见 2011 年 1 月 8 日国家发布的《核电厂核事故应急管理条例》等文件的相关内容。

1) 研究堆核应急预案与准备

"研究堆核应急预案"是《国家核应急预案》的重要组成部分。到目前为止,《国家核应急预案》发展的历史沿革大致经历了三个阶段:1996 年国家编制并发布了《国家核应急计划》,提出了"常备不懈、积极兼容,统一指挥、大力协同,保护公众、保护环境"的要求;2004 年 12 月,《国家核应急计划》更名为《国家核应急预案》;2012 年 4 月 6 日,新修订并生效通过的《国家核应急预案》,汲取了我国"5·12"汶川大地震和日本"3·11"福岛核事故的经验教训。"研究堆核应急预案"的结构主要包括核设施及环境概括,应急组织与职责,应急状态分级,应急响应,干预水平,应急设施核设备,应急计划区,应急终止和恢复,培训和演习等内容。其中,"核应急"的内涵主要包括核应急体系的建立、核应急状态分级和应急行动水平、应急计划区划分、应急终止和恢复等内容。

此处需说明的是,为提升研究堆核应急动态响应能力,平时在"人机料法环"(人员、机器、物料、方法、环境)全要素的应急准备和年度应急演练等就显得尤为重要,我国战国时期子思在《礼记·中庸》中提出的"凡事预则立,不预则废",毛主席提出的"不打无准备之仗"讲的都是任何事情都应做好"以防不测"的充分准备,在研究堆发生核事故期间实施核应急响应行动也同样如此。如果平时准备充分,针对具体研究堆的潜在风险所制定的预想、预测和预防等预案得当,并实施年度演练,一旦面临由不可控因素引发的核事故,则按照预案实施核应急就能控制事故发展进程或缓解事故后果。

2) 研究堆核应急状态分级与行动水平

按照《国家核应急预案》相关要求,参照国内外核应急经验反馈,结合近年来新建成研究堆厂址及环境实际,特别是编者从亲身经历的 2008 年"'5·12'强震的应急抢险"中体会到,一个研究堆营运单位所制定的"研究堆应急预案"是否适宜和有效,检验的标准主要有三个,一是对潜在核事故风险辨识的充分性,二是对核事故发展全过程全要素准备的时效性,三是应对核事故的动态响应能力。在制定《研究堆核应急预案》中,对于研究堆核应急状态的分级,通常按照事件或事故发生后的实际辐射后果或预期可能受影响的辐射后果范围,将其分为"应急待命、厂房应急、场区应急、场外应急"4 个级别。具体的应急状态分级和行动水平划分如表 6-6 所示。

表6-6 研究堆核应急状态分级和行动水平

序号	项 目	状态与水平1	状态与水平2	状态与水平3	状态与水平4
1	应急状态	应急待命	厂房应急	场区应急	场外应急
2	行动水平	如果厂址边界的放射性流出物24 h以上平均浓度大于10倍导出空气浓度或厂址边界全身24 h累计剂量已经或预计将超过0.15 mSv;获悉将在研究堆周围发生严重的自然灾害,诸如,地震和台风等	如果厂址边界的放射性流出物24 h以上平均浓度大于50倍导出空气浓度或厂址边界全身24 h累计剂量已经或预计将超过0.75 mSv;厂址边界处,全身1 h平均剂量已经或预计将超过0.2 mSv,或甲状腺1 h平均剂量已经或预计将超过1.0 mSv	如果厂址边界的放射性流出物24 h以上平均浓度大于250倍导出空气浓度或厂址边界全身24 h累计剂量已经或预计将超过3.75 mSv;厂址边界处,全身1 h平均剂量已经或预计将超过1.0 mSv,或甲状腺1 h平均剂量已经或预计将超过5.0 mSv	厂址边界的全身1 h平均剂量已经或预计将超过5 mSv;厂址边界处,烟云照射途径的全身累计剂量已经或预计将超过10 mSv,或烟云照射途径的甲状腺剂量已经或预计将超过50 mSv

3) 研究堆核应急计划区的划分

由于研究堆应急区的划分依据主要是事故源项大小,也就是研究堆发生事故期间释放到各区的放射性物质活度值,所以,研究堆核应急的范围主要分为两个区:其一是厂房核应急区,其二是场区核应急区。

对于研究堆核应急计划区大小的确定,国际上尚无与核电厂核应急计划区划分相类似的方法和准则,依据我国核安全导则推荐的研究堆核应急计划区范围如表6-7所示。

表6-7 研究堆核应急计划区范围

序号	项 目	P&S1	P&S2	P&S3	P&S4	P&S5
1	额定热功率水平 P/MW	$P \leqslant 2$	$2 < P \leqslant 10$	$10 < P \leqslant 20$	$20 < P \leqslant 50$	$P > 50$
2	应急计划区范围 S(以反应堆为中心)/m	运行边界	100	400	800	视具体情况由安评审定

如果设定的应急计划区范围与表 6-7 中的推荐值不一致,则营运单位应说明确定的依据和方法,并经国家核安全监管部门组织专家审核后批准。

如果场区 500 m 范围内存在其他核设施或可达临界的装置,也就是在群堆厂址中,其中一座核设施发生的核事故后果对其他核设施或装置的影响程度和应急范围,诸如核威胁诱发的火灾、爆炸等是否有共模效应等,应视具体情况进行专题论证。

参考文献

[1] 国家核安全局. HAF201. 研究堆设计安全规定[S]//国家核安全局. 中华人民共和国核安全法规汇编:北京:中国法治出版社,1995:1-8.

[2] 国家核安全局. HAF202. 研究堆运行安全规定[S]//国家核安全局. 中华人民共和国核安全法规汇编:北京:中国法治出版社,1995:5-15.

[3] 潘自强,刘华. 中国百科全书核与辐射安全[M]. 北京:中国环境出版社,2018:236-237.

[4] 浅香英明,井川博雅,前田俊哉,等. RETRAN-02/RR ゴードによるJRR-3 改造炉の安全解析:JAERI-M 84-217[R]. 茨城县那珂郡东海村:日本原子力研究所,1985.

[5] International Atomic Energy Agency. Safety in the utilization and modification of research reactors[R]. Vienna:No. 35-G1, IAEA, 1994.

[6] International Atomic Energy Agency. Safety in the utilization and modification of research reactors[R]. Vienna:No. 35-G2, IAEA, 1994.

[7] 李金才,黄芳芝,钱力克,等.COBRAIIIC/MIT-2 子通道程序的介绍及其移植[J]. 核科学与工程,1987(2):1-4.

[8] Sudo Y. Experimental study of differences in DNB heat flux between upflow and downflow in vertical rectangular chanel"[J]. Journal of Nuclear Science and Technology, 1985, 22(8):604-618.

[9] Hirano M, Sudo Y. Analytical study on thermal-hydraulic behavior of transient from forced circulation in JRR-3[J]. Journal of Nuclear Science and Technology, 1986, 23(4):352-368.

[10] 数士幸夫,安藤弘荣,井川博雅,等. JRR-3 改造の热工水力设计の基本的考え方[R]. 茨城县那珂郡东海村:JAERI-M 84-079,日本原子力研究所,1984.

[11] Su G H, Fukuda K, Jia D N, et al. Application of an artificial neural network in reactor thermohydraulic problem:prediction of critical heat flux[J]. Journal of Nuclear Science and Technology, 2002, 39(5):564-571.

[12] 鹤田晴通. 市川博喜. 岩埼淳一. JRR-3 改造炉の核设计:JAERI-M 84-099[R]. 茨城县那珂郡东海村:日本原子力研究所,1984.

[13] 原见太干,植村睦,大西信秋,等.JRR-3 改造炉の安全评价のための反应度投入事象の解析:JAERI-M 84-142[R].茨城县那珂郡东海村:日本原子力研究所,1984.

[14] 苏光辉,田文喜,张亚培,等. 核电厂严重事故现象学[M]. 北京:国防工业出版社,2016.

第7章
研究堆工程建设主要经验

从第 1 章表 1-1 可见，近 30 年来，全世界新建成具有反中子阱原理的游泳池式研究堆并不多，虽然这些研究堆各自的建设目标不尽相同，主要用途各具特色，但工程建设期间不同程度地发生过的一些问题却有相同之处。本章将以建筑安装工程施工、主工艺系统研制、堆芯物理热工实验和工程建设三大控制等为抓手，按照问题导向原则，深入分析产生这些问题的根本原因，给出已采取的措施，将其归纳、总结和凝练成主要经验，通过研究和借鉴这些经验，读者可避免类似问题在其他新建研究堆或核电厂工程建设项目中再度发生，其结果对于这些工程项目建造和调试工作的推进以及质量、安全和进度的控制等具有重要的工程借鉴价值。

7.1 建筑安装工程施工主要经验

研究堆工程施工项目中，建设单位主要依据业主和设计单位提供给现场的施工文件制订施工方案，按照批准的施工方案开展厂区内地表上下平面、各建筑子项和厂外工程等建筑安装工程施工，基于国内多座研究堆工程建设实践，建筑安装工程施工中积累了一定的施工经验。本节主要介绍主厂房负挖和大体积混凝土施工控制裂缝产生的经验等内容。

7.1.1 主厂房负挖经验

研究堆主厂房负挖和底板筏基浇注是建筑安装工程的基础性工作，施工质量对于重要安全物项抗震功能的实现和研究堆长期安全运行等具有重要意义。下面将主要介绍负挖开工和底板筏基浇注的必要条件、爆破和隐蔽工程验槽注意事项等两个方面的经验。

1) 负挖开工和底板筏基浇注的必要条件

基于近年来建成和在建核工程的经验反馈,研究堆主厂房负挖开工和地板筏基浇注需满足的必要条件有三。其一,业主已取得或预计在该研究堆第一罐混凝土浇注日(first concrete date,FCD)之前可取得国家颁发的建造许可证;其二,全厂区施工图设计出图量完成了30%,研究堆主厂房建筑安装工程及主工艺系统布置相关施工图出图量达到了40%~50%;其三,预计筏基钢筋笼的绑扎可在次年雨季到来之前完成。其中,第一个条件主要取决于初步安全分析报告PSAR审评中提出的问题是否已关闭,如果该条件不满足,即使其他条件均具备,也只有等待;第二个条件主要取决于业主、总体设计单位解决设计接口问题的快慢程度和设计单位的出图效率,如果该条件不满足,即使已实现FCD目标节点,由于后续施工图不能满足现场制订施工方案和建安施工进度计划要求,将导致现场停工并出现待图施工的现象,或者虽然主厂房内主工艺系统总体布置完成,但是具体到各工艺系统,尤其是重要关键核级设备具体布置的施工图未到位,将导致在浇注承重地板期间,由于这些主施工路径上的预埋件和承重位置无法确定,现场施工不得不采取甩项(即预留钢筋结构)和二次浇注等补救措施,将严重影响工程建设进度和增加建设成本;第三个条件主要取决于负挖期间预计的现场施工环境、详勘的岩石种类和爆破量等条件与实际施工现状的差异性。

2) 爆破和隐蔽工程验槽注意事项

基于多项研究堆负挖工程的实践,实施爆破期间的注意事项主要包括爆破方式、爆破安全和振动力学检测技术三个方面。例如,爆破方式上,是采取施工片区多点微差爆破还是整体爆破;爆破安全上,施工人员除了须持证上岗外,还须考虑炸药的运输、储存和使用三个环节的安全等注意事项。隐蔽工程验槽注意事项主要包括现场施工、变更记录、验槽记录与影像等技术资料的收集、整理和归档等档案管理工作,这些资料是研究堆工程建设竣工验收审计的重要依据,是研究堆建成后运行维修和退役方案设计期间重要的参考技术基础,其完整和齐套达标程度对后期该堆相关工作具有重要的工程指导、参考和使用价值。

此处需注意的是,如果在次年雨季到来之前筏基钢筋笼的绑扎工作未完成,无法浇注混凝土,则已绑扎的钢筋笼将可能被浸泡在雨水中,导致笼中钢筋生锈,其生锈层的处理不仅会增加后期施工的难度,而且将影响施工进度和增加建设成本;如果是在旧厂址上实施新工程建设,且详勘期间未勘察部位的特坚石或次坚石的数量大于其他种类岩石的数量,则实施爆破期间,必须考虑震动对其他在役核设施和周围建筑物的影响,为使每次爆破冲击波造成的震动控制在服役设施等安全许可条件范围内,每天的施工进度无法加快,预计的负挖工程量和进度势必严重受到影响。

7.1.2 大体积混凝土施工控制裂缝产生经验

大体积混凝土施工主要包括主厂房底板筏基、"三废"处理厂房底板筏基、研究堆本体生物屏蔽层和热室等 4 类大体积混凝土的施工。在研究堆和核电厂等核工程的建筑安装设计与施工中,筏基是借用工业民用建筑学的一个术语,系指由钢筋笼和混凝土形成的筏板基础(raft foundation),简称筏基。4 类大体积混凝土施工具有共同特点,一是一次性浇注重混凝土量应不少于 $500~\mathrm{m^3}$;二是不仅涉及使用环境的辐射屏蔽安全,而且其整体功能和质量要求高;三是除热室外,其他大体积混凝土的施工均处于工程建设进度控制里程碑节点的主路径上。面对浇注对象的体积大、质量要求高和进度要求紧的三点工程实际,由于浇注期间在大体积混凝土内部聚集的热量不易散发,温度与应力应变载荷分布复杂,芯体释热和上表面降温之间形成收缩应力的动态平衡点控制难度大等因素,可能导致拆模板后这些大体积混凝土易于产生裂缝,预防裂缝的产生对于确保研究堆工程建设质量目标实现具有重要意义。

下面主要介绍上述 4 类大体积砼的构成与设计施工特点、大体积混凝土裂缝的产生及后果、原因分析和主要建设经验 4 部分内容。

1) 4 类大体积混凝土的构成与设计施工特点

主厂房和"三废"处理厂房筏基主要由钢筋笼、预埋管板件及在此笼中浇注的混凝土构成。主厂房筏基的主要功能是承受研究堆本体、一回路系统、水下运输通道、乏燃料池及主厂房的载荷,"三废"处理厂房筏基的主要功能是承受固废与液废处理工艺系统、厂房内转运系统、固体废物暂存库、"三废"处理厂房和废液储存池等载荷。承载主厂房和"三废"处理厂房等物项载荷的方式是在基岩上分别形成两个整体筏基,将这些物项的底板建筑在各自筏基上,通过其筏基将承受载荷的力传递给基岩,使筏基和基岩形成一个整体,当遭遇突发强烈地震时,不至于形成局部沉降或撕裂两个建筑物,由此提高整体抗震水平。

主厂房和"三废"处理厂房筏基的总体结构设计特点是筏基与基岩表面形成一个整体以满足其功能和抗震要求。其中,研究堆主厂房的筏基一般设计成圆形和矩形两种结构,对于圆形结构筏基,通常,设计成直径不小于 30 m,主钢筋厚度不小于 2 m(不小于 10 层),形成超大体积超厚钢筋笼;"三废"处理厂房筏基通常设计成矩形结构,以控制工艺系统设备(行吊或环吊等)的建造成本。

两类厂房筏基的施工特点是一次性在整体钢筋笼空间内浇注的混凝土不小于 1 000 m³,浇注如此大量混凝土,其施工过程属于典型的大体积混凝土施工过程。施工工艺中控制大体积混凝土裂缝的产生是施工质量控制的重点和难点。

两类厂房筏基的施工特点包括三个过程,首先是绑扎钢筋笼、预埋管板、布置测温探测计和测量管线;其次,对周围支模板开展质保检查;最后,采用泵送模式一次性连续浇筑大体积混凝土并检测其温场变化情况。

研究堆本体生物屏蔽层由钢筋网、重混凝土、水平束流孔道、检漏检测管及各类预埋工艺管线等构成。研究堆本体生物屏蔽层的主要功能是支撑和固定游泳池池壳并屏蔽堆芯径向泄漏的中子、γ 等放射性射线、满足研究堆大厅辐射防护剂量安全限值要求以及减小游泳池内冷却剂与反应堆大厅环境之间的温差。

研究堆本体生物屏蔽层大体积混凝土的设计特点可参照第 2 章 2.3.2 节介绍的内容。堆本体生物屏蔽层如图 2-4 和图 2-5 所示。

研究堆本体生物屏蔽层的施工特点是一次性集中浇注混凝土量大、工艺复杂程度高和质量控制难。其中,施工量大主要体现在整体钢筋笼空间内一次性需要浇注的混凝土体积不少于 600 m³,在短时间内一次浇注如此大量重混凝土属于典型的大体积混凝土施工;工艺之复杂主要体现在位置功能要求和施工模式两个方面,从位置功能上,沿轴向高度重混凝土的配比分为下述三段,一是从堆底小室到游泳池底,二是从游泳池底到堆芯顶部,三是从堆芯顶部到堆顶平台,依据放射性源项屏蔽设计计算提供的结果,各段重混凝土的配比各不相同,从交叉施工上,由于各类预埋管、板件的数量和尺寸等接口空间占有率各不相同,所采取的浇注模式、振动棒的可达性、浇注和振动期间对各类预埋管、板件的结构和位置的影响,尤其是水平束流孔道预埋管功能的完整性和位置精度的影响等也不尽相同,这也是制订施工方案和评审关注的重点;而质量控制难主要体现在重混凝土浇注的速率、浇筑后芯体和表面沿径向和轴向温度的测量,防止产生裂缝的措施等三个方面。

堆本体生物屏蔽层大体积混凝土的施工流程体现在三个方面,首先,游泳池池壳采用现场焊接法,为增强池壳与生物屏蔽层大体积重混凝土的结合强度,沿该壳体外表面不同轴向高度外表面法线方向环焊长度小于生物屏蔽层厚度的钢筋,其数量和长度依据结构强度设计确定,制作完成后从表面看上去犹如在池壳外表面长满了刺猬;其次,绑扎、固定、焊接各种工艺和水平实验孔道等预埋管件,设置温度、应力应变探测计及其测量管线,沿生物屏蔽层外径周向支撑模板;最后,采用泵送混凝土浇注模式,沿轴向高度一次性浇注不同配比的重混凝土并沿不同层高采用振动棒密实。

热室主要由建筑安装工程的生物屏蔽体和工艺系统部分(包括不锈钢壳体、后门、铸铁盖、生物屏蔽体和铅玻璃窥视窗等内容)构成。其中,生物屏蔽体主要由钢筋网、铁矿石、混凝土以及门框预埋件等构成,生物屏蔽体的功能是用于屏蔽操作放射性部件或样品等产生的 γ 射线,支撑、固定热室壳体并为安装铅玻璃窥视窗、后门和铸铁顶盖及运输线等预留接口条件。研究堆热室的主要功能是屏蔽室内放射性物体的射线,以及为操作堆内受辐照后组件、构件及其实验用放射性样品等提供可视化操作空间和操作手段。

热室生物屏蔽层大体积重混凝土的设计特点主要是需满足总体结构力学和辐射屏蔽设计计算的相关要求,设计的特点和难点与第 2 章 2.3.2 节中反应堆本体生物屏蔽层设计的特点和难点相同。

热室的施工特点主要体现在施工量及其施工工艺上,依据研究堆承担的研究任务不同,各研究堆配置的热室数量和辐射防护水平存在差别。近年来,新建成研究堆配置的热室数量通常大于 10 个,主要有用于承担堆芯内辐照后组件和构件等的接收、解体工作的各 1 个热室;承担生产[131]I、Mo、Tc、[177]Lu、[89]S、P 并满足 GMP 条件的 5 个热室;承担燃料元件辐照后性能检测分析和材料金相结构研究分析任务等约 5 个热室。辐射屏蔽能力在 10~50 万 Ci(1 Ci=3.7×10^{10} Bq)不等。构成这些热室群的整体钢筋笼空间内需浇注的重混凝土不少于 500 m^3,浇注如此大量混凝土也属于大体积重混凝土施工。

热室的施工流程主要包括绑扎钢筋笼(预埋温度、应力应变测量计及其测量管线)、支模板和一次性泵送浇筑大体积混凝土等三道工序。

2) 大体积混凝土裂缝的产生及后果

在研究堆建筑安装工程大体积混凝土的施工历史中,IAEA 的各成员国曾不同程度地出现过大体积砼产生裂缝的问题,尤其是个别建筑安装工程的大体积砼浇注完成经保养拆模后发现裂缝,不得不打掉重新浇注。例如,澳大利亚的 OPAL 研究堆,主厂房筏基施工恰逢当地的夏季,筏基一次浇筑完成,拆模时发现筏基产生裂缝,经取样检测发现厂址基岩裂缝冒出的水偏酸性,如果不及时处理,裂缝处裸露的钢筋在偏酸性水长期浸泡下将会被逐渐腐蚀,其结果将危及筏基结构的完整性;再如,国内某工程水下输运通道底板在混凝土浇注完成、经过保养后在拆模时也发现产生了裂缝;又如某工程大体积混凝土浇注后既产生裂缝又烧毁预埋电缆。如果这些裂缝不及时处理,势必影响这些大体积混凝土的完整性功能的实现,这些裂缝深度的判断、处置和整改,被烧毁电缆通断性能的诊断、处理和置换等过程严重影响了这些工程的建设进度。

3) 原因分析

近年来,针对产生裂缝的几个大体积混凝土,业主、施工单位和监理等从工程上采取钻孔取样、分析和实验并开展相关的理论研究,发现大体积混凝土浇注期间产生裂缝的原因可归结为内因、外因和经验三个方面。首先:一是与浇注期间水泥固有的温升有关,主要表现在大体积混凝土的水化特性、温度和应力应变特性等内因方面,大体积混凝土浇注过程中,一次性浇注水泥量大,水泥在水化过程中释放的水化热高,混凝土绝热温升高,浇注的混凝土超厚超大使得在混凝土芯体产生的水化热传热路径变长,在水化热的产生、聚集和传热等多因素共同作用下,使得形成的温度应力载荷演化过程变得更加复杂,不断变化的温度和应力应变载荷更难以控制,由此产生裂缝的潜在风险增大;二是与浇注完成后保温期间水泥产生的收缩应力有关,这主要表现在浇注期间水泥不断产热形成的温度升高与通过周边环境不断散热形成的温度下降的平衡技术控制上,由于大体积混凝土底部的基岩温度在浇注初期低于水泥水化热产生的温度,随着混凝土芯体温度向其逐步释放很快达到一个平衡值,之后继续向基岩散热的可能性大幅降低,后期在混凝土芯体聚集的温升只能向上表面和周围释放,但是大体积混凝土的上表面和周边环境温度是一个低于混凝土芯体温度的恒定值,大体积混凝土表面散热快与芯体聚集热量不能及时导出形成大体积混凝土芯体与表面温度下降速率的不同且温差逐渐增大,由此在大体积混凝土内产生收缩应力;如果大体积混凝土芯体和表面产生的收缩应力达到一定限值,则将从结构上导致裂缝出现,如果大体积混凝土芯体温升速率不能保持在平缓释放并达到或超过一定限值,则由于聚集的芯体温度过高将导致预埋在其中的电缆被烧断。其次,在质量控制、施工管理和环境条件等外因方面,主要与下述四个方面的因素有关:一是与采用的水泥标号、砂石水洗指标、重混凝土和铁矿石杂质等原材料质量控制有关,二是与采用多次分块分层浇注还是一次整体浇注也有关,三是与土建和主工艺安装是否存在交叉施工等施工工艺管理有关,四是与浇注期间环境温度高低及采取的保温保湿措施等因素有关。最后,在大体积混凝土结构设计等设计经验方面,为了局部增强辐射防护能力,按照屏蔽计算结果,如果大体积混凝土上或下表面设计成台阶结构,从板块结构力学经验上,在台阶的交界处会产生应力集中,此应力集中也是导致交汇处出现裂缝的诱因。总体上看,针对不同工程,导致大体积混凝土出现裂缝的原因是复杂的,可能是上述三方面因素中某个单因素所致,也有可能是其中两个或者三个因素综合作用的结果。

4) 主要建设经验

基于上述原因分析,针对具体问题,业主和监管单位应集中结构设计、施工管理、运行和应用等方面专家的智慧,综合分析、研判并提出拟采取的措施。下面将结合研究堆工程建设实践,提出控制大体积混凝土裂缝产生的 3 项基本原则和 3 项具体措施。

3 项基本原则是坚持和贯彻"预防为主、主动作为"的思想;树立以施工方案预审,转阶段质量验收为抓手,贯彻全过程、全要素和全覆盖动态综合质量控制的理念;采取数值模拟、验证试验和经验反馈相结合的方法。

采取的第一项预防措施是控制原材料质量。大体积混凝土原材料的质量控制是预防裂缝产生的基础,如果原材料的技术指标及其混凝土试样的力学性能等不能满足研究堆相关设计准则或规范要求,则可能导致浇注后的大体积混凝土出现裂缝。主厂房、"三废"处理厂房筏基和水下输运系统底板设计要求的原材料质量控制要素主要包括水泥的标号、水洗砂石的杂质含量及其混凝土试样的力学性能试验数据等;研究堆本体、热室生物屏蔽层的原材料质量控制要素除了上述筏基的三项内容外,还包括铁矿石的力学、电磁学性能及其适配性等指标。从质量控制上,业主和监理必须对采购的原材料进行抽检,对承建方开展的混凝土试样的力学性能试验数据进行复检,确保其满足设计的功能、性能和质量控制等指标要求。

采取的第二项预防措施是控制施工工艺。大体积混凝土施工工艺控制是预防裂缝产生的关键,如果施工期间其中任何一个工艺出现问题,则可能导致浇注后的大体积混凝土出现裂缝。施工工艺控制要素主要包括施工方案审查、过程质量控制方法、混凝土浇筑模式、混凝土养护方式、温度应变监控、裂缝控制技术以及质量保证与安全风险源识别等。基于研究堆工程建设实践,借鉴核电厂大体积混凝土施工经验,近年来,施工方案中采取的有效可行的技术路线是数值模拟、理论分析与验证试验相结合。具体做法如下:首先,建立大体积筏基混凝土全三维有限元数值仿真模型,采用商业有限元软件 ANSYS 或自主开发的有限元分析程序,模拟计算并优化设计混凝土原材料配比,制订浇注期间的温度及其应力应变监控方案。其次,在浇注工艺上,采用机力搅拌混凝土实施一次性整体现浇工艺,防止分时、分块或分层浇注在接口处产生裂缝,如果一次浇注条件难以实现,二次浇注前,为增强接口处新旧混凝土的结合力,应在已浇注并拆模的混凝土边界上采取将旧边界凿毛再浇注新混凝土的模式;在实验方法上,采取在大体积混凝土内部及其表面典型位置适当选择温度及应力应变检测点,预埋温度及应力应变检测计及其管线,实时在线监测在浇注及养护期间的温度、应力应变等参数,基于数值模拟结果和检测结果,开展温度、应力应变及其产生的收缩量等数据分析,为判断浇注的大体积混凝土内部是否可能出现裂缝提供技术支撑。例如,依据目前国家《大体积混凝土施工标准》和《大体积砼施工技术规范》等的降温速率规定[1-3],在连续浇注混凝土期间,降温速率应小于 2.00 ℃/d,内外温差应小于 25 ℃,通常数值模拟计算的混凝土芯体最大降温速率应小于 1.00 ℃/d,外表面最大降温速率应小于 1.80 ℃/d,如果环境温度为 20 ℃,则内外温差应小于 25 ℃,一旦在线实时检测的降温速率或内外温差等超过模拟计算或技术规范限值,则应动态调整浇注量或减缓浇注速率,实现对温差的总体控制,避免裂缝的产生,确保大体积混凝土的成型质量。最后,在保温降温养护期间,应采取有差别的保温降温养护措施,由于大体积混凝土中心温度过高,外表温度是环境温度,内外温差过大,为预防裂缝出现,可采取下述办法,其一,在保温保湿方面,可在外表面覆盖湿草席,以降低内外温差,减少混凝土的收缩应力,将施工现场环境温度和入模温度等作为输入参数,建立有、无保温层温差控制计算模型,开展有限元计算和分析,计算结果给出覆盖草席的厚度、湿度和混凝土相对绝热温升;其二,在降温速率方面,可通过降低大体积混凝土的降温速率,增强混凝土块的抗拉强度,有效提高大体积混凝土承受外约束力来抵抗开裂的能力;其三,在检测技术方面,可依据实时在线监测数据,动态调整覆盖草席的厚度和湿度。

这里需强调的是,降温速率不仅与降温的快慢有关,而且与施工进度和企业的效益相关,如果控制的降温速率过低,则每天的浇注量受限,影响后续施工进度和施工单位效益,但是,此时必须严格树立质量第一的理念,严格过程质量控制,确保施工质量满足设计功能、性能等技术指标要求。

采取的第三项补救措施是选择恰当的裂缝诊断技术。对于主厂房、"三废"处理厂房等浇注完成拆模后的大体积混凝土,在研究堆全寿期内属于承受其上全部载荷的隐蔽基础,一旦结构完整性受到损坏,将由于空间上的不可达性而无法修复。采取的补救措施分两种情况,其一,拆模后,如果发现表面或侧面出现裂纹,应判断裂纹的大小、深度以及钢筋裸露情况,如果现场坑底及其坑侧岩石裂隙中存在水源,必须分析水质对裂纹处裸露的钢筋是否存在潜在腐蚀风险,如果水质偏酸性,且裂纹较大较深,裸露钢筋较多,在全寿期内存在钢筋笼因腐蚀影响结构完整性的风险,则此筏基只能打掉重新浇注;其二,拆模后在进行质量验收时,如果筏基表面或侧面处出现微裂纹,但沿微裂纹深度方向经取样证实其深度并未贯穿,裸露钢筋经水浸泡还未生锈,则可采取沿裂缝深度方向灌浆封堵予以处理。在工程实践中,判断微裂纹深度的检测与诊断技术具有选择性,处理经验表明,在表面着色(PT)、射线探伤(RT)或超声波涡流探伤(UT)三项通用诊断技术中,UT 和 RT 不适用于此类裂纹检测,因射线或超声波与裂纹处裸露的钢筋笼相遇会反射回波并产生大量干扰本底,导致视频上显示的信噪比极差,有效信号辨识难度增大,此时可采取沿裂纹深度灌色再钻孔取样的办法,最终依据取样测得裂缝深度,再采取相应补救措施。

这些经验可供其他大型核工程或大型水利工程、大型砼施工借鉴。

7.2 主工艺系统研制经验

采用反中子阱原理设计并建成的游泳池式研究堆主工艺系统的组成、功能及与核电厂相关主工艺系统的差别可参见 2.3.3 节中表 2-4 介绍的相关内容。如果是设计一座全新的该类研究堆,则其系统设计、建造和调试阶段需解决的关键技术主要有包括轻水输热系统研制、室外应急补水系统抗震设计、仪控系统研制和冷源与重水箱接口等技术。本节将主要介绍 4 大系统研制的相关经验。

7.2.1 轻水输热系统研制经验

依据厂址条件,研究堆轻水输热系统对堆芯热量的导出有两条排放路线,一是把大气作为最终热阱,从天上排放热量,即将反应堆堆芯产生的热量经过一、二回路冷却剂载带到机力通风冷却塔再散入大气;二是把当地江水或海水作为最终热阱,从地上排放热量,即将反应堆堆芯产生的热量经过一、二回路冷却剂载带到衰变池、再经过三回路排入当地江水或海水。其中,一、二回路系统额定流量的设计精度和一回路系统中设置的 ^{16}N 衰变箱(也称延时水箱)或衰变池的冷却剂流程是研究堆轻水输热系统设计的难点。

1) 轻水一、二回路系统额定流量设计与技术改进经验

针对某研究堆轻水一、二回路系统调试额定流量期间发现的问题,结合这

类堆回路系统的技术改进过程、设计和运行特点,为进一步总结调试期间的经验,下面将介绍问题的产生、原因分析、采取的主要措施和主要结论等 4 个方面的内容。

(1)问题的产生。在设计计算一座全新池式研究堆的一、二回路轻水系统冷却剂流量时,如果没有参考堆的相应系统流量参数作为设计参考,则所设计的一、二回路系统的额定流量通常是偏大的。例如,某研究堆工程建设在进行一、二回路系统冷调试时,发现测定的额定流量均比设计值大了约 30%。

(2)原因分析。经综合分析发现,产生问题的主要原因有下述两个方面:

一是设计计算方面,在工程建设项目的施工图设计阶段,如果新设计的研究堆有参考堆型,为节省投资,设计单位通常基于参考堆型一回路流场各部分参数,采用热工水力程序计算一、二回路冷却剂的额定流量(不搭建 1∶1 系统台架开展相关实验并获得回路参数);针对一回路系统,由于研究堆一回路系统的堆芯和反射层冷却剂流道的沿程流道制造存在误差、堆芯入口重水箱内围筒的流量分配复杂、堆芯下栅格板出口和下腔室交混流场存在流动不稳定性、^{16}N 衰变箱、主/辅泵、热交换器(管式、板式)和弯管的结构不同等因素,造成建模近似存在较大误差;针对二回路系统,由于冷却塔、主/辅泵、热交换器(管式、板式)和弯管等的结构与参考堆相关设备、部件存在差异等因素,建模同样存在较大误差;在缺乏台架模拟实验参数验证设计参数精度的条件下,只能采用包络法将一、二回路额定流量计算结果的误差放大,且只能是正偏差,因负偏差是不可逆的,由此,在提供给水泵和电动机等动载设备承制厂的技术规格书中,设计单位提出的一、二回路系统冷却剂流量技术指标偏大。二是设备制造方面,依据业主提供的设备技术规格书,为满足一、二回路主、辅泵扬程设计技术指标要求,在开展二次设计时,设备承制厂担心所设计水泵的扬程不能满足设计单位的技术指标要求,因为一旦低于此要求,其后果是不可逆的,所以为保守起见,通常只有通过放大设计误差上限范围,即加大水泵的叶片或提高电动机轴功率或转速,由此导致一、二回路系统冷却剂的额定流量数值进一步偏大。

(3)采取的主要措施。针对上述问题,为使一、二回路系统的额定流量减少到满足堆芯热量导出的实际需求,采取的主要技术改进措施有下述两种:

一是增设节流孔板,具体的实施过程是,首先采用实测的一、二回路系统冷却剂额定流量数据,校核设计结果参数,依据实际测量值,设计制造节流孔板。其次,切断已安装好并经过清洗、打压、抽真空和检漏等过程的一、二回路主管道,在断口位置安装该节流孔板,并按照质保程序检查节流孔板的安装质量。最后,重新开展一、二回路系统的清洗、打压、抽真空和检漏等工作,重新分别测量每个系统冷却剂的额定流量数据,直至满足堆芯热量导出的实际要求。二是减小水泵叶片或新增电动机变频器,如果采用减小水泵叶片的技术改进措施,则可依据建成的一、二回路系统冷却剂额定流量实测数据,校核设计计算的相关参数,制造厂基于设计单位提供的经过校核的技术参数,重新计算所需叶片尺寸,将主泵返回制造厂,拆卸并切屑多余的水泵叶片;如果采用新增电动机变频器的技术改进措施,则可在一、二回路系统现场的电动机旁新增设变频器,通过调节电动机转速可控制一、二回路系统冷却剂额定流量。

（4）主要结论。综上所述,在缺乏一、二回路系统堆芯冷却剂额定流量测量参数的条件下,为确保将额定工况下的堆芯热量载带到最终热阱,只能采取正向包络法,增大设计计算和设备制造的上限裕度,在进行系统冷调试阶段,增大的冷却剂流量可通过技术改进予以修正。在采取的两种修正措施中,第一种措施相对简单可行,第二种措施则工作量较大,不仅取决于一、二回路系统的场地空间,而且增加了长期的运行成本。

2）一回路延时水箱设计与技术改进经验

针对某研究堆轻水一回路系统调试期间发现的延时水箱问题,结合该水箱的技术改进过程、设计和运行特点,为进一步总结调试期间的经验,下面将介绍问题的产生、主要原因分析、采取的主要措施和主要结论等 4 个方面的内容。

（1）问题的产生。历史上,某新池式堆在进行带核调试的提升功率阶段出现下述现象。从堆大厅堆顶平台游泳池旁看,当以低功率运行时,整个游泳池液面断续出现均匀小气泡,当功率提升到一定水平时,游泳池水液面下断续升腾一个个大水团并形成直径约为 0.5 m 的管涌,随着功率水平进一步提升,管涌直径越大;从主控制室操作过程来看,在一回路主泵均投入运行的条件下,当功率分别提升至额定功率的 60% 并稳定运行 2 小时、70% 并稳定运行 1 小时和 80% 并稳定运行 0.7 小时 3 个功率台阶后,主控制室显示屏均出现"一回路系统异常"警告信号;随着反应堆进一步运行,保护系统相继出现"一回路系统流量低至额定流量的 85%"和"一回路系统主泵振动值超高"两个保护信号并触发停堆,此过程存在随着堆功率水平越高,主泵出现的振动值越大,系统稳定运行时间越短的现象。随后,经讨论和研究决定,在每次停堆后,对一回路系统实施排气,发现有气体连续排出,基本规律是功率越高、产生的气体越多、排气时间越长。

（2）原因分析，针对上述现象和气体，业主开展了产生问题的主要原因分析，具体包括气体来源和设计缺陷两项分析内容。通过对气体的来源进行分析发现一回路轻水系统中存在两类气体，一是空气，包括堆芯、延时水箱、泵、阀和管道等整个一回路系统的空气和冷调试阶段首次向游泳池内充水期间，随水流被夹带混入游泳池并溶于池水之中的空气，此两部分空气不会随反应堆运行增加，属于一个定量；二是氢气和溶解氧，随着反应堆运行功率的提升，堆芯内中子、γ 的注量率（ϕ）水平随之提高，当 $\phi \geqslant 1 \times 10^{14}$ cm^{-2} · s^{-1} 水平时，水受辐照分解产生的氢气和溶解氧溶于水中形成汽水混合物，此部分气体随着堆功率的提升和运行时间的增加，不断在水中积累，是一个不断增加的变量。

通过对延时水箱的结构设计进行分析发现，为最大限度地降低轻水一回路系统现场的 γ 射线辐照剂量水平，便于运行期间的巡检和取水样等工作的开展，该延时水箱设计成三流程结构，这种结构设计的结果使得回路泵房^{16}N 放射性水平相较单流程大幅降低，达到了预期的设计效果。但是该结构设计存在下述两个缺陷：一是由于该堆一回路轻水系统的出水主管道存在局部绝对压力为 30 kPa 的较低空间[4]，随着堆功率的提升和系统强迫循环运行时间的增加，一回路轻水系统中的空气、辐照分解产生的氢气和溶解氧等混合气体在此处析出；二是为缩短延时水箱第三流程出水管口与箱内液面的距离，增加该管口对冷却剂的吸附力，设计者将出水管口相较延时水箱 1 流程进水管口深插入液面约 1 cm，但未意料到的是，在出水管口与延时水箱顶部造成一个液面难以抵达的"死区"，随着一回路系统的运行，蕴藏在水中的混合气体将在此"死区"析出并聚集。

该延时水箱俯视图和"死区"侧视图分别如图 7 - 1 的（a）与（b）所示。由于延时水箱进水管口高于出水管口，即远高于箱内液面，流速大于 3.0 m/s 的轻水进入延时水箱期间的冲击力使得液面产生波动，当液面波谷低于延时水箱出水管口时，一团聚集混合气体就进入延时水箱出水管口，经过回路管道进入主泵，使得主泵叶片形成空转，由于气团的密度远低于液体冷却剂的密度，当气团与主泵叶片接触时使得主泵叶片空转的转速大幅增加，主泵转动失去平衡，由此导致主泵轴承产生剧烈振动；此外，随着大块团聚混合气体进入一回路管道，当该气团达到安装在管道上的流量计位置时，测到的回路流量减少，瞬间断续出现一回路流量低于额定流量的 85% 的现象；随着主泵的强迫循环，此气团经过换热器再经回水管被载带进入游泳池底时，依靠气团的升浮力，向上翻滚升腾，在游泳池的池水中形成管涌现象。

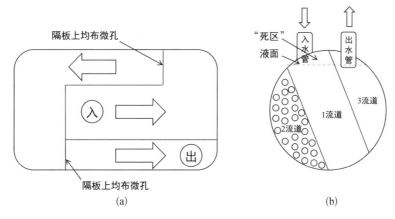

图 7-1　延时水箱流程俯视图和"死区"侧视图

(a) 延时水箱流程俯视图；(b) 延时水箱"死区"侧视图

（3）采取的主要措施，针对上述结构设计缺陷，现场采取了下述技术改进措施。一是查清了气体的成分，首先，采用气囊取样。其次，将此混合气体带离现场，发现点火即燃，初步判断，主要成分为氢气。最后，经再次取样并作化学分析发现，混合气体中氢气的成分占比大于 80%，其他成分为氮气和氧气等。这些混合气体中的氢气和部分氧气由一回路冷却剂水的辐照分解产生，氮气和部分氧气来源于充水期间夹带混入的空气。二是设计和制造了排气孔，采取该技术改进措施的总体思路是为在"死区"聚集的混合气体提供排出通道，消除混合气体聚集的空间，首先让已聚集的气团和今后高功率运行期间辐照分解继续产生的气体被连续载带到游泳池液面，均匀析出并进入反应堆大厅，然后经过排风过滤系统进入大气。经水力学计算，现场讨论和分析决定：首先，分别在延时水箱顶部最高和出水管位置各打一个直径为 25 mm 的孔。其次，采用一根直径为 25 mm、壁厚为 3 mm 的圆管分别将两孔联通并在两端接口处焊接固定，联通圆管与出水管的夹角为 30°。最后，在紧贴延时水箱内表面和面对集气空间的出水管内侧最高、中部和液面位置各开一个直径为 25 mm 的孔，在延时水箱内 1 和 3 流道隔板最高位置也开一个孔，使得两个流道内的"死区"联通。随着主泵的运行，让"死区"内的混合气体不再累积，分别沿着这两个孔连续进入延时水箱出水管、流经主泵和换热器，继续沿回水管进入游泳池底部，依靠其升浮力连续达到游泳池内冷却剂液面并形成均匀小气泡，出游泳池液面后的辐照分解气体经过除湿、低、中和高效过滤器后，最后通过排风系统进入大气环境。

完成上述两项技术改进后,按照调试大纲和调试程序,现场对其效果先后进行了非核调试和带核调试验证。非核调试的验证情况是,按照额定功率稳态运行工况启动一回路系统,考验了一回路系统运行的稳定性,在5.5小时的运行期间,观察到游泳池表面连续出现均匀的小气泡,这些脱离池水表面后的气泡,经过排风系统除湿及多级过滤后被连续载带排入大气,同时比较了技术改进前后一回路系统的排气结果,检测的排气口参数如表7-1所示;带核调试验证情况是,为了便于与技术改进前的运营参数相比较,在反应堆达临界后,经过中功率、60%、70%和80%等几个功率台阶,逐步提升功率至满功率并稳定运行24小时的结果表明,稳定运行期间一回路轻水系统运行稳定,其功能和性能指标满足设计要求,冷却剂流量和流速等满足了设计技术指标的要求。

表7-1 技术改进前后一回路系统的排气结果比较

序号	技术改进前后	检测排气位置	排气时长/分	备 注
1	延时水箱技术改进前	经目视观测:在反应堆高功率运行期间,游泳池的池水空间内及液面有气团断续翻滚升腾并形成管涌	5~6	延时水箱引出管口断续进入气团,经载带在游泳池液面断续翻滚升腾形成管涌,经取样离线分析,该气团是以氢气为主的混合气体
2	延时水箱技术改进后	经目视观测:游泳池的池水空间内及液面有均匀小气泡	连续出现均匀小气泡	反应堆连续高功率运行期间,无空气,辐照分解产生的气体被连续载带出游泳池的池水液面

(4) 主要结论,综合上述分析,在延时水箱由单流程设计成三流程结构的好处是延长了一回路冷却剂在箱体内的流程,大幅降低了主回路泵房的γ辐射剂量水平,在反应堆处于中高功率运行期间,有利于运行人员现场巡检、实验人员水质取样和机械人员维护维修等工作的开展;未预计到的是在此箱体内顶部形成的"死区"为气体聚集提供了空间,这些"死区"及其气体的断续释放是导致提升功率期间出现"一回路系统流量值偏低"和"主泵振动值超标"现象,引发系统运行不稳定最终非计划停堆的主要原因。通过采取上述技术改进措施,经过一回路冷、热态多工况调试试验验证,病灶被一次根除。实现了

该堆一回路轻水系统长期稳定运行的设计目标,满足了降低一回路现场 γ 辐射剂量水平和主/辅泵振动限值等设计技术指标要求。

7.2.2 室外应急补水系统抗震设计经验

研究堆全寿期内,厂区内高位水池及其管网功能的完整性和可靠性是在游泳池突发失水事故期间可及时向其补水的重要基础。为满足研究堆游泳池给水和补水要求,通常,研究堆厂区内设置有高位水池及其给水管网。正常运行期间,研究堆主厂房内设置有应急补水箱,应急补水箱内储存的去离子水可满足游泳池一次性补水要求,确保堆芯始终处于被淹没状态;如果遭遇突发不可抗力的超强地震,游泳池发生失水事故期间,在应急补水箱储存水源耗尽的情况下,必须依靠高位水池储存的水源沿给水管网向游泳池内实施应急补水,历史上,高位水池的抗震设防均能满足厂区抗震设防标准要求,但是,给水管网的抗震设计和可维修性等方面存在一定的缺陷。

针对早期游泳池式研究堆厂区内高位水池的室外给水管网存在的设计缺陷问题,结合某次抢修、技术改进过程和这类管网的施工特点,为进一步总结其经验,下面将逐一介绍问题的产生、原因分析、采取的主要措施和主要结论 4 个方面的内容。

1) 问题的产生

例如,历史上位于山区的某游泳池研究堆,在突发超强地震期间,厂区给水管网曾出现多处断裂,满地跑水,导致厂区所有给水(包括应急给水)水源被中断,设计和建成的应急补水箱容量太小,如果在此期间,叠加游泳池池水也出现泄漏,在应急补水箱内水源耗尽后,泄漏位置未得到封堵之前,游泳池池水将继续泄漏,由此将导致堆芯裸露和游泳池内到游泳池顶部操作平台的 γ 剂量辐射水平陡增,如果堆芯燃料组件全部裸露,则在接近游泳池堆顶平台实施应急的个人单次受照辐射剂量可达到致死剂量水平,其后果是给接近现场应急抢险增加难度。

2) 原因分析

早期的管网设计中,给水管网的材质大多为铸铁且采用预埋法施工,如果研究堆厂址位于地震频发地区,当突发超过设防震级的地震时,随着地面裂缝局部或沉降或隆起,该管网极易被错断,这是导致高位水池内水源流失,游泳池内缺乏应急补水水源的一个原因;如果在此期间叠加从堆芯底部引出的热工水力和辐射剂量等过程参数测量仪表管线在堆本体外发生断裂,这是导致游泳池内池水发生泄漏的另一个原因。

3）采取的主要措施

首先，增大应急补水箱容积或设置废水收集坑，具体方案如下：一是将原来容积较小的应急补水箱增容且具有非能动补水能力；二是在低于研究堆堆芯底标高位置设置废水收集坑或收集容器，用于收集游泳池一旦发生泄漏的废水，并具有可靠电源及路径以便将收集的这些废水重新泵回游泳池。

其次，提高管网抗震水平和可维修性，具体措施如下：一是进一步提高地处山区研究堆给水管网的抗震设防能力；二是设计和施工工艺上给水管网不采用预埋法；三是采取地面明管或管沟铺设给水管网，以利于日常的维护和检修，即使突发地震期间出现断裂，也可以及时发现断裂位置并实施抢修。

再次，改进堆芯热工和辐射剂量等过程参数测量仪表管线的布置设计和加强管理制度建设，即将测量仪表管从高于堆芯部位引出并在每根管线上增设破坏虹吸孔，且在贯穿厚重堆本体生物屏蔽层和固定于工艺间隔墙的管线两端采取缓冲链接，以避免地震期间由于堆本体和工艺间隔墙钢筋混凝土密度和势能差产生不同程度沉降而错断仪表管线，引发池水泄漏事故；从管理上制订应急预案并组织年度演练，如果仪表管线发生破损或断裂导致游泳池水出现泄漏，则可及时启动应急预案，在可接近的条件下，尽快采取堵管措施，并在就近水源位置采用移动应急电源（架设柴油/汽油发电机）铺设软/硬水管随时向游泳池补充失去的冷却水，预防后续较强余震出现期间可能进一步诱发的游泳池失水事故。

4）主要结论

产生上述问题的主要原因归结于设计缺陷。近年来，随着研究堆抗震设防标准要求的提高和其他研究堆运行经验的反馈，厂区给水和应急补水管网基本上已采取管沟设计和施工，堆芯过程参数测量仪表管线均已采取从堆芯顶部引出的方式并增设了破坏虹吸孔，从设计上可避免此类事故的发生。但是，此处强调两点：一是关注研究堆工程建设竣工图的重要性，在土建施工竣工档案专项验收期间，应关注设计变更修改后的厂区管网的竣工图与厂区实际建成管网的一致性，尤其是管网的材质、设计修改位置等信息是全寿期内维护、维修和应急抢险期间的重要技术支撑材料；二是关注制订预防失水事故应急预案的重要性、适宜性和有效性，例如，对于地处山区的研究堆，在超强地震发生后，往往研究堆厂址成为孤岛，给应急抢险陡增难度和风险，如果有了切实可行的应急预案，拥有随时可用的应急储备物资，再加以年度演练，形成动态响应能力,那么一旦遭遇超强地震导致管网或游泳池失水突发事故发生,就可以应对可能出现的惊心动魄和险象环生的危险变局。针对现场变局实际,首先,如果现场有人员,则执行层就能以临危不惧和处变不惊的心态,及时采取措施遏制事故进一步恶化并及时将事故发展进程信息送出。其次,如果远离地震现场的决策层和管理层能得到现场的有效信息,就能做到掌控全局和恰当调度。最终,三层就能形成合力,就可以实现快速响应和缓解事故后果的目标,确保研究堆始终处于安全受控状态。

7.2.3　仪控系统研制经验

近年来,随着安全审查标准要求的提高,具有反中子阱原理的池式研究堆需设置两套独立的停堆系统,确保在任何工况下停堆的可靠性。本节主要介绍第一套 Hf 控制棒吸收体结构方案设计、密封管外表面划痕处理和第二套停堆系统重水溢流箱技术改进等三项经验的内容。

1) Hf 控制棒吸收体结构方案设计经验

针对研究堆 Hf 控制棒吸收体缺乏设计、制造和使用经验反馈等问题,通过研究和攻关,研制成了该吸收体,为进一步总结结构方案设计过程中积累的经验,下面逐一介绍问题的产生、原因分析、采取的主要措施和主要结论等 4 个方面的内容。

(1) 问题的产生,20 世纪 90 年代,国内不仅缺乏 Hf 控制棒的结构设计和研制工艺等技术,而且也缺乏建设期间的调试和运行期间的使用等经验。

(2) 原因分析,20 世纪 80 年代之前,我国设计和在役研究堆的堆芯基本为热中子能谱堆芯,控制和调节堆芯反应性所采用的控制棒材料主要为碳化硼、镉、不锈钢和银铟镉等材料,Hf 控制棒属于新材料、新技术、新工艺和新产品。

(3) 采取的主要措施包括下述 4 个方面:

Hf 控制棒设计方面。承制单位按照设计单位给出的技术规格书要求,开展 Hf 控制棒样机设计,设计要求包括各阶段样机的设计在总体结构、物理、热工水力和耐辐照效应等方面需满足技术规格书的要求。其中,各阶段样机可按照其技术成熟度要求,分为原理样机、原型样机和工程样机。

加工工艺可行性方面。由于 Hf 材料的机加性能既不同于不锈钢 SS 也不同于铸铁件。例如,承制单位通过二次结构设计并结合加工工艺技术研究,针对设计单位技术规格书中要求的中空矩形盒状结构,在方案设计阶段,提出了

4个方案：方案1,首先将Hf材料铸造成锭和轧制成矩形长方体,然后在长方体内外采用机加切削工艺形成产品;方案2,首先采用磨具将Hf材料铸造成中空长方盒,然后再机加成产品;方案3,首先采取铸造、轧制和机加工艺将4块板加工成满足指标要求的精密板,然后采用沿板长度方向4条棱全焊接的成型工艺将4块板拼焊成中空长方盒;方案4,首先采取同前的工艺路线将Hf材料加工成4块精密板,然后采用组装＋局部点焊的成型工艺,即在两块板之间采用搭扣袢＋铆钉链接＋铆接处通过局部点焊固定成产品。针对4种结构,进一步开展了下述两个方面的研究分析。

运行可靠性方面。主要涉及温场、流场、力学场和辐照场等多场耦合作用下的结构力学稳定性,重点关注所设计结构在役期限内Hf材料在经受堆芯中子和γ射线长期综合辐照效应作用下,4种结构中哪一种可能出现弯曲变形,进而影响控制棒吸收体插入拔出等停堆可靠性功能的实现。

可维修性方面。主要涉及控制棒吸收体与跟随体的拆卸结构,一是新入堆吸收体的质检和运输简单方便,控制棒吸收体与跟随体的链接和固定结构易于实现水下远距离可视化操作,二是在役辐照后的控制棒吸收体与跟随体的拆卸结构不仅易于实现水下远距离可视化拆卸,而且还需满足运输和储存条件要求。

（4）主要结论,从满足设计通用质量要求的角度,对于采用的四新设备,在工程样件阶段,主要关注的是功能、性能指标,运行可靠性、可维修性和环境适应性等质量要求。其中,方案1和2的主要难点是机加精度难以达到,因近年来,新建成的具有反中子阱原理池式研究堆的活性区高度大约在700～1 000 mm范围,控制板厚度<5 mm,对于这种狭窄流道的超薄超长板状结构,其加工精度难于保证;方案3的主要难点是采用4条棱的焊接结构,在使用后期,虽焊接期间温度效应产生的应力集中可采取相应工艺予以消除,但是,在堆芯长期服役环境中,存在辐照变形的风险难以预测;介绍的最后一种加工工艺方案从加工工艺精度实现上优于前3种加工工艺方案,由于未焊接结构部分无约束力存在,具有更强的抵御服役期间辐照变形的能力,使用寿命更长。

2) 控制棒密封管外表面划痕处理经验

针对某研究堆调试期间发现的控制棒密封管外表面划痕问题,结合该密封管的材料、结构和运行等特点,为进一步总结解决该问题过程中积累的经验,下面逐一介绍问题的产生、原因分析、采取的主要措施和主要结论等4个方面的内容。

　　(1)问题的产生。近年来,国内外新建的几座研究堆上普遍采用新研制的具有全密封、磁悬浮和机电一体化特点的控制棒驱动线,在运行期间表现出了优越的启停堆和运行可靠性等性能,但是,在该驱动线冷调试期间,曾出现的一些问题值得关注。例如,在冷态调试阶段,在静水、动水、断交流和断直流条件下,某研究堆营运单位在开展控制棒驱动线全行程和半高落棒次数与磨损试验期间,发现一根控制棒密封管外表面出现一条划痕,停止实验后经测量发现,该划痕长约 550 mm、宽约 1 mm、深约 0.7 mm。为防止已安装的其他控制棒驱动线密封管外表面也被划伤,经研究,在未查明原因并采取有效的纠正措施解决此问题之前,暂停了控制棒驱动线的冷调试工作。密封管外表面划痕如图 7‑2 所示。

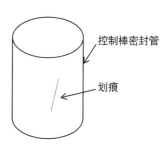

控制棒密封管

划痕

图 7‑2　密封管外表面划痕示意图

　　(2)原因分析。现场多次专家专题会的分析和判断认为,产生划痕的原因归结为如下两点:一是电磁铁线圈内存在异物和密封管外表面硬度不够;二是为了实现控制棒的插拔功能,驱动机构需带动电磁铁线圈在密封管外表面做上下往复运动,在电磁铁线圈内密封罩与控制棒密封管外表面接触并上下相互运动期间,如果有异物存在,则该异物也随之在密封管表面进行相互运动,加之该管外表面硬度不够,导致密封管外表面出现划痕。

　　鉴于密封管厚度仅有 2 mm,外表面划痕深度却已达到 0.7 mm,为防止驱动机构电磁铁线圈与密封管在继续上下相互运动期间,已有划痕被进一步加深并可能产生新的划痕,确保游泳池水压力边界完整性,立刻停止现场冷调试工作,已划伤的密封管做报废处理,更换备用密封管并对其他密封管和备用密封管统一做表面硬化处理。

　　(3)采取的主要措施。一是拆卸和解体 SS 密封罩内所有电磁线圈及其相关零部件,逐一检查、确认并清除异物,进一步确认各零部件有无损伤;二是经调研和借鉴其他工程类似问题处理经验,在盐浴渗氮、激光处理和离子溅射三种表面硬化处理工艺技术中,考虑到盐浴渗氮在金属表面形成的氮化层厚度大于其他两种工艺技术的厚度、工艺周期比其他两种工艺的周期短和陆地运输距离最短等条件,选择了第一种处理技术,对所有密封管分三批做了淬火—抛光—淬火(quench polish quench,QPQ)盐浴复合渗氮硬化处理,处理前后密封管外表面硬度增强指标如表 7‑2 所示。

表 7-2　密封管 QPQ 盐浴复合渗氮厚度及前后硬度参数表[5]

批号	渗氮平均厚度/μm	渗氮前硬度/Hv0.1	渗氮后硬度/Hv0.1	备　注
1	33.3	200.0	961.0	
2	35.5	200.0	972.8	
3	30.1	200.0	951.2	

从表中提供数据可见,控制棒密封管经 QPQ 盐浴复合渗氮技术处理后,其表面硬度较处理前平均增加了 3.8 倍,且经目视和测量密封管外表面硬化层厚度均匀、光滑和无杂质。由此表明,采用的技术改进措施达到了预期的效果。

（4）主要结论。在设计上,电磁铁线圈密封罩和控制棒密封管采用同一种 SS 材料,当运动副在接触面做相对运动时,随着温度升高,材料间的黏性增加,易于磨伤接触面。

在密封管外表面硬化处理工艺技术选择上,究竟选用三种处理工艺技术中的哪一种,应考虑所采用工艺技术的适宜性和有效性,尤其要避免此薄壁管处理前后在长途运输中的变形问题。

在质量控制管理上,关键设备研制期间,应从两个方面加强转阶段重要节点的质量控制,一是在整体装配前,为满足相关部件的清洁度要求,业主应设置停工待检点,待设计、制造和驻厂代表三方现场见证和签字后,方可开展转阶段工作;二是承制单位提供的验收(包括全过程影像)资料等应满足相关质量控制程序要求。

将经过硬化处理后的密封管复装就位,重新进行上述条件下的冷、热调试和试运行,结果表明:密封管外表面未再出现划痕,控制棒驱动线运行正常,达到了技术改进的预期效果,满足了设计技术指标要求。

3）第二套停堆系统重水溢流箱技术改进经验

对于以重水箱作为反射层的游泳池式研究堆,第二套停堆系统是由沉浸在游泳池下部的重水箱、低于游泳池底标高的重水溢流箱、排放阀和相关管道等组成。其中的重水溢流箱具有两种功能:一是将箱内的重水液面水位高度作为监测游泳池内重水箱是否破裂、游泳池内轻水是否进入重水箱发生轻重水混合的一个停堆保护信号,二是作为一个收集容器,即在检修重水系统之前,可将重水箱内的重水排放至重水溢流箱内储存。该系统的运行流程是,正常工况运行期间,重水箱内的重水采用重水泵强迫循环先后流经重水溢流箱和重水换热器,通过换热器的管壁将载带的热量传递给二回路轻水后,再返回到重水箱。

针对某研究堆重水系统调试期间发现的重水溢流箱结构力学设计的问题,结合该溢流箱的使用环境和运行等特点,为进一步总结技术改进过程中积累的经验,下面逐一介绍问题的产生、原因分析、采取的主要措施和主要结论等 4 个方面的内容。

(1) 问题的产生。某研究堆的重水及其相关系统联合冷调试期间发现,只要重水泵启动,重水回路内的重水开始强迫循环,重水溢流箱内的液面就出现较大波动,重水液位探测器无法准确测定设计计算的正常工况下稳定液面数值,在重水液面尚未达到稳定之前、由于重水波动液面波峰先被探测器测到,随即触发保护系统动作导致停堆,经多次试验,多次发生此现象,导致反应堆无法投入稳定运行。

(2) 原因分析。主要原因出现在重水溢流箱结构改进设计和土建上,该箱约为直径 1.5 m 和高为 3 m 的圆柱形结构,为增强该箱全寿期内的结构力学稳定性和抗震性能,将安装该箱体的专用工艺隔间新设计并建成只能容纳卧式箱体的空间;正常工况运行期间,该箱内重水液面稳定值为距箱底 0.8 m 高度,反射层重水箱出水管进入重水溢流箱内管口的标高是距该箱底部 1.0 m 位置处。在重水系统强迫循环工况下,流速达 3 m/s 的重水从管口喷射出来在箱底形成波动液面,加之卧式液面较大较浅,在重水未达到一定深度和距离管口较远时,由于重水冲击力和从浅液面溅射浪花形成的液面波峰较高且波动震荡持续时间较长,当液面波峰被保护系统探测器探头测到时,就触发停堆。

(3) 采取的主要措施。基于结构力学、水力学理论分析、数值模拟计算和其他类似工程实践,针对工程现场建筑安装工程的施工进度和实际状态,可采取下述两项措施:

如果建筑安装工程建成的隔间高度空间足够容纳安装立式重水溢流箱体,只要将卧式重水溢流箱改为立式,并在该箱体外表相应重心位置设置圆环,采取将圆环用拉杆与 4 面墙壁链接形成支撑结构,则可满足全寿期内该箱的结构力学稳定性和抗震性能要求,有效缩短箱内重水增厚时间、大幅减少液面波动面积和来回震荡时间,再通过适当设置保护系统探测器探头在箱内标高,即可有效根除其病灶。

如果建筑安装工程已建成的隔间高度空间只能容纳卧式重水溢流箱,则可在该箱内沿底部长度方向焊接两块平行于两端封头的半高隔板,重水出水管进入该溢流箱的标高和保护系统液面探测器位置均不改变,改造后的结构如图7-3所示。解决问题的基本思路是:在正常运行工况下,初期从排放管口喷射出的重水被限制在该箱的中间段,由于此段容积小,重水液面快速增高,待中间段重水液面超过加设的两块半高隔板上平面时,重水再向两旁空间段自动溢流,当中间段液面波峰向两旁分流时,释放了波峰进一步聚集的横向力,减少了中间段液面波峰高度和来回震荡时间,再从保护软件上对采集到的具有较小波动的数据进行滤波实时处理,即可满足反应堆启动、运行和保护的要求。

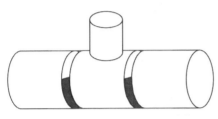

图7-3 改造后的卧式重水溢流箱内部结构图

(4)主要结论。采取的第一种措施,即将卧式改为立式最为有效,第二种措施虽效果不如改为立式有效,但是大幅减少了重水液面的波动面积、波峰高度和波动时间,同时,通过进一步采用PID处理技术,优化保护系统软件算法等策略即可满足该系统的设计技术指标要求。

此处需说明的是,在参照设计的原重水反应堆类似系统设备中,该溢流箱原本是该堆一回路重水系统中的一个立式设备,此设备具有多年的成功运行经验,将其移植到具有反中子阱原理池式的研究堆中,为了增强运行期间箱体结构力学的稳定性和抗震性能,将立式结构改为卧式结构,这一小小的改动竟导致上述新问题,这是设计时未预料到的。

多项工程建设实践证明,从设计上,对已具有成套成熟运行经验的任何系统管道标高、设备布置等等所做的任何改变,必须预测改变后功能和性能等技术指标实现的风险。换句话说,原则上,经过其他或类似工程实践检验过的成熟工艺系统或设备等的布置方式可直接采用,如果由于现场空间和环境等客观条件限制,必须做其中的任何变动,则改动后的系统和设备等应经过台架试验验证或借鉴其他工程建设经验反馈,否则,未经试验验证的任何改动均可能导致新问题产生。

7.2.4 冷源与重水箱接口设计及安装经验

冷中子源装置是当今世界高性能和多功能研究堆开展中子散射研究必配

的装置,也是设计、制造、安装和调试专业性极强,运行安全性和可靠性要求极高的装置,目前,国际上只有俄罗斯、法国等具有研制能力。为使建成的冷中子装置产生最大效费比,通过束流管道引出的冷中子达到最佳设计技术指标,在冷中子源装置的冷却剂材料种类和总体结构设计一定的条件下,要解决的主要问题是在设计、制造和安装三个阶段,如何确保位于重水箱内的冷中子源装置垂直真空筒外表面与水平中子导管前端弧面、冷中子源装置垂直真空筒法兰与重水箱支撑管法兰的两个接口精度满足使用要求。本节将主要介绍该装置与重水箱在设计、制造和安装三个阶段接口方面的经验。

1) 问题的产生

通常,一座游泳池式研究堆沿垂直方向配置的冷中子源装置在重水反射层内的示意图如图2-10所示。从该图上可见,冷中子源装置与重水箱之间存在两个位置的接口条件,一是在重水箱内冷中子源垂直真空筒外表面与水平中子管道前端弧面之间的接口;二是在重水箱外支撑管上端面法兰与冷中子源垂直真空筒端面法兰之间的密封接口,在设计、制造和安装阶段,这两处接口出现的主要问题如下:

在设计阶段,如何解决两个国家采用的设计标准的一致性和密闭的重水箱空间内安装精度的可验证性问题?

在制造阶段,如何协调国外冷中子源装置和国内重水箱两个承制单位的研制进度以及重水箱出厂前试装配和工程现场复装的可实现性问题?

在安装阶段,现场安装完成后,经氦质谱检漏发现:冷中子源装置真空筒端面法兰与重水箱支撑管上端面法兰的接口密封泄漏率不达标。

2) 原因分析

(1) 设计阶段的主要原因。设计标准方面,考虑到冷中子源装置的专业特性和重水箱的重要性、安全性和可靠性,采取的技术路线是采取冷中子源装置国外引进、重水箱国内研制,由此出现国内外两个设计单位采用的设计标准的不一致的问题。总体结构设计方面,由于重水箱为一个中空密闭箱体,且要求箱内的冷中子源垂直真空筒外表面与水平中子导管前端弧面之间的安装间隙小于1 mm,在不具备可视化的安装条件下,由此在结构设计上出现如何解决安装精度达标的问题。

(2) 制造阶段的主要原因。重水箱出厂前,必须在国内重水箱制造厂内通过对两个接口面进行试装,才能验证现场安装工艺的可复现性以及安装结果是否满足设计精度技术指标要求,如果国外制造的冷中子源真空筒运抵现场与国内研制的重水箱的两个接口面不能适配,则在现场是难以处理的。存在不能适配的主要原因有两个:其一,在国内重水箱承制厂开展试装工作期间,由于研制进度的不一致和运输的不确定性等因素,冷中子源装置垂直真空筒不能提前或如期运抵重水箱制造厂;其二,如果分别在国内外制造的两个法兰面的不平度和细长薄壁冷中子源装置垂直真空筒的不垂直度等不能达到设计技术指标要求,在缺乏可视化安装的条件下,将导致安装结果的精度指标无法得到验证。

(3)安装阶段的主要原因。为解决该真空筒法兰与重水箱支撑管上端面法兰接口处的密封隔离的难题,在上下法兰接触面沿径向采用了内外两道 C 形密封环进行密封,其中密封环材质为不锈钢,其内安装弹簧丝以增加压缩期间的回弹力。现场安装期间通过在两道密封环之间实施泄漏检测时发现,由于设计和制造的该对法兰沿径向只有外圈一道螺栓,两道 C 形密封环之间无锁紧螺栓,内 C 形环的回弹力大于这对法兰盘外沿螺栓的锁紧力,换句话说,只有外圈螺栓的锁紧力使得外圈 C 形密封环发挥了作用,内圈密封环的锁紧力不够,由此导致两道 C 形密封环之间的泄漏率值不满足设计指标要求。

3)采取的主要措施

采取的主要措施包括 4 项:一是经业主、设计、研制、安装和监理多方多次讨论、研究和分析,决定选择重水箱外支撑管上法兰作为设计、制造和安装的基准,将国外标准翻译成国内标准,存在差别的采用国内标准进行统一,由此给出两个接口的设计技术指标;二是基于数值模拟计算结果研制了 1:1 真空筒模拟件,该模拟件分别作为重水箱承制厂产品出厂前试装和现场复装的过渡安装件;三是在重水箱的侧面设计和机加了人孔,人员通过该孔进入重水箱内,可分别确认重水箱在出厂前和运抵工程现场安装和调试期间箱内垂直真空筒与水平导管弧面之间的安装间隙精度;四是通过国内外两个单位分别对两个法兰密封面的结构力学各自独立建模,并采用各自的计算软件进行数值模拟计算,基于比对、分析国内外的建模和模拟计算结果,选取模拟计算结果中偏保守的一个作为设计基准,进一步优化设计并机加了两个法兰内圈的锁紧螺栓位置和结构件。经现场重新安装和采用氦气重新进行检漏,测量结果表明,改进后法兰的泄漏率满足了设计技术指标要求。

4)主要结论

该类装置是我国近年来在新建研究堆上以堆芯轴向引入设计并建造的新型冷中子源装置,设计、制造和安装期间发现的难题均被攻克,实现了预期的建设目标，达到了预期的设计技术指标，在此期间采取的措施和积累的经验对其他类似装置的建设具有重要借鉴价值。

7.3　堆芯物理和热工实验经验

在一座全新研究堆工程项目建设的调试期间，开展堆芯物理和热工实验的主要目的是校核堆芯物理设计和热工水力学设计中自主研发或采用程序的建模、算法和参数的正确性。校核的策略是采用实验测量参数校核设计计算结果，通过分析实验结果与计算结果相对误差的大小，给出是否对建模、算法和输入参数等进行调整的意见。在今后的运行中，由于大多数稠密栅紧凑堆芯的燃料换载和进出口温差测量等难于实现在线或离线测量，所以，在非核调试和带核调试的 A 阶段开展的堆芯物理和热工实验属于基准实验，实验结果不仅对校核程序设计基准，而且对今后指导堆芯装换料和确保运行安全等具有重要的工程价值。

本节将主要介绍采用稠密栅结构设计和建造的研究堆堆芯的首次临界和堆芯热功率标定等两项实验的经验。

7.3.1　首次临界实验经验

在开展首次达临界实验期间，由于堆功率只有几十瓦，其功率水平与研究堆额定功率运行的兆瓦量级相比，相差了几个数量级，习惯上称为首次零功率实验，此类实验无需启动回路系统，不必考虑各种扰动下堆芯及其系统随时间的变化特性，所关心的主要问题是堆芯反应性变化瞬态诱发的中子动力学行为。为总结池式研究堆首次临界实验的经验，下面将介绍问题的提出、原因分析、采取的主要措施和主要结论四个方面的内容。

1）问题的提出

首次临界实验所关心的问题主要包括实验方式的决策和如何判断首次临界点是否达到。针对第一个问题，业主需决策首次临界实验的实验方式，即是建立专用零功率实验装置还是随堆开展零功率实验？针对第二个问题，因为在研究堆上开展首次临界实验时，目前对反应堆达到临界的定性标准是，按照 3～5 倍周期作为临界点达到的判定标准，相当于临界点在一个区间内，缺乏唯一临界点判定数值，将给现场实验人员判断何时达到临界带来一定的难度。

2）原因分析

关于实验方式难以决策的主要原因是需要结合技术成熟度、有无经验反馈、工程建设进度、投资控制和今后运行期间对专用零功率实验装置的利用率等多维度因素，综合分析后，才能确定拟采取的实验方式。

关于首次临界点达到的判断难于给出一个确定数值的主要原因如下：

核电厂反应堆达到临界点的判断标准（判据）是唯一的，例如，对于同一类轻水堆核电厂，无论是国内的 CNP/CPR 系列，还是华龙一号等，都已建有多个机组且已商业化运行，基于这些同类轻水堆核电厂重复开展的首次达临界实验，达到临界的唯一性判据在国内外同行业均已有成熟的经验反馈，例如，通常规定，当反应堆中间量程功率表电流的指示值达到 1×10^{-8}A 时，即认为反应堆已达到临界[6-9]。

从各研究堆首次达临界的堆芯装载来看，由于各研究堆主要是依据各自用途设计建造，不仅种类繁多，而且堆芯布置差异性较大，即使是同类研究堆，每座新堆的堆芯装载也各不相同，相对于成熟核电厂反应堆的首次临界点判据，研究堆缺乏充分的验证试验数据和经验反馈；从各研究堆首次达临界产生反应堆周期的过程来看，各研究堆首次达临界造周期的长短不仅涉及各堆的控制棒价值和反应性 ρ 与周期 T 之间的 ρ-T 曲线的差异性，而且所造周期的长短与值长以及各操作员外推时的技巧和经验有关，这些综合因素是一座新型研究堆首次达临界期间难于给出唯一临界点判据的根本原因。

3）采取的主要措施

采取的主要措施包括三个方面：一是计算并得到初装堆芯的控制棒价值和反应性与周期关系等两类曲线；二是研制反应性仪，依据其指示值或变化曲线实时表征反应堆堆芯的临界特性；三是采用水位法、元件法和棒位法的计数率进行外推，外推期间，采用反应性仪在线直接测量 ρ 或 k_{eff} 数值，并依据 $\rho = 0$（或 $k_{\text{eff}} = 1$）表征研究堆达到临界的时间点，由此给出研究堆首次临界唯一性判据。为进一步说明问题，下面将逐一介绍所采取的这些措施的具体过程。

首先，计算并得到初装堆芯的控制棒积分"∫"（或微分）曲线。即在堆芯核设计阶段，对于一座全新游泳池式研究堆，在游泳池内水位完全淹没并高于堆芯顶部和堆芯装载完成的条件下，依据本书第 3 章研究堆物理中介绍的"三步法"或"两步法"等确定论或蒙特卡罗计算方法，通过采用将控制棒全插、单根棒全插（逐段下插）和全拔使堆芯处于不同的次和超临界状态等方式，可计算得到相应状态下所有控制棒及每根控制棒的 k_{eff} 数值,再依据反应性 ρ 与 k_{eff} 之间的关系式,可得到全部控制棒和每根控制棒的积分"$\int$"(或微分)价值曲线。

例如,JRR-3M 初装堆芯在热态满功率/无氙的全部和各控制棒下插方式如表 7-3 所示[10],据此可计算得到相应的 k_{eff} 和反应性 ρ 及 $\Delta\rho$ 的数值。

表 7-3 JRR-3M 初装堆芯热态满功率/无氙全部和各控制棒下插方式

方 式①	Sa 棒/mm		R 棒/mm		S 棒/mm	
	(1)	(2)	(1)	(2)	(1)	(2)
全插棒	0	0	0	0	0	0
单插 Sa1②	0	750	750	750	750	750
单插 R1②	750	750	0	750	750	750
单插 S1②	750	750	750	750	0	750
全拔棒	750	750	750	750	750	750

① 插棒方式中的全插或单插棒是指所有或单根控制棒均插到堆芯活性区 00 标高位置,全拔棒是指所有控制棒全部拔出达到活性区顶部位置。

② 安全棒 Sa、调节棒 R 和补偿棒 S 各 1、2 号棒均沿堆芯旋转对称布置,表中只给出各 1 号棒的插棒方式。

其次,计算并得到初装堆芯的 ρ 与 T 的关系曲线。即在堆芯核设计阶段,主要是通过求解"倒时方程"得到该曲线。由于堆芯任何因素引起反应性 ρ 的变化都将导致堆芯中子密度(中子注量率、裂变反应率和反应堆功率等)发生变化,针对首次达临界的堆芯状态是一个从次临界逐步到稍超临界再回到临界状态的实际,为了更好地理解非临界瞬态堆芯中子密度的行为,即堆芯中子输运的动力学行为[11],下面将介绍从堆芯三维时空中子输运动力学方程得到点堆中子动力学方程,再得到"倒时方程"和反应性与周期的关系曲线的总体思路。

从反应堆物理分析可知,中子在堆芯中的输运行为可用非定常(稳态)线性微分—积分形式的中子输运方程进行描述,针对方程中的裂变源项,从开展的中子学随机点火概率实验研究可知,在净堆首次达临界期间,裂变中子在建立起有效持续裂变链并逐步达到缓发临界的过程中,对缓发临界做出贡献的是瞬发中子和缓发中子的共同作用,由此将中子输运方程中的裂变中子源项用瞬发中子与缓发中子两项之和表达,且宏观截面也随时间(t)的变化而变

化,假设无外中子源,则堆芯中子输运动力学行为可用下述连续能量三维时空中子输运动力学方程表示[12-13]:

$$\frac{1}{\nu(\boldsymbol{r},E,t)}\frac{\partial\phi(\boldsymbol{r},\boldsymbol{\Omega},E,t)}{\partial t}+\boldsymbol{\Omega}\cdot\nabla\phi(\boldsymbol{r},\boldsymbol{\Omega},E,t)$$

$$+\Sigma_{\mathrm{t}}(\boldsymbol{r},E,t)\phi(\boldsymbol{r},\boldsymbol{\Omega},E,t)$$

$$=\int_0^\infty\int_{\boldsymbol{\Omega}'}\Sigma_{\mathrm{s}}(\boldsymbol{r},E',t)f(\boldsymbol{r},E'\to E,\boldsymbol{\Omega}'\to\boldsymbol{\Omega},t)\phi(\boldsymbol{r},\boldsymbol{\Omega}',E',t)\mathrm{d}\boldsymbol{\Omega}'\mathrm{d}E'$$

$$+\frac{\chi^{\mathrm{p}}(\boldsymbol{r},E,t)[1-\beta(\boldsymbol{r},t)]}{4\pi k_{\mathrm{eff}}^{\mathrm{s}}}\int_0^\infty\int_{\boldsymbol{\Omega}'}\nu\Sigma_{\mathrm{f}}(\boldsymbol{r},E',t)\phi(\boldsymbol{r},\boldsymbol{\Omega}',E',t)\mathrm{d}\boldsymbol{\Omega}'\mathrm{d}E'$$

$$+\frac{1}{4\pi}\sum_{i=1}^6\chi_i^{\mathrm{d}}(\boldsymbol{r},E,t)\lambda_i(\boldsymbol{r},t)C_i(\boldsymbol{r},t) \tag{7-1}$$

$$\frac{\partial C_i(\boldsymbol{r},t)}{\partial t}=\frac{\beta_i(\boldsymbol{r},t)}{k_{\mathrm{eff}}^{\mathrm{s}}}\int_0^\infty\int_{\boldsymbol{\Omega}'}\nu\Sigma_{\mathrm{f}}(\boldsymbol{r},E',t)\phi(\boldsymbol{r},\boldsymbol{\Omega}',E',t)\mathrm{d}\boldsymbol{\Omega}'\mathrm{d}E'-\lambda_i(\boldsymbol{r},t)C_i(\boldsymbol{r},t)$$

$$\tag{7-2}$$

式中:i 为 6 组缓发中子分组标识;χ^{p} 为裂变瞬发中子能谱;$k_{\mathrm{eff}}^{\mathrm{s}}$ 为瞬态初始状态下的有效增值因子;χ_i^{d} 为裂变释放的第 i 组缓发中子能谱;Σ_{f} 为宏观裂变截面。

在方程(7-1)和(7-2)中,假设堆芯处于近临界状态,则 $k_{\mathrm{eff}}^{\mathrm{s}}=1$,采用预估—校正准静态等数值计算方法,将两个方程中的中子注量率和缓发中子先驱核浓度写成因子分裂形式,经过系列推导,可得到无外中子源($q=0$)条件下的点堆中子动力学方程[14-15]:

$$\frac{\mathrm{d}n(t)}{\mathrm{d}t}=\frac{\rho(t)-\beta}{\Lambda}n(t)+\sum_{i=1}^6\lambda_iC_i(t) \tag{7-3}$$

$$\frac{\mathrm{d}C_i(t)}{\mathrm{d}t}=\frac{\beta_i}{\Lambda}n(t)-\lambda_iC_i(t) \tag{7-4}$$

式中:n 为反应堆堆芯某点处的中子总数、中子注量率、裂变反应率、功率或它们在堆芯的体平均;t 为时间;ρ_0 为 $t=0$ 时刻的反应性稳定值;C_i 为第 i 组缓发中子先驱核的浓度;β_i 为第 i 组缓发中子份额;β 为 6 组缓发中子的总和;Λ 为中子每代时间,且 $\Lambda=\dfrac{l}{k_{\mathrm{eff}}}$,$l$ 为中子寿命,k_{eff} 为有效增值因子;λ_i 为第 i 组缓发中子先驱核的衰变常数;$\sum\limits_{i=1}^6$ 为对 6 组参数 λ_i 和 C_i 从 $i=1$ 到 $i=6$ 的求和。

通过求解上述方程(7-3)和(7-4),可得到反应性与周期的方程(习惯上称"倒时方程"):

$$\rho_0 = \frac{l}{Tk_{eff}} + \sum_{i=1}^{6} \frac{\beta_i}{1+\lambda_i T} \qquad (7-5)$$

式中,k_{eff} 同前;T 为反应堆周期。

在方程(7-5)中,假定反应堆堆芯处于接近临界或稍超临界状态,则 $k_{eff} \approx 1$,当一座研究堆的堆芯总体结构、组件、构件和控制棒等装载设计确定后,其他参数 l、β_i 和 λ_i 均为已知,由此,在开展首次零功率实验之前,利用方程(7-5)可预先计算得到反应性 ρ 与反应堆周期 T(为方便计算,现场实验常用 2 倍周期 $T_{1/2}$)之间的对应数值,将计算结果绘成 ρ-T 曲线。例如,我国 SPRR-300 和 SPR 两座游泳池式研究堆的 ρ-$T_{1/2}$ 曲线如图 7-4 所示。

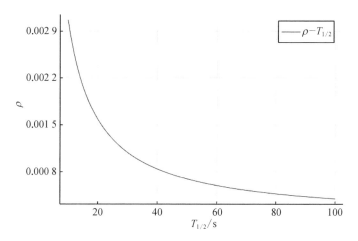

图 7-4　SPRR-300 和 SPR 游泳池式研究堆的 ρ-$T_{1/2}$ 曲线

再次,自主研制反应性仪。研制该仪器的主要目的是实现对研究堆堆芯临界特性参数 ρ(或 k_{eff})变化趋势的在线测量和实时显示。其基本原理是采用逆动态法(也称微分积分法,其优点是可测量堆芯正或负反应性变化),通过求解点堆中子动力学方程(7-3)和方程(7-4),可得到被测反应性与中子计数的关系式:

$$\rho(t) = \frac{\Lambda}{n_{j+1}} \frac{n_{j+1}-n_j}{\Delta t} + \beta_{eff} - \frac{1}{n_{j+1}} \sum_{i=1}^{6} \lambda_i \beta_i \left\{ K_0 \int_{t_0}^{t} n(\tau) e^{-\lambda_i(t-\tau)} d\tau + K_1 n_{j+1} - K_2 n_j \right\}$$

$$(7-6)$$

再通过选取 $t_0 = 0, 1, 2, \cdots$ 等时间点,可逐步算出 $\int_{t_0}^{t} n(\tau) \mathrm{e}^{-\lambda_i (t-\tau)} \mathrm{d}\tau$ 相应时间点的数值,因式(7-6)中其他变量均为测量值和常数,由此可计算出不同时间对应的反应性 ρ 的数值,依据上述原理编制相应程序,并将其植入反应性仪中。

最后,依据反应性仪读数给出研究堆首次达到临界点的唯一判据。在研究堆现场首次达临界期间,具体实现过程主要包括下述三步:

第一步,深次临界向逼近临界实验。采用本书 3.5.3 节中介绍的首次零功率实验技术,也就是水位法、元件法和控制棒位法,开展深次临界向逼近临界实验,主要原理是按照次临界倍增特性,$\rho \propto M$,也就是堆芯内的次临界度反应性 ρ 正比于堆芯内的次临界探测器测量的堆芯内裂变中子计数率的倒数 $M = 1/N$,采用提棒进行计数率外推(也就是计数率倒数外推法),外推公式为

$$\rho = \frac{N_2}{N_1 - N_2} \Delta \rho \tag{7-7}$$

式中:ρ 为外推达临界所需添加反应性(β_{eff});N_1 为提棒前探测器记录的中子计数率(s^{-1});N_2 为提棒后探测器记录的中子计数率(s^{-1});$\Delta \rho$ 为每次提升控制棒前需添加的正反应性(β_{eff})。

按照此方法,逐步外推,直至堆芯 $k_{\mathrm{eff}} = 0.996$ 完成逼近临界实验。

第二步,近临界向稍超临界过渡实验。该实验的过程是采用棒位法,一是在 $(30\,\mathrm{s} < T_{1/2} < 120\,\mathrm{s})$ 造一个合理的反应堆周期,例如 $100\,\mathrm{s}$;二是依据先前计算的 ρ-$T_{1/2}$ 曲线,查得拟造 $100\,\mathrm{s}$ 周期所需添加的反应性数值;三是依据之前计算的拟提控制棒的价值曲线查得所需添加反应性对应提升该棒的距离,一次将该控制棒提升到预计高度位置,完成向稍超临界过渡的实验。

第三步,获得首次临界点达到的判据。在开展的上述两步实验期间,对于每一步 k_{eff} 的变化数据,可采用反应性仪在线测量,并以指针形式实现可视化,或依据下式:

$$\Delta k = \frac{\rho_2 - \rho_1}{(1 - \rho_2)(1 - \rho_1)} \tag{7-8}$$

式中:Δk 为 $(k_{\mathrm{eff},2} - k_{\mathrm{eff},1})$ 是指提棒后、前堆芯有效增殖因子差;ρ_2 为提棒后的反应性;ρ_1 为提棒前的反应性。

将在线测量到的 Δk 数值变化曲线投影到主控制室屏幕上,通过观察反应

性仪指针 ρ 的变化数据或主控制室屏幕上 k_{eff} 的变化曲线,可在线实时知晓反应堆堆芯偏离临界程度的动态反应性数值。当反应性仪指针指向 $\rho=0$,或主控制室屏幕上的变化曲线达到 $k_{\text{eff}}=1$ 时,则表示反应堆达到临界。

4）主要结论

近年来,随着反应堆仪控系统采用数字化技术和反应性仪的成功研制,在研究堆首次达临界实验期间,借助这种反应性仪或数字化技术的可视化功能,在从近临界向稍超临界过渡达临界的过程中,成功解决了历史遗留的堆芯达到临界点缺乏唯一性判据难题,大幅缓解了现场值班长、操作员和物理值班员等要采用传统方法判断反应堆何时达到临界造成的紧张情绪和压力,提高了研究堆首次达临界期间的安全性。

此处需注意下述 4 个问题:

关于计算和实验测量的控制棒价值偏差大的问题。通过对多座研究堆的核设计、零功率实验和调试等结果进行分析发现三个现象,第一是初装堆芯热态满功率/无氙阶段,所有控制棒的总价值、自动棒的最大价值和手动棒的价值均小于热态满功率/平衡氙阶段控制棒的相应价值;第二是堆芯临界特性参数 k_{eff} 的计算和实验结果的相对误差在 $300\sim500$ pcm 范围;第三是计算的控制棒价值和实验测量的控制棒价值的相对误差通常在 10% 左右,误差偏大的主要原因可归结为四点,一是束棒存在空间干涉效应,紧凑堆芯空间较小、单根控制棒的价值较大,多棒之间的相互距离较近,棒与棒之间存在空间互屏和干涉效应,每根控制棒独立存在的价值之和大于多棒共存的总价值,在设计阶段,这种空间干涉效应难以预估准确;二是控制棒结构不同,实心控制棒与空心薄管控制棒中的中子注量率分布存在差别,后者空心位置的水腔对于穿过薄壁管的快中子在水腔内慢化成热中子,提高了控制棒的吸收效率,其价值自然大于前者;三是控制棒所处位置的中子注量率大小不同,控制棒的吸收反应率正比于所处位置的中子注量率水平,如果中子注量率越高,控制棒价值就越大,则控制棒移动期间引入的反应性扰动也越大,反之亦然;四是控制棒所用材料不同,不同的材料其共振能区的共振中子吸收峰差别极大,从窄共振和宽共振的共振截面处理来看,由于处理的方法不同,结果的精度也就不同,且对有些核素(诸如 ^{177}Hf、^{178}Hf 等),由于具有强烈连续不可分辨的窄共振峰,其共振截面的处理尚处于研究之中。

综上原因可见,一座新建研究堆一旦建成,堆芯栅格结构随之固定,每一炉堆芯装载也随之固定(随着堆芯用途的变化,其装载也将随之变化),如果设计计算的各控制棒价值与零功率实验阶段刻度的控制棒价值差别较大,此时,应以实验值作为真值,通过调整所用计算程序中的截面参数,特别是共振吸收截面,一方面对于 WIMS 的输入群截面,可采用 172 群代替 69 群截面重新计算,另一方面,也可采用更高阶的确定论或蒙特卡罗程序重新计算,使其相对误差满足设计技术指标要求,并将调整后的截面数据作为今后长期运行的基准群常数。

关于倒时方程的适用条件问题。主要涉及倒时方程(7-5)中有无外中子源的问题。现分两种情况予以说明,一是作为首次临界实验,虽然堆芯内有点火中子源,但由于该源通常布置在堆芯中央孔道,而布置的 ^{3}He 计数管或裂变电离室等探测器位置距离该源相对较远,探测器接收到的主要为核裂变产生的中子,由点火中子源产生的中子可以忽略,所以建立点堆动力学方程(7-3)和(7-4)时,满足 $q=0$ 的假设,所得方程(7-5)无外中子源项。二是随着反应堆的运行,如果堆芯换料之后在开展首次达临界实验之前,则方程(7-3)和(7-4)右边应考虑其他外中子源的贡献,因为在完成净堆首次达临界实验,堆芯扩大成满装载并完成功率约 100 kW 自然循环工况下的相关实验后,在开展提升功率到更高功率的实验前,为避免强迫循环的高流速冷却剂冲刷和强辐射环境的辐照等损坏点火外中子源,通常将该源移出堆芯;提升功率期间的点火中子源主要来源于 ^{238}U 与 ^{240}Pu 等偶核素的自发裂变中子和堆芯剩余 γ 射线与反射层 D_2O 或铍材料发生反应产生的光激中子,因为堆芯结构材料产生的剩余 γ 射线均可与 D_2O 中的 ^2D 和铍中的 ^9Be 发生 (γ, n) 反应,产生光激中子(其中,^2D 和 ^9Be 均具有反应阈能,γ 射线的能量需分别大于两个核素的反应阈值 2.23 MeV 和 1.67 MeV,与 ^2D 发生反应产生的光激中子的平均半衰期 $T_{1/2}$ 和由 9 组缓发中子组成的总份额 β_{eff} 分别约为 16.7 min 和 101 pcm,与 ^9Be 发生反应产生的光激中子的平均半衰期 $T_{1/2}$ 和由 9 组缓发中子组成的总份额 β_{eff} 分别约为 2.3 h 和 15 pcm);例如,在 11 MW 功率下运行,停堆 1 个月后,我国重水研究堆 HWRR 的光激中子注量率约为 1×10^9 cm^{-2} · s^{-1} 水平。换句话说,由燃料区自发裂变产生的中子和反射层中产生的光激中子形成的混合中子源对方程(7-1)~(7-5)右边的贡献不能被忽略。

关于向超临界过渡实验期间的问题。基于研究堆主控制室操作员、值班长和物理员的经验反馈,在确认堆芯已处于稍超临界状态时,需及时将用于造周期的那根控制棒下插到提棒前高度,即引入一定的负反应性,否则,反应堆功率将快速增长,触发功率保护系统动作,造成非计划停堆。

关于无源启动期间的问题。有利条件是由于堆芯装载不变,经前序多次开堆已知堆芯临界控制棒的棒位;不利条件是,由于无外中子源,堆芯点火所用混合源的源强可能较弱,建立持续裂变链的过程相对较长,设置的源区探测器在启动初期接收到的信噪比较低。解决问题的措施是,在此期间,基于在快中子脉冲堆上开展的中子物理链式裂变相关概率实验经验和一些研究堆上的经验反馈,必须严格按照中子探测器计算率的倒数进行外推找到临界棒位,每次外推期间增加等待时间,确保让堆芯混合中子源与裂变物质发生核反应建立起有效的持续裂变链,从宏观积分实验上,让中子探测器具有稳定的计数,例如,这个稳定计数的标准是,在 K_{eff} 达到 0.99 时,中子探测器的计数率应达到 2 cps,在 $K_{eff} > 0.99$ 时,如果外推的临界棒位与前序多次有源开堆所得的已知临界棒位一致或基本一致,则可通过一次提升控制棒向超临界过渡,依据反应性仪读数确定反应堆达到临界点后,回压控制棒将反应堆堆芯反应性保持在临界状态,否则应分析产生误差大的原因。

7.3.2 堆芯进出口温差标定实验经验

堆芯进出口温差是计算研究堆热功率的重要参数,该参数不仅可用于校核设计参数的正确性,而且还可用于运行期间校核堆芯的核功率,针对类似 JRR-3M 和 CARR 等板状燃料元件紧凑研究堆堆芯的特点,下面将主要介绍在这类研究堆上开展堆芯进出口温差实验的经验,包括问题的产生、原因分析、采取的主要措施和主要结论等四个方面的内容。

1) 问题的产生

对于由板状燃料元件构成的紧凑研究堆堆芯,在该堆工程项目建设的调试和建成后的两个运行阶段,面临的主要问题有两个,一是如何通过实验测得堆芯进出口温差以校核设计参数的正确性,二是在研究堆运行中,如何在线测量堆芯燃料元件的进、出口温差等参数以计算出堆芯的热功率水平和指导该堆的安全运行。

2) 原因分析

为减少燃料元件芯体和包壳的温度梯度,如第 2 章图 2-6 中(c)所示,通常,这种板状燃料元件的包壳厚度小于 0.8 mm,在燃料元件制造期间无法在如此薄的包壳内预埋测温热电偶,在反应堆运行期间也就无法直接在线测量得到燃料元件包壳温度。板状燃料元件进出口流道冷却剂温度难以在线测量的主要原因如下:一是堆芯冷却剂进、出口流场不均匀,其平均温度难于测量;二是当反应堆运行在中、高功率强迫循环条件下,冷却剂流速较高,无法通过在紧靠堆芯燃料元件的进、出口流道位置布置热电偶直接在线测量两个位置的冷却剂温度。

3) 采取的主要措施

首先,建立堆芯热工计算关系式。在反应堆处于稳态运行期间,由堆芯冷却剂沿轴向流动载带出的热功率可依据下述公式测量和计算得到,

$$P_{th} = GC_p(t_2 - t_1) \qquad (7-9)$$

式中:P_{th} 为流经堆芯冷却剂所带出的反应堆热功率,W/s;G 为流经堆芯冷却剂流量,kg/s;C_p 为冷却剂的比热,K/(s·℃);t_2 为堆芯冷却剂出口温度,℃;t_1 为堆芯冷却剂进口温度,℃。

其次,基于标定试验建立堆芯温差关系式。在堆芯总体结构设计期间,一是基于反应堆热工水力数值模拟计算,分别在紧邻堆芯冷却剂最热流道进、出口两处布置临时热电偶;二是在距离重水箱上表面一定位置的支架悬臂上开设安装孔,选择冷却剂流场相对稳定的区域,沿堆芯径向不同半径的悬臂安装孔内至少均布三支热电偶;三是在堆芯出口一回路主管道上选择冷却剂流场相对稳定区域,沿管道周向均布三支热电偶,考虑到管道横断面温场存在非均匀性,在处理测量数据时,可取沿管道三个不同半径位置热电偶测量数值的平均值作为该横断面冷却剂温度数值,此外,在可维修性方面,设计的固定热电偶应考虑可更换性。在全厂区非核调试期间,堆芯装入全尺寸模拟燃料组件,借助主回路水泵加热主回路冷却剂,在冷却剂不同温升条件下,同时测量得到堆芯进、出口横断面 4 个位置的冷却剂温度数据,经数据拟合标定出 4 个位置之间的温差关系式。在带核调试之前,取出紧邻堆芯进、出口冷却剂最热流道两个位置的临时热电偶,保留距离堆芯进、出口一定位置的两处热电偶。

最后,获得堆芯热功率数值。依据堆芯进、出口保留热电偶测量得到的温差数据,基于已建立的关系式可换算得到式(7-9)右端的 t_1 和 t_2 的数值,G 的数值可通过布置在一回路进、出口管道的流量计在线测量得到,C_p 可通过查表得到,按照关系式(7-9)编程,运行人员可计算得到堆芯热功率 P_{th} 的数值。

4) 主要结论

上述经验已成功用于近年来新建研究堆工程项目的调试和建成后的运行技术管理之中,这些经验对于其他类似研究堆工程建设项目的热工水力学调

试和运行技术管理等具有借鉴意义。

此处需说明两点：

一是关于表功率、核功率和热功率之间的关系问题。研究堆主控制室屏上所显示的表功率主要有两种，一种是由在线测量的堆芯中子注量率表征的核功率 $P(\phi)$，主要是指设置在紧贴重水箱周围（铍或其他反射层外周）的源量程计数管、中间量程裂变室和功率量程补偿电离室等核探测器测到的泄漏中子注量率转换成电信号再经过电缆传输到主控制室屏的显示值，其数值大小正比于堆芯裂变产生的中子注量率的数值，即 $P(\phi) \propto \phi$；另一种是热功率 P_{th}，主要是指由布置在堆芯进、出口的热电偶探测到的冷却剂温差和测得流经堆芯的冷却剂流量 G 等，再通过求解式（7-9）计算得到的堆芯热功率（即由流经堆芯冷却剂载带出的热量）的显示值。两种表功率在数值之间的关系式是，在反应堆稳定运行（即堆芯温度不发生变化）期间，$P_{th} \approx (90\% \sim 95\%)P(\phi)$，也就是通常讲的热功率比核功率小 $5\% \sim 10\%$，这是因为堆芯核裂变产生的热功率包括沿轴向由冷却剂带出的 P_{th} 和沿径向散发到反应堆大厅的耗散功率两部分，而在主控室显示屏上给出的 P_{th} 表功率只是沿堆芯轴向由冷却剂带出的数值。

二是关于核功率与热功率的用途问题。在研究堆的设计阶段，在屏蔽设计中堆芯源项的计算需使用核功率，在安全分析报告中热工安全限值的计算需使用热功率；在研究堆的运行阶段，两种显示值各自具有不同的用途，在控制和保护系统中，核功率 $P(\phi)$ 主要用作功率保护系统的输入信号，因 $P(\phi)$ 对于堆芯中子注量率或反应性状态等发生变化的响应速度比 P_{th} 的响应速度快，可以有效控制和显示堆芯反应性变化的瞬态行为；热功率 P_{th} 主要用于定期校核堆芯的 $P(\phi)$ 水平；因为在堆芯一炉燃料的循环期内，$P(\phi)$ 会随着堆芯燃料的不同燃耗（Σ_f 的减少）发生变化，而堆芯 P_{th} 表征的是堆芯稳态时的热工状态，此种状态下测量并计算得到的 P_{th} 是不变的，所以在停堆后每次开堆期间尤其是在堆芯的 EOC 阶段，由 $P(\phi)$ 指示的表功率均需定期由 P_{th} 数值予以校核。

7.4　工程建设三大控制的经验

研究堆工程是一项系统复杂、技术难度大、投资强度大和建设周期长的核工程。在建设期间面临的突出问题主要表现如下：存在前期基础研究不充分现象,形成边设计、边修改和边建设等"三边"工程,采用新材料、新技术、新工艺和新设备"四新"设计,具有设计单位多、设备制造单位多、现场参建单位多、接口协调多和设计变更多"五多"特征。主要原因可归结为 4 个方面,一是由于任何一个国家均面临相隔多年才新建一座研究堆的实际情况,对人才、技术经验的积累不连续,对潜在关键技术风险的辨识不够,所以在前期工程科研攻关阶段均存在基础研究不充分的现象;二是相较于核电厂,通常是首堆,难以避免出现上述"三边"工程的现象;三是为实现拟建研究堆的高性能和多功能建设目标,在材料、技术、工艺和设备等选择方面不得不采用"四新"设计;四是由于工程的系统性、专业性和复杂性,任何一个单位难以独立承担从设计到建设的全部任务,必然具有"五多"特征。针对这些错综复杂的问题,如果建设单位能从组织管理上采取"抓好顶层设计、加强制度建设、加大执行力度和提升综合管控能力"等措施,则对有效推进工程建设的三大控制、两大管理和一大协调(指综合协调)等具有重要意义。

通过几座研究堆工程建设项目管理的实践和其他核工程建设的经验反馈发现,在一座新研究堆工程的建设项目中"三大控制"之间的关系可理解如下:在装投料之前,质量是安全的基础,安全是质量的目标,此阶段的控制重点是质量控制(quality control,QC),只要质量控制抓好了,工程质量就有了保证,阶段安全目标就能实现;在首次装料期间和之后,必须树立安全第一、质量支撑和涉核无小事的理念,同步推进安全和质量控制工作,针对核安全,各单位必须严格按照国家法律法规和工程项目的规章制度要求开展涉核工作,必须以如履薄冰、如临深渊的心态,始终保持对核安全的敬畏之心,自觉接受监督和监管,守住核安全生命线。

近年来,国内外多座研究堆工程建设项目三大控制的实践表明:影响质量安全控制目标实现的因素主要是管理问题,影响投资和进度控制目标实现的因素则是综合性问题,如何控制投资超概算和进度拖期属于世界性难题,下面主要介绍"进度控制"方面的经历和体会。

7.4.1 进度控制的难题

纵观国内外任何一个全新的研究核工程建设项目,建设进度往往难逃"首堆必拖"的拖期魔咒。潜在的主要难题表现为以下三个方面。

(1)设计变更难关闭。现场设计变更多,有的设计关闭后又再打开,尤其是新研制设备承担单位二次设计的技术指标和边界条件等的反提资进度满足

不了设计单位施工图进度控制要求,已提供给现场的施工图的相关接口存在
变更因素较多,有的设计存在漏项,如核级设备支撑忘记做抗震分析等。

(2) 设备供货拖期。有的关键路径上的设备不能按照制定的三级进度计
划要求按时到达现场,导致现场不得不在土建施工期间采取甩项并预留二次
浇灌的施工措施。

(3) 接口施工反复。设计单位上下游之间的接口,现场设计、制造、安装
和调试各阶段的接口衔接不匹配,导致接口施工反复量增多。

7.4.2　原因分析

设计方面的主要原因是在前期工程科研和设计阶段在技术和管理两个方
面存在问题。从技术角度上看,一些潜在的新问题当时未发现,随着设计深
入,总体文件升版,出现上游提资变化,例如:为满足安审要求,主/辅工艺系
统布置方案(有的系统合并,有的系统增加等)发生调整,上游输入工艺或环境
参数等资料发生修改以及设计漏项等,导致现场设计修改和变更较多;或者是
设计单位内外部提资方和回答单传递不及时;或者是新研制设备承制单位的
反提资拖期,设计单位接口(包括设备在重量、位置、空间尺寸等方面)与主系
统、土建和控制保护测量系统等之间的接口参数无法确定等原因,结果导致
"三书一图"(设计说明书、计算书、技术规格书及工艺布置图)的产出速度缓
慢。从管理角度上看,有的工程施工图出图量不足 40%,就实施浇灌第一罐混
凝土(FCD),或有的虽然总出图量达到 40%,但其中部分不是主路径上施工
图,由此造成土建施工期间的甩项多,后期为关闭这些甩项再进行二次浇灌导
致工程建设进度拖期和投资超概算。

设备供货方面的主要原因是凡首台套重要核级设备通常出现供货拖期现
象。这些设备主要是全寿命期内安全性和可靠性要求高的高速动载设备,例
如水泵、电机和开关调节动作频繁的电动阀等关键设备。按照设备研制九级
技术成熟度要求,从原理样机、原型样机到工程样机再到产品供货,每个阶段
样机均有不同的技术成熟度指标要求,但往往由于采用"四新"设计等,导致其
研制周期较长,如果再叠加前期工程科研攻关阶段的关键技术解决不彻底,在
工程批复之前又未提前启动采购合同,结果势必造成设备供货拖期。

接口施工方面的主要原因是由于研究堆工程建设本身在设计、制造、安装
和调试各个阶段接口的复杂性,加之参与设计的单位多,单位与单位之间接口
复杂,单位内部专业工种接口复杂等,由此导致工作的反复量难以控制。例

如,反应堆大厅墙面贯穿件及密封性施工中,由于现场多工种交叉施工,有的机械或电气贯穿件,在安装施工完成并履行了向调试移交的手续后,由于现场变更再次被打开,出现反复作业的情况;由于反应堆大厅四面墙体表面喷涂核级涂料层数不够,存在微细孔,在该大厅密封性能测试时发现泄漏率不达标后,又再增加其涂层厚度,由此也导致工程建设进度拖期等。

7.4.3 采取的主要管理措施

基于近年来几座研究堆工程项目的管理实践,下面将从三个方面介绍抓好进度控制的经验,包括建立高效的组织机构和运行机制、实施四级进度动态控制策略和采取风险管控措施以及实施转阶段过程接口管理等内容。

1) 建立高效的组织机构和运行机制

从工程项目建设的组织机构和制度建设上,为解决"进度控制"相关方面的问题,基于研究堆工程建设已建立的组织机构以及项目法人制、监理制、招投标制和合同制(下称"四制"),进一步建立近年来要求的全过程、全要素和全覆盖等管理机制并有效运行。这是抓好"进度控制",制定有效措施的依据和根本。

例如,要关注业主制订的工程建设项目组织机构图的纵横之间的关系和运行的有效性:纵向突出行政、技术和质量(安全)三条线的独立性,质量(安全)的独立性体现在采用虚线向上可达最高行政和技术负责人,一旦出现重大质量或安全事件,最高行政和技术负责人能及时知晓,可为其正确决策防止事件演化成事故提供第一手信息;横向决策、管理和执行三层级的责权利要清晰,正常情况下各级均能高效运行,面对大地震等诱发的重大事故,三层级要调整为扁平化机构,决策层要靠前指挥,管理层要全面下沉,执行层要做到临危不惧、处变不惊。招投标法和合同法更新后,要及时按照变更后的相关要求执行,确保国家新法要求及时落地,有利于过程管理和项目验收。监理对工程的质量、安全和进度控制必须做到全过程、全要素和全覆盖跟踪管理等。

2) 实施四级进度动态控制策略和采取风险管控措施

首先,采取统筹规划和实时计划调整管理措施,对照重大里程碑节点,制订四级进度计划,以有效推进现场实施进度为目标和实现四级进度计划为抓手,采用模拟推演展示该计划的适宜性和有效性,实施动态调整控制策略,让及时变更后的计划成为可行的计划,其根本和要义是实时跟进和动态响应,一旦现场出现影响四级进度计划的变更事项,要及时动态调整四级进度计划,让四级进度计划落地、生根、开花和结果；一项研究堆工程建设项目的各层级岗位人力资源及四级计划就像一列动车组，制订四级进度计划的主要目的就是要利用矩阵和分布式相结合的控制技术，统筹规划、综合协调和合理配置各级计划资源，让各级计划落地并协调高效运行，这样就能发挥出该计划的综合与溢出效益，就能抓好研究堆工程建设的"进度控制"。其次，借鉴核电工程TOP10 的管理经验，针对多单位、多专业和多工种的设计接口问题，多个设备供货单位的接口问题，总体上可采用"精细化管理"和"穿透式管理"相结合的管理模式，在协同设计硬件条件上，推行同平台设计、同平台供货和同平台提供审查，在技术管理上，采用接口控制手册（interface control menu，ICM），明确设计接口问题的提出单位、答复单位和关闭单位及其时间限制要求，基于总体进度安排将问题分类，规定各类问题提出—答复—关闭的期间长度和时限，提高出图质量和效率。最后，建立各类会议管控制度，在提高会议效率上提倡开短会，杜绝召开以会议布置为题的形式主义会议，在月例会上采取两周预警措施，在周例会上采取一周督办措施，针对现场经济签单和转阶段移交遗留事项等采取双归零措施。总体上，要紧密结合工程现场施工实际，实施"以实现计划目标为牵引"和"以解决现场问题为导向"的动态"牵导"进度控制策略，采取以主动预想、预测、预防和经验反馈相结合的风险识别和管控措施，及时化解和释放影响现场进度控制的潜在风险，综合高效地推进现场"四级进度控制"工作。

　　3）实施转阶段过程接口管理

　　针对现场安装向调试转阶段接口管理存在的诸多问题，采取的主要措施如下：首先，依据质保大纲中的转阶段程序要求，安装单位向监理和业主提出转阶段申请。其次，监理组织安装和调试两个单位共同制订转阶段程序，两个单位共同审查和批准后发布。最后，依据程序中规定的移交物项（建构筑物、系统和设备等），明确移交时间、地点和职责，特别要逐条列出未达到移交标准的事项，给出逐条关闭时限，由此确保移交物项状态管控职责明确，满足调试功能和性能指标要求，有效推进各物项转阶段的"四级进度控制"工作。

　　综上提出的问题和开展的原因分析，既有与其他核工程建设共性的特点，也有全新研究堆工程建设个性的特点。介绍的解决问题的主要措施是基于多项核工程建设项目实践总结的经验，对类似研究堆以及其他核工程建设项目的"进度控制"具有借鉴意义。

参考文献

［1］ 中国冶金建设协会. GB 50496—2018. 大体积混凝土施工标准［S］. 北京：中国计划出版社,2018：1－10.

［2］ 陕西省建筑科学院. 大体积混凝土温度测控技术规范：GB 51028—2015［S］. 北京：中国建筑工业出版社,2015：1－21.

［3］ 朱伯芳. 大体积混凝土温度应力与温度控制［M］. 北京：中国电力出版社,1999.

［4］ 杨大为,唐凤平,黄洪文,等. 高功率运行中延迟水箱集气问题的处理［C］//国家核安全局. 第十四届全国研究堆安全管理经验交流会,绵阳：国家核安全局,2011：251－255.

［5］ 吴显明,刘汉刚,张之华,等. 有效纠正密封筒划伤保障反应堆安全运行［C］//国家核安全局. 第十四届全国研究堆安全管理经验交流会,绵阳：国家核安全局,2011：205－207.

［6］ 胡大璞,郑福裕. 核反应堆物理实验方法［M］. 北京：原子能出版社,1988.

［7］ 郑福裕,章超. 核反应堆物理基础［M］. 北京：原子能出版社,2010.

［8］ 史永谦. 核反应堆中子学实验技术［M］. 北京：中国原子能出版社,2011.

［9］ 林诚格. 非能动安全先进压水堆核电技术(下册)［M］. 北京：原子能出版社,2010.

［10］ 鹤田晴通. 市川博喜. 岩埼淳一,等. JRR－3改造炉の核设计［R］. 茨城县那珂郡东海村：日本原子力研究所,1985.

［11］ Lamarsh J R. Introduction to nuclear engineering［M］. London：Addison-Wesley Publishing Company, 1975：241－242.

［12］ 黄祖洽. 核反应堆动力学基础［M］. 北京：原子能出版社,1983.

［13］ 吴宏春,曹良志,郑友琦,等. 核反应堆物理［M］. 北京：中国原子能出版社,2014.

［14］ Goluoglu S A. Deterministic method for transient, three-dimension neutron transport［D］. Knoxville, USA：The University of Tennessee, 1997.

［15］ 吴宏春,郑友琦,曹良志,等. 中子输运方程确定论数值方法［M］. 北京：中国原子能出版社,2018.

国家出版基金项目
NATIONAL PUBLICATION FOUNDATION

"十四五"国家重点图书出版规划项目
核能与核技术出版工程

先进核反应堆技术丛书(第二期)
主编 于俊崇

多用途研究堆新进展
(下册)

Recent Progresses of
Multipurpose Research Reactors

刘汉刚　刘永康　王立校 等 编著

上海交通大学出版社
SHANGHAI JIAO TONG UNIVERSITY PRESS

内容提要

本书为"先进核反应堆技术丛书"之一,全面介绍了多用途研究堆(下称研究堆)的前期研究、设计、建造、运行(应用)和退役全寿期的主要知识,分为上、下两册。上册概要介绍了研究堆发展的历史、现状与趋势,重点介绍了具有反中子阱原理游泳池式研究堆的总体、物理、热工水力、控制保护和安全分析等内容,特别介绍了该类堆工程建设的主要经验和堆芯装换料技术。下册重点介绍了研究堆运行的特点和操作实践等内容,系统介绍了中子成像技术、中子散射技术和中子深度分析技术的基本原理、方法、应用领域以及相关装置、制靶、物理实验与理论等四位一体平台知识,初步介绍了该类堆的退役工程与技术。该书具有将多用途研究堆前期研究、建设、运行安全、中子束应用和退役等技术新进展紧密结合的特点,可供从事核能科学与技术相关工作的科研人员及高校相关专业的师生参考借鉴。

图书在版编目(CIP)数据

多用途研究堆新进展:上下册/ 刘汉刚,刘永康,
王立校编著. --上海:上海交通大学出版社,2024.7
(先进核反应堆技术丛书)
ISBN 978 - 7 - 313 - 30081 - 2

Ⅰ.①多… Ⅱ.①刘… ②刘… ③王… Ⅲ.①反应堆
-研究进展 Ⅳ.①TL4

中国国家版本馆 CIP 数据核字(2023)第 257491 号

多用途研究堆新进展(下册)
DUO YONGTU YANJIUDUI XIN JINZHAN (XIACE)

编　　著:刘汉刚　刘永康　王立校 等	
出版发行:上海交通大学出版社	地　　址:上海市番禺路 951 号
邮政编码:200030	电　　话:021 - 64071208
印　　制:苏州市越洋印刷有限公司	经　　销:全国新华书店
开　　本:710 mm×1000 mm　1/16	印　　张:21
字　　数:354 千字	
版　　次:2024 年 7 月第 1 版	印　　次:2024 年 7 月第 1 次印刷
书　　号:ISBN 978 - 7 - 313 - 30081 - 2	
定　　价:319.00 元(上、下册)	

版权所有　侵权必究
告读者:如发现本书有印装质量问题请与印刷厂质量科联系
联系电话:0512 - 68180638

下　册　目　录

第8章　研究堆运行技术 ························· 295

  8.1　研究堆运行的特点分析 ··················· 296

    8.1.1　研究堆运行技术特点 ················ 296

    8.1.2　研究堆运行管理特点 ················ 298

  8.2　第一代和第二代研究堆运行的差异性 ········ 299

    8.2.1　仪控系统的差异性 ················· 299

    8.2.2　中毒及碘坑的差异性 ················ 300

    8.2.3　堆芯反应性的差异性 ················ 302

  8.3　运行管理 ························· 303

    8.3.1　质量保证 ····················· 304

    8.3.2　运行组织 ····················· 305

    8.3.3　规章制度 ····················· 307

    8.3.4　命令和指令 ···················· 309

    8.3.5　人员培训 ····················· 310

    8.3.6　物项状态的保持 ·················· 312

    8.3.7　核安全文化 ···················· 313

  8.4　控制棒价值刻度技术 ··················· 314

    8.4.1　周期法 ······················ 315

    8.4.2　落棒法 ······················ 316

    8.4.3　逆动态法 ····················· 320

    8.4.4　刻度控制棒价值的其他两种方法 ········· 322

    8.4.5　控制棒价值刻度结果影响分析 ·········· 325

  8.5　正常运行技术 ······················ 327

  8.5.1 运行限值与条件 ･････････････････ 327

  8.5.2 各类运行工况的技术特点 ･････････ 329

  8.5.3 反应堆运行过程 ･･･････････････････ 333

8.6 运行事件和事故监督要求 ･････････････････ 342

  8.6.1 异常事件分类和报告制度 ･････････ 342

  8.6.2 异常事件、事故应对及重启条件 ･･･ 344

  8.6.3 严重事故期间及事故后堆芯状态监测技术 ･･･ 345

参考文献 ･･･････････････････････････････････ 346

第9章 中子成像技术及其应用 ･･･････････････ 347

9.1 中子与成像 ･････････････････････････････ 348

  9.1.1 中子的基本性质 ･･･････････････････ 348

  9.1.2 中子成像的原理、分类与特点 ･････ 350

  9.1.3 中子成像与中子照相 ･････････････ 353

9.2 中子成像装置与成像质量 ･････････････････ 354

  9.2.1 中子源、准直器及引出装置 ･･･････ 354

  9.2.2 探测器 ･･･････････････････････････ 356

  9.2.3 中子成像质量 ･････････････････････ 361

9.3 中子成像技术 ･･････････････････････････ 363

  9.3.1 常规投影成像与层析成像 ･････････ 363

  9.3.2 转移成像 ･････････････････････････ 366

  9.3.3 实时成像 ･････････････････････････ 368

  9.3.4 全息成像的基本原理、方法与参数选择 ･･･ 370

  9.3.5 相衬成像的基本原理与参数选择 ･･･ 376

  9.3.6 极化中子成像的基本原理、装置和参数选择 ･･･ 382

  9.3.7 能量选择成像 ･････････････････････ 390

  9.3.8 中子鬼成像的基本原理与方法 ････ 393

9.4 中子成像应用 ･･････････････････････････ 395

  9.4.1 核工业领域的应用 ･･･････････････ 395

  9.4.2 航空航天领域的应用 ････････････ 399

  9.4.3 地质建筑领域的应用 ････････････ 400

  9.4.4 生物领域的应用 ･･･････････････････ 401

9.4.5　海关安全检测领域的应用 ·················· 403

9.4.6　考古领域的应用 ·················· 405

参考文献 ·················· 407

第 10 章　中子散射技术及其应用 ·················· 411

10.1　中子散射技术特点与中子源 ·················· 412

10.1.1　中子散射技术的特点 ·················· 412

10.1.2　中子散射技术用中子源 ·················· 413

10.2　中子散射基本原理 ·················· 416

10.2.1　热和冷中子束流输运技术 ·················· 416

10.2.2　热和冷中子散射技术的基本原理 ·················· 419

10.3　典型的中子散射谱仪及原理 ·················· 430

10.3.1　中子衍射谱仪 ·················· 430

10.3.2　残余应力中子衍射分析谱仪 ·················· 432

10.3.3　中子小角散射谱仪及原理 ·················· 435

10.3.4　中子反射(NR)谱仪及原理 ·················· 442

10.3.5　中子非弹性散射谱仪及原理 ·················· 452

10.4　物理实验方法 ·················· 460

10.4.1　残余应力中子衍射基本物理实验方法 ·················· 461

10.4.2　小角物理实验方法 ·················· 466

10.4.3　反射物理实验方法 ·················· 469

10.4.4　三轴谱仪非弹性散射物理实验方法 ·················· 473

10.5　中子散射数据反演理论 ·················· 482

10.5.1　残余应力中子衍射数据的反演 ·················· 483

10.5.2　小角数据的反演 ·················· 486

10.5.3　反射数据的反演 ·················· 488

10.5.4　非弹数据的反演 ·················· 490

10.6　主要应用方向 ·················· 493

10.6.1　在高分子、软物质方面的应用 ·················· 493

10.6.2　在材料领域的应用 ·················· 496

10.6.3　在基础物理方面的应用 ·················· 498

10.6.4　在能源、交通等领域中的应用 ·················· 499

10.6.5 极端条件下的材料研究 ·················· 501

参考文献 ···················· 504

第11章 在线中子活化分析技术及其应用 ·············· 507

11.1 中子深度分析技术 ···················· 507

11.1.1 NDP 技术的特点、发展历史与现状 ·········· 508

11.1.2 NDP 技术的基本原理 ·············· 513

11.1.3 四位一体平台技术 ·············· 529

11.1.4 主要应用方向 ·············· 535

11.2 瞬发 γ 中子活化分析技术 ···················· 539

11.2.1 PGAA 技术的特点、发展历史与现状 ·········· 540

11.2.2 PGAA 技术的基本原理 ·············· 543

11.2.3 四位一体平台技术 ·············· 546

11.2.4 主要应用方向 ·············· 552

参考文献 ···················· 556

第12章 研究堆退役工程与技术 ·············· 561

12.1 研究堆的安全关闭 ···················· 562

12.2 研究堆退役工程各阶段要求 ···················· 563

12.2.1 退役策略和目标的选择要求 ·············· 563

12.2.2 退役计划要求 ·············· 568

12.2.3 初步源项调查与经费筹措等要求 ·········· 569

12.2.4 退役工程实施要求 ·············· 571

12.2.5 退役工程验收要求 ·············· 573

12.3 退役研究堆的特性与源项调查要求 ···················· 573

12.3.1 特性调查各阶段主要任务要求 ·············· 574

12.3.2 放射性源项调查方法要求 ·············· 576

12.3.3 现场和实验室测量技术要求 ·············· 578

12.3.4 放射性残留量估算要求 ·············· 583

12.3.5 源项和特性调查方案 ·············· 589

12.3.6 编制终态放射性特性调查报告大纲要求 ······ 592

12.4 研究堆退役去污技术 ···················· 593

12.4.1　放射性污染与退役去污 ⋯⋯⋯⋯⋯⋯ 593

12.4.2　退役去污的分类与去污效果 ⋯⋯⋯⋯ 594

12.4.3　机械-物理去污技术 ⋯⋯⋯⋯⋯⋯⋯⋯ 595

12.4.4　化学去污技术 ⋯⋯⋯⋯⋯⋯⋯⋯⋯⋯ 599

12.4.5　电化学和废金属熔炼去污技术 ⋯⋯⋯ 603

12.5　研究堆退役拆除解体技术及关注的问题 ⋯⋯⋯⋯ 604

12.5.1　拆除解体技术分类 ⋯⋯⋯⋯⋯⋯⋯⋯ 605

12.5.2　金属材料切割技术 ⋯⋯⋯⋯⋯⋯⋯⋯ 606

12.5.3　混凝土拆除技术 ⋯⋯⋯⋯⋯⋯⋯⋯⋯ 610

12.5.4　机器人远距离操作技术 ⋯⋯⋯⋯⋯⋯ 613

12.5.5　具体物项拆除解体技术 ⋯⋯⋯⋯⋯⋯ 614

12.5.6　研究堆退役关注的问题 ⋯⋯⋯⋯⋯⋯ 616

参考文献 ⋯⋯⋯⋯⋯⋯⋯⋯⋯⋯⋯⋯⋯⋯⋯ 616

索引 ⋯⋯⋯⋯⋯⋯⋯⋯⋯⋯⋯⋯⋯⋯⋯⋯⋯⋯ 619

第8章

研究堆运行技术

　　研究堆运行是一门涉及反应堆物理、热工水力、结构力学、水化学、辐射防护、监测控制、数据分析、应急处置和任务管理等多专业的工程技术,也是安全性、经验积累和核安全文化等要求非常严苛的一门工程技术。一座研究堆在投入运行之前,其设计、建造、调试和科研等工作对国民经济、科学技术发展不能做出直接贡献,只有在研究堆运行起来之后,才能利用其产生的中子场、γ场和配套的应用装置等产生相应的社会效益和经济效益。因此,研究堆的运行不仅能在其全寿期内验证先进设计理念、非标设备加工制造和工程化技术的合理性,检验是否实现建造研究堆目的和达到设计指标,也是为确保核安全、提升研究堆应用绩效、延长研究堆寿命和建造新的研究堆积累经验的重要阶段。

　　研究堆运行包括研究堆的启停、功率运行、工况转换、异常及事故处置等具体操作过程,以及为保证研究堆的安全高效运行而开展的人员队伍建设、系统维护保养、质量保证体系建立等保障措施及相关组织管理活动。研究堆的安全运行在研究堆所有活动中有着举足轻重的地位,研究堆建成后安全运行是其他各项活动的基础,离开安全运行,其他活动将变成无源之水、无本之木。因此,人们也常将安全运行比作"1",把各项应用比作后面的"0"。研究堆营运单位给予安全运行如此高的重视,主要有以下几个方面的原因。

　　运行人员是核安全的保障者。安全是核设施的生命线,营运单位恪守"安全第一"的管理理念。运行人员工作在科研生产的第一线,是主要安全活动的最终实施者和操作者。他们的理论技术水平、熟练掌握程度、责任心、安全价值观等都直接关系到核安全。

　　运行人员是研究堆的直接操作者。基于对反应堆基础理论的掌握、反应堆各系统状态的把控,运行人员遵照严密的运行规程、实验方案、运行指令等,通过集中操作控制,实现反应堆各系统的顺序启动、运行参数设定、反应堆启动、达临界、超临界、功率提升、小功率闭锁、功率稳定运行、工况转换、反应性调节、功率展平和应用装置利用授权等各项操作和监控。

运行人员是科研生产任务的组织完成者。运行人员,特别是值班长对于反应堆的整体状况掌握得最清楚,研究堆上的各项科研生产一般都由值班长统一组织实施,并协调各任务之间的关系,有序、高效完成营运单位科研生产部门下达的各项任务。

运行人员是设备状态的监督者。保持研究堆各系统、设备的良好状态是实现安全可靠运行的关键措施之一。运行人员直接监视各系统、设备的运行状态,通过一天三班倒、定期记录重要运行参数并进行比对、监视系统状态、打印运行数据、记录运行日志、现场巡视等方式对系统、设备的健康状态进行监督,及时发现系统、设备的异常状态,通知相关技术人员实施维修,并组织实施设备的停复役管理,避免造成设备故障隐患、关联失效和不良后果的扩大;通过定期试验、预防性维修等专项活动确保备用、应急等系统、设备的功能可靠。

运行人员是异常事件的第一处理者。研究堆在运行过程中会遇到各类异常事件,比如:外网断电、设备故障、运行状态偏离、辐射水平异常和火警等。一线的运行人员及时发现并正确处理这些异常事件需要专业的分析和经验的积累,迅速和必要的干预可以使异常事件得到有效控制,这是研究堆安全运行的基础。事实证明,运行人员的大量重要工作就是对偏离状态的纠正。

8.1 研究堆运行的特点分析

根据用途的不同,研究堆功率和种类也不同,功率范围可以从零到上百兆瓦,按照冷却剂不同划分,种类有轻水堆、重水堆、气冷堆、碱金属冷却堆和熔盐堆等,每种堆都有自己的特点和运行特性,相对于核电厂等动力堆,在运行技术上研究堆有自己的通用运行特点。

8.1.1 研究堆运行技术特点

针对研究堆的运行技术特点,下面将主要介绍无功率负荷、操作运行方便、启停堆的灵活性及反应性变化的复杂性和辐照对象的多样性四个方面内容。

1) 无功率负荷

研究堆主要利用其产生的中子开展科研生产工作,其设计特点就决定了所产生的热能不便被利用,因此,研究堆没有配套的发电、动力输出、供热输出等负荷,也就不需要根据负荷变化来调节反应堆功率。堆内的辐照样品、试验装置、二次水冷却回路等对研究堆来说是稳定的,没有反馈。反应堆稳定运行时,堆芯乃至反射层的中子注量率分布也是基本稳定的。因此,研究堆的功率调节可取恒值调节。也就是,按照要求的辐照中子注量,把反应堆开到一定功率水平,此后投入功率调节系统维持该功率水平,直到实验完成。所以,研究堆的功率调节比动力堆相对简单,改变功率后重新稳定也快得多[1]。

2) 操作运行方便

大多数研究堆规模小、系统简单,在低温低压下运行,功率低又不带负荷,所以堆的启动、停止所需要的操作就比较简单省时[1]。这也让研究堆的应用更加方便、高效。以 SPRR-300 堆为例来说,可以采用临时停堆的方式完成辐照样品的更换操作,再次启动堆所需要的操作仅涉及一回路主泵的启动和控制棒的操作,临时停堆的重新启动到功率运行仅需十分钟左右,很大程度上避免了碘坑影响,提升了应用效率。微堆的启停操作更加方便、灵活。

3) 启停堆的灵活性及反应性变化的复杂性[1]

研究堆主要用于试验研究、材料考验,兼用于同位素辐照等多项应用,所以运行要兼顾各个应用的要求。有些实验研究要求研究堆的积分功率开得低一点,有些辐照考验又需要研究堆的积分功率开得高一些。因实验需要,可能还需要中途停堆取出或放入实验样品,或变更样品。在每个开堆周期中,常常是把功率低、时间短的运行任务放在前面,把最大功率运行放在后期,主要是辐照中长寿命同位素和考验材料等。

研究堆在功率运行时,因温度、燃耗、氙中毒等因素引起的反应性变化规律与其他热中子反应堆大体上是一致的。只是研究堆总是不断启停、间断运行,所以这些因素的影响情况相对复杂多样。研究堆在碘坑中重新启堆是很常见的操控运行模式。

多用途研究堆在一个开堆周期中,要经常往堆芯放入或取出样品,每次取放都会引起反应性变化。有些研究堆辐照样品的出入非常频繁,一天可以达多次。对于引入反应性较大的辐照样品(一般大于万分之四),需要停堆进行操作。对于强吸收体辐照样品,可能会引起反应性乃至中子注量率分布发生较大变化,需要对其进行专门的安全分析,以确定其对后备反应性、控制棒价值、功率峰值因子等运行安全的影响。随着燃耗的增加,现场操作人员可能需要取出部分强吸收体辐照样品,以保证必要的后备反应性,堆芯换载后再把全部辐照样品放回堆芯辐照。

4）辐照对象的多样性[1]

在研究堆内接受辐照的样品是多种多样的，如同位素靶、燃料样品、金属材料、半导体材料、高分子材料和生物样品等。由于辐照对象广泛多样，它们的性质各异，在强中子、γ场及温度场综合作用下，其辐照行为也是各式各样的。绝大部分辐照样品受中子辐照后会产生活化，具有一定的感生放射性。一般来说，β或γ感生放射性并不影响堆的安全。但有些样品经辐照后产生α放射性或产生裂变产物，这给安全性带来一些特殊问题。由于α放射性污染不易去除，其他裂变产物易于泄漏，故在辐照过程中需有足够的安全措施，包括防止泄漏、污染以及控制被照样品的质量等。

有些样品经辐照后产生挥发性气体或沸腾汽化，汽化严重时可能影响功率调节系统的稳定性；有机化合物辐照后将分解为低分子产物，甚至有气态产物被炭化；含有电解质的液体受到辐照后可能产生氢气、氧气等气体，直接影响样品乃至辐照管道的安全。评审的实验方案必须确切且充分了解样品辐照后可能产生的化学物理变化及其后果，只允许安全上有保障的样品入堆辐照。

许多样品材料对反应堆辐照管道等结构材料有腐蚀、侵蚀作用，评审的实验方案必须考虑样品盒、辐照管道损坏后样品材料与冷却剂、堆内结构材料是否相容，并采取有效的预防措施。

8.1.2 研究堆运行管理特点

针对研究堆的运行管理特点，下面将主要介绍运行计划更灵活和任务更丰富、人员队伍更紧凑、培训方式更传统和运维保障更实际等方面的内容。

1）运行计划更灵活和任务更丰富

为了提高反应堆运行的经济性，核电厂一般采用单一的满负荷长期运行计划模式，研究堆则根据任务的不同，采用多样、灵活的运行计划模式，研究堆会经常启停，运行功率也会经常变化；此外，研究堆还存在转功率运行、碘坑运行、特定周期功率提升、大反应性样品装载前后运行等工况。

为了提升研究堆的安全运行绩效，营运单位会大力开展综合利用，诸如，利用垂直孔道开展新型燃料、功能材料样品的辐照考验，同位素生产、单晶硅嬗变掺杂、黄玉辐照改色等辐照生产；利用水平实验孔道开展中子成像、中子散衍射和中子活化分析等先进无损检测技术研发及应用；同时，开展反应堆工程技术验证和人员培训等活动。

2）人员队伍更紧凑、培训方式更传统和运维保障更实际

研究堆运行队伍规模相对较小，不少运行人员在从事运行工作之余还从事科学研究工作，也有一些人员跨不同岗位承担工作。

研究堆一般没有模拟机，常采用传统的师父带徒弟的模式进行人员培养，并结合运行计划灵活、现场培训机会较多的特点，摸索出了一套独具特色的培训模式。

研究堆随各自任务需求设计和建构，每座研究堆都有自己的特点，很多系统设备可能都是专门设计和建造的，因此运维经验需要在实际运行中积累。同时，考虑到研究堆启停的方便性，对运维保障特别是备件的更换频度需求相对较低。

8.2　第一代和第二代研究堆运行的差异性

从研究堆的功能、性能和用途上来看，我国的研究堆发展可分为两个阶段，20 世纪 50 年代至 20 世纪末建成的研究堆为第一代研究堆，这代研究堆的功能和性能指标满足了当时的科学实验研究和核技术应用的需要；21 世纪以来建成的研究堆为第二代研究堆，这代研究堆的功能和性能指标能满足近代科学实验研究、交叉学科研究和核技术应用等多用途的需要。从运行的角度上看，两代研究堆运行的差异性主要表现在仪控系统、中毒及碘坑、反应性三个方面。

8.2.1　仪控系统的差异性

仪控系统是研究堆运行人员在控制室操作的重要系统，下面将主要从第二代研究堆仪控系统的复杂性、数字化和光激中子强弱等方面介绍其存在的差异性。

（1）系统更复杂。一是为了实现中子能谱的分区，扩大快、热中子辐照空间，第二代研究堆采取在第一代研究堆堆芯外围布置一个重水箱，在重水反射层中形成较高的热中子峰值，并可以设计、安装冷源装置，以及在堆芯内构造高能中子场；为确保重水系统满足冷却、分解气体重组、净化、浓缩、密封等技术要求，需要增加相应的仪控辅助系统。二是为了增加堆芯上方的宝贵操作、使用空间，往往将控制棒驱动机构设置在堆芯下方，相应的仪控系统的设计、建造和运行技术难度更大或更复杂。三是为了满足更为严格的监管要求和安

全技术要求,在反应堆停堆、冷却、包容等3项安全功能方面需要有更完善、复杂的系统。

(2)数字化程度更高。随着科学技术的发展,数字化技术已在众多领域得到广泛应用,相较于第一代研究堆,第二代研究堆也逐渐采用了更多的数字化技术,通过采用数字化测量技术,将所有的监测参数集中传送至主控室,运行人员不再需要到现场进行二次仪表读取,监测效率大大提高。通过采用数字化控制技术,在主控室即可实现几乎全部设备的运行操作,此外,保护系统也采用了数字化技术并获得了监管部门的许可。

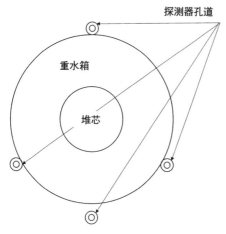

图 8 - 1 核测量系统探测器孔道位置示意图

(3)光激中子更强。主要是重水箱中产生的光激中子对重水箱外核测信号有影响,第二代研究堆的核测量系统探测器孔道通常布置在重水箱外围,如图 8 - 1 所示。

核测系统探测器的布置需重点考虑各类探测器对堆芯中子注量率变化的实时响应,现场可利用空间位置和核测信号的利用等综合因素。通常,第二代研究堆的仪控系统的探测器孔道布置在重水箱外围且轴向与活性区同高度,这样布置的主要优点有二,一是可以节省活性区上方宝贵空间,二是布置空间大且灵活可调(可以圆周对称布置,探测器可以沿反应堆径向调节距离、沿轴向调节高度)。这样布置也有一些缺点,主要包括以下两点,一是探测器距离堆芯远,测到的中子为多次碰撞散射后的中子,在首次临界时探测效率远远不够,需要在更靠近堆芯位置设置临时探测器;二是反应堆运行后重水的光激中子较强,探测器测到的中子信号中,来自反应堆裂变中子的份额占比较小,给反应堆临界外推带来较大困难。

8.2.2 中毒及碘坑的差异性

中毒主要是指堆芯裂变产物吸收中子(也称裂变产物浓度)所引起的反应性变化数值,由于裂变产物中的 ^{135}Xe 具有极大的热中子吸收截面,所以 ^{135}Xe 浓度的变化对研究堆的运行安全具有较大的影响。衡量堆芯中毒程度的主要指标是平衡氙中毒,该指标是指堆芯中累积的氙浓度逐渐增加达到平衡时所引起的反应性变化。

本节将重点介绍平衡氙中毒对第二代研究堆运行安全的影响,简介碘坑对其运行安全的影响。

1) 平衡氙中毒对研究堆运行安全的影响

反应堆堆芯的毒物(burnable poisons,即随着反应堆运行可燃烧掉的毒物)分为两种,一种是自然界本身存在,人为加入堆芯的可燃毒物,加入这些可燃毒物的主要目的是期望增大堆芯的后备反应性,延长燃料的换料周期或展平堆芯功率分布等,例如在燃料元件制造期间有意识地在燃料中加入铪、镓等大中子吸收截面可燃毒物,在 PWR 核电堆芯中加入硼等;另一种是人造的可燃毒物,即随反应堆运行在堆芯内产生的可燃毒物,堆芯中子与燃料元件中的铀原子核发生核反应,将产生 2 000 多种裂变产物,这些裂变产物在衰变过程中形成多种同位素,其中某些同位素的核素不仅具有极大的热中子吸收截面,且其先驱核还有较大的裂变产额,加之消失项又小于产生项,这就导致运行期间这些核素的浓度聚集增大,这些核素的产生和消失对堆芯燃料的燃耗、反应性的变化和运行安全等造成影响。这些人造可燃毒物核素主要有 20 世纪 40 年代发现的 ^{135}Xe 和 ^{149}Sm,近年来发现的 ^{88}Zr 等,例如,据 2019 年 1 月 7 日《自然》报道,"美国劳伦斯利弗莫尔国家实验室(LLNL)的 Nicholas Scielzo 及其团队发现,人造 ^{88}Zr 的热中子吸收截面 σ 是预测的 10 万倍,这是 70 年来发现的与 ^{135}Xe 的热中子俘获截面同量级的人造放射性同位素"。三种人造放射性核素在热能区的平均热中子截面 σ_{th} 数值及其关系为

$$^{135}Xe(\sigma_{th}=3\times10^6\ b)>^{88}Zr(\sigma_{th}=10^6\ b)>^{149}Sm(\sigma_{th}=4.08\times10^4\ b)$$

下面将以可燃毒物 ^{135}Xe 为例,说明平衡氙中毒对第二代研究堆安全运行的影响。

依据反应性的定义和 ^{135}Xe 饱和浓度的关系式,可得平衡氙中毒的近似关系式为[2],

$$\Delta\rho_{Xe}(\infty)=-(\gamma\Sigma_f/\Sigma_a)[1+\lambda_{Xe}/(\sigma_a^{Xe}\cdot\phi)]^{-1} \qquad (8-1)$$

式中:$\Delta\rho_{Xe}(\infty)$ 为平衡氙浓度所引起的反应性变化值;Σ_a 为堆芯的宏观吸收截面,cm^{-1};Σ_f 为堆芯的宏观裂变截面,cm^{-1};σ_a^{Xe} 为氙的微观吸收截面,b(靶,$b=1\times10^{-28}\ m^2$);$\gamma=\gamma_I+\gamma_{Xe}$,即碘和氙的裂变产额之和;$\lambda_{Xe}$ 为氙的衰变常数,s^{-1};

ϕ 为中子注量率。

从式(8-1)可以看出,平衡氙中毒与堆芯中子注量率 ϕ 有关,但是,当 ϕ 值很小时,也就是当反应堆在低功率运行时,平衡氙中毒可以忽略不计。

当 $\phi \gg \dfrac{\lambda_{Xe}}{\sigma_a^{Xe}}$ 时,由于 $\dfrac{\lambda_{Xe}}{\sigma_a^{Xe}\phi}$ 可忽略不计,所以式(8-1)可表示为

$$\Delta\rho_{Xe}(\infty) \approx -\frac{\gamma\Sigma_f}{\Sigma_a} \tag{8-2}$$

由于第二代反应堆堆芯的热中子注量率高于第一代研究堆堆芯的相应数值,且通常 $\phi > 1\times10^{14}\,\mathrm{n\cdot cm^{-2}\cdot s^{-1}}$,完全满足式(8-2)成立的假设条件,依据此式可求得第二代研究堆堆芯平衡氙中毒的数值。在该类堆的满功率运行期间,当堆芯燃料的宏观裂变截面与宏观吸收截面之比达到 $60\%\sim80\%$ 时,引起的堆芯平衡氙中毒为 $0.04\sim0.05$[2],由此可见,第二代研究堆平衡氙中毒对反应堆运行安全的影响更大。

2) 碘坑对研究堆运行安全的影响

该影响主要与碘坑深度和碘坑中的启动技术等有关,碘坑深度是指停堆后反应堆剩余反应性下降到最小值的程度。

碘坑深度与反应堆停堆前运行的热中子注量率密切相关,热中子注量率越大,碘坑深度越大,由于第一代研究堆的堆芯中子注量率小于第二代研究堆的堆芯中子注量率,由此,后者在堆芯氙浓度达到饱和(平衡氙)后突然停堆形成的碘坑深度也就更大,对反应堆运行安全的影响更大。关于碘坑中的启动技术与注意事项等内容将在8.5.2节中介绍。

8.2.3 堆芯反应性的差异性

堆芯反应性的差异性主要包括第二代反应堆的控制棒微分价值较大、每一炉堆芯燃料不倒料和堆芯与重水反射层中的部件反应性差异大,下面逐一进行介绍。

(1) 控制棒微分价值较大。主要体现在第二代反应堆堆芯不大、燃料组件不多、控制棒数量较少,为了满足后备反应性、停堆深度、换料周期等因素的需要,单根控制棒的微分价值都比较大,这就给反应堆运行带来一些新特点。例如控制棒干涉效应、控制棒对中子注量率的展平、控制棒位置对核测系统的影响、控制棒反应性引入速率、控制棒失控提升安全分析、卡棒影响等都需要在运行过程中更加关注。

（2）堆芯不倒料。主要体现在新型研究堆堆芯小、功率密度大，因此换料周期相对较短，一般 40 天左右就要进行一次换料，以补充堆芯的后备反应性，对于堆芯内的倒料（燃料组件位置之间的互换），由于堆芯燃料组件流道狭窄，换料后无法测量堆芯中子注量率分布，所以也就不开展堆芯倒料工作。为了保证中子注量率数值达到设计的量级水平，一般选择保持紧凑活性区体积不变，也就是不扩载。因此，换载方案就没有那么灵活，在换料初期 BOC，为了压住过多的剩余反应性，还需要采取添加可燃毒物等反应性控制方式，这样，堆芯核设计必须综合考虑可燃毒物惩罚因子的影响。换载方案除了需要考虑反应性问题，还需要统筹考虑燃耗问题，换载后能够保证后备反应性在合理的空间，既便于控制棒在线性区平稳运行，为满足换料周期不至于太短的要求，还要控制各个燃料组件的燃耗尽量深，但又不超过燃耗限值。

（3）部件反应性差异大。主要是指堆芯和重水反射层中的部件反应性差异大，这是由于部件反应性主要与部件材料的中子截面和所处位置的中子能谱有密切关系，第二代研究堆采用反中子阱原理设计，在堆芯和重水反射层两区内的中子能谱具有分区的特点，这样，即使对于同种部件，由于在堆芯和重水反射层不同位置存在中子能谱的差别，其反应性差别也较大，所以在第二代研究堆的运行过程中一定要重视这个特点，避免由此差异造成反应性预估不准确，导致反应性引入事故或异常问题分析不准确。

8.3　运行管理

研究堆的安全运行是研究堆各项科学研究、安全生产活动的基础，因为只有研究堆的持续安全稳定运行，才能给科学研究、安全生产提供束流、辐照场等基本条件，因此强调以安全运行为中心进行管理就不难理解了。运行管理是建立一个以运行人员为主，其他部门人员支持确保研究堆运行安全的管理体系，该体系的有效运行是全员以研究堆安全运行为目标，辅以一系列的维护维修技术支持并得到相关部门的配合。

对于研究堆的运行管理，国家颁布了相关的法规、导则，例如：《研究堆运行安全规定》（HAF202）、《研究堆运行管理》（HAD20201）、《研究堆运行限值和条件及运行规程》。

鉴于研究堆具有安全性要求高的特点，人们更加关注安全系统的可靠性和质量问题，国家核安全局对研究堆的安全系统提出了相关"安全监管"和"质量保证"要求。为满足这些要求,各营运单位基于国内外其他研究堆运行经验反馈,结合本单位研究堆特性及运行管理自身特点,均建立有一套完善的运行管理体系。该体系的运行效果(包括能否有效运转、是否与实际情况相符、可否高效解决安全运行中的各种问题和具备强大的生命力等等),都将直接影响所管理研究堆的安全性和可靠性。

为了确保研究堆运行的安全性和可靠性,并提高其运行的经济性,各营运单位必须建立一套系统、适宜和高效的科学管理方法,包括建立有效的安全体系和实施相应的安全管理活动,质量保证体系和实施相应的质量保证活动,并配套建立健全所管理研究堆的各项规章制度,确保人员能力与需求相匹配,基于不断提升和持续改进管理策略、采取严格执行核安全管控和质量控制(quality control, QC)等措施,形成良好的核安全文化,主动追求本单位研究堆安全运行绩效持续向好。

8.3.1 质量保证

在研究堆运行管理活动中营运单位开展质量保证工作的核心目标是确保研究堆的运行和应用安全,采取的措施是通过建立一套质保文件体系,依据发布的质保大纲、程序文件和运行规程等,开展一系列的质量控制活动去实现预期的目标。从国家对研究堆质量安全活动监督管理的角度,国家核安全监管部门发布了《研究堆设计安全规定》《研究堆运行安全规定》《研究堆运行管理》《研究堆调试》《研究堆维修、定期试验和检查》《研究堆堆芯管理和燃料装卸》和《民用核设施操作人员资格管理规定》等法规,以法规的形式提出了保证研究堆安全运行的最低强制性要求。

研究堆的运行必须严格遵循国家核安全法规和营运单位建立的质量保证文件体系,在该文件体系中,研究堆运行质量保证的总方针是"安全第一,质量第一,预防为主";质量保证的总要求是"凡事有章可循,凡事有人负责,凡事有据可查,凡事有人监督";质量保证的总目标是确保研究堆安全运行和应用,坚持辐射防护最优化原则,保障工作人员、公众和环境不致遭到超过国家规定限值的辐射照射和污染,并将辐射危害减至合理可行且尽量低的水平。

在研究堆的运行管理中,营运单位不仅必须把质量保证文件体系中制订的质量保证大纲用于所有安全重要物项和所有影响这些物项质量的工作中,还必须把它用于与安全有关的,例如辐射防护、放射性废物管理、环境监测、核应急响应与准备等工作中。

研究堆运行质量保证大纲是采用书面程序或规程的形式,对研究堆安全重要工作进行规定,并按此开展工作。这些规章制度必须包括管理性和技术性方面的内容,并分别对运行工况、事故工况和紧急工况等进行规定。

研究堆运行质量保证大纲中所规定的、在研究堆运行期间的质量保证活动,主要包括质量保证组织机构及其职责、质量保证人员的选择和培训、质量保证文件构成、文件控制、设计控制、采购控制、物项控制、工装和测试器具控制、场地与环境控制、过程控制、检验、测量和试验控制、不符合项控制、记录和报告控制、质量控制监督、质量保证监查、纠正和预防措施、质量趋势分析和质量保证趋势分析、内部审查等内容。

在研究堆的运行管理工作中,质量保证是一个实质性的有效管理,对要求完成的任务做出透彻的分析,确定所要求的技能,选择和培训合适的人员,使用适当的设备和程序,创造良好的开展工作的环境,明确承担任务者的个人责任等。概括来说,质量保证所建立的文件体系必须对所有影响质量的活动提出要求及措施,包括验证需要验证的每一种活动是否已正确进行,是否采取了必要的纠正措施,同时,还必须规定产生可证明已达到质量要求的文件证据。

核质保体系是核安全发展过程中形成的一套管理文件,它与各营运单位建立的安全体系以及其他体系相配套,由此形成该单位的一套完整的管理文件体系。

核质保系统需要有明文规定的组织机构,凡事有人负责;有层次分明的文件体系,凡事有章可循;有清晰完善的记录,凡事有据可查;有完善的监督制度,凡事有人监督。

8.3.2　运行组织

为了实现研究堆的安全运行,必须建立强有力的运行管理机构。这个机构只有具备足够的专业知识,丰富的运行经验和符合现代化管理理论的管理思想,才能够满足研究堆启动、调试、正常运行、维护检修以及事故处理等运行活动的要求,同时这个机构必须具有高度责任心、高超的判断力和高效的工作方法。运行组织包括主管部门、营运单位、运行部门、运行班组等不同级别,根据级别和任务属性不同各自承担不同的职责,研究堆运行组织机构如图 8-2 所示。

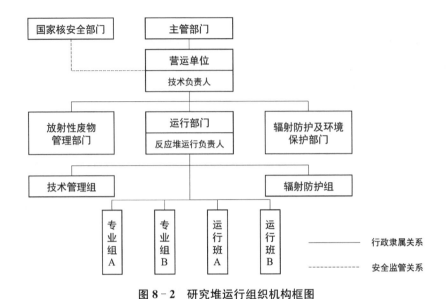

图 8-2 研究堆运行组织机构框图

在上述运行组织机构框图中,各层级的职责如下:

1) 营运单位的职责

研究堆营运单位的职责主要包括下述 5 个方面,现逐一介绍相关内容。

(1) 贯彻执行国家的有关法令、条例和规定,对所营运反应堆的安全负全面责任。

(2) 向国家核安全部门申请许可证和反应堆运行人员执照,并接受国家核安全部门的监督。

(3) 建立必要的组织机构,并委任一名技术负责人具体管理所营运反应堆的安全事宜,所建立的机构必须是独立行使职权的,并至少应包括运行部门、辐射防护及环境保护部门、放射性废物管理部门。

(4) 批准并发布所营运反应堆的各项规程、制度和运行计划(包括试验计划)。

(5) 保证位于反应堆厂房以外,对反应堆安全有直接关系的系统、设施和设备等物项随时处于可用状态。

2) 反应堆运行负责人职责

研究堆运行负责人的职责主要包括下述 3 个方面,现逐一介绍其相关内容。

(1) 负责运行部门的全面工作,贯彻执行已批准的各项规章制度,并对反应堆的安全运行负直接责任。

（2）建立反应堆安全运行所必需的班、组，并领导其工作，这些班、组至少包括运行班、专业组、辐射防护组、技术管理组。

（3）组织实施营运单位下达的反应堆运行计划，审定并报批本堆必需的各种规程和制度。

3）技术管理组责任

研究堆技术管理组的职责主要包括下述 4 个方面，现逐一介绍其相关内容。

（1）负责制订反应堆的运行、检修、试验、生产计划，经反应堆运行负责人审定后，报营运单位批准。

（2）组织制定、修改反应堆的各种规程和制度，组织审查与反应堆安全密切相关的实验和技术方案。

（3）负责整理值班记录本、运行数据记录表和分析运行记录，对发现的技术问题提出改良建议。

（4）负责管理反应堆运行过程中产生的技术资料，保证随时处于完好可用状态，并负责编写所有上报材料。

4）运行班的职责

研究堆运行班的职责主要包括下述 3 个方面，现逐一介绍其相关内容。

（1）在当班期间，对反应堆的安全和运行计划的执行负全面责任。

（2）每个运行班的常设岗位主要包括值班长、高级操作员和操作员，根据所营运反应堆的具体情况，常设岗位可以酌量增减。

（3）每个运行班的非常设岗位视需要设置或撤销，在设置时，其当班时的一切工作均由值班长领导。

根据营运单位的组织机构情况以及研究堆运行所需岗位的不同，各研究堆的运行组织机构有所不同。一般来讲，建立组织机构的基本原则如下：执行法定代表人负责制，横向的决策层、管理层和执行层的层级要清晰，纵向的行政线、技术线和质保线的三线要有相互独立性且形成一个分工职责明确又相互配合的有机整体。

8.3.3　规章制度

为了使得在反应堆上进行的各项工作都有章可循，应该编制足够的运行规章和制度。制定规章制度产生的程序，在程序中应明确起草、校核、审核和批准四级各自的责任;文件在起草过程中的流通渠道;文件批准生效后的分发清单。规章制度一经批准发布不得随意改动。如须对规章制度的个别条文进行修改,可由反应堆运行负责人提出,经原批准程序批准,并按规章制度的分发清单分发,保证所有使用该规章制度的人员都及时知晓这一修改。每年应该进行一次适宜性评价,重新确认其有效性。对条文修改过多或有效性已明显降低的规章制度,应该进行修订和升版并颁发新版本。新版本按制定规章制度的程序产生,按旧版本的分发清单分发,同时收回旧版本,保证有关人员使用的规章制度都是有效的。

规章制度可采用分级管理,如所级和室级管理,这些文件总体可分成管理制度、操作规程和维护保养程序等三类。

管理制度和安全重要相关操作规程由所级管理,由所分管技术领导审核,所分管领导审批后实施;维护保养程序、一般操作规程由分管室领导审核,室主任审批后实施。三类文件的主要内容包括管理制度、操作规程、维护保养程序。

1) 管理制度

该类文件是综合性管理要求的集合,主要包括下述 12 个文件:

规章制度管理、职责划分管理、安全管理、在役设备管理、实验管理、换料管理、燃料组件管理、辐射防护管理、防火管理、实物保护管理 10 个规程,以及规程人员培训考核和维修、定期试验与检查 2 个大纲。这些文件从"人机料法环"等方面对研究堆运行、应用和安全等实施全要素、全过程和全覆盖管理。

2) 操作规程

该类文件是现场操作的具体指导性文件,主要包括下述三类 19 个文件:

第一类是 1 个运行操作守则;第二类是 1 个异常事件/事故处理规程;第三类是操作规程员、堆本体和燃料输运系统、保护系统、功率控制系统、过程计算机系统、核测系统、冷却系统、重水操作系统、氢气系统、过程测量系统、不间断电源系统、低压配电系统、中压配电系统、备用柴油发电机组、正常通排风控制中心、事故通风系统、辐射监测系统等 17 个操作规程。遵守和执行这些守则、事件/事故处理规程和系统操作规程是确保研究堆堆芯与主工艺系统运行、应用和安全的基础。

3) 维护保养程序

该类文件是系统设备维护保养的指导性文件,主要包括下述三类 18 个文件:

第一类是研究堆保护、功率控制、辐射监测、低压配电、不间断电源(直流)和通信6个系统的维修、定期试验和检查程序;第二类是备用柴油发电机组以及不间断电源(直流)2个维修、定期试验和检查程序;第三类是堆本体、核测量、过程计算机、中压配电、不间断电源(UPS)、一回路及余热排出、二次冷却水、通排风、事故排风以及燃料装卸和储运10个系统的维修程序。遵守和执行这些程序可为研究堆本体与主工艺系统设备的维护维修和保养提供重要的技术支持。

8.3.4　命令和指令

在规章制度不能满足某些特殊工作需要时,责任研究室主任或分管副主任可以"命令"形式补充,但不得违背规章制度的规定。值班长要将"命令"及时传达到各值班(日)员及其他有关人员。若"命令"内容违背规章制度或需长期执行,应按审批权限办理管理制度变更审批手续。责任研究室主任或分管副主任要及时撤销过时"命令"。

运行指令是指各主管部门(或各级领导)向反应堆运行的执行者下达的操作命令。运行指令的下达与执行必须严谨有序,其他人员或领导不得向当班值班长、操作员或系统值班(日)员下达任何有关反应堆运行的指令。运行指令的下发和执行包含以下情况:

(1)负责反应堆运行的室主任或分管运行的副主任(分管副主任),通过技术管理组向当班值班长下达有关反应堆的运行指令,当班值班长或操作员遵照执行。在特殊情况下,室主任或分管副主任也可以直接向当班值班长下达有关运行指令,当班值班长应在运行日志或主控室运行指令记录本上清楚地记录所收到的指令及执行情况,并请指令下达人签字确认。

(2)电气、剂量、回路、仪控等各专业组有关系统的运行指令由当班值班长或操作员下达,系统值班(日)员遵照执行。特殊情况下,室主任或分管副主任可以直接下达有关系统的运行指令,值班(日)员应在运行日志上清楚地记录所收到的指令及执行情况,并将运行指令和执行情况及时向当班值班长报告。

研究堆运行各项活动的有序高效开展,还需要运行计划、维护计划、运行任务单、实验方案、实验安全分析报告、运行审批流程、运行班安排、班前会、操作单、交接单、命令本、交接班、调度电话等支持性环节的密切配合和大力协同。

8.3.5 人员培训

研究堆运行人员广义上可以分为两大类，研究堆操作人员和其他岗位运行人员。操作人员也就是原来常说的操作员，分为操作员和高级操作员两个等级。操作人员是在研究堆主控室中负责操作或者指导他人操作研究堆控制系统工作的运行值班人员。考虑到该岗位的安全重要性，操作人员实行资格管理制度，其执照由国家核安全监管部门批准颁发，并进行监督管理。对核设施营运单位实施控股管理的企业集团（以下简称"企业集团"）应当承担或者委托有能力的研究堆营运单位承担执照申请、培训和考核工作。

1）申请操作员和高级操作员执照的培训和考核要求

申请两级执照需具备的理论和管理知识以及培训和考核要求如表 8-1 所示。

表 8-1　申请两级执照需具备的理论和管理知识以及培训和考核要求表

序号	申请执照	需具备、培训和考核的内容	备　注
1	申请"操作员执照"	研究堆的基础理论、系统设备、辐射防护等相关知识	
		研究堆的运行技术规格书等操作知识	
		操作研究堆控制系统的能力	
2	申请"高级操作员执照"	操作员应具备的知识与技能、研究堆运行管理知识和指导他人操作研究堆控制系统的能力	
		基础理论包括研究堆物理导论、物理实验与辐照生产原理、热工水力分析、控制、结构材料、水化学、辐射监测、辐射防护、放射性废物管理与安全等研究堆专业理论	
		通用安全管理知识包括核安全法规《研究堆运行安全规定》及其导则、工业安全规程和防火安全等内容	在需考核的 3 项通用安全管理内容的深度上，根据培训目标是操作员还是高级操作员而有所区别

2) 所服役研究堆的特性与运行管理要求

所服役研究堆的特性与运行管理要求主要包括下述两个方面,现逐一介绍其相关内容。

(1) 研究堆特性:熟悉和掌握该研究堆各个系统的功能、工作原理、设备性能、运行参数及有关图纸和技术文件,具体包括下述三类特性。

第一类特性是研究堆本体及其堆芯特性,包括各类组件、构件和控制棒驱动线等内容;

第二类是研究堆主要工艺系统特性,包括一、二回路,电气,仪控,通排风和辐射监测等系统、设备与部件的结构、工作原理,各类工艺、警告和事故信号的知识;

第三类是研究堆应用装置特性,包括辐照回路、冷中子源和同位素辐照回路等内容。

(2) 研究堆运行管理:熟悉和掌握该研究堆的各项管理规章制度,具体包括下述四类运行管理文件。

第一类是研究堆安全运行、研究堆换料与同位素辐照管理以及放射性防护管理等 3 个规程;

第二类是研究堆运行限值与条件、应急计划与应急响应实施程序等 2 个文件;

第三类是设备缺陷及异常情况、设备检修、实验工作、蓄电池及柴油发电机组、堆内试验回路、保存水池与热室、其他与研究堆安全运行相关等 7 个管理制度;

第四类是预防性安全检查、值日员值日和水质分析等 3 个制度。

3) 实际操作经历要求

申领高级操作员执照的操作经历要求是在申领高级操作员执照前,申请人必须具备以下操作经历。

(1) 正常运行方式下研究堆及其系统的启动、运行、停止。

(2) 事故工况下停堆、冷却和包容系统的启动、运行、停止。

(3) 研究堆堆芯状换料、冷却系统及主要设备的排/充水、事故演练和特殊操作。

申领操作员执照的操作经历要求是在申领操作员执照前,申请人必须参与过以下第(1) 和(2) 项操作:

(1) 运行规程中规定的研究堆及其系统的启动、运行和停止。

（2）事故冷却系统的启动、运行和停止以及研究堆上有关的特殊操作。

（3）事故演练、冷却系统及主要设备的充排水。

新操作员入职后，确定指导老师[高级操作员（值班长）担任]，由指导老师根据《培训大纲》要求编制《操作员培训计划》，经分管运行室领导批准后实施。

根据《操作员培训计划》，新操作员到各专业组进行分系统培训。培训教员由熟悉系统和操作技能、反应堆特性和通用安全，且具有丰富经验的人员担任。完成专业组的分系统考核并合格后，转至运行组，进行跟班见习，完成反应堆体系文件（管理制度、操作规程、维保程序、质保大纲等）、主控室操作、事故处理模拟操作、应急演习或演练等知识和技能的培训。

上述培训考核合格后，由反应堆运行室向人力资源处递交考试申请，人力资源处根据考评委员会确定的操作员取照考试时间组织考核。操作员考试按顺序分为笔试、口试和实践操作三部分，单项考试合格后方能进入下一考试环节。笔试采用闭卷考试方式，口试采用逐人逐次口头问答考试方式，实践操作采用模拟操作考试方式。笔试成绩一年内有效。

4）其他培训要求

出现下列情况时，操作员应进行针对性培训，培训时间和内容应根据以下实际工作需要确定：

（1）在研究堆上开展新的研究、实验和生产等工作。

（2）研究堆进行了技术改造、发生了重大事故或事件以及修改了研究堆运行管理规程。

由于研究堆启停频繁，操作也相对简单，在培操作员有充分的现场培训机会，很多研究堆本身就肩负着人员培训任务。由于研究堆一般不会建造模拟机用于人员培训，其操作培训往往会利用自身的系统、设备来开展。法规也规定，申请执照人员，需要使用核设施控制系统进行操作培训的，应当取得核设施营运单位临时授权并在操作人员监护下方可进行。核设施营运单位和进行监护的操作人员对上述培训人员的活动负责。

每个营运单位也会有符合自身需求的一些具体做法，例如有些营运单位在选择操作员时对所学专业有要求，采用师父带徒弟的传统培养方式，或者采用跟班见习，开展定期经验交流和组织学员进行系统讲解等模式开展培训。

8.3.6　物项状态的保持

考虑到研究堆的安全重要性，需要对研究堆的物项[建（构）筑物、系统和部件等］进行有目的的维修、定期试验和检查，以确保其功能满足设计要求，并与安全分析报告、运行限值和条件相符，确保研究堆的长期安全。核安全导则《研究堆维修、定期试验和检查》（HAD 202—2006）对相关工作有具体的规定。

营运单位须根据安全分析报告对反应堆设备，尤其是所有安全重要物项编写书面的维修、定期试验和检查大纲。该大纲在研究堆设计阶段按照通用质量的"六性"要求进行编制，在正常运行开始前的调试期间实施，并在反应堆整个寿期内不断完善。基于制定并实施的《研究堆健康管理计划》，特别应注意收集基准数据，以便与研究堆后续寿期内观测结果进行比较。

营运单位须根据批准的程序进行维修、定期试验和检查，在编制维修、定期试验和检查程序时，应该注意该程序的使用对安全系统和反应堆运行的可能后果。有些程序可以在反应堆运行期间执行而对反应堆安全没有影响，其他一些程序可能要求在停堆情况下执行。因此，营运单位应该确认使用这些程序不会导致如违反运行限值和条件的任何降低反应堆安全水平的行动发生。应注意避免通过维修、定期试验和检查引入共因故障（如系统性地错误重投报警整定值或安全整定值）。

除了用于维修、定期试验和检查的书面程序外，工作许可证制度应用于所有维修、定期试验和检查活动。工作许可的目的是保证工作在反应堆运行控制人员（如值长）的了解和许可下进行，并保证反应堆和工作人员的安全。

研究堆应加强预防性维修，预防性维修是指按正式计划进行的检查、试验、保养、大修和更换等活动，其目的是增强设备的可靠性，探测和预防初期故障，以及保证反应堆物项连续地保持其执行预定功能的能力。

在运行许可证有效期内，营运单位应当按照要求对研究堆进行定期安全评价，评价周期根据各研究堆具体情况、核安全法规和标准的变化情况确定，一般为十年。评价结果应当提交国家核安全局审查。定期安全评价是核安全监管体系的一部分，是对研究堆现状、运行管理、安全改进以及与现行安全标准符合性的评价和审评，是维持研究堆长期安全运行的重要手段。

8.3.7　核安全文化

上述关于核质保、组织、制度、人员和硬件状态的相关要求如果没有一个好的核安全文化作保障，其作用成效将大打折扣。研究堆的核安全文化是指各有关组织和个人以"安全第一"为根本方针，以维护厂区公众健康和环境安全为最终目标,达成共识并付诸实践的价值观、行为准则和特性的总和。

核安全文化需要内植于心,外化于形,让安全高于一切的核安全理念成为营运单位全员的自觉行动;建立一套以安全和质量保证为核心的管理体系,健全规章制度并认真贯彻落实,加强队伍建设,完善人才培养和激励机制,形成安全意识良好、工作作风严谨、技术能力过硬的人才队伍。在培养和实践过程中,营运单位需注重决策层的安全观和承诺、管理层的态度和表率、全员的参与和责任意识、培育学习型组织、构建全面有效的管理体系、营造适宜的工作环境、建立对安全问题的质疑及报告和经验反馈机制、创建和谐的公共关系等方面内容。

核安全文化建设是各研究堆及其营运单位核技术应用研究工作持续稳定健康发展的根本保证,是实现各项工作安全优质高效的内在动力。虽然核安全文化在各个环节、场所被各单位、层级广泛谈起,似乎已成为一个研究热点,但大部分单位并未建立起良好的核安全文化,绝对不能仅仅停留在一个概念之上。利用核安全文化评估方法进行有效评估,只有克服人性不敢面对自身错误的弱点,并能坦诚接受评估结果,以下定解决灵魂问题的决心来面对评估出来的问题,才有可能逐步培育出适应质保、组织、制度、人员、硬件要求的核安全文化。

8.4　控制棒价值刻度技术

控制棒是反应堆运行人员操作反应堆、实现反应堆逐渐增加反应性、达临界、功率稳定运行、改变功率、补偿反应性等的直接快速手段。控制棒价值是控制棒所能补偿或压住反应性的能力。控制棒价值可以分为控制棒积分价值和控制棒微分价值,控制棒积分价值是指控制棒从全部拔出堆芯到全部插入堆芯全行程引入的反应性大小,控制棒微分价值是指控制棒每移动单位长度(一般是毫米)引入的反应性大小。控制棒的微分价值跟控制棒的棒位有着密切的关系,在控制棒的中间行程,控制棒的微分价值变化不大,被称为控制棒的线性区;在控制棒行程的上下两端,控制棒的微分价值相对较小,最末端可能接近为零,甚至为负值。因此,在反应堆正常运行工况,要求控制棒工作在线性区。

在研究堆的运行过程中运行人员主要是通过移动控制棒向堆芯添加或减少反应性来改变反应堆功率,在研究堆的核设计中、设置了每根控制棒的微分和积分价值,在研究堆控制系统设计中,对移动控制棒操控反应性的数值(也称反应性引入速率)设置了限值,由此确保研究堆的安全可靠运行,反应性引入速率主要与单位时间内单根控制棒引入的微分价值有关。因此,运行人员做到对控制棒价值心中有数是特别重要的。在安全分析中,涉及临界外推、实验样品引入反应性补偿、中毒效应、温度效应分析、反应性意外变化等情形时,控制棒微分价值或反应性引入速率经常被用到。

对控制棒价值进行测量,习惯上称为"控制棒刻度"。控制棒刻度的方法有很多,主要包括周期法、落棒法、逆动态法、相对刻度法等。

8.4.1　周期法

周期法测量反应性不需要专用的仪器,且可以达到一定的准确度,因此为一种经典的反应性测量方法。周期法通常采用引入正阶跃反应性来实现。这里将主要介绍周期法测量的基本原理、堆上测量过程等两个方面的内容。

1) 周期法测量的基本原理

如果反应堆已经在临界状态运行了足够长的时间,没有外中子源的情况下,则可认为缓发中子先驱核浓度已经达到平衡,如果此时反应性出现一个阶跃变化,则根据求解点堆动力学方程可以得到中子密度随时间的变化[2, 4]:

$$N(t) = \sum_{i=1}^{m} A_i \mathrm{e}^{\omega_i t} \tag{8-3}$$

式中:$N(t)$ 为中子密度,代表 t 时刻反应堆内中子总数(或平均中子密度);A_i 为待定常数;ω_i 为反应性方程的第 i 个根。

由于引入的是正反应性,式(8-3)指数项只有一个时间常数为正值,因此当瞬变过程结束后,堆内中子密度按单一指数规律变化为

$$N(t) = N_0 \mathrm{e}^{\omega_1 t} = N_0 \mathrm{e}^{\frac{t}{T}} \tag{8-4}$$

式中:T 称为反应堆的稳定周期或渐近周期,简称周期。周期与引入的反应性关系为[2]

$$\rho = \frac{\Lambda}{T} + \sum_{i=1}^{m} \frac{\beta_i}{1 + \lambda_i T} \tag{8-5}$$

式中:ρ 为反应性;β_i 为第 i 组缓发中子的份额;λ_i 为第 i 组缓发中子先驱核的衰变常数;$\Lambda = l/k$ 为中子每代时间,其中 l 为中子寿命,k 为有效增殖系

数;T 为反应堆周期。

从式(8-5)可见,只要测量得到了反应堆周期,就可以通过上式计算出反应性。在实际测量过程中,通过测量反应堆功率增长一倍的时间得到反应堆周期,然后计算出对应的反应性。

2)堆上测量过程

周期法的基本思想是测出稳定的周期 T_0,在实际刻度过程中,仅仅改变被刻度控制棒棒位或仅仅添加被刻度吸收体,在改变前后可以制造出两个长短不同的周期,两个长短不同的周期对应着两个反应性,两个反应性之间的差值就是因刻度控制棒棒位变化对应的价值,或被刻度吸收体的反应性价值。

(1)吸收体刻度方法。在反应堆的 k_{eff} 大约为 0.998 后,逐步把控制棒提升到外推的临界棒位(其中 S2 棒的棒位为 L_1),等待一段时间,测定反应性值。接着将 S2 棒提升 7 mm 到 L_2 位置,测定三个反应堆周期值,取其平均值为 T_1,同时测定反应性值。测完周期后,把 S2 棒下降到次临界棒位,把吸收体放入堆芯内的铝管内固定好,再次提升 S2 棒到 L_1 位置等待一段时间后测定反应性值。接着再将 S2 棒提升 7 mm 到 L_2 位置,测定三个反应堆周期值,取其平均值 T_2,同时测定反应性值。根据测得的周期 T_1、T_2,便可由实验之前依据方程(8-5)做好的 ρ-T 曲线求得吸收体引入的反应性值的大小。

(2)周期法的优缺点。主要优点是设备简单,准确可靠,不受中子探测器位置的影响,测量精度一般可以达 $2\%\sim3\%$。它主要用于刻度控制棒的微分价值,或刻度较小价值的吸收体。周期法的缺点是测量时间长,为了减少温度效应、中毒效应等的影响,只适用于零功率工况下测量小的正反应性,不适用于控制棒积分价值刻度。周期法不能测量过大的反应性,太大的反应性会使周期过短,可能造成短周期事故,因此用周期法一次测量的反应性的最大值有一定限制,每次测量需要较长的时间,一次测量的反应性既不能过大,也不能太小。

8.4.2 落棒法

落棒法主要用于测量大的反应性,下面将主要介绍落棒法的基本原理、堆上测量过程两个部分的内容。

1)落棒法的基本原理

落棒法测量反应性的基本过程主要分为两步,首先,将欲刻度的控制棒提升至活性区顶部,并将堆稳定在某一功率水平上,持续运行一段时间,测量稳定运行时的中子密度 N_0;然后,将此棒迅速落入堆内,其他控制棒均保持原位不变,相当于在堆内引入了一个阶跃负反应性,这时中子密度 N 便随时间而衰减,通过测量中子密度 $N(t)$ 随时间 t 的变化规律,即可求得欲刻度棒的反应性当量 ρ [3-4]。

落棒法可采用微分法和积分法,所谓积分法,即测量棒下落后的中子注量而得到棒的反应性。考虑点堆动态方程(无外中子源):

$$\begin{cases} \dfrac{dN}{dt} = \dfrac{\rho - \beta}{\Lambda} N + \sum_{i=1}^{m} \lambda_i C_i \\ \dfrac{dC_i}{dt} = \dfrac{\beta_i}{\Lambda} N - \lambda_i C_i \end{cases} \tag{8-6}$$

两式相加得

$$\frac{dN}{dt} + \sum_{i=1}^{m} \frac{dC_i}{dt} = \frac{\rho}{\Lambda} N$$

对式两边积分有

$$\int \frac{dN}{dt} dt + \sum_{i=1}^{m} \int \frac{dC_i}{dt} dt = \int \frac{\rho N}{\Lambda} dt$$

即

$$\int dN + \sum_{i=1}^{m} \int dC_i = \int \frac{\rho N}{\Lambda} dt \tag{8-7}$$

假如落棒所引入的反应性变化是阶跃的,即 $t=0$ 以前 $\rho = 0$,反应堆处于稳态。当 $t \geqslant 0$ 以后,棒瞬时落入堆内,产生一个负反应性 $-\rho_0$,其值为常数,即

$$\rho = \begin{cases} 0 & t < 0 \\ -\rho_0 & t \geqslant 0 \end{cases}$$

它满足下列初始条件:

$$t = 0, \ N(0) = N_0, \ C_i(0) = C_{i0}$$
$$t \to \infty, \ N(\infty) \to 0, \ C_i(\infty) \to 0$$

将此条件代入式(8-7),并积分到 $t \to \infty$ 则得

$$\int_{N_0}^{0} dN + \sum_{i=1}^{m} \int_{C_{i0}}^{0} dC_i = -\frac{1}{\Lambda} \rho_0 \int_{0}^{\infty} N(t) dt \qquad t > 0$$

即

$$-N_0 - \sum_{i=1}^{m} C_{i0} = -\frac{\rho_0}{\Lambda} \int_0^\infty N(t)\mathrm{d}t$$

由此可得

$$\rho_0 = \frac{\Lambda + \sum_{i=1}^{m} \frac{\Lambda C_{i0}}{N_0}}{\frac{1}{N_0} \int_0^\infty N(t)\mathrm{d}t} \qquad (8-8)$$

如果在落棒之前,堆处于稳定运行状态足够长的时间,这时堆内的缓发中子先驱核达到平衡,即 $\frac{\mathrm{d}C_i}{\mathrm{d}t} = 0$,则有

$$\left(\frac{\mathrm{d}C_i}{\mathrm{d}t}\right)_{t=0} = \frac{\beta_i}{\Lambda_0} N_0 - \lambda_i C_{i0} = 0$$

所以

$$\begin{cases} C_{i0} = \frac{\beta_i}{\Lambda_0 \lambda_i} N_0 \\ \\ \rho_0 = \frac{\Lambda + \sum_{i=1}^{m} \frac{\beta_i}{\lambda_i} \cdot \frac{\Lambda}{\Lambda_0}}{\frac{1}{N_0} \int_0^\infty N(t)\mathrm{d}t} \end{cases} \qquad (8-9)$$

从式(8-9)可见,如果向反应堆引入阶跃负反应性,只要测出初始稳定 N_0 与落棒后积分中子数 $\int_0^\infty N(t)\mathrm{d}t$,即可求出反应性 ρ_0。

2) 堆上测量过程[3]

落棒法是使用较广的一种控制棒刻度方法。在实施过程中,将中子探测器给出的中子信号输入记录仪器。落棒前保持堆功率稳定,使缓发中子达到平衡状态,打开记录仪,记录初始中子水平 N_0。然后切除周期保护系统(否则一落棒就会造成周期保护系统误动作),切除其余控制棒反插联锁,使被刻度控制棒迅速落入堆底,记录仪便自动画出落棒曲线来,落棒曲线的外推示意图如图 8-3 所示。

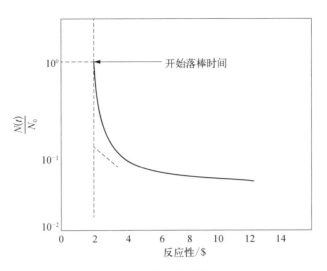

图 8 - 3　落棒曲线的外推示意图

将 $N(t)$ 的缓发曲线部分外推到 $t=0$，求得 ρ 值，则被刻度控制棒的积分价值（以"元"为单位）为

$$\frac{\rho_H}{\beta} = |\ \$\ | = \frac{N_0}{N_\rho} - 1 \qquad (8-10)$$

式中：ρ_H 为被刻度控制棒落棒高度为 H 时所引入的反应性；β 为缓发中子份额，也就是一元的反应性；$|\ \$\ |$ 为落棒引入的反应性；N_0 为初始中子水平；N_ρ 为落棒后跃变中子水平。

由于外推具有一定的随机性，很不容易推准，因此误差较大。减少外推误差的一种较好的方法是，测出落棒后某一时刻 t^* 的中子水平 $N(t^*)$，求出比值 $\dfrac{N(t^*)}{N_0}$。根据所用堆型，将动态方程组对不同的负阶跃输入进行求解，以 $\dfrac{N(t^*)}{N_0}$ 为纵坐标，次临界反应性（单位：元）为横坐标，预先做出一组经换算后的落棒响应曲线以备用。根据落棒后的 t^* 以及相应的 $\dfrac{N(t^*)}{N_0}$ 值，从该响应曲线上就可查出引入堆内的反应性 $|\ \$\ |$，从而直接给出被刻度控制棒的积分价值。

在式（8-8）中，落棒后积分中子数 $\displaystyle\int_0^\infty N(t)\mathrm{d}t$ 的测量是容易实现的，只要

测得 N_0 随落棒时间的衰减曲线，即可计算出曲线下阴影部分的面积，并且具有较小的统计误差。落棒后的积分中子水平计算关系如图 8-4 所示。

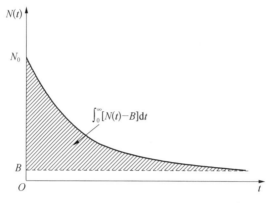

图 8-4　落棒后的积分中子水平计算关系

落棒法的主要优点是测量迅速，可用于研究堆控制棒的刻度；且测量的是负反应性，因而测量过程较为安全。它的缺点是测量结果与中子探测器的位置有关，通常称为"位置效应"。为了克服位置效应，必须妥善安排探测器与被刻控制棒的相互位置，或者通过理论分析进行修正。另外，落棒法假定反应性是阶跃引入的，而实际情况并非如此，这也会给测量结果带来误差。尽管如此，落棒法在控制棒刻度的实际应用中仍是成功的，并应用较广。

8.4.3　逆动态法

逆动态法的特点是可测堆芯的正负反应性变化数值，下面将主要介绍逆动态法的基本原理、堆上测量过程两个部分的内容。

1) 逆动态法的基本原理

点堆动态方程的通常解法是根据 $\rho(t)$ 求 $N(t)$。现在反向进行，即根据 $N(t)$ 求 $\rho(t)$，这种方法称为逆动态法。将中子探测器测得的信号 $N(t)$ 输入计算机，根据求解公式进行微分和积分等计算，就可求得待测反应性。由于求解公式中包含微分和积分项，逆动态法也称微分积分法。

逆动态法是由中子探测器测量的中子计数率来确定反应性的方法之一，它对反应性的输入正负以及形式不加严格控制，可以实时测量变化过程中的反应性 $\rho(t)$。其基本测量原理是从点堆动力学方程出发，将缓发中子先驱核密度方程对区间 $[0, t]$ 积分，由此可得

$$C_i(t) = \mathrm{e}^{-\lambda_i t}\left[C_i(0) + \frac{\beta_i}{\Lambda}\int_0^t n(t')\mathrm{e}^{\lambda_i t'}\mathrm{d}t'\right] \qquad (8-11)$$

将其代入中子密度方程可得

$$\rho(t) = \Lambda\,\frac{\mathrm{d}n(t)}{n(t)\mathrm{d}t} + \beta - \sum_{i=1}^{m}\frac{\lambda_i\Lambda}{n(t)}\mathrm{e}^{-\lambda_i t}\left[C_i(0) + \frac{\beta_i}{\Lambda}\int_0^t n(t')\mathrm{e}^{\lambda_i t'}\mathrm{d}t'\right]$$

$$(8-12)$$

式中，$C_i(0)$ 取决于起始条件，当经过长期停堆后，在开堆的过程中，可认为 $C_i(0)=0$，由式(8-12)可得

$$\rho(t) = \Lambda\,\frac{\mathrm{d}n(t)}{n(t)\mathrm{d}t} + \beta - \sum_{i=1}^{m}\frac{\lambda_i\beta_i}{n(t)}\int_0^t n(t')\mathrm{e}^{-\lambda_i(t-t')}\mathrm{d}t' \qquad (8-13)$$

若初始时刻反应堆处于稳定运行状态，即 $t \leqslant 0$ 时，$\mathrm{d}C_i(t)/\mathrm{d}t=0$，则

$$C_i(0) = \frac{\beta}{\lambda_i\Lambda}n(0)$$

式中，$n(0)$ 为 $t=0$ 时堆内中子密度，则有

$$\rho(t) = \Lambda\,\frac{\mathrm{d}n(t)}{n(t)\mathrm{d}t} + \beta - \sum_{i=1}^{m}\left[\frac{\beta n(0)}{n(t)}\mathrm{e}^{-\lambda_i t} + \frac{\lambda_i\beta_i}{n(t)}\int_0^t n(t')\mathrm{e}^{-\lambda_i(t-t')}\mathrm{d}t'\right]$$

$$(8-14)$$

式(8-14)即逆动态法测量反应性的计算公式，其初始条件分别是长时间停堆后开堆，以及开始测量前反应堆处于长时间稳定运行状态。从此初始时间开始，可以连续实时测量后续的反应性。

在实际进行反应性测量时，获取的原始信号为探测器输出的脉冲计数率或电流信号，可以认为这些信号与以上各式中的中子密度成正比，因此，式中的中子密度可用计数率或电流来代替。为了计算反应性，并获得稳定的反应性测量数据，需要采用一定的模型对原始测量数据进行处理，包括信号滤波和空间效应修正。

2) 堆上测量过程

根据上述基本原理，逆动态法不仅可以用于刻棒，测量阶跃负反应性；也可以测量某些参数变化引入的瞬间反应性 $\rho(t)$，即可测量堆芯引入的正负反应性的变化值。如果利用该方法在线测定 $\rho(t)$，可以及时发现意外引入的反应性，就可以迅速采取必要干预措施，保证反应堆运行的安全。

8.4.4 刻度控制棒价值的其他两种方法

刻度控制棒价值除了上面介绍的 3 种方法外,还有其他方法。下面将主要介绍相对刻度法的基本原理和基于反应性仪的刻度法及落棒法两种方法的内容。

1)相对刻度法的基本原理

用周期法和落棒法刻度控制棒,均属于绝对刻度法。如果所有控制棒的微分价值和积分价值都用绝对法刻度,效率会较低,过程相对麻烦。在实际工作中,常常采用相对刻度法进行控制棒价值刻度。相对刻度法的基本原理如下:假定某根调节棒或反应堆温度系数随温度的变化曲线已经刻度完成,可以用它作为反应性度量标准,去刻度其他控制棒的微分价值。以自动棒跟踪法为例,其做法如下:

使被刻棒处于被刻度位置,反应堆开到需要的功率水平,加以稳定后,将调节棒投入自动,并使其工作在线性区域。当堆内反应性发生变化时,投入自动的调节棒(称为自动棒)就会自动跟踪反应性的变化,对反应性进行补偿,使反应堆保持稳定功率运行,自动棒的功能就在于此。

如果将被刻度控制棒从 X 处下插(或抽出)ΔX,自动棒就会自动补偿由此变化引入的反应性,由此自动棒棒位 Z 发生的变化 ΔZ 所对应的反应性就等于被刻控制棒变化引入的反应性,这就是补偿原则。

$$\Delta \rho_X = \alpha_z \Delta Z \qquad (8-15)$$

式中:$\Delta \rho_X$ 为被刻棒 ΔX 段的反应性当量;α_z 为自动棒在位置 Z 处的微分价值;ΔZ 为自动棒从位置 Z 发生的变化。

则被刻棒在位置 X 处的微分价值 α_X 为

$$\alpha_X = \frac{\Delta \rho_X}{\Delta X} = \alpha_Z \frac{\Delta Z}{\Delta X} \qquad (8-16)$$

重复以上步骤,直到整根控制棒刻完为止,即得到一系列微分价值:α_{X1},α_{X2},α_{X3},$\cdots$,α_{Xi}。则整根控制的积分价值 ρ_H 为

$$\rho_H = \sum_i \alpha_{Xi} \Delta X_i \qquad (8-17)$$

自动棒跟踪法的优点是简单方便,缺点是整个刻棒过程中棒栅多次变化,棒间干涉效应,会使刻棒不准。

2)基于反应性仪的刻度法

随着科学技术的进步,人们将上述刻棒原理整合在一起,形成反应性仪。

反应性仪采用中子探测器、控制棒棒位等信号,具有功率、周期、反应性等基本功能,同时也集成了强大的刻棒功能,大大提升了控制棒刻度效率。常见的方法是逆动态法和棒位补偿法。下面介绍基于反应性仪刻度自动棒、手动棒和安全棒的三种方法。

基于反应性仪的自动棒双棒分段对刻法可利用反应性仪刻度自动棒 R1 棒和 R2 棒的积分价值和微分价值曲线,具体的刻度步骤如下:

(1) 开启反应性仪。

(2) 启动反应堆,首先提起两根安全棒(Sa1 棒及 Sa2 棒)达到上限位置。

(3) 保持 R1 棒至下限位置,逐步提升 R2 至上限位置,再逐步提升手动棒 S1、S2 棒位使反应堆达到临界,并稳定一段时间。

(4) 下压 R2 棒 5 mm,记录 R1、R2 棒的棒位和反应性仪的反应性值。

(5) 逐步提升 R1 棒,使反应性仪 γ 补偿电离室电流回到下压 R2 棒前的水平,反应堆处于临界状态,记录 R1、R2 棒的棒位和反应性仪给出的反应性值。

(6) 重复第(4)和(5)步,使 R1 棒逐步提升到上限位置,R2 棒逐步下降到下限位置,完成 R1 棒及 R2 棒的积分和微分价值刻度,实验记录如表 8-2 所示。

(7) 采取落下全部控制棒的方式停堆。

表 8-2 刻度自动棒 R1 和 R2 的积分和微分价值实验记录

序号	R1 棒高度/mm	R2 棒高度/mm	S1、S2 棒高度/mm	反应性/pcm	Sa1 和 Sa2 棒高度/cm
1					900
2	0	900	220		900
3	5	895	220		900
4	10	890	220		900
5	15	885	220		900
6	20	880	220		900
7	25	875	220		900
8	30	870	220		900
9	35	865	220		900

（续表）

序号	R1 棒 高度/mm	R2 棒 高度/mm	S1、S2 棒 高度/mm	反应性/ pcm	Sa1 和 Sa2 棒 高度/cm
10	40	860	220		900
…	…	…	…	…	…
180	900	0	220		900
181					0

基于反应性仪的手动棒双棒分段对刻法可利用反应性仪刻度手动棒 S1 棒和 S2 棒的积分价值和微分价值曲线,具体刻度步骤如下:

(1) 开启反应性仪。

(2) 启动反应堆,首先提起两根安全棒(Sa1 棒及 Sa2 棒)达到上限位置。

(3) 保持 S1 棒至下限位置,逐步提升 S2 至上限位置,再逐步提升自动棒 R1、R2 棒位使反应堆达到临界,并稳定一段时间。

(4) 下压 S2 棒 5 mm,记录 S1、S2 棒的棒位及反应性仪反应性值。

(5) 逐步提升 S1 棒,使反应性仪 γ 补偿电离室电流回到下压 S2 棒前的水平,反应堆处于临界状态,再记录 S1、S2 棒的棒位及反应性仪给出反应性值。

(6) 重复第(4)和(5)步,使 S1 棒逐步提升到上限位置,S2 棒逐步下降到下限位置,完成 S1 棒及 S2 棒的积分和微分价值刻度,实验记录如表 8-3 所示。

(7) 采取落下全部控制棒的方式停堆。

表 8-3　刻度手动棒 S1 和 S2 的积分和微分价值实验记录

序号	S1 棒 高度/mm	S2 棒 高度/mm	R1、R2 棒 高度/mm	反应性/ （$\Delta K/K$,‰）	Sa1 和 Sa2 棒 高度/mm
1					900
2	0	900	220		900
3	5	895	220		900
4	10	890	220		900
5	15	885	220		900

（续表）

序号	S1 棒 高度/mm	S2 棒 高度/mm	R1、R2 棒 高度/mm	反应性/ $(\Delta K/K,‰)$	Sa1 和 Sa2 棒 高度/mm
6	20	880	220		900
7	25	875	220		900
8	30	870	220		900
9	35	865	220		900
10	40	860	220		900
…	…	…	…		…
180	900	0	220		900
181					0

3) 基于反应性仪的落棒法刻度安全棒价值

基于反应性仪的落棒法刻度安全棒价值可利用反应性仪落棒法刻度安全棒 Sa1 棒的积分价值,具体刻度步骤如下:

(1) 临时改变 Sa1 棒线圈供电方式,可以实现 Sa1 棒独立断电落棒。

(2) 开启反应性仪。

(3) 启动反应堆,首先提起两根安全棒(Sa1 棒及 Sa2 棒)达到上限位置,并在过程计算机上强制点亮 Sa1 棒上限灯,使得 Sa1 棒落棒时,其他控制棒不连锁反插。

(4) 逐步提升 R1、R2、S1、S2 棒位使反应堆达到临界,并稳定一段时间后记录反应性仪给出的反应性值。

(5) 断开 Sa1 棒线圈电源,使得 Sa1 棒快速落棒至下限,其他控制棒保持原位,记录反应性仪给出的反应性值。

(6) 采取落下其他控制棒的方式停堆。

利用同样的方法,还可以刻度 Sa2 棒、Sa1＋Sa2 棒、所有控制棒等的积分价值,也可以刻度最大价值控制棒卡棒后的停堆深度。

8.4.5　控制棒价值刻度结果影响分析

总体上看来,影响控制棒价值刻度结果的因素较多,下面将主要介绍方法误差和干涉效应两个部分的内容。

1) 方法误差

控制棒刻度方法存在一些假设,如添加阶跃反应性,而实际中并非严格意义上的阶跃反应性添加;外推时也存有一定的随机性。另外,在控制棒刻度过程中,可以直接监测的变量为反应性仪γ补偿电离室电流信号和棒位信号,棒位信号由于机械传动、反向间隙、指示精度等因素存在误差;γ补偿电离室电流信号的影响因素则更为复杂,不仅有γ电流、源中子影响,还有不同位置中子信号探测效率、缓发中子、信号过冲等众多影响因素。

为了减小这些影响因素对刻度结果的影响,常采用的方法包括对称布置两个及以上γ补偿电离室、合理布置γ补偿电离室的位置、实验测定γ补偿参数、实验测定源中子大小和控制棒单向运动等。

2) 干涉效应

控制棒的干涉效应是指由于相邻控制棒的存在或位置变化引起的价值影响。

在反应堆运行过程中,评估控制棒引入反应性大小时,除了参考控制棒价值刻度结果外,还需要考虑堆芯的实际变化,如控制棒棒位、辐照样品装载等。

对于手动棒S2,采用对拉和单棒两种方法进行刻度所得该棒的反应性积分价值曲线如图8-5所示。

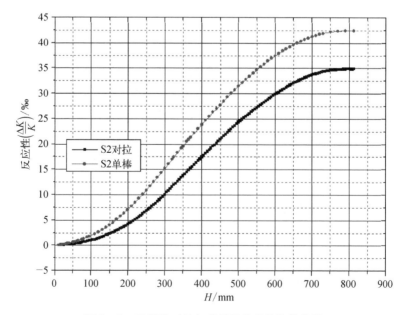

图8-5 S2棒的对拉与单棒积分价值比较曲线

从图 8 - 5 中可以看出，S2 棒的对拉与单棒刻度之间存在着很大差别，因为对拉时两根棒之间在空间上存在着干涉效应，所以，其积分价值小于单棒刻度的积分价值。

8.5　正常运行技术

研究堆正常运行技术主要包括研究堆启动、运行、停堆和装换料等过程中的组织、管理和操控反应堆等方面的技术，针对研究堆的运行规程、各类工况和全过程技术等特点，本节主要介绍运行限值与条件，各类运行工况的技术特点和反应堆运行过程三个方面的内容。

8.5.1　运行限值与条件

根据核安全法规要求，反应堆运行必须建立一套对反应堆安全重要的可被国家核安全部门接受的运行限值和条件，包括安全限值、安全系统整定值、安全运行的限制条件和监督要求。在反应堆整个寿期内，运行人员必须遵守这些限值和条件。安全运行的运行限值和条件可以包括运行管理和组织两个方面的内容。

1）安全限值和安全系统整定值

研究堆的安全限值是安全准则确定的正常运行或预计运行时间工况不允许超过的限值，也就是安全条件的最后边界，安全系统整定值是设计的各种自动保护装置（包括专设安全系统投入）的触发点，下面介绍其内容。

（1）安全限值。该限值的确定应以防止反应堆发生不可接受的放射性物质释放为依据，也就是说，突破安全限值可能会出现灾难性后果。安全限值主要包括燃料温度、燃料包壳温度、最小泡核沸腾比和一、二次冷却剂压力关系等。

（2）安全系统整定值。对于安全限值中的参数以及影响压力、温度瞬变的其他参数或参数组合，都应选定安全系统整定值。当某些参数达到整定值时能分别引起保护动作，或者某些自动装置动作以及专设安全系统投入运行，以限制预计瞬态过程，防止超过安全限值或减轻事故后果。

不同类型研究堆具有不同的安全系数整定值，对于具有反中子阱原理特征的开口游泳池式研究堆，所设置的安全系统整定值典型参数、运行事件和保护参数如下：

反应堆功率(高定值、低定值)、反应堆周期、堆芯出口温度、堆芯出入口温差、主冷却剂流量、堆池液位、燃料事故破损监测、主冷却剂泵故障、应急冷却泵故障、虹吸终止阀开、自然循环阀开、重水排放阀开和重要实验装置故障等13个安全系数整定值。

2) 限制条件和监督要求

设置运行限值和条件的目的是加强安全重要系统、设备的运行状况或备用状态的限定和监控,保证反应堆的安全运行。运行限值和条件不得损害安全系统的有效性,并应与规定的安全系统整定值之间留有可接受的裕量。应设置适当的报警,在运行参数达到安全系统整定值之前,操作人员能采取适当的纠正措施。

研究堆营运单位必须按规定对运行限值和条件进行监督和管理。这些监督和管理必须包括试验、标定、监测或检查,以保证满足所规定的运行限值和条件。

为了使运行限值和条件更具针对性,更符合安全要求及实际情况,往往需要划分不同的运行模式。运行模式是相应于规定的反应堆运行功率水平、堆芯反应性以及有关工艺系统运行方式的任何一种组合。不同的运行模式下,运行限值和条件可能存在不同。

为了便于运行限值和条件的执行,使得运行限值和条件与运行安全要求相匹配,在制订运行限值和条件时,须对各种运行方式及预计事件做出规定,必须考虑与反应堆运行有关的技术问题以及运行人员应采取的行动和应遵守的限值。除此之外,还需给出该运行限值和条件的适用运行模式、监督要求和纠正措施。对于一座热功率为20 MW的游泳池式研究堆,例如日本的JRR-3M和澳大利亚的OPAL等[5-6],其运行模式功率水平、输热系统运行方式以及停堆保护和联锁如表8-4所示。

表8-4 JRR-3M和OPAL等池式研究堆运行模式、
输热系统运行方式以及停堆保护和联锁表

	运行模式	k_{eff}	堆功率	一、二回路冷却系统运行方式	停堆保护和联锁
1	高功率运行	~1	10~20 MW	一回路双泵(主/辅助泵)及双器(主换热器),二回路两台主/辅循环泵运行	二台主循环泵85%额定流量停堆保护

(续表)

	运行模式	k_{eff}	堆功率	一、二回路冷却系统运行方式	停堆保护和联锁
2	中功率运行	~1	0.2~10 MW	一回路单泵(主/辅泵各一台)、单器(一列主换热器),二回路单泵(一台主循环泵或辅助泵)运行	一台主循环泵85%额定流量停堆保护
3	低功率运行	~1	0~0.2 MW	一回路两台辅助泵、一列主换热器,一台二次冷却水循环泵或辅助泵运行;或一回路主循环泵和辅助泵不运行,短时间内允许一回路自然循环冷却(即自然循环阀开启)	启动二次冷却水辅助泵,联锁停二次冷却水循环泵;功率量程低功率定值停堆保护;先开自然循环阀,才能停辅助泵
4	启动	≥0.99	0~0.2 MW	①	①
5a	停堆 I 阶段	≤0.99	衰变功率	一回路两台辅助泵,一列主换热器,一台二次冷却水循环泵或辅助泵运行,或短时间内允许手动打开自然循环阀,停辅助泵	—
5b	停堆 II 阶段(停堆3小时后)	≤0.99	衰变功率	打开自然循环阀,停一回路辅助泵	先开自然循环阀,才能停辅助泵
6	换料	<0.95	—	自然循环阀处于开启状态	—

① 根据启动后需提升的功率水平,确定一、二回路冷却系统运行方式及停堆保护和联锁。

8.5.2　各类运行工况的技术特点

　　研究堆运行工况一般可以分为以下几种:启动运行工况、功率运行工况(分低、中、高功率及变功率运行)、停堆工况(分为前期和后期两个阶段)、换料工况、事故工况。对于不同运行工况,其安全技术要求和运行技术特点是不同的。

1) 启动运行工况

研究堆的启动(也称开堆)运行工况主要分为正常、特殊和碘坑等启动运行工况,下面分别介绍三部分的内容。

(1) 正常启动。也叫常规开堆,是指活性区状态没有什么变化或虽有变化,但引入反应性小于 $2.0 \times 10^{-3} \Delta K / K$ 的开堆。正常启动可以根据上次运行临界棒位、池水温度、燃耗变化等因素较为准确地预估本次运行临界棒位。在这个过程中需要重点关注的是反应堆核测信号的增长情况,外推临界,并按照操作员操作规程严格控制提棒速率,避免反应性引入速率过大导致发生短周期事故。

需要特别指出的是,带有重水箱且核测探测器布置在重水箱外围的研究堆,在启动过程中,可能尽管核测系统各个通道信号均显示,测量信号已在核测系统的线性有效测量范围、信号稳定,但在启动初期仍存在盲区开堆的风险。原因在于,重水箱内的重水产生的光激中子较多,加之探测器布置在重水箱外边沿,相对堆芯较远,探测器对光激中子的探测效率远大于对活性区裂变中子的探测效率,换句话说,探测器输出信号中来自活性区的份额太少,如果再附加 γ 补偿电离室欠补偿现象,就使得来自活性区的信号淹没在噪声之中。此种盲区开堆风险较大,具有一定的迷惑性。因此,在核测信号有效响应提棒动作前,需要严格控制每次提棒速率,增加提棒等待时间。在接近预估临界棒位时,如果核测系统还是没有有效响应,则需要停下来检查核测系统状态,重新核实预估临界棒位。疑问消除前,不得再进行提棒操作。

(2) 特殊启动。该类启动主要是指初次装料、换料、活性区发生较大变化(引入反应性大于 $2.0 \times 10^{-3} \Delta K / K$ 或不明),或长期未运行后的开堆。其特点是临界棒位不易准确预估,核测、棒控等系统、设备状态、响应特性未得到充分考验验证。该过程中需要重点关注临界外推并严格执行逐步达临界规程。根据国家法规要求,特殊开堆对核测系统的技术要求更加严格。若预计引入的反应性大于 $2.0 \times 10^{-3} \Delta K / K$,必须有两套独立可靠的功率测量装置(或计数装置)进行监测;预计引入的反应性大于 $8.0 \times 10^{-3} \Delta K / K$ 时,必须有三套独立可靠的功率测量装置(或计数装置)进行监测。在外推临界过程中严格遵守三分之一或二分之一提棒原则,即提升补偿棒添加的反应性不得超过按照最保守的一套功率测量装置估计达临界需添加反应性的三分之一或二分之一。

特殊启动除了正常启动中提到的"噪声盲区开堆"外,还可能存在另外一种盲区开堆,特别是首次临界、长期停堆后的首次启动时。由于源中子非常少,活性区、核测探测器等处的中子注量率非常低。如果探测器布置在重水箱外,其所在位置的中子注量率又要比活性区低 3～4 个数量级,远低于启动电离室的量程范围。因此,核测系统无法准确监测反应堆临界状态,这也是比较危险的。为了解决这个问题,常采用增加临时启动装置的办法。在距活性区更近的位置临时增加探测器(诸如新增 ^{3}He 计数管或其他电离室等),使得探测器能够有效测量活性区中子信号,监控反应堆达临界的过程瞬态及各种状态。

(3)碘坑启动。该类启动属于一种比较特殊的启动工况,主要是指研究堆为了实验、生产、检修、非计划停堆等情况停堆后不久(未爬出碘坑)再次启动。其特点是反应堆各系统状态经过前期运行验证,停堆前临界棒位清楚,运行条件变化不大,剩余功率较大,核测系统能有效可靠给出反应堆临界状态。因此,碘坑启动需要重点根据碘坑大小、变化规律预估临界棒位,由于碘坑中反应性一直处于变化状态,因此一般不再进行临界外推。下面主要介绍碘坑启动的 3 项启动技术及 4 个注意事项。

研究堆的操作员和值班长的运行经验表明,为实现在碘坑中开堆的安全性,一位成熟的操作员和值班长须具备三个条件,一是需掌握碘坑产生的基本原理,二是需分析碘坑启动的影响因素,三是需掌握下述 3 项启动技术和关注4 个注意事项:

碘坑底部启动技术通常也简称坑底开堆,如果反应堆在 EOC 阶段又正处于坑底状态,再加上此时的后备反应性不够,就会出现无法达到临界的状况,也就是会出现强迫停堆时间的状况。因此要充分评估碘坑开堆的反应性变化,既要考虑控制棒提升引入的反应性,还要考虑碘坑自身反应性的变化。

碘坑前沿启动技术通常也简称坑前开堆,如果在碘坑前沿,也就是碘坑下降段启动,则应尽量加快开堆速度,从而避免掉入更深的位置;坑前开堆需要考虑提棒等操作时间。

碘坑后沿启动技术通常也简称坑后开堆,如果是在碘坑后沿,也就是碘坑上升段启动,则应保持较长的周期,防止碘坑自身反应性的增加,出现短周期事件;如果出现控制棒不能补偿反应性变化,周期迅速变小时,应采取紧急停堆措施。

注意事项 1:碘坑启动过程中,重点关注核测周期数据,避免出现短周期事件,通常采用小步快跑的方式启动,尽快度过其危险期,达到预定运行功率。

注意事项 2：碘坑开堆，临界棒位往往比较高，尤其在 EOC 阶段，此时需要格外关注控制棒不要超过线性区，因为超出线性区后控制棒的反应性控制能力会大大降低，可能会出现无法控制反应性变化的情况，出现短周期事件。

注意事项 3：如果停堆前反应堆功率很小，没有碘坑，本班重复开堆，对临界点确有把握，允许一次提升控制棒 k_{eff} 不大于 0.996。

注意事项 4：考虑到研究堆灵活多变的运行模式和运行任务，对于碘坑中开堆的临界棒位，也可依据已有释能数据等，开展数值模拟计算，提前预测其范围。

2) 功率运行工况

功率运行工况一般是指反应堆在临界至满功率范围内的运行，根据功率大小可以分为低、中和高功率运行。如果运行过程中需要改变运行功率，则还存在瞬态变功率运行工况。

稳定功率运行重点需要关注冷却系统的匹配性，反应堆活性区热量能被有效载出。瞬态变功率运行重点需要关注温度效应、中毒、碘坑等因素带来的反应性变化瞬态及其变化规律，充分利用控制棒引入反应性快的特性，及时利用控制棒予以补偿。

如果瞬态变功率运行需要改变冷却等系统的状态，尤其是强迫循环转自然循环或反之转换，由于池式研究堆堆芯冷却剂流向还存在翻转的过程，因此要掌握其对反应性的影响程度和规律，在调试阶段一般会进行相关实验。改变冷却系统运行状况可能会引起反应堆信号干扰造成非计划停堆，因此研究堆操作员操作规程会对改变功率运行进行管理性限制。

3) 停堆工况

停堆工况(也称方式)包括正常停堆和紧急停堆。正常停堆方式使用较多。采用正常停堆方式的停堆过程可以分为两个阶段，由于剩余功率、衰变热还比较高，需要冷却回路强迫循环带走热量，当剩余功率和衰变热降低至一定程度后，开启自然循环阀、停止冷却回路，利用自然循环冷却方式即可把热量带走。该停堆方式需要注意的是执行停堆后功率迅速下降，在功率较低时无论核测功率指示，还是热工校核都存在较大的误差，不能简单看到功率指示或热工校核达到自然循环能力就停止冷却回路，需要根据运行功率、运行时间等数据计算评估剩余功率随停堆时间的关系，并作保守处理。采用紧急停堆方式的停堆过程分为热停堆和冷停堆两个阶段，此种停堆方式使用较少，通常是在预防事件发展和缓解事故后果时使用，重点应关注热停堆后，将反应堆带入并保持在冷停堆状态。

4）换料和事故工况

换料是一种特殊的运行工况，为了增加反应堆的后备反应性，以满足高功率运行的需要，将燃耗较高的燃料组件更换为新的燃料组件。换料工作一般在停堆后三天开展，特殊情况下可以在停堆 24 小时后开展。每次换料需要编制具体实施方案及换料后物理、热工、落棒时间等测量实验方案，并编制质量保证计划，严格按照方案实施。

该工况堆芯操作较多，需严格按照管理要求做好燃料组件检查、位置确认、监护操作、操作记录等工作，需要特别注意的是在换料操作实施前必须检查保护系统并将其投入，即将两根安全棒提升至上限位置，一旦出现异常反应性变化，须立即停止操作。换料时核测系统需要具备反应性监测能力，也可辅以反应性仪，更直观地全面监控换料过程。

事故工况运行是指突然或突发事故下的紧急停堆，有可能危及反应堆的安全。此工况需要关注的是控制棒是否正常插入堆芯，密切关注功率衰减及余热排出情况，辐射监测情况，做好应急准备。

8.5.3　反应堆运行过程

研究堆运行过程涉及堆启停、运行和停堆后的操作与管理等内容，下面将主要介绍运行安全守则、运行前条件检查、启动、提升功率、功率稳定运行、降低功率运行、停堆和停堆状态下的堆上操作等八个方面的内容。

1）运行安全守则

研究堆运行安全守则是营运单位运行人员操控反应堆必须遵守的基本安全要求，主要包括以下 12 个方面的内容。

（1）正常功率运行时，当班运行班至少配置值班长 1 人、操作员 1 人；在换料或处理事故等特殊情况下，可适当增加值班长和操作员。

（2）开堆前要对反应堆堆芯及堆池的清洁度进行全面检查，防止异物落入堆水池，防止意外引入反应性和堵塞流道的事故发生。

（3）在反应堆运行前，关闭反应堆大厅密封门。

（4）在反应堆运行期间，任何人进入反应堆大厅必须经当班值班长批准。

（5）每次首次开堆，一次提升控制棒 k_{eff} 不得大于 0.99；本班重复开堆时，对临界点确有把握，允许一次提升控制棒 k_{eff} 不大于 0.996。

（6）在反应堆启动与运行过程中，严禁在堆水池内进行任何操作，对垂直孔道内的辐照样品操作，只有在确因工作需要，确认该操作引入的反应性不大于 $3.5 \times 10^{-4} \Delta K / K$，同时保证在操作过程中不会发生样品落入堆芯事故时，在值班长的监护下，才可进行。

（7）在反应堆启动过程中，操作员必须密切监督与堆功率有关的核测系统指示情况。当其指示有矛盾或指示增长速度比预计增长速度明显加快时，应立即停止提升控制棒，分析和查明原因。

（8）每次首次开堆，必须在两次外推临界点基本一致的情况下才允许逼近临界和向超临界过渡。

（9）在任何情况下，反应堆功率上升的稳定倍周期不得小于 20 s，如果出现小于 10 s 的情况，即认为是短周期事故，运行人员应立即停堆，如运行人员不同意停堆，任何在场人员有权立即采取紧急停堆措施。

（10）投入功率自动调节后，手动调节任何控制棒位置时，除观察相应棒的位置指示外，还必须监视工作自动调节棒位置的变化和功率指示。

（11）当核功率测量装置（功保）监测的功率（三取二）或核功率测量装置（功调）监测的功率（二取一）分别符合 $P \geqslant 10^{-1} P_{额}$、$P \geqslant 10^{-2} P_{额}$，输出信号时，允许操作员手动闭锁事故停堆保护低功率定值（$1.1\% P_{额}$）触发信号和 ATWS 缓解措施低功率定值（$1.1\% P_{额}$）触发信号。

（12）不允许为处理异常情况而改变停堆整定值，认真分析所记录的运行数据，发现异常要及时处理并报告室主任。

2）运行前条件检查

根据研究堆运行管理的要求，需要接到获得批准的反应堆运行任务后，方可启动反应运行工作，批准形式一般为签批的《×××运行审批表》或信息化流程。运行审批包括运行任务、运行工况、运行时间、实验方案、安全分析报告、安全措施等内容。

班前会、堆芯操作与清洁度检查：运行前需召开班前会，对本次运行任务、运行工况、操作要求、系统设备检维修情况、运行班安排情况进行具体沟通和布置。有新实验、较复杂实验时，还需要组织运行班人员学习实验方案，确保运行班每个岗位上的人员熟悉本次运行内容，清楚自己的职责和注意事项。

根据技术管理组组织编写并获得批准的样品操作单进行样品出入堆操作，操作时需要值班长现场监护，剂量员现场监测，在确保辐射安全的前提下，将样品布置在堆芯实验孔道内并到位。值班长需清楚样品操作数量、种类、位置以及对反应堆安全运行的影响，并准确翔实做好操作记录。操作过程中，值班长及操作人员需密切观察堆芯情况,及时发现存在的异物、变形、错位、腐蚀等异常情况并处理。样品操作完毕后,值班长带领人员再次全面检查堆芯清洁度等情况,确保燃料组件流道畅通,并对活性区布置进行确认,确保整个活性区各组件均准确到位。

系统检查:各值班员根据职责分工对所有参与运行及对安全运行起保障作用的系统进行检查。在进行系统检查时应注意几点:检查内容应策划好,并形成流程表格,值班人员在检查时应做好判断和记录;所有需送电、试转的系统设备,全部由主控制统一调度指挥;值班人员检查完自己负责的系统设备后,将系统设备设为主控室遥控位置,并将检查结果报告给主控室。主控室值班长根据各系统检查结果判断各系统状态是否满足本次运行要求。系统检查过程和记录可以采用《开堆前主要系统准备检查情况表》的方式来完成。

主控室启堆前检查和准备:主控室操作员按照操作规程启动过程计算机、报警、棒控、功调、核测、保护等系统,根据开堆前检查规程要求进行全面检查和验证,包括棒位信号检查、保护系统投入功能检查、停堆断路器功能检查、棒控投入功能检查、紧急停堆功能检查、报警功能检查、操作员站设备状态检查等。如果报警系统存在报警信号,主控室应能对报警信号产生的原因充分了解,在确保不影响运行安全时方能进行下一步操作。对不能消除的警告信号能够清楚地解释原因。

3)启动

由于回路系统不能单主泵双换热器运行,因此不能由双主泵双换热器过渡至单主泵单换热器运行模式。启停一回路主泵对反应性扰动过大,可能会引起功率超调。启动一回路辅泵、主泵和二回路时易触发"堆芯出入口温差高"保护停堆。因此,在转换功率运行时,回路运行状态一般不能改变。启堆前,回路运行状态根据本次运行的最高预定功率来确定,即便后面会降低功率,一般也不改变冷却回路运行状态。

具体的 5 个启动过程和 3 个注意事项如下:

(1)启动系统。主控室按照操作规程启动主冷却系统、二次冷却系统、重水系统、氦气系统等系统设备,启动前要确保系统阀门、工艺参数处于正常状态,启动过程中要密切监视系统参数变化,系统稳定运行后确认设备指示状态、运行参数满足运行限值条件要求。对需要其他岗位值班员启动的通风、剂量、应用装置、实验装置,则由主控室统一调度其投入运转。检查反应堆大厅密封门关闭情况。

（2）预估临界棒位。在正式提升控制棒前，值班长应根据上次运行临界棒位、燃耗、停堆时间、样品出入堆、池水温度等情况综合分析预估本次运行临界棒位。

（3）设置运行保护参数、记录原始数据和全厂广播。投入保护、棒控、功调的核控设备和仪表，对停堆断路器进行复位，设置功率调节定值、功率保护定值等运行、保护参数；记录控制棒棒位，堆池池水液位、温度，重水溢流箱液位等原始数据；广播"全体注意，反应堆将要启动"两遍。

（4）提棒。提升安全棒到顶，依次提升调节棒、补偿棒到较低位置，记录核测参数，再依次提升调节棒、补偿棒到稍高位置，再次记录核测参数，根据两次棒位及核测参数外推得出临界棒位。按不大于外推临界棒位最小值与当前棒位之差的 1/2 或 1/3 再次提升调节棒和补偿棒，但不得超过预估临界棒位，再次记录核测参数，进行又一次临界外推。如此重复外推，直到相邻两次外推得到的临界棒位一致时，则外推所得就是本次开堆的临界棒位。

（5）临界判断。根据次临界反应堆的增殖特性[7]，对于有外源的次临界反应堆，如果次临界度越深，提棒后反应堆趋于稳态所需的时间越短。次临界度越浅，则过渡过程越长。当反应堆处于临界状态时，堆内的中子水平将随时间线性增加。

在外推临界棒位等待几分钟后，操作员或值班长可根据核测指示判断是否达到临界或超临界状态。如果核测指示反应堆功率指数上升，即反应堆功率曲线为下凹形状，则表明反应堆超临界了；如果核测指示反应堆功率曲线呈上凸形状，则表明反应堆在临界或接近临界状态。

注意事项 1：如果在提棒过程中核测指示变化缓慢或无明显变化，应采用断续提升控制棒且适当延长两次提棒的时间间隔，待功率增长稳定后再断续提棒，且每次提升时的等待时间适当延长。在临界棒位准确外推的情况下，可以逐步缓慢提升调节棒和补偿棒到临界棒位，提升过程中需密切关注反应堆周期变化，如出现周期异常变化则应立即停止提棒。

注意事项 2：此处需要注意的是，反应堆临界状态与中子注量率没有直接关系，切不可通过核测数据大小来判断临界状态。根据从次临界到临界的过渡特性[8]，对于有外源的次临界反应堆，中子注量率的增长与反应性引入速率和次临界度有关。反应性引入速率越大，达到临界点的中子注量率越小。也就是说，开堆速度越快，临界时的功率水平越低。

注意事项 3：临界棒位的判定依据是在功率调节系统可自动调节最小功率投入自动运行后的棒位，即当前反应堆临界棒位。

4）提升功率

研究堆在稳态运行工况和碘坑中启动后等条件下提升功率的要求和过程等主要包括下述 13 个方面的内容。

（1）在临界棒位上稳定一段时间，提升一根补偿棒向超临界状态过渡，在超临界过程中需要密切关注功率增长情况，功率增长周期需控制在合理范围内，提棒过程中如果周期波动较大，应立即停止提棒。

（2）在碘坑中启动后提升功率，可参见 8.5.2 节碘坑启动相关内容。

（3）当功率达到一定水平，核测功率量程与启动量程搭接后，关闭启动量程。

（4）当反应堆功率增长到功调最小定值时，扳动"手动/自动选择"开关，被选中的功调回路投入自动调节状态。

（5）拉平补偿棒棒位，使工作的调节棒棒位保持在线性段；广播"全体注意，反应堆功率已到×××kW"两遍。

（6）切换功调验证其功能，并记录棒位等运行参数；广播"全体注意，将要提升反应堆功率"两遍。

（7）按预定功率重新设置功率保护定值及 ATWS 保护定值；解除功调回路的自动调节工作状态；重新设置两个功调回路的自动调节功率定值为预定功率。

（8）提升一根补偿棒，使反应堆处于轻微超临界状态，监视并利用控制棒控制功率上升速度（周期）在规定范围内（不出现短周期事故）。

（9）当反应堆功率增长到规定值后，闭锁功率保护和 ATWS 缓解保护低定值保护功能。

（10）功率当前值与功调设定值之间的偏差在 $2\%P_{额}$ 运行以内时，扳动"手动/自动选择"开关，被选中的功调回路投入自动调节状态。

（11）拉平补偿棒棒位，使工作的调节棒棒位保持在线性段。

（12）解除自动调节转至手动，调节备用功调定值，使其定值与实测功率基本一致。再次扳动"手动/自动选择"开关，被选中的功调回路投入自动调节状态。

（13）广播"全体注意，反应堆功率已到×××kW"两遍；记录棒位、功率、功调等运行参数。

5）功率稳定运行

功率稳定运行期间主控制室运行人员需密切监控控制棒棒位、反应堆功率、冷却剂流量、燃料破损监测等运行参数，以便在发生运行参数偏离或异常变化时能够第一时间发现，并采用有效控制措施，必要时降低功率或直接停堆。从综合素质要求上，主控室运行人员应熟悉反应堆物理、热工、控制、辐射监测等专业技术知识，掌握各运行参数变化规律，并具有下述 4 项技能和预判能力。

（1）棒位监控。稳定功率运行期间，运行人员不仅应监视并调节补偿棒的位置，确保调节棒位置始终在其线性段。而且补偿棒、控制棒棒栅应尽量拉平，以展平堆芯中子注量率分布。

在稳定功率运行前期，随着中子毒物的不断产生、积累，处于自动调节状态的调节棒将不断提升，操作员需及时调节控制棒棒位，直至反应堆达到平衡中毒。

如果是在碘坑中启动至功率稳定运行，随着堆芯内可燃毒物因吸收中子大量消耗，堆芯内将迅速释放正反应性，因此处于自动调节状态的调节棒将不断下插，操作员调节棒位的动作将会非常频繁，直至反应堆达到平衡中毒状态。

此外，操作员应关注环境温度变化和燃耗对棒位的影响，由于冷却剂温度系数的作用，每天随着环境温度的变化，控制棒棒位也将产生明显变化。随着燃耗的增加，控制棒棒位每天也有轻微变化。

（2）参数记录和状态监控。操作员每两个小时记录一次运行参数，在记录参数时与前面记录的参数进行比对、分析，及时发现运行参数发生的偏离；每两小时打印一次综合报表，并对各参数进行分析判断。

所谓状态监控，主要是指稳定功率运行期间控制室至少有一名操作人员，随时注意模拟屏功率显示，当发生功率偏离或异常波动时该操作员能及时分析判断，并采取应对措施。状态监控的主要作用是通过过程计算机不同操作员站，显示监控反应堆功率、冷却系统运行参数、辐射监测参数、仪控设备状态、主泵运行状态、重水系统运行状态、电源电压等参数、曲线及事件。

密切警惕报警屏声光报警信号，一旦发生黄色预警信号，主控室操作员、值班长应迅速确定报警信号，查找、分析报警原因，做出决策，协调运行班人员解决相关问题；一旦发生红色报警信号，主控室操作员、值班长应迅速确定首发报警信号，并确保反应堆已紧急停堆，余热排出正常。

(3) 协调科研生产任务。稳定功率运行期间,堆上各项科研生产任务均应在值班长的统一协调指挥下开展。打开任何水平实验孔道、活化跑兔装置等应用设施,必须经过值班长同意、授权,并预先通知剂量员。所有人员进出反应堆大厅均应报告给值班长。

反应堆运行期间严禁在堆池顶部进行任何操作,以防止异物掉入随水流进入堆芯,堵塞流道。通过跑兔装置在堆芯实验管道内进行辐照的样品,在出入堆前,需严格控制该样品引入反应性不大于 $3.5 \times 10^{-4} \Delta K / K$,并报告主控制室运行人员,以密切关注控制棒棒位、反应堆功率变化。

(4) 功率校核。反应堆在兆瓦级以上功率运行时,每个运行班至少需进行一次热功率校核,但功率校核应在堆芯冷却剂达到热平衡后开展。

利用一、二回路热工参数来计算热功率,并与核测功率进行相互校核。

根据一回路热工参数计算公式,其热功率 P_1 为

$$P_1 = \frac{Q_1(t_h - t_c)}{0.86} + P_{D_2O} \qquad (8-18)$$

根据二回路热工参数计算公式,其热功率 P_2 为

$$P_2 = \eta \frac{Q_2(T_h - T_c)}{0.86} \qquad (8-19)$$

式中: Q_1、Q_2 分别为一、二回路流量,t/h; t_h、t_c 分别为一回路冷却剂出、入堆芯的温度,℃; P_{D_2O} 为重水载带出的热功率; T_h、T_c 分别为二回路冷却剂出、入主换热器的温度,℃; η 为效率系数,反映一、二回路热传递过程的热损失。

此处需说明的是,式(8-19)中重水载带出的热功率 P_{D_2O} 可采用经验关系按功率比例折算,也可以根据重水回路系统在线测量的重水流量、重水换热器出入口温度等热工参数进行计算。

6) 降低功率运行

降低功率运行是研究堆为了满足实验和辐照任务等需求经常采取的运行模式,主控制室运行人员应熟练掌握下述与降低功率运行相关的 8 个方面内容。

(1) 广播"全体注意,将要降低反应堆功率"两遍,解除功调回路的自动调节工作状态和重新设置两个功调回路的自动调节功率定值。

(2) 降低一根补偿棒,使反应堆处于轻微次临界状态,监视功率下降速度

（周期）。

（3）功率当前值与功调设定值之间的偏差在 $2\%P_{额}$ 以内运行时,扳动"手动/自动选择"开关,被选中的功调回路投入自动调节状态。

（4）拉平补偿棒棒位,使工作的调节棒棒位处于线性段。

（5）解除自动调节转至手动,调节备用功调定值,使其定值与实际功率基本一致,然后再次扳动"手动/自动选择"开关,使得被选中的功调回路投入自动调节状态。

（6）根据功调和保护系统的功率实测值,重新将保护系统 A、B、C 通道的保护定值和 ATWS 两个通道的保护定值均设置为其实测显示功率的 110% 和 120%。

（7）广播"全体注意,反应堆功率已到×××kW"两遍。

（8）注意事项。

首先,转换功率前应记录有关运行参数,要预计到改变功率操作过程中的瞬态和改变功率之后可能出现的状态,并采取相应的措施。例如,应先降低功率再改变功率保护定值;降低功率后相当于掉入一个小碘坑,控制棒棒位将不断提升。

其次,严禁用改变功率定值的办法改变反应堆功率;反应堆转换功率过程中,值班长必须在主控室监护。

最后,转换功率后,应及时调整好有关功率保护定值、ATWS 保护定值,并记录、分析相关运行参数。

7）停堆

停堆是研究堆运行期间频次较高的常态化操作,主控制室运行人员应熟练掌握与停堆相关下述 9 个方面内容。

（1）停堆操作一般用"正常停堆"按钮。值班长认为必要时,也可以用"紧急停堆"按钮或保护回路的其他停堆方式(如:调低功率保护定值)停堆,但严禁用停止一回路主泵的方式停堆。

（2）值班长认为必要时,可在主控室打开重水系统的重水排放电动阀门 HWS‑V02A 或 HWS‑V02B 实现停堆,但必须及时向上一级技术和行政领导汇报,并确保将反应堆保持在冷停堆状态。

（3）停堆操作时,必须密切监督棒控棒位系统下降的全过程,直至控制棒线圈到底、全部控制棒下限指示灯亮。

（4）一旦发生"事故停堆",只有在查清原因之后才允许重新开堆,否则必须报营运单位领导批准后才能重新启堆。

（5）任何一次停准均须记录停堆前后的控制棒棒位,无人值班时反应堆必须处于长期安全停堆状态。

（6）应限制短期停堆或临时停堆的时间,以保证反应堆具备再启动的剩余反应性。

（7）停堆后冷却反应堆的操作必须由两名独立的反应堆操作人员进行,其中一人应是操作员以上的岗位。

（8）在反应堆停堆初期,必须继续运行余热排出系统的辅助泵,二次冷却水系统至少维持一台二次冷却水辅助泵和一组主换热器运行,直至堆芯余热功率下降到 200 kW（约停堆 3 小时）后打开自然循环阀,关闭辅助泵和二回路系统,通过池水的自然循环方式冷却堆芯。

（9）反应堆停堆后应记录并分析有关参数,检查有关信号是否正常,如果发现异常,则应及时处理并汇报。

8）停堆状态下的堆上操作

停堆状态下的堆上操作是研究堆运行期间频繁开展的活动,这些操作的要求主要包括下述 7 个方面的内容。

（1）堆水池范围内的任何变动性操作必须有书面方案并经室主任签字批准,操作时必须有值班长和有关人员在现场监护;对活性区有较大改变时,要有申请报告和实施方案,并经主管行政领导批准后,方能实施;操作命令一律由值班长下达。

此处需注意的是:属主管业务组管辖的设备变更由主管业务组派人监护,负责主操作的人员应明确其中一人监护其操作过程,以上各类监护人员要对操作的正确性负责,值班长对操作中的安全问题负责。

（2）以下两项操作必须在投入核测系统、报警系统、控制保护系统,且两根安全棒提升到顶的情况下进行:一是变更活性区范围内任何一类组件和构件的操作;二是反应性累计大于 $2.0\times10^{-3}\Delta K/K$ 辐照样品出入堆的操作。

上述操作每完成一步之后,均要记录核测系统各通道功率数据,并附加说明。

（3）取放反应性小于 $2.0\times10^{-3}\Delta K/K$ 的辐照样品,允许在不提升安全棒情况下进行。

（4）在停堆状态下,堆水池范围内的任何操作严禁在一次水泵运行状态下进行。

（5）堆水池范围内的任何操作，都应以缓慢速度进行，操作时要随时注意操作的可还原性。

（6）停堆状态下打开任何水平实验孔道的操作，必须经过值班长批准，剂量员现场监督，注意操作者的正确性和辐射防护。

（7）对于需打开堆顶盖板的工作，只有在堆池通风系统工作 15 分钟之后，才允许操作人员进入现场。

8.6 运行事件和事故监督要求

在研究堆的设计中，已采用了多重性、多样性、冗余性原则，将各类运行事件、事故发生的可能性降到了最低，并能够触发专设安全措施，缓解事故后果。在运行管理上也采取了人员资质、设备维护、规章制度等有效手段，在运行状态发生偏离时能够及时发现，并采取干预措施，以确保研究堆安全，但仍不能完全避免运行偏离的事件乃至事故的发生。因此，为了加强对研究堆运行的管理，迅速、准确、全面地掌握研究堆运行状态和有关信息，有计划地开展对研究堆的监督管理，确保研究堆安全、可靠运行，国家核安全监管部门对研究堆运行事件报告准则、事件通告和事件报告提出了监管要求。

8.6.1 异常事件分类和报告制度

研究堆的异常事件处理是安全监管部门实施安全监管的重要内容之一，下面将主要介绍异常事件种类和报告制度等两个方面的内容。

1）异常事件种类

异常事件是处于正常运行与应急状态之间的中间状态，根据事件发生的部位不同可以将异常事件分为以下几类，针对每类异常事件，营运单位应编制对应的异常处理程序，包括事件现象、原因分析、处置措施等。

（1）部件放射性释放、堆本体异常和冷却系统异常。部件反射性释放包括燃料组件的微破损、辐照样品的泄漏等内容；堆本体异常包括堆池失水、重水箱回路泄漏、堆底小室漏水、水平实验孔道漏水和堆池异物等内容；冷却系统异常包括任何一台在运一次水主泵、辅泵和二次水主泵以及换热器、冷却塔及其运行参数异常等内容。

（2）供电、重水及其附属系统与其他系统异常。供电系统异常包括外网断电、电压波动异常等内容；重水及其附属系统异常主要包括重水泄漏、重水浓度降低、氦气系统泄漏和运行参数异常等内容；其他系统异常包括控制保护和辐射监测系统异常等内容。

2）异常事件报告制度

在研究堆运行期间，发生下列各类事件时，营运单位应该向国家核安全监管部门和所在地区监督站报告。

（1）违背许可管理规定或其他核安全法规。

（2）违反经认可的质量保证大纲要求。

（3）违反安全限值和条件的事件。

（4）导致密封屏障失效或损坏的事件。

（5）可能导致核临界事故的事件。

（6）安全重要构筑物、系统和部件（或设备）故障、损坏或失效的事件。

（7）放射性污染扩散事件。

（8）工作人员受过量照射及伤亡事件。

（9）放射性和化学有害物质释放超过规定限值的事件。

（10）运行过程中发现在设计、采购、施工、试验、运行、实验、维修、检查、人员培训、资格考核、安全分析和评审工作中存在的有可能对研究堆的安全产生有害影响的事件。

（11）可能对研究堆安全运行构成威胁或产生影响的自然事件。

（12）可能对研究堆安全运行构成威胁或产生影响的人为事件。

营运单位必须在事件发生后 24 h 内口头通告国家核安全监管部门和所在地区监督站，7 个工作日内递交书面报告，30 日内以公函形式提交书面总结报告。

如果事件达到核应急状态，进入应急状态后，30 min 内电话、传真核应急通告；通告 1 h 内传真通告核应急初始报告，之后每 2 h 传真后续报告；当事故源项或应急状态级别变更时，立即以传真方式发送后续报告；态势得到控制后，每 6 h 传真后续报告；退出应急状态时立即传真核应急终止报告；30 天内以公函形式提交核应急评价报告。

事件报告主要包括研究堆名称和代号、事件报告编号、事件通告编号、事件名称、始发事件、事件发生时间和结束时间、报告日期、报告人、报告准则、补充报告、事件发生前研究堆状态和功率水平、事件对运行的影响和事件后功率水平、放射性后果、安全评定、报告摘要、报告正文等共 16 项内容。

8.6.2　异常事件、事故应对及重启条件

在一座研究堆的启动、运行和停堆期间,现场将会面临多种异常事件的发生和处置,诸如外网失电和实验样品异常等,这里将主要介绍异常事件及事故应对、重启条件两个方面的内容。

1) 异常事件及事故应对

异常事件及事故应对考查现场运行人员和其他值班人员应对突发事件和事故的动态响应能力,下面将主要介绍 13 个方面的相关要求。

(1) 发生事故或发现异常现象时,值班人员应坚守岗位,保持镇静,根据事故现象认真分析判断和及时汇报,按照异常处置规程和值班长的命令认真处理。如果出现的事故超出了规程范围,则根据"尽量控制事故发展,不使事态扩大"的原则,按室主任和值班长的命令处理。如果达到应急响应水平,则按核应急预案和核应急执行程序执行。

(2) 发生事故或发现异常现象时,值班长应首先判断异常事件或事故的性质,根据其性质和后果,决定处置方法。对可能危及反应堆安全的,应立即停堆,并报告上一级行政领导;同时组织本运行班人员采取相应应急措施,亲临事故现场指挥和监督有关值班员进行紧急处理。组织运行班人员记录有关堆的状态和监测放射性物质排放参数。如当班运行人员不能胜任或人数不足时,有权调动和指挥有关业务组成员参与或代替值班员处理事故。

(3) 发生事故或发现异常现象时,操作员应按异常事件处置规程正确处理事故,准确、迅速、扼要地向值班长汇报事故现象及处理结果。发生超出异常事件处置规程范围的事故时,积极向值班长提出对事故的分析看法和处理建议。准确记录事故发生的时间、地点、现象、处理过程和结果。

(4) 发生事故或发现异常现象时,其他值班员应果断采取措施,控制事故的扩大,并及时、准确、扼要地向值班长汇报事故现象及处理结果。发生超出异常事件处置规程范围的事故时,积极向值班长提出对事故的分析看法和处理建议。

(5) 值班长不能胜任处理事故时,上一级行政领导有权暂时代理指挥处理事故。

(6) 发生事故时,除当班人员、上一级行政领导以及被召集到现场参加事故处理的人员和上级监管部门派来了解事故情况的人员外,其他人员应立即撤离现场。当班人员有权要求无关人员撤离现场。

（7）发生事故时,除进行必要的操作外,应尽量保护现场,以便分析。

（8）发生事故时,如若干现象同时发生,应以对反应堆危害最大的现象作为判断处理的依据;几种事故同时发生时,应首先处理对反应堆危害最大的事故。

（9）值班员同时接到操作员和值班长不同的命令时,应以高一级的命令为依据。但在执行前应向发令者声明原先发令者的命令,以引起注意。

（10）值班员认为接到的命令有错误时,有权并且应该向发令者提出错误之处,若发令者仍坚持其原命令,则应无条件执行,其后果由发令者负责。

（11）在处理事故的任何时候,值班员对调度电话均应立即接听。

（12）发生明显的燃料组件破损或辐照样品泄漏事故、重要工艺房间失火、较强有感地震、必须立即停堆才可减少或防止损失的其他重大事故时,操作员有权先紧急停堆,然后迅速报告值班长。

（13）发生人身触电、堆池失水、重大剂量事故时,值班员有权先处理事故,然后迅速报告操作员或值班长,且在处理事故时造成停堆可不追究个人责任。

2）重启条件

重启条件系指非计划停堆后重新开堆的要求,主要包括下述 3 个方面的内容。

（1）一切事故停堆,在未查清原因并采取有效措施之前,不准重新启堆。

（2）一切设备故障,在未查清原因和排除故障之前,不准遥控启动和使用。

（3）对于所有发生的异常事件,值班长应填写异常事件处理流程表。对于需要上报的事件,则按照事件报告制度有关规定进行上报。

8.6.3　严重事故期间及事故后堆芯状态监测技术

为了使运行人员了解事故进程,确定事故性质,评估反应堆安全状态,必要时采取减轻事故后果的措施,并确定反应堆处于安全停堆状态,应加强事故期间及事故后的堆芯状态监测。

事故期间及事故后监测技术应确保监测功能的充分性和可用性;确保在各种设计基准事故条件下,关系反应堆及公众安全的最重要参数显示的有效性。监测变量主要包括下述三类研究堆状态参数。

第一类是表征停堆和供电系统功能的状态参数:主要包括控制棒棒位和

安全母线电压;第二类是表征堆芯和反射层热工水力功能的状态参数:一回路堆芯出口温度(自然循环时)、自然循环阀打开、虹吸终止阀打开、反应堆水池液位、重水箱出口温度、重水溢流箱液位、应急冷却系统流量等;第三类是表征反应堆大厅密封包容功能的状态参数:燃料破损放射性监测、烟囱惰性气体活度、正常通断隔离阀关闭和事故通风风机及隔离阀关闭等。这些重要的状态参数是运行人员可以从主/辅控制室的操作台上直接读取的参数,是在事故发生期间和事故后判断堆芯安全状态的重要判据,可为现场采取正确应急行动水平提供重要的技术支持。

参考文献

[1] 朱继洲. 核反应堆运行[M]. 北京:原子能出版社,1992.

[2] 谢仲生,尹邦华,潘国平,等. 核反应堆物理分析(上册)[M]. 北京:原子能出版社,1994.

[3] 张法邦. 核反应堆运行物理[M]. 北京:原子能出版社,2000.

[4] 陈玉清,蔡琦. 舰船核反应堆运行物理[M]. 北京:国防工业出版社,2017.

[5] Sudo Y, Ando H, Ikawa H, et al. Core thermohydraulic design with 20% LEU fuel upgraded reactor JRR-3[J]. Journal of Nuclear Science and Technology, 1985, 22(7): 551-564.

[6] 神水雅纪. JRR-3ッリサィド燃料炉心の定常热水力解析及び炉心流路闭塞事故解析:JAERI-Tech-97-015[R]. 茨城县那珂郡東海村:日本原子力研究所,1997.

[7] 赵福宇,魏新宇. 核反应堆动力学与运行基础[M]. 西安:西安交通大学出版社,2015.

[8] 张大发. 船用核反应堆运行管理[M]. 哈尔滨:哈尔滨工程大学出版社,2010.

第 9 章
中子成像技术及其应用

　　1932 年 J. 查德威克(J. Chadwick)发现中子后,中子在辐射成像技术方面的应用并不像 X 射线那样一经发现立即得到应用。直到 1935 年,德国的 H. 卡尔曼(H. Kallmann)和 E. 库恩(E. Kuhn)才第一次利用小型加速器中子源研究了中子成像技术。1946 年,O. Z. 彼得(O. Z. Peter)也独立发表了类似的研究成果。但是由于中子束强度太弱,这一时期的工作没有太大的实用价值。

　　随着核反应堆的出现,1956 年英国的 J. 威尔斯(J. Thewils)和 R. T. P. 德比夏尔(R. T. P. Derbyshire)在哈维尔(Harwell)反应堆上第一次成功得到中子成像照片,得到了比卡尔曼和彼得好很多的实验结果。自 20 世纪 60 年代以来,一是随着反应堆技术研究的发展与进步,为中子成像提供了足够强度的中子源,二是由于对军工产品质量控制和放射性物质检测的需要,中子成像也迅速发展起来,到 20 世纪 60 年代末,全世界 6 个国家已成立了 33 个中子成像中心,同期,有 46 座研究堆、3 个加速器和 5 个放射性同位素中子源投入使用。进入 20 世纪 80 年代,基于反应堆的热中子成像已趋于成熟化,美国和法国在热中子成像试验方法和程序方面都制定了相应的标准。在标准的规范下,获得的实验数据具有可比性,可以得到广泛的应用,随着中子源技术的进一步发展,目前有多台/套中子成像装置正在新建或升级。在国际上,自 1981 年第一届中子成像国际会议(World Conference on Neutron Radiography,WCNR)举办以来,已举行了 11 届。从 2002 年起,中子成像国际会议改为每四年举行一次,最近一次是 2018 年在悉尼举行,由于疫情等因素影响,第 12 届计划于 2024 年在美国爱达荷举行。

　　下面将主要介绍中子与成像、中子成像装置、中子成像质量和中子成像技术相关的装置、原理、方法和样件等四位一体基础知识,简介中子成像在核工业、航空航天、地质建筑、生物、海关安检和考古 6 个领域的应用内容。

9.1 中子与成像

作为一种射线照相技术,中子成像主要依靠中子穿过物质时发生的散射和吸收作用,改变中子的能量和方向,进行透射成像。本节从中子的基本性质出发,介绍中子成像的基本原理和特点。

9.1.1 中子的基本性质

中子的基本性质主要包括其静止质量、寿命和半衰期、电中性和角动量、磁矩以及波粒二象性等内容,这些性质与中子成像密切相关,现逐一介绍。

(1) 中子的静止质量。物质世界一半以上的质量来自中子,中子的静止质量比质子稍重, $m_n = 1.008\ 664\ 9\ \text{Da} = \dfrac{939.573\ 1\ \text{MeV}}{c^2} = 1.674\ 920 \times 10^{-24}\ \text{g}$ 。

(2) 中子的寿命和半衰期。中子在原子核内是稳定的,一旦脱离原子核的束缚成为自由中子,就是不稳定的,会发生 β 衰变,

$$\text{n} \rightarrow \text{p} + \text{e} + \bar{\nu}$$

实验测得自由中子的寿命为 $(925 \pm 11)\text{s}$,半衰期为 $(10.69 \pm 0.13)\text{min}$ 。

(3) 中子的电中性和角动量。中子整体上是电中性的,具有自旋角动量,自旋量子数为 $\dfrac{1}{2}$,是费米子,遵守费米统计,服从泡利不相容原理。

(4) 中子的磁矩。中子具有磁矩, $\mu_n = -1.913\ 042\ \mu_N$,负号表示磁矩矢量与自旋角动量矢量方向相反。磁矩结构有一定分布,其均方根半径约为 $0.9\ \text{fm}$ 。由于中子有磁矩,可以产生极化中子束。

(5) 中子的波粒二象性。中子具有波动性和粒子性,中子波长与动能的关系为 $\lambda_n = 2\pi h / \sqrt{2\ m_n E_n}$ 。 $0.025\ \text{eV}$ 动能的中子波长($1.8\ \text{Å}$)与原子直径相当。 $0.001\ \text{eV}$ 动能的中子波长($0.9\ \text{nm}$)与凝聚态物质原子间距相当。

1) 中子名称与能区

中子能量与其温度的关系式可表示为 $E_n(\text{eV}) = 8.617 \times 10^{-5} T(\text{K})$,反应

堆、离子加速器和散裂中子源等中子源产生的中子分为冷中子、热中子、中能中子、快中子、高能中子和超高能中子等。其中，三种中子源的中子能区（能量范围）如下：反应堆中子源能区为 $0 < E_n < 20$ MeV，离子加速器中子源能区为(D, D)反应生成的 2.25 MeV 和(D, T)反应生成的 14.1 MeV，散裂中子源能区为 $0 < E_n < 10^3$ MeV。三种中子源的中子名称与能区划分如表 9-1 所示。

表 9-1 中子名称与能区划分

中子名称	中子能区	备 注
超高能中子	$E_n > 100$ MeV	
高能中子	$20 \leqslant E_n < 100$ MeV	
快中子	$0.1 \leqslant E_n < 20$ MeV	此能区有反应堆中子源、离子加速器的(D, D)和(D, T)等中子源能区
中能中子	0.5 eV$\leqslant E_n < 100$ keV	其中，1 eV$\leqslant E_n < 1$ keV 为共振中子；0.5 eV$\leqslant E_n < 100$ eV 为超热中子，超镉中子
热中子	0.005 eV$\leqslant E_n < 0.5$ eV	在室温 20 ℃下，热中子的"最可几"能量和速度分别为 $E_n = kT$ 和 $v = 2\,200$ m/s
冷中子	10^{-4} eV$\leqslant E_n < 0.005$ eV	其温度等于液氢温度
甚冷中子	10^{-7} eV$\leqslant E_n < 10^{-4}$ eV	其温度和速度分别为 1.16 K 和 138 m/s
超冷中子	$E_n < 10^{-7}$ eV	其温度和速度分别为 1.16×10^{-3} K 和 4.36 m/s

2) 中子与原子核的相互作用

不同于带电粒子，中子本身不带电荷，其与原子核发生碰撞时直接作用于原子核而不受库仑场的阻挡，因此中子的透射能力很强。中子与原子核的相互作用可以分为两大类。

(1) 散射。中子与原子核相互作用的结果是中子的运动方向和能量发生改变，这称为散射。如果整个系统的动能保持不变，称为弹性散射，其中，中子在核力场作用下仅改变运动方向而没有进入靶核生成复核的称为弹性势散射，而如果中子先被靶俘获形成激发态复核，然后放出一个中子回到基态,这称为弹性共振散射。除去接近共振区范围,共振散射截面通常小于势散射截面,因此一般认为弹性散射截面与入射中子的动能无关,这对能量在 0.1 MeV 以下的中子被低质量数的核散射情况特别适用。如果有中子动能转化为原子核的激发能,使原子核保持激发态,则称为非弹性散射。非弹性散射存在阈值,只有当入射中子能量高于阈值时,才可能发生非弹性散射。

(2) 吸收。如果中子被原子核所吸收,则复合核会进行下一步反应。如发射光子、带电粒子或者发生裂变。放出带电粒子的反应如(n, p)、(n, d)、(n, t)、(n, α)等,由于带电粒子出射不仅需要满足结合能要求,还必须克服静电势垒的影响,所以入射中子能量需求较高;发射光子的反应终核的原子系数没有变化,但是中子数增加1,这样的终核往往是不稳定的,带有放射性衰变;中子与原子核发生某种核反应的概率可以用截面来描述,其中微观截面是中子与单个原子核的作用概率;宏观截面是中子与全部原子核的作用概率,中子的散射和吸收就可以用散射截面、吸收截面、裂变截面和总截面等来度量其作用概率。中子与原子核的相互作用与中子能量密切相关,不同核素的截面随中子能量的变化是中子成像检测特点的基础。

9.1.2 中子成像的原理、分类与特点

在介绍了中子基本性质的基础上,下面将主要介绍中子成像的原理、分类和特点等内容。

1) 中子成像原理

中子成像与现阶段广泛运用的 X 射线成像类似,均通过探测穿过样品后射线的强度分布来揭示样品内部结构。但与 X 射线与物质的作用不同,中子与轻元素的截面比较大但是没有统一的规律。由于 X 射线与核外电子存在作用,则其吸收截面随原子系数的上升而上升,如图 9-1 中实线所示;而中子则表现出一种完全独立的作用形式,该特性赋予中子成像完全不同于 X 射线成像的适用对象。

当一束截面分布近似均匀的中子入射到物体后,与物体发生散射或被吸收,透射中子的束截面分布就会发生变化;这种分布的变化体现了物质内部的宏观截面分布,如果将该中子分布通过探测器转换为可识别的信号,就能对物体的内部成分和结构做出判断,这就是中子成像的原理。

中子成像如图 9-2 所示。

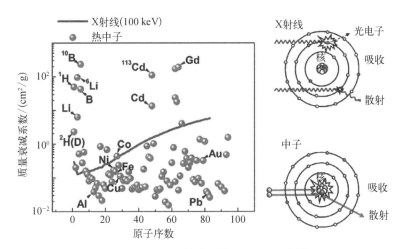

**图 9 - 1 25 meV 热中子及 100 keV X 射线
与不同核素相互作用关系[1]**

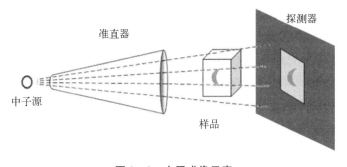

图 9 - 2 中子成像示意

2) 中子成像分类与特点

针对研究堆和加速器可提供的主要中子源,下面主要介绍冷中子、热中子和快中子等三类中子成像的特点。

(1) 冷中子成像。对某些材料,如铍、铁等,当中子能量低于布拉格吸收限时,中子将不会发生弹性散射,在布拉格吸收限附近中子与 Be 和 Fe 原子核反应的截面会突然下降,所以冷中子能穿透较大厚度的某些结晶材料,如图 9 - 3 所示。但对于氢或者非结晶材料,冷中子又具有很大的截面。由于冷中子易探测和弱散射,所以冷中子成像分辨率高,散射影响小;低能中子波动性更明显,可以实现相衬成像等特殊的检测方式。但是冷中子难以获得,在裂变堆中子源中需要使用冷中子源装置来获得冷中子,当前的冷中子成像研究大部分都集中在反应堆中子源上。

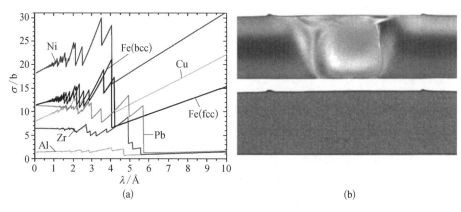

图 9-3 冷中子的布拉格成像

(a) 不同元素冷中子微观截面;(b)冷中子成像结果 4.5Å(上),5Å(下)[2]

(2)热中子成像。相较于冷中子,热中子更容易获得。轻水反应堆产生的中子能谱中含有大量的热中子成分,借助水平实验孔道引出的中子束可进行高通量的热中子成像;而加速器中子源热中子成像大多依靠核反应产生快中子,并通过将快中子慢化后产生热中子再引出进行成像实验,相较来说,加速器中子源产生的热中子注量率较低。

热中子成像是使用最广泛的中子成像技术,在燃料电池检测、核材料、考古、医学等领域都有应用。一个典型的例子是热中子成像检测充电过程中的锂离子电池,如图 9-4 所示,可以清晰识别充电过程中石墨电极内的气体演化过程。

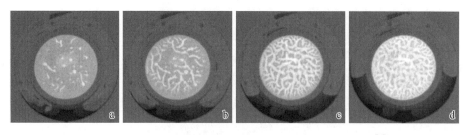

图 9-4 锂离子电池石墨电极充电过程中热中子成像结果[3]

(3)快中子成像。该能区的快中子主要是加速器中子源,利用可移动加速器可获得近单能的兆电子伏快中子束。由于能量高、截面小,穿透能力强,能够探测大型物体如集装箱,利用其共振截面还可进行元素鉴别;但是散射强,快中子探测效率低,在成像时需使用较厚的转换屏(数毫米),故其分辨率不如冷中子和热中子成像。现在常用的快中子成像技术大多采用兆电子伏能区中子,该能区的中子成像分辨率是该能区照相的一个重要改进方向;配合 γ 射线成像检测,兆电子伏能区加速器快中子成像能获得更多信息。

9.1.3　中子成像与中子照相

中子成像(neutron imaging)与中子照相(neutron radiography)是常用的术语,两种用法的适用范围在国际上引起过广泛的讨论。早期文献中以"中子照相"为主,来源于早期的成像方式——胶片成像,因此从 X 射线照相中借鉴了"照相"的用法;随着成像方法的发展,在记录介质上从胶片到数字化,在成像方式上从投影成像到层析成像、相衬成像、极化成像等,因此逐渐采用"中子成像"的术语来泛指广义的中子成像技术。

在中子无损检测术语标准 ASTM E1316 - 21 中,"中子成像"定义为"利用中子辐射产生物体和现象图像(保留物理或数据形式)的过程、科学和应用","中子照相"定义为"利用中子作为穿透辐照工具生成一幅图像的过程"[4]。

早期的中子照相研究以热中子照相为主。随着中子源技术的发展和进步,如表 9 - 2 所示,目前,全世界范围内多台/套中子成像装置正在安装和升级之中。随着对中子照相技术认识的不断深入和核物理的发展,研究人员意识到了冷中子和快中子成像的独特应用。快中子成像研究的报道始见于 1970 年,快中子的强穿透力使得早期的研究者只能采用多胶片叠加的多膜探测方法,成像效率极低。由于成像所用的胶片灵敏度低,快中子成像研究曾一度停滞。20 世纪 80 年代末以来,随着中子源技术的进步以及像增强器和电荷耦合装置(charge coupled device,CCD)等高灵敏度记录设备的出现,快中子成像才又引起了各研究机构的重视,快中子成像的广泛研究才真正展开。而随着基础物理研究及中子成像技术的进一步发展,转移成像、全息成像、相衬成像、极化成像、暗场成像、散衍射联合成像、元素鉴别成像及鬼成像技术相继引入。

表 9 - 2　安装/升级的中子成像装置

国　　家	中子源名称及功率水平	状　　态
巴　　西	新堆	纳入建设规划
捷　　克	LVR - 15 反应堆,10 MW	升级中

国　家	中子源名称及功率水平	状　态
中　国	CARR 反应堆，60 MW	热中子成像装置已建成，冷中子成像装置正在建设
挪　威	JEEP-Ⅱ反应堆，2 MW	正在升级
荷　兰	HOR 反应堆，5 MW	正在安装
南　非	SAFARI 反应堆，20 MW	正在升级
韩　国	HANARO 反应堆，30 MW	数字成像
美　国	Idaho 反应堆，250 kW	放射性样品数字成像升级
日　本	JRR-3M 反应堆，20 MW	数字成像

9.2　中子成像装置与成像质量

中子成像装置主要包含中子源、准直器及引出装置、探测器等，如图 9-2 所示。中子成像质量主要与系统的空间分辨率和厚度反差灵敏度等两个因素有关。下面将分别介绍中子源、准直器及引出装置、探测器和中子成像质量等部分的内容。

9.2.1　中子源、准直器及引出装置

中子源、准直器及引出装置是实现中子成像的三个重要基础，依据成像物体种类不同，所需的中子源、准直器及引出装置也不同。本节主要介绍三类中子源、影响准直器的因素和两类引出装置。

1）同位素、加速器和研究堆中子源

中子成像使用的中子源可选用裂变反应堆（研究堆）中子源、加速器中子源或同位素中子源（表 9-3）。研究堆中子源中子注量率高且稳定，但难以获得单能中子，且设备庞大，造价昂贵；加速器中子源通过不同的核反应来产生中子，设备灵活，中子能量可随核反应调整，但中子产额较低，产额不稳定；同位素中子源利用同位素（例如 ^{252}Cf 的自发裂变）直接产生中子或者衰变产生的粒子轰击靶物质来产生中子，其价格便宜，源体积小，方便移动，发射的中子基

本是各向同性的,但是存在半衰期问题,且产额更低,所以中子成像多选用研究堆中子源和加速器中子源。

表 9 - 3 中 子 源 分 类

源	原　　理	特　　点
同位素中子源	利用某些同位素衰变放出的 α 或 γ 射线实现生成中子的核反应,如^{241}Am - Be、^{238}Pu - Be 等;同位素自发裂变放出中子,如^{252}Cf	体积小,产额稳定,可靠性高;价格昂贵,存在半衰期
加速器中子源	基于带电粒子加速器中子源,利用^{9}Be(d, n)^{10}B、^{2}H(d, n)^{3}He、^{3}H(d, n)^{4}He 等反应;基于电子加速器中子源,利用^{9}Be(γ, n)^{8}Be、^{2}H(γ, n)^{1}H 等反应;中子管	体积中等,安全性好,造价中等;产额低且存在波动
研究堆中子源	分为研究堆快中子源、研究堆热中子源和研究堆冷中子源	产额高且稳定,束流品质优;体积庞大,造价昂贵,涉及环保等因素

2) 准直器及引出装置

由于中子聚焦困难,要获得可用于成像的射线束,就需要准直器去除杂散中子来获得准直的中子束。准直器壁应选用中子黑体材料,以降低非成像用中子本底;准直器入口朝向中子源,直径为 D,入口到探测器的距离为 L,则 L/D 称为准直比,而准直器出口和入口处的中子注量率比与准直比的平方成反比。该参数反映准直器的性质并直接影响成像系统的分辨率和成像速度。理想准直器如图 9 - 5 所示。

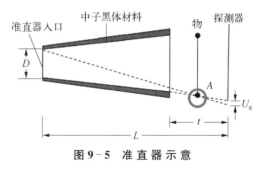

图 9 - 5 准 直 器 示 意

如果不是理想的点源,杂散中子的存在会导致成像面模糊,物上的一点 A 在探测器平面上的成像并不是一个独立的点,而是成为一个宽度为 U_g 的扩展;由几何关系知道,U_g 可表示为

$$U_g = \frac{t}{(L-t)/D} \approx \frac{t}{L/D} \tag{9-1}$$

U_g 称为系统的几何不锐度,高的准直比和小的物-探测器之间的距离能降低几何不锐度,降低成像图片的模糊程度,但物-探测器之间的距离不可能无限缩短。中子成像检测追求尽可能小的几何不锐度和尽可能高的成像面中子注量率,这就对准直比提出了矛盾的需要:高的准直比能减小几何不锐度但同时会降低成像面的中子注量率,在实际使用中,应在保证中子注量率的前提下选择合适的准直比。

为了在应用场所获得基于准直器引出的中子束流,早期,在研究堆大厅内采用不锈钢制作的圆筒形管道作为引出装置将堆内准直器出口的热中子束流输运到样品台;为减少中子束流在输运过程中的损失,近年来,在研究堆和中子散射两个大厅内均采用矩形中空玻璃中子导管作为引出装置分别将准直器出口的束流热中子和冷中子输运到样品台。

9.2.2 探测器

探测器是中子成像装置的重要组成部分,下面将主要介绍中子成像探测基本原理、转换屏+像记录介质、微通道板探测系统、闪烁体+光电倍增管型探测器和气体电子倍增器等五部分内容。

1) 中子成像探测基本原理

中子不带电荷,无法有效地直接记录中子,常用的中子探测手段有反冲核法,利用中子与原子核的弹性散射去记录带电的反冲核,适用于快中子;核反应法,利用中子与样品特定核素发生核反应时去记录产生的带电粒子,如 ^{3}He $(n, p)^3$H、^{6}Li$(n, \alpha)^3$H 等反应;核裂变法,通过中子诱发核裂变过程去记录产生的带电裂变碎片,如 ^{239}Pu 裂变室;活化法,利用测量被中子辐照后活化的材料的残余放射性来记录中子,如金片活化法。

可见,强源、高准直比设计、有效而高分辨的探测系统是一套好的中子成像设备所追求的重要系统。下面将重点介绍各类探测系统的基本原理、优缺点等相关知识。

2) 转换屏+像记录介质

中子成像需要记录中子注量的二维分布,目前应用最广的成像探测器利用转换屏配合像记录介质(胶片、CCD、成像板等)来进行成像,典型结构如图 9-6 所示。

胶片成像分辨率高,成像设备简单便携,在质量控制中运用较多,但其后期处理周期长,无法获得即时图像;CCD 芯片成像动态范围大,后期处理简便,但是自身存在噪声，设备也较复杂，故多用于科研领域。该记录方式的基本原理为中子与转换屏中的转换物质发生反应，产生的次级粒子被直接探测或者激发荧光物质发光而被记录。如热中子成像中可通过 ^{6}LiF - ZnS(Ag)屏通过中子与 ^{6}Li 反应产生高能 α 粒子激发 ZnS(Ag)闪烁体发光来探测；金属钆屏则通过与中子反应产生低能 γ 射线，其诱发的内转换电子被记录则能反映中子分布；快中子成像中转换屏可使用富含氢的材料与 ZnS(Ag)的混合物，通过中子引发的反冲氢核来激发 ZnS(Ag)发光，达到记录中子注量二维分布的目的。

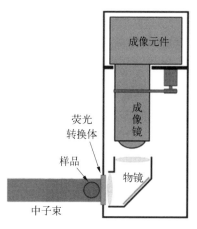

图 9 - 6　转换屏（荧光转换体）＋像记录介质结构

3）微通道板探测系统

基于微通道板（microchannel plate，MCP）的中子探测技术近年来在国内外发展迅速，尤其是国外的研究机构。有报道表明，基于 MCP 的热（冷或者超热）中子探测方法能够实现 15 μm 的空间分辨率，探测效率超过 50%，且能够实现实时探测。基本原理如下：热（冷或者超热）中子轰击到中子敏感 MCP 上，产生带电粒子，带电粒子激发产生电子，通过对 MCP 前后板面加高压，对电子信号实现雪崩放大，MCP 后板面电子学读出系统记录信号并输入微机。

近年来，在国外的研究机构中，还开展了利用 MCP 进行快中子探测的初步研究。不同于利用 MCP 对热（冷或者超热）中子进行探测，对快中子的探测中，MCP 无须进一步加工。其基本工作原理如下：通过增加 MCP 的厚度，利用 MCP 玻璃成分中硅元素和快中子发生核反应，产生次级粒子并激发电子，通过在 MCP 前后加高压的方法引出电子信号，然后在 MCP 后端利用非晶硅探测器记录这些激发的电子信号，这样就可以得到快中子注量的分布。

不同结构的 MCP 如图 9 - 7 所示。

通过添加中子敏感元素，如硼、钆等，使普通的 MCP 成为对中子敏感的 MCP，以捕获热（冷或者超热）中子；有两种常用的方式，在 MCP 通道内壁镀膜或者掺杂；也可以直接在 MCP 的制作过程中，将含有中子敏感元素的材料添加进去，得到掺杂的中子敏感型 MCP，其外观结构和常规 MCP 没有区别。

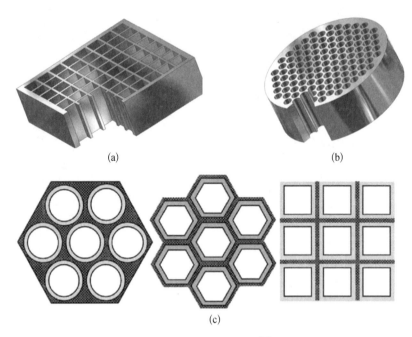

图 9-7　MCP 结构[5]

(a) 方形结构;(b) 蜂巢状结构;(c) 中子敏感材料填充(灰色部分)

4) 闪烁体+光电倍增管型探测器

常用的闪烁体配合光电倍增管中子探测器主要用于高能中子的计数型测量,用于监测中子束流强度,根据闪烁体类型的不同,又包括塑料闪烁体、液体闪烁体、晶体/非晶闪烁体和其他特殊闪烁体等。根据能量不同,采用的闪烁体也有不同,对 0.1~20 MeV 的中子,通常采用的闪烁体类型如表 9-4 所示。

表 9-4　常用高能中子闪烁体类型

序号	闪烁体类型	核反应	中子能谱探测能力	Δt/ns	n、γ 甄别能力
1	^{6}LiI(Eu)晶体	(n, α)	有	200	无
2	^{6}Li 玻璃	(n, α)	无	5	无
3	CH(D)晶体	(n, n) (n, x)	有	2	有

（续表）

序号	闪烁体类型	核反应	中子能谱探测能力	$\Delta t/\mathrm{ns}$	n、γ甄别能力
4	CH(D)液体	(n, n) (n, x)	有	2	有
5	CH(D)塑料	(n, n) (n, x)	有	1	无
6	CH(D)泡沫	(n, n) (n, x)	有	2	有
7	液体^{3}H	(n, n) (n, x)	有	2	无
8	液体^{4}He	(n, n)	有	2	无

注：x指中子的其他反应。

从表9-4可以看到，主要可以采用晶体闪烁体、塑料闪烁体和液体闪烁体等探测高能中子。其中，塑料闪烁体具有中子能谱探测能力，且脉冲时间较短，但不具备较好的中子/γ甄别能力；部分晶体闪烁体和液体闪烁体具有良好的中子/γ甄别能力，但是其成本要高于塑料闪烁体，液体闪烁体还存在保存的安全性问题。

塑料闪烁体是有机闪烁物质在塑料中的固溶体，可用于α、β、γ和中子探测，其具有制作简便，价格低廉，透明度高，光传输性能好，闪烁衰减时间短，性能稳定的特点，一般用于强度测量。光电倍增管将塑料闪烁体产生的光信号进行采集后倍增，形成阳极电流或电压信号，供后端的信号采集系统收集。

已有的闪烁体耦合光电倍增管主要用于中子的强度或能谱测量，用于高能中子成像的探测器需要具有相当的中子位置分辨能力，近年来，国际上已研制成闪烁体耦合位置灵敏光电倍增管的新型探测器，可以用于中子成像。

美国杰斐逊国家加速器装置研究人员，采用日本滨松的H9500位置灵敏光电倍增管配合多栅格塑料闪烁体，实现了2.5 MeV中子的成像。其装置如图9-8所示，通过一定的数据获取和处理技术，可以实现电子学系统的分辨率优于1 mm。

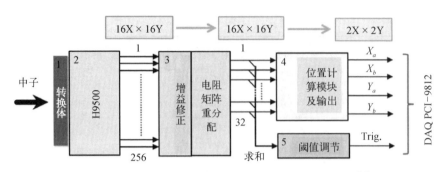

图 9-8　位置灵敏光电倍增管高能中子成像系统示意图[6]

5) 气体电子倍增器

气体电子倍增器(gas electron multiplier，GEM)是一种新型的气体探测器，其特点是电子在小孔中进行雪崩放大，与正比管或多丝室相比，其计数率和空间分辨均得到了很大的提高，并且能在辐照背景强的环境下工作。

厚型气体电子倍增器(thick gas electron multiplier，THGEM)由布雷斯金(Breskin)于 2004 年发明，其具有与 GEM 相同的优点，如纳秒级的时间响应、高计数率、多路读出方便、可大面积制作、抗辐射和电磁辐射等，且 THGEM 还具有结构简单、便于转换体设计等优点。

由入射带电粒子产生的原初电离电子进入 THGEM 的小孔进行雪崩放大，此时可以根据需要的增益选择一层或多层 THGEM，倍增以后的电子在电场作用下到达阳极产生输出信号。

THGEM 的结构和工作原理如图 9-9 所示。

根据 GEM 和 THGEM 的特点，其可以实现对气体中产生的次级粒子的位置分辨，进而获得中子的位置分辨。已有研究中，包括基于涂硼转换体的热中子 THGEM 探测器研究、基于含氢材料的快中子 THGEM 探测器研究。德国 PTB 课题组研制的 THGEM 快中子探测器指标列于表 9-5 中。

表 9-5　THGEM 快中子探测器指标

序号	名　　称	单　位	指　标	备　注
1	探测面积	cm²	＞(30 cm×30 cm)	
2	探测效率	常数	＞5%	

（续表）

序号	名 称	单 位	指 标	备 注
3	灵敏度	—	γ 不敏感	
4	计数率能力	s^{-1}	10^6	
5	快中子探测能区	MeV	2～10	
6	能量分辨率	keV	500	针对 8 MeV 能点
7	空间分辨率(半高全宽)	mm	0.5	

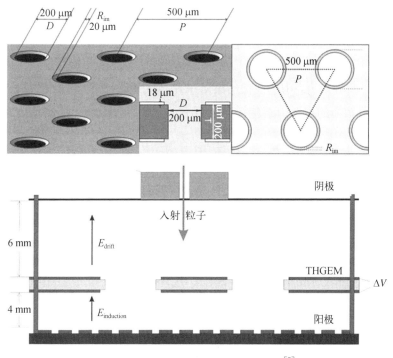

图 9-9 THGEM 的结构和工作原理[7]

9.2.3 中子成像质量

中子穿透物质时强度/相位发生变化,反映到成像面上可以产生强度差异。对于传统中子成像检测来说,中子穿透物质时,其强度衰减的关系式为

$$I = I_0 e^{-\Sigma x} \qquad (9-2)$$

式中：I 为透过物质后的平行中子束强度；I_0 为入射平行中子束强度；Σ 为物质宏观截面；x 为穿透厚度。不同路径的衰减不同，在成像图片上形成反差，亦可称为衬度（contrast）。对无损检测来说，主要关心检出物体缺陷的能力，影响这种能力的因素主要有成像系统的空间分辨力和厚度反差灵敏度。

1）分辨力

分辨力是衡量中子成像结果的重要指标，影响分辨力的因素主要是在空间和时间尺度上，这里主要介绍中子成像装置的空间分辨力和时间分辨力两部分内容。

（1）空间分辨力：中子成像结果对于细节的横向分辨能力。空间分辨力的影响主要包括几何不锐度、点扩散函数、点散射函数以及探测系统固有分辨力等因素。

（2）时间分辨力：中子成像结果对于样品在单位时间内变化的分辨能力。影响时间分辨力的主要因素包括成像面中子强度、探测效率、探测系统时间分辨能力等。

2）厚度反差灵敏度

厚度反差灵敏度可用下式表示：

$$\Delta x = \frac{\Delta B}{B\Sigma} \qquad (9-3)$$

式中：Δx 为厚度反差灵敏度；B 为图像黑度；ΔB 为可检测的最小黑度变化。一般来说，中子在样品中的散射使厚度反差灵敏度下降，非成像用散射中子和 γ 射线成分等的存在也会造成厚度反差灵敏度下降。

3）信噪比

信噪比影响成像质量，其中，噪声主要包括每个像素上中子数的统计涨落噪声、胶片颗粒度引起的噪声、数字成像系统的电子学噪声、环境散射引入的噪声和图像重建引入的噪声等。当中子源强受限，特别是加速器中子源成像，对成像时噪声及图像处理噪声的抑制是中子成像图像信噪比提升的关键。

4）动态范围

成像的动态范围主要指胶片和数字成像系统两种动态范围。其中，胶片的动态范围一般用宽容度表示曝光量的范围；数字成像系统的（光学）动态范围是指饱和曝光量与噪声曝光量之比,在达不到饱和曝光量的情况下,则可用最大曝光量与噪声曝光量之比。

5) 相关标准

长期的中子成像技术应用实践表明,与中子成像质量相关的标准有如下几种:

(1)《无损检测热中子成像检测总则和基本规则》GB/T 31363—2015。

(2)《无损检测热中子成像检测中子束 L/D 比的测定》GB/T 31362—2015。

(3)《无损检测直接热中子成像检测的像质测定方法》GB/T 34641—2017。

(4) *Standard Test Method for Determining Image Quality in Direct Thermal Neutron Radiographic Examination* E545 - 14。

9.3 中子成像技术

中子成像技术从 20 世纪 40 年代发展至今,已经取得了长足的进步,从基本的二维投影成像技术发展到三维层析成像技术,从直接投影发展到间接的转移成像,从静态成像发展到动态的实时成像,并依托中子磁矩、波粒二象性等针对不同的应用场景发展了全息成像、相衬成像、极化成像等新型成像技术,近年来,随着人工智能的进步,还出现了不依赖探测器位置分辨的"鬼成像"技术。

9.3.1 常规投影成像与层析成像

常规投影成像呈现的是被照射物品的平面二维结构,层析成像是基于不同角度投影重构的被照射样品的空间三维结构。为便于理解二者之间的差异,下面将逐一介绍常规投影成像和层析成像两个方面的内容。

1) 常规投影成像

常规的平面投影成像如图 9 - 2 所示,平行中子束经准直器准直后入射到样品,并与样品中的原子核发生相互作用,最终在探测屏上形成二维投影。

影响投影成像检测精度的关键指标包括分辨率和反差灵敏度等,其中,成像分辨率与准直比 L/D 密切相关(L 为准直器长度,D 为准直器直径),因此为了提高分辨率,要求准直比尽可能大而 t(参见图 9 - 5)尽可能小,在实际测量中,样品往往紧贴探测器以减小 t,但准直比的增大会降低中子束强度,因此需要综合考虑中子束强度和几何不锐度要求,以选择合适的准直比。另外在实际照相中,散射中子、γ 射线和像探测器本底噪声(胶片颗粒度、CCD 电子噪声等)也会对投影造成一定影响,降低反差灵敏度,为获取高质量图像,一方面应从硬件上尽量屏蔽干扰射线,另一方面有必要对获取的图像进行校正处理,尽可能消除本底噪声影响。

2)层析成像

传统透射式成像是获取射线经过路径的材料信息的叠加投影图像,成像方式简单,内部结构信息重叠,不能实现缺陷的准确定位和物件结构信息的完全复原。而通过多角度投影重建的层析成像能够再现样品三维结构,它的图像具有不受检测断层以外的其他部分的干扰、没有影像重叠的特点,具有图像清晰、直观、质量高、便于解读等优点,是现今中子成像发展的重要趋势,也顺应了工业检测的需要。层析成像与一般透射成像结果的比较如图 9 - 10 所示。

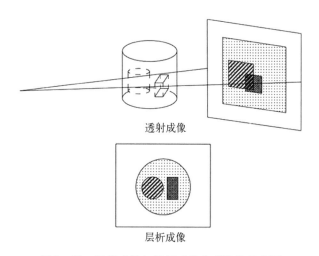

透射成像

层析成像

图 9 - 10 层析成像与透射成像方式比较示意图

在 20 世纪初,拉东变换和傅里叶中心切片定理已构成了图像层析重建技术的数学理论基础。

层析成像基本原理和实验布局如图 9 - 11 所示,取定实验室坐标系 x-y,当原点与中子束方向距离为 (ρ, θ) 时,其投影函数为

$$P(\rho, \theta) = \ln\left(\frac{I_0}{I(\rho, \theta)}\right) = \int_{-\infty}^{\infty} \Sigma(x, y)\,\mathrm{d}s \qquad (9 - 4)$$

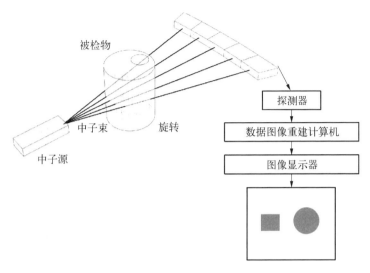

图 9‑11　中子层析成像原理及实验布局图

式中：Σ 为宏观截面；积分路径 s 为入射中子束在样品内的传输路径。

转动样品采集各 θ 方向的投影数据，再通过积分变换可以反解样品内任意坐标的宏观截面 $\Sigma(x, y)$，有

$$\Sigma(x, y) = \int_0^\pi \hat{P}(x\cos\theta + y\sin\theta, \theta)\mathrm{d}\theta \qquad (9-5)$$

其中，$\hat{P}$ 为投影函数 P 进行一定的卷积运算后形成的新投影函数，其目的是消除直接反投影重建中引入的伪像等问题。中子成像常用的层析重建算法为滤波反投影算法，利用拉东变换反解实际取样中无法获取各 θ 方向的所有数据，需要设定转动步进角进行采样，层析重建的图像质量与取样间隔密切相关，理论上最优的取样间隔为探测器像元的 $\pi/2$ 倍，但在实际操作中，采样间隔受转动电机的精度限制，且采样频率的提高必然牺牲数据采集时间，通常需要针对样品检测需求和实验条件确定采样频率。

除了基于拉东变换的解析算法外，另一类是迭代法，利用投影数据不断迭代-比较的方法逼近待重建图像，迭代法中最具代表性的是代数重建算法（algebraic reconstruction technique，ART）。2004 年美国数学家特伦斯（Terence）等提出压缩感知（compressive sensing，CS）理论，该理论指出：当原始信号满足稀疏性、信号表示系统与观测系统具有不相关性时，可用远低于奈奎斯特抽样速率的数据精确恢复原始信号。压缩感知理论大大推动了迭代

算法的发展,在医学上降低病人受辐照剂量、工业上特殊样品的检测中获得了较好应用。

9.3.2　转移成像

中子转移成像是指中子转换屏与样品在中子束流中同时曝光,再将携带有样品检测信息的中子转换屏转移至暗室中对胶片进行曝光,从而获取被检测样品的检测图像,如图 9-12 所示,与常规中子成像技术的主要区别在于需要进行二次曝光,适用于本身带有强放射性的被检对象。对于本身带有高放射性的被检样品,中子间接成像是目前已知的有效的无损检测技术手段[8]。

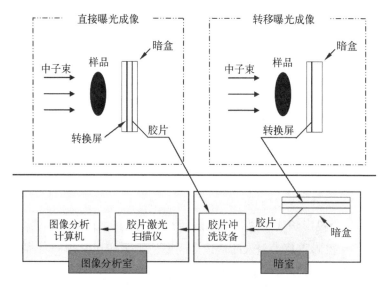

图 9-12　中子转移成像原理图

中子转移成像要求中子转换屏在与中子射线作用后产生次级辐射,次级粒子能使胶片曝光且具有合适的半衰期。常见的具有较大中子吸收截面的材料及其与中子射线作用的核反应和产物等信息如表 9-6 所示,表中数据表明铟和镝具有较大的热中子吸收截面,其与中子发生核反应后的活化产物次级衰变均为 β 衰变,能使胶片曝光,其活化产物半衰期在小时量级,既可以满足二次曝光操作上的时间需求,又不会造成曝光时间过长,是较为理想的中子间接成像转换屏材料,镝的热中子截面比铟高,有利于探测效率的提高,但其活化产物半衰期较长,将增加二次曝光的曝光时间。中子间接成像转换屏金属铟和镝的厚度主要影响成像结果的探测效率和分辨率,厚度越大,其探测效率越高,但屏的本征分辨率越低,因此需要选择合适的转换屏厚度,以获取尽可能高的成像质量。常规热中子成像技术采用的多为 ^{6}LiF∶ZnS 转换屏,转换屏厚度多为 $100 \sim 200~\mu m$,其典型热中子探测效率为 $10\% \sim 20\%$,中子间接成像转换屏厚度可以参考相关数据进行选择。

表 9-6　中子吸收材料核反应信息

元素	核　反　应	活化产物半衰期	截面/b	成像方法
硼	^{10}B(n, α)^{7}Li	瞬发	3 837	直接
镝	^{164}Dy(n, γ)^{165}Dy	139 min	1 000	间接
钆	^{155}Gd(n, γ)^{156}Gd ^{157}Gd(n, γ)^{158}Gd	瞬发 瞬发	61 000 254 000	直接 直接
金	^{197}Au(n, γ)^{198}Au	2.7d	99	间接
铟	^{115}In(n, γ)$^{116\,m}$In	54 min	65	间接
锂	^{6}Li(n, α)^{3}H	瞬发	940	直接
铑	^{103}Rh(n)^{104}Rh	42 s	139	间接

中子间接成像的实验基本流程如图 9-13 所示,包括:① 转换屏在中子束流中曝光;② 转换屏转移至暗室;③ 转换屏与胶片曝光;④ 胶片显影以及成像分析;⑤ 转换屏在下次实验前冷却。中子间接成像实验方法的关键是确定转换屏在中子束流中的曝光时间及转换屏与胶片的曝光时间,以确保中子束流的有效利用。

图 9-13　中子间接成像实验基本流程图

中子间接成像时,中子转换屏在中子束流中曝光,转换屏的放射性活度 $A(t_1)$ 与其在中子束流中曝光时间 t_1 的关系为

$$A(t_1) = \sigma_a N \phi (1 - e^{-\lambda t_1}) \tag{9-6}$$

停止曝光后,转换屏的放射性活度 $A(t_2)$ 为

$$A(t_2) = \sigma_a N\phi(1 - e^{-\lambda t_1})e^{-\lambda t_2} = A(t_1)e^{-\lambda t_2} \tag{9-7}$$

式(9-6)和式(9-7)中:ϕ 为测试位置的中子注量率;σ_a 为转换屏材料的微观中子吸收截面;N 为转换屏中的原子个数;λ 为转换屏形成放射性子核的衰变常量,$\lambda = 0.693/\tau$,τ 为半衰期;t_2 为停止照射后的放射性衰变时间。

根据式(9-6)和式(9-7),转换屏在中子束流中曝光及停止曝光后的活度随时间的变化示于图9-14。随着在中子束流中曝光时间的增加,转换屏的活度将趋于饱和。停止曝光后,转换屏的活度迅速衰减。无论是转换屏在中子束流中曝光或转换屏与胶片曝光,当曝光时间达转换屏材料的3个半衰期时,活度均接近饱和值的90%。为节省中子束流时间,转换屏在中子束流中的曝光时间应不超过转换屏材料的3个半衰期。因此,若采用镝转换屏,在中子束流中曝光时间应不超过6.9 h,采用铟转换屏,在中子束流中曝光时间应不超过3 h。

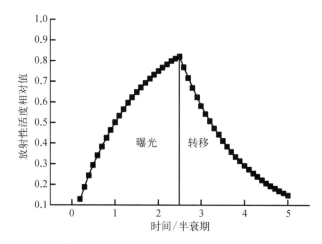

图9-14 转换屏在中子束流中曝光及停止曝光后的活度曲线

转换屏在中子束流中最短的曝光时间根据胶片所需曝光量来确定,与中子束流强度、转换屏探测效率等密切相关,转换屏在中子束流中的最佳曝光时间目前并无定论。

9.3.3 实时成像

实时成像是通过短时间曝光或者高频重复曝光,对动态过程进行实时检

测的成像技术,广泛应用于气液两相流、液态金属两相流等领域[9],不同帧率的两相流成像如图 9 - 15 所示。实时成像主要有两种方法,一种是用于快速但周期性过程的频闪成像,另一种是连续过程的动态成像。为了克服中子测量效率低、单位时间计数不足的问题,需要发展高通量中子源、快速衰减时间的中子闪烁材料和快速读出相机。在中子源方面,当前高通量中子源主要是研究堆和散裂源,样品处中子注量率通常在 $10^7 \sim 10^8 \ cm^{-2}s^{-1}$ 之间,短期内难有大的提升。转换屏方面,实时成像要求具有高分辨率、高灵敏度,特别是要有高光通量输出和快速衰减的闪烁特性。通过对钆化合物、玻璃闪烁体和硫化锌闪烁体等稀土闪烁体的性能比较,ZnS(Ag)荧光屏具有最好的亮度和闪烁衰减特性。铁、镍或钴作为激活剂加入硫化锌(ZnS)型闪烁体[例如 ZnS(Ag) 或 ZnS(Cu)]会导致闪烁强度下降,但具有减少闪烁衰减时间的潜在能力。在快速读出相机方面,频闪成像的典型相机是 MCP 增强型 CCD 相机,其在法国 ILL 研究堆和德国 FRM - Ⅱ 研究堆上采用;连续过程成像目前主要基于电子倍增电荷耦合器件(EMCCD)技术,美国国家标准与技术研究院基于 EMCCD 进行了集成模式的动态中子成像。然而受读出速度的限制,EMCCD 探测器无法同时实现高分辨率和快速成像。近期开发的基于科学级互补金属氧化物半导体传感器(scientific CMOS,以下简称 sCMOS)的原型探测器提供了实现实时中子成像的可能性,有望在 30 帧/秒的测量中实现每帧 400 万像素。

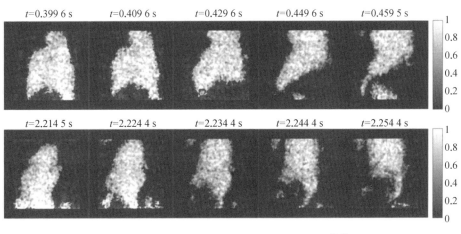

图 9 - 15　两相流的不同帧率中子成像结果[10]

迄今为止,二维中子成像可以达到 0.03 s 的时间分辨限,三维中子成像则具有亚分钟级的时间分辨限,在更高的时间分辨率(曝光时间低至 50 μs)下的中子成像仅适用于重复/循环过程(例如正在运行的电机),通过叠加成像实现,图 9 - 15 展示的是金属两相流在不同时间点的变化情况。

9.3.4 全息成像的基本原理、方法与参数选择

具有原子分辨率的全息成像技术利用射线激发样品内不同位置的原子,生成可被记录的宏观二维全息图像,通过反解全息图最终得到原子的三维排布。与散、衍射技术相比,微观全息技术基于点原子散射球面波的衍射和干涉信息,因此可以获得更准确的原子位置信息,而且不要求平移周期性,可用于准晶体样品的探测[11]。

相比 20 世纪 80 年代末发展起来的电子、X 射线全息技术,中子全息成像受束流条件限制,出现相对较晚,2001 年才首次提出原理,并于 2004 年由实验实现。但与其他全息技术相比,中子全息技术有其优点,可以形成互补:首先,中子穿透性较强,可以深入样品内部进行探测;其次,中子直接与原子核发生作用,其尺度远小于原子尺寸;而且由于中子呈电中性,可以避免样品原子核外电子分布带来的误差,因此理论上中子全息技术可以实现更高的定位精度。由于中子对氢元素及 ^{10}B、^{48}Cd 和 ^{64}Gd 等特定核素较为灵敏,中子全息技术可用于能源、生物和地质等领域的材料研究。

1)基本原理

中子全息成像基本思想是基于光学全息原理,利用中子激发样品内不同位置的原子,使其分别产生物波和参考波并相互叠加生成可被记录的宏观二维全息图像,通过反解全息图最终得到原子的三维排布,典型的全息图和重建结果如图 9 - 16 所示。按照探测器和源的位置不同可以将其分为内源(inside-source)全息技术和内探测器(inside-detector)全息技术两种。

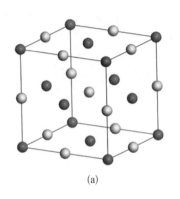
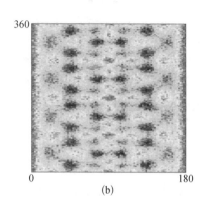

(a)　　　　　　　　　(b)

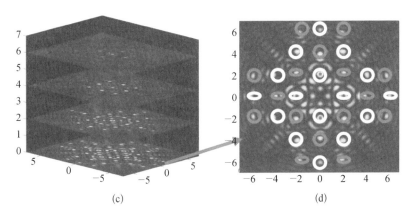

(c)　　　　　　　　　　　　(d)

图 9 - 16　PdH 晶体的中子全息成像(模拟图)

(a) 晶体结构;(b) 全息图;(c) 三维重建;(d) 平面重建,白圈标记 Pd 原子,灰圈标记 H 原子

内源全息技术原理如图 9 - 17 所示。

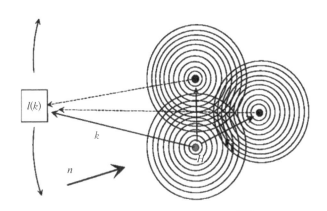

图 9 - 17　内源全息技术示意图[11]

　　将样品内部的原子核作为散射源核,外中子束经源核散射后以球面波的形式传播,其中一部分直接到达距离源核 R 处的探测器(参考波),另一部分被邻近原子核散射后再到达探测器(物波)。在不考虑高次散射的情形下,参考波波幅为

$$A_0 = \sqrt{I_0}\exp(\mathrm{i}kR)/R \qquad (9-8)$$

式中:I_0 为外中子束经源核散射后的源强。内源波经散射一次后形成的物波波幅为

$$A_1^f = \sum_l \frac{b_l}{r_l} \exp(\mathrm{i}kr_l) \frac{\sqrt{I_0}}{\mid \boldsymbol{R} - \boldsymbol{r}_l \mid} \exp(\mathrm{i}k \mid \boldsymbol{R} - \boldsymbol{r}_l \mid)$$

$$\approx \sum_l \frac{b_l}{r_l} \exp[\mathrm{i}(kr_l - \boldsymbol{k}^f \cdot \boldsymbol{r}_l)] A_0 \equiv \sum_l a_l^f A_0 \qquad (9-9)$$

等式右边，$\boldsymbol{r}_l$ 为散射核坐标，矢量 $\boldsymbol{k}^f$ 方向与 $\boldsymbol{R}$ 一致，上标 f 表示与出射中子方向相关，b_l 为散射长度（$10^{-14} \sim 10^{-15}$ m），而 R 一般在 10^{-1} m 量级。

将中子计数器作为探测器，通过转动探测器（或样品）获取不同方向上的中子强度，形成二维全息图：

$$I(\boldsymbol{k}^f) = \mid A_0 + A_1^f \mid^2 = \frac{I_0}{R^2} \Big[1 + 2\mathrm{Re}\big(\sum_l a_l^f \big) + \Big| \sum_l a_l^f \Big|^2 \Big] \quad (9-10)$$

式中第一项参考波幅为恒定值，可作为背景项，第三项物波幅为二阶小量，因此全息图信息主要包含在第二项全息干涉项中。利用亥姆霍兹-基尔霍夫（Helmholtz-Kirchhoff）积分变换对全息图进行重建，

$$U(\boldsymbol{r}) = \iint_s \mathrm{Re}\big(\sum_l a_l^f(\boldsymbol{k}^f) \big) \cdot \exp(\mathrm{i}\boldsymbol{k}^f \cdot \boldsymbol{r}) \mathrm{d}\sigma(k) \qquad (9-11)$$

式中，$\mid U(\boldsymbol{r}) \mid$ 峰值坐标近似为各散射核的空间坐标 $\boldsymbol{r}_l$。

在实际操作中，仅用单个原子作为散射体显然是不可能的，因此，需要用具有相同排列结构的大量原子代替单原子源，且各原子源应保证非相干性，即探测对象局限于小尺寸单晶体且源核具有较大的非相干散射截面，当单晶体与探测器距离足够大时，各内源产生的全息图近似在同一位置叠加，相当于对单原子全息图进行了增强。由于氢核具有较大的非相干散射截面（$\sigma_{\mathrm{inc}} \sim$ 79.91 b）和较小的相干散射截面（$\sigma_{\mathrm{coh}} \sim 1.8$ b），因此含氢晶体是内源法理想的探测对象。根据光路互换原理，可以将光源和探测器位置互换，即内探测器全息技术如图 9-18 所示：将平面波束传播至样品处，以样品中某一原子核为探测器核，直接到达该核处的中子束为参考波，经邻近原子核散射至探测核处的中子束为物波，探测核经中子辐射俘获反应放出光子并最终被外部探测器接收，其光强正比于探测核处的中子强度，通过改变晶体与入射中子的相对位置，最终可以得到完整的全息图。用这种方法得到的干涉全息图与内源法并无本质不同，也可用相同变换进行三维重建。内探测器法无法直接得到探测核处的中子强度，需要通过辐射俘获反应放出的光子进行间接测量，因此要求

样品中含有中子俘获截面较大的原子核,理论上如果晶体样品能采用掺杂方式渗入镉等元素,则能采用内探测器法。

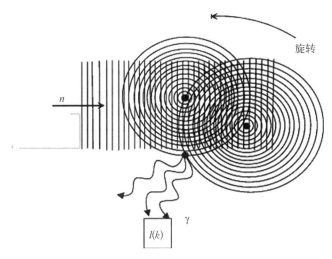

图 9 - 18　内探测器全息技术示意图[11]

2）实验方法与参数选择

在理想情况下,内源法全息成像应保持入射中子束和样品方向不变,通过改变外探测器位置或布置多个探测器进行记录,然而由于探测器与样品距离较远,通常采用探测器移动加样品转动,或仅样品转动的方式,避免探测系统的大范围移动。但是由于入射中子束与探测器相位与样品的位置同时发生改变,全息项中会引入内探测器项,形成干扰。而内探测器全息技术只需转动样品,较易实现。目前内源全息技术常见的有三种实验布局。

如图 9 - 19 所示,以出射中子方向为 z 轴,样品旋转轴为 φ 转轴：① 实验布局一,探测器与入射、出射中子束在同一平面,探测器绕 y 轴转动,样品绕 z 轴旋转,该方式可由四圆谱仪和三轴谱仪实现,其缺点在于当探测器移至入射中子束方向时,会受到样品透视中子干扰;② 实验布局二,探测器固定在 z 轴,并与 x 轴、入射中子束在同一平面,样品绕 y 轴转动,并绕 φ 轴旋转,该方式可由三轴谱仪实现,其缺点在于样品 φ 转轴不能转至入射中子束方向,否则转轴会与中子束作用产生散射中子;③ 实验布局三,探测器固定在 z 轴,并与 y 轴、入射中子束在同一平面,φ 转轴绕 y 轴转动,并绕自身旋转,该方式可由四圆谱仪实现,优点在于 θ 角不受限制,但是内探测器项干扰是非线性的,难以去除。

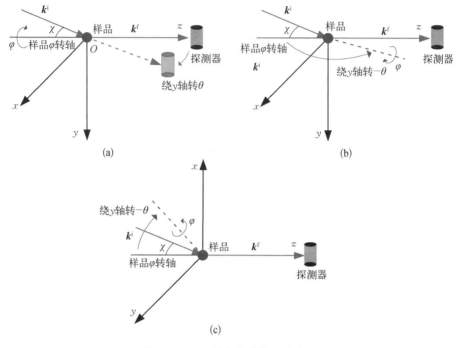

图 9-19 三种全息成像实验布局

影响中子全息成像的主要实验因素包括探测中子波长、单色器分辨率、转动步进角、统计噪声（有效计数）、探测器张角、样品形状、高斯滤波等。现逐一分析如下：

（1）中子波长。由于全息成像实质上是利用中子与原子核作用后波动的相位变化进行观测的，因此探测波长越短，相位变化越明显，坐标的分辨精度也越高。但应该注意三点：第一，能量越高的中子与物质反应截面越小，单色化越困难，全息粒子数及探测器效率也会相应降低；第二，反应堆的中子能谱存在限制，高能段的中子注量率迅速衰减，通常只能在峰值附近进行选取；第三，重建坐标偏移随探测中子波长呈无规则变化，当中子能量相差不大时，短波长的优势并不明显。由于晶格原子间距一般在 0.1 nm 以上，反应堆热中子注量率峰值波长也出现在 0.1 nm 左右，因此探测中子波长在 0.1 nm 左右进行选取较为合适。同时，在选择波长时还要考虑孪生像干扰，在全息成像中，参考波与物波近似沿同一方向传播，在重建时会形成原像和共轭像，并关于源核对称，因此对于对称结构的晶格，两个关于源核对称的散射核的原像和共轭像会相互干扰，其振幅正比于 $\cos(kr)$，k 为中子波数，r 为散射核与源核距离，因此波长选择最好满足 kr 接近 $n\pi$。近年基于飞行时间法发展了多重能量中子全息,通过改变中子波长记录多幅全息图,并在重建时按一定相位进行叠加,可以大幅降低孪生像和二维积分引入的振荡项干扰,实现较为精确的定位。

(2) 单色器分辨率。中子经单色器后波长存在一定展宽,近似服从高斯分布,当存在孪生像现象且不明显时,较低的单色器分辨率可能使赝像强度高于重建像。对单色器分辨率,通常晶体单色器分辨率在 5% 左右,可以满足中子全息成像需求,在入射能量选取合适的情况下,分辨精度可以进一步降低,提高实验效率。

(3) 转动步进角。转动步进角即在 4π 方向进行全息记录的采样角分布。根据抽样定理,时域的抽样会造成频域的周期化。在实验前可以利用数值分析进行频谱分析,确定步进角限值,对于原子核 $(r, 0, 0)$,有全息项 $\mathrm{Re}(a) \propto \cos[kr(1 - \sin\theta\cos\phi)]$,其频谱与余弦函数中的系数 kr 密切相关,kr 值越大,截止频率 $f_{\max}$ 越高,相应的取样间隔也越小。由于二维球面坐标上难以直接定义傅里叶变换,可通过固定一个方位角对另一角作一维傅里叶分析,分别确定其频域。根据被固定角取值的不同,另一方位角的频域也会发生变化,最大频域分别对应于 θ 固定为 $\pi/2$ 和 ϕ 固定为 π 的情形。以 $r = 0.2 \mathrm{nm}$ 为例,两方位角截止频率 $f_{\max}$ 均为 16.65,其对应的最大抽样间隔为 $\delta_{\max} = 2\pi/(2f_{\max}) \approx 0.19$,即 $10.8°$。目前实验常用的步进角为 $1° \sim 5°$,对于观察近邻和次近邻原子基本足够。

(4) 统计噪声。探测器的中子计数遵从泊松分布,各探测点的平均噪声近似为该点探测计数的平方根。对于中子全息成像,各散射原子的有效信号仅为背景的 $10^{-4} \sim 10^{-2}$ 倍(取决于散射长度 b_l 与原子间距的比值 r_l),只有当各点计数值达到 10^4 量级以上时,全息图的有效信号才大于统计噪声,考虑到取样点多在 10^3 量级,则总计数要达到 $10^7 \sim 10^{11}$ 量级。X 射线全息可以较易达到 $10^5 \mathrm{s}^{-1}$ 以上的计数率,而中子全息计数多为 $10^2 \mathrm{s}^{-1}$ 量级,若要使各点计数满足信噪比大于 1,实验时间将非常长。但事实上积分重建是对全息图上每个点的探测数据按一定相位进行叠加,在此过程中,有效信号呈线性叠加,统计噪声则以平方根形式叠加,因此重建信噪比量级可较单点信噪比高约 $N/2$ 量级,N 为探测总计数。因此,噪声对重建结果的影响主要取决于三个参数:b_l/r_l 值、单点背景计数 I_0 以及总探测点数 N。其中,b_l/r_l 和 I_0 决定了二维全息图的单点最大信噪比,N 值则决定了重建后的信噪比增益。一般而言,即使单点信噪比低至 $1/10$,也难以从全息图中分辨有效信号,但通过保证总计数使重建信噪比达到 10 以上,仍能得到较好的重建质量。

（5）探测张角。在实验中，探测器的体积往往不能忽略，会占据一定的方位角。假定探测器的中子计数与探测张角关系满足高斯分布，则随着探测张角的增大，离源核较远原子的重建峰振幅会受到一定的抑制。通常采用的^{3}He管探测器，其探测张角约在$2°$以内，对重建峰的展宽和偏移变化几可忽略。

（6）样品形状。理想的全息成像实验应采用球形样品，保证散射中子的各向同性。在X射线全息成像中，由于X射线穿透能力有限，为提高检测效率，有时会采用板状样品进行检测，需要针对样品的形状进行修正。而对于中子全息成像，由于中子穿透能力较强，可以检测较大体积的块状样品。在实际操作中，获得的单晶样品尺寸往往是不规则的，要将其加工成球形样品会减小样品体积，造成检测效率的降低，而经分析，对于尺寸小于中子平均自由程的样品，其形状对重建影响较小，通常不需要对形状因素进行修正。

（7）高斯滤波。1991年，泰泽（Tegze）和费格尔（Faigel）通过数值分析，提出可以对全息图进行高斯滤波处理，去除离源核较远散射核带来的高频噪声影响，由此高斯滤波法开始应用于微观全息实验。2002年，范琴科（Fanchenko）等人通过理论分析和数值模拟对高斯滤波在全息实验中的作用进行了研究，认为长程散射核的影响还包含于低频信号中，无法用高斯滤波完全消除。中子全息成像受制于中子束强度，一般只用于分析离源核较近的原子，当孪生像效应难以避免，待重建区域信号偏弱时，将全息图进行高斯滤波处理，再进行重建，能够有效抑制远端散射核信号，获得较好的重建质量。但一般情况下，不建议使用高斯滤波。

9.3.5　相衬成像的基本原理与参数选择

传统的透射式中子成像方法是基于被照物内部不同部位对中子的吸收及散射截面差异实现成像的，但当样品内部材质的中子吸收和散射截面差异很小时，传统透射中子成像很难对其实现有效探测。中子相衬成像技术从另一个机制上解决了对低吸收截面相位物体成像的问题，其结果同时包含了物质对中子的吸收、折射和散射信息，极大地拓展了中子成像检测范围[12]。

早期相衬成像主要以同轴轮廓理论为基础开展（propagation-based phase contrast imaging）[13]，采用限束法获取相干性较强的中子波，并利用远场效应将折射信息转换为灰度变化，适用于白光中子成像，但只能对物体内部不同物质或结构界面等相位陡变区域进行检测，精度也比较受限，同轴法中子相衬成像检测结果如图9-20所示。

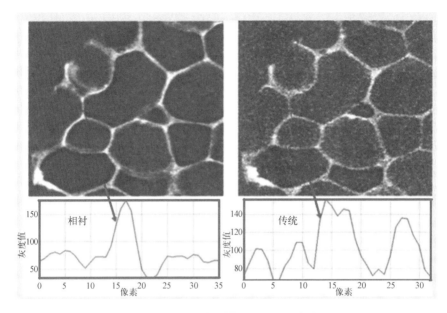

图 9 - 20　铝泡沫材料的同轴法中子相衬成像检测结果

目前主流采用基于光栅的微分相衬成像技术(grating-based differential phase contrast imaging),利用单色中子和塔尔博特(Talbot)效应,可以检测到微米级的波前畸变。除吸收和折射信息外,光栅相衬通过观察中子被样品内亚微米或微米尺度结构散射后造成的条纹对比度下降,即暗场图像,获得样品微结构信息如图 9 - 21 所示。

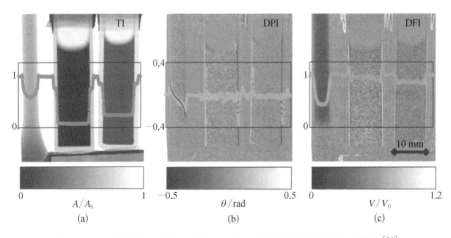

图 9 - 21　光栅相衬成像,样品为 304 L 不锈钢柱和不同密度溶液[14]

(a) 吸收;(b) 折射;(c) 散射

1) 基本原理

样品与中子相互作用可以用复折射率表示 $n(\lambda) = 1 - \delta(\lambda) + i\beta(\lambda)$，其中 $\beta(\lambda)$ 代表物质的吸收信息，$\delta(\lambda)$ 代表物质的折射信息，相移 $\Phi = \dfrac{2\pi}{\lambda}\int\delta(x, y, z)\mathrm{d}x$，其主要来源于核势 $\Delta\Phi = Nb_c\lambda d$（$N$ 为原子密度，b_c 为相干散射长度，d 为样品厚度）和磁势 $\Delta\Phi = \pm\dfrac{\mu Bm\lambda d}{2\pi\hbar^2}$（$\mu$ 为磁矩，B 为磁场，$\hbar = \dfrac{h}{2\pi}$）。

表 9-7 中列出了几种物质在 $\lambda = 4$ Å 时的 δ 和 β 值。透射中子复振幅为 $A = A_0\mathrm{e}^{-ik\int n\mathrm{d}y} = A_0\mathrm{e}^{-ik\int\mathrm{d}y}\mathrm{e}^{-k\int\beta\mathrm{d}y}\mathrm{e}^{ik\int\delta\mathrm{d}y}$，$k = 2\pi/\lambda$ 为中子波数，y 为中子传播方向。常规投影成像无法测得虚数振幅，即仅能获得吸收信息，因此当样品内部材质的中子吸收截面差异很小时，难以实现有效探测。

表 9-7　几种材料在 $\lambda = 4$ Å 时的 δ 和 β 值

材　料	δ	β	δ/β
Al	5.3×10^{-6}	9.8×10^{-11}	5.4×10^{4}
Si	5.3×10^{-6}	6.0×10^{-11}	8.7×10^{4}
Ti	-5.0×10^{-6}	2.4×10^{-9}	-2.0×10^{3}
Mn	-7.8×10^{-6}	7.7×10^{-9}	-1.0×10^{3}
Cu	1.7×10^{-6}	2.3×10^{-9}	7.3×10^{3}
Gd	5.0×10^{-6}	1.1×10^{-5}	4.8×10^{-1}
Pb	7.9×10^{-6}	4.0×10^{-11}	2.0×10^{5}

对于同轴轮廓法白光中子相衬成像，其基本原理主要基于边缘折射理论，当具有一定相干性的射线通过一个样品时，位相由于样品不同部分折射率不同而引起的相速差异而发生偏移，波前因为位相偏移而产生畸变，畸变的波前可以作为新的相干波源，由它发出的次波源继续向前传播且发生干涉，从而将相位变化转化为强度的变化，并被探测器记录。图像灰度 I 满足

$$I(x, y, z) = 1 + \Sigma P(\lambda)\lambda z\,\nabla^2\Phi(x, y, 0)/(2\pi) \qquad (9-12)$$

式中：λ 为中子波长；Φ 为中子相移。可见，随着传播距离 x 的增大，相位信号

逐步趋于明显,并可被观察。

光栅相衬成像的物理基础是塔尔博特效应,塔尔博特效应是一种周期性衍射自成像现象,对于相位型光栅,在光栅 G_1 后特定距离,光栅透射光的相位变化转化成像的强度变化,Talbot 距离为

$$D_n = \left(n - \frac{1}{2}\right) \frac{p_1^2}{\lambda}, (n = 1, 2, 3, \cdots), p_2 = p_1, \frac{\pi}{2} \text{ 相位光栅}$$

$$D_n = \left(n - \frac{1}{2}\right) \frac{p_1^2}{4\lambda}, (n = 1, 2, 3, \cdots), p_2 = \frac{p_1}{2}, \pi \text{ 相位光栅}$$

$$\tag{9-13}$$

式中: p_1 为光栅常数; p_2 为 Talbot 像的周期; λ 为中子波长。球面波形式略有不同。

经过塔尔博特相位光栅后,在塔尔博特像处透射中子强度可以展开为傅里叶级数:

$$I(m, n, x) = a_0(m, n) + \sum_{l=1}^{\infty} a_l(m, n)\cos\left[2\pi l \frac{x}{p_2} + \phi_l(m, n)\right]$$

$$\tag{9-14}$$

式中: I 为透射中子强度; a_l 为傅里叶展开 l 阶项的系数; (m, n) 为像素坐标; x 为横向坐标; ϕ 为相位信息。对相衬图像进行傅里叶分析,可得到一阶展开项,并获得如下信息:

$$T(m, n) = \frac{a_0^s(m, n)}{a_0^r(m, n)}$$

$$\frac{\lambda D}{p_2} \partial_x \Phi(m, n) = \phi_1^s(m, n) - \phi_1^r(m, n) \tag{9-15}$$

式中: T 为中子透射率; a_0^s 为有样品的展开系数; a_0^r 为无样品的展开系数; Φ 为中子通过样品后发生的相移。通过 T,可获得 β 参数;通过 Φ,可获得 δ 参数。此外,一些样品材料中的结构单元会与中子发生相干弹性散射作用,改变中子的出射方向,考虑这一散射效应后,出射中子的强度式应改写为

$$I^s(m, n, x) = I^r(m, n, x) \otimes A(m, n, x)$$

$$A(m, n, x) = \frac{1}{\sigma(m, n)d\sqrt{2\pi}} \exp\left[-\frac{x^2}{2\sigma^2(m, n)d^2}\right] \tag{9-16}$$

式中：σ 为散射体高斯分布的均方差；d 为样品到探测器的距离；x 为散射中子与像元中心的相对距离。在常规投影成像中，由于 x 很小，因此散射影响往往与吸收归为一类，体现在宏观吸收截面中。而基于光栅的成像装置通过Talbot 像和分析光栅，可以解析出散射体信息。

$$\exp\left[\frac{-2\pi^2}{p^2}\sigma^2(m,n)d^2\right] = V(m,n) = \frac{a_1^s(m,n)a_0^r(m,n)}{a_0^s(m,n)a_1^r(m,n)}$$

$$(9-17)$$

通过暗背景 V，可获得样品的散射中子信息，检测样品内微米尺度的结构单元信息，其与中子小角散射作用类似，但探测限度互补（小角散射尺度在 $1\sim500\ nm$ 尺度）。中子经样品后发生折射，导致塔尔博特像发生位移，通过测量位移量，可以得到 δ 值。但实际上这部分位移通常在微米量级，而中子成像分辨率约为 $50\ \mu m$，因此需要在塔尔博特距离处加入分析光栅 G_2 辅助测量。分析光栅为振幅型光栅，其光栅常数为 p_2，即塔尔博特像的周期。引入分析光栅后，为获得 Φ 信息，需要有样品加入前后 ϕ_1 的变化定量数据，可通过相移步进法进行相位恢复，即横向移动分析光栅，观察余弦函数变化实现。同时，加入样品前后余弦函数的峰值对比即为暗场信息。为保证光源的相干性，需要在前端利用狭缝形成相干光，而为了提高效率，引入源光栅 G_0，形成多个狭缝。由此，通过源光栅 G_0、相光栅 G_1、分析光栅 G_2，组成了基本的光栅相衬系统，样品可放在 G_0 和 G_1 之间，或 G_1 和 G_2 之间，如图 9-22 和图 9-23所示。

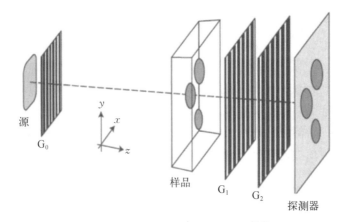

图 9-22　光栅相衬成像系统布局[15]

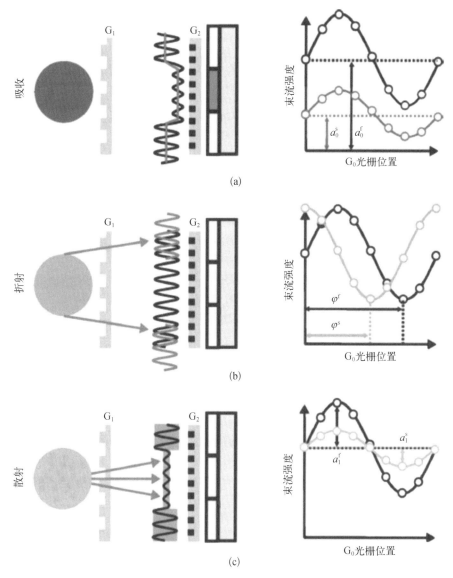

图 9‐23　光栅相衬成像系统吸收、折射、散射信息获取方式[15]

（a）吸收；（b）折射；（c）散射

2）参数选择

关于参数选择，以下将主要按球面波进行分析。要检测微米尺度的波前变化，要求 G_2 分析光栅常数也在微米量级，考虑到加工难度，通常选择在 $4\sim$ $8~\mu m$ 区间。分析光栅条纹厚度 h_2 要求尽可能遮挡冷中子，通常采用钆材料或氧化钆材料,要达到95％以上的吸收率。G_0 光栅条纹厚度与 G_2 相同。相光栅 G_1 与分析光栅 G_2 间距 d 为 G_1 的塔尔博特距离,G_2 光栅常数 p_2 与 G_1 光栅常数 p_1 的关系满足分数塔尔博特效应,对于球面波:

$$d_n = \frac{LD_n}{L - D_n}$$

$$p_2 = \frac{d_n p_1}{D_n},\ \text{相位光栅}$$

$$p_2 = \frac{d_n p_1}{2D_n},\ \pi\ \text{相位光栅} \tag{9-18}$$

式中:D_n 为平面波的塔尔博特距离;L 为 G_0 源光栅到 G_1 分析光栅的距离;n 为相光栅阶数,一般取 $n=1$。相光栅 G_1 的条纹厚度 h_1 满足

$$h_1 = \frac{\pi}{N b_c \lambda} \tag{9-19}$$

式中:N 为原子密度;b_c 为相干散射长度;λ 为中子波长。

关于相干性要求,源光栅 G_0 狭缝宽度 s 需满足

$$s \leqslant \frac{\lambda L}{0.94 n p_2 (\ln V_0)^{-1/2}} \tag{9-20}$$

式中:V_0 为系统要求的最低能见度(visibility),通常要求在 0.4 以上。

对于暗场相衬,关联长度 ξ(可表征微结构尺度)与分析光栅周期 p_2 成反比,其关系式可表示为

$$\xi = \frac{\lambda L_s^{\text{eff}}}{p_2} \tag{9-21}$$

式中:L_s^{eff} 为有效距离,若将样品置于 G_1 和 G_2 之间,则 L_s^{eff} 与样品到探测器距离 L_s 相等,$d > L_s^{\text{eff}} > 0$;若将样品置于 G_0 到 G_1 之间,则 $L_s^{\text{eff}} = (L + d - L_s)d/L$。因此 ξ 上限约为 $\lambda d / p_2$。

9.3.6　极化中子成像的基本原理、装置和参数选择

极化中子成像技术结合了中子磁散射截面和透射能力的优势,利用自旋分析和过滤装置巧妙地将中子与物质作用后相空间的自旋相移变化转换为坐标空间的强度分布,能够直接再现物体内部磁场分布并进行量化,在基础科学

领域有较好的应用,如观测电磁相互作用的物理效应、测定分析磁材料性质、获取样品外部环境参数等。中子作为磁场探针的优点在于:首先中子不带电,其与磁场通过磁矩进行相互作用,并不损失能量,也不偏移传播方向;其次中子的强穿透性使其可以穿透较厚的材料,深入内部进行探测;最后,中子的性质较稳定,能很好地适应各种外在环境下的测量。利用极化中子进行成像可以开展多方面的研究,包括观测电磁物理效应、磁材料性质测定分析、磁材料外部环境参数检测、样品内部磁材料检测以及磁场三维立体成像等。特别是超导体等材料的研究和应用往往与其电磁性质密切相关,这些性质随外磁场、温度、压力等外界因素的函数变化直接与微观的量子相变相联系,但由于这一函数的理论计算涉及量子多体波函数(微观)或复杂化学组分(宏观)的问题,基本不可解,因此往往需要借助实验手段进行测定,传统的手段通常有比较大的局限性,比如难以测量材料内部,难以测量具有比较复杂几何结构的磁场,难以进行极端条件下测量等,而极化中子成像技术可以解决这些问题,是很好的表征工具。与中子散射技术相比,极化成像技术的原理较为简单,后期数据处理也不算复杂,实验结果更为直观,且两者侧重点不同,中子散射技术偏向研究材料的微结构性质,极化中子成像则可以从宏观尺度较快地监测环境因素和内部缺陷对材料性质的影响,并同时实现对材料物理结构和磁性质的可视化成像,而且近年来极化中子成像技术进一步结合了部分中子散射技术,提高了实验精度并可对实验结果进行量化。

极化中子很早就被用于研究材料结构及性质,但基本都属于中子散衍射的范围,并不涉及样品内部磁场的宏观分布,也无法进行磁场的可视化成像。2005 年卡尔吉洛夫(N. Kardjilov)等人首次提出将中子成像装置结合极化产生器和极化分析器对磁场进行成像[16],并于 2008 年在德国 BER Ⅱ 反应堆的冷中子成像装置上成功地得到了柱状永磁体的双极磁场分布图及 YBCO 超导体的迈斯纳效应,同时对极化中子层析成像的可行性进行了一定分析。之后,在德国 FRM - Ⅱ 反应堆、瑞士 PSI 散裂源、日本 JRR - 3M 反应堆、JSNS 散裂源上均进行了极化中子成像实验,并将其成功应用于磁化系数的测定和磁材料薄膜厚度的测定、电流趋肤效应的检验、超导容器内部磁场的探测、超导体相变温度的测量、应力测量和 $Pd_{1-x}Ni_x$ 晶体磁场的层析重建等,取得了不错的成果。

1) 基本原理

中子内禀磁矩与自旋相对应 $\boldsymbol{\mu} = \gamma \boldsymbol{s}$ (γ 为中子旋磁比, $\gamma = 2\mu/\hbar$),根据埃

伦菲斯特(Ehrenfest)定理,中子极化矢量与磁场的作用可以表述为

$$\frac{\mathrm{d}\boldsymbol{P}}{\mathrm{d}t} = \frac{1}{\mathrm{i}\hbar}\overline{[\boldsymbol{\sigma}, -\boldsymbol{\mu} \cdot \boldsymbol{B}]} = \gamma \boldsymbol{P} \wedge \boldsymbol{B} \qquad (9-22)$$

对于恒定磁场,取磁场方向为 z 轴,可解得

$$P_x(t) = \cos(\omega t)P_x(0) - \sin(\omega t)P_y(0)$$
$$P_y(t) = \sin(\omega t)P_x(0) + \cos(\omega t)P_y(0) \qquad (9-23)$$
$$P_z(t) = P_z(0)$$

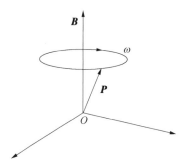

即自旋绕磁场方向发生进动,进动角频率 $\omega = -\gamma B$,如图 9 - 24 所示。

根据上述原理,当一束极化中子通过带磁样品时,强弱不一的磁场将使得原本方向一致的中子自旋产生不同的进动角相移 ϕ(退极化),这些相移包含了磁场空间分布(沿某一方向的磁场强度积分量)的信息

图 9 - 24 中子自旋沿磁场方向的进动

$$\phi = \frac{\gamma \lambda m}{2\pi\hbar}\int B\,\mathrm{d}s \qquad (9-24)$$

式中: m 为中子质量; λ 为中子波长; s 为中子传输路径。

由此衍生出极化中子成像技术,其基本原理如图 9 - 25 所示,系统主要由自旋极化器、样品磁场、自旋分析器和像探测器构成,中子束经极化器后自旋沿 z 轴方向向上。

通常要求待测磁场与 z 轴垂直且方向保持恒定(可在样品处外加强磁场予以保证),则相移角 ϕ 即为极化矢量与 z 轴的夹角, $\cos\phi$ 为极化矢量 $\boldsymbol{P}$ 在 z 轴的分量,理想情况下中子经过极化器后处于完全极化态,则可知经过样品后中子自旋向上的概率从 100% 衰减为 $[1 + \cos\phi(x, y)]/2$,利用自旋极化器完全过滤自旋方向向下的中子,再考虑样品和装置对中子的吸收效应,则像探测器上接收到的中子强度分布为

$$I(x, y) = I_0 T\exp\left(\int \Sigma\,\mathrm{d}s\right) \times \frac{1}{2}[1 + \cos\phi(x, y)] \qquad (9-25)$$

式中: Σ 是样品材料的宏观吸收截面; T 为极化器、分析器、准直器等装置的

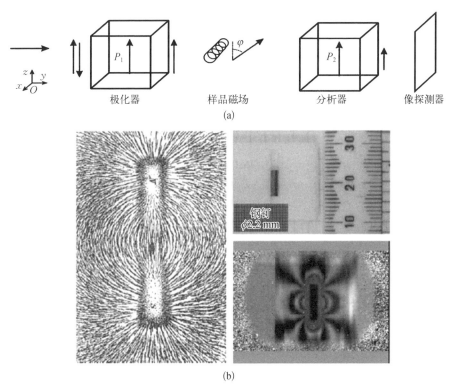

图 9 - 25　极化中子成像原理和检测示例图[16]

（a）极化中子成像原理图；（b）检测示例图

透射率，背景项 $I_b = I_0 T \exp\left(\int \Sigma \mathrm{d}s\right)$ 可通过关闭样品磁场或引入 π 自旋转向器等手段测量得到并消去，经处理后图像仅与自旋相移相关，即灰度随磁场强度呈周期性变化：

$$\cos \phi = 2 \frac{I}{I_b} - 1 \tag{9-26}$$

在此基础上发展三维层析技术，引入 π/2 自旋转向器以改变入射束和出射束的极化取向，测得中子强度分布与出射中子极化矢量相关：

$$I_{i,o} = I_0 \frac{\exp\left[-\int \Sigma(s)\mathrm{d}s\right](1 + P_{i,o})}{2}, i \in \{x, y, z\}, o \in \{x, y, z\} \tag{9-27}$$

式中：下标 i 表示入射中子极化方向；o 表示出射中子极化方向。极化矢量矩

阵为

$$\boldsymbol{P}_{i,o} = \frac{I_{i,o} - I_{-i,o}}{I_{i,o} + I_{-i,o}} \tag{9-28}$$

将传输路径上的非匀强磁场分解为 N 段匀强磁场,在各段区间极化矢量绕磁场做拉莫进动:

$$P = \prod_{i=1}^{N} \operatorname{expm}(\phi_i K_i)$$
$$\approx \operatorname{expm}(\phi K)$$
$$= I + \sin(\phi)K + (1 - \cos\phi)K^2 \tag{9-29}$$

式中: ϕ_i 为进动角; ϕ 和 K 近似为 ϕ_i 和 K_i 沿中子传输路径的求和。"expm" 为矩阵的自然指数,矩阵 $\boldsymbol{K}_i$ 可表示为

$$\boldsymbol{K}_i = \begin{bmatrix} 0 & -\hat{B}_{zi} & \hat{B}_{yi} \\ \hat{B}_{zi} & 0 & -\hat{B}_{xi} \\ -\hat{B}_{yi} & \hat{B}_{xi} & 0 \end{bmatrix} \tag{9-30}$$

式中, $\hat{\boldsymbol{B}}_i = \boldsymbol{B}_i / |\boldsymbol{B}_i|$ 为各段磁场的单位矢量。进一步计算可得

$$\phi = \arccos\left(\frac{\operatorname{Tr}(P) - 1}{2}\right)$$
$$K = \frac{P - P^{\mathrm{T}}}{2\sin\phi} \tag{9-31}$$

在中子传输路径上的磁场投影的线性表达式为

$$R(\boldsymbol{B}) = \phi\hat{\boldsymbol{B}} / \left(\frac{\gamma\lambda m}{2\pi\hbar}\right) \tag{9-32}$$

可通过拉东反变换进行磁场重建。

此处需注意的是,与常规层析成像相比,极化中子层析成像在样品转动时,中子传输路径上磁场分布也相应变化,则样品逆时针旋转 θ 角后,传输路径上的磁场矢量为

$$\boldsymbol{B}_\theta = (B_x\cos\theta + B_y\sin\theta, \ B_x\sin\theta - B_y\cos\theta, \ B_z) = L_z(-\theta)\boldsymbol{B} \tag{9-33}$$

式中:下标 θ 表示旋转 θ 角后中子传输路径上的磁场分布, $L_z(\theta)$ 为绕 z 轴的

逆时针转动矩阵,其表达式为

$$L_z(\theta) = \begin{bmatrix} \cos\theta & -\sin\theta & 0 \\ \sin\theta & \cos\theta & 0 \\ 0 & 0 & 1 \end{bmatrix} \tag{9-34}$$

因此根据记录的极化矢量 $\boldsymbol{P}_\theta$,需要进行变换,得到样品相对坐标系中的极化矢量 $\boldsymbol{P}$ 为

$$\boldsymbol{P} = L_z^{\mathrm{T}}(-\theta)\boldsymbol{P}_\theta L_z(-\theta) \tag{9-35}$$

另需注意的是,为方便重建,近似式忽略了矩阵指数运算的不可对易性,才能将非阿贝尔射束投影转换为线性投影,对于磁场强度变化比较大的区域,重建图像可能存在畸变。

具体重建可采用滤波反投影,或代数迭代重建,其方法与常规平行射束透射式层析重建算法类似。

2) 装置和参数选择

极化中子成像系统装置主要包括单色器(包括机械速度选择器、晶体单色器、飞行时间法)、极化/分析器、像探测器等,其中像探测器用于将中子强度分布转换为图像灰度分布,由于现有的数字成像探测器有比较宽的线性响应区间,即灰度与强度成正比关系,因此像探测器的问题主要集中在图像处理方面,此处不再赘述。现对极化中子成像关键器件和相关参数说明如下。

(1) 准直比。中子成像系统的固有不锐度包括三个方面:几何不锐度 U_g、像探测器(转换屏和胶片/CCD)的不锐度 U_f、散射引起的不锐度 U_s 等。散射不锐度随物屏距增加显著降低,因此在极化中子成像中可忽略不计,而像探测器不锐度通常与中子转换屏的厚度有关,100 μm 厚的转换屏不锐度约为 0.24 mm,200 μm 转换屏不锐度约为 0.34 mm。要使总不锐度在 0.5 mm 左右,几何不锐度要控制在 0.4 mm 以内。对于极化中子成像,由于样品与像探测器之间还有自旋分析装置和自旋转向等装置,而且考虑到样品磁场与这些装置的相互干扰,因此物屏距可能拉大到 150~500 mm,要控制几何不锐度在 0.4 mm 左右,要求前端准直比达到 350 以上。

对于使用速度选择器和理想晶体单色器的极化照相装置,可以通过缩小准直光阑孔径和拉长孔径与样品距离提高准直比,目前较好的研究堆冷中子成像装置准直比可达到 2 000 以上。几何不锐度可达 0.075~0.25 mm。

对于嵌镶晶体单色器,每个嵌镶单元独立反射入射中子,反射中子度发散

度 η 及入射中子发散度 η_i 与晶体嵌镶宽度 η_c 有关,当 L 小于 D/η(D 为单色器直径)时,系统准直比恒为 $1/\eta$,因此可有效缩短单色器至样品距离以提高注量率并保证准直比。但注意到常见的单色器嵌镶宽度在 0.4°左右,即等效准直比在 140 左右,因此需要加入准直器进一步提高准直比,如 BER‐Ⅱ研究堆 PONTO 装置上就在单色器后加入 soller 准直器,将水平准直比和垂直准直比分别提高到 570 和 300。极化器也存在同样的问题,以常见的 ^{3}He 过滤器和弯曲型极化超镜为例,^{3}He 过滤器不改变中子的传输方向,因此可以保持准直比,而弯曲型极化超镜的出射中子束方面和发散度都会发生改变,因此可能会对分辨率造成影响。

(2) 单色器。极化中子成像通常采用晶体单色器和机械速度选择器作为单色装置。对于晶体单色器,由于中子成像对束流准直比和均匀性有较高要求,因此通常采用平板单色器,其能量分辨率和反射率受制造工艺影响较大,包括嵌镶半宽度、中子束发散度、晶体表面不平整度等,热解石墨(pyrolytic graphite,PG)具有较高的中子反射率,是目前使用较为普遍的晶体单色器,HMI 的极化中子成像装置就采用了 PG(002)晶体(晶面间距 3.332 Å),嵌镶半宽度 0.4°,当输出波长为 0.4 μm 时,能量分辨率为 2%～3%。为提高量化精度,有时需要通过改变中子波长获取多幅成像结果,通过晶体单色器选择不同波长的中子时,需要旋转晶体单色器以改变晶面与入射中子束之间的夹角,后端的装置也需要围绕晶体入射点进行大角度旋转,大大增加了装置操作难度,为解决这个问题,采用两块相互错开平行放置的晶体单色器组成双晶单色器,入射中子经第一块晶体单色器反射后入射到第二块晶体单色器上再反射,出射中子束始终与入射中子束平行,无需将后面实验装置进行大范围调整。与单晶体单色器相比,双晶体单色器能量分辨率改变不大,但注量率降低约30%。机械速度选择器相比晶体单色器在透射率、波长调节和准直比保持方面较有优势,但其能量分辨率较低(通常在 10%左右,且选择中子能量越高,分辨率越低)。此外,基于散裂中子源,或者基于研究堆的脉冲化中子束,可以用飞行时间法实现优于 1%的能量分辨率。

极化中子在磁场中的自旋进动角与中子波长相关,随着磁场增强,不同波长中子自旋的相移差逐渐明显,而且由于自旋绕磁场转动的周期性,这些中子的极化矢量发生叠加,从而导致衰减,即退极化现象。单色性能好的中子束,其所能探测的磁场区域更宽广。不过一般情况下,机械速度选择器已可满足检测要求。

斯特罗布尔(Strobl)等人曾提出一种自旋回波法极化中子成像技术,从一个新的思路解决磁场的周期解问题,在样品处加匀强磁场,在样品前加反方向的补偿磁场抵消样品处匀强磁场的影响。这样一方面通过调整补偿磁场形成的中子强度变化曲线可用余弦函数进行拟合,另一方面当入射中子能量达到一定展宽时,不同波长中子的自旋相移会相互干扰,而且退极化程度随磁场增强而加深,故改变补偿磁场观察曲线峰值变化可以确定样品磁场范围。与常规极化中子成像技术不同,自旋回波法的单色器能量分辨精度太高反而会降低磁场量化能力,此时反而需要刻意降低中子单色分辨率,在极端一些的情况,白光中子也能够进行磁场量化。

(3) 极化/分析装置。中子极化产生装置及自旋分析装置原理与结构基本一致,因此一起分析。常用的极化器有固态自旋过滤器、磁单色器晶体、极化超镜和 ^{3}He 自旋过滤器等。后两者是现在常用的技术。对于该装置主要关注参数为装置的极化效率 P,即完全非极化中子经装置后形成的极化度。

极化超镜极化效率可达 95% 以上,其作为极化中子成像极化/分析装置最大的问题在于全反射临界角过小,要得到较大面积的中子束,要求超镜做得很长。以 $m=5$ 为例,其 4 Å 中子的全反射临界角约为 $1.93°$,要得到束流宽度为 d 的束流,超镜长度至少要求 $d/\tan(1.93°) \approx 29.7d$。而对于中子成像而言,探测器与样品之间的距离越短越好,极化超镜作为自旋分析装置的话,其长度不仅会导致中子强度下降,更会大幅降低成像结果的分辨率,不是好的选择。且与单晶体单色器类似,反射式结构不利于入射波长的调整。德国 FRM-II 反应堆的极化中子成像实验曾采用潜望镜式极化器作为极化装置,由两片平行的极化超镜组成,极化效率达 99%。与潜望镜式极化器类似的还有极化腔,采用透射式设计,也有长度问题。为解决极化超镜长度问题,目前多采用弯曲超镜极化器,其与弯曲导管类似,直视长度 $L=\sqrt{8d\rho}$,特征角 $\theta^* \approx \sqrt{2d/\rho}$,取值在上自旋中子临界角附近,则下自旋中子的临界角小于特征临界角,沿弯曲镜面凹面进行全反射(花环反射),出射中子束照受面积集中在凹面附近很小的面积上,对于上自旋中子,当入射角大于特征临界角时,在相邻超镜之间交替产生全反射(锯齿反射),通过不同的反射形式改变出射中子极化度。在保持长度不变的情况下,弯曲超镜型极化器可以通过叠加超镜增大极化中子的透射截面。弯曲极化超镜的主要问题在于中子束出射方向会发生轻微改变,同时由于在中子转输过程中既有花环反射又有锯齿反射,会造成出口处中子束空间分布和极化度分布的不均匀,对于极化中子成像而言,可采用两块 C

图 9 - 26　S 形弯曲超镜极化器（由两个 C 形超镜组成，不改变出射中子方向）

形弯曲超镜组合成 S 形超镜，有效改善出射束流方向改变和束流不均匀问题（图 9 - 26）。

^{3}He 自旋过滤器利用极化 ^{3}He 原子核对不同自旋状态中子的不同吸收截面选出所需自旋方向中子。^{3}He 自旋过滤器的优点在于束流截面不受限制且均匀性极佳，而且适用中子能谱较宽，可同时对冷中子到热中子能段进行极化，HMI 曾利用 ^{3}He 自旋过滤器作为极化器和分析器开展过白光中子的极化成像实验，成像效率提高了 70 倍。其主要问题在于：① ^{3}He 气体的极化较难，国内并没有相关技术，另外由于 ^{3}He 分子与腔壁铁原子碰撞、泄漏、外磁场不均匀等因素，^{3}He 气体的极化度始终在缓慢下降，可使用时间一般在数百小时，必须要经常重新极化或更换；② 由于存在吸收效应，对于单能中子，^{3}He 自旋过滤器的透射率一般要低于超镜式极化器，其成像效率优势主要体现在热中子能段或白光中子，代价则是极化效率的降低，特别是白光中子情况，由于极化效率为各能段中子极化效率的叠加，很难进行量化分析。如果不考虑弯曲超镜等对束流均匀性的影响，装置极化效率对成像的影响可以量化表征，如图 9 - 27 所示。

$$I = I_0 T e^{-\int \Sigma \mathrm{d}s} \times \frac{1}{2}(1 + P_1 P_2 \cos \varphi) \tag{9-36}$$

式中，P_1 和 P_2 分别为极化器和分析器的极化效率，因此极化效率主要影响成像对比度。一般建议极化效率高于 80%。

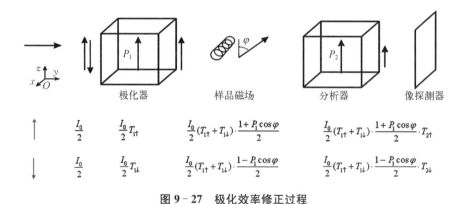

图 9 - 27　极化效率修正过程

9.3.7　能量选择成像

能量选择成像与常规的白光中子成像技术的区别如下：能量选择成像是

利用特定核素对不同波长中子的相互作用截面差异,通过多波长采集和差分成像的方式,以实现对该特定核素的鉴别。根据作用机理的不同,又可分为冷中子布拉格边成像和共振中子成像。

1) 冷中子布拉格边成像

在冷中子能区,根据布拉格公式 $\lambda = 2d_{hkl}\sin\theta$,对于晶面间距 d_{hkl} 的某一晶面簇 (hkl),入射角为 2θ 且波长满足布拉格公式的中子束会发生衍射增强,对于透射成像,2θ 达到 $180°$,对于波长 λ_c 在 $2d_{hkl}$ 的中子,都会出现不同程度的衍射损失,表现在宏观吸收截面上就是 λ_c 处出现明显的突降,被称为布拉格边效应(图 9 - 3(a))。不同材料晶格常数和反射系数不同,其布拉格边有所区别,在布拉格边附近选择波长进行差分成像,可以识别相应的核素[17],如图 9 - 28 所示。另一方面,从铁材料的布拉格边透射谱可以看出,布拉格边的位置、高度、形状、强度等可以反映出晶相、织构和应变等信息,当能量分辨率足够高时,通过布拉格边成像还能实现应力或织构分布的定量检测,如图 9 - 29 所示。目前冷中子布拉格边成像在研究堆上主要依托双晶体单色器或者机械速度选择器实现,能量分辨率一般在 $2\%\sim15\%$ 左右,基本满足核素分辨需求;在散裂源上主要靠脉冲中子束+飞行时间法实现,其能量分辨率可达 $2\permil$,满足应力或织构检测需求,但需要配置带时间分辨的中子探测器,其中如果是 EMCCD、ICCD、SCMOS 等需要荧光屏耦合的探测器,则还需要短淬灭时间的荧光屏,如 LiF 玻璃和闪烁体等,而中子敏感 MCP 探测器则可以直接用于飞行时间法成像,分辨率优于 $55\ \mu m$。

2) 共振中子成像

在共振中子能区,许多中重核素,包括其同位素在内,吸收中子后形成复合核的能量接近其激发态能量,形成共振吸收,测量其激发曲线或反应截面曲线,会发现其中存在许多孤立的共振峰。不同核素的截面结构各不相同,因此对不同波长下的透射图像进行分析,可以获得相关核素的分布信息(图 9 - 30)。由于散裂源能谱可以较好地覆盖共振能区,目前共振成像主要基于散裂源,利用飞行时间法开展。

除能量选择成像外,还可以基于中子成像—瞬发 γ 活化分析联合检测技术、X 射线联合成像技术开展核素分辨,前者可开展微克/克量级的核素分辨,但限制于瞬发 γ 射线的探测效率,分辨率还在毫米级;后者利用中子和 X 射线与物质作用截面的互补性,进一步丰富检测细节、增强检测效果(图 9 - 31)。

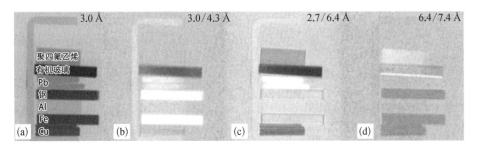

图 9‑28　不同材料的冷中子能量选择成像[18]

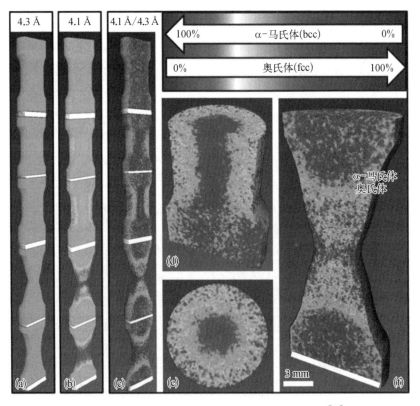

图 9‑29　基于冷中子布拉格边成像的相分布检测[19]

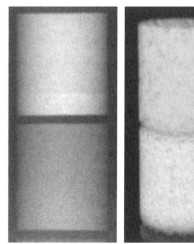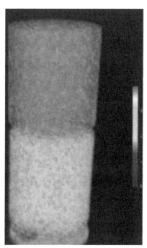

图 9‑30　利用共振区能量选择成像识别^{235}U(左)和^{238}U 核素(右)[20]

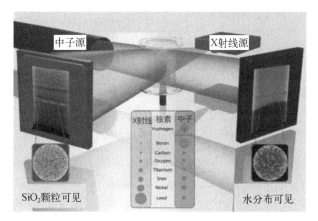

图 9‑31　中子—X 射线联合成像示意[21]

9.3.8　中子鬼成像的基本原理与方法

中子鬼成像又称双光源中子成像或中子关联成像,是一种利用双中子复合探测恢复待测样品空间信息的新型中子成像技术,其像在并不包含物体的光路上生成,因此称为鬼成像。

中子鬼成像技术通过使用没有空间分辨能力的探测器进行物理信号的采样,将大量在空间上进行调制的不同波场,按时间顺序投射到目标物体以获取空间分辨,进而重建出高空间分辨率的图像。鬼成像将分辨率对探测器和光源的高要求转换到调制器件上来,极大地降低了对源流强的要求,比较适用于中子发生器和同位素等中小型中子源。

1) 基本原理

鬼成像实际上是一种关联成像技术,如图 9-32 所示,通过对双光路的强度涨落信号进行关联运算,来获取被测物体的图像信息。其中一条光路称为测量光路,光线经过被测物体后,携带物体信息的光到达一个单像素探测器(即桶形探测器上);另一路为参考光路,光经过自由传播直接被桶形探测器接收。两个探测器分别得到的是透过被测物的总光强值和光场的空间强度分析矩阵,对一系列测量值进行关联运算即可获得被测物体的图像[22]。

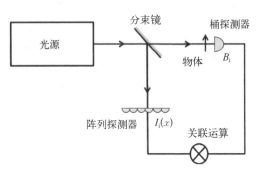

图 9-32 双臂鬼成像原理[22]

2) 方法

目前,鬼成像方法主要是利用计算机技术对光场强度分布进行空间调制,生成涨落预知的散斑场,由此可以省去参考光路,实现只有一个探测器的鬼成像。对于热中子,可利用镉或钆等中子阻挡材料制备不规则的中子吸收颗粒,填充于软性薄膜中,实现散斑图。测量过程中,移动薄膜并测量透过待测物的总强度,就可以得到一系列热中子散斑场。重建采用二阶关联算法,对于 N 次测量:

$$
\begin{aligned}
G(x, y) &= \langle SI(x, y)\rangle - \langle S\rangle\langle I(x, y)\rangle \\
&\approx \frac{1}{N}\sum_{i=1}^{N} S_i I_i(x, y) - \frac{1}{N^2}\sum_{i=1}^{N} S_i \sum_{i=1}^{N} I_i(x, y)
\end{aligned}
\tag{9-37}
$$

式中,符号"$\langle \ \rangle$"表示取平均,$G(x, y)$ 是计算得到的图像,S 是桶形探测器得到穿过被测物的总强度,$I(x, y)$ 是每个像素的灰度值,对于计算鬼成像来说其已预先测量好,保存在计算机中。

在实际应用中,受效率限制,采样数不足会导致成像信噪比较低,而且由于存在中子及 γ 辐射干扰,成像结果(如图 9-33 所示)往往嵌入大量低频背景和噪声信号,导致图像劣化,因此还需要优化算法,提高图像质量,常用的算法包括压缩感知算法和深度学习算法。

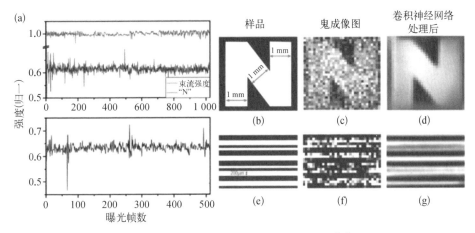

图 9 - 33　鬼成像采集信号及重建数据图[22]

9.4　中子成像应用

　　受到中子源和探测技术的限制,中子成像技术的应用主要依托研究反应堆、中子散裂源和高通量中子发生器等大中型科学装置的开展,时间和经济成本较高,但由于其独特优势,仍大量应用于核能、航空航天等国民经济关键领域,并在建筑、生物、海关、考古等领域的新材料性能检验、先进制备工艺改进、重要物品无损检测等方面发挥了积极作用。

9.4.1　核工业领域的应用

　　由于中子成像技术能对强放射性物质成像,其在核工业中很早就得到了应用,美国、日本、欧洲许多国家都基于反应堆和加速器建有中子成像系统,用于核燃料元件测量、事故情况下反应堆燃料棒行为研究、燃料棒和控制棒使用前后的检测等[23]。时至今日,中子成像已成为核燃料元件研究和检测不可或缺的技术手段,特别是在辐照后检测(PIE)和反应堆事故研究等领域成效卓著,其主要检测对象包括燃料元件结构检测、芯块富集度及可燃毒物检测、锆合金包壳含氢量检测、燃料组件两相流检测等。

　　1) 燃料元件结构完整性检测

　　在燃料元件的质量检测中,结构完整性是安全的首要保障。通常燃料元件在出厂时就对芯块和包壳的完整性作了严格要求。超声和涡流则由于耦合剂和导电率无法满足要求,通常不用于燃料元件检测,X、γ 射线可对燃料芯块的间隙、表面裂纹以及燃料包壳焊缝及空洞、裂纹进行测量,但无法穿透铀材料检测芯块内部缺陷。因此在出厂阶段,主要是依靠工艺保障燃料元件质量,而对于服役期的燃料元件,中子成像是最为有效的无损检测手段。世界上有代表性的辐照后燃料检查设施(热室)(Hot Fuel Examination Facility,HFEF,隶属于美国爱达荷国家实验室,下称 INL)就将中子成像作为燃料元件的常规结构检测手段,其建有中子成像专用反应堆(the neutron radiography reactor,NRAD),凡在 INL 研制和辐照考核的燃料元件,均需用 NRAD 进行中子成像检测。

2)芯块富集度及可燃毒物检测

随着反应堆技术的发展,在同一燃料元件中会使用不同富集度的燃料芯块,以满足反应堆换料周期和功率展平等核设计的要求。目前主要采用 γ 能谱法或中子活化法对 ^{235}U 的富集度进行测定,但只能获得燃料元件 ^{235}U 富集度的轴向平均分布,不能获得 ^{235}U 富集度的径向分布和空间直观分布影像。另外,为了提高电厂的经济性和换料的灵活性,积极采取高燃耗、长周期、低泄漏的运行策略,IFBA(涂 ZrB_2 芯块)和含钆(即 $Gd_2O_3 - UO_2$)芯块之类的可燃毒物一体化燃料应运而生。二硼化锆涂层的均匀性以及氧化钆在芯块中分布的均匀性对于芯块在堆内的运行有着重要的影响。中子成像正逐步在这一领域发挥作用,如图 9 - 34 所示。

3)燃料元件锆合金包壳含氢量检测

燃料棒包壳的结构完整性和气密性是防止放射性裂变产物释放的第一道安全屏障。压水堆中普遍采用锆合金作为包壳材料,但锆材料在堆内运行期间与高温水相互作用产生并析出锆氢化物将导致包壳材料明显脆化。在燃料棒的设计准则中也对包壳的腐蚀吸氢进行了专门规定。过去,对于锆合金辐照后吸氢性能分析主要通过对吸氢腐蚀后样品的金相检验、透射电子显微镜检测等破坏性手段,获取吸氢的量和观察其腐蚀程度,再基于测量数据用统计学方法拟合出经验公式,建立适用于不同工况的吸氢模型。由于破坏性测量对样品制备有较高要求,且不能很好地还原样品中氢含量的三维分布和演化数据,因此对锆合金的氢腐蚀过程、速率等参数的获得只能依赖大量的实验和统计学分析,导致模型计算值偏差较大,最大偏差甚至超过 10%。2007 年,中子成像替代热萃取气体分析技术,被用于欧洲反应堆失水事故研究项目 QUENCH 中。如图 9 - 35 所示的是锆合金包壳材料 E110 的吸氢检测。

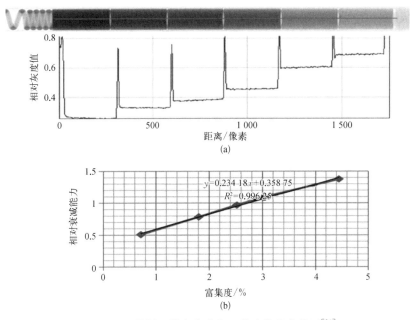

(a)

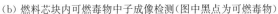

(b)

图 9 - 34　燃料元件富集度和可燃毒物分布检测[24]

（a）核燃料富集度中子成像检测线灰度图及拟合曲线；
（b）燃料芯块内可燃毒物中子成像检测（图中黑点为可燃毒物）

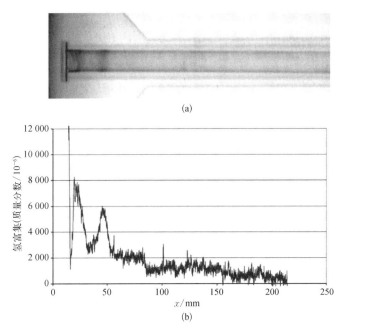

图 9 - 35　燃料元件锆包壳氢团聚检测及定量分析（瑞士 PSI 散裂源）[25]

（a）中子成像检测图；（b）定量分析图

在 2014 年的 QUENCH 实验中,中子成像被用于检测新型 M5、ZIRLO 锆合金的高温腐蚀行为,并与经典锆-4 合金进行比较(如图 9-36 所示)。挪威能源技术研究中心也将中子成像用于反应堆失水、燃料破损和功率瞬变等事故中燃料元件行为研究。

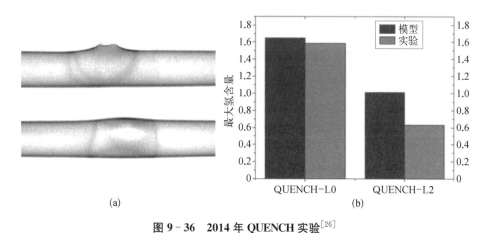

(a)   (b)

图 9-36　2014 年 QUENCH 实验[26]

(a) 锆-4 合金腐蚀的中子成像;(b) 实验结果与模型计算比对

燃料组件两相流检测,在高速成像系统的支持下,中子成像还可用于核燃料元件外部冷却剂流动和沸腾情况的模拟分析,并对空泡系数这一关键参数进行量化测定,如图 9-37 所示。

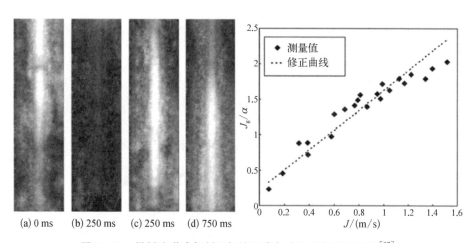

(a) 0 ms   (b) 250 ms   (c) 250 ms   (d) 750 ms

图 9-37　燃料流道冷却剂两相流图像与空泡分数量化结果[27]

9.4.2　航空航天领域的应用

航空航天工业产品的质量和可靠性是各国高科技技术研究发展高度关注的领域。而航空航天产品制造工艺和使役环境的复杂性导致其内部结构损伤、非预期残留、组织结构多层次问题，给产品损伤失效评价带来挑战和难度。在国外，中子无损检测技术早已被广泛用于航空航天领域，成为其重要质检手段之一，主要检测对象包括航空发动机涡轮叶片和渗水渗油检测等。

1）航空发动机涡轮叶片检测

空心涡轮叶片是航空发动机的重要零件，由于空心涡轮叶片内部腔道细小而且复杂，脱芯工艺难以保证陶瓷型芯的完全清除。残余型芯可造成叶片局部超温，导致工作叶片失效，对发动机造成巨大安全隐患。中子成像是检测航空涡轮叶片残余型芯的最有效手段，可以实现毫克量级残芯的检出。中子成像检测航空发动机叶片残芯已经商业化，加拿大多伦多的 Nray 服务公司已经向全球客户提供中子成像服务。世界主要发动机公司，如罗罗公司、通用公司及普惠公司等均建立了发动机叶片残余型芯检测的企业标准，并进行产品实物的批量检测。

国内中国航发北京航空材料研究院联合中国工程物理研究院核物理与化学研究所开展了大量的空心涡轮叶片残余型芯中子成像检测实验研究[28]（如图 9-38 所示），并以此为基础建立了企业级检测标准，在中国绵阳研究堆和中国先进研究堆上开展了批量检测，年检量近万片。

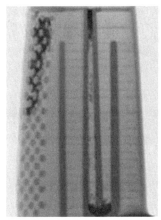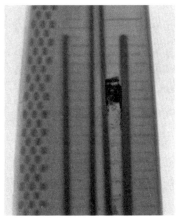

图 9-38　航空发动机涡轮叶片残余型芯检测图像[28]

2）直升机旋翼渗水渗油检测

直升机旋翼等出于轻量化和强度考虑，多采用蜂窝状等结构设计，再由于工况较为复杂，易被水、油渗透，从而降低铝、石墨环氧树脂等界面的黏接强度。中子成像技术能够清楚分辨含氢的水、油成分，以及其他高分子材料。

9.4.3　地质建筑领域的应用

地质建筑领域关注的材料多具有多孔结构，其中的孔隙和裂隙是水、气、油等地质流体渗流的通道以及赋存的空间，由此对材料性质造成较大影响，因此孔隙大小、连通性、几何形状及其空间分布等孔隙结构特征是地质建筑领域微观研究的主要内容。分析多孔介质中富含氢流体相位结构和流动规律情况时，虽然 X 射线成像和磁共振成像技术仍被广泛使用，但这两种技术都有局限性。X 射线成像依赖于使用造影剂来区分不同饱和度多孔介质中的空气和水，可能对流体性质造成了不确定的影响；而磁共振成像则受可视化孔径范围限制以及样品所含矿物元素的影响（如：铁元素）。相比之下，中子由于对氢元素衰减强烈，但对气体和固体组分（如：二氧化硅和铁）相对不敏感，在岩石介质非饱和渗流研究方面体现出明显的优势。从 20 世纪 70 年代开始中子成像即开始应用到岩土体等多孔材料的研究中，近年来中子成像技术被广泛地应用于富含氢流体在天然或人造多孔介质内的非饱和渗流问题，如岩石、混凝土（图 9－39）、细砂岩、石英砂、黏土砖等。

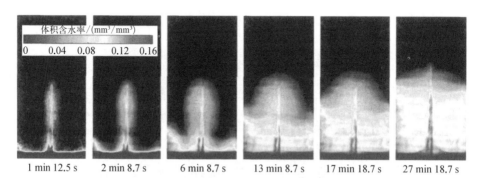

体积含水率/(mm³/mm³)
0　　0.04　　0.08　　0.12　　0.16

| 1 min 12.5 s | 2 min 8.7 s | 6 min 8.7 s | 13 min 8.7 s | 17 min 18.7 s | 27 min 18.7 s |

图 9－39　水在混凝土裂缝内随时间的渗透[29]

E. 珀费克特（E. Perfect）等对中子成像技术在岩土及其他工程材料研究中的应用进行了详细而系统的总结[30]。

在中子透射成像方面，可用于观测岩石中水或其他流体运动，主要针对建筑材料或油气储层岩石中的渗流特征分析,比如利用动态中子成像研究砂岩、岩浆岩、黏土砖样品中水和油的扩散,以此拟合相关扩散方程,并用于解决重油驱油、水-气界面等问题,其中利用中子成像技术估计的自发渗吸过程中贝雷砂岩的吸附性和不饱和扩散,已被广泛用作地质和石油工程领域的岩石物理调查的标准。

在中子层析方面,可用于岩石类多孔介质内部水分及其他富含氢元素物质的三维成像研究。比如布恩(Boone)等将 X 射线层析与中子射线层析相结合,分别对真空和室内状态下石灰岩样品进行成像研究,通过提取水在孔隙中的三维分布图来揭示岩石样品孔隙结构特征。图迪斯科(Tudiscoa)等探索了中子三维成像技术在岩石力学方面的应用[31],他们利用三维数字体相关法对砂岩受载后的三维应变场进行了量化描述,并与 X 射线层析成像技术的结果进行了对比分析,结果证实中子成像技术能够对砂岩样品损伤形态进行精细描述。例如,利用层析成像和 X 射线技术所得砂岩样品内部三维应变场分布如图 9-40 所示。

X射线		中子	
切应变	体应变	切应变	体应变

图 9-40　利用中子层析成像和 X 射线技术所得砂岩样品
内部三维应变场分布图[31]

近年来,中国工程物理研究院核物理与化学研究所与哈尔滨工业大学合作,利用中子层析对道路用新型沥青混合料内各成分的分布情况进行三维成像,显示了其内部材料结构。例如,利用中子层析成像技术所得沥青混合料内部成分三维分布如图 9-41 所示。

9.4.4　生物领域的应用

在植物学领域,中子成像可对植物根部、芽、树叶和花瓣以及在小型植物里的水流动做研究分析,对木材内氢流失以及土壤内水分随着时间渗透做检测。特别是植物根系检测,经过轻重水置换,可以清楚地观察根系的吸水情

三维模型

内部结构

集料+空隙　　　　　砂浆　　　　　沥青混合料

图 9 - 41　利用中子层析成像技术所得沥青混合料内部成分三维分布图

况,并据此定量重建整个根系中的水分传输模型(包括渗透率、流率等),推断有效营养成分作用机制和效果。例如,植物根系成像对比如图 9 - 42 所示。

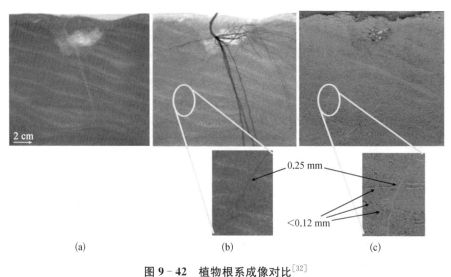

2 cm

0.25 mm

<0.12 mm

(a)　　　　　　　(b)　　　　　　　(c)

图 9 - 42　植物根系成像对比[32]

(a) 120 kV X 射线成像;(b) 中子成像;(c) 光学扫描成像(有损)

在生命科学领域,中子成像与 X 射线成像形成优势互补。X 射线成像优势在于骨骼等无机组织成像,而中子成像可对血管等有机组织成像,同时由于多数肿瘤较正常组织含氢量更高,在肿瘤诊断方面也有优势。而中子成像最大问题在于剂量高,氢散射严重,还无法用于临床,多用于动物实验或病理学研究。例如,利用中子成像和 X 射线技术所得鼠肺的中子投影和层析重建如图 9-43 所示。

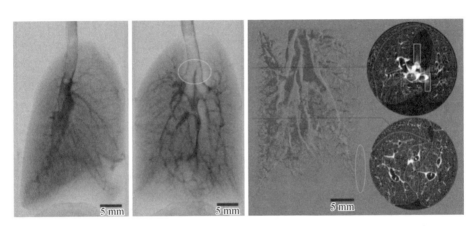

图 9-43　利用中子成像和 X 射线技术所得鼠肺的中子投影和层析重建[33]

9.4.5　海关安全检测领域的应用

近年来,为维护本国的国土安全和人民的生命财产安全,大多国家的海关均利用中子成像或 γ 成像装置和技术等现代无损检测技术对核材料、爆炸物等危险品和毒品实施检测。

在核材料检测方面,中子成像技术对核材料具有突出的检测优势。Perot 等人设计的 EURITRACK 项目系统采用伴随粒子探测成像技术对集装箱内货运材料包裹内,可能存在的核材料进行检测,该系统将 X 射线扫描成像设备与中子检测设备联用:首先将集装箱进行 X 射线扫描成像,对怀疑位置再进行标记中子成像检测,以提升检测效率。X 射线扫描成像与中子检测两个设备联用的总体结构设计如图 9-44 所示。

在爆炸物检测方面,由于中子成像特长发挥最充分的是在爆炸物的检测上,所以,中子成像装置和技术在各国海关得到了充分的利用。因为它不仅可透过金属外壳检测子弹、炮弹、引信和雷管等内装炸药的密度均匀性和空隙大小,而且还可对延时器和继电器等控制元器件进行质量检验。例如,利用热中子成像检测的起爆器结构(图 9-45)。

图 9-44　利用伴随粒子法检测集装箱货物总体图[34]

左侧标注：中子发生器、供电系统

右侧标注：伽玛和中子探测器、生物屏蔽

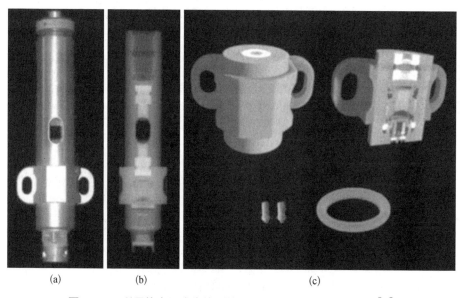

（a）　　　　（b）　　　　　　　（c）

图 9-45　利用热中子成像检测的子弹和引爆装置内阻爆缺陷[35]

再如,近年来,一些恐怖分子利用 X 射线不能穿透重金属壳层(铁、铅等)和对炸药等含氢材料探测灵敏度低的弱点,在过海关安检前,将爆炸物或爆炸装置隐蔽在重金属内蒙混过关,或采用小批量入境再组装的方式,造成了许多难以弥补的损失,境内外的贩毒集团也可能采用此种方法进行毒品走私。中子成像利用中子的强穿透性,以及对氢元素的灵敏性,对重金属内的炸药、爆炸物具有较强的识别能力,美国 MIT 等研究机构正在研究利用中子成像技术,开展集装箱内富氢样品检测,结果表明,中子成像可有效定位目标材料[36]。

此外,依托研究堆引出的裂变中子,国际上还开展了大型结构件的装填状态检测应用,如德国 FRM-Ⅱ堆的裂变中子成像装置可以实现对 200 L 体积大尺寸结构件内部结构检测,可以应用到大型构件的检测。诸如,利用研究堆裂变中子成像检测的大尺寸结构件(图 9-46)。

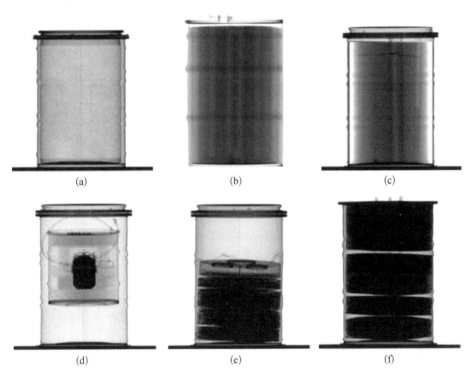

图 9-46　利用研究堆裂变中子成像检测的大尺寸结构件[37]

9.4.6　考古领域的应用

由于文物的不可再生性,对于文物的分析检测要求尽量不给所测文物带来任何宏观物理变化和潜在危害,因此无损检测是优先选择。相比 X 射线,中子不带电,对大部分金属材料具有强穿透性,对硼、氢等特殊核素具有高探测灵敏度,中子成像技术可以在金属类、大型建筑类等文物内部结构缺陷,木制品、纸张等有机材质类小型文物内部结构缺陷检测与分析中发挥重要作用,特别是在金属、陶、石等无机材质与有机材质混合结构的文物内部结构检测中具有独特的应用优势。

利用中子成像检测技术对文物进行无损检测,可以为文物内部结构构造分析及内部探伤提供新的技术手段,为文物病害产生机理研究等工作提供数据支持,促进文物考古学的发展。20 世纪 90 年代,中子成像开始逐步用于考古领域,此后在相关领域的应用迅速发展,对象包括西藏铜佛像、青铜剑、青铜雕像及古镰刀、古陶器等,近年来,中子成像与瞬发 γ 活化分析技术相结合,实现了文物材料组分的定量分析,对铁珠、陶器、青铜砝码等文物进行了成分检定,明确其加工工艺[39]。例如,利用中子层析检测的古陶器(图 9‑47),利用中子成像结合活化分析测定的 6 世纪胸针内部结构及成分(图 9‑48)。

断面重建图　　　　中子层析三维重建　　　裂纹修复黏胶剥离
定量测量陶瓷壁厚度　　　内部结构

图 9‑47　利用中子层析检测的古陶器[38]

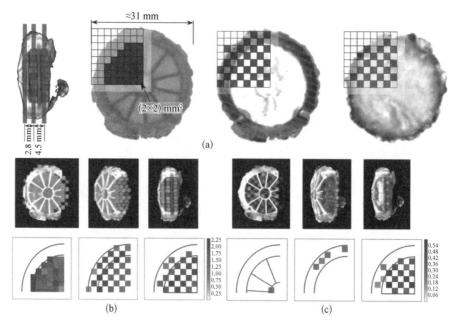

图 9‑48　利用中子成像结合活化分析测定的 6 世纪胸针内部结构及成分

(a) 测量区域划分;(b) 结构及铁分布情况;(c) 结构及铜分布情况[39]

参考文献

［1］ Kardjilov N，Manke I，Hilger A，et al．Neutron imaging in materials science ［J］．Materials Today，2011，14(6)：248 - 256．

［2］ Lehmann E H，Peetermans S，Josic L，et al．Energy-selective neutron imaging with high spatial resolution and its impact on the study of crystalline-structured materials ［J］．Nuclear Instruments and Methods in Physics Research Section A-Accelerators Spectrometers Detectors and Associated Equipment，2014，735：102 - 109．

［3］ Ziesche R F，Kardjilov N，Kockelmann W，et al．Neutron imaging of lithium batteries［J］．Joule，2022，6：45．

［4］ ASTM E1316 - 22，Standard terminology for nondestructive examinations［S］．New York：ASTM，2022：1 - 10．

［5］ Tremsin A S，Feller W B，Downing R G，et al．Efficiency optimization of microchannel plate (MCP) neutron imaging detectors．I．Square channels with 10B doping［J］．Nuclear Instruments and Methods in Physics Research A，2005，539：278 - 311．

［6］ Popov V，Degtiarenko P，Musatov I．New detector for use in fast neutron radiography［C］//12th International Workshop on Radiation Imging Detectors，2011．

［7］ Liu Q，Liu H B，Chen S．A successful application of thinner-THGEMs［J］．Journal of Instrumentation，2013，8：C11008．

［8］ Craft A E，Wachs D M，Okuniewski M A，et al．Neutron radiographyof irradiated nuclear fuel at Idaho National Laboratory［J］．Physics Procedia，2015，69：483 - 490．

［9］ Mishima K，Hibiki T，Saito Y，et al．Visualization and measurement of gas-liquid metal two-phase flow with large density difference using thermal neutrons as microscopic probes［J］．Nuclear Instruments & Methods in Physics Research，1999，424：229 - 234．

［10］ Zboray R，Dangendorf V，Mor I，et al．Time-resolved fast-neutron radiography of air-water two-phase flows in a rectangular channel by an improved detection system ［J］．Review of Scientific Instruments，2015，075103 - 5．

［11］ Cser L，Krexner G，Török G G．Atomic-resolution neutron holography［J］．Europhys．Letters，2001，54：747 - 752．

［12］ Allman B E，McMaho P J，Phase radiography with neutron［J］．Nature，2000，406：158．

［13］ Kardjilov N，Lehmann E，Steichele E，et al．Phase contrast radiography using thermal neutrons［C］//Poceedings of the Seventh World Conference，2002，285 - 292．

［14］ Strobl M，JValsecchi J，Harti R P，et al．Achromatic non-interferometricSingle grating neutron dark-field imaging［J］．Scientific Reports，2019，9：19649．

［15］ Reimann T，Muhlbauer S，Horisberger M，et al．The new neutron grating interferometer at the ANTARES beamline: design, principles and applications[J]. Journal of Applied Crystallography, 2016, 49: 1488 – 1500.

[16] Kardjilov N, Manke I, Strobl M, et al. Three-dimensional imaging of magnetic fields with polarized neutrons[J]. Nature Physics, 2008, 4(5): 399 – 403.

[17] Josic L, Steuwer A, Lehmann E. Energy selective neutron radiography in material research[J]. Applied Physics A, 2010, 99: 515 – 522.

[18] Kardjilov N, Baechler S, Basturk M, et al. New features in cold neutron radiography and tomography Part II: applied energy-selective neutron radiography and tomography[J]. Nuclear Instruments and Methods in Physics Research Section A-Accelerators Spectrometers Detectors and Associated Equipment, 2003, 501: 536 – 546.

[19] Woracek R, Penumadu D, Kardjilov N, et al. 3D mapping of crystallographic phase distribution using energy-selective neutron tomography[J]. Adv Mater, 2014, 26 (24): 4069 – 4073.

[20] Nelson R O, Vogel S C, Hunter J F, et al. Neutron imaging at LANSCE—from cold to ultrafast[J]. Journal of Imaging, 2008, 4: 45.

[21] Tengattini A, Lenoir N, Ando N. Next-Grenoble, the neutron and X-ray tomograph in Grenoble[J]. Nuclear Instruments and Methods in Physics Research A, 2020, 968: 163939.

[22] He Y H, Huang Y Y, Zeng Z R, et al. Single-pixel imaging with neutrons[J]. Science Bulletin, 2021, 66: 133 – 138.

[23] Yasuda R, Matsubayashi M, Nakata M, et al. Application of neutron imaging plate and neutron CT methods on nuclear fuels and materials[J]. IEEE Transactions on Nuclear Science, 2005, 52: 313 – 316.

[24] Tremsin A S, Vogel S C, Mocko M, et al. Non-destructive studies of fuel pellets by neutron resonance absorption radiography and thermal neutron radiography[J]. Journal of Nuclear Materials, 2013, 440: 633 – 646.

[25] Lehmann E H, Vontobel P, Hermann A. Non-destructive analysis of nuclear fuel by means of thermal and cold neutrons[J]. Nuclear Instruments and Methods in Physics Research A, 2003, 515: 745 – 759.

[26] Stuckert J, Grobe M, Rossger C, et al. Results of the LOCA bundle test QUENCH – L5 with pre-hydrogenated optimised ZIRLO™ claddings (SR – 7738)[R]. QUENCH – LOCA – Reports No. 6.

[27] Lim I C, Sim C M, Cha J E, et al. Measurement ofthe void fraction in a channel simulating the HANARO fuel assembly using neutron radiography[J]. Nuclear Instruments and Methods in Physics Research A, 2005, 542: 181 – 186.

[28] 王倩妮,郭广平,顾国红,等. 航空发动机叶片残余型芯中子照相检测[J]. 失效分析与预防,2021,16(1): 76 – 82.

[29] 薛善彬. 基于中子成像和X射线CT的低渗砂岩非饱和渗流机理研究[D]. 北京:中国矿业大学,2018.

［30］ Perfect E, Cheng C L, Kang M, et al. Neutron imaging of hydrogen-rich fluids in geomaterials and engineered porous media: A review［J］. Earth-Science Reviews, 2014, 129(1): 120 - 135.

［31］ Tudisco E, Hall S A, Charalampidou E M, et al. Full-field measurements of strain localisation in sandstone by neutron tomography and 3D-volumetric digital image correlation［J］. Physics Procedia, 2015, 69: 509 - 515.

［32］ Mohsen Z, Yangmin X K, Andrea C, et al. Where do roots take up water? Neutron radiography of water flow into the roots of transpiring plants growing in soil［J］. New Phytologist, 2013, 199: 1034 - 1044.

［33］ Metzke R W, Runck H, Stahl C A, et al. Neutron computed tomography of rat lungs［J］. Physics in Medicine and Biology, 2011, 56: N1 - N10

［34］ Perot B, Carasco C, Bernard S, et al. Development of the EURITRACK tagged neutron inspection system［J］. Nuclear Instruments & Methods in Physics Research Section B, 2007, 261: 295 - 298.

［35］ Baechler S, Kardjilov N, Dierick M, et al. New features in cold neutron radiography and tomography: Part I: thinner scintillators and a neutron velocity selector to improve the spatial resolution ［J］. Nuclear Instruments and Methods in Physics Research Section A, 2002, 491: 481 - 491.

［36］ Liu Y, Sowerby B D, Tickner J R. Comparison of neutron and high-energy X-ray dual-beam radiography for air cargo inspection［J］. Applied Radiation and Isotopes, 2008, 66: 463 - 473.

［37］ Bücherla T, Kalthoffb O, Lierse Ch. A feasibility study on reactor based fission neutron radiography of 200 - l waste packages［J］. Physics Procedia, 2017, 88: 64 - 72.

［38］ Stanojev Pereira M A, Schoueri R, Domienikan C, et al. The neutron tomography facility of IPEN - CNEN/SP and its potential to investigate ceramic objects from the Brazilian cultural heritage［J］. Applied Radiation and Isotopes, 2013, 75: 6 - 10.

［39］ Schulze R. 3D-imaging for cultural heritage purposes ［D］. Koln: University of Koln, 2010.

第 10 章
中子散射技术及其应用

 1932 年,查德威克(Chadwick)发现了中子[1],这是 20 世纪物理学发展中的一个极重要的事件,它与核反应诱发人工放射性、发明带电粒子加速技术并列为 20 世纪 30 年代原子核研究发展中的三个里程碑。发现中子这一突破性进展使查德威克获得 1935 年的诺贝尔奖。1936 年,埃尔萨瑟(Elsasser)确认中子能被晶体衍射。同年,米歇尔(Mitchell)和鲍尔斯(Powers)通过实验证明了这一点。1947 年,津恩(Zinn)在阿贡国家实验室(Argonne National Laboratory,ANL)建造了第一台中子衍射仪,中子散射技术开始运用于分析领域。随后,美国橡树岭国家实验室物理学家沙尔(Shull)作为中子晶体学和中子磁性散射的奠基者、开拓者[2],加拿大乔克河国家实验室的物理学家布罗克豪斯(Brockhouse)作为中子非弹性散射和晶体动力学奠基人以及第一台三轴谱仪的设计者[3],二人分享了 1994 年的诺贝尔物理学奖[4]。主要表彰他们分别在发展中子散射技术方面,以及"帮助解答了原子在哪里的问题"和"帮助解答了原子在做什么的问题"的杰出贡献。

 20 世纪 90 年代以来,中子散射技术在法国、俄罗斯、美国和日本等国家发展迅速,被广泛应用于材料、能源和生命科学等分析领域;我国的中子散射技术起步于 20 世纪 60 年代,2012 年我国成立了中国物理学会中子散射专业委员会。中子散射专业委员会是中国物理学会领导下的分支机构。中子散射专业委员会是全国从事中子散射科学研究和应用的科技工作者的群众性学术团体,其宗旨是提高我国中子散射科学研究和应用水平,促进中子散射在凝聚态物理、化学、材料、生物科学、聚合物和软物质、地球科学、机械加工、核物理、质子成像和医学等领域的应用和发展,培养人才。近年来,随着中国绵阳研究堆(CMRR)、先进研究堆(CARR)和散裂中子源(CSNS)等三个国家大型固定源并配套谱仪的相继建成,目前我国的中子散射技术及其应用总体水平处于国际先进行列。本章将首先简介中子散射技术的特点、中子源和基本原理,其次详细介绍典型的中子散射谱仪及原理、物理实验方法和反演理论,最后概要介绍主要应用方向等内容。

10.1 中子散射技术特点与中子源

中子散射技术经过几十年的发展和实际应用,其重要性已得到国际学术界的公认,并且已成为衡量一个国家科技综合实力的重要标志之一。随着近20年来大型固定中子源和谱仪等技术的发展及其性能指标的提升,中子散射技术已经在物理、化学、材料、生物、地矿、能源、环境等诸多领域得到了越来越广泛的应用。下面将主要介绍中子散射技术的特点与中子源。

10.1.1 中子散射技术的特点

中子散射可帮助人们回答材料中原子、分子在哪里,它们在做什么,作为检测方法具有非常鲜明的特点。中子不带电荷,具有穿透能力强、非破坏性、电中性(无库仑位垒),以及磁矩等特性[5]。

1) 中子散射是核散射

中子与原子核作用,散射长度随原子序数 Z 不规则变化,随着原子序数增加,中子散射长度或增或减,或正或负。这一点与 X 射线区别明显,X 射线与核外电子作用,灵敏度正比于 Z^2。中子对轻元素和序数相近元素原子敏感,例如:对锰、铁、钴合金不同元素的区分能力,在测定超离子导体 β -氧化铝中镁和铝的位置方面能发挥重要作用。另外,中子对氢、氘同位素十分敏感,可以开展各类衬度变换、衬度匹配、氘代链标记等样品和实验设计,在高分子和生物大分子领域的发展过程中发挥不可替代的作用。

2) 中子具有极强的穿透力

中子不带电,与非磁物质的作用主要是核相互作用,因此中子表现出较强的穿透性,通常在厘米量级。研究的是体效应,适合于极端条件下的原位观测;这不仅有利于开展大样品、大部件的常规无损分析测量,而且还可加装高温、低温、磁场、应变、高压、气氛等样品环境,开展各种极端条件下的原位观测。

3) 中子直接与原子核相互作用

中子能量与物质晶格振动能量相当,可获得固体的声子谱特性;中子波长和能量适当,是用于"静态"和"动态"结构测量的理想探针。用于中子散射的低能中子波长为 0.1～1 nm,能量为 1～100 meV,与凝聚态物质中原子间距和一些元激发能相当,是一种理想的探针(波长、能量均匹配),可用于研究静态(空间结构与位置)和动态(能量和动量的传递与转换)特性。

4) 中子具有磁矩

中子虽然不带电,却具有磁矩,利用超镜材料极化器产生的极化中子束对磁性材料磁结构和磁激发的探测具有独特优势。借助极化中子束与磁性物质具有较强相互作用的特性,所形成的中子磁散射是获取磁性材料磁结构信息直接有效的方法,可测定物质的静态及动力学磁性质(磁有序现象、磁激发、自旋涨落),在磁结构分析方面处于几乎垄断的地位。

5) 合适的时空测量尺度

中子散射利用的中子波长一般在零点几埃到数纳米范围内,对应的能量在零点几到数百毫电子伏的范围。中子散射十分适用于从原子、分子尺度观察物质内部结构和不同的原子、分子相互作用等动力学信息。

10.1.2　中子散射技术用中子源

高强度的中子源是开展中子散射的基础,满足中子散射实验要求的中子源有两类,即研究堆中子源和散裂中子源(散裂源),二者有各自的优势。研究堆是一种稳定连续的中子源,可为实验提供单色的束流中子,且利用冷源可以获得高品质的长波长中子;而大部分散裂中子源为脉冲模式,有丰富的短波(高能)中子,并同时利用几乎所有波长的中子。20 世纪 40 年代中期,科研人员就已开始利用研究堆中子源开展中子衍射结构分析研究;而散裂中子源则是最近 20～25 年发展起来的新一代中子源。随着中子散射技术越来越受到各国重视,两类大型固定中子源、配套的各类谱仪以及相应的中子散射研究中心也相继建成。

国际上典型的研究堆中子源有法国 Grenoble 的 HFR 堆、美国 Oak Ridge 的 HFIR 堆、日本 JRR - 3M 堆、澳大利亚 ANSTO 的 OPAL 堆、中国的 CMRR 堆和 CARR 堆等;典型的散裂中子源如美国 ANL 的 SNS 源、LANL 的 LANSCE、英国 Rutherford 实验室的 ISIS 源、日本 KEK 的 J - PARC 源、欧洲 ESS 源等。基于这些中子源已形成多个著名的中子散射研究中心。如法国的 ILL 和 LLB,美国的 LANL、ORNL 和 NIST,英国的 RAL,日本的 JAERI 和 KEK,德国的 HMI 和 GKSS,俄罗斯的 JINR 和 PNPI,澳大利亚的

ANSTO，中国的 CSNS 等。配备各类中子散射谱仪，开展了大量相关实验、理论及应用研究工作。

近年来，法国劳埃朗之万中子科学中心（ILL）、美国国家标准局（NIST）中子散射中心（NCNR）等老牌中子源正在进行持续的升级，欧洲散裂源（ESS）、英国散裂源（ISIS）和日本散裂源（J‑PARC）等高性能散裂模式中子源也陆续建成。

中国绵阳研究堆，反应堆功率为 20 MW，2013 年 9 月，该堆配套建设的冷中子源投入使用。实测用于中子散射实验的热中子注量率为 2.4×10^{14} cm^{-2}·s^{-1}，冷中子注量率为 10^9 cm^{-2}·s^{-1}。CMRR 首期建设的 6 台中子散射谱仪和 2 台中子成像装置，经 2013 年以来的系列带中子束热调试工作已经全部投入使用[6]，分别为高分辨中子衍射仪、中子应力分析谱仪、高压中子衍射仪、中子小角散射谱仪、飞行时间极化中子反射谱仪、冷中子三轴谱仪和冷/热中子成像装置，实测综合性能指标均达国际主流谱仪行列，部分属国际先进。同时高/低温、高压、力学拉伸和磁场等原位环境加载设备也已初步具备。二期建设的谱仪中，中子超小角散射谱仪等已经基本建成，热中子三轴谱仪和中子标定测试束线等正在建设中，将于未来几年建成和投入运行。该堆冷中子大厅的布局如图 10‑1 所示。

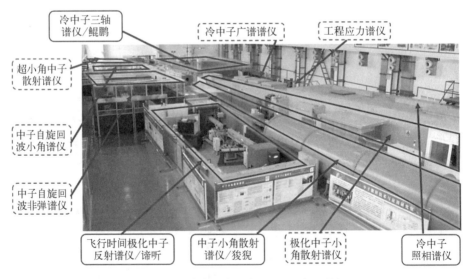

图 10‑1　冷中子大厅布局（2021 年 1 月）

中国先进研究堆位于中国原子能科学研究院内，反应堆功率为 60 MW，重水反射层内的热中子注量率为 8×10^{14} cm^{-2}·s^{-1}。CARR 是一座采用反中子阱原理设计、使用 U_xSi_x - Al 作为燃料元件、稍加压轻水作为冷却剂和慢化剂、重水作为反射层的池内水罐式游泳池式研究堆。在该堆上建成的中子散射科学平台"一期"拥有 7 台谱仪[7]。

中国散裂中子源的概念设计和预先研究历时 8 年,由中国科学院主持,高能物理研究所和物理研究所的百余名科技人员参加了此项工作[8]。束流功率为 100 kW 的中国散裂中子源已成为发展中国家拥有的第一台散裂中子源,并进入世界四大散裂中子源行列,已为国内外科学家提供世界一流的中子科学综合实验装置,其设计寿命超过 30 年。CSNS 装置主要由一台 80 MeV 负氢离子直线加速器、一台 1.6 GeV 快循环质子同步加速器、两条束流输运线,一个靶站和一期 3 台谱仪及相应的配套设施等构成。该装置的靶体材料选用固体钨靶,冷却剂为重水,靶体容器由在核工业广泛应用的耐辐照及腐蚀的核级 316 不锈钢加工而成;低温液氢耦合慢化器和常温水慢化器分别位于靶体的正下方和正上方,靶站系统能安全可靠地接受 100 kW、1.6 GeV 的质子束流,并把部分质子束流能量转化为短脉冲、高脉冲通量的慢化中子(<1 eV),产生的脉冲中子通过水(300 K)、耦合液氢(20 K)、退耦合液氢(20 K)三个慢化器慢化后通过中子束道及束道开关分配到中子散射谱仪端。CSNS 的总体设计指标如下:打靶质子束流功率为 100 kW,脉冲重复频率为 25 Hz,每脉冲质子数为 1.56×10^{13}(平均流强 62.5 µA),质子束动能为 1.6 GeV,最高通量每质子、每单位立体角弧度为 5×10^{-3}。厂房、隧道和靶站的建设已经考虑到一期 80 MeV、100 kW 的负氢直线加速器将来升级到二期 250 MeV、500 kW 的情况。参照国际同类装置的建造及运行经验,CSNS 工程竣工的验收标准为所建装置具备均达到 100 kW 打靶束流功率设计指标所需的所有设备,并通过初始性能验收测试。验收测试的指标为脉冲质子数达到设计指标的 1/10(即 1.56×10^{12}),每质子、每单位立体角弧度的中子注量率达到设计指标;谱仪验收指标为谱仪探测器的中子探测效率大于 50%,空间分辨达到 2.54 cm×2.54 cm(高通量粉末衍射仪)和 0.8 cm×1.0 cm(小角衍射仪,多功能反射仪),时间分辨低于 5 µs。靶站体系包括钨靶、三个中子慢化器(耦合氢慢化器容器、退耦合窄化氢慢化器、退耦合水慢化器容器)、铁铍反射体、铁+重混凝土屏蔽体、公用和维护系统。CSNS 靶站共有 20 个中子孔道,其中一期规划有通用粉末衍射仪、小角散射仪和多功能反射仪三台谱仪,目前,这三台谱仪已对用户开放;下一步正在积极争取国家材料专项支持建设的材料测试平台,也希望用户单位能积极推动谱仪的建设。

10.2 中子散射基本原理

自 1932 年中子被发现以来,1936 年确定了中子具有波动性和粒子性,人们便设想可用中子来研究凝聚态物质。后来随着加速器、反应堆等各种强中子源的出现,这一设想逐渐变为现实。特别是在 20 世纪 70 年代以后,人们已较充分地掌握了使用中子的理论和技术,并出现了高通量堆和其他中子源,研究领域进一步扩大到冶金、化工和生物等方面。

热中子与原子核或原子的未补偿的自旋都要相互作用,在前一种情况下,可能出现核散射,在后一种情况下出现磁散射。如果散射中子的能量等于入射中子的能量,则散射是弹性的,否则是非弹性的。如果来自不同原子的散射中子波之间保持一定的相位关系而相互干涉,则过程是相干的,否则,过程是非相干的。由于热中子具有 1 埃到数十埃的波长范围,这与常见物质的原子间距在同一量级,因此我们可用布拉格(Bragg)衍射关系,通过衍射中子束所在的角度和中子波长而算出原子间距,而弹性散射辐射的衍射图样则可反映物质的结构,这就是中子衍射(弹性散射)的基本出发点,用它可以作静态特性研究。热中子又具有 $1\sim100$ meV 的能量,这也是与常见物质在通常的温度范围(10 K~100 K)的分子平均能量 kT 值可比拟的。因而可以利用中子与分子(或原子)一次碰撞后的能量变化来探测分子(或原子)能量的分布,从而研究物质的动态微观特性,这就是热中子非弹性散射的基本原理。

中子散射方法的基本概念是,可以从动量和能量的信息推出微观世界中粒子的位置和运动信息。如果从实验上测定了从某样品中散射出来的中子在全空间各个方位的强度和能量分布,则通过它的傅里叶变换即可得到微观空间中粒子的静、动态分布。

中子散射技术是利用低能中子的散射效应获取物质相关信息的一种实验技术,通过测量其能量和动量的变化来研究物质的微观结构和运动规律,是在原子、分子尺度上研究物质微观结构和运动规律的重要手段,包括核散射与磁散射两类,主要包括中子衍射、应力分析、小角散射、反射和非弹性散射技术。

10.2.1 热和冷中子束流输运技术

中子散射技术的发展需要依托中子光学和探测部件的研制和进步。相比于发展与建造高性能中子源,对光学部件及探测系统进行优化更具有经济性。目前,聚焦型中子单色器、索莱尔(Soller)型中子准直器[9]、双晶石墨单色器、二维位置灵敏探测器已经得到广泛的发展和应用。学者在澳大利亚 ANSTO 的应力谱仪上利用径向准直器取样成功进行大样品残余应力测量。为提高中子强度以适应小样品、快测量等场景的测试需求,高效单色器聚焦技术、高透过率准直器技术和高性价比中子探测器制备技术都是重要的研究方向。德国的 FRM-Ⅱ高通量研究堆和瑞士 PSI 配备了双晶石墨单色器,用于开展能量选择中子成像,波长分辨率可达 3%。涂硼气体电子倍增(GEM)中子探测器[10]于 2011 年由德国海德堡大学研制成功以来,被广泛认为有望替代³He 气体探测技术,是中子探测器的重要方向之一。国内清华大学、中国科学技术大学、中国科学院高能物理研究所等单位很早就开始致力于 GEM 探测器基本性能的研究工作,并取得了系列重要进展。这节我们将分别对中子束输运技术中的中子导管、单色器、准直器、探测器等部分进行简要介绍。

1) 中子导管

在中子散射技术中,利用高品质中子超镜导管及其系统把研究堆水平实验孔道出口位置的束流中子传输到实验样品处是高性能中子散射谱仪所需中子的主要传输方式。关于中子导管的相关知识可参见第 2 章 2.3.5 节的相关内容。目前,匈牙利 MR 公司和瑞士 PSI 研究所在中子超镜导管方面具有成熟的生产工艺,曾经为欧洲多个中子源提供过性能优良的中子导管,其中,这两家公司为澳大利亚 ANSTO 和日本 J-PARC 等中子中心提供的中子超镜导管结构如图 10-2 所示。

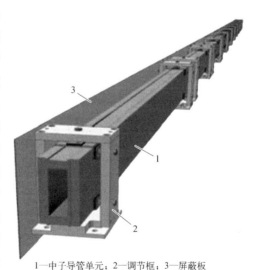

1—中子导管单元;2—调节框;3—屏蔽板

图 10-2　澳大利亚 ANSTO 和日本 J-PARC 的中子超镜导管结构图

2) 单色器

单色器主要用于将中子束单色化,以便选择所需波长的中子束。对衍射和应力谱仪,单色器主要有两类:一类是镶嵌晶体[11],主要包括热压锗、铜和热解石墨;另一类是弯曲完美晶体[12],主要是硅。镶嵌晶体与中子粉末衍射仪的单色器类似,其优点是镶嵌角较大,通常为 $20'\sim25'$,能够得到较高的中子束强度;弯曲完美晶体的有效镶嵌发散仅为几分,它的优点是有利于装置得到较好的分辨。目前,镶嵌晶体单色器正逐渐被弯曲完美晶体所取代,但鉴于其利于高强度的特点,短期内不会被完全替代。粉末衍射装置的镶嵌晶体单色器只要满足准聚焦条件便可以得到较好的分辨,可以不必约束单色器和样品之间的水平发散 (α_2),然而中子应力分析为了利用狭缝系统得到准确的标准体积,必须使 α_2 较小(0.1°),因此,在镶嵌晶体单色器的选择上其点阵空间必须和90°衍射角附近需要的波长相匹配。

在中子小角散射中,通常有两种方法使中子束单色化,一种是多层介质单色器,另一种是机械速度选择器。目前大部分中子小角散射谱仪采用机械速度选择器[13],其原理如图 10-3 所示。机械速度选择器是一个圆柱形中空的金属鼓状物,鼓的轴与中子束平行,在鼓的圆周上刻有大量的螺旋形槽缝。调节鼓的旋转速度,使一定速度的中子通过该鼓,即可得到所需的单色化的中子束。经过机械速度选择器单色化的中子束,其波长分辨率 $\Delta\lambda/\lambda$ 通常为 $5\%\sim20\%$。

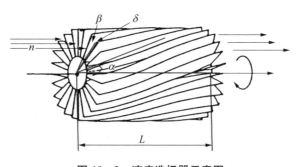

图 10-3　速度选择器示意图

3) 准直器

准直器的作用是调整和控制中子束的发散度和方向,常用的准直器是索莱尔型准直器[14]。它由一系列长 L、高 h、间距为 a 的平行吸收片组成,水平发散度 $\alpha=\dfrac{a}{L}$,垂直发散度 $\beta=\dfrac{h}{L}$,典型的水平发散度满足 $6'\leqslant\alpha\leqslant90'$。现在用来制作索莱尔准直器隔片材料的是 Mylar 膜(表面喷涂一层约 40 nm 的铝膜消除静电),并在表面涂上一层氧化钆或 ^{10}B 的丙乙烯树脂以增加对中子的吸收。这样的准直器在半宽度为 $10'$ 时透射率能达 95% 左右。也可在

Mylar 膜上涂上一层钆和铜,这样的准直器既能准直,也具有全反射作用,透射率更大。

而中子小角散射谱仪的准直器是由可移动的中子导管及固定光阑所组成的真空系统。每节导管接头处装有通常由镉材料制成的准直光阑。准直器的作用是根据实验要求选择适当的中子发散度。中子束的强度与中子的发散度是相关联的,有时为了分辨出散射花样的细节,就需要牺牲强度而采用发散度更小的中子束。

4）探测器

探测器用于测量和记录被样品散射的中子数。目前中子散射谱仪比较常用的是高效率的 ^{3}He 管和二维位置灵敏探测器。二维位置灵敏探测器的气体灵敏区含有三氟化硼或 ^{3}He 气体,灵敏区中间平面的正比导线夹在水平排列的阴极带和与之垂直排列的另一阴极带之间,形成阴极带—正比线（阳极线）—阴极带的三层平行排布。入射到探测器灵敏区的中子通过核反应产生离子,在正比线高电压电场的作用下被电离,电荷脉冲感应到正比线两侧的阴极带上并被收集和记录,便确定了中子的位置和数量。二维位置灵敏探测器具有分辨能力强、稳定性好、噪声低等优点。最为常用的商用二维位置灵敏探测器大多数为 64×64 个探测单元、每个探测单元面积为 1.0 cm×1.0 cm,或 128×128 个探测单元、每个单元面积为 0.5 cm×0.5 cm,后者的探测分辨率更高。

10.2.2　热和冷中子散射技术的基本原理

为解释热和冷中子散射的基本原理,下面将主要介绍中子散射的基本概念和中子非弹性散射基本原理两部分内容。

1）基本概念

要理解中子散射技术的基本原理,首先要阐述中子散射的动量守恒关系和能量守恒关系。

$$Q^2 = k^2 + k_0^2 - 2kk_0 \cos 2\theta \tag{10-1}$$

当一个波矢为 k_0 的中子受到原子核散射后,其波矢将变为 k,k_0 和 k 的矢量关系如图 10-4 所示。其中,2θ 为散射角;k、k_0 的矢量差 Q 为散射矢量,其量纲为长度的倒数。散射矢量 Q 与散射角,波矢量 k_0 和 k 之间的关系为

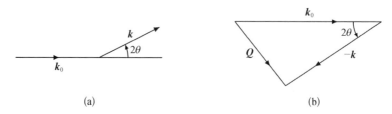

图 10 - 4   波矢为 k_0 的中子受到原子核散射后与 k、k_0 和 k 的矢量关系

（a）散射图；（b）散射矢量 Q、k_0 和 k 的矢量图

波矢的变化对应于动量的改变。所以散射前后中子动量变化为

$$\hbar Q = \hbar(k_0 - k) \qquad (10-2)$$

$\hbar Q$ 称为动量转移，是中子在散射过程中传递给散射体的动量。式（10-2）是散射过程的动量守恒关系。对应的能量守恒关系为

$$E_0 - E = \frac{\hbar^2 k_0^2}{2m} - \frac{\hbar^2 k^2}{2m} = \hbar\omega \qquad (10-3)$$

式中，E_0 和 E 分别为中子散射前、后的能量，ω 为元激发的频率，$\hbar\omega$ 是中子在散射中传递给散射物质的能量，称为能量转移。如果 $\omega = 0$，散射是弹性的；$\omega > 0$ 是中子损失能量的散射，称为下散射；$\omega < 0$ 是中子获得能量的散射，称为上散射。上散射、下散射都属于非弹性散射。非弹性散射是中子与原子核在散射过程中交换能量的结果。

表征中子与原子核相互作用有一个重要物理量，散射长度 b，具有长度的量纲。中子散射长度的正负号和绝对值随原子量 A 和原子序数 Z 的变化都是无规则的。X 射线的散射振幅随 Z 的增加单调增长（图 10-5）。因此，X 射

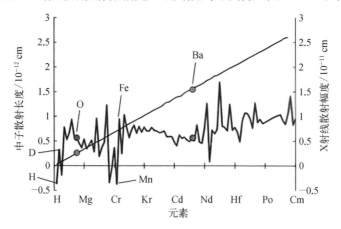

图 10 - 5   中子和 X 射线的散射长度 b 与 Z 的关系

线对轻元素不灵敏;对 Z 相近的元素难于分辨;无法分辨同一元素的同位素。而中子一般没有这样的难题。中子散射在轻元素定位、近邻元素分辨和通过同位素调节衬度等方面具有非常大的优势。

综上,X 射线对原子核外电子云敏感,而中子对核敏感,因而 X 射线和中子在材料研究中是两种优势互补的完美探针。

2)中子非弹性散射基本原理

中子非弹性散射是指中子与散射体散射时发生了动量和能量转移的散射过程,其双微分散射截面是中子非弹性散射测量的主要内容。为了正确理解和分析实验结果,需要从理论导出散射截面的表达式并给出恰当的物理解释(这里只讨论核散射而不涉及磁散射),下面将逐一介绍双微分散射截面、细致平衡、晶体中的声子散射、范霍夫(Van Hove)关联函数、本征矢量和强度区域以及晶格动力学简介等六方面的内容。

(1)双微分散射截面。根据量子力学的费米黄金定则,可给出中子散射时从初始量子态到最终量子态的跃迁,写为下列形式:

$$W(t') = \frac{2\pi}{h} \mid \langle \psi_f(\boldsymbol{r},t') \mid V(\boldsymbol{r},t') \mid \psi_i(\boldsymbol{r},t') \rangle \mid^2 \qquad (10-4)$$

由于原子核之间的核力是短程力,晶体中原子间距和中子波长都远远大于核力作用范围,因此,中子与原子之间相互作用势的 $V(\boldsymbol{r},t')$ 可用费米赝势表示:

$$V_{\mathrm{nuc}}(\boldsymbol{r}) = 4\pi \, \frac{\hbar^2}{2m} \sum_j b_j \delta(\boldsymbol{r} - \boldsymbol{R}_j) \qquad (10-5)$$

式中,b_j 表示原子核对中子的散射长度,$\boldsymbol{r}$ 为中子位矢,$\boldsymbol{R}_j$ 为第 j 个原子核的瞬时位矢,m 是中子质量。对于核散射,态 $\mid \psi \rangle$ 包含了中子和晶体的态信息。由于中子不带电,不考虑电子对中子的影响,可把态函数 $\mid \psi_i(\boldsymbol{r},t) \rangle$ 写为晶格部分 $\mid \lambda_i \rangle$ 和中子部分 $\mid k_i \rangle$:

$$\mid \psi_i(\boldsymbol{r},t) \rangle = \mid \lambda_i(\boldsymbol{r}_{\mathrm{nu}}, t) \rangle \mid k_i(\boldsymbol{r}_{\mathrm{ne}}, t) \rangle \qquad (10-6)$$

$\boldsymbol{r}_{\mathrm{nu}}$ 和 $\boldsymbol{r}_{\mathrm{ne}}$ 分别代表原子核和中子的位矢。

考虑一级玻恩近似,即认为入射和散射中子都为平面波,且只考虑单次散射,于是波函数可写成下面的形式:

$$\psi(\boldsymbol{r}) = \mathrm{e}^{\mathrm{i}(k_i \boldsymbol{r} - \omega t)} \qquad (10-7)$$

代入并做量子微扰计算，可得出整个散射体系从初态到末态的概率：

$$P_{i \to f} = \frac{2\pi}{\hbar} \int e^{i\omega t} \sum_j \sum_k b_j^* b_k \langle e^{iQR_j(t)} e^{-iQR_k(0)} \rangle dt \qquad (10-8)$$

式中，$Q = k_i - k_f$ 为动量转移，$R_j(t) = x_{l,k} + u_{l,k}(t)$，$x_{l,k}$ 是原子的静止位置，$u_{l,k}$ 为原子核瞬时位移，j、k 是原子序号。如果晶体的晶胞体积为 V_0，那么可得到中子非弹性散射的双微分截面为

$$\frac{d^2\sigma}{d\Omega dE} = \frac{k_f}{k_i} \frac{(2\pi)^3}{2V_0} \sum_j \sum_k b_j^* b_k \int e^{i\omega t} \langle e^{iQR_j(t)} e^{-iQR_k(0)} \rangle dt \qquad (10-9)$$

积分符号内表示的是第 j、k 个原子在不同空间位置和时间节点散射的相因子的热力学平均。式（10-9）表明，散射波来自两个波的干涉，其中一个由位于 R_k 的固定散射中心发出，另一个由运动的散射中心 R_j 发出，两者有时间差。如果原子位置与时间不存在依赖关系，公式（10-9）的傅里叶变换只给出函数 $\delta(\omega - 0)$，表示弹性散射；如果不存在空间周期性，对所有相因子的热力学平均不给出任何相长或相消干涉，因此也不给出结构信息。非弹性散射测量的目的就是要知道这两个因子随时间的变化情况。

（2）细致平衡。中子在物质中非弹性散射过程有两种情况：一是中子损失能量在物质中产生一个声子，另一种是中子获得声子的能量，湮灭一个声子[15]。这两种散射过程的能谱强度依赖于能量转移与温度的比值，即细致平衡原理：

$$S(-Q, -\omega) = e^{-\frac{\hbar\omega}{k_B T}} S(Q, \omega) \qquad (10-10)$$

式中，k_B 是玻尔兹曼常数，T 是温度，ω 是声子频率。当样品温度很低时，$k_B T$ 的值比谱仪的能量分辨率还小，此时样品中没有激发，所以只存在中子损失能量的情况。当样品温度很高时，则中子在物质中产生和湮灭一个声子的概率几乎相当。

细致平衡可用来检查实验数据的真实性。举例来说，测量时温度为 300 K（$k_B T = 25$ meV），那么在弹性散射峰两侧能量转移为 ± 25 meV 的非弹性峰强度比值为 e^{-1}。仪器分辨率或探测器对能量的探测效率差异会引起比值出现偏差，噪声本底也会破坏测量数据的细致平衡。

（3）晶体中的声子散射。晶体的特征是具有周期性的长程有序结构。由于热运动，可以把原子的瞬时位置写为

$$R_j(t) = x_l + x_k + u_{l,k}(t) \qquad (10-11)$$

x_l 是原子所在的晶胞位置，x_k 是原子在该晶胞中的相对位置，即以晶胞位置为原点的原子坐标，$\boldsymbol{u}_{l,k}(t)$ 是 t 时刻原子偏离平衡点的位移。在无限晶体中，所有的晶胞可以认为是相同的，因此指数不依赖于晶胞的绝对位置，而是晶格平移矢 x_l。根据玻恩—卡门的周期边界条件可知，x_l 是平移周期，与时间无关，因此在由 N 个晶胞组成的散射体中，可以变换为

$$\frac{\mathrm{d}^2\sigma}{\mathrm{d}\Omega\mathrm{d}E}=\frac{k_\mathrm{f}}{k_\mathrm{i}}\frac{(2\pi)^3N}{2V_0}\frac{\sigma}{4\pi}\sum_l \mathrm{e}^{\mathrm{i}Qx_l}\int \mathrm{e}^{\mathrm{i}\omega t}\langle \mathrm{e}^{\mathrm{i}Qu_l(t)}\mathrm{e}^{-\mathrm{i}Qu_0(0)}\rangle\mathrm{d}t=N\frac{k_\mathrm{f}}{k_\mathrm{i}}\frac{\sigma}{4\pi}S(\boldsymbol{Q},\omega)$$

$$(10-12)$$

式子右边的 σ 表示物质对中子的散射截面，可分为相干散射和非相干散射截面，相应求出的即为相干和非相干双微分截面。$S(\boldsymbol{Q},\omega)$ 是描写散射体微观结构和动力学特征的散射函数，它们只取决于动量转移 $\hbar\boldsymbol{Q}$ 和能量转移 $\hbar\omega$，同样也分为相干散射函数和非相干散射函数。

假设原子在平衡位置做简谐振动（简谐近似），即认为原子振动位移是高斯分布的，根据量子力学可简化热平均：

$$\frac{\mathrm{d}^2\sigma}{\mathrm{d}\Omega\mathrm{d}E}=\frac{k_\mathrm{f}}{k_\mathrm{i}}\frac{(2\pi)^3N}{2V_0}\frac{\sigma}{4\pi}\sum_l \mathrm{e}^{\mathrm{i}Qx_l}\mathrm{e}^{-\langle[Qu_l(0)]^2\rangle}\int \mathrm{e}^{\mathrm{i}\omega t}\langle \mathrm{e}^{[\mathrm{i}Qu_l(t)][-\mathrm{i}Qu_0(0)]}\rangle\mathrm{d}t$$

$$(10-13)$$

式中，$\mathrm{e}^{-\langle[Qu_l(0)]^2\rangle}$ 为德拜-沃勒（Debye-Waller）因子。对式（10-13）做多声子展开可得

$$\frac{\mathrm{d}^2\sigma}{\mathrm{d}\Omega\mathrm{d}E}=\frac{k_\mathrm{f}}{k_\mathrm{i}}\frac{(2\pi)^3N}{2V_0}\frac{\sigma}{4\pi}\sum_l \mathrm{e}^{\mathrm{i}Qx_l}\mathrm{e}^{-\langle[Qu_l(0)]^2\rangle}\int \mathrm{e}^{\mathrm{i}\omega t}\Big(1+\frac{\dfrac{\hbar^2Q^2}{2m}}{\hbar\omega}\gamma(t)$$

$$+\frac{1}{2}\Big(\frac{\dfrac{\hbar^2Q^2}{2m}}{\hbar\omega}\gamma(t)\Big)^2+\cdots\Big)$$

$$(10-14)$$

式（10-14）中右边第一项表示弹性散射，第二项表示单声子散射，第三项表示双声子散射，等等。可得到单声子的相干非弹性散射截面：

$$\frac{\mathrm{d}^2\sigma}{\mathrm{d}\Omega\mathrm{d}E}\Big|_{\mathrm{coh}}=\frac{k_\mathrm{f}}{k_\mathrm{i}}\frac{(2\pi)^3N}{2V_0}\sum_{G,q}\delta(Q-q-G)\sum_j\frac{1}{\omega_j}\mid F(Q)\mid^2$$

$$\times\big[(n_j(q)+1)\delta(\omega-\omega_j)-n_j(q)\delta(\omega+\omega_j)\big]$$

$$(10-15)$$

单声子散射是激发或湮灭一个声子的非弹性散射,方括号内取第一项表示激发一个声子,对应中子损失能量;取第二项表示湮灭一个声子,对应于中子获得能量。G 是散射体倒易空间晶格矢量,q 是声子动量,$n_j(q)$ 是玻色-爱因斯坦因子,$F(Q)$ 是动力学结构因子。

$$n_j(q) = \frac{1}{e^{\frac{\hbar\omega_j}{k_B T}} - 1} \tag{10-16}$$

$$F(Q) = \sum_j \frac{\overline{b}_j}{\sqrt{m_j}} e^{-\langle[Qu_l(0)]^2\rangle} e^{iQd_j} (Q\xi) \tag{10-17}$$

式中,m_j 是原子质量,$\overline{b}_j$ 是相干散射长度,d_j 是原子在晶胞中的位置,ξ 是声子特征矢量方向。δ 函数代表散射过程的动量、能量守恒条件:

$$Q = q + G \tag{10-18}$$

$$E = E_0 - \hbar\omega_j \tag{10-19}$$

对一定的中子入射波矢 k_i 和能量 E_i,当 Q 和 E 同时满足以上两个条件时,实验上将观察到 $\omega_j(q)$ 声子的散射峰。利用这一原理,可用单晶样品测出声子色散曲线 $\omega = \omega_j(q)$。具体的实验方法在中子非弹性散射实验技术中叙述。

双声子以上的散射对截面的贡献一般只有百分之几,实验上把它们做修正项来处理。

同理可得布拉维晶格的单声子非相干非弹性散射截面:

$$\frac{d^2\sigma}{d\Omega dE}\bigg|_{inc} = \frac{\sigma_{inc}}{4\pi} \frac{k_f}{k_i} \frac{3N}{2m} \frac{e^{-\langle[Qu_l(0)]^2\rangle}}{1 - e^{\frac{-\hbar\omega}{k_B T}}} \frac{\langle(Q\xi)^2\rangle}{\omega} g(\omega) \tag{10-20}$$

$g(\omega)$ 是态密度。对于非布拉维格子,截面变为

$$\frac{d^2\sigma}{d\Omega dE}\bigg|_{inc} = \frac{k_f}{k_i} \sum_j \frac{\sigma_{inc,j}}{2m_j} \frac{e^{-\langle[Qu_l(0)]^2\rangle}}{1 - e^{\frac{-\hbar\omega}{k_B T}}} \sum_s \frac{|Q\xi|^2}{\omega_s} \delta(\omega - \omega_s)$$

$$\tag{10-21}$$

如果非相干散射是由于混合了同位素造成的,则需要在样品预处理阶段用单一的同位素。当然,非相干散射也有其有利的一面,如用来研究固体中氢

原子或氢分子的动力学性质。

为了计算固体的热力学性质(例如比热),需要知道振动频率分布即态密度 $g(\omega)$,它的定义是频率在 ω 和 $\omega + d\omega$ 范围内的振子数为 $g(\omega)d\omega$,即:

$$g(\omega) = \frac{1}{3N} \sum_{j, q} \delta(\omega - \omega_j(\boldsymbol{q})) \tag{10-22}$$

它满足归一化条件,即 $\int_{-\infty}^{\infty} g(\omega)d\omega = 1$。为了求晶体的态密度,需要在倒易空间第一布里渊区内的 $\boldsymbol{q}$ 点对动力学矩阵进行对角化,在每一个 $\boldsymbol{q}$ 点得到 $3N$ 个特征值角频率 $\omega_j(\boldsymbol{q})$,然后把频率值计入 DOS 分布图中,对倒易空间所有方向上的波矢 $\boldsymbol{q}$ 计算后就可得到态密度分布。

(4) 范霍夫(Van Hove)关联函数。非弹性散射包含了能量、动量转移和位置、时间参数 $\{\boldsymbol{Q}, E, \boldsymbol{r}, t\}$,它们之间可以相互转换即 $(\boldsymbol{Q}, E) \leftrightarrow (\boldsymbol{r}, t)$。由 $(\boldsymbol{Q}, \omega)$ 构成的动量空间是真实空间的倒易空间,因此散射函数 $S(\boldsymbol{Q}, \omega)$ 经过双重傅里叶转换后可得到描写散射物质微观结构和动力学特性的空间—时间关联函数 $\boldsymbol{G}(\boldsymbol{r}, t)$,即范霍夫函数[16]:

$$\boldsymbol{G}(\boldsymbol{r}, t) = \frac{1}{(2\pi)^3} \int_{-\infty}^{\infty} e^{i\omega t} e^{-i\boldsymbol{Q}\boldsymbol{r}} S_{coh}(\boldsymbol{Q}, \omega) d\boldsymbol{Q} d\omega = \frac{1}{(2\pi)^3} F_Q F_\omega S_{coh}(\boldsymbol{Q}, \omega) \tag{10-23}$$

和

$$\boldsymbol{G}_s(\boldsymbol{r}, t) = \frac{1}{(2\pi)^3} \int_{-\infty}^{\infty} e^{i\omega t} e^{-i\boldsymbol{Q}\boldsymbol{r}} S_{inc}(\boldsymbol{Q}, \omega) d\boldsymbol{Q} d\omega = \frac{1}{(2\pi)^3} F_Q F_\omega S_{inc}(\boldsymbol{Q}, \omega) \tag{10-24}$$

$\boldsymbol{G}_s(\boldsymbol{r}, t)$ 称为自关联函数。

实验测量的是散射强度,因此关联函数也可以直接由散射强度 $I(Q, \omega)$ 经过傅里叶转换得到:

$$\boldsymbol{G}(\boldsymbol{r}, t) = F_Q F_\omega I(\boldsymbol{Q}, \omega) \tag{10-25}$$

同样有

$$I(\boldsymbol{Q}, \omega) = F_r F_t \boldsymbol{G}(\boldsymbol{r}, t) \tag{10-26}$$

(5) 本征适量和强度区域。通过对不同的倒易晶格矢 $\boldsymbol{G}$ 进行适当的扫描,利用动力学结构因子 $F(\boldsymbol{Q})$ 中的 $\boldsymbol{Q}$、ξ 可确定声子模的本征矢量。对于所有原子同向运动的长波长声学声子,情况较简单。原子位移与波矢 q 传播方向平行称为纵向声子,原子位移与波矢 q 传播方向垂直称为横向声子,即横向声子为 $\xi \perp q$。

这种方法也可用于光学声子。对于复杂晶体,为了求出其不可约振动模式的本征矢,给每个原子建立一个直角坐标系,各坐标系相应的轴平行,每个原子都引入三个沿坐标轴的位移 ξ_{js},以投影算符 P_{qj} 作用于 ξ_{js},求得依不可约表示变换的各原子位移的线性组合,这就是本征矢量,即

$$P_{qj}\boldsymbol{\xi}_{js}=\boldsymbol{e}_{j\lambda} \tag{10-27}$$

利用群理论,根据晶体的对称性可以确定其振动模式的简并度,从而确定声子色散曲线的不可约表示。

(6)晶格动力学简介。晶格动力学分析是研究晶体内部相互作用的有力工具,通过理论模型计算并结合实验获得的声子色散曲线可以获得势能参数[17]。在通常情况下,对于一个晶胞中含有 N 个原子的晶体来说,存在 $3N$ 个声子分支,要获得完整的声子色散曲线是非常困难的,实验上用中子非弹性散射可以测量布里渊区内任意点的声子。因此,理论计算是非常有用甚至是必需的,可用来区分实验测量的声子是属于哪个声子支,对于结构复杂的样品,理论计算和实验是相互补充的。为了更好地理解和解释中子非弹性散射实验数据和结果,对晶格动力学的基本理论做一简要介绍。

设晶体由 N 个原胞组成,每个原胞内有 s 个不等价原子,即晶体由 Ns 个原子组成。则第 l 个原胞内的第 k 种原子的平衡位置为

$$\boldsymbol{r}(l,k)=\boldsymbol{r}(l)+\boldsymbol{r}(k) \tag{10-28}$$

式中,$\boldsymbol{r}(l)=l_1\boldsymbol{a}_1+l_2\boldsymbol{a}_2+l_3\boldsymbol{a}_3$ 是 l 个原胞原点的格矢。当存在热振动时,每个原子的瞬时位置用 $\boldsymbol{R}(l,k)$ 表示为

$$\boldsymbol{R}(l,k)=\boldsymbol{r}(l,k)+\boldsymbol{u}(l,k) \tag{10-29}$$

$\boldsymbol{u}(l,k)$ 表示原子偏离平衡位置的任意位移,是随时间变化的量,是晶格动力学中的一个基本变量。

在简谐近似下,晶体的势能可写为

$$V=V_0+\frac{1}{2}\sum_{lk\alpha}\sum_{l'k'\beta}\boldsymbol{u}_\alpha(l,k)\boldsymbol{\Phi}_{\alpha\beta}(lk;l'k')\boldsymbol{u}_\beta(l',k') \tag{10-30}$$

式中，V_0 代表晶体在平衡状态下的势能，是个常数，也可取为 0；

$$\Phi_{\alpha\beta}(lk ; l'k') = \frac{\partial^2 V}{\partial \boldsymbol{u}_\alpha(l, k)\partial \boldsymbol{u}_\beta(l', k')}\bigg|_{\boldsymbol{u}_\alpha(l, k)=0, \boldsymbol{u}_\beta(l', k')} \qquad (10-31)$$

称为力常数。它代表第 l' 个原胞中第 k' 个原子沿 β 方向位移单位距离时，对第 l 个原胞中的第 k 个原子的作用力在 α 方向上的分量。由于晶体具有平移不变性，所以力常数仅与格矢之差 $(\boldsymbol{r}_l - \boldsymbol{r}_{l'})$ 有关，与原胞具体位置无关。

可以得到晶格的哈密顿量为

$$H = T + V$$
$$= \frac{1}{2}\sum_{lk\alpha} m_k \dot{\boldsymbol{u}}_\alpha^2(l, k) + V_0 + \frac{1}{2}\sum_{lk\alpha}\sum_{l'k'\beta} \boldsymbol{u}_\alpha(l, k)\Phi_{\alpha\beta}(lk ; l'k')\boldsymbol{u}_\beta(l', k')$$
$$(10-32)$$

式中，m_k 是第 k 类原子的质量。利用拉格朗日方程得到晶体的运动方程为

$$m_k \ddot{\boldsymbol{u}}(lk)^2 = -\sum_{l', k', \beta} \Phi_{\alpha\beta}(lk ; l'k')\boldsymbol{u}_\beta(l', k') \qquad (10-33)$$

这是一个 $3Ns$ 个变量的耦合振动方程。为了求解方程（10-33），引入如下定义：

$$D_{\alpha\beta}(lk ; l'k') = \frac{1}{\sqrt{m_k m_{k'}}}\Phi_{\alpha\beta}(lk ; l'k') \qquad (10-34)$$

由矩阵元 $\{D_{\alpha\beta}(lk ; l'k')\}$ 构成的矩阵称为力矩阵 D，这是一个实的对称矩阵，也是厄米矩阵，它是描述晶体物理性质的张量。采用平面波近似，方程（10-33）就变成

$$-\omega^2 \boldsymbol{e}_\alpha(l, k) + \sum_{l', k', \beta} D_{\alpha\beta}(lk, l'k')\boldsymbol{e}_\beta(l', k') = 0 \qquad (10-35)$$

方程可解的条件是

$$|D_{\alpha\beta}(lk ; l'k') - \omega^2\delta_{\alpha, \beta}\delta_{l, l'}\delta_{k, k'}| = 0 \qquad (10-36)$$

由式（10-36）可解出 $3Ns$ 个根 ω_j，$j = 1, 2, \cdots, 3Ns$，对于每一个本征值 ω_j，可从方程（10-35）求出其相应的本征矢 $\boldsymbol{e}_j$ 的 $3Ns$ 个分量 $\boldsymbol{e}_{\alpha j}(l, k)$。

考虑玻恩-卡门提出的周期性边界条件，可设方程（10-33）的平面波解为

$$u(lk, \boldsymbol{q}j) = \frac{1}{\sqrt{Nm_k}}\boldsymbol{e}(k, \boldsymbol{q}j)\mathrm{e}^{\mathrm{i}(\boldsymbol{q}\boldsymbol{r}_l - \omega_{q, j}t)} \qquad (10-37)$$

将方程(10-35)代入,以 $e^{-iq'r_l}$ 乘所得方程可得到:

$$-\omega^2(q)e_\alpha(k,q) + \sum_{k',\beta} D_{\alpha\beta}(qk;qk')e_\beta(k',q) = 0 \qquad (10-38)$$

式中

$$D_{\alpha\beta}(qk;qk') \equiv \frac{1}{\sqrt{m_k m_{k'}}} \sum_\lambda \Phi_{\alpha\beta}(\lambda k;\lambda k')e^{-iq(r_l-r_{l'})} \qquad (10-39)$$

由这些矩阵元组成的矩阵 $D(q)$ 是 $3s$ 维的,称为动力学矩阵,它是力常数矩阵 D 经过傅里叶变换得到的厄米矩阵。本征值 ω^2 由下述久期方程决定:

$$|D_{\alpha\beta}(qk;qk') - \omega^2\delta_{\alpha\beta}\delta_{kk'}| = 0 \qquad (10-40)$$

式中,$D(q)$ 是 $3s$ 维的矩阵,所以对于固定的 q 可得到 $3s$ 个实的 $\omega_j^2(q)$, $j = 1, 2, \cdots, 3s$。每一个 $\omega^2(q,j)$ 代入方程(10-38)后可得到 $3s$ 个分量 $e_\alpha(k, qj)$,它们组成一个本征矢 $e(q,j)$。可见对于固定的 q 存在 $3s$ 个振动模式,q 在布里渊区的可取值共有 N 个,所以由 Ns 个原子组成的晶体共有 $3Ns$ 个振动模式。每个振动模式称为简正振动或格波,q 是格波的波矢。格波(声子)的色散关系 $\omega_j(q)$ 称为晶格振动谱。

方程(10-40)也可用矩阵形式表示为

$$D(q)e = \omega^2 e \qquad (10-41)$$

这是动力学矩阵的本征方程。对于固定的 q 和 j 可写成以下形式:

$$D(q)e(q,j) = \omega_j^2(q)e(q,j) \qquad (10-42)$$

对不同的晶体,在简谐近似下用不同的模型来描述晶体的振动势,然后由作用势得到动力学矩阵,可以算出晶体的色散关系曲线和相应的本征矢。下面简要地介绍几个经典的模型,对于一些特殊的晶体和物质,需要更复杂的模型及其他计算方法,就不再一一介绍了。

玻恩-卡门模型是最早的计算晶格动力学的模型,原子之间的作用力是中心力。其理论基础是三个近似:绝热近似,不考虑电子的影响,势能可以用原子位移的泰勒式展开;简谐近似,原子位移 l' 很小,因此泰勒展式二次以上的项为零;周期性边界条件,把有限的晶体看作是周期性变化的无限晶体避免了边界效应。力常数作为模型的参数,由于力矩阵的对称性,作用势可用 6 个力常数来描述:

$$\Phi(lk\,;\,l'k') = \begin{pmatrix} a & b & c \\ b & d & e \\ c & e & f \end{pmatrix} \tag{10-43}$$

由于是中心力,可把参数变化为 2 个参数,分别为纵向力常数 L 和横向力常数 T。

$$L = \frac{\mathrm{d}^2 V(lk\,,\,l'k')}{\mathrm{d}r^2}\bigg|_{r=|\boldsymbol{r}_{l'k'}-\boldsymbol{r}_{lk}|} \tag{10-44}$$

$$T = \frac{1}{r}\,\frac{\mathrm{d}V(lk\,;\,l'k')}{\mathrm{d}r}\bigg|_{r=|\boldsymbol{r}_{l'k'}-\boldsymbol{r}_{lk}|} \tag{10-45}$$

则:

$$V_{\alpha\beta}(lk\,;\,l'k') = -(L-T)\,\frac{\boldsymbol{r}_\alpha \boldsymbol{r}_\beta}{r^2} - T\delta_{\alpha\beta} \tag{10-46}$$

$\boldsymbol{r}_\alpha$ 是两原子格矢之差在 α 方向的分量。显然,玻恩-卡门模型描述的原子之间作用力仅限于短程作用力,它也不能处理离子晶体中的纵向-横向光学支的分裂。金属中最近邻原子大于 8 个之后,力常数的个数大于 30 个使得模型计算非常困难,也不能得到色散曲线。

对于分子晶体,分子内部是强的化学键作用,分子之间的作用力是弱的范德瓦尔斯力。常用的作用势为范德瓦尔斯(van der Waals)势和雷纳德-琼斯(Lennard-Jones)势[18]。

范德瓦尔斯势为

$$V_{kk'}(r) = -V_0\left(\frac{\sigma_k + \sigma_{k'}}{r}\right)^6 \tag{10-47}$$

雷纳德-琼斯势为

$$V_{kk'}(r) = 4\varepsilon\left[\left(\frac{\sigma_k + \sigma_{k'}}{r}\right)^{12} - \left(\frac{\sigma_k + \sigma_{k'}}{r}\right)^6\right] \tag{10-48}$$

式中,σ、ε 的值通过令 $4\varepsilon\sigma^6 \equiv A$ 和 $4\varepsilon\sigma^{12} \equiv B$ 引入。

前面提到的模型都是把原子视作硬球模型,且不考虑电子云变形对势能的影响。在许多晶体中,极化在晶格动力学处理中起着重要作用,需要考虑电子云壳层运动的影响。在离子晶体中,长程库仑力有非常重要的作用,壳层模型最早由迪克(Dick)和奥佛豪塞(Overhauser)提出,考虑原子核和电子云壳层之间的库仑作用[54]。

10.3　典型的中子散射谱仪及原理

上面阐述了中子散射技术的基本原理，接下来将从硬件的角度，来展示几类典型的中子散射谱仪的结构、部件组成、工作原理、实验条件等。其中包括弹性散射谱仪代表中子衍射谱仪、残余应力中子衍射分析谱仪、中子小角散射谱仪、中子反射(NR)谱仪；以及非弹性散射谱仪中的代表中子三轴谱仪等。

10.3.1　中子衍射谱仪

20世纪50年代中期以后，范霍夫关联函数方法的建立使中子衍射技术（即中子散射技术的一个重要组成部分）的应用范围得到拓展，研究对象范围从单纯的晶态物质扩大到包括液体、非晶态、软物质和气体在内的所有凝聚态物质。下面将主要介绍布拉格衍射和粉末中子衍射仪组成及工作原理两个部分的内容。

1) 布拉格衍射

中子衍射主要是中子通过晶态物质产生的相干弹性散射，如图10-6所示，这些相干弹性散射中子波的干涉极大并在某些特定的散射角 2θ 出现，形成布拉格衍射峰。产生布拉格衍射的条件为[19]：$2d_{hkl} \sin \theta_{hkl} = n\lambda$，主要用于材料的静态晶体结构（包括磁性材料的磁结构）测量和分析，确定材料的微观结构参数，探讨材料结构与性能的关系。

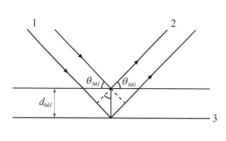

1—入射波矢 k_i；2—衍射波矢 k_f；3—衍射平面。

图 10-6　布拉格衍射几何示意图

从图10-6可见，由峰的位置可定出晶面间距 d_{hkl}，进而推出晶胞的形状和大小。准确测量衍射峰的积分强度 I_{hkl}，可以获得各种原子在晶胞中的位置和占位数等信息。中子粉末衍射方法已成为现今研究材料晶体结构和磁结构的标准实验技术。

2) 粉末中子衍射仪组成及工作原理

中子衍射谱仪中最典型的一种为粉末中子衍射仪，可以用于测定材料的晶体结构和磁结构。一般情况下，粉末中子衍射仪主要包括准直器、晶体单色器、样品台和中子探测器等部件。

以 CMRR 高分辨中子衍射谱仪为例[20]，该谱仪主要由第一准直器、单色器、第二准直器、样品台、探测器和数据获取与运动控制等部分组成。其基本布局、结构和工作原理如图 10-7 所示。

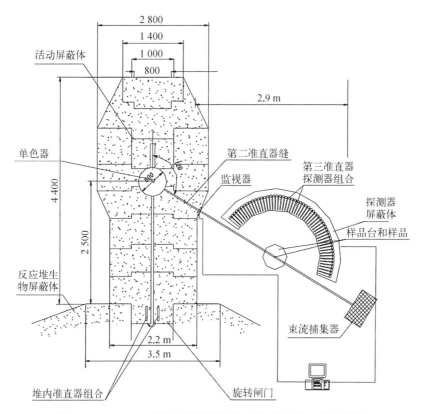

图 10-7　CMRR 的高分辨衍射谱仪布局、结构和工作原理图

为了提升该谱仪的应用范围，2019 年对其进行了升级改造，将第一准直器向后端移动，其前端安装双聚焦硅单色器，实现高强度模式，改造后的布局、结构和工作原理如图 10-8 中高强度＋高分辨模式所示。

粉末衍射仪的分辨率取决第一、二、三准直器的发散角 α_1、α_2、α_3 和晶体单色器的嵌镶发散角 β。

此外，中子衍射还可用于测量应力，其基本原理为通过测量晶体衍射峰峰位的偏移获得应变的大小，然后根据广义胡克定律计算测量的应力，主要用于对材料内部残余应力的测量，通过适当的辅助装置该谱仪可以完成复杂条件

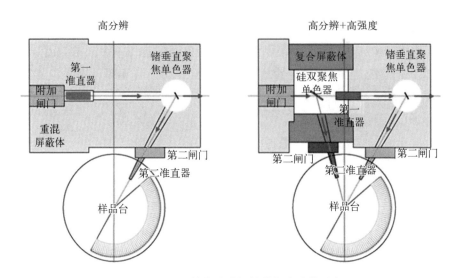

图 10‑8　CMRR 的高分辨衍射谱仪改造前后布局图

下(力学加载、温度场、磁场)材料内部应力状态及织构分布情况的测量。下面将会做详细介绍。

10.3.2　残余应力中子衍射分析谱仪

中子衍射应力分析始于 20 世纪 80 年代,残余应力中子衍射分析谱仪是探测被测对象中应力信息的重要诊断工具,利用该类谱仪和三维应力分布的方法[21]可无损测定大型部件内部的残余应力。本节将主要介绍中子衍射技术的特点和残余应力中子衍射分析谱仪的结构与功能两部分内容。

1) 中子衍射技术的特点

相对于 X 射线衍射技术和其他应力测试方法,中子衍射技术的主要特点可以归结为如下几点:

(1) 穿透能力强。对大多数工程材料,中子衍射的穿透能力在厘米量级。因此,在工程应用上比较适用于大工程部件的测量,例如:长约 1 米的线性管道、钢板或火车轨道等。

(2) 非破坏性。可以用来监视实际环境或加载条件下的应力的发展变化状态,可以多次重复测量实验样品,在焊后热处理工艺优化方面是有力的诊断工具。

(3) 空间分辨可调。中子衍射的空间分辨通常可以与有限元模式的空间网格相匹配,在检验有限元计算方面具有很大优势。中子衍射应力分析的空间分辨可以很容易地与焊接应力场匹配,提供焊接近表面和一定深度内全部的应力信息。

(4) 针对不同的情况,中子衍射法也可以解决材料中特定相的平均应力和晶间应力问题。例如包含硬化相的陶瓷材料和形状记忆合金等,可以方便地利用中子衍射法在高、低温环境下进行工程材料研究。随着新的高通量先进中子源的建立,中子衍射方法将在应力无损检测工作中发挥越来越重要的作用。

2) 残余应力中子衍射分析谱仪的结构与功能

最初中子衍射应力分析实验是利用改进的中子粉末衍射装置开展的,后来为满足应力分析的特殊要求,例如:束流尺寸的定义、测量散射角范围小、准确放置或移动较重样品,关注经过标准体积的束流分布等,使得装置科学家不得不采用新的方法并进一步地理解衍射原理,从而设计专门的应力分析谱仪。专门应力谱仪的结构主要包括以下几个部分:单色器或斩波器、准直和狭缝系统、样品台及其环境设备、定位系统、探测器、计算机控制和数据采集系统等。中子应力谱仪装置如图10-9所示。

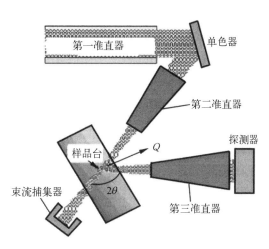

单色器是应力谱仪的一个非常重要的部件。前面已经提及,目前主要有两类,一类是镶嵌晶体,主要包括热压锗、铜和热解石墨,另一类是弯曲完美晶体,主要是硅。

图 10-9　中子应力谱仪装置示意图

准直器主要用于限定中子束的方向和发散程度,中子应力谱仪也可以采用索莱尔准直器,与粉末衍射装置不同的是,由于它的单色器和样品台都是需要旋转的,准直器必须能够方便地调整角度,索莱尔准直器要放在可准确移动的“光具座”上,同时还要配备狭缝系统以便定义标准体积。随着位置灵敏探测器和弯曲完美晶体单色器的使用,反应堆上的新建装置更多的是只使用单孔狭缝系统准直束流并定义标准体积,实验过程中它们能够重复性地靠近样品并允许样品做必要移动,这对应力实验测量是非常重要的。聚焦(径向)准直器是新近发展并使用的一种准直器,它的原理是使索莱尔准直器的竖直吸收薄片形成一定的角度,并聚焦在标准体积中心点附近,这样可以在更大的空间上探测中子。聚焦(径向)准直器是飞行时间中子应力谱仪使用位置灵敏探测器时的最佳选择,常波长应力谱仪使用聚焦单色器时,聚焦(径向)准直器也具有很大优势。为了对位置灵敏探测器探测的束流强度进行归一化,在常波长中子衍射实验中,这种聚焦准直器要在一个小角度范围内不停地振荡。

样品台是专门的应力谱仪与粉末衍射谱仪的主要区别之一,应力谱仪的样品台主要由承担重样品的 xyz-转换台和用于标准件的欧拉支架组成,环境设备主要是应力加载装置和高温炉等。xyz-转换台的承重要求一般在 $200\sim 1\,000$ kg 范围内,欧拉支架承重要大于 30 kg,位置准确度均要求小于 100 μm。样品台要根据实验需求移动并放置在适当的位置,因此,整体要用气垫支撑,同时提供便于移动的光滑支撑面。

定位系统的作用主要是能够准确而快速地确定研究对象标准体积的位置,进而开展实验测量。仅用计算机控制和眼睛观察放置样品要达到 100 μm 的精确度是很难的,利用仔细标定过的经纬仪可以实现优于 100 μm 的定位精度,新发展的高分辨相机系统可以使定位精度达到 ± 20 μm。

中子应力测量常用的探测器主要是 ^{3}H 计数管和位置灵敏探测器,随着探测技术的发展和实验的优化需求,^{3}He 计数管正逐渐被位置灵敏探测器所取代。^{3}He 计数管的优点是探测效率高,竖直方向接收角可以很大($\pm 13°$),而不影响 90° 附近的衍射线宽。根据中子衍射应力实验测量的特点,对位置灵敏探测器的主要技术要求应为:具有较好的角度分辨(0.1°),一维位置灵敏探测器具有较大的竖直接收范围($\geqslant 10°$)和较小的水平接收范围($< 10°$),高的探测效率($\approx 90\%$)和低的电子学本底值。由于目前样品和探测器之间可以利用径向准直器定义标准体积,二维位置灵敏探测器不但可以研究衍射峰位移、高度和宽度,而且可以同时研究几个衍射峰,具有更大的优势。现在使用的常波长应力谱仪首选是气体二维灵敏探测器,其有效面积可达到 500 mm×500 mm,在样品和探测器距离为 1 m 时,其竖直/水平接收角度可达 $\pm 14°$。飞行时间谱仪需要快速的时间响应,采用的是闪烁体二维灵敏探测器,其特点与常波长模式有所不同。

计算机控制和数据采集包括有关硬件和软件两大部分,硬件主要有与探测器相连的前置放大器、甄别器等电子学器件和计算机等,软件主要是装置的部件移动、定位和调整软件,数据采集软件,测量状态监视软件等。中子应力测量中要有效地利用束流时间,需要有关主要参数必须由计算机控制,例如:样品旋转角度和定位等。使用单个 ^{3}He 管探测器时,实验数据的获取和分析比较简单,在使用位置灵敏探测器时,则比较麻烦,影响因素较多,如:探测器探测系数的不均匀性、位置响应的非线性、特殊角度范围的选择,以及样品位置和扫描积分强度的对应关系等。

10.3.3　中子小角散射谱仪及原理

中子小角散射谱仪是探测物质内部微观结构信息的重要工具,中子小角散射技术及其谱仪主要用于研究数纳米至数百纳米尺度物质内部的不均匀性(如空洞、缺陷等)和长周期结构分子构型:诸如表征材料内部的微结构,研究关键工程部件的质量检测和失效问题,分析聚合物和生物大分子的链团构型,研究和测试合金的相分离、磁性物质的磁畴、固体材料中的孔洞和缺陷等。本节主要介绍小角散射、中子小角散射谱仪的结构与功能、中子小角散射理论和实验条件等内容。

　1) 小角散射

小角散射(small angle scattering,SAS)[22]是指将入射束(X 射线或中子束)投射在物质上,发生于原束附近小角域(小动量转移)范围内的相干弹性散射现象,它是由散射体内数纳米到数百纳米尺度范围散射密度的变化引起的。按照入射束的种类不同,小角散射通常包括 X 射线小角散射(small angle X-ray scattering,SAXS)和中子小角散射 (small angle neutron scattering,SANS)。中子小角散射的原理源于物质内部结构的不均匀性引起散射长度密度起伏,通过测量散射中子的强度分布来获取内部信息,其散射角范围一般在 5° 以内,中子小角散射的基本原理如图 10 - 10 所示。

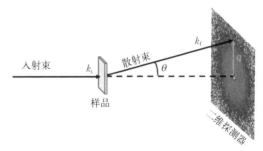

图 10 - 10　中子小角散射的基本原理

在中子小角散射中,中子与原子核作用,对材料内散射长度密度变化敏感。由于中子散射有其独特的优点(如对轻元素灵敏,对邻近元素和同位素分辨,具有磁矩,穿透性强等),因而使用中子束作为散射束的中子小角散射技术近数十年来在许多基础研究和工程技术领域都得到了广泛应用,例如,应用中子小角散射技术研究溶胶分形结构、研究高分子聚合物的结构和性能、研究铝合金材料和软凝聚物质的微结构、测量高能炸药粒度及内部微孔等微缺陷的大小和分布等。小角散射技术是测量物质亚微观结构的重要手段,材料学中的聚合物分子、合金相分离中的相、磁性物质的磁畴、分子生物学所研究的蛋白质生物大分子以及近年来发展的纳米材料等,它们的大小均在小角散射所研究的尺度范围。采用小角散射获得物质亚微观结构的信息,这与物质在宏观尺度下的性能的联系较传统结构分析(如 X 射线或中子衍射)所提供的数纳米以下的微观结构信息更为直接、更为紧密,因而越来越受到科学与技术界的重视,是一种探索物质结构的有力工具。

2) 中子小角散射谱仪的结构与功能

中子小角散射谱仪是用于开展中子小角散射实验研究的装置,其结构包括以下几个主要部分:单色器、准直器、样品台及其环境设备、真空探测腔、探测器、数据采集和处理系统等。

小角的单色器、准直器等在前面已经做了详细介绍,这里不再重复。由于中子的深穿透性,中子小角散射实验可以使用较厚的样品容器,因此,样品台及样品的环境设备的配置通常是多功能的,例如,高、低温装置、高压容器、真空系统、外磁场装置等。对样品容器通常有下列一般性要求:

(1) 机械强度应能抗振动、抗压力(高压环境)。

(2) 耐高、低温性及导热性方面,应能承受与样品高、低环境温度要求相应的温度,并且使样品处于均匀的温度场中,尽可能无温度梯度。

(3) 为使磁性样品材料磁化,容器应无磁屏蔽作用。

(4) 容器材料的中子吸收截面小,对中子的吸收少。

(5) 容器材料的中子非相干散射长度(或散射截面)小,容器本底低,因为非相干散射是本底的主要贡献。样品台及样品环境设备的合理设计与配置对于扩大实验范围、开展特殊环境条件下的材料研究有着极为重要的意义。

真空探测腔通常是由钢板加工成的圆柱形长筒构成,其内表面一般都衬有 1~2 cm 厚的碳化硼或含硼聚乙烯屏蔽材料。被样品散射的中子有一部分进入真空探测腔。真空探测腔有如下四个作用:为中子提供真空飞行路线;屏蔽外来快中子和吸收杂散中子;为探测器提供不同的探测位置;安放数据采集系统的电子学部件。真空探测腔长度依照设计的功能有所不同,较先进的中子小角散射谱仪的真空探测腔长度一般为 20 m 左右,目前世界上最长的法国 ILL 的 D11 中子小角散射谱仪的探测腔长达 40 m,可分别在 2 m、5 m、

10 m、20 m 和 40 m 处提供 5 个探测位置。

数据采集系统包括与探测器相连的前置放大器、甄别器等电子学器件以及计算机等,其作用为自动控制相关仪器、监视数据采集过程、储存原始测量数据等。

中子小角散射谱仪的几何分辨率由下列因素决定:在样品前中子自由飞行距离(即准直光路的长度)、样品至探测器的距离以及限定中子束的孔径截面。通常选取准直光路的长度等于样品至探测器的距离,并且准直光路入口光阑的宽度等于探测器光阑的宽度,为样品前光阑宽度的两倍。这样,对在探测平面上与直射中子束有一定距离的散射束来说,几何因素和波长因素对散射矢量分辨率的贡献是相匹配的。这是最优化的几何布局,也是谱仪这部分几何尺寸设计的依据。

3) 中子小角散射理论

波矢为 $\boldsymbol{k}_0$ 的中子束入射到物质上发生散射,散射波矢为 $\boldsymbol{k}$,则定义散射矢量为 $\boldsymbol{q} = \boldsymbol{k} - \boldsymbol{k}_0$。在静态近似条件下,仅考虑弹性散射,即 $|\boldsymbol{k}| = |\boldsymbol{k}_0| = 2\pi/\lambda$,于是 $q = |\boldsymbol{q}| = (4\pi\sin\theta)/\lambda$,$2\theta$ 称为散射角。设入射中子为平面波,波函数为 $\mathrm{e}^{\mathrm{i}\boldsymbol{k}_0 \cdot \boldsymbol{r}}$,与散射体中散射长度为 b 的原子核发生散射后的散射中子为球面波,波函数为 $\dfrac{b}{r}\mathrm{e}^{\mathrm{i}\boldsymbol{k} \cdot \boldsymbol{r}}$,则与散射体作用后的散射波振幅为

$$A(\boldsymbol{q}) = \sum_{j}^{N} b_j \mathrm{e}^{\mathrm{i}\boldsymbol{q} \cdot \boldsymbol{r}_j} \tag{10-49}$$

式中,b_j 为散射体中第 j 个原子核的散射长度,$\boldsymbol{r}_j$ 为第 j 个原子核的位置矢量,N 为散射体中原子核的数目。微分散射截面为散射振幅的模平方,可写为

$$\frac{\mathrm{d}\sigma}{\mathrm{d}\Omega}(\boldsymbol{q}) = \frac{1}{N}|A(\boldsymbol{q})|^2 = \frac{1}{N}\left|\sum_{j=1}^{N} b_j \mathrm{e}^{\mathrm{i}\boldsymbol{q} \cdot \boldsymbol{r}_j}\right|^2 \tag{10-50}$$

定义散射长度密度为

$$\rho(\boldsymbol{r}) = b_j \delta(\boldsymbol{r} - \boldsymbol{r}_j) \tag{10-51}$$

$$\rho = \frac{\sum_{i}^{n} b_i}{v} \tag{10-52}$$

式中，$\bar{v}$ 为包含 n 个原子的体积。在凝聚态物质中，散射中心的不连续排列可以用一个小体积内的平均散射长度的连续分布来代替，这样，在小角散射的情况下，通常使用对散射长度密度的积分代替对原子的求和，即

$$\sum_{j}^{N} b_j \rightarrow \int_{V} \rho(\boldsymbol{r}) \mathrm{d}\boldsymbol{r} \qquad (10-53)$$

式中，V 是散射体的体积，于是，

$$\frac{\mathrm{d}\sigma}{\mathrm{d}\Omega}(\boldsymbol{q}) = \frac{1}{N} \mid \int_{V} \rho(\boldsymbol{r}) \mathrm{e}^{i\boldsymbol{q}\cdot\boldsymbol{r}} \mathrm{d}\boldsymbol{r} \mid^{2} \qquad (10-54)$$

单位体积的散射截面则为

$$\frac{\mathrm{d}\Sigma}{\mathrm{d}\Omega}(\boldsymbol{q}) = \frac{N}{V} \frac{\mathrm{d}\sigma}{\mathrm{d}\Omega}(\boldsymbol{q}) = \frac{1}{V} \left| \int_{V} \rho(\boldsymbol{r}) \mathrm{e}^{i\boldsymbol{q}\cdot\boldsymbol{r}} \mathrm{d}\boldsymbol{r} \right|^{2} \qquad (10-55)$$

式中，Σ 为宏观截面。式(10-55)表明，散射体中散射长度密度 $\rho(\boldsymbol{r})$ 的不均一性会导致小角散射的发生。在中子小角散射实验中测量散射中子计数，也就是散射强度 $I(\boldsymbol{q})$，它正比于散射截面，即

$$I(\boldsymbol{q}) \propto \frac{\mathrm{d}\Sigma}{\mathrm{d}\Omega}(\boldsymbol{q}) \qquad (10-56)$$

对测量信号的贡献通常分为两部分：

$$\frac{\mathrm{d}\Sigma}{\mathrm{d}\Omega}(\boldsymbol{q}) = \frac{\mathrm{d}\Sigma_{\mathrm{coh}}}{\mathrm{d}\Omega}(\boldsymbol{q}) + \frac{\mathrm{d}\Sigma_{\mathrm{inc}}}{\mathrm{d}\Omega} \qquad (10-57)$$

$$\frac{\mathrm{d}\Sigma_{\mathrm{coh}}}{\mathrm{d}\Omega}(\boldsymbol{q}) = \frac{N}{V} \frac{\mathrm{d}\sigma_{\mathrm{coh}}}{\mathrm{d}\Omega}(\boldsymbol{q}) = \frac{1}{V} \mid \int_{V} \rho_{\mathrm{coh}}(\boldsymbol{r}) \mathrm{e}^{i\boldsymbol{q}\cdot\boldsymbol{r}} \mathrm{d}\boldsymbol{r} \mid^{2} \qquad (10-58)$$

$$\frac{\mathrm{d}\Sigma_{\mathrm{inc}}}{\mathrm{d}\Omega} = N \frac{\sigma_{\mathrm{inc}}}{4\pi} \qquad (10-59)$$

式中，Σ_{coh}、σ_{coh} 和 ρ_{coh} 分别为相干散射宏观截面、微观截面和散射长度密度，σ_{inc} 为非相干散射微观截面。非相干散射 $\frac{\mathrm{d}\Sigma_{\mathrm{inc}}}{\mathrm{d}\Omega}$ 与 $\boldsymbol{q}$ 无关，它只对本底有贡献，增加本底噪声水平，而相干散射则提供散射密度空间分布。散射体的空间结构信息都包含在散射强度曲线 $I(\boldsymbol{q})$ 中。

在小角散射所研究的对象中，两相体系是常见的散射系统，例如，分布于基体材料中的散射粒子体系(固体材料中的孔洞及缺陷、溶液中的胶体等)。

有关两相体系的基本散射定理及结论也是其他更复杂体系散射理论的基础。假设散射体中有散射长度密度分别为 ρ_1 和 ρ_2 的粒子和基体,它们的体积分别为 V_1 和 V_2,则有如下关系:

$$V = V_1 + V_2 \tag{10-60}$$

$$\begin{aligned}\frac{\mathrm{d}\Sigma}{\mathrm{d}\Omega}(\boldsymbol{q}) &= \frac{1}{V}\left|\int_{V_1}\rho_1\mathrm{e}^{\mathrm{i}\boldsymbol{q}\cdot\boldsymbol{r}}\mathrm{d}\boldsymbol{r}_1 + \int_{V_2}\rho_2\mathrm{e}^{\mathrm{i}\boldsymbol{q}\cdot\boldsymbol{r}}\mathrm{d}\boldsymbol{r}_2\right|^2 \\ &= \frac{1}{V}\left|\rho_1\int_{V_1}\mathrm{e}^{\mathrm{i}\boldsymbol{q}\cdot\boldsymbol{r}}\mathrm{d}\boldsymbol{r}_1 + \rho_2\left\{\int_V\mathrm{e}^{\mathrm{i}\boldsymbol{q}\cdot\boldsymbol{r}}\mathrm{d}\boldsymbol{r} - \int_{V_1}\mathrm{e}^{\mathrm{i}\boldsymbol{q}\cdot\boldsymbol{r}}\mathrm{d}\boldsymbol{r}_1\right\}\right|^2 \end{aligned} \tag{10-61}$$

对于 $q \neq 0$,有

$$\frac{\mathrm{d}\Sigma}{\mathrm{d}\Omega}(\boldsymbol{q}) = \frac{1}{V}(\rho_1 - \rho_2)^2\left|\int_{V_1}\mathrm{e}^{\mathrm{i}\boldsymbol{q}\cdot\boldsymbol{r}}\mathrm{d}\boldsymbol{r}_1\right|^2 \tag{10-62}$$

令

$$\Delta\rho = \rho_1 - \rho_2 \tag{10-63}$$

$$F(\boldsymbol{q}) = \frac{1}{V_1}\int_{V_1}\mathrm{e}^{\mathrm{i}\boldsymbol{q}\cdot\boldsymbol{r}}\mathrm{d}\boldsymbol{r} \tag{10-64}$$

则

$$\frac{\mathrm{d}\Sigma}{\mathrm{d}\Omega}(\boldsymbol{q}) = \frac{V_1^2}{V}(\Delta\rho)^2\left|F(\boldsymbol{q})\right|^2 \tag{10-65}$$

式中,$\Delta\rho$ 称为衬度因子,$F(\boldsymbol{q})$ 称为形状因子,散射函数则定义为

$$P(\boldsymbol{q}) \equiv \left|F(\boldsymbol{q})\right|^2 \tag{10-66}$$

则

$$\frac{\mathrm{d}\Sigma}{\mathrm{d}\Omega}(\boldsymbol{q}) = \frac{V_1^2}{V}(\Delta\rho)^2 P(\boldsymbol{q}) \tag{10-67}$$

衬度因子反映了散射体中散射粒子与基体的散射长度密度差对散射信号的贡献,它是小角散射衬度变换技术的基础,而形状因子则反映了散射粒子的大小、形状及内部结构对散射信号的贡献。因此,小角散射信号中包含了散射体中非均匀性及其大小与形状的信息。根据实验测量的小角散射强度分布曲线即可获得材料中非均匀性结构相关参数。上述两相体系中的散射因子的表述是基于散射体中散射粒子之间的相互作用可以忽略不计,如果散射粒子间的作

用必须考虑,则应增加一项结构因子 $S(\boldsymbol{q})$,当散射粒子不相关时,$S(\boldsymbol{q}) \equiv 1$。

4) 中子小角散射的实验条件

在进行中子小角散射实验测量之前,需选择适当的实验条件及相关参数,以便获取高质量的实验测量数据,通常应当考虑以下两个方面。

(1) 实验样品的厚度。中子小角散射实验测量可使用各种形式的样品,如固体、溶液、凝胶等,一般没有特别的限制。实验所需的样品量主要由中子透射率及样品材料的性质确定,对中子吸收少、相干散射强的材料其样品量可相对较少。典型的样品尺寸为径向线度为 $10 \sim 25$ mm、厚度为 $0.1 \sim 10$ mm。对固态块状样品(如金属材料)一般要求样品厚度均匀、表面平整光滑,以减少由于样品表面微起伏引起的多余小角散射信号。样品室的制作需用对中子吸收少、散射小、厚薄均匀的材料,一般用厚度小于 1 mm 的石英玻璃封装样品。

样品厚度的适当选择对于实验测量是至关重要的因素之一。下面讨论样品最优厚度选择条件。假设样品厚度为 d,入射中子束强度为 I_0,透射中子束强度为 I,则样品的透射率为

$$T = \frac{I}{I_0} = \mathrm{e}^{-\Sigma_\mathrm{T} d} \tag{10-68}$$

式中 Σ_T 为样品单位体积的总截面:

$$\Sigma_\mathrm{T} = \frac{N\sigma_\mathrm{T}}{V} = \frac{N(\sigma_\mathrm{coh} + \sigma_\mathrm{inc} + \sigma_\mathrm{abs})}{V} = \frac{N_\mathrm{A}\rho_m(\sigma_\mathrm{coh} + \sigma_\mathrm{inc} + \sigma_\mathrm{abs})}{M_\mathrm{mol}}$$
$$= \Sigma_\mathrm{coh} + \Sigma_\mathrm{inc} + \Sigma_\mathrm{abs} \tag{10-69}$$

在式(10-69)中,N_A 为阿伏伽德罗(Avogadro)常数,ρ_m 为样品材料的质量密度,M_mol 为样品材料的摩尔质量,Σ_coh、Σ_inc 和 Σ_abs 分别为样品材料对中子的相干散射、非相干散射和吸收截面。散射强度 I_s 与样品厚度及透射率有如下关系:

$$I_\mathrm{s} \propto dT\left(\frac{\mathrm{d}\Sigma_\mathrm{coh}}{\mathrm{d}\Omega}\right) \propto d\,\mathrm{e}^{-\Sigma_\mathrm{T} d} \tag{10-70}$$

实验上通常要求 I_s 尽可能大,即要求调整取适当的样品厚度 d_opt 使得 I_s 取极大值。于是有

$$\frac{\mathrm{d}I_\mathrm{s}}{\mathrm{d}d_\mathrm{opt}} = \mathrm{d}\left[d\,\mathrm{e}^{-\Sigma_\mathrm{T} d}\right]/\mathrm{d}d_\mathrm{opt} = 0 \tag{10-71}$$

即

$$e^{-\Sigma_T d} - (\Sigma_T d) e^{-\Sigma_T d} = 0 \tag{10-72}$$

如图 10-11 所示。

也就是当 $d_{opt} = 1/\Sigma_T$ 时 I_s 为最大,此时的透射率 $T = 1/e \approx 37\%$。但是,如果样品材料的中子相干散射很强,即 $\Sigma_T \approx \Sigma_{coh}$,此时按 $d = 1/\Sigma_T$ 条件选择的样品厚度就太大了,因为对于这个厚度的样品其多次散射问题变得非常严重。在这种情况下,通常按透射率 $T \geqslant 90\%$ 的条件要求选择确定样品厚度 d。如果 $\Sigma_T \approx$

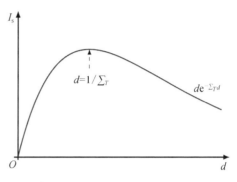

图 10-11　样品最优厚度选择原则

$\Sigma_{inc} + \Sigma_{abs} \gg \Sigma_{coh}$,即样品材料的中子非相干散射或吸收远大于相干散射,这时可按照 $d = 1/\Sigma_T$ 的条件选择确定样品的厚度。对于波长为 5 Å 的中子,水的相干散射、非相干散射和吸收截面分别为 7.75 b、164 b 和 0.66 b,满足 $\Sigma_{inc} + \Sigma_{abs} \gg \Sigma_{coh}$ 的条件,可按 $T = 1/e \approx 37\%$ 即 $d = 1/\Sigma_T$ 确定样品厚度,即 $d = 1.5$ mm。而对于二氧化硅,其相干散射、非相干散射和吸收截面分别为 10.62 b、0.005 b 和 0.17 b,为 $\Sigma_T \approx \Sigma_{coh}$ 的情况,于是按照透射率 $T \geqslant 90\%$ 的条件选择 $d = 1.0$ mm 的样品厚度。

(2) 散射矢量的范围。在对样品进行中子小角散射实验测量之前,需要确定待测的散射矢量 $\boldsymbol{q}$ 的范围。中子小角散射研究的样品材料微结构的几何尺度 D 与 $\boldsymbol{q}$ 的关系为

$$D = \frac{2\pi}{q} \tag{10-73}$$

根据实验装置的指标参数可知,实验上能够测量的最小和最大散射矢量 $\boldsymbol{q}_{min}$ 和 $\boldsymbol{q}_{max}$,从而可以确定能够测量的样品材料结构的尺度范围为 $D_{min} = 2\pi/\boldsymbol{q}_{max}$ 至 $D_{max} = 2\pi/\boldsymbol{q}_{min}$。如果对待测样品的 D 值有大致的了解或测量要求,则可选择散射矢量 $\boldsymbol{q}$ 的范围。在探测器大小和单个探测元尺寸一定的情况下,$\boldsymbol{q}$ 的测量范围 $[\boldsymbol{q}_{min}, \boldsymbol{q}_{max}]$ 亦即散射角的范围 $[\theta_{min}, \theta_{max}]$ 主要由探测器到样品的距离确定,即与实验的几何布置有关。中子小角散射实验的几何设计[23]如图 10-12 所示。

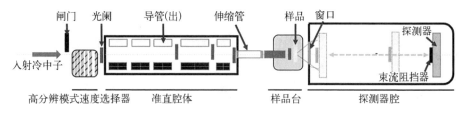

图 10-12　中子小角散射实验几何布置示意图

由机械速度选择器单色化的中子束(其波长分辨率 $\Delta\lambda/\lambda$ 通常为 5%~20%)通过由准直孔 A_1、A_2 和总长度为 L_1 的多节导管组成的准直系统入射到样品上,与样品发生散射后的中子经过 L_2 的距离被二维位置灵敏探测器测量记录。在这样的实验几何布置条件下,散射矢量 q 的分辨率为

$$\left(\frac{\delta \boldsymbol{q}}{\boldsymbol{q}}\right)^2 = \left(\frac{\delta\theta}{\theta}\right)^2 + \left(\frac{\delta\lambda}{\lambda}\right)^2 \tag{10-74}$$

式中,$\delta\lambda/\lambda$ 为中子波长分辨率,它由中子谱线展宽决定;$\delta\theta/\theta$ 为散射角分辨率,它由准直系统的发散度决定。准直系统的发散度主要由准直孔 A_1 和 A_2 的大小、第一准直孔 A_1 到样品的距离 L_1、样品到探测器的距离 L_2 以及探测器的分辨率 δD 确定。即为

$$\left(\frac{\delta \boldsymbol{q}}{\boldsymbol{q}}\right)^2 = \left(\frac{2\pi}{\lambda}\right)^2 \frac{1}{\boldsymbol{q}^2}(\delta\theta)^2 + \left(\frac{\delta\lambda}{\lambda}\right)^2 \tag{10-75}$$

式中,

$$(\delta\theta)^2 = \frac{1}{16}\left(\frac{A_1}{L_1}\right)^2 + \frac{A_2^2}{16}\left(\frac{1}{L_1}+\frac{1}{L_2}\right)^2 + \left(\frac{\delta D}{L_2}\right)^2 \tag{10-76}$$

因此,在低 q 区域,散射矢量分辨率主要由中子束准直的好坏决定,而在高 q 区域,散射矢量分辨率主要由中子波长分辨率决定。为了获得高散射矢量分辨率,在实验的几何布置上应当选择尽可能小的中子束准直孔 A_1 和 A_2、尽量长的准直距离 L_1 和探测距离 L_2,并且要求 $L_1=L_2$ 和 $A_1=2A_2$。另外,尽可能选用波长分辨 $\delta\lambda/\lambda$ 好的长波长中子。

10.3.4　中子反射(NR)谱仪及原理

中子反射谱仪主要用于表征被测对象表面的微观结构信息。根据中子束是否被极化,中子反射谱仪可分为极化中子反射和非极化中子反射两类。极

化中子反射谱仪比非极化中子反射谱仪多了一个由极化器、自旋倒相器和极化分析器组成的中子极化和分析系统。中子具有磁矩,中子与磁性物质相互作用时,由极化中子反射实验所测得的反射率曲线既与磁性样品材料的结构有关,还与中子的自旋状态有关。通过分析入射和反射极化中子自旋状态以及极化中子反射率,可以研究与材料磁性质(如磁化强度、磁矩取向分布、磁相变等)有关的表面和界面现象。本节将主要介绍中子反射基本原理、中子反射谱仪的结构与功能和中子反射理论三部分的内容。

1) 中子反射基本原理

中子反射(neutron reflection,NR)是十分重要的散射技术之一,主要通过测量样品的反射率,获得样品膜的密度、厚度以及样品的表面和界面的粗糙度[24]。该技术主要用于表面微观结构信息表征,如表面粗糙度、磁薄膜的表面磁性和各向异性;多层结构及界面研究;磁性和非磁性交替的超点阵材料等;界面渗透和相容性问题、界面状况研究。中子反射基本原理如图 10 - 13 所示。

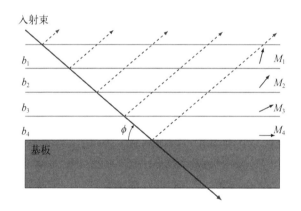

图 10 - 13　中子反射基本原理

中子作为表面和界面结构的微探针,与传统的 X 射线探针相比较,具有其独特的优点。首先,中子由于没有电荷因而具有很强的穿透本领,许多固体材料对中子是"透明"的,这使得利用中子反射技术研究材料深层界面结构成为可能并特别有效。其次,中子散射长度(或截面)不随原子序数单调变化,因此中子可以区别邻近元素(如铁和锰有很好的对比)和同位素(如氢原子和氘原子)散射,并对轻元素(如氢、碳、氮、氧等)灵敏(这对于有机材料的研究十分有利)。再者,中子具有磁矩而可以被具有磁矩的原子所散射,因而中子反射技术又适宜于研究磁性薄膜材料的表面与界面微观磁结构。此外,由于中子镜反射不依赖于界面处的周期有序结构,因此适合于诸如聚合物材料等无序界面的微观结构研究。

中子反射实验的主要目的是测量作为垂直于反射表面的散射矢量函数的镜面反射率,确定垂直于材料表面的一维散射势,由此可获取中子散射长度密度与深度的关系信息。当材料已分层且其化学组分已确定时,散射势信息与材料的化学成分剖面及结构相关,中子反射实验可以获取分层介质各层的厚度、密度和界面粗糙度等典型参数。

中子在物质表面的反射作为一种实验技术和获取物质表面与界面微观结构信息的工具已有多年的历史。自 20 世纪 80 年代以来,随着强中子源的使用、薄膜及多层介质材料在基础研究和应用技术领域中重要性的增长以及由于粗糙度在表面与界面特性中的重要作用等,中子反射技术已成为探测表面与界面微观结构十分常用的方法,而中子镜反射作为一种非破坏性测量技术也大量地应用于表面、层状介质和界面研究中,如聚合物表面化学,金属、半导体、磁性和非磁性材料多层结构和薄膜物理等。近年来,中子反射技术在研究软物质问题(例如聚合物混合、液体表面结构等)方面的应用越来越广泛,特别是对于聚合物研究而言中子反射技术有着极为独特的优势,因为氢的两种同位素——^{1}H(氕)和 ^{2}H(氘)的中子相干散射长度有很大的差异,这使得衬度变换(对比匹配)方法在聚合物体系和生物体系中的选择性结构标识成为可能,即可以利用衬度变换的"氘化技术"标记某一特定的聚合物结构,从而可以更清晰、更准确地获取样品材料的有关结构信息。随着在反铁磁多层薄膜材料中巨磁阻特性的发现以及超薄薄膜介质中一些其他新的磁现象的发现,对于精确测量多层磁性介质材料每一层中以及层间界面处的磁矩方向及分布的需求变得越来越强烈。由于中子与磁性材料的磁矩之间存在较大的磁耦合作用,因此,中子反射技术是获取上述这些磁结构信息和测量磁性深度剖面分布的有力手段。

2）中子反射谱仪的结构与功能

中子反射谱仪是研究材料表面和界面微观结构的实验装置,其结构包括以下几个主要部分：准直系统、单色器或斩波器、监视器、极化器、自旋倒相器、样品台及样品环境设备、极化分析器、探测器、数据采集和处理系统等。

中子反射谱仪的准直系统通常由两个准直器和一个偏转超镜及若干准直狭缝组成,偏转超镜位于单色器前,在偏转超镜前、后各有一个准直器。这样的准直系统除能减小中子束的发散度、提高中子束准直效果及实验分辨率外，还由于从堆内中子孔道同时被引出的快中子和 γ 射线经过偏转超镜时会被吸收或屏蔽掉，从而大大减少了快中子和 γ 射线的干扰以及实验本底。准直器通常是采用由中子吸收材料做成的、宽度可调的平行狭缝组成，其作用是提供一个适当的中子发散度。中子束的发散度和中子束的强度是相互关联的，要想得到较小的中子发散度，相应地就要牺牲中子束强度，反之亦然。因此，准直器内准直狭缝的宽度通常是可调的，可根据实验要求（如测量精度、采谱时间等）选择适当的中子束发散度。

单色器是常波长模式中子反射谱仪的重要部件之一，它的作用是使入射中子单色化从而提供某一特定波长的中子束。单色器单色性能的好坏和单色化中子波长的范围直接影响反射谱仪的测量精度。在反射谱仪中，主要使用晶体单色器和超镜材料单色器。晶体和超镜材料单色器都是利用布拉格衍射原理实现中子单色化的。常见的用作单色器晶体的材料有热解石墨和锗单晶等。超镜单色器是一种多层介质单色器，它是将不同的超镜材料交替地镀在基底上形成周期性多层薄膜层结构。由于这种结构的膜层厚度均匀性以及膜层间的粗糙度对单色器性能的影响很大，因此，制备这种单色器对镀膜工艺要求相当高。对于某一特定波长范围的中子来说，多层介质单色器在单色性能上稍逊于晶体单色器，但它也有独特的优点：一是采用镀膜技术能让膜层达到相当的厚度，可以远大于晶体晶面间距，从而在相同角度调节范围的情况下，能够获取波长范围比晶体单色器大得多的单能中子；二是超镜单色器采用的镀层材料对中子的镜反射率很高，单色化后的中子束强度损失可比晶体单色器小得多。

斩波器是飞行时间模式中子反射谱仪的一个部件。它的主要作用是将连续的"白光"中子束分割成一定频率的脉冲中子束，因此，斩波器主要是用于稳态源，对于脉冲中子源不需要这个部件。斩波器通常由一个开有狭缝的圆盘和精密的驱动电机组成，狭缝由中子吸收材料做成，对驱动马达要求性能稳定，转频精确度高，这样才能得到较好的脉冲中子束。

图 10-14 所示为中国绵阳研究堆（CMRR）的飞行时间模式中子反射谱仪基本结构示意图[25]。

监视器通常是单个 ^{3}He 型低效中子计数管，用于监视入射中子束流强度状况。

极化器是极化中子反射谱仪不可缺少的组成部分，它的主要作用是对中

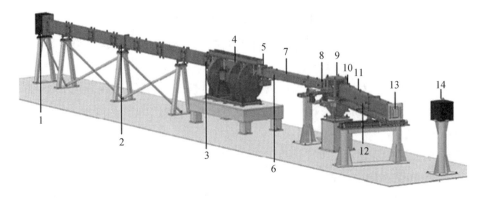

1—第二闸门；2—锥形导管；3—监视器；4—四盘斩波器；5—狭缝；6—极化器；7—自旋倒相器；
8—样品前狭缝；9—样品台系统；10—样品后狭缝；11—自旋倒相器；12—极化分析器；13—二维探
测器（PSD）；14—束流捕集器。

图 10‑14　CMRR 的飞行时间模式中子反射谱仪基本结构示意图

子束中不同自旋状态的中子进行选择，从而获得单一的相同自旋取向状态的
中子束，将中子束"极化"。目前反射谱仪所用的极化器通常是由中子极化超
镜材料（如 Co/Ti、CoFeV/TiZr 等）制成的。描述极化器极化效果的技术指
标为反转比 r 或极化率 P，它们的定义分别为

$$r = \frac{I^+}{I^-} \tag{10-77}$$

$$P = \frac{r-1}{r+1} = \frac{I^+ - I^-}{I^+ + I^-} \tag{10-78}$$

式中，I^+ 和 I^- 分别是通过极化器后自旋向上和自旋向下的中子束强度。自旋
倒相器由环形或矩形线圈构成，主要作用是根据实验需要改变极化中子束的
自旋状态取向以测量不同中子自旋取向的反射率曲线。自旋倒相器的主要技
术指标是自旋倒相率 f。

　　样品台是放置实验样品材料的设备单元。由于中子光学实验对几何要求
的严格性，通常中子反射谱仪的样品台单元都是放置在可自动控制的操作平
台上的，操作平台可精确地转动、平动和定位。对于垂直散射几何反射谱仪的
样品台，还要求有非常好的防震装置，以保证反射谱仪具有相当高的实验精确
度。此外，为便于研究磁性样品材料，样品台要配备有能产生均匀磁场的系
统。根据所研究样品材料的实际需要，部分样品台还配备有高低温系统，用于
研究一些对温度很敏感的样品材料或低温超导材料等。

极化分析器是放置在探测器前对反射中子束进行极化分析的设备,其基本结构与极化器相同。不同自旋状态的中子束经过极化分析器后变为相同自旋取向状态的中子束。因为极化后的入射中子束和磁性样品材料发生磁相互作用后,反射中子束中包含两种自旋取向状态的中子,探测器测到的只是总的反射中子束强度而不可能将具有不同自旋取向状态的中子区分开来,因此,研究磁性材料就需要用自旋倒相器和极化分析器的组合将携带样品材料微观结构信息的反射中子束中两种自旋取向的中子区分开来,由探测器分别测量不同自旋取向的中子束强度。

探测器是用于测量和记录被样品反射的中子束流强度的部件。常用的探测器有 ^{3}He 计数管和二维位置灵敏探测器。单个的 ^{3}He 计数管探测器结构简单,造价低,但通常需要配备精密的自动转动装置,以便能达到相应的实验精确度。二维位置灵敏探测器是由多个探测单元组成的中子探测器,探测器的气体灵敏区含有 BF_3 或 ^{3}He 气体,灵敏区中间平面的正比导线夹在水平排列的阴极带和与之垂直排列的另一阴极带之间,形成阴极带—正比线(阳极线)—阴极带的三层平行排布,入射到探测器灵敏区的中子通过核反应产生离子,在正比线高电压电场的作用下被电离,电荷脉冲感应到正比线两侧的阴极带上并被收集和记录。二维位置灵敏探测器具有分辨能力强、稳定性好等优点,而且探测覆盖面积大,在反射中子束流改变角度很小的情况下,一般不用移动探测器就可以达到足够的实验精度。另外,二维位置灵敏探测器既可以用于镜反射测量,也可以用于非镜面反射测量,因此,目前相当多的中子反射谱仪采用了二维位置灵敏探测器。

数据采集和处理系统包括与探测器相连的前置放大器、甄别器等电子学器件以及计算机等,其作用为自动控制相关仪器和部件、设置实验测量参数、监视数据采集过程、储存原始测量数据等。对于 TOF 模式,还需在数据采集系统中配置时间分析器。

3) 中子反射理论

中子反射理论主要涉及反射系数和反射率、全反射与临界角以及中子反射谱仪等下述三个方面的内容。

(1) 反射系数和反射率。当一束波长为 λ 的中子以掠射角 θ_i 入射到折射率分别为 n_1 和 n_2 的两种介质的界面时,入射波一部分沿 θ_r 方向被界面反射,另一部分将透过界面沿 θ_t 方向继续传播,即在界面处发生反射和折射现象,如图 10-15 所示。设入射中子的波矢为 k_i,反射中子的波矢为 k_r,则定义散射

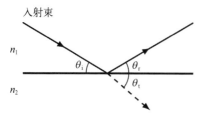

入射束

n_1

θ_i θ_r

θ_t

n_2

图 10 - 15 中子束反射示意图

矢量(或称动量转移)为 $\boldsymbol{q} = \boldsymbol{k}_r - \boldsymbol{k}_i$。考虑弹性散射,即 $|\boldsymbol{k}_r| = |\boldsymbol{k}_i| = 2\pi/\lambda$,且在镜反射条件下,即 $\theta_r = \theta_i = \theta$,于是散射矢量沿垂直于界面的 z 轴方向的投影为 $q = |\boldsymbol{q}| = 2k\sin\theta = (4\pi\sin\theta)/\lambda$,$\theta$ 称为掠入射角。

在图 10 - 15 中,假设 n_1 部分为真空(或空气),$n_1 = 1$,n_2 部分为某种均匀介质材料,$n_2 = n$,并假定介质表面为平整的、无缺陷的完美平面。中子在真空中的作用势为零,中子在介质中与介质的相互作用平均势为 V,z 轴垂直于介质表面并指向介质内部,在 $z \leqslant 0$ 的区域(真空中)中子的波矢为 $\boldsymbol{k}_0$,在 $z \geqslant 0$ 的区域(介质中)中子的波矢为 $\boldsymbol{k}$。例如,中子的波矢如图 10 - 16 所示。

中子在介质表面反射如图 10 - 17 所示。

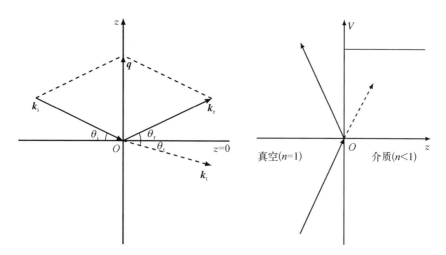

图 10 - 16 中子波矢示意图   **图 10 - 17 中子在介质表面反射示意图**

对于无磁场的非磁介质体系,描述中子在真空中和介质中的波函数 Ψ 的薛定谔方程为

$$\begin{cases} \dfrac{\hbar^2}{2m}\dfrac{d^2\Psi_1}{dz^2} + E\Psi_1 = 0, & z \leqslant 0 (\text{真空中}) \\[3mm] \dfrac{\hbar^2}{2m}\dfrac{d^2\Psi_2}{dz^2} + (E-V)\Psi_2 = 0, & z \geqslant 0 (\text{介质中}) \end{cases} \tag{10-79}$$

式中,m 是中子质量,E 是中子能量。该方程可写成亥姆霍兹(Helmholtz)方

程的形式：

$$
\begin{cases}
\dfrac{\mathrm{d}^2\Psi_1}{\mathrm{d}z^2} + k_0^2\Psi_1 = 0, & z \leqslant 0(真空中) \\[3mm]
\dfrac{\mathrm{d}^2\Psi_2}{\mathrm{d}z^2} + k^2\Psi_2 = 0, & z \geqslant 0(介质中)
\end{cases}
\tag{10-80}
$$

式中：

$$
k_0^2 = 2mE/\hbar^2 \tag{10-81}
$$

$$
k^2 = 2m(E-V)/\hbar^2 \tag{10-82}
$$

在 $z \leqslant 0$ 和 $z \geqslant 0$ 的区域中子的波函数的表达式分别为

$$
\begin{cases}
\Psi_1(z) = \mathrm{e}^{\mathrm{i}k_0 z} + r\mathrm{e}^{-\mathrm{i}k_0 z}, & z \leqslant 0(真空中) \\[2mm]
\Psi_2(z) = t\mathrm{e}^{\mathrm{i}kz}, & z \geqslant 0(介质中)
\end{cases}
\tag{10-83}
$$

在式(10-83)中，r 和 t 为待定常数，分别称为反射系数和透射系数。式(10-83)上式中右边第一项表示在真空中沿 z 轴正方向传播的入射波(振幅为 1 的平面波)，第二项表示在真空中沿 z 轴负方向传播的振幅为 r 的反射波。式(10-83)下式表示在介质中沿 z 轴正方向传播的振幅为 t 的透射波。在界面 $z=0$ 处，波函数满足连续性条件，即 $\Psi_1(0)=\Psi_2(0)$，$\Psi_1'(0)=\Psi_2'(0)$，于是可以得到如下关系：在界面 $z=0$ 处，波函数满足连续性条件，即 $\Psi_1(0)=\Psi_2(0)$，$\Psi_1'(0)=\Psi_2'(0)$，于是可以得到如下关系：

$$
1 + r = t \tag{10-84}
$$

$$
k_0(1-r) = kt \tag{10-85}
$$

由式(10-84)与式(10-85)可给出菲涅耳(Frensnel)反射系数和透射系数：

$$
r = (k_0 - k)/(k_0 + k) \tag{10-86}
$$

$$
t = 2k_0/(k_0 + k) \tag{10-87}
$$

它们分别表示在 q 处反射波振幅与入射波振幅之比和透射波振幅与入射波振幅之比。反射系数的模平方定义为反射率 R，即

$$
R = |r|^2 = \frac{(k_0 - k)^2}{(k_0 + k)^2} \tag{10-88}
$$

透射率为

$$T = \frac{k}{k_0} \mid t \mid^2 = \frac{4k_0 k}{(k_0 + k)^2} \tag{10-89}$$

且 $R + T = 1$。R 是散射矢量 $\boldsymbol{q}$ 的函数,即 $R = R(\boldsymbol{q})$,在中子反射实验中是可以测量的量,它表示在 $\boldsymbol{q}$ 处反射中子数与入射中子数(或强度)之比,通常称为菲涅耳反射率。典型镍单层膜的中子反射率曲线如图 10-18 所示,该图是 CMRR 反射谱仪谛听的第一个数据图。

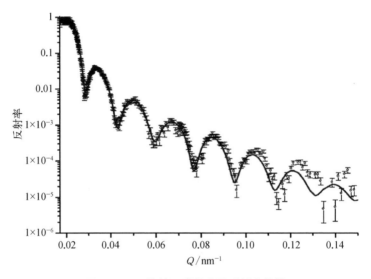

图 10-18 镍单层膜的中子反射率曲线

(2) 全反射与临界角。入射中子束在界面处会发生反射和折射现象。根据斯内尔(Snell)定律有

$$n_1 \cos \theta_i = n_2 \cos \theta_t \tag{10-90}$$

对于 $n_1 = 1$,$n_2 = n$ 的界面,

$$\cos \theta_i = n \cos \theta_t \tag{10-91}$$

由于 $n < 1$,因此 $\theta_t < \theta_i$,当 $\theta_t = 0'$ 时,发生全反射现象(反射率为 1),此时的入射角为

$$\theta_c = \arccos n \tag{10-92}$$

θ_c 称为临界角,相应的临界散射矢量 $\boldsymbol{q}_c$ 为

$$q_c = \frac{4\pi \sin\theta_c}{\lambda} \qquad (10 - 93)$$

对于大多数物质,中子全反射的临界角 θ_c 通常很小,对式(10-92)作 Taylor 展开,即

$$n = \cos\theta_c \approx 1 - \frac{1}{2}\theta_c^2 \qquad (10 - 94)$$

对于常波长中子反射模式,临界角为

$$\theta_c = \sqrt{\frac{\rho_b}{\pi}} \lambda \qquad (10 - 95)$$

式中,λ 为固定的入射中子波长,ρ_b 为中子散射长度密度;对于飞行时间模式,临界波长为

$$\lambda_c = \sqrt{\frac{\pi}{\rho_b}} \theta \qquad (10 - 96)$$

式中,θ 为固定的中子掠入射角。在两种模式下,临界散射矢量均为

$$q_c = 4\sqrt{\pi\rho_b} \qquad (10 - 97)$$

当入射中子的散射矢量 $q \leqslant q_c$(即掠入射角 $\theta \leqslant \theta_c$ 或中子波长 $\lambda \geqslant \lambda_c$)时,发生全反射,反射率 $R(q) = 1$;当 $q > q_c$(即 $\theta > \theta_c$ 或 $\lambda < \lambda_c$)时,发生部分反射,反射率 $R(q)$ 随 q 的增大而迅速减小。由于反射率与介质折射指数亦即介质散射长度密度有关,于是,反射率曲线 $R(q)$ 中包含反射界面的核成分及密度梯度的信息。因此,在 $q > q_c$ 的范围内,可利用反射率曲线分析获取材料表面和界面微观结构信息,并可利用临界位置 $R(q_c) = 1$ 处的 q_c 值确定介质的中子散射长度密度 ρ_b,得到材料的成分信息。

(3) 中子反射谱仪。中子反射谱仪从实验模式上可分为两类,即常波长模式和飞行时间模式,两种模式采取了不同的获取样品材料表面与界面微观结构信息的方法。常波长模式是利用单色系统对中子束单色化后得到某一特定波长 λ 的中子束流,通过改变入射到样品表面的掠入射角 θ,对样品材料进行 $\theta \sim 2\theta$ 角度扫描测量中子反射率曲线 $R[q(\theta)]$。常波长模式的特点是逐点测量(即测量的是非同一时间的反射强度,同一时间只测量反射率曲线的一个点),入射和反射中子的强度容易确定,扫描的分辨率由 $\Delta\theta$ 及 $\Delta\lambda$ 共同决定,

分辨率随入射角以 $\Delta\theta\cot\theta$ 方式变化。飞行时间模式是在实验过程当中保持中子束的掠入射角 θ 不变,利用脉冲"白光"中子束中不同波长的中子在相同距离的情况下到达探测器的时间不同,测量反射中子的飞行时间谱获得反射率随 λ 的变化,即反射率曲线 $R[q(\lambda)]$。 飞行时间模式的特点是在实验过程中测量几何保持不变(包括样品方位和探测器位置等),适宜于液体样品界面的测量,并且由于样品表面上的中子束斑大小和照度不变,对于非均匀(指垂直于样品深度方向 z 的平面内)样品的测量是有利的。飞行时间模式能够同时测量全谱范围的反射率,在同一时间获得整个反射率曲线。通常在脉冲源(如散裂源或脉冲堆)上采用飞行时间模式,在稳态源上既可以采用常波长模式,也可以采用飞行时间模式,但飞行时间模式需使用斩波器以使入射中子束脉冲化。

从散射几何上考虑,中子反射谱仪也可分为两类:水平散射几何与垂直散射几何。水平散射几何的样品表面(即反射面)是垂直安排的,入射及反射中子束在水平面内。常波长水平散射几何反射实验通过转动样品台改变掠入射角 θ 的大小,探测器在水平面内扫描,容易进行高 q 范围测量,适于开展固体/固体及固体/气体的表面和界面研究。垂直散射几何的样品表面是水平安排的,中子散射平面在垂直面内。实验测量时,样品台和探测器可以在垂直面内移动,并需调整样品的高度和狭缝的相对位置。垂直散射几何反射实验除了适合于固/固及固/气样品外,也适于进行液体样品界面(气/液、液/液、液/固界面)的测量。垂直散射几何反射谱仪对样品台的防震要求比较严格,因为如果样品台在垂直方向有一微小振动会明显影响分辨率 $\Delta\theta$,并且对由于振动而极易改变表面细微结构的液体样品材料会带来相当大的实验误差,因此,垂直散射几何反射谱仪须配备相当好的防震设备。

10.3.5 中子非弹性散射谱仪及原理

中子非弹性散射主要通过能量分析方法来测定经物质散射后的中子能量和动量的变化,由于散射强度能定量地与动力学性质相关,因此可获取物质的动态结构信息,以了解物质内部粒子各种运动和元激发,已广泛应用于凝聚态物理、材料、化学等基础科学的研究中。下面将主要介绍中子非弹性散射技术基本原理、中子非弹性散射谱仪的分类、中子三轴谱仪的结构与功能、中子三轴谱仪的分辨函数四部分内容。

1) 中子非弹性散射技术基本原理

中子非弹性散射技术主要用于获取物质的动力学特性,如声子色散谱和声子态密度、磁振动与自旋波、相变中的结构涨落、软模相变、聚合物和生物大分子的晶格动力学结构等。其基本原理如图 10 - 19 所示。

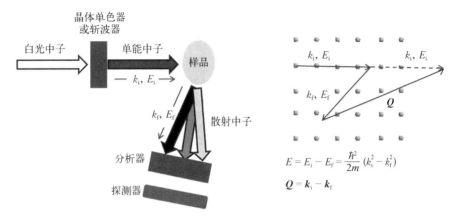

$$E = E_i - E_f = \frac{\hbar^2}{2m}(k_i^2 - k_f^2)$$

$$Q = k_i - k_f$$

图 10 - 19　中子非弹性散射技术基本原理

2）中子非弹性散射谱仪的分类

用于中子非弹性散射测量的实验装置有飞行时间谱仪、背散射谱仪、中子自旋回波谱仪和三轴谱仪等。飞行时间谱仪主要与脉冲中子源（如脉冲堆和散裂源）配套建设和使用，在稳态反应堆上工作的飞行时间谱仪一般采用斩波器将连续中子束切割为一系列脉冲中子束。经斩波器切割后的中子束平均强度大约会降低两个数量级，这是在稳态中子源上配套建设和使用飞行时间谱仪的主要缺点。背散射谱仪使用具有很小镶嵌度的晶体作为单色器和能量分析器，并且单色器和分析器的布拉格反射角均固定为约 90°。中子自旋回波谱仪的基本原理是利用中子在磁场中的拉莫尔（Larmor）进动，测定散射前后中子的能量差。由于在自旋回波方法中分辨率和强度是相互独立的量，因此它的高分辨不需要用降低强度去换取。背散射谱仪和中子自旋回波谱仪都是高分辨率实验装置，例如背散射谱仪的能量分辨可小于 1 μeV，中子自旋回波谱仪的最小能量分辨达到 5 neV，它们主要用于中子准弹性散射或非弹性散射过程的高分辨研究，其使用范围受到一定局限。三轴谱仪[26]是中子散射实验中最常用且功能十分强大的谱仪，既可用于弹性散射又可用于非弹性散射测量，由于它在实验上的普适性和灵活性，已成为反应堆中子散射实验不可缺少的装置。

3）中子三轴谱仪的结构与功能

中子三轴谱仪的结构主要包括单色器、准直器、过滤器、样品台、能量分析器、探测器及屏蔽体,计算机控制和数据采集系统。其中单色器、样品台和分析器分别位于三个垂直于水平面的旋转轴上,它们可绕这些轴自由转动,故称为"三轴谱仪"。现以 CMRR 上的中子三轴谱仪(鲲鹏)为例[27],其典型结构如图 10-20 所示,该谱仪的布局为右旋式(即单色器晶体的散射中子束向右偏转)。

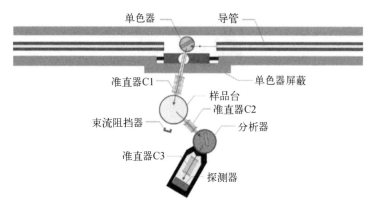

图 10-20　CMRR 上的三轴谱仪(鲲鹏)示意图[27]

单色器是中子三轴谱仪的重要部件之一,它的作用是使入射中子单色化从而提供某一特定波长的中子束。常用的单色器为镶嵌晶体,利用单晶的布喇格反射从"白光"中子源中获取单能中子束,选择入射中子能量。当准直的"白光"中子束以 θ_M 角与晶体的 (hkl) 晶面相交时,根据布喇格定律,反射束的波长 λ 与晶面间距 d_{hkl} 和散射角 $2\theta_M$ 之间的关系为 $\lambda = 2d_{hkl}\sin\theta_M$。 选择不同的晶面间距 d_{hkl} 和入射角 θ_M 就可获得不同波长的单色中子束。对于较大反射率,理想的镶嵌晶体单色器对中子的反射率为

$$R_\theta = 0.96\left(\frac{\eta_M Q_c t_0}{\sin\theta_M}\right)^{\frac{1}{2}},$$

式中,

$$Q_c = \frac{\lambda^3 F_N^2}{v_0^2 \sin 2\theta_M} \tag{10-98}$$

此处,v_0 是晶胞体积,F_N 是静态结构因子,t_0 是单色器厚度。此处反射率与 F_N 成正比。由式(10-98)可知,要得到更大的反射率,就要求晶体具有

以下性质：大的嵌镶度 η，小的晶胞体积和大的散射长度 $\left(\dfrac{F}{v_0}\right)$，对中子的吸收截面小，相干散射截面大于非相干散射截面和非弹性散射截面，高的德拜温度。大多数晶体的嵌镶度很小，需要经过热压处理才能满足实验的要求。在不考虑聚焦效应的情况下，单色器的波长分辨率为

$$R = \frac{\delta\lambda}{\lambda} = \cot\theta_{\mathrm{M}}\left(\frac{\alpha_0^2\eta_{\mathrm{M}}^2 + \alpha_1^2\eta_{\mathrm{M}}^2 + \alpha_0^2\alpha_1^2}{\alpha_0^2 + \alpha_1^2 + 4\eta_{\mathrm{M}}^2}\right)^{0.5} \qquad (10-99)$$

常用的晶体单色器有铜、金刚石结构的硅和锗、热解石墨（PG）等，用于极化中子的单色器晶体材料还有霍伊斯勒（Heusler）合金（锰、铝、铜强磁性合金，其中锰占 $18\%\sim26\%$，铝占 $10\%\sim25\%$，铜占 $50\%\sim72\%$）等。为了提高样品处中子注量率，可采用聚焦单色器，而垂直聚焦是最常用的聚焦方式，它增大垂直方向的发散度，能增大样品处中子注量率 $2\sim5$ 倍，基本不影响动量和能量分辨率。根据中子光学的知识就可以描述垂直聚焦，设中子源距单色器为 L_0，垂直聚焦单色器的曲率半径为 R，反射角为 θ_{M}，则聚焦点与单色器中心距离 L_{i} 为

$$\frac{1}{L_0} + \frac{1}{L_{\mathrm{i}}} = \frac{2\sin\theta_{\mathrm{M}}}{R} \qquad (10-100)$$

由此可见，当样品轴中心到单色器轴中心距离为 L_{i} 时，聚焦效果最好。同理，垂直聚焦方式也可用于分析器。另外还有采用双聚焦模式，即同时采用垂直聚焦和水平聚焦。

常用的准直器是索莱尔型准直器。在图 10-20 中，准直器 C1 和 C2 分别用来限制样品上入射中子和散射中子的方向，它们的水平发散度通常为 $10'\sim40'$，准直器 C3 主要用于降低本底。

由于晶体单色器会产生次级中子，因此必须引入过滤器来消除次级中子高阶衍射，避免产生多余的衍射峰或非弹性散射能谱。常用快中子（$E>100\ \mathrm{meV}$）过滤器材料有铋、硅、石英（SiO_2）、蓝宝石（Al_2O_3）等。在较高能区（$E>50\ \mathrm{meV}$），可用基于共振吸收的过滤器。这是由于某些元素的共振吸收截面很大的缘故，它可用来消除（或降低）布拉格散射的高次污染。它们可以在 $\lambda=0.048\sim0.084\ \mathrm{nm}$ 区间用作过滤器，过滤次级或三级反射中子。最常用的两种低能中子过滤器为铍和 BeO，截断能分别是 $5.2\ \mathrm{meV}$ 和 $3.7\ \mathrm{meV}$（4.0Å 和 4.7Å）。

样品台是放置实验样品材料的设备单元。为了实现样品姿态的精确调整,样品台需要具备倾斜和自转功能。三轴谱仪中常用的是两个相互垂直的倾斜台,其倾斜的圆心均在散射平面内与自转中心重合。并且可以在上面放置环境设备如高温炉、低温恒温器等。由于中子的深穿透性,可配置多种环境设备如高低温装置、高压容器、低温磁场装置等。对样品容器通常有下列要求:能抗振动、抗压力(高压);能承受与样品环境温度要求相应的温度,并且使样品处于均匀的温度场中,尽可能无温度梯度;磁屏蔽性不会被磁化;对中子吸收截面小;对中子的非相干散射截面小。通过对样品台及环境设备的合理配置,对于扩大实验范围、开展特殊环境条件下的材料研究有着极为重要的意义。

分析器对经样品散射后的中子束能量进行分析,通常与单色器一样也采用单晶,并由布拉格反射分析中子能量。

探测器用于测量和记录被样品散射的中子数,常用的探测器有 ^{3}He 计数管和二维位置灵敏探测器,灵敏区含有 BF_3 或 ^{3}He 气体。探测器安放在准直器后面,用于测量分析器出射的中子。

数据采集及控制系统包括与探测器相连的前置放大器、甄别器和计算机等,其作用为自动控制相关仪器、监视数据采集过程、储存原始测量数据等。

4) 中子三轴谱仪的分辨函数

三轴谱仪各个部分和样品在空间的布局可有不同的构形,每种构形对应一种分辨函数,实验测量的中子强度为谱仪分辨函数和散射函数的卷积。基于三轴谱仪的中子非弹性散射实验中各矢量关系如图 10-21 所示。准直器 C_j 限制中子束的角发散度,它的透射函数是一个水平半高宽为 α_j、垂直半高宽为 β_j 的高斯函数。单色器水平发散度 η_M,垂直发散度 η_M',分析器水平和垂直发散度分别为 η_A、η_A'。入射中子束、样品、散射中子束及探测器必须安排在同一平面,这个平面称为散射平面。因为由反应堆引出的中子束一般沿水平方向入射,所以大多数实验的散射平面沿水平方向。在散射平面内可做出样品的倒易晶格及散射的倒易空间矢量关系。

中子在倒易空间中的路径如图 10-21(a) 所示,中子波矢 k 的方向与实际空间中子束方向一致,大小为 $\dfrac{2\pi}{\lambda}$,λ 是中子波长。入射到单色器的中子的平均方向由 C_0 控制,波矢为 k_i 的中子入射到样品上,其特征是由单色器确定的平均波矢 $\bar{k}_i$,方向由 C_1 控制。k_i 的分布可用函数 $P_i(k_i - \bar{k}_i)$ 表示,可用 C_0、

C_1 和单色器的传输函数，并对初始波矢 $\boldsymbol{k}_i'$ 积分后得到。同理可得散射波矢 $\boldsymbol{k}_f$ 的分布函数 $P_f(\boldsymbol{k}_f - \overline{\boldsymbol{k}}_f)$。

非弹性散射是中子在样品中发生了能量转移 $\hbar\omega$ 和动量转移 $\hbar Q$：

$$\hbar\omega = \frac{\hbar^2}{2m_n}(\boldsymbol{k}_i^2 - \boldsymbol{k}_f^2) \tag{10-101}$$

$$\boldsymbol{Q} = \boldsymbol{k}_f - \boldsymbol{k}_i \tag{10-102}$$

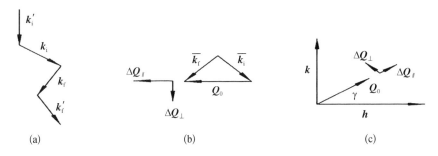

图 10-21　基于三轴谱仪的中子非弹性散射实验中各矢量关系

(a) 右旋三轴谱仪的中子路径在倒易空间的示意图；(b) 相应的动量转移矢量示意图；(c) Q 和样品的倒易晶格之间的关系

散射三角的矢量关系如图 10-21(b)所示，平均动量转移 $\hbar\boldsymbol{Q}_0$ 和能量转移 $\hbar\omega_0$ 由中子的平均波矢 $\overline{\boldsymbol{k}}_i$、$\overline{\boldsymbol{k}}_f$ 确定。分辨率函数的形状以 ω 和 $\boldsymbol{Q}$ 偏离平均值的量来描述，在散射平面内，平行 $\boldsymbol{Q}_0$ 的偏移量定义为 $\Delta\boldsymbol{Q}_\parallel$，垂直 $\boldsymbol{Q}_0$ 为 $\Delta\boldsymbol{Q}_\perp$，$\Delta\boldsymbol{Q}_z$ 为垂直散射平面的分量，坐标系统为右旋系。$\boldsymbol{Q}$ 与样品倒易晶格的关系如图 10-21(c)所示，定义一个笛卡儿坐标，z 轴沿 $\boldsymbol{k}_f$ 方向，x、y 轴垂直 $\boldsymbol{k}_f$ 方向，在此坐标下的中子散射的微分截面可写为

$$\frac{\mathrm{d}^3\sigma}{\mathrm{d}\boldsymbol{k}_f^3} = \frac{\hbar^2}{m_n}\frac{1}{\boldsymbol{k}_f}\frac{\mathrm{d}^2\sigma}{\mathrm{d}E_f\mathrm{d}\Omega_f} = \frac{\hbar^2}{m_n}\frac{1}{\boldsymbol{k}_i}S(\boldsymbol{Q},\omega) \tag{10-103}$$

结合中子波矢分布函数 P_i、P_f 和散射截面，把探测器探测的中子注量写为

$$F_d(\overline{\boldsymbol{k}}_i, \overline{\boldsymbol{k}}_f) = \int \mathrm{d}k_i \mathrm{d}k_f F_i(\boldsymbol{k}_i) P_i(\boldsymbol{k}_i - \overline{\boldsymbol{k}}_i) \frac{\mathrm{d}^3\sigma}{\mathrm{d}k_f^3} P_f(\boldsymbol{k}_f - \overline{\boldsymbol{k}}_f)$$

$$\tag{10-104}$$

$F_i(\boldsymbol{k}_i)$ 是第一个准直器 C_0 处的中子注量。由于 $P_i(\boldsymbol{k}_i - \overline{\boldsymbol{k}}_i)$ 的限制，$\boldsymbol{k}_i$

的变化范围很窄,可用 $\bar{\boldsymbol{k}}_i$ 代替,入射中子注量可写为 $\varphi(\bar{\boldsymbol{k}}_i)$,引入分辨率函数 $R(\Delta\omega,\Delta\boldsymbol{Q})$,探测器测量的中子注量为

$$F_d(\omega_0,\boldsymbol{Q}_0)=\varphi(\bar{\boldsymbol{k}}_i)\int \mathrm{d}\omega\,\mathrm{d}\boldsymbol{Q}R(\Delta\omega,\Delta\boldsymbol{Q})S(\boldsymbol{Q},\omega) \qquad (10-105)$$

ω_0、$\boldsymbol{Q}_0$ 的值是根据 $\bar{\boldsymbol{k}}_i$、$\bar{\boldsymbol{k}}_f$ 求得的。联合公式(10-103)、(10-104)和 (10-105)可得到分辨率函数:

$$R(\Delta\omega,\Delta\boldsymbol{Q})=\frac{\hbar}{m_n}\int \mathrm{d}\boldsymbol{k}_i\mathrm{d}\boldsymbol{k}_f P_i(\boldsymbol{k}_i)P_f(\boldsymbol{k}_f)\delta(\boldsymbol{Q}-\boldsymbol{k}_f+\boldsymbol{k}_i)$$

$$\times\delta\left[\omega-\frac{\hbar}{2m_n}(\boldsymbol{k}_i^2-\boldsymbol{k}_f^2)\right] \qquad (10-106)$$

如果在 C_1 和样品之间放一个监视器,探测效率与 $\dfrac{1}{\boldsymbol{k}_i}$ 成正比,则监视器测得的中子注量为

$$F_m(\bar{\boldsymbol{k}}_i)=\varphi(\bar{\boldsymbol{k}}_i)\int \mathrm{d}\boldsymbol{k}_i P_i(\boldsymbol{k}_i-\bar{\boldsymbol{k}}_i)=\varphi(\bar{\boldsymbol{k}}_i)V_i \qquad (10-107)$$

其中

$$V_i=\int \mathrm{d}\boldsymbol{k}_i P_i(\boldsymbol{k}_i-\bar{\boldsymbol{k}}_i)=\frac{\bar{\boldsymbol{k}}_i^3}{\tan\theta_M}R_M(\bar{\boldsymbol{k}}_i)V_i' \qquad (10-108)$$

$$V_i'=2\pi G_M\left(\frac{\alpha_0^2\alpha_1^2}{\alpha_0^2+\alpha_1^2+4\eta_M^2}\right)^{0.5}\left(\frac{\beta_0^2\beta_1^2}{\beta_0^2+\beta_1^2+4\eta_M'^2\sin^2\theta_M}\right)^{0.5}$$

$$(10-109)$$

$G_M=2\bar{\boldsymbol{k}}_i\sin\theta_M$,$\alpha_i$、$\beta_i$ 分别是准直器的水平方向、垂直方向的发散度,η_M、η_M' 分别代表单色器水平和垂直发散度,θ_M 是中子束与单色器夹角,$R_M(\bar{\boldsymbol{k}}_i)$ 为单色器对中子的反射率。可知经过单色器的中子注量与 $\dfrac{\boldsymbol{k}_i^3}{\tan\theta_M}$ 成正比,同理经过分析器的中子注量与 $\dfrac{\boldsymbol{k}_f^3}{\tan\theta_A}$ 成正比。监视器探测的中子数设为一固定值,则达到此固定值后探测器测到的值为

$$I(\omega_0,\boldsymbol{Q}_0)=\frac{F_d}{F_m}=\int R_{eff}(\Delta\omega,\Delta\boldsymbol{Q})S(\boldsymbol{Q},\omega)\mathrm{d}\boldsymbol{Q}\mathrm{d}\omega \qquad (10-110)$$

有效分辨率函数为 $R_{eff} = \dfrac{R}{V_i}$。

分辨率函数在 $\boldsymbol{Q}_0$、ω_0 处达到极大值,随着 $\boldsymbol{Q}$,ω 的偏移量而降低。从式 (10-110)可以看出实际测量的不是 $S(\boldsymbol{Q},\omega)$,而是它与分辨率函数的四维卷积。引入一矢量:

$$\vartheta = (\vartheta_0, \vartheta_1, \vartheta_2, \vartheta_3) = \left(\frac{m_n}{\hbar Q} \omega, \boldsymbol{Q}_\parallel, \boldsymbol{Q}_\perp, \boldsymbol{Q}_z \right) \tag{10-111}$$

这里坐标系以 $\boldsymbol{Q}_0$ 为标准建立,$\boldsymbol{Q}_\parallel$ 沿 $\boldsymbol{Q}_0$ 方向,$\boldsymbol{Q}_\perp$ 在散射平面内垂直 $\boldsymbol{Q}_0$,$\boldsymbol{Q}_z$ 垂直散射平面。如果采用高斯近似(即准直器的透射函数和单色器、分析器的嵌镶度分别是高斯型的),由库珀-内森(Cooper-Nathans)方法可得到分辨率函数的表达式:

$$R(\Delta\omega, \Delta\boldsymbol{Q}) = R_0 \exp\left(-\frac{1}{2} \Delta\vartheta \boldsymbol{M} \Delta\vartheta \right) \tag{10-112}$$

其中 $\Delta\vartheta \approx \left(\dfrac{m_n}{\hbar Q_0} \Delta\omega, \Delta\boldsymbol{Q}_\parallel, \boldsymbol{Q}_\perp, \boldsymbol{Q}_z \right)$,$\boldsymbol{M}$ 是一个 4×4 的矩阵,它和 R_0 都是 $\bar{k}_i$、$\bar{k}_f$ 和 $2\theta_S$ 的函数。由于垂直方向($\Delta\boldsymbol{Q}_z$)与其他三项不相关,是独立的,因此 $\boldsymbol{M}$ 简化为包含 ω、$\Delta\boldsymbol{Q}_\parallel$、$\Delta\boldsymbol{Q}_\perp$ 的一个 3×3 的矩阵和 $\Delta\boldsymbol{Q}_z$。

根据三轴谱仪的布局和参数等可以利用专门的程序计算仪器的分辨率函数。单色器和分析器都用 PG(002),嵌镶度为 $30'$,四个准直器的水平发散度都为 $40'$,垂直发散度为 $120'$,样品为单晶铜(面心立方结构),能量转移 6 meV,动量转移 2.236Å^{-1},固定入射波矢 $k_i = 3.14$ Å^{-1},计算得到的分辨率函数如图 10-22 所示。

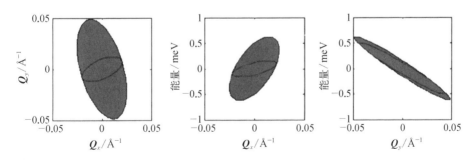

图 10-22 计算的三轴谱仪分辨率示意图

图 10-22 中,中间的小椭圆是分辨率椭球与相应平面的截面,大的椭圆

为分辨率椭球在平面内的投影。

由此可知，利用库珀-内森方法计算分辨率时，谱仪的分辨率与谱仪布局、单色器和分析器嵌镶度、准直器发散度、能量和动量转移有关，嵌镶晶体做单色器时用这种方法来计算分辨率。另外一种计算分辨率的方法是波波维奇(Popovici)方法，它除了考虑以上因素外，还考虑中子源、单色器、样品、分析器和探测器的形状和尺寸，以及是否使用聚焦单色器和分析器，这种方法主要用于单色器为弯曲的完美单晶硅的情况。

在计算分辨率函数的时候，忽略了垂直散射平面方向的动量转移，在束流发散度不大的情况下不会影响实验结果。为了增大束流强度，不限制准直器垂直方向的发散度，这样只是垂直于散射平面方向动量转移的分辨率展宽。尽管垂直方向差的分辨率不会影响定性测量，但是可能会导致观察到不该出现的"伪峰"，特别是在波矢 q 较小的情况下。因此限制垂直方向的发散度在非弹性散射测量中也起着重要作用。

总体说来，中子衍射主要用于材料的静态晶体结构和磁结构测量和分析；中子应力适用于大型工程部组件、先进材料及结构件等对象内部厘米级深度范围的三维残余应力分布无损检测；中子小角散射是无损探测纳米尺度结构的有力工具，在基础科学和工程材料研究领域都有广泛的应用价值；中子反射是无损探测薄膜材料表界面微结构的有力工具；中子三轴能量尺度与凝聚态物理学中重要的性质相匹配，非常适合研究固体中的各种元激发。此外，中子与原子核作用，散射长度随原子序数 Z 不规则变化，随着原子序数增加，中子散射长度或增或减，或正或负，对近邻元素和同位素敏感。这一点与 X 射线区别明显，X 射线与核外电子作用，灵敏度 $\propto Z^2$。X 射线和中子在材料研究中是两种优势互补的完美探针。

10.4 物理实验方法

有了前述的中子散射基本原理以及不同类别的中子散射硬件方面的基础，接下来将从物理实验方法的角度来阐述中子衍射、残余应力中子衍射、小角散射、反射、三轴谱仪非弹性散射等的物理实验方法。具体从样品的要求、有效准确合理的谱仪参数设置、实验散射几何选择、实验测量模式选择、实验数据采集参数的设置、测量物理量、实验步骤、完整数据的测试、实验本底的测量与扣除等方面系统介绍不同谱仪的物理实验方法。

衍射物理实验方法：中子衍射实验方法主要是依据输入初始结构参数（包括空间群、点阵参数、单胞中各原子的位置）、衍射参数（峰形函数和有关参数、本底函数及参数等）和实验参数（衍射仪零位、波长、吸收系数、比例因子、半高宽、择优取向参数等），计算整个衍射谱每个步进点的强度，并与实验测得的衍射谱比较，运用最小二乘法通过调整晶体结构及其他参数使计算谱与观测谱之差达到最小。目前常见的里特沃尔德（Rietveld）峰形精修[28]软件有北美国家使用的 GSAS 程序和欧洲地区使用的 FullProf 程序。

10.4.1　残余应力中子衍射基本物理实验方法

中子衍射应力分析实际上是通过测量存在应力时衍射峰的偏移获得应变数据，进而利用广义胡克定律计算应力值。因此，实验上如何才能获得可靠的应变数据是非常重要的，为了获得好的实验结果，在基本实验方法上通常需要考虑以下几个主要方面。

1）标准体积

VAMAS TWA20 组织对中子衍射应力分析定义了三类标准体积，分别为名义标准体积（NGV）、装置标准体积（IGV）和样品标准体积（SGV）。在单一波长束流经过完美准直形成绝对平行的中子束时，由入射狭缝的宽度和衍射狭缝宽度形成标准体积的水平面积，入射狭缝的高度定义标准体积的高度，这种几何特点定义的体积称为名义标准体积（NGV）。名义标准体积的值可以简单地根据孔的尺寸计算，其重心和实验测量中装置参考点一致。由于角度发散和波长发散在入射和衍射中子束相交叉的标准体积处将会产生半影效应，标准体积边界处的样品晶粒对衍射强度的贡献逐渐减小，实际测量样品平均应变的有效标准体积比名义标准体积大，这种标准体积定义为装置标准体积（IGV）。样品标准体积是测量时样品在装置标准体积内的部分，实验测量的应变为样品标准体积中应变测量值的平均，主要受下面几个因素影响：① 标准体积的填充情况；② 入射束截面内中子的波长分布；③ 中子在样品中的衰减；④ 样品内的织构梯度。如果样品完全填充装置标准体积，并且没有织构变化或束流衰减，样品标准体积将等同于装置标准体积，测量点也将在它们的质心。

实验中为了加快数据获取速度，往往倾向于选择较大的标准体积，但在具有高应变梯度等的特定方向上必须对标准体积进行严格限制，以获得更高的空间分辨。目前，样品标准体积 V_v 的最小尺寸约为 0.33 mm，最小体积约为

$1~\text{mm}^3$，因此，较为理想的情况是使用条状标准体积，让其长轴平行于应力梯度较小的方向。测量的应力类型对选择标准体积也是很重要的，例如：对单相材料，通常是测量第一类宏观应力的变化，而对多相材料，往往我们感兴趣的是第二类应力，因此，样品的标准体积往往是 $V_0^I > V_v > V_0^{II}$。

标准体积内晶粒的数量是否足够将严重影响衍射峰的质量，因此，标准体积的最小值会受到样品材料晶粒尺寸的限制。确定晶粒尺寸是否足够小的一种有效的方式就是在样品平移通过标准体积时，观察衍射积分强度的变化，如果变化值在计数的统计误差范围内，则表明可以获得合理的测量结果。另外一种办法就是让样品在束流内绕竖直 Ω 轴旋转 $10°$ 至 $15°$，监视衍射峰强度每隔 $0.5°$ 的变化，若晶粒过大会造成峰强改变超出计数统计的误差范围。织构虽然会引起衍射峰强度的变化，但在小角度范围内是逐渐变化的，如果点与点之间的积分强度变化超过 25%，则表明发生衍射的晶粒数偏少，需要增大标准体积尺寸。

2）样品放置

为了在应力测量中确定样品平移和旋转后的位置，放置样品时其参考点和坐标原点相对位于 IGV 中心的装置参考点必须是已知的，最终，使每个测量点都位于 SGV 中心。通常做法是将样品参考点放在 IGV 中心，然后根据几何和衰减矫正确定实际的 SGV 中心[29]。样品相对 IGV 中心的位置一般利用至少两个夹角为 $90°$ 的经纬仪确定，首先设置它们的相交位置在样品台上位于参考位置处的大头针上，然后将样品固定在样品台上，移动其给定的点（例如：样品的参考点）至经纬仪确定的交线点，使两者重合，这也可以使用放在光学架上并沿中子入射和散射方向精确准直的激光。另一种更为准确的方法是将已确定好的样品边缘通过 IGV，扫描并记录中子束强度随位置的变化，尽管很费时间，但它利用了中子束本身。这个过程中，中子束穿过样品的深度变化时，吸收引起的强度改变必须予以补偿。如果样品比较小并且几何形状简单，可以直接根据以前标定过的 IGV 中心将其放在样品台上。

由于不同样品的形状和尺寸是变化的，而且很少有完美的几何形状，因此，准确的放置和校准样品是一个很费时的工作。如何加快这个过程是应力测量工作正在努力解决的事情，其中一个办法就是在实验前，将样品准确地固定在一个基板上，实验时利用准确校准好的螺孔和螺栓将基板装配在衍射仪样品台上。正在发展的一种新方法就是使装置带有能够准确表征样品形状的坐标测量系统，并利用上面提到的可移动基板。这种坐标测量系统通常是用于对样品进行准确几何测量的情况,目的是比较样品实际几何尺寸与 CAD 模型,进而记录余量进行精确的机械加工。

样品的方位由样品坐标轴和装置轴线之间的角度确定,特别是表征散射矢量转移的 Q 方向和竖直方向。为了获得应力,样品至少有三个方向(通常假定为主应变轴)沿 Q 方向,沿竖直轴旋转一般可以获得三个主应变方向中的两个,若要测量第三个方向,若不能沿装置水平轴旋转,只能重新放置样品。在放置样品和定位过程中还需考虑一个主要问题就是尽量减少入射束和衍射束在样品中的穿过距离。

联立所有方向测量的应变才能确定样品内一点的应力,因此,标准体积需要尽可能对称,定位过程要确保在旋转过程中定义的样品点不会偏离 IGV 中心。这通常意味着散射角在 90°附近,使用水平面内尺寸相同的狭缝定义入射束和衍射束。如果竖直方向的应变变化比较小,入射的竖直孔可以适当放大,这是测量两个应变组分的情况,但在测量第三个时,尽管需要增加测量时间,也必须使标准体积的竖直方向很小。

3)合适的反射面

为了获得大量晶粒衍射的高强度峰,通常选择具有高结构因子和多重性的峰,然而织构、弹性各向异性和塑性各向异性的存在,将影响应变向应力的转化,使得应变测量时不得不慎重选择布拉格反射[30]。

在宏观弹性区域,晶体的各向异性影响是线性的,原则上说,这个区域内的任何点阵反射都可以用于宏观应变确定。为了方便比较,选择的反射最好能够代表材料的宏观响应,这样工程上的体积应变和点阵应变可以一一对应。我们也可以通过选择特定(hkl)反射对应的屈服平面,寻找最敏感的判据,也就是相同宏观应变对应的最大点阵应变。由于响应是线性的,只要样品没有经历塑性变形,在弹性区域内选择哪个反射都没有本质区别,但是在由应变转为应力时,必须考虑内在的弹性各向异性并使用校正的衍射弹性常数。这些弹性常数可由标定实验获得,也就是将待测样品放在具有已知弹性加载的衍射仪上进行原位实验;也可以根据沃伊特(Voigt)、罗伊斯(Reuss)和克罗纳(Kroner)等模型[31]计算获得。

在塑性变形区域,目前还不能够充分说明晶间应力的本质和区分它们对测量点阵应变的贡献。在这种情况下,最保险的方式是使用对于塑性变形不敏感的反射,使其在弹性和塑性区域都具有基本线性的点阵应变-应力响应。点阵应变在平行于加载方向具有线性,并不意味着在垂直加载方向测量也是线性的,对于不同晶体结构标准给出了许多可选的合适点阵平面。

样品经历塑性变形过程中可能会发生晶粒的再取向而产生织构,织构存在时,为了获得足够的衍射强度,测量不同的方向可能就需要利用不同的反射面,因此也影响了对布拉格反射的选择。另外,由于织构会限定对反射起作用的晶粒子集和改变平均弹性常数,它对弹性和塑性区域内的应力确定都会产生影响。应力测量前在大角度范围内对样品进行 Ω 角扫描,揭示织构的影响程度是非常必要的。

4)无应力状态晶面间距的测量

对用于应变测量的每一个反射,如何准确确定无应力状态的 d_{hkl}^0 或 d_{ref} 要根据实际情况而定。由于 d_{hkl}^0 或 d_{ref} 在计算每一个应变时都要用到,必须进行单独测量,并使测量结果有足够的准确性,通常建议单个数据点测量时间 10 倍于有应力时的测量,这样其不确定度将会减小到原来的 1/3。合适的测量方法包括如下几种:

(1)若离样品应力测量位置远距离处的应力值很小,可以测量远距离处的值作为 d_{hkl}^0。

(2)测量无应力的粉末或锉末。

(3)从样品上剪切出无应力小立方体或梳子状标样进行测量。

(4)应用力/矩平衡,测量等效无应力点。下面会逐一对这些方法进行简要介绍。为了得到绝对的样品平面间距 d 值,并使 d_0 值在不同装置之间具有通用性,实验前必须利用标准样品(例如:硅、Al_2O_3 和 TiO_2 等粉末)对装置的波长和编码器零点进行准确标定。

测量样品远距离处的值作为 d_{hkl}^0 是一种常用的方法,一个典型的例子就是利用铆钉连接两个平板的应变场。机械力引入的应变场在远离铆钉时将迅速下降,测量尽可能远处的 d 值,并对整个厚度和不同取向的 d 值进行平均,便可以得到优化的 d_{hkl}^0 参考值。严格地讲,还应该利用应力平衡使得远距离区域确实处于低应力状态。这种从样品本身得到 d_0 的方法在有些情况下是不合适的,例如在焊接时,样品焊接区域和远距离处的成分有所不同,这种方法也就无法使用了。

粉末参考样品的方法是假定小的粉末颗粒不能保持任何宏观应力状态,也就是说,是无应力的。需要注意的是在制备粉末或锉末的机械过程中要确保没有因塑性变形而增加残余应力,特别是短程的晶间应力,有时在十分精细的粉末中它们都不能完全释放。粉末标样可以用钒盒等盛装,易于处理,在测量时必须完全填满 IGV 或准确地放置在装置参考点,以避免任何测量衍射角的几何偏移。另外,粉末参考样品对中子的吸收可能会导致其有效质心相对参考点的偏离,这在测量中需加以注意。

　　5) 实验测量步骤

　　基于上述四个方面的考虑,通常,中子衍射应力分析实验测量的基本步骤如下:

　　(1) 调整装置部件单元。对于常波长的中子应力分析谱仪,实验测量前主要调整和设置的部件单元是单色器,目标是得到优化的波长和衍射角。在调整前,首先要根据实验样品特点确定使用哪个反射面,确定需要的中子波长。

　　根据单色器可选波长范围和散射角特点,首先调整单色器的倾斜曲率使得样品处通量最大,实现方法可以是将低效率的监视器放在样品台上,在其前面放置一个近似标准体积尺寸的孔,使监视器的计数最大。然后确定单色器的尺寸和聚焦情况得到优化的强度和分辨率。最后设置单色器起飞角 $2\theta_M$,调整单色器 θ_M 角和单色器-样品(M-S)之间的准直器,使样品台上的监视器计数最大。

　　将样品-探测器(S-D)之间的准直器(准直孔)和探测器放在适当的位置,把标准粉末样品(例如: Al_2O_3 等)放在样品台的中心,扫描衍射角测量一些布拉格峰角,给出中子波长和 ϕ_s 的零点。若波长不合适,可对单色器作进一步微调,重复测量标准粉末样品。

　　(2) 放置样品与定位。为了使装置标准体积中心位于参考点,要先确定准直狭缝孔的中心,确定方法是在标准体积中心进行中子成像,证实并得到标准体积的尺寸大小。然后放置待测样品,利用激光,经纬仪等进行检验调整和定位。

　　(3) 实验测量与衍射峰扫描。中子衍射的应变测量过程中要注意检查样品移到极端位置时是否会与装置硬件发生碰撞。如果样品存在晶粒尺寸和织构效应,测量前要进行 Ω 扫描检验,测量时监视不同点的衍射积分强度变化。另外,对于无应力的参考样品要确保在完全相同的条件下进行测量。

　　为了能够测量得到单个有效的布拉格反射,须选择设定扫描的角度范围、步距和每个角度的测量时间,最根本的目的是得到符合准确性要求的衍射峰中心。若是使用位置灵敏探测器,它将覆盖足够的衍射角度,步距由探测器探测单元的分辨率决定,在测量过程中不需要进行单独设置,但必须根据衍射峰的计数累积和定峰的准确性要求确定计数时间。影响衍射峰位准确性的主要因素就是衍射峰强度、宽度以及本底强度,如何既节约测量时间又能获得具有足够准确性的实验数据是实验设计时必须要认真考虑的。

(4) 数据记录与检验。准确测量结果的获得不但依赖于应变测量的准确性,也依赖于准确的样品定位,特别是在表面测量或样品具有很大应变梯度时。测量过程中不但要检验有关实验参数是否发生变化,而且要做尽可能详细的实验记录。

6) 实验报告格式

为了便于重复、理解、评价和进一步解释实验结果,规范实验报告格式,一个较为完整的实验报告应该包括以下几个方面。

(1) 应变或应力值。测量位置的尺寸与形状,不确定度和影响结果可靠性的源项。

(2) 中子源和装置。单色器波长,装置标定过程,标定测量结果。

(3) 测量过程。平移和旋转样品的方法,表面和其他参考位置定位的方法,确定标准体积的方式,处理数据的方法,表明结果可靠性的方法。

(4) 样品或材料的性能。样品几何形状,成分,受热或受力过程,相和晶体结构,均匀性,晶粒尺寸和形状,织构。

(5) 其他。无应力或参考 d_0 值的确定方法,弹性常数,定位不确定度及其影响。

10.4.2 小角物理实验方法

在开展中子小角散射实验期间,各实验样品在测量前都要进行透射率的理论计算,计算出来的透射率是为了估计样品特性以及合理确定样品厚度。但各个样品的实际透射率和计算透射率是有差别的,因此在进行数据处理和分析计算时首先必须知道样品的实际透射率,以便数据处理中做各自数据的归一修正[32]。

样品实际透射率 T 可根据下式求得:

$$T = \frac{I}{I_0} \tag{10-113}$$

式中:I_0 为入射到样品上的中子束强度;I 为穿过样品后的中子束强度。

如果实验上能准确测定 I_0 和 I,即可计算出样品的实际透射率。但实际上由于本底散射、样品室散射和快中子影响的存在,使得实验中不容易准确测量样品对中子束流强度的衰减,所以在实际中通常使用式(10-114)进行透射率的计算:

$$T = (I_{\mathrm{SAM}} - I_{\mathrm{BGD}})/(I_{\mathrm{EMP}} - I_{\mathrm{BGD}}) \qquad (10-114)$$

式中:I_{SAM} 是穿过样品和样品室的中子束强度;I_{BGD} 是挡住样品室时的直穿快中子强度和环境本底的计数;I_{EMP} 是穿过空样品室的中子束强度。

因为中子的穿透性强,而且样品室是用很薄的对中子吸收很小的材料制成的,所以近似认为样品室对中子的吸收为零,这样便可以根据实验测量的各个数据计算出样品的实际透射率。各个束流强度是原束方向(即 0°散射角方向)探测器测量的中子强度。另外,在进行中子束强度计算时,要根据入射中子束监视器的计数对入射的中子注量率进行归一化处理。

为便于理解小角物理实验方法的数据处理和测量计算过程,下面介绍散射强度本底的扣除和绝对散射强度的计算等两个方面的内容。

(1) 散射强度本底的扣除。中子小角散射实验中直接测量的散射强度原始数据包括连样品室的样品的散射强度 I_{SAM}、空样品室的散射强度 I_{EMP}、样品室被镉片挡住后的本底散射强度 I_{BGD}。它们之间的关系可由以下公式给出:

$$I_{\mathrm{SAM}} = C_0 T_{\mathrm{sample+cell}} \left[\left(\frac{\mathrm{d}\Sigma(q)}{\mathrm{d}\Omega} \right)_{\mathrm{sample}} + \left(\frac{\mathrm{d}\Sigma(q)}{\mathrm{d}\Omega} \right)_{\mathrm{EMP}} \right] + I_{\mathrm{Cd}}$$
$$(10-115)$$

$$I_{\mathrm{EMP}} = C_0 T_{\mathrm{cell}} \left(\frac{\mathrm{d}\Sigma(q)}{\mathrm{d}\Omega} \right)_{\mathrm{EMP}} + I_{\mathrm{Cd}} \qquad (10-116)$$

$$I_{\mathrm{BGD}} = I_{\mathrm{Cd}} \qquad (10-117)$$

$$C_0 = \varphi A d \, \Delta\Omega \varepsilon t \qquad (10-118)$$

在上述诸式中,φ 为入射中子流强,A 为样品面积,d 为样品厚度,$\Delta\Omega$ 为探测单元立体角,ε 为探测器效率,t 为测量时间,$T_{\mathrm{sample+cell}}$ 和 T_{cell} 分别为连样品室的样品和空样品室的实际透射率,$\left(\dfrac{\mathrm{d}\Sigma(q)}{\mathrm{d}\Omega} \right)_{\mathrm{sample}}$ 是来自样品的散射贡献,$\left(\dfrac{\mathrm{d}\Sigma(q)}{\mathrm{d}\Omega} \right)_{\mathrm{EMP}}$ 是来自空样品室的散射贡献。从上面的关系式可以看出,要得

到纯样品的散射强度必须扣除样品室和其他本底的散射贡献。本底扣除的计算公式为

$$I_{COR} = (I_{SAM} - I_{BGD}) - \left(\frac{T_{sample+cell}}{T_{cell}}\right)(I_{EMP} - I_{BGD}) \quad (10-119)$$

I_{COR} 即为我们需要的仅来自样品的散射强度。如果探测器单元的探测灵敏度不相同,则需用探测器效率系数对散射强度 I_{COR} 进行修正,即

$$I_{CAL} = \frac{I_{COR}}{探测器效率系数} \quad (10-120)$$

I_{CAL} 即为对探测效率作了归一处理的纯样品的散射强度。若研究对象是溶液样品中的溶质粒子,还需要从溶液样品的散射强度中扣除溶剂对散射强度的贡献。溶液的散射强度 $I'_{solution}$ 和溶剂的散射强度 $I'_{solvent}$ 可由下式求得:

$$I'_{solution} = (I_{solution} - I_{BGD}) - \left(\frac{T_{solution+cell}}{T_{cell}}\right)(I_{EMP} - I_{BGD}) \quad (10-121)$$

$$I'_{solvent} = (I_{solvent} - I_{BGD}) - \left(\frac{T_{solvent+cell}}{T_{cell}}\right)(I_{EMP} - I_{BGD}) \quad (10-122)$$

式中,$I_{solution}$ 和 $I_{solvent}$ 分别为溶液样品和溶剂的散射强度测量值,所研究的溶质样品的散射强度 I'_{COR} 为

$$I'_{COR} = I'_{solution} - I'_{solvent} \quad (10-123)$$

散射强度的误差可由如下公式计算:

$$\Delta I = \left(\frac{I_{SAM}}{N_{SAM}T_{SAM}^2} + \frac{I_{solvent}}{N_{solvent}T_{solvent}^2}\right)^{\frac{1}{2}} \quad (10-124)$$

式中,N_{SAM}、$N_{solvent}$ 分别是测量溶液样品和溶剂时束流监视器的计数,若样品为非溶液,则第二项为零,此时误差仅为第一项的平方根。

(2) 绝对散射强度的计算。中子小角散射实验测量得到的散射强度都是相对散射强度,由相对散射强度可以获得散射粒子的微结构信息,如回转半径、形状、体积等,但是要获得散射粒子其他一些定量信息如粒子质量、粒子体积百分数等,则要进行绝对散射强度的测量。纯样品的散射强度 $I(q)_{CAL}$ 可表示为

$$I(q)_{\mathrm{CAL}} = \varphi A\, \mathrm{d} T_{\mathrm{sample+cell}} \left(\frac{\mathrm{d}\Sigma(q)}{\mathrm{d}\Omega} \right)_{\mathrm{sample}} \Delta\Omega\varepsilon t \qquad (10-125)$$

其中，$\left(\dfrac{\mathrm{d}\Sigma(q)}{\mathrm{d}\Omega} \right)_{\mathrm{sample}}$ 即为纯样品的绝对散射强度。绝对散射强度的确定方法一般有两种：一种是测量透过衰减器后的直穿中子束强度 I_{Direct}，即

$$I_{\mathrm{Direct}} = \varphi A T_{\mathrm{atten.}}\, \Delta\Omega\varepsilon t \qquad (10-126)$$

如果准确知道衰减器的透射率 T_{atten}，则可由下式计算样品的绝对散射强度：

$$\left(\frac{\mathrm{d}\Sigma(q)}{\mathrm{d}\Omega} \right)_{\mathrm{sample}} = \left(\frac{I(q)_{\mathrm{CAL}}}{I_{\mathrm{Direct}}} \right) \left(\frac{1}{d} \right) \left(\frac{T_{\mathrm{atten}}}{T_{\mathrm{sample+cell}}} \right) \qquad (10-127)$$

另一种方法是标准样品测量法，采用标准样品方法确定绝对散射强度时，需测量标准样品材料在 $q=0$ 处的散射强度 $I(q=0)_{\mathrm{STD}}$，即

$$I(q=0)_{\mathrm{STD}} = \varphi A d_{\mathrm{STD}} T_{\mathrm{STD+cell}} \left(\frac{\mathrm{d}\Sigma(q=0)}{\mathrm{d}\Omega} \right)_{\mathrm{STD}} \Delta\Omega\varepsilon t \qquad (10-128)$$

然后由如下公式计算出绝对散射强度：

$$\left(\frac{\mathrm{d}\Sigma(q)}{\mathrm{d}\Omega} \right)_{\mathrm{sample}} = \left(\frac{I(q)_{\mathrm{CAL}}}{I(q=0)_{\mathrm{STD}}} \right) \left(\frac{d_{\mathrm{STD}}}{d_{\mathrm{sample}}} \right) \left(\frac{T_{\mathrm{STD+cell}}}{T_{\mathrm{sample+cell}}} \right) \left(\frac{\mathrm{d}\Sigma(q=0)}{\mathrm{d}\Omega} \right)_{\mathrm{STD}}$$

$$(10-129)$$

式中：d_{STD} 为标准样品材料的厚度；$T_{\mathrm{STD+cell}}$ 为标准样品材料的实际透射率；$\left(\dfrac{\mathrm{d}\Sigma(q=0)}{\mathrm{d}\Omega} \right)_{\mathrm{STD}}$ 为标准样品材料在 $q=0$ 处的散射截面（可由理论计算得到）。

利用这种方法确定绝对散射强度时，应当保证测量 $I(q=0)_{\mathrm{STD}}$ 和 $I(q)_{\mathrm{CAL}}$ 的实验条件完全相同。

10.4.3　反射物理实验方法

中子反射实验主要是测量极化或非极化中子经样品材料反射后的反射中子强度随散射矢量的变化，从而得到反射率 R 与散射矢量 $\boldsymbol{q}$ 的关系，这个变化关系的图形表示被称为中子反射率曲线 $R(\boldsymbol{q})$。也就是说，中子反射实验的目的就是要获得反射率曲线的实验测量结果。中子反射率曲线 $R(\boldsymbol{q})$ 是垂直于

样品表面的一维散射势的相关势参数的直接反映,它携带有关样品材料的结构信息。为了获得好的实验结果,在基本实验方法上,实验人员通常需要考虑以下几个主要方面[33]。

1) 样品及样品环境要求

中子反射实验对样品没有特别的限制,对于几乎所有类型的样品都可以采用中子反射进行测量,包括固态的晶体与非晶体材料、聚合物、液体、软物质等。但是对于液体样品材料,在实验散射几何及实验测量模式的选择上应有所考虑。中子反射实验是测量样品材料表面或界面微观结构信息,对用作样品的材料表面有一个基本要求,即样品表面从宏观上来看是足够平整且无曲率的,因为如果样品表面不是这样,那么当中子掠入射角 θ 非常小时,由于样品表面所引起的镜反射偏离非常大($\sim 1/\sin\theta$),由此带来相当大的误差,无法由反射实验测量获得准确的样品材料结构信息。

为了研究样品材料在某些特殊环境下的结构与性能,需要提供相应的样品环境条件,如高低温环境、均匀磁场环境等。中子反射实验样品的环境条件范围比较广,主要是根据所研究样品材料的具体需要来选择相应的实验环境。常用的实验样品环境设备有高低温装置、电磁场装置等。如果样品具有易挥发或者是易氧化的表面,需要特制的样品容器,对这些特殊环境条件下的样品容器一般要求应具有一定的机械强度、良好的导热性和耐高低温、无磁屏蔽作用、中子吸收少和散射本底小等性能。

2) 实验散射几何的选择

实验散射几何的选择主要取决于所研究的样品材料的具体形态。由于气体/液体、液体/液体、液体/固体等样品表面和界面的特殊性,在进行实验测量时,样品表面需要保持水平,否则就会改变样品表面的细微结构。对于这类样品就需要选择垂直散射几何实验模式,因为垂直散射几何的样品表面是水平安置的,并且垂直散射几何谱仪配备有良好的防震设备,能够很好地保证样品表面的细微结构不被破坏。对于几乎不受重力和振动影响的样品表面和界面(如气体/固体、固体/固体界面)实验测量,一般情况下可选择水平散射几何实验模式,因为水平散射几何样品台及探测器系统更易于调节。

3) 实验测量模式的选择

实验测量模式有常波长模式和飞行时间模式两种,这两种实验测量模式各有其特点。通常可根据具体的研究内容和目的选择不同的实验测量模式,但在下述情况下一般要选择飞行时间实验测量模式。

（1）动态样品材料（即实验样品材料表面结构是随时间变化的）的测量。因为常波长模式是逐点测量，即测量的是非同一时间 t_i 的不同掠入射角 $\theta_i(t_i)$ 的反射强度，同一时间只测量反射率曲线上的一个点，这样获得的反射率曲线 $R[q(\theta_i)]$ 是不同时间测量数据点的组合，而飞行时间模式能够同时测量全谱范围 $\lambda_i(t)$ 的反射强度，在同一时间 t 获得整个反射率曲线 $R[q(\lambda_i)]$，从而可以得到在测量时间内样品材料结构参数的时间平均值。

（2）非均匀表面或界面样品材料的测量。由于常波长模式实验测量需改变中子束的掠入射角，从而改变中子束在样品表面的束斑面积和位置，这样得到的反射率数据是与表面或界面位置相关的、不同中子束斑面积内的平均反射率，而在飞行时间模式下样品表面上的中子束斑大小、位置和照度均不改变，这对于准确获取非均匀表面或界面样品材料的结构信息是有利的。

（3）液态样品材料的测量。在飞行时间模式下，实验的几何安排和布局（如样品方位和探测器位置等）在整个测量过程中是不改变的，这有利于液体样品表面和界面结构的测量。一般说来，在达到相同的实验精度要求条件下，飞行时间模式通常比常波长模式需要更长的实验测量时间。

4）中子束极化选择及测量

用于中子反射实验的中子束，可以是极化（即单一的相同中子自旋取向状态）的，也可以是非极化的。是否将入射中子束极化取决于是否想通过实验获得所研究的磁性样品材料的磁结构信息。要测量磁性样品材料的磁结构参数，无论是实验设备还是实验方法上，都要复杂得多。前述的样品环境要求、实验散射几何、实验测量模式以及中子束极化的选择是既相互独立又相互联系的，在进行实验之前应根据样品材料的具体情况以及所要研究的内容和目的进行复合选择。

为了获得磁性样品材料的磁结构参数，需要使用由极化器、自旋倒相器和极化分析器组成的中子极化和分析系统测量极化中子的反射率曲线。根据入射和反射极化中子自旋状态的不同组合，通常需要测量的极化中子反射强度有四种情况，即与自旋向上入射中子相应的自旋向上反射中子强度（I_{++}）和自旋向下反射中子强度（I_{+-}）以及与自旋向下入射中子相应的自旋向上反射中子强度（I_{-+}）和自旋向下反射中子强度（I_{--}）。

5）实验本底的测量与扣除

在中子反射实验中，探测器探测到的中子计数除包括由样品表面与界面本身反射出的反射中子外，还包括探测器周围环境的漫散中子和探测器及其电子线路噪声,这些构成了实验测量本底计数。要得到纯的样品反射强度数据,本底的测量和扣除是十分重要的。在通常情况下,如果使用的探测器是单计数管,由于探测器窗口较小,本底环境较弱,本底可以忽略不计。但在下列情况时,本底对实验测量结果影响较大,应考虑扣除相应的实验测量本底。

(1) 在采用具有较大面积探测窗口的二维探测器时,二维探测器束流采集窗口有一个很大的角收集范围,探测到的束流强度包括较多的周围环境中漫散中子和非镜面散射中子部分。

(2) 在高 q 区测量时,反射率非常低,大部分中子束穿过样品表层到达基底,由于在那里形成非相干散射和多重衍射作为本底贡献,导致探测器测量的实验本底增大。在上述两种情况下进行实验数据处理时将本底扣除。扣除实验本底的反射率计算公式如下:

$$R(q) = \frac{\dfrac{I_r(q) - I_{Bg, r}}{t_r}}{\dfrac{I_0(q) - I_{Bg}}{t}} = \frac{(I_r(q) - I_{Bg, r})t}{(I_0(q) - I_{Bg})t_r} \qquad (10-130)$$

式中,I_0、I_{Bg}、I_r 和 $I_{Bg, r}$ 分别是入射中子束强度,测量入射中子束强度时的本底强度,反射中子束强度和测量反射束强度时的本底强度,t 和 t_r 分别是入射中子束强度和反射中子束强度的测量时间。

6) 实验数据采集参数的设置

为了获得可信的、具有统计意义的实验数据,在样品材料的中子反射实验测量开始前,需要设置相应的实验数据采集参数,主要包括测量控制程序软件参数的设定和样品实验环境参数的设置,其中数据采集步时间和数据采集步长参数的设置比较重要。通常采用对所需要的数据采集区间快速预扫描的方法选择确定数据采集参数的设置。作为惯例,在每一个测量点至少应当有1 000 个计数以保证较好的统计性,这样,如果在某一入射角束强度为每秒200个计数,那么对此入射角数据采集的步时间应当设置为 5 s。以这种方式对整个测量区间进行扫描并将它划分为有固定步时间的区间间隔。数据采集步长的大小应当根据在反射率曲线上观察到的细节而选择确定。如果反射率曲线上没有"穗边",即是非振荡的,则数据采集步长可选择得相当大:2θ 步长可以是 $0.02°\sim0.03°$。但是在全反射临界角附近,数据采集步长通常选择得相当小(譬如在 $0.002°$ 到 $0.006°$ 之间),因为这里的反射强度迅速下降,这就可以保证精确测定全反射临界角从而能够研究材料的平均散射长度密度。如果在反射率曲线上可以观察到"穗边",那么数据采集步长的选择可根据"穗边"的振荡周期而定。为了较好地描述"穗边",数据采集步长通常选为"穗边"振荡周期的十分之一。一般说来,数据采集步长选择得越小,越能够获得更细致的反射率曲线,但相应的数据采集时间更长,需要更多的实验测量时间。

10.4.4　三轴谱仪非弹性散射物理实验方法

为便于理解三轴谱仪非弹性散射物理实验方法,下面将主要介绍实验条件的选择和基本实验方法等两部分内容。

1) 实验条件的选择

在三轴谱仪上开展研究需使用单晶样品,为获取高质量的实验测量数据,在选择实验条件时,通常考虑以下几个方面[34]。

(1) 样品厚度的选择。对于透射式测量,在中子入射方向的样品厚度需要仔细考虑。有两种情况将限制样品的最大厚度:一是多重散射,如果样品的散射截面很大且很厚的话,很多中子在样品中会发生多重散射,在对能谱进行卷积的时候很难把这些能谱从数据中分离出来;二是吸收作用,有些核素对中子有很强的吸收作用,因此,如果强吸收体的样品太厚的话,只有少数的中子才能穿出样品到探测器。

假设穿过一薄层材料的非弹性散射和弹性散射的概率分别为 p_i、p_e。 使 $p_i + p_e = p$,p 是这层材料散射的总概率。对于具有 n 层、每层厚度为 x 的薄样品来说,样品层数与体散射系数 s 具有如下关系:

$$sx = np \tag{10-131}$$

计算多重散射最难的问题就是要考虑样品的三维空间性,中子可能先向上散射,然后向侧面散射,最后散射出物质到达探测器,需要计算机程序如 MSCATT 来计算这种概率,这里只给出一维的近似分析。

假定所有经过样品的中子都可被观测,中子被散射 j 次的概率为 p',我们只考虑每层只散射中子一次,每层对中子散射概率为 p,因此

$$p' = p^j (1-p)^{n-j} \tag{10-132}$$

在实验中观测到中子的总概率为 1,那么所有散射概率之和应为 1:

$$1 = \sum_{j=0}^{n} \frac{n!}{(n-j)!\ j!} p^j (1-p)^{n-j} \tag{10-133}$$

$$1 = (1-p)^n + np(1-p)^{n-1} + \frac{n(n-1)}{2}p^2(1-p)^{n-2}$$

$$+ \frac{n(n-1)(n-2)}{6}p^3(1-p)^{n-3} + \cdots$$

$$= (1-p)^n + (np)(1-p)^{n-1} + \frac{1}{2}(np)^2(1-p)^{n-2}$$

$$+ \frac{1}{6}(np)^3(1-p)^{n-3} + \cdots \tag{10-134}$$

第一项为没被散射的概率（即直接穿透物质的中子），第二项为一次散射概率，第三项为二重散射概率，依次类推。由于 $1-p \approx 1$，我们可以得出不同项之比为

$$1 : sx : \frac{1}{2}(sx)^2 : \frac{1}{6}(sx)^3 \cdots \tag{10-135}$$

sx 是无量纲参数，如果一种样品对入射中子束散射比例为 10%，则公式（10-135）给出二重散射与单次散射比值为 0.05。已知散射概率是弹性散射和非弹性散射概率之和 $sx = s_e x + s_i x$，所以对于前面这种情况，非弹性散射的二重散射与单次散射比值也为 0.05。

多重散射在能谱中只占据 5% 的区域，这对整体的影响不大。目前，国际上公认多重散射可以忽略，只把它作为测量数据的微弱本底来对待，它不包含重要的结构信息。

如果样品中含有对中子具有强吸收作用的元素，中子强度的变化为

$$I(x) = I_0 e^{-(s+a)x} \tag{10-136}$$

a 是吸收截面，s 是散射截面。公式（10-136）表示的是样品深度 x 处的中子强度，不等于散射中子强度，而且中子在散射出样品过程中还要被吸收。同样考虑一维的情况，样品厚度为 t，散射中子还需运动 $t-x$ 的距离才能穿透样品，则散射中子强度为

$$dI_{scat} = I_x e^{-(a+s)(t-x)} dx \tag{10-137}$$

把公式（10-136）代入式（10-137）中，并积分 dI_{scat} 可得

$$I_{scat} = I_0 e^{-(a+s)t} \tag{10-138}$$

样品太厚就会导致中子全被吸收而没有散射，选择一个最佳厚度 t' 使散

射强度达到最大：

$$\left.\frac{\mathrm{d}I_{\mathrm{scat}}}{\mathrm{d}t}\right|_{t'}=0 \qquad\qquad (10-139)$$

而对于非强吸收材料应该满足中子透过率大于 90% 来计算样品厚度。

（2）倒易空间中测量点的选择。在用三轴谱仪测量过程中，分辨率函数为椭球形，它在不同的矢量平面的截面和投影均为椭圆。测量时只有在聚焦状态才能得到尖锐的色散峰，聚焦是指分辨率椭圆的长轴与色散曲线的表面平行，三轴谱仪聚焦测量状态如图 10-23 所示。反之，如果两者是正交的话则是散焦状态，测量得到的峰会展宽甚至测量不到。显然，在测量前找出合适的聚焦条件是很重要的，下面来讨论在不同情况下的测量。

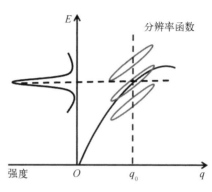

图 10-23　三轴谱仪聚焦测量状态

假设谱仪结构布局为"W"形，准直器的水平发散度具有对称性（即 $\alpha_0=\alpha_3$，$\alpha_1=\alpha_2$），且单色器和分析器为同样的晶体。对于横向声学声子的测量，若分辨率椭球的长轴在 $(Q_\perp,\omega)$ 平面内且斜率为负，有利于以损失能量模式（即 ω 为正，$k_i>k_f$）测量布拉格峰的 $-|\Delta Q_\perp|$ 方向的声子色散，获得能量的模式（即 ω 为负，$k_f>k_i$）则是散焦的。

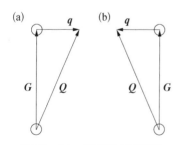

图 10-24　横声学声子测量聚焦状态

（a）能量损失模式；（b）能量获得模式

同理，在布拉格峰的 $+|\Delta Q_\perp|$ 方向的声子色散以获得能量的模式测量才是聚焦状态，横声学声子测量聚焦状态如图 10-24 所示。

对于纵向声学声子，在接近 $\omega=0$ 的区域，不存在聚焦条件（即分辨率椭球的长轴不在 $(Q_{/\!/},\omega)$ 平面内），但是随着能量转移的增加分辨率椭球在 $(Q_{/\!/},Q_\perp)$ 面内转动，分辨率椭球随能量转移如图 10-25 所示。

计算的是 $Q=0.5\,\text{Å}^{-1}$，$E_f=14.7\,\text{meV}$，准直器水平发散为 $40'-40'-40'-40'$，单色器和分析器嵌镶度都为 $24'$。对于给定的动量转移 Q，首先考

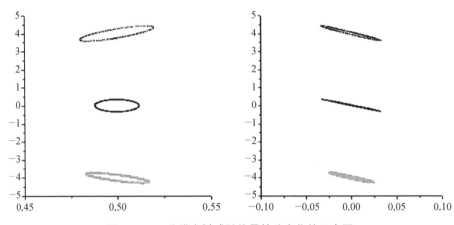

图 10-25　分辨率椭球随能量转移变化的示意图

(a) $(Q_{/\!/}, \omega)$ 平面；(b) $Q_\perp - \omega$ 平面的截面

虑损失能量的情况，在能量转移最大时 Q 的方向与 k_i 的方向是反平行的，分辨率椭球的长轴在 $(Q_{/\!/}, \omega)$ 平面内的斜率为正；在获得能量的情况下，能量转移最大时 Q 的方向与 k_i 的方向平行，分辨率椭球的长轴在 $(Q_{/\!/}, \omega)$ 平面内的斜率为负，在这两种极端情况下，聚焦效果都很好。

由于分辨率椭球随着能量转移的提高而转动，声子频率 ω 较小时，最好的聚焦位置并不出现在单纯的横向声子方向，当波矢 q 在倒格矢 G 的横向和纵向都有分量时，横向和纵向的散射峰都比较尖锐。

(3) 准直器和能量的选择。准直器参数和中子能量会影响峰的分辨率和强度，我们知道强度和分辨率是两个互相矛盾的量，增大准直器发散度时会得到高强度中子同时分辨率降低。所以对于给定的问题，要选择最佳的实验参数以使得到最好的强度和分辨率。

考虑接近弹性散射条件的情况。对于一对称布局的谱仪（$\alpha_0 = \alpha_3$，$\alpha_1 = \alpha_2$，$\eta_M = \eta_A$），分辨率椭球在 $(Q_\perp, \omega)$ 平面的斜率与准直器发散度有关。单独减小某一个准直器的发散度对减小分辨率体积没有多大的作用而且会降低中子强度。纵向动量转移 Q 与 α_0 和 α_1（α_2 和 α_3）具有反对称关系，即牺牲同样的强度，准直器发散度满足 $\alpha_0 < \alpha_1$（且 $\alpha_3 < \alpha_2$）情况下扫描纵向动量转移的峰的宽度比 $\alpha_0 > \alpha_1$（且 $\alpha_3 > \alpha_2$）情况下得到的峰宽度小。

选择不同的入射和散射中子能量也能优化聚焦条件。在接近弹性散射的条件下（$k_i \approx k_f \equiv k$），一台对称布局的谱仪且单色器和分析器嵌镶度小于 α_0 和 α_1，在 $(Q_\perp, \omega)$ 平面内分辨率椭圆的斜率为

$$\frac{\hbar \Delta \omega}{\Delta Q_\perp} \approx \frac{\hbar^2}{m_n} k \cos \theta_S [1 + \tan(\theta_S - \theta_M)] \qquad (10-140)$$

这样通过改变 k 的值就可以调整分辨率椭圆的斜率 $\dfrac{\Delta \omega}{\Delta Q_\perp}$ 与声子速度一致。在一般情况下,增大 k 的值来匹配声子速度比缩小 k 的值降低分辨率体积更有利。由于在较高入射能量下分辨率椭圆的斜率与声子速度匹配较好时,入射能量较低和能量较高的情况下测得的峰宽度差别不大时,选择较高的入射能量,由于分辨率体积增大会给出更大的散射强度。

当能量转移与 E_i、E_f 较接近时,入射束和出射束的分辨率体积分别与 k_i^3 和 k_f^3 成正比。为了得到较高的强度和较好的分辨率,改变准直器发散度的对称性来平衡入射和散射束的分辨率,它们的分辨率之比为

$$\frac{V_i}{V_f} \approx \left(\frac{k_i}{k_f}\right)^3 \frac{\alpha_0 \alpha_1 \tan \theta_A}{\alpha_2 \alpha_3 \tan \theta_M} \qquad (10-141)$$

这里假设使用相同的单色器和分析器的同一反射面,且单色器、分析器的嵌镶度与准直器发散度相当。例如,假设 $E_i = 30$ meV, $E_f = 15$ meV, 单色器、分析器为 PG(002),那么准直器发散度为 $10'-20'-20'-20'$ 或 $20'-40'-40'-40'$时,$\dfrac{V_i}{V_f}$ 的比值接近为 1。

2) 基本实验方法

利用三轴谱仪进行非弹性散射测量时,入射中子束、样品的倒易平面、散射中子束及探测器必须安排在同一平面,这个平面称为散射平面。令这个平面为 xy 平面,可以画出散射平面的倒易空间矢量关系图,称为"散射三角",如图 10-26 所示。图中 φ 是样品某一晶面与入射中子束之间的夹角,$2\theta_S$ 是散射角。

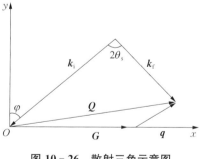

图 10-26　散射三角示意图

于是可以求得动量转移 Q 和能量转移 $\hbar \omega$ 的值为

$$\boldsymbol{Q}_x = |\boldsymbol{k}_i| \sin\varphi + |\boldsymbol{k}_f| \sin(2\theta_s - \varphi) \qquad (10-142)$$

$$\boldsymbol{Q}_y = |\boldsymbol{k}_i| \cos\varphi - |\boldsymbol{k}_f| \cos(2\theta_s - \varphi) \qquad (10-143)$$

$$\hbar\omega = \frac{\hbar^2}{2m}(\mid \boldsymbol{k}_i \mid^2 - \mid \boldsymbol{k}_f \mid^2) \tag{10-144}$$

在以上方程中,待测定的未知数有三个,即 Q_x、Q_y、ω,实验上有四个变量即 $\mid \boldsymbol{k}_i \mid$、$\mid \boldsymbol{k}_f \mid$、$\varphi$、$2\theta_s$,因此原则上固定其中任何一个量,改变其他三个,在散射平面内进行扫描就可得到色散曲线。用三轴谱仪来完成测量时,$\mid \boldsymbol{k}_i \mid$、$\mid \boldsymbol{k}_f \mid$ 的值可调节单色器和分析器角度 $2\theta_M$、$2\theta_A$ 来确定,φ 的值可通过样品旋转调节,$2\theta_s$ 可通过分析器台相对样品台转动来调节。具体的测量过程包括下述几个方面。

(1) 仪器准直。三轴谱仪的准直对于进行精确测量非常重要,仪器不准直会导致中子强度降低甚至得到错误的结果。首先是仪器的机械准直,索莱尔准直器 C1、C2 和 C3 的中心线必须与单色器、样品和分析器的旋转中心相交,可采用光学方法来完成准直。一旦准直完成后,就不允许在垂直束流的方向上调节准直器的位置。

接下来是实验准直,要求一次只调节一个部件以免引起关联错误。假设最初的光学准直已经完成,因此三个旋转中心在一条直线上且准直器已调整好。第一步调整单色器,旋转单色器到需要的 $2\theta_M$ 角。不放置样品和分析器晶体,样品和分析器的散射角 $2\theta_s$ 和 $2\theta_A$ 为零,这样探测器就直接对准从单色器出射的中子束。放置一个索莱尔准直器在单色器台和样品台之间,并放置适当厚度的束流衰减片后打开束流闸门,调节单色器的姿态直到得到最大的束流强度。

然后将谱仪改为二轴模式,在样品后放一个准直器。样品台上放置一标准的圆柱样品如多晶钒或者含氢材料。移出束流衰减片,探测器角度在 $2\theta_M$ 的值附近做强度测量。把测量得到的强度与以往在相同条件下的测量结果比较,可以较快地确定谱仪状态是否良好。

单色器校准之后,接下来是同时校准入射中子波长和散射角 $2\theta_s$。所用的样品需在该波长下至少有三个布拉格峰,如 Al_2O_3、硅或 Fe_3O_4。根据 k_i 的值来估算峰出现的位置,扫描得到三个或更多的峰。根据测量的角度 θ_S^m,用最小二乘法来拟合布拉格公式的参数 k_i 和 $\Delta\theta_S$:

$$\boldsymbol{G}_{hkl} = 2k_i\sin(\theta_S^m - \Delta\theta_S) \tag{10-145}$$

散射角 $2\theta_S$ 偏移量为 $\Delta\theta_S$。然后谱仪设置为三轴谱仪,在样品中心放置上钒或塑料标样,调整分析器角度 θ_A 与 θ_M 一致,对 θ_A 做强度扫描,然后分析器晶体和探测器臂以 $\theta_A \sim 2\theta_A$ 模式做强度扫描,反复循环该过程,待峰强不再升高后,用高斯函数拟合峰强得到分析器和探测器角度。

单晶样品的调节,首先确定需要测量的晶面,根据晶格参数计算其衍射角 $2\theta_S$,在 $2\theta_S$ 角附近扫描得到衍射峰,对该晶面倾斜角进行扫描以得到最大的强度,然后进行摇摆曲线和 $\theta - 2\theta$ 扫描直到得到最大的束流强度;然后对另一个垂直于该晶面和散射平面的晶面做同样的调节,这样就完成了对样品的准直。

利用三轴谱仪测量时,允许有四个参数可调,而在散射平面测定声子色散关系只要求定出三个未知量,所以有多种方案。最常用的是恒 Q 和恒 E 扫描法。

(2) 恒 Q 扫描法。恒 Q 法测量是指测量时动量转移固定,测量散射强度随能量的变换。1961 年布罗克豪斯最早使用这种扫描方法,能很方便地测量声子色散和磁色散。对于选定的声子波矢 q_A 进行 ω 扫描,扫描的峰值所对应的 ω_A 即为待测声子的频率,然后就可以画出样品的色散曲线。实验上可以有两种做法:一是固定 $|k_i|$ 不变,改变 φ、$2\theta_s$ 和 $|k_f|$,其散射平面的矢量关系如图 10-27(a)所示;另一种做法是固定 $|k_f|$ 不变,改变 φ、$2\theta_s$ 和 $|k_i|$,其矢量图如图 10-27(b)所示,图中画斜线的三角形在扫描过程中是不变的,即 Q、q 不变。

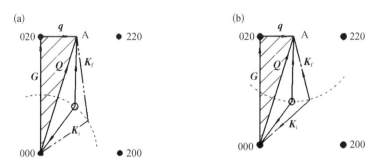

图 10-27　恒 Q 法测量声子色散在散射平面的矢量示意图

(a) 固定 $|k_i|$ 不变;(b) 固定 $|k_f|$ 不变

从非弹性散射基本原理的描述中可知,单声子非弹性散射的散射函数可写成

$$S(\boldsymbol{Q},\omega) = \frac{(2\pi)^3}{2v_0} \sum_{G,q} \delta(\boldsymbol{Q}-\boldsymbol{q}-\boldsymbol{G}) \sum_j \frac{1}{\omega_j} |F(\boldsymbol{Q})|^2 [(n_j(\boldsymbol{q})$$
$$+1)\delta(\omega-\omega_j) - n_j(\boldsymbol{q})\delta(\omega+\omega_j)] \tag{10-146}$$

式中，$n_j(\boldsymbol{q})$ 是玻色-爱因斯坦因子，$F(\boldsymbol{Q})$ 是动力学结构因子。为了简化推导，假设 $\omega_j(\boldsymbol{Q}_0)$ 在测量点附近变化很缓慢，即散射峰很尖锐，可把散射函数写为

$$S(\boldsymbol{Q},\omega) \approx S_0 \delta[\omega - \omega(\boldsymbol{Q})] \tag{10-147}$$

可得到在 A 点测量的散射强度为

$$I(\omega_{\mathrm{A}},\boldsymbol{Q}_0) = V_{\mathrm{i}}^{-1} S_0 \int \mathrm{d}\boldsymbol{Q} R(\Delta\omega,\ \Delta\boldsymbol{Q}) \tag{10-148}$$

在实际测量中，测量的是分散 ω 点的强度为 $I(\omega,\boldsymbol{Q}_0)$，积分强度可由分散强度之和得到。由理论分析可得

$$\int \mathrm{d}\omega \int \mathrm{d}\boldsymbol{Q} R(\Delta\omega,\ \Delta\boldsymbol{Q}) = \int \mathrm{d}(\Delta\boldsymbol{k}_{\mathrm{i}}) P_{\mathrm{i}}(\Delta\boldsymbol{k}_{\mathrm{i}}) \int \mathrm{d}(\Delta\boldsymbol{k}_{\mathrm{f}}) P_{\mathrm{f}}(\Delta\boldsymbol{k}_{\mathrm{f}}) \tag{10-149}$$

对公式 (10-148) 积分可得：

$$\int \mathrm{d}\omega I(\omega,\ \boldsymbol{Q}_0) = V_{\mathrm{f}} S_0 \tag{10-150}$$

其中，

$$V_{\mathrm{f}} = \frac{\overline{\boldsymbol{k}}_{\mathrm{f}}^3}{\tan\theta_{\mathrm{A}}} R_{\mathrm{A}}(\overline{\boldsymbol{k}}_{\mathrm{f}}) V_{\mathrm{f}}'$$

$$V_{\mathrm{f}}' = 2\pi \boldsymbol{G}_{\mathrm{A}} \left(\frac{\alpha_2^3 \alpha_3^2}{\alpha_2^2 + \alpha_3^2 + 4\eta_{\mathrm{A}}^2} \right)^{0.5} \left(\frac{\beta_2^2 \beta_3^2}{\beta_2^2 + \beta_3^2 + 4\eta_{\mathrm{A}}'^2 \sin\theta_{\mathrm{A}}} \right) \tag{10-151}$$

积分强度也可以写作动力学结构因子的函数，即

$$\int \mathrm{d}\omega I(\omega,\boldsymbol{Q}) = A \frac{1}{\omega_j(\boldsymbol{q})} |F(\boldsymbol{Q})|^2 \times \begin{cases} [n_j(\boldsymbol{q})+1], & \text{中子损失能量} \\ n_j(\boldsymbol{q}), & \text{中子获得能量} \end{cases} \tag{10-152}$$

$R_{\mathrm{A}}(\overline{k}_{\mathrm{f}})$ 是分析器对中子的反射率，θ_{A} 是分析器处的散射角，$\boldsymbol{G}_{\mathrm{A}}$ 是分析器晶体倒易晶格矢，α_2、α_3、β_2、β_3 分别是第三、第四准直器的水平和垂直发散度，η_{A}、η_{A}' 是分析水平和垂直方向嵌镶度，谱仪参数确定之后，V_{f}' 则为常数，A 是常数。公式 (10-150) 表明恒 $\boldsymbol{Q}$ 法测量的积分强度是散射函数 $S(\boldsymbol{Q},\omega)$ 乘以仪器分析器的分辨体积。若采用固定 $|\boldsymbol{k}_{\mathrm{f}}|$ 的方式，则 V_{f} 是常数，对

入射能量 E_i 扫描测量得到声子能量 $\hbar\omega$，这种扫描方式能很方便地做出 S 与 Q 的函数关系，经常用于声子测量实验中。虽然 $|k_f|$ 固定了，并不表示分辨率体积不变化，这种变化可以通过固定监视器计数来补偿（若分辨率体积减小则计数时间自动延长）。这种方式存在的问题就是高阶次级中子，散射束中次级中子可通过过滤器除去，问题在于入射束中的监视器也会接收到次级中子，一个办法是选择不产生次级中子的单色器如 Si(111)，另一种办法是通过测量高阶次级中子所占的比重来修正。若测量实验需要很低的本底，则用固定 $|k_i|$ 的扫描方式，可在入射束中过滤次级中子，因此不会通过散射产生本底。对 k_f 进行扫描，V_f 随之变化，使得这种方式不利于以损失能量模式（$E_f < E_i$）测量，且能量转移 ΔE 最好不要大于入射能量的 40%。对于大范围的 k_f 测量，还需要考虑分析器对中子反射率的减小进行修正。由玻色因子可知，中子与声子的作用截面随着能量转移 ΔE 增大而降低，使得能量损失模式测量得到的积分强度降低，这可以通过增加计数时间来进行调节，但是增加测量时间同时会增大本底强度。当 $\Delta E < k_B T$ 时，以获得能量的模式测量较好。

考虑恒 Q 法扫描的峰的宽度，在色散曲线较平缓时，可得

$$I(\omega, Q_0) = I_0 S_0 e^{\frac{-[\omega - \omega(Q_0)]^2}{2\Delta_\omega^2}} \tag{10-153}$$

其中，$I_0 = \dfrac{V_f}{\sqrt{2\pi}\,\Delta\omega}$。

（3）恒 E 扫描法。恒 E 法扫描是指对确定频率 ω_A 的声子进行波矢 q 扫描，由扫描的峰值位置定出声子的波矢 q_A，其扫描的矢量关系如图 10-28 所示。当激发速度 $c = \dfrac{d\omega}{dq}$ 较小时，恒 Q 法扫描在最佳聚焦位置时峰的宽度最小。随着速度增加，峰的宽度逐步增大直到发散。当用恒 Q 法扫描得到的峰太宽时，就需要改用恒 E 法来测量。

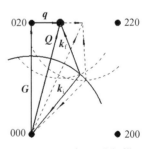

图 10-28　恒 E 法扫描在散射平面的矢量图

恒 E 法扫描时，k_i、k_f 的值固定不变，因此 V_f 的值不变，那么测量强度与散射函数 $S(Q, \omega)$ 成比例。与恒 Q 法的最大不同是，积分强度是公式（10-153）对 Q_0 进行积分得到，为了进行高斯积分，需要把积分变量 Q_0 转换为 ω_0，且需要乘上雅可比行列式 J。

$$J = \frac{1}{\left| \dfrac{\mathrm{d}\omega}{\mathrm{d}\boldsymbol{q}} \right|} = \frac{1}{c} \qquad (10-154)$$

恒 E 法测量得到的积分强度与积分速度 c 成反比,如果不考虑以上这种修正的话,会导致错误的结论。

(4) 本底扣除和探测器效率校准。在中子非弹性散射实验中,很多原因都可能引起本底,如宇宙射线、其他实验仪器上漫射的中子、仪器屏蔽体慢化快中子后形成的热中子等都可能被探测器探测到形成本底。通常的做法是从测量数据中减去一个常数来去除本底,也可以先测量仪器的本底,然后在数据中减去该本底就可以了。

探测器效率随中子能量变化而变化,实验前需要对探测器效率 $\varepsilon(\omega)$ 进行标定,得到标定后的散射强度为

$$I' = \frac{I(\boldsymbol{Q},\omega)}{\varepsilon(\omega)} \qquad (10-155)$$

10.5　中子散射数据反演理论

从中子散射实验采集获取的原始数据,如何通过数据处理、反演、分析等手段获取所研究体系的物理信息,需要更多的工作和精力,通常需要借助通用软件或根据实际情况自主开发的程序进行。接下来我们将结合衍射数据、残余应力中子衍射数据、小角数据、反射数据、非弹数据各自的特点以及蕴含的信息出发,来展示如何通过遵循特定步骤对原始数据进行反演及分析,最终获取具有特定物理意义的参数。

对于衍射数据的反演,一般衍射仪都配备了相应的数据合成软件,软件的主要功能:读取原始数据,编辑数据,输出可用于后期数据处理的一般格式的数据。

对于中子衍射全谱数据需要进行一系列处理步骤才能最终获得所需的晶体结构或磁结构信息,多晶衍射晶体结构测定通常遵循如下步骤:

(1) 新相衍射线的确定。

(2) 衍射图谱的指标化。

(3) 点阵常数的精确测定。

(4) 单胞的原子数、理想分子式和空间群确定。

(5) 等效点系组合和原子参数的测定。

（6）里特沃尔德峰形拟合修正晶体结构和可信度因子计算[35]。

（7）重要原子间距和键价计算，评估结构合理性。

（8）绘制晶体结构图和重要的原子配位基团。

（9）讨论新相晶体结构和物性的关系，进一步验证结构的准确性。

10.5.1　残余应力中子衍射数据的反演

为便于理解残余应力中子衍射数据的反演技术，下面将主要介绍数据反演所涉及的大阵列操作程序和单晶计算程序两个部分的内容。

1）大阵列操作程序（large array manipulation program，LAMP）

用于中子衍射应力分析的数据处理大阵列操作程序 LAMP 软件采用可视化程度好的 IDL 语言编写，具有可以任意使用的 40 个工作空间，操作方便，工作原理如图 10 - 29 所示。在数据收集方面 LAMP 可以包含任何类型的数据，由于具有多个工作空间，它可以分别存放装置参数、描述内容、监视器谱、xyz 轴的信息和误差等信息。在数据处理环节，对衍射峰的拟合软件具有多种方法，峰形函数包括高斯函数、洛伦兹函数、赝佛克脱（voigt）函数等，本底可以采用水平本底，线形本底等。利用 IDL 语言的可视化优势和其他特点，用户可以对数据计算进行交互式分析，可视化二维和三维数据，以不同的方式显示拟合数据、残差和参数。用户也可以自己制作命令文件或编译 LAMP 内的 IDL 可执行文件，利用预定义函数或输入自编公式建立模型。

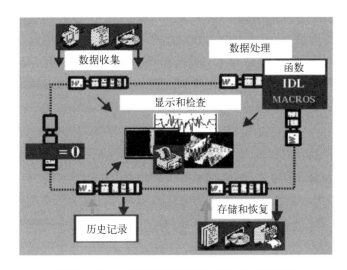

图 10 - 29　大阵列操作程序 LAMP 工作原理图

利用该程序处理中子衍射应力测量数据的界面如图 10-30 所示。

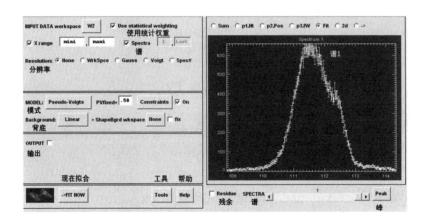

图 10-30　大阵列操作程序 LAMP 程序界面

利用该程序可实现二维位置灵敏探测器对中子衍射数据的获取和转化，例如，获得的镍基单晶超合金的原始数据和转化如图 10-31 所示。

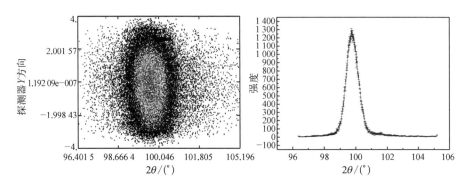

图 10-31　大阵列操作程序 LAMP 程序获得的镍基单晶超合金的原始数据与转化

2）单晶计算程序

鉴于单晶材料研究的需要，编写了立方单晶计算程序，输入测量衍射峰位、弹性张量和参考 d_0 值，便可以直接计算得到三维应力分布信息。现将程序编制原理简述如下。

中子衍射应力测试的基本原理是根据衍射线位置测出的晶体材料晶面间距变化确定应变，晶体任意（hkl）面法线方向的应变 ε_{hkl} 表示为

$$\varepsilon_{hkl} = \frac{d'_{hkl} - d^0_{hkl}}{d^0_{hkl}}$$

（10-156）

式中：d'_{hkl} 为试样受力后的 (hkl) 晶面间距；d^0_{hkl} 为试样不受力状态下的 (hkl) 晶面的标准晶面间距。

在晶体坐标系下，立方单晶 (hkl) 面的应变 ε_{hkl} 可表示为

$$\varepsilon_{hkl} = a^2\varepsilon^c_1 + b^2\varepsilon^c_2 + c^2\varepsilon^c_3 + ab\varepsilon^c_{12} + bc\varepsilon^c_{23} + ca\varepsilon^c_{31} \qquad (10-157)$$

在公式 $(10-157)$ 中，以 ε^c_{ij} 表示的 ε^c_1、ε^c_2、$\cdots$、ε^c_{31} 为晶体坐标系下立方单晶应变张量 ε^c 的分量，a、b、c 分别为晶体 $[hkl]$ 晶向与 $[100]$、$[010]$、$[001]$ 的方向余弦，即

$$a = \frac{h}{\sqrt{h^2+k^2+l^2}}, \ b = \frac{k}{\sqrt{h^2+k^2+l^2}}, \ c = \frac{l}{\sqrt{h^2+k^2+l^2}}$$

$$(10-158)$$

将公式 $(10-157)$、$(10-158)$ 代入公式 $(10-156)$ 得到晶体坐标系下的应变方程：

$$\frac{d'_{hkl} - d^0_{hkl}}{d^0_{hkl}} = \frac{h^2\varepsilon^c_1 + k^2\varepsilon^c_2 + l^2\varepsilon^c_3 + kl\varepsilon^c_{23} + lh\varepsilon^c_{31} + hk\varepsilon^c_{12}}{h^2+k^2+l^2}$$

$$(10-159)$$

公式 $(10-159)$ 表明：要确定应变张量 ε^c，需要解 6 个包含不同 (hkl) 晶面间距变化数据的联立方程组。在一般情况下，应变张量 ε^c 的分量要通过对含有 6 个或 6 个以上晶面间距变化数据的方程组采用最小二乘法拟合求解得到。

根据广义胡克定律，晶体坐标系下的应力张量 $\boldsymbol{\sigma}^c$ 可表示为

$$\boldsymbol{\sigma}^c = \boldsymbol{C}\boldsymbol{\varepsilon}^c \qquad (10-160)$$

式中，$\boldsymbol{C}$ 为张量形式的弹性常数，对于立方晶体，只有 C_{11}、C_{12} 和 C_{44} 三个分量。样品坐标系下的宏观应力张量 $\boldsymbol{\sigma}^s$ 与应变张量 $\boldsymbol{\varepsilon}^s$ 可分别通过对晶体坐标系与样品坐标系转换矩阵 M 的计算得到：

$$\boldsymbol{\sigma}^s = M^{-1}\boldsymbol{\sigma}^c M \qquad (10-161)$$

$$\boldsymbol{\varepsilon}^s = M^{-1}\boldsymbol{\varepsilon}^c M \qquad (10-162)$$

对于含有 γ/γ' 两相的立方单晶材料，可以分别求出样品坐标系下 γ/γ' 两相各自的应力分量 σ^γ_{ij}、$\sigma^{\gamma'}_{ij}$ 与应变分量 ε^γ_{ij}、$\varepsilon^{\gamma'}_{ij}$，然后可根据 Voigt 模型和

Reuss 模型分别计算出某一区域包含两相的整体宏观应力分量 σ_{ij}^{s} 和应变分量 ε_{ij}^{s}：

$$\sigma_{ij}^{s} = f^{\gamma}\sigma_{ij}^{\gamma} + f^{\gamma'}\sigma_{ij}^{\gamma'} \tag{10-163}$$

$$\varepsilon_{ij}^{s} = f^{\gamma}\varepsilon_{ij}^{\gamma} + f^{\gamma'}\varepsilon_{ij}^{\gamma'} \tag{10-164}$$

公式(10-163)中，f^{γ} 与 $f^{\gamma'}$ 分别为表示 γ 相与 γ' 相的体积分数。而 γ/γ' 两相之间的第二类应力分量 $^{\mathrm{II}}\sigma_{ij}^{\gamma}$ 或 $^{\mathrm{II}}\sigma_{ij}^{\gamma'}$ 则可通过 γ/γ' 相的应力分量 σ_{ij}^{γ} 与 $\sigma_{ij}^{\gamma'}$ 的差计算：

$$^{\mathrm{II}}\sigma_{ij}^{\gamma} = f^{\gamma'}(\sigma_{ij}^{\gamma'} - \sigma_{ij}^{\gamma}) = \frac{f^{\gamma}-1}{f^{\gamma}}\,^{\mathrm{II}}\sigma_{ij}^{\gamma'} \tag{10-165}$$

$$^{\mathrm{II}}\sigma_{ij}^{\gamma'} = f^{\gamma}(\sigma_{ij}^{\gamma} - \sigma_{ij}^{\gamma'}) = \frac{f^{\gamma'}-1}{f^{\gamma'}}\,^{\mathrm{II}}\sigma_{ij}^{\gamma} \tag{10-166}$$

根据以上公式便可由中子衍射结果分析得到样品材料每相的应力、第二类应力和样品局部的宏观应力。

10.5.2 小角数据的反演

前面我们提到的小角数据的绝对强度数据的实验获取，即样品的散射强度 $I(q)$ 随散射矢量 q 变化的关系，这个变化关系的图形表示被称为中子小角散射强度曲线。根据中子小角散射基本理论和实验测量的散射强度曲线，应用小角散射数据分析计算方法，可以获取实验样品材料的有关微结构参数。下面对中子小角散射数据分析计算所采用的基本方法作简介。

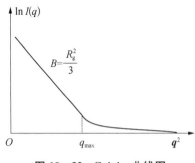

图 10-32 Guinier 曲线图

1) 纪尼叶(Guinier)曲线图[36]

纪尼叶近似公式为：$I(q) = I_0 \mathrm{e}^{-\frac{R_{\mathrm{g}}^2 q^2}{3}}$，其成立的条件为 $q \ll 1/R_{\mathrm{g}}$，且散射粒子间相互作用可忽略。对散射强度曲线作 $\ln I(q) \sim q^2$ 关系变换，即 $\ln I(q) = \ln I_0 - \frac{R_{\mathrm{g}}^2 q^2}{3}$，在低 q 范围内得到一条直线，如图 10-32 所示，该图称为纪尼叶曲线图，由此直线的斜率 $B = -\frac{R_{\mathrm{g}}^2}{3}$ 可求出散射粒子回转半径 $R_{\mathrm{g}} = (-3B)^{\frac{1}{2}}$。

纪尼叶曲线图可应用于各种形状的散射粒子,可给出描述各散射粒子有效大小的回转半径 R_g,进而计算出散射粒子实际大小和形状。

2) 波罗德(Porod)曲线图[37]

波罗德定理的表达式为:$I(q)q^4 = K$(当 $q \to \infty$ 时),其中,K 为波罗德常数。对散射强度曲线作 $I(q)q^4 - q$ 关系变换,在高 q 范围内得到水平直线,如图 10-33 所示,该图称为波罗德曲线图,水平直线的截距等于波罗德常数。波罗德曲线图对任意散射体系都成立,它可给出正比于散射粒子总表面积的波罗德常数 K,并可由此计算出散射粒子的比表面积和总表面积。

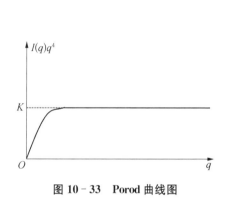

图 10-33　Porod 曲线图

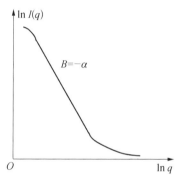

图 10-34　分 形 特 征 图

3) 分形特征图

当散射系统具有分形特征时,其散射强度可表示为:$I(q) = I_0 q - \alpha$,其中 α 为分形维数。对散射强度曲线作 $\ln I(q) \sim \ln q$ 关系变换,即 $\ln I(q) = \ln I_0 - \alpha \ln q$,得到关系曲线如图 10-34 所示,此图即为分形特征图。在该图的曲线的中部会呈现出直线关系,由直线部分的斜率 $B = -\alpha$,可求得散射体系的分形维数 D。当 $1 \leqslant \alpha \leqslant 3$ 时为质量分形,分形维数 $D_m = \alpha$;当 $3 < \alpha \leqslant 4$ 时为表面分形,分形维数 $D_s = 6 - \alpha$。 另外,若散射体是有机聚合物溶液,则可以从分形特征图中不同部分的直线斜率大小判断溶液中聚合物的形状。

4) 德拜(Debye)曲线图

Debye 公式为:$I(q) = I_0 / [1 + (R_c q)^2]^2$,其中,$R_c$ 为相关长度,它与回转半径 R_g 的关系为 $R_g^2 = 3R_c^2$。 对散射强度曲线作 $I(q)^{-\frac{1}{2}} \sim q^2$ 关系变换,即 $I(q) - 1/2 = I_0^{-\frac{1}{2}} + I_0^{-\frac{1}{2}} R_c^2 q^2$,得到一条截距 $A = I_0^{-\frac{1}{2}}$、斜率 $B = I_0^{-\frac{1}{2}} R_c^2$ 的直

线,如图 10-35 所示,此图即为德拜(Debye)曲线图。对于有机聚合物溶液,由德拜曲线图直线斜率与截距的比值可给出该有机溶液中大分子间的相关长度 $R_c = \left(\dfrac{B}{A}\right)^{\frac{1}{2}}$。

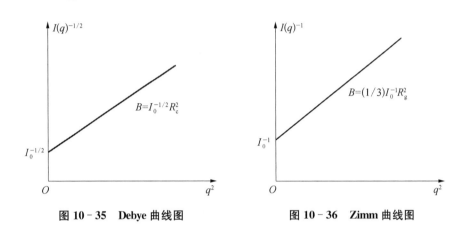

图 10-35   **Debye 曲线图**   图 10-36   **Zimm 曲线图**

5) 齐姆(Zimm)曲线图

齐姆公式为:$I(q) = I_0 / [1 + (R_g q)^2 / 3]$,该公式适用的条件为 $q \ll 1/R_g$。对散射强度曲线作 $I(q)^{-1} \sim q^2$ 关系变换,即 $I(q)^{-1} = I_0^{-1} + \dfrac{1}{3} I_0^{-1} R_g^2 q^2$,在小 q 区域得到一条截距为 $A = I_0^{-1}$、斜率为 $B = \dfrac{1}{3} I_0^{-1} R_g^2$ 的一条直线,如图 10-36 所示,该图称为齐姆曲线图。齐姆曲线图适用于低浓度的稀疏有机聚合物溶液,可给出 I_0 和有机聚合物溶液里大分子的回转半径 R_g。

上述基本数据分析方法是中子小角散射强度曲线数据处理计算中常用的方法,也是中子小角散射基本理论的简洁形式,由这些分析方法可以得到散射体的基本结构特征参数。在实际的中子小角散射数据分析计算工作中,往往需要根据具体研究的散射体系的特性,对这些基本方法进行综合和嵌套应用,以获得更为细致、准确和更多的关于散射体系微观结构的定性及定量信息。

10.5.3 反射数据的反演

对于中子在平面分层材料(包括单层薄膜、多层膜和块材介质)上的镜反射,反射率曲线中包含了沿材料深度方向的一维散射势 $V(z)$ [亦即散射长度密度剖面 $\rho_b(z)$]信息,而散射势与材料介质的原子组分、质量密度、膜层厚度、界面状况(粗糙、扩散)等结构参数相关,因此,根据中子反射基本理论和实验测量的反射率曲线 $R(q)$，应用中子反射数据分析方法对中子反射率进行反演计算可以获取样品材料的有关结构参数。中子反射数据计算通常分为直接问题和逆问题。直接问题是指由给定分层介质的一维散射势 $V(z)$〔或散射长度密度剖面 $\rho_{\mathrm{b}}(z)$〕计算介质的反射系数（或反射率），直接问题的任务等价于求解中子波函数的亥姆霍兹方程。逆问题是指利用实验测量的反射率数据确定散射长度密度剖面。中子反射数据分析和反演计算主要是求解逆问题，即由反射率数据确定一维散射势进而得到材料相关结构参数。

中子反射数据分析计算的一般方法是，采用一定的初始试探结构模型及参数，通过中子反射理论计算得到反射率曲线数据，并与实验测量的反射率结果进行比对和拟合；如果拟合结果不好，就调整试探计算模型和相关结构参数，直到达到一定的拟合质量要求，从而认为此时的理论计算模型中的相关参数就是样品材料的实际结构参数，于是就由中子反射率实验测量谱数据获得了样品材料界面及层结构的参数，如膜层的厚度、界面粗糙度等。这样的方法称为赝逆问题（迭代直接问题）求解的曲线拟合法。

对反射率数据的分析通常包括如图 10‐37 所示的几个主要步骤。

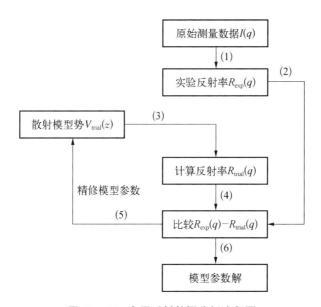

图 10‐37　中子反射数据分析流程图

在第（1）步中，由原始的实验测量强度数据 $I(q)$ 得到归一化的实验反射率数据 $R_{\mathrm{exp}}(q)$。由假定的试探模型散射势函数 $V_{\mathrm{trial}}(z)$ 或散射长度密度

$\rho_b(z)$ 计算得到理论反射率数据 $R_{trial}(q)$，如第（3）步。将实验反射率数据 $R_{exp}(q)$ 与理论计算反射率数据 $R_{trial}(q)$ 进行比较，即第（2）、（4）步。通过最小二乘法分析调整模型势和精修模型参数使得计算反射率 $R_{trial}(q)$ 与实验反射率 $R_{exp}(q)$ 的差减小，反复迭代、拟合计算第（3）～（5）步，直到实验反射率与计算反射率符合较好（由相关的评价因子描述）为止，最后给出模型参数解，如第（6）步。在进行模型参数精修时，通常首先（也是最容易）精修的结构参数是表面和界面的粗糙度，因为这一参数增大会使得反射率全面下降，然后才调整和精修其他模型结构参数。如果计算的反射率不能与实验测量数据较好地符合，也有可能需要改变模型计算中的堆叠层数目。判断拟合质量的方法是最小二乘分析方法，其定量指标为 χ^2 值最小化，其定义为实验反射率与计算反射率之差的平方和。一般说来，不同的参数对计算反射率的影响在不同的测量区间是不同的，例如，粗糙度的变化对反射率的影响仅在大 q 区域是比较明显的。

10.5.4　非弹数据的反演

中子非弹性散射实验中直接测量得到的原始数据是散射角度与散射中子强度，因此数据分析的第一步需把角度转换为中子能量和动量。探测器测量到的散射强度是由入射中子注量、本底散射、样品非弹性散射、探测器效率和杂散射决定的，要知道样品的非弹性散射函数就需要去除本底散射和杂散射的影响。然后对数据拟合进行强度分析，获得声子频率，如果研究相变还需要提高仪器分辨率并对数据的线形进行分析。

1）中子能量和动量转移

从典型的中子三轴谱仪结构示意图可知，实验测量得到单色器、样品散射角和分析器角度分别为 $2\theta_M$、$2\theta_S$、$2\theta_A$，根据布拉格定律可分别得到入射中子和散射中子波长和能量：

$$\lambda = 2d \sin \theta$$

$$E = \frac{81.81}{\lambda^2} \tag{10-167}$$

式中：d 是单色器和分析器所使用晶面的晶面间距，单位为 Å；θ 是散射角，单位为度；λ 是中子波长，单位为 Å；E 是中子能量，单位为 meV。

根据公式（10-167）就可以把测量的角度与散射强度的关系转换为能量

与散射强度的关系曲线。

入射和散射中子波矢大小可由下式给出：

$$k = \frac{2\pi}{\lambda} \qquad (10-168)$$

对于已知结构的晶体，可以给出其在散射平面内的倒易点阵，中子波矢 k 的方向与实际空间中子束方向一致，画出倒易空间中的散射矢量图就可以确定动量转移的方向和声子波矢 q 的方向和大小。给出具有面心立方结构的铜在散射平面的倒易格点和布里渊区，晶向 $[01\bar{1}]$ 垂直于散射平面，k_i、k_f 分别是入射和散射中子波矢，Q 为动量转移，q 是声子波矢。这样就把原始数据转换为能量和动量与散射强度的关系 $I(Q,\omega)$。具体如图 10-38 所示。

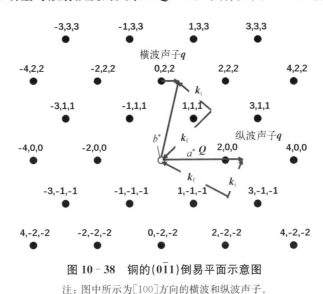

图 10-38　铜的 $(0\bar{1}1)$ 倒易平面示意图

注：图中所示为 $[100]$ 方向的横波和纵波声子。

2) 伪峰分析与处理

由于仪器部件和样品环境的原因，常常会产生一些人为的弹性和非弹性散射峰，这些峰会影响到对真正的非弹性散射峰的分析，准确地区别伪峰，在实验中起着重要的作用。这里分析一些可能产生伪峰的原因及处理方法。

(1) 次级中子。单色器晶体的布拉格散射存在次级散射，次级中子波矢与级次、晶面间距 d 和散射角 θ_M 的关系为

$$k_i(n) = \frac{n\pi}{d \sin \theta_M} \quad (n = 2,\ 3,\ \cdots) \qquad (10-169)$$

其能量是初级布拉格散射能量的 n^2 倍。虽然次级散射的注量率比较低，但是仍可能对结果产生影响。下面分别讨论次级中子的弹性和非弹性散射情况。

当单色器和分析器相同且反射率也一样时，次级中子会产生伪衍射峰，此时观察到的衍射峰是初级波矢和次级中子共同衍射的结果。当研究反铁磁体时，如果超晶格峰的位置与次级中子产生的峰位置重叠会引起混淆。为了避免出现这种情况，需要从入射束中除去次级中子，最通常的做法就是用合适的过滤器来达到这个目的。当然，过滤器只是减弱次级中子的强度而不能彻底地除去次级中子。从实验角度，实验人员也可以测量次级中子的强度，从而估计其带来的影响；此外，也可以用 Ge(111) 做单色器就不会产生二级散射中子。

对于非弹性散射，必须考虑单色器和分析器的次级中子在样品处发生弹性散射而进入探测器的可能。单色器和分析器第 n 级次的中子能量分别为 $E_i(n_M) = n_M^2 E_i$ 和 $E_f(n_A) = n_A^2 E_f$，尽管 $E_i \neq E_f$，在样品处发生弹性散射使得 $E_i(n_M) = E_f(n_A)$，此时产生的伪非弹性散射能量转移为

$$\hbar\omega = E_i - E_f = \left(1 - \frac{n_M^2}{n_A^2}\right)E_i = \left(\frac{n_A^2}{n_M^2} - 1\right)E_f \qquad (10-170)$$

根据式 (10-170)，可算出由于单色器和分析器次级散射引起的伪峰的能量。固定 E_i 模式测量或固定 E_f 模式测量时分别使用方程的对应项计算。为了避免出现这种伪峰，可使中子能量（入射和散射能量）尽量低，能量转移不大于入射能量的二分之一。

(2) 偶然布拉格散射。三轴谱仪是利用单色器和分析器的布拉格散射来测量晶体样品的非弹性散射，在测量非弹性散射的方向上，样品的弹性散射也可能由于单色器或分析器的漫散射而到达探测器引起伪峰。由分析器的原因引起的伪色散峰的能量可由下式计算：

$$\hbar\omega_A = -\frac{\hbar^2}{m_n} k_i q \left(1 + \frac{q}{2k_i}\right) \qquad (10-171)$$

同样可得单色器引起的伪色散峰的能量为

$$\hbar\omega_M = -\frac{\hbar^2}{m_n} k_f q \left(1 - \frac{q}{2k_f}\right) \qquad (10-172)$$

实验研究发现降低样品前后准直器的发散度可有效地减小由于偶然布拉格散射带来的伪峰。

以上分析了产生伪峰的几种情况以及对应处理方法,在非弹性散射实验中能引起伪峰的原因还有分辨率函数、样品环境等因素,需要视具体情况分析。

(3) 数据拟合。三轴谱仪实验测量获得的原始数据经上述处理之后,得到了中子能量与强度的关系。要获得晶体的色散曲线,需要对声子频率进行精确测定,声子频率由强度分布的峰中心确定,一般使用高斯函数进行拟合。结合前面得到的 q 就可以画出所测晶体特定方向的色散曲线。

10.6　主要应用方向

经过几十年的发展和应用,中子散射技术已是十分常用和重要的研究工具。在物理、化学、生物、材料、地学、国防以及工业等领域,中子散射技术作为有独特优点的分析手段,已得到了广泛应用。从发展历程上看,20 世纪以来这半个多世纪中的主要应用包括了 60 年代初步应用于测量反铁磁结构等,70 年代开始应用于测量氢键、相变、声子谱等,80 年代主要应用于研究生物体中的水、矿物研究、残余应力、超导体研究、量子流等,90 年代主要应用于研究蛋白质、表面活性剂、聚合物、催化剂、涡流点阵、自旋动力学等,以及 2000 年以后主要应用于研究生物技术、药物设计、药理学、新材料、环境科学、净化技术、催化过程、能量储存、量子器件、数据储存等。接下来将分别介绍中子散射在不同学科和研究领域中的具体应用实例。

10.6.1　在高分子、软物质方面的应用

中子散射技术适用于研究聚合物材料、生命科学以及纳米复合材料等。涉及材料的结构研究和动力学研究。在中子散射技术方面分别会利用到弹性散射和非(准)弹性散射等技术。

中子小角散射方法是研究聚合物分子尺寸和构形的有力工具。20 世纪 70 年代,利用中子小角散射技术,测定了高分子链在本体状态的形态与尺寸,证明了弗洛里(Flory)聚合物分子长链具有无规线团链构象[38]。在德热纳(De Gennes)随机相近似理论框架下,利用中子小角散射的实验可以研究共混聚合物的热力学。特别是可以测量链段间的弗洛里-哈金斯(Flory-Huggins)相互

作用参数[39]。利用氘代技术，十分适合于含氢较多的高分子和生物大分子体系的研究。

利用中子对于同位素独特的分辨能力，中国科学技术大学李良彬教授课题组制备了含有氘代聚乙烯分子链的共混样，并利用伸展流变仪和原位中子小角散射技术，在不同的宏观拉伸比条件下，利用 SANS 结果定量计算了分子链真实的微观变形程度以及串晶形成的临界拉伸比[40]，例如，氘代聚乙烯分子链的共混样的原位研究如图 10-39 所示。

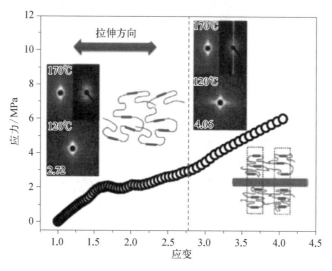

图 10-39　氘代聚乙烯分子链的共混样的原位研究[40]

然而，传统的"蜷曲-伸直转变机理"和"拉伸网络模型"都无法解释这一结果。结合小角 X 射线散射结果，研究人员推测分子链内的构象有序和分子链间的密度变化耦合作用，而非单个分子链的构象，决定了外场诱导的串晶生成。此外，利用 SANS 还发现，在后续的固化过程中，分子链的排列在不同拉伸比条件下呈现不同的规律。在大拉伸比条件下，SANS 能够"看见"拉伸非晶网络链的质心在拉伸方向上排列成"火车状"形式。氘代分子链的质心会在结晶过程中被固定，且片晶层间的非晶区链段缩小，引起了氘代分子链周期性的浓度调整。而在小拉伸比条件下，氘代分子链的质心在三维方向上是随机排列的，没有发现这一调整现象。这一研究发现对于揭示外场诱导高分子结晶机理具有重要的意义。这一工作很好地说明了中子散射技术结合氘代标记的独特优势，可以在高分子领域和生物大分子领域开展细致研究。利用中子这一宝贵探针,人们可以在倒易空间中"看到"分子链,并且可以观测分子链在不同条件下的动态运动规律,以及分子在聚集体中的形貌,分布等信息。

另外,中子和 X 射线完美互补。在生物分子结构测定时,通常需要靠 X 射线和中子共同完成。上述工作中聚乙烯结晶形貌的信息获取正是充分利用了 X 射线散射对电子云密度差的高分辨能力。

北京大学裴坚教授课题组利用中子小角散射,通过新颖的实验设计和反复验证,首次实验实现了溶液状态下光电共轭高分子预聚集行为的观察研究,不仅证实了一直以来的理论预测,也为材料理论中由分子无序态到固态有序堆积填补了证据的空白,如图 10 - 40 所示。

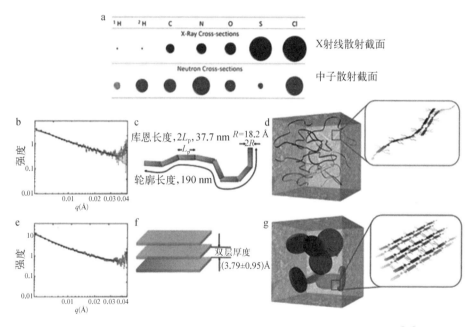

图 10 - 40　溶液中光电共轭高分子预聚集行为的中子小角散射研究[41]

深入的中子小角散射实验数据证实 BDOPV 分子在良溶剂条件下是以折形的一维蠕虫形态出现的,在不良溶剂条件下以二维的片状结构出现,两种不同形态直接导致了旋转涂膜工艺过程中形成了薄膜上分子链有序性堆积的巨大差异,从而使得性质出现显著性变化[41]。而中子小角散射的分析结果也与紫外可见光吸收、冷冻电镜、共振软 X 射线薄膜分析等研究结果相互印证。

中山大学章明秋教授课题组关于由两种含有可逆共价键的交联聚合物混合制备的互锁聚合物网络(ILN)取得了创新性的认识[42],设计了氘代试剂溶胀提供衬度方案,并完成了中子小角散射实验,如图 10-41 所示。结果显示,经氘代试剂溶胀后的互锁聚合物网络中仅在较大空间尺度下存在一定程度的成分浓度涨落,并未出现纳米尺度上的微相分离,给出了互锁聚合物网络具有均匀的相结构的强有力证据。

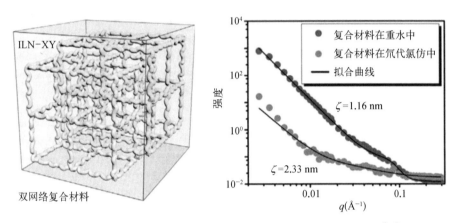

图 10-41 互锁聚合物网络(ILN)设计及中子小角散射研究结果[42]

10.6.2 在材料领域的应用

中子散射和衍射在材料领域有广泛应用。中子小角散射可以研究纳米到亚微米尺度范围内的结构、分相、自组装等。对于具有晶体结构材料测量,中子衍射谱仪有广泛应用。可以获取空间几何结构(键长、键角等),确定原子位置、分子间距等;磁结构(磁性原子的排列和取向、磁矩的大小等);探讨结构和性能的关系。对应的典型样品体系有超导材料、纳米材料、磁性材料、结晶性高分子聚合物、金属、合金、有机溶液、冰晶、生物大分子样品等。

含能材料的定量微缺陷数据是损伤评估及性能分析的必要前提,常规方法只能获得定性结论,基于中子小角散射的统计优势,闫冠云等对聚合物黏结剂炸药(PBX)进行了表征的探索[43],克服了中子小角散射定量测量、数据解谱及原位测试技术等系列技术难题,将上述技术应用于奥克托今(HMX)-PBX热损伤的原位研究。基于中子小角散射定量分析的最新结果是在国际上首次发现加热后的微孔洞衍生现象,并证明环境湿度对加热后的 HMX 逆相变及PBX 微孔洞演化影响显著。

课题组通过与中国科学技术大学谢毅院士课题组开展合作,利用 CMRR

中子散射科学平台上的高分辨中子衍射谱仪（玄武）完成了析氧电催化电极材料——系列黑钨矿固溶体（$Co_xFe_{1-x}WO_4$）中局部结构畸变程度的测定工作，确定了结构畸变对价电子局域自旋态的调控是黑钨矿系列材料电催化性能提高的根源[44]。

　　钴和铁原子共同掺杂是提高黑钨矿系列材料（AWO_4，A 为 Fe、Co、Mn 等）电催化析氧反应性能的有效途径，但其机理尚不清楚。为此，课题组开展了研究并设计合成了一系列固溶体（$Co_xFe_{1-x}WO_4$），基于中子衍射对钴、铁等元素的灵敏区分（X 射线衍射无法区分）特性，利用 CMRR 中子散射科学平台上的中子衍射谱仪详细测定了 $Co_xFe_{1-x}WO_4$ 中的钴、铁的比例和 Co—O、Fe—O 的配位键长等信息。基于该项研究，课题组提出了一种评估结构畸变度的计算方法，当掺杂至某一特定比例（$Co_{0.708}Fe_{0.292}WO_4$）时，其结构畸变程度最小，结合氧的 X 射线近边吸收谱（O K-edge XANES）测试表明：此时铁中价电子由高自旋态全部转变为低自旋态，解释了 $Co_{0.708}Fe_{0.292}WO_4$ 具有电催化性能最好的原因。

　　测试结果如图 10 - 42 所示。

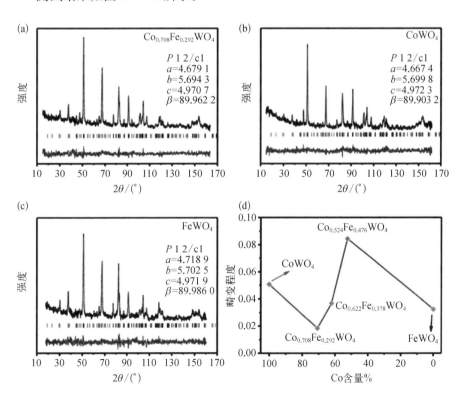

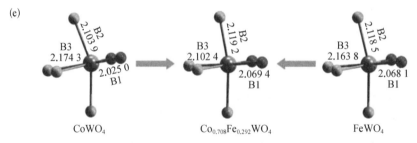

图 10 - 42　不同配方材料（$Co_xFe_{1-x}WO_4$ 中的钴、铁的比例）的中子衍射数据和获取的 Co—O、Fe—O 的配位键长等信息[44]

10.6.3　在基础物理方面的应用

非弹性中子散射在动力学研究中发挥着重要作用。这些作用主要体现在对声子谱和点阵动力学的机理、规律和相关参数等方面，诸如测量晶体材料的"声子色散关系"，确定原子间的力函数，了解晶格振动规律；测定磁性材料内磁性原子的相互作用关系（"自旋波色散"）；磁矩的扰动，液体分子的扩散，分子的振动、旋转，分子动力学过程，离子迁移，自旋涨落，隧道效应等。

中科院物理所李世亮课题组通过与中子科学平台冷中子三轴谱仪（鲲鹏）团队开展合作，利用谱仪开展 $BaFe_2(As_{1-x}P_x)_2$ 超导体量子临界点的中子散射研究[45]，通过在 $BaFe_2(As_{1-x}P_x)_2$ 中铁位掺 3% 的铬成功压制了其中的超导，并且保留了其线性电阻行为，课题组在鲲鹏谱仪上测量了 $x=0.38$ 掺杂量样品的磁矩及转变温度，由于已十分接近量子临界点，磁矩很小，磁散射信号很弱，宋建明、罗伟两人通过降低本底等多种方式，成功测量到了该样品的有效数据，完善了该样品的相图。

研究获得样品的磁矩、TN 测量及相图如图 10 - 43 所示。

铁基超导体中量子临界点是否存在将很大程度上影响我们对于其超导机理的理解。包括电阻、比热、磁穿透深度等的许多研究表明，在 $BaFe_2$ $(As_{1-x}P_x)_2$ 超导以下很有可能存在一个量子临界点。但我们在对 $BaFe_2$ $(As_{1-x}P_x)_2$ 相图的研究中发现其结构相变和反铁磁相变始终关联在一起，并且在 $x=0.29$ 处相变温度降低到 30 K 附近，然后当 $x \geqslant 0.3$ 时，两个相变在有限温度突然消失，并且在最佳掺杂附近伴随着类似自旋玻璃的行为。这与量子临界点的图像并不相符，可能是由于超导的出现导致量子临界点被取消。因此，将 $BaFe_2(As_{1-x}P_x)_2$ 中超导压制后来研究其中的磁有序的演化将是非

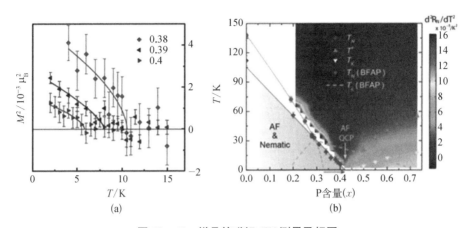

图 10－43　样品的磁矩、TN 测量及相图

(a)不同掺杂下样品磁矩及 TN 测量；(b) Ba(Fe$_{0.97}$Cr$_{0.03}$)$_2$(As$_{1-x}$P$_x$)$_2$ 相图[45]

常有意义的。

北京航空航天大学赵立东教授团队利用冷中子三轴谱仪(鲲鹏)报道了低价环保热电材料研究的重要进展[46]。利用鲲鹏测量到材料 Γ-X 和 Γ-Y 两个方向的横波声学声子和光学声子色散曲线,计算出两个方向的中子非弹性散射函数 $S(\boldsymbol{Q},E)$,为热电材料的输运性能研究提供了有力的支撑。热电材料是一种可以实现热能与电能之间相互转化的功能材料,为解决能源环境问题提供了一种新的方法。SnX(X＝S、Se)化合物是具有各向异性的半导体材料,具有极低的热导率,北京航空航天大学领导的研究小组通过精细的能带结构调控,将 SnS 功率因子从 $30\ \mu W/(cm \cdot K^2)$ 提升到 $53\ \mu W/(cm \cdot K^2)$,并通过硒掺杂进一步降低热导,从而将其峰值热电优值提升到 1.6,平均热电优值提升到 1.25,其低热传导的原因与声子在热传输中偏离平衡位置产生的热振动—非谐振效应有关,可通过中子非弹性散射测量进行证实,声子非谐效应可揭示其各向异性热导率的本质因素。

例如,环保热电材料非弹散射研究如图 10－44 所示。

10.6.4　在能源、交通等领域中的应用

中子散射在能源、交通和工程应用领域上也有着十分广泛的应用。其中最为重要的是残余应力测量,如金属及合金材料的焊接应力及其分布等,对材料的应用有重要价值。还有工程材料的微缺陷分析,与工程部件使用安全及寿命评估等相关。下面分别从残余应力测量、织构测量等几个方面展开介绍。

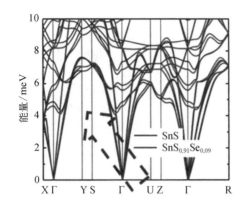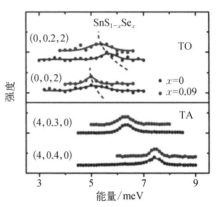

图 10 - 44   环保热电材料非弹散射研究[46]

1) 残余应力测量

材料和工程部件在焊接、加工过程中往往会形成残余应力。而残余应力在部件的使用过程中是必须考虑的安全因素之一。要在不破坏部件结构的前提下获取其内三维残余应力的完整分布数据，目前在世界范围可用的技术手段也只有中子残余应力分析方法。所利用的基本原理如下：材料中的残余应力会引起它的晶格发生畸变，晶面间距 d 的微小改变会引起衍射峰的位移。通过精确获取这一位移即可求出所测点的残余应力。

CMRR 的中子衍射应力分析谱仪(麒麟)，已在我国飞机发动机残余应力检查方面取得了多项成果，研究结果为我国航空事业的发展提供技术支持。通过对不同形状尺寸高温合金涡轮盘三维残余应力、单晶高温合金叶片错配度、钛合金叶片残余应力分布等进行测量、分析以及建模拟合。其中，利用中子应力分析谱仪完成了 C919 客机铝锂合金蒙皮内部残余应力的中子无损检测，测量精度达到 5 MPa，测量结果为提高大型飞机蒙皮零件的制造精度提供了理论依据。

2) 织构测量

织构是指材料中的微晶取向不是完全随机的，而是在一定范围内有一定的择优取向，利用中子衍射测量织构可采用极图、反极图和三维取向分布函数三种表示方法。中子测量可以提供大块材料的平均效果，更能接近材料的实际情况。CMRR 中子应力团队通过在中子应力分析谱仪上成功获得了铝合金标样的织构实测结果，与法国著名中子散射实验室 LLB 的测试对比，可以发现，CMRR 中子应力分析谱仪(RSND)所测的铝合金(111)极图与法国 LLB

所测结果一致,并且在细节上的分辨能力表现更优,测量结果参见图 10-45。

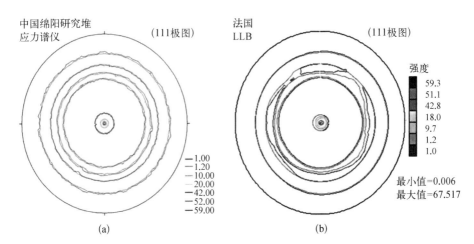

图 10-45　中法两国应力谱仪获得 Al 合金(111)极图测试结果比较

(a) 我国 CMRR 应力分析谱仪 RSND 测试结果;(b) 法国 LLB 的 6T1 谱仪测试结果

10.6.5　极端条件下的材料研究

还有一些极端条件下的材料研究,通常会利用到中子低吸收、深穿透,受样品容器装置影响小等特点。可开展样品在高低温、高压、强外场等极端物理条件下的结构和性能研究,如稀土金属与合金在高压和强磁场下的压力效应和磁场效应、磁结构变化,材料的某些特性与温度的关系等。

CMRR 中子散射科学平台上的冷中子三轴谱仪(鲲鹏)已完成了低温样品环境的调试并正式投入实验。这就意味着该谱仪可在晶格振动谱,复杂磁结构,自旋涨落及超导机制等基础科学领域开展应用研究。

该堆上建立的冷中子三轴谱仪及 1.7 K 低温闭循环环境装置如图 10-46 所示。

该低温装置可从上端进样,使更换样品时间缩短为 20 min 左右;采用多真空腔设计技术,杜绝了传统氦气正压方法时空气漏入的问题,达到国际领先水平;铝样品腔壁厚只有 1.2 mm,既满足了单晶实验对样品腔 360°无死角和更低散射本底的需求,也解决了环境装置重量非对称分布的支撑问题;实现了低温样品环境下的三轴谱仪精确旋转。通过阻力极小的转轴、滑轮,柔性吊带等技术措施彻底卸掉了与低温样品腔连接的高压管、氦循环管道等的应力,使得各角度的旋转精度依旧保持在 $1'(1°=60')$ 以内。

图 10-46　冷中子三轴谱仪及 1.7 K 低温闭循环环境装置

　　利用该低温装置,中科院物理所超导实验室李世亮研究组开展了重费米子化合物磁结构和相变温度研究,研究的一种重费米子化合物有三个磁相变温度,并希望通过掺杂铽(Tb)来了解交换能如何变化且影响电子结构。由于某些原因,粉末衍射结果无法确定其磁结构,该研究小组希望用单晶样品来判定磁传播矢量的确切位置,实验结果给出了明确的反铁磁布拉格峰,否定了粉末衍射中疑似的非公度磁结构。

　　研究结果如图 10-47 所示。

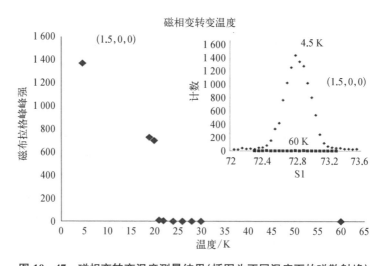

图 10-47　磁相变转变温度测量结果(插图为不同温度下的磁散射峰)

另外,中子科学平台高压团队和北京高压科学研究中心课题组一起利用平台的中子衍射谱仪(凤凰)进行了苯-六氟苯共晶的高压相变及各相晶体结构测试,获得的高压中子衍射数据为解析该化合物高压相的晶体结构提供了实验依据,该研究为芳香化合物的压力诱导聚合提供了新思路,同时还表明通过调控芳香化合物的取代基可以得到多样的 sp^3 杂化的碳骨架结构。sp^3 杂化的碳骨架结构具有优异的机械、光学等性能。然而受限于实验方法,除金刚石等少数材料外,具有规整结构的复杂 sp^3-碳基材料的合成目前仍是一个难题。北京高压科学研究中心的李阔、郑海燕老师课题组通过对苯-六氟苯 1∶1 共晶进行压力诱导聚合反应,得到了短程有序的氟代石墨烷结构,并对反应机理进行了详细的研究[47],研究结果如图 10-48 所示。

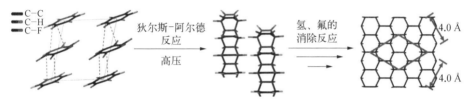

图 10-48　苯-六氟苯共晶的高压相变及各相晶体结构研究[47]

高压中子衍射实验已分别在英国 ISIS 的高压中子衍射谱仪(PEARL)、日本 J-PARC 的高压中子衍射谱仪(PLANET)和中国 CMRR 的高压中子衍射谱仪(凤凰)上开展。ISIS 和 J-PARC 是世界上著名的散裂中子源,CMRR 是反应堆中子源。李阔[47]等人充分利用散裂中子源和反应堆中子源各自的优势(比如散裂中子源在低 d 值有较好的分辨率和强度、对衍射窗口要求低、数据还原复杂;反应堆中子源在高 d 值有较好的分辨率和强度、对衍射窗口要求高、数据还原简单),对高压相变过程中形成的各相复杂晶体结构进行解析,最终获得中间产物的分子组成及结构,并最终完成了反应机理的确定。

CMRR 的高压中子衍射谱仪(凤凰)团队致力于发展高压极端环境加载技术及相关应用研究工作。已搭建巴黎-爱丁堡(Paris-Edingburgh)压机、带加热两面顶压机等多种原位超高压加载装置(最高压力大于 30 GPa),以及高温、低温、气压等多种极端环境原位加载装置(高温约 1 873 K,低温约 4 K),可供国内外用户申请使用或共同开展合作研究。高压中子衍射谱仪团队通过与用户合作的方式开展实验研究,目前已在高压下状态方程、高压下溶解度、含能材料高压相变、压力诱导聚合、可燃冰合成与结构变化等方面开展了实验研究并取得了一系列重要成果。

综上所述,中子散射技术在材料科学研究中具有非常重要的特点和技术优势。不仅研究范围广(静态特性—弹性散射;动态特性—非弹性散射),研究对象多(固态、液态、气态,金属、半导体、绝缘体或磁性物质,单晶、多晶、非晶等),而且可在各种极端条件下(高温、低温、高压、强场等)开展相关前沿探索研究。

参考文献

[1] Chadwick J. Possible existence of a neutron [J]. Nature 129,312(1932).

[2] Shull C G, Strauser W A, Wollan E O. Neutron diffraction by paramagnetic and antiferromagnetic substances [J]. Physical Review, 1951, 83(2):333-345.

[3] Brockhouse B N. Slow neutron spectroscopy and the grand atlas of the physical world [J]. Reviews of Modern Physics, 1995, 67(4):735-751.

[4] 孙向东. 中子散射与1994年诺贝尔物理奖[J]. 物理,1995,24(3):1-4.

[5] 叶春堂,刘蕴韬. 中子散射技术及其应用[J]. 物理,2006,35(11):7-8.

[6] 孙光爱,刘栋,龚建,等. 中国绵阳研究堆CMRR中子散射平台及应用[J]. 中国科学:物理学力学天文学,2021,51:092009.

[7] 刘蕴韬,陈东风. 中国先进研究堆中子散射科学平台介绍[J]. 物理,2013,42:534-542.

[8] Wang F W, Liang T J, Yin W, et al. Physical design of target station and neutron instruments for China Spallation Neutron Source [J]. Science China:Physics, Mechanics and Astronomy, 2013, 56(12):2410-2424.

[9] 李玉庆,吴立齐,郭浩,等. Soller型中子准直器的研制[J]. 中国原子能科学研究院年报,2016,(1):1.

[10] 马毅超,史永胜,陈元柏,等. 大面积GEM中子探测器高计数率读出电子学系统研制[J]. 原子能科学技术,2020,54(6):6-7.

[11] 徐家云,白立新,杨尊勇,等. γ衍射的实现及其在晶体结构测量中的应用研究[C]// 中国核物理学会. 第十届中国核靶技术学术交流会摘要集,Feb. 8-10, 2009,中国甘肃兰州. 北京:中国核物理学会,2009.

[12] 陈彦舟,孙光爱,黄朝强,等. 完美晶体双聚焦单色器与镶嵌晶体垂直聚焦单色器的模拟研究[J]. 核技术,2010,33(7):4.

[13] Chen L, Sun L, Tian Q, et al. Upgrade of a small-angle neutron scattering spectrometer Suanni of China Mianyang Research Reactor [J]. Journal of Instrumentation, 2018, 13(08):8-25.

[14] 高建波,张书彦,洪茜,等. 中子Soller准直器摇动曲线的蒙特卡罗模拟和分析[J]. 原子能科学技术,2018,52(10):4-5.

[15] 马杰,任清勇. 中子散射技术在热电材料研究中的应用[J]. 西北大学学报(自然科学版),2017,047(006):783-795.

[16]　HOVE L V. Time-Dependent Correlations between Spins and Neutron Scattering in Ferromagnetic Crystals [J]. Physical Review，1954.

[17]　玻恩 M，黄昆. 晶格动力学理论[M]. 北京：北京大学出版社，1989.

[18]　Broughton J Q，Gilmer G H. Surface free energy and stress of a Lennard-Jones crystal [J]. Acta Metallurgica, 1983，31(6)：845－851.

[19]　Alexander G，Elbert L. X-ray diffraction procedures for polycrystalline and amorphous materials [M]. USA：Wiley-Interscience, 1974.

[20]　Zhang J，Xia Y，Wang Y，et al. High resolution neutron diffractometer HRND at research reactor CMRR [J]. Journal of Instrumentation, 2018，13(01)：T01009.

[21]　孙光爱，陈波，黄朝强. 中子衍射应力分析实验技术[J]. 中国核科技报告，2009，(1)：12.

[22]　Zemb T，Lindner P. Neutrons，X-rays and light：scattering methods applied to soft condensed matter [M]. Netherlands：North-Holland, 2002.

[23]　彭梅，陈良，陈彦舟，等. 常波长超小角中子散射谱仪设计[J]. 核技术，2012，35(4)：6.

[24]　陈波，黄朝强，李新喜. 中子反射实验技术[J]. 中国核科技报告，2006，(2)：18.

[25]　Li X，Huang C，Wang Y，et al. Diting：A polarized time-of-flight neutron reflectometer at CMRR reactor in China [J]. The European Physical Journal Plus，2016，131(11)：407.

[26]　戴鹏程. 三轴中子散射谱仪的建造及凝聚态物质中磁相互作用的中子散射研究中期报告[J]. 科技创新导报，2016，13(21)：1－2.

[27]　Song J-M，Luo W，Liu B-Q，et al. Kunpeng：A cold neutron triple-axis spectrometer at CMRR in China [J]. Nuclear Instruments and Methods in Physics Research Section A：Accelerators，Spectrometers，Detectors and Associated Equipment，2020，968：163929.

[28]　李峻宏，薛艳杰，陈娜，等. $La_2/3Ca_1/3Mn_{1-x}Cr_xO_3(x=0.0，0.1)$晶体结构的中子衍射研究[J]. 原子能科学技术，2008，42(11)：980－983.

[29]　李建. 抗氢钢及构件的中子衍射应力分析研究[D]. 绵阳：中国工程物理研究院，2016.

[30]　杨祖坤. 金属铍的中子衍射应力分析研究[D]. 绵阳：中国工程物理研究院，2019.

[31]　Ryan E，Todd. Stress determination through diffraction：establishing the link between Kroner and Voigt/Reuss limits [J]. Powder diffraction，2015，30(2)，99－103.

[32]　魏国海，刘祥锋，李天富，等. 中子小角散射实验及原始数据的处理[J]. 核技术，2010，33(4)：4－5.

[33]　李新喜，王燕，黄朝强，等. 中子反射实验常用标定方法[J]. 现代科学仪器，2014(5)：1－5.

[34]　李世亮，戴鹏程. 中子三轴谱仪的原理、技术与应用[J]. 物理，2011(1)：1－7.

[35]　郭立平，成之绪. 粉末衍射峰形拟合程序 CPROF [J]. 中国原子能科学研究院年报，1997(00)：156.

[36] Guinier A, Fournet G, Walker C B, et al. Small-angle scattering of X-Rays [J]. Physics Today, 1956, 9(8): 38 - 39.

[37] Hammouda B. A new Guinier-Porod model [J]. Journal of Applied Crystallography, 2010, 43(4): 716 - 719.

[38] Flory P J. Principles of polymer chemistry [M]. USA: Cornell University Press, 1953.

[39] Janssen S, Schwahn D, Mortensen K, et al. Pressure dependence of the Flory-Huggins interaction parameter in polymer blends. A SANS study and a comparison to the Flory-Orwoll-Vrij equation of state [J]. Macromolecules, 1993, 26(21): 541 - 569.

[40] Yang H, Liu D, Ju J, et al. Chain deformation on the formation of Shish nuclei under extension flow: an in Situ SANS and SAXS study [J]. Macromolecules, 2016, 49(23): 9080 - 9088.

[41] Zheng Y-Q, Yao Z-F, Lei T, et al. Unraveling the solution-state supramolecular structures of donor-acceptor polymers and their influence on solid-state morphology and charge-transport properties [J]. Advanced Materials, 2017, 29(42): 1701072.

[42] You Y, Peng W L, Xie P, et al. Topological rearrangement-derived homogeneous polymer networks capable of reversibly interlocking: From phantom to reality and beyond [J]. Materials Today, 2020, 33: 45 - 55.

[43] Yan G, Fan Z, Huang S, et al. Phase retransformation and void evolution of previously heated HMX-based plastic-bonded explosive in wet air [J]. The Journal of Physical Chemistry C, 2017, 121(37): 20426 - 20432.

[44] Wei S, Xia Y, Xiao L, et al. Structurally distorted wolframite-type $Co_x Fe_{1-x} WO_4$ solid solution for enhanced oxygen evolution reaction [J]. Nano Energy, 2018, 50: 717 - 722.

[45] Zhang W, Wei Y, Xie T, et al. Unconventional antiferromagnetic quantum critical point in $Ba(Fe_{0.97}Cr_{0.03})_2(As_{1-x}P_x)_2$ [J]. Physical Review Letters, 2019, 122(3): 037001.

[46] He W, Wang D, Wu H, et al. High thermoelectric performance in low-cost SnS0. 91Se0. 09 crystals [J]. Science, 2019, 365(6460): 1418 - 1424.

[47] Wang Y, Dong X, Tang X, et al. Pressure-induced diels-alder reactions in $C_6 H_6 - C_6 F_6$ cocrystal towards graphane structure [J]. Angewandte Chemie International Edition, 2019, 58(5): 1468 - 1473.

第 11 章
在线中子活化分析技术及其应用

中子活化分析是指利用中子辐照材料发生核反应,生成放射性核素或次级粒子,通过测量放射性核素衰变粒子或次级粒子的能量、强度等性质,对材料的元素种类和含量进行分析的技术。基于反应堆中子源的中子活化分析是应用最为广泛的中子活化分析技术,利用反应堆堆芯内的中子或者从反应堆引出的中子束流均可开展中子活化分析研究。据 IAEA 统计,截至 2022 年底,全世界在役的 222 座研究堆中,有 51 个国家和地区的 124 座研究堆开展了中子活化分析研究,该项研究是研究堆应用的主要领域之一。

反应堆中子活化分析(reactor neutron activation analysis,ReNAA)是最典型的中子活化分析技术,在反应堆堆芯内,利用中子对材料进行辐照,生成放射性核素,将材料从反应堆堆芯取出后,对其进行离线测量,根据核素衰变发射的特征 γ 射线能量及强度,对相应元素进行定性和定量分析。

除堆内中子活化分析外,也可以利用从反应堆引出的中子束流开展在线中子活化分析技术。本章将介绍利用核素与中子发生的(n, α)或(n, p)反应生成次级带电离子,通过测量其穿透样品后的能量分布,对核素在样品内沿深度方向的分布进行测量的中子深度分析(neutron depth profiling,NDP)技术;以及利用核素与中子发生的(n, γ)反应生成"瞬发"次级 γ 射线,通过测量其能量及强度,对核素进行定性、定量测量的瞬发 γ 中子活化分析[prompt gamma-ray (neutron) activation analysis,PGAA/PGNAA]技术。

11.1 中子深度分析技术

中子深度分析(NDP)也是一种物质近表面无损检测技术,主要是利用热中子或冷中子束照射样品,诱发样品内部目标核素的瞬发核反应,释放出带有特定动能的离子(如质子 p 或 α 离子)及相应的反冲核,通过测量核反应生成的次级带电离子的能量分布,可确定目标核素的位置、分析并获得核素浓度(cm^{-3})在固体物质中沿深度方向的分布。本节将介绍 NDP 技术的特点、发展历史与现状、基本原理、四位一体平台技术和主要应用方向等方面的内容。

11.1.1 NDP 技术的特点、发展历史与现状

NDP 技术的最大特点是分析样品和过程是非破坏性的,由于中子束流的强度并不大,且带入样品的动量是非常小的,被分析后的样品不会被溅射,材料的基体成分和结构都不会发生变化,可以用于后续分析研究,因此能够对同一样品在不同处理条件下的结果进行较为精确的分析比较。美国国家标准与技术研究院(National Institute of Standard and Technology,NIST)将 NDP 作为其标准物质中硼浓度认证和深度分布测定的标准方法,并用于 SIMS 等技术的绝对刻度。

表 11-1 列出了适合采用 NDP 技术进行分析的核素及相关核反应参数。此类核反应所产生的能量一般在兆电子伏量级,其生成的离子在固体中的射程通常在微米至十微米量级,因此,NDP 技术能够用来测量距样品表面几微米范围内目标核素的原子浓度分布,其深度分辨率可达微米至几十纳米的水平。

表 11-1　适合于 NDP 分析的核素及相关核反应参数

核　素	反 应 类 型	反应生成离子能量/keV		热中子截面/b
		α 或 p	反冲核	
^{3}He	^{3}He(n, p)^{3}H	572	191	5 333
^{6}Li	^{6}Li(n, α)^{3}H	2 055	2 727	940
^{7}Be	^{7}Be(n, α)^{7}Li	1 438	207	48 000
^{10}B	^{10}B(n, α)^{7}Li	1 472	840	3 837
		1 776	1 013	
^{14}N	^{14}N(n, p)^{14}C	584	42	1.83
^{17}O	^{17}O(n, α)^{14}C	1 413	404	0.24

（续表）

核　　素	反 应 类 型	反应生成离子能量/keV		热中子截面/b
		α 或 p	反冲核	
^{22}Na	^{22}Na(n, p)^{22}Ne	2 247	103	31 000
^{33}S	^{33}S(n, α)^{30}Si	3 081	411	0.19
^{35}Cl	^{35}Cl(n, p)^{35}S	598	17	0.49
^{40}K	^{40}K(n, p)^{40}Ar	2 231	56	4.4
^{59}Ni	^{59}Ni(n, α)^{56}Fe	4 757	340	12.3

1972 年,NDP 技术由齐格勒(Ziegler)等提出[1],主要用于分析半导体器件中硼元素在硅基体中的分布;1975 年,比尔萨克(Biersack)与其合作者对此进行了改进,并使其技术能力基本达到了现有的水平[2];1985 年,唐宁(Downing)等正式将此技术命名为中子深度分析(neutron depth profiling)[3]。

自 1972 年以来,NDP 技术经过四十余年的发展,其装置建设及应用范围越来越广。目前,全世界有 10 多台 NDP 装置,表 11 - 2 列出了世界上的部分NDP 装置,其中大部分在欧美国家,亚洲近邻韩国于 2013 年在 HANARO 反应堆上建成 NDP 装置[4]。由于中子束流及相关技术的欠缺,NDP 技术在国内的研究一直是空白,随着中国工程物理研究院国内首个冷中子束流的运行,才开始相关的研究工作,并建成 NDP 装置[5];随后,中国原子能科学研究院也在中国先进研究堆(China Advanced Research Reactor, CARR)上建成 NDP装置[6]。

表 11 - 2　世界上部分 NDP 装置及束流参数

国家	机　　构	中子束流强度/($cm^{-2}s^{-1}$)(折算为热中子)
美国	美国国家标准与技术研究院	$1.2×10^9$
美国	得克萨斯大学奥斯汀分校	$6.6×10^7$
美国	密西根大学	$1.4×10^7$

(续表)

国家	机　　　构	中子束流强度(cm^{-2}s^{-1})(折算为热中子)
美国	得州农机大学	1.4×10^7
美国	布鲁克海文国家实验室	2.3×10^8
美国	俄亥俄州立大学	1.3×10^7
美国	密苏里大学	$\sim 10^8$
德国	哈恩-迈特纳研究院	3×10^7
捷克	捷克国家科学院	1.4×10^8
日本	武藏技术研究院	$\sim 10^6$
韩国	韩国原子能研究院	2.6×10^8
中国	中国工程物理研究院	4.0×10^8
中国	中国原子能科学研究院	4.8×10^8(反应堆 15 MW 运行时)

随着表 11-2 中具有不同中子束流强度装置的建成,NDP 技术得到了进一步的推动和发展,为便于进一步了解国内外已建成 NDP 装置及技术发展的现状,下面将简介具有代表性的 5 种类型装置及技术。

(1) 基本型 NDP 装置及技术。在美国得克萨斯大学奥斯汀分校的 1-MW TRIGA MARK Ⅱ 研究堆上,建造的基本型 NDP 装置如图 11-1 所

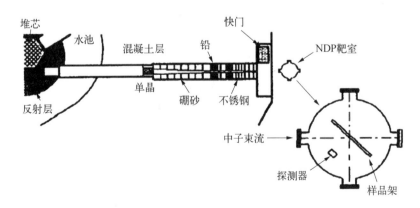

图 11-1　得克萨斯大学奥斯汀分校的 NDP 装置示意图

示[7]，从反应堆中引出经准直后的中子束流，进入 NDP 真空靶室，在靶室内照射样品，生成带电离子，利用探测器测量穿出样品的带电离子能谱。目前多使用 Si(Au)面垒探测器技术测量从材料表面出射的带电离子能谱，通过反演计算后显示核素的深度分布信息。

（2）基于冷中子束流的 NDP 装置及技术。NDP 测量的反应率正比于中子注量率和反应截面，使用冷中子束流可以有效提高与核素的反应截面，且相比于热中子束流，冷中子束流中超热中子和 γ 射线强度更低，可提高测量信噪比。在 NDP 技术发展早期，为了降低本底，采用蓝宝石单晶对中子束流进行过滤，可以除去大部分超热中子和 γ 射线，但也使中子注量率有相当的损失。随着冷中子源和弯曲中子导管技术的发展和应用，利用该类中子导管获得冷中子束，消除了超热中子和 γ 射线的影响，大大改善了信噪比。因此，在有条件的情况下，优先使用冷中子束流进行 NDP 测量。美国 NIST 在 20 世纪 90 年代对其 NDP 装置进行了升级改造，在冷中子应用大厅建立了基于冷中子束的 NDP 分析装置 CNDP (cold neutron depth profiling)[8]，新装置去掉了 13. 5 cm 的蓝宝石过滤器，到达样品表面的束流强度提升至 6×10^9 cm^{-2} · s^{-1}（等效为热中子），表 11-3 给出了 NIST 的 CNDP 装置在探测器立体角 0.013 sr，计数率达到 0.1 cps 的条件下对各核素的测量下限。该装置也是目前公认的 NDP 标准装置，后续的 NDP 装置多以此为参考建设。

表 11-3　NIST 的冷中子 NDP 对各核素的灵敏度

核　　素	测量下限/cm^{-2}
^{3}He	1.5×10^{12}
^{6}Li	9.0×10^{12}
^{7}Be	1.7×10^{11}
^{10}B	2.1×10^{12}
^{14}N	4.5×10^{15}
^{17}O	3.5×10^{16}
^{22}Na	2.3×10^{11}

（续表）

核　　素	测量下限/cm^{-2}
^{33}S	6.0×10^{16}
^{35}Cl	1.7×10^{16}
^{40}K	1.9×10^{15}
^{59}Ni	7.0×10^{14}

（3）大角度符合测量 NDP 装置及技术。在 NDP 技术中，探测器需远离束流以降低测量本底，因此离样品距离一般也较远（约 10 cm），这样会造成探测器的有效张角较小，降低了探测效率。1989 年，W. K. Chu 提出采用两组探测器在样品正反两面进行大角度符合测量的方法[9]，V. Havránek 等于 1992 年在捷克国家科学院建成此类大角度符合测量的 NDP 装置[10]，图 11 - 2 展示了这种方法的测量原理。

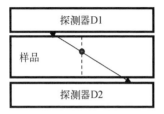

图 11 - 2　大角度符合测量 NDP 原理图

探测器 D1、D2 分别位于样品上、下两侧，由于核反应释放出来的两种带电离子飞行方向相反，因此可对其进行符合测量。这样可以在有效减小本底干扰的情况下获取更大的测量角（接近 2π），提高了测量效率。

但是，由于离子在样品内射程较短，大角度符合测量的 NDP 技术仅适用于足够薄（微米量级）的样品，限制了它的应用范围。

（4）飞行时间法 NDP 装置及技术。2005 年，K. B. Cady 等[11]在宾夕法尼亚州立大学建造了基于飞行时间能谱测量技术的 NDP 系统，其原理如图 11 - 3 所示。该系统采用了时间多道分析器作为带电离子能量探测器，离子电离产生的次级电子作为带电离子起飞启动信号，通过测量离子到达探测器的时间来确定离子的能量，可以极大地提高带电离子测量的能量分辨率，从而使深度分辨率优于传统 NDP 技术 5～10 倍。

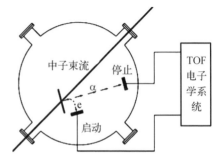

图 11 - 3　飞行时间法 NDP 装置测量原理图

对具有 Ag/Au 界面的样品进行测量,将传统装置和基于飞行时间(time of flight,TOF)技术的装置测量到的能谱进行了比较(图 11 - 4)[12],TOF - NDP 得到的能谱中,样品的 Ag/Au 界面效应比较明显,而在传统的 NDP 能谱中,该界面几乎观察不到。但 TOF - NDP 测量效率较低,约为传统 NDP 方法的 1/10,因此测量时间也相对较长。

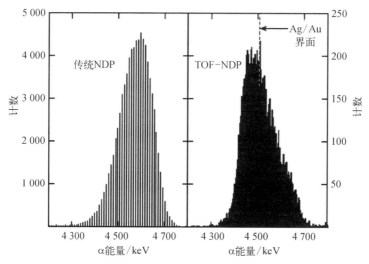

图 11 - 4　Ag/Au 界面效应的传统 NDP 与飞行时间法 NDP 的测量结果比较

（5）多探测器同步测量 NDP 装置及技术。美国俄亥俄州立大学采用在与样品表面法线方向角度相同的多个位置布置多探测器进行同步测量的方式(图 11 - 5),进一步提高了 NDP 的测量效率[13]。

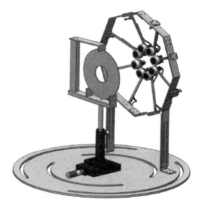

11.1.2　NDP 技术的基本原理

为阐述中子深度分析技术的基本原理,下面将主要介绍中子与目标核素的核反应和次级离子与物质的相互作用及测量等两部分内容。

图 11 - 5　多探测器 NDP 装置测量结构

11.1.2.1　中子与目标核素的核反应

在 NDP 技术中,样品在真空靶室内受到中子束流的照射,中子与其中的特定核素发生反应,如(n, α)或(n, p)反应,产生的离子具有特定的初始动能,由于离子在样品中的穿行过程会发生能量损失,因此,可以通过测量穿透样品后的离子能量分布来推定核素原子浓度与深度的关系。其能量分布由放置在真空靶室中的离子能量探测器来测量,信号输出到多通道分析器(multi-channel analyzer,MCA),对测量到的离子能谱进行反演计算可得出目标核素沿深度方向的分布。图 11 - 6 展示了 NDP 的测量原理。

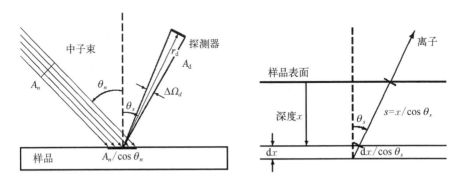

图 11 - 6　NDP 测量原理

假定与热中子发生反应的目标核素距离样品表面深度为 x 处的原子浓度分布为 $C(x)$。由于样品的有效深度非常浅(微米量级),热中子在穿过样品时的衰减可以忽略,因此可以认为中子注量率 ϕ_t 在空间上是均匀分布的,在热中子束照射下,样品深度 x 处单位体积内离子的产生率为

$$F_{ion}(x) = C(x) f_{ion} \bar{\sigma}_{ion} \phi_t \qquad (11-1)$$

式中,$\bar{\sigma}_{ion}$ 为核素与热中子发生核反应的平均微观截面,f_{ion} 为每次核反应的离子产额。对特征温度为 T,服从麦克斯韦能谱分布的中子束来说,平均热中子截面和 2 200 m/s(0.025 3 eV)的截面 σ_{ion}^{0} 的关系为

$$\bar{\sigma}_{ion} = \frac{\sqrt{\pi}}{2} g_{ion}(T) \sqrt{\frac{T_0}{T}} \sigma_{ion}^{0} \qquad (11-2)$$

式中,$T_0 = 293$ K,$g_{ion}(T)$ 为偏离 $1/v$ 截面的修正因子,并且对于适合 NDP 分析的轻元素来说是一致的。

如图 11 - 6 所示,在距离样品表面深度为 x 处 $\mathrm{d}x$ 范围内受照样品的体积为 $\Delta V = A_n \mathrm{d}x/\cos \theta_n$,因此在该体积内单位时间产生的离子数为

$$N_{ion}(x)\mathrm{d}x = F_{ion}(x)\Delta V = C(x) f_{ion} \bar{\sigma} \phi_t \left(\frac{A_n}{\cos \theta_n} \right) \mathrm{d}x \qquad (11-3)$$

另外,由于离子的最大射程通常为微米量级,而样品距探测器的距离 r_d 为厘米量级,产生离子的深度 x 与样品到探测器的距离 r_d 相比可以忽略不计。由于离子的发射是各向同性的,因此可以认为核反应生成的离子向探测器有效区域发射的概率为

$$P_d = \frac{\Delta\Omega_d}{4\pi} \approx \frac{A_d}{4\pi r_d^2} \tag{11-4}$$

其中 $\Delta\Omega_d$ 是探测器表面向样品被照射表面所张开的立体角,A_d 为探测器的表面积。一般的离子探测器对离子的探测效率 $\varepsilon \approx 1$,可以得到在样品深度为 x 处 dx 范围内产生的离子在探测器内被探测到的数目为

$$N(x)dx = [N_{ion}(x)dx][P_d][\varepsilon] = C(x)f_{ion}\bar{\sigma}\phi_t\left(\frac{\varepsilon A_n}{\cos\theta_n}\frac{A_d}{4\pi r_d^2}\right)dx \tag{11-5}$$

进一步,在深度为 x 处产生的离子在样品中穿过的距离为 $s = x/\cos\theta_s$,其穿透样品时的能量 E_s 由下式给出:

$$s = \frac{x}{\cos\theta_s} = \int_{E_s}^{E_0}\frac{dE'}{S(E')} \tag{11-6}$$

$S(E')$ 为样品对离子的阻止本领。

设 $N(E)dE$ 为单位时间内探测器所记录的能量为 E、范围为 dE 的离子数目,则有 $N(E)dE = -N(x)dx$,这里的负号表示随着 x 增大,E 减小。因此,单位时间内探测器所记录的离子能量分布为

$$N(E) = N(x)\left(-\frac{dx}{dE}\right) = C(x)f_{ion}\bar{\sigma}_{ion}\phi_t\left(\frac{\varepsilon A_n}{\cos\theta_n}\frac{A_d}{4\pi r_d^2}\right)\frac{\cos\theta_s}{S(E)} \tag{11-7}$$

式(11-7)即为理想状态下得到的原子浓度分布 $C(x)$ 与测量到的能谱 $N(E)$ 之间的对应关系。

11.1.2.2　次级离子与物质的相互作用及测量

在上节介绍的中子与目标核素发生的核反应的基础上,为了解次级离子与物质的相互作用及测量,下面将介绍带能量展宽的探测器响应模型和次级离子与物质相互作用两个部分的内容。

1) 带能量展宽的探测器响应模型

上小节所述的核素浓度分布与测量能谱的对应关系是理想状态下的结果,然而,在实际的物理过程中,测量到的能谱会出现能量展宽,这些展宽主要由以下几个方面构成:离子在样品内的输运过程中造成的能量展宽;离子在探测器内能量沉积过程及相应电子学系统造成的能谱测量系统能量展宽;测量的几何条件影响造成的能量展宽。

在传统的 NDP 确定论分析方法中,先得到不同深度出射的离子穿透样品后的剩余能量后,再分别对引起能量展宽的三个因素独立分析,最后通过卷积的形式结合起来得到其综合效果。其中,离子的剩余能量主要由 SRIM 程序包计算,TRIM 是该程序包中的离子输运模块。

下面,对引起离子能谱展宽的各个因素分别进行分析。

（1）离子在样品中的输运过程造成的能量展宽。该部分的能量展宽包含两部分,一部分是离子在样品内输运过程造成的能量歧离,另一部分是多次小角散射造成的能量展宽。通常有两种方法进行分析,一种是利用 SRIM/TRIM 的模拟结果进行拟合得到,图 11 - 7 表示了带有一定能量的离子穿透不同厚度硅基体后的能谱[14]。

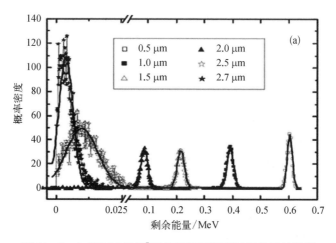

图 11 - 7　0.839 MeV 的 ^{7}Li 穿透不同厚度硅基体后的能谱

同样,图 11 - 8 也表示了带有一定能量的离子穿透不同厚度硅基体后的能谱。

另一种处理方法是将其分为两部分进行处理,能量歧离 σ 采用 Bohr 模型[15]。

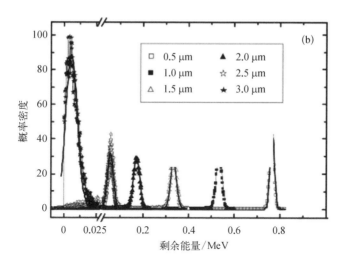

图 11-8　1.472 1 MeV 的 α 离子穿透不同厚度硅基体后的能谱

$$\sigma_{\text{Bohr}}^2 = 8\pi Z_1^2 Z_2 e^4 Ns \tag{11-8}$$

其中，Z_1、Z_2 分别是入射离子和基体原子的原子序数，e 是单位电荷，N 为基体原子的体原子密度，s 为离子的穿透距离。

多次散射造成的能量展宽 σ_{MS} 为[16]

$$\sigma_{\text{MS}} = S(\bar{E}) x \frac{\sin\theta_s}{\cos^2\theta_s}\sigma_\phi \tag{11-9}$$

其中，ϕ 为离子穿透样品时的出射角与 θ_s 的偏移角，且

$$\sigma_\phi = \frac{2Z_1 Z_2 e^2}{\bar{E}a}\frac{2}{2.355}C(\pi a^2 Ns)^M \tag{11-10}$$

这里的 $a = \dfrac{0.855 a_0}{(Z_1^{2/3} + Z_2^{2/3})^{1/2}}$ 为屏蔽半径，其中 $a_0 = 5.29 \times 10^{-11}$ m；拟合得到经验参数 $C = 0.30$，$M = 0.85$。

（2）能谱测量系统导致的能量展宽。能谱测量系统引起的展宽影响通常用正态分布 $\dfrac{1}{\sqrt{2\pi}\sigma_{\text{det}}}\mathrm{e}^{\frac{(E-\bar{E})^2}{2\sigma_{\text{det}}^2}}$ 描述，其中的 σ_{det} 需要通过实验标定得到。

至此，可以得到前两项造成的能量展宽为

$$\sigma^2 = \sigma_{\text{Bohr}}^2 + \sigma_{\text{MS}}^2 + \sigma_{\text{det}}^2 \tag{11-11}$$

（3）几何因素导致的能量展宽。离子从出射到进入探测器的几何如图 11-9 所示。

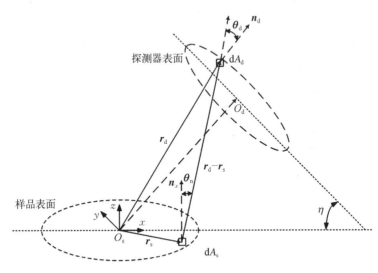

图 11-9 NDP 测量几何示意图

样品上 r_s 处产生的离子指向探测器上 r_d 处的概率密度为 $w(r_s, r_d) = \dfrac{|\,n_d \cdot (r_d - r_s)\,|}{4\pi \,|\, r_d - r_s \,|^3}$，对 r_s、r_d、E 进行积分即可得到在深度 x 处发射的一个离子，被探测器在能量为 E 的 dE 内探测到的概率密度为

$$p(x, E)\mathrm{d}E = \int_{E-\frac{\Delta E}{2}}^{E+\frac{\Delta E}{2}} \int_{r_s} \int_{r_d} \frac{|\,n_d \cdot (r_d - r_s)\,|}{4\pi \,|\, r_d - r_s \,|^3}(j(r_s) \cdot n_s) f(E, \bar{E}(r_s, r_d)),$$
$$\sigma(r_s, r_d)\mathrm{d}r_s \mathrm{d}r_d \mathrm{d}E \tag{11-12}$$

其中，

$$f(E, \bar{E}(r_s, r_d), \sigma(r_s, r_d)) = \frac{1}{\sqrt{2\pi}\,\sigma(r_s, r_d)}\mathrm{e}^{-\frac{(E-\bar{E}(r_s, r_d))^2}{2\sigma(r_s, r_d)}} \tag{11-13}$$

这里 $\sigma(r_s, r_d)^2 = \sigma_{\mathrm{Bohr}}(r_s, r_d)^2 + \sigma_{\mathrm{MS}}(r_s, r_d)^2 + \sigma_{\mathrm{det}}^2$。

通过对式(11-12)和(11-13)进行离散数值求解，即可得到在不同深度发射的离子在探测器内生成不同能谱的响应矩阵。

（4）深度分辨率。不同的样品材料对相同的离子会有不同的阻止本领，这也会使得同样的核素在不同的基体内的深度分辨率不同。上述的三种因素都会影响深度分辨率,但相对而言,深度分辨率主要取决于能谱测量系统的能量分辨率。

以硅基体中的 ^{10}B 为例,其与中子发生核反应生成的 α 离子能量为 1.472 1 MeV,其在硅中的射程约为 5.6 μm,因此平均阻止本领为 1.472 1/5.6≈0.263 MeV/μm。而 α 离子的能量在 1 000、1 500 及 2 000 keV 时阻止本领分别为 0.316、0.272、0.240 MeV/μm,离子能量变化 500 keV 时阻止本领最大变化低于 16%,因此,当离子能量在 1.472 1 MeV 附近 500 keV 内变化时,可以认为离子阻止本领变化较小,利用离子在 1.472 1 MeV 时的阻止本领 0.280 MeV/μm 对深度分辨率进行估算,一般的离子能量探测器能量分辨率的半高宽约为 18 keV,故其深度分辨率为 18/280 ≈ 0.064 μm,即 64 nm。

如果将探测器斜对样品表面,这样同样深度出射的离子到达探测器的距离会更长,使得其深度分辨率变好,如将探测器与样品表面呈 45° 放置,则离子穿行会增加至约为原来的 1.414 倍,这样其深度分辨率相应地被改善到约 46 nm。

此外,通过优化能谱反演计算,也能起到提高深度分辨率的作用。

(5)灵敏度。NDP 对核素的测量灵敏度取决于核素的种类、中子束流的性质以及测量几何等因素。其中,核素的种类及中子束流决定了反应率 R,而测量几何决定了离子产生后进入探测器的概率,两者共同决定了探测器的计数率,由此可得到 NDP 装置对核素进行测量的灵敏度。

假设测量的核素面密度为 S_L,中子注量率及微观反应截面分别为 ϕ 及 σ,样品受照面积为 A_s,则核反应率 R 满足

$$R = S_L A_S \phi \sigma \tag{11-14}$$

进一步,假设探测器对样品的张角为 Ω,则产生的 R 个离子被探测器测量到的计数率为

$$C = \frac{\Omega}{4\pi} R = \frac{\Omega S_L A_S \phi \sigma}{4\pi} \tag{11-15}$$

这样就可以得到灵敏度为

$$S_L = \frac{4\pi C}{\Omega A_S \phi \sigma} \tag{11-16}$$

这里还需要确定的量是可接受的计数率 C,其取决于所需求的测量不确定度与可以接受的测量时间。

2）次级离子与物质相互作用

除上述确定论方法外，离子输运过程还可采用蒙特卡罗方法进行模拟。如 SRIM/TRIM 程序，基于经典的 ZBL 模型，采用"详细历史法"进行模拟，离子在固体中输运过程的模拟流程如图 11-10 所示。中国绵阳研究堆也开发了专用于 NDP 的蒙特卡罗模拟程序 MC-NDP，可实现离子从产生到最后在探测器内形成响应能谱的全过程模拟[17]。

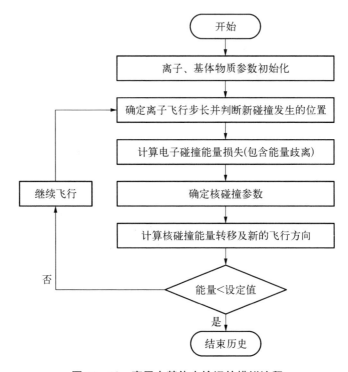

图 11-10　离子在基体中输运的模拟流程

在离子的输运过程中，与基体原子间的作用主要分为两部分：

（1）电子碰撞。电子碰撞指的是离子在输运过程中与基体原子的核外电子发生相互作用，将能量转移给电子，使其被电离或激发的过程，这是离子能量损失最主要的途径。由于电子云的分布变化缓慢，在离子所处的局部区域内可认为是均匀的，因此，电子碰撞的过程几乎不会改变离子的飞行方向，离子在电子碰撞过程中是直线飞行的[3]。

（2）核碰撞。核碰撞指的是离子与基体原子的原子核发生碰撞，一般认为这种碰撞过程是弹性的，离子将很小的一部分能量转移给靶原子核，但由于受到靶原子核的散射作用,离子的飞行方向会发生一定的偏转。因此,核碰撞过程是引起离子的飞行方向发生偏移的主要原因[3]。

下面将进一步介绍电子碰撞、核碰撞和离子飞行步长 L 的选取方法 3 个方面的相关内容。

(1) 电子碰撞的原因和过程。电子碰撞是离子损失能量的主要原因,其阻止本领的计算是一个理论分析结合实验数据拟合的过程,下面分别介绍不同离子的电子阻止本领。

氢离子(质子)的电子阻止本领:齐格勒(Ziegler)等在林哈德(Lindhard)的介电描述框架内,利用局部密度近似理论计算了质子的电子阻止本领 S_e。根据 Brandt-Kitagawa 的有效电荷理论(BK 理论),结合对实验数据分析,得到质子的有效电荷为 1。同时在哈特里-福克孤立原子模型基础上考虑固体晶格结构的影响,计算了固体中原子的电荷分布。给出了质子在电荷为 Z_2 的介质中的电子阻止截面拟合公式(入射能量 E 为入射离子每原子质量单位(Da)的平均能量)[3]。

当 $E > 25$ keV/Da 时:

$$S_H = \frac{S_i S_h}{S_i + S_h} \tag{11-17}$$

其中,$S_i = aE^b + cE^d$, $S_h = \dfrac{e}{E^f} \ln\left(\dfrac{g}{E} + hE\right)$

当 $E \leqslant 25$ keV/Da 时:

$$S_H = S_H(25.0) \left(\frac{E}{25.0}\right)^{0.25}, \quad Z_2 \leqslant 6$$

$$S_H = S_H(25.0) \left(\frac{E}{25.0}\right)^{0.45}, \quad Z_2 > 6 \tag{11-18}$$

其中 $a \sim h$ 为拟合参数,对不同的基体物质,其拟合参数不同。

氦离子(α 离子)的电子阻止本领:根据微扰论的观点,电子阻止的截面与入射离子有效电荷数的平方成正比,因此,对于速度同为 v_{He} 的氦离子和质子,在电荷为 Z_2 同一靶物质中的电子阻止本领之比为

$$\frac{S_{He}(v_{He}, Z_2)}{S_H(v_{He}, Z_2)} = \left(\frac{Z_{He}^*(v_{He})}{Z_H^*(v_{He})}\right)^2 \tag{11-19}$$

式(11-19)称为标度定律。

这里的 $Z_{He}^*(v_{He})$ 和 $Z_H^*(v_{He})$ 分别为速度为 v_{He} 的氦离子与氢离子的有效电荷。定义速度为 v，电荷为 Z_1 的入射离子的有效电荷分数 γ 为

$$Z_1^*(v) = \gamma Z_1(v) \tag{11-20}$$

根据 BK 理论，氢离子的有效电荷分数 γ_H 总是为 1。因此，若能求得 γ_{He}，即可得到靶物质对速度为 v_{He} 的氦离子的电子阻止本领为

$$S_{He}(v_{He}, Z_2) = S_H(v_{He}, Z_2) Z_{He}^2(v_{He}) \gamma_{He}^2 \tag{11-21}$$

Ziegler 等利用大量实验数据，通过拟合 10 keV 到 10 MeV 间的 41 个不同能量点，得到 γ_{He} 的拟合公式为[3]

$$\gamma_{He}^2 = 1 - e^{-\sum_{i=0}^{5} a_i (\ln E)^i} \tag{11-22}$$

其中，a_i 分别为 0.286 5、0.126 6、-0.001429、0.024 02、$-0.011 35$ 和 0.001 75。这样即可计算出靶物质对氦离子的阻止本领。

但当氦离子能量很低，$E < 1\,keV/Da$ 时，则有

$$S_{He}(v_1, Z_2) = S_{He}(1.0) E^{0.5} \tag{11-23}$$

其他重离子的电子阻止本领：同样，根据标度定律，当电荷为 Z_{HI}，速度为 v_{HI} 的离子与电荷为 Z_2 的靶物质作用时，其电子阻止本领为

$$S_{HI}(v_{HI}, Z_2) = S_H(v_{HI}, Z_2) Z_{HI}^2(v_{HI}) \gamma_{HI}^2 \tag{11-24}$$

问题的关键在于求重离子的有效电荷分数 γ_{HI}：

$$\gamma_{HI} = q + (1-q) \frac{\left(\dfrac{v_0}{v_F}\right)^2}{2} \ln\left[1 + \left(\frac{2\Lambda v_F}{a_0 v_0}\right)^2\right] \tag{11-25}$$

这里的 v_0 为 Bohr 速度，v_F 为靶物质电子的费米速度（Fermi velocity），a_0 为 Bohr 半径，Λ 为屏蔽半径：

$$\Lambda = \frac{2a_0(1-q)^{\frac{2}{3}}}{Z_{HI}^{\frac{1}{3}}\left(1 - \dfrac{1-q}{7}\right)} \tag{11-26}$$

其中 $q = (Z_{HI} - N)/Z_{HI}$ 为离子的电离度，这里的 N 是离子所剩的电子数目。在实际应用中，通常采用拟合公式对 q 进行计算[3]：

$$q = 1 - e^{0.803 y_r^{0.3} - 1.316 y_r^{0.6} - 0.381 57 y_r - 0.008 983 y_r^2} \tag{11-27}$$

$y_r \equiv v_r/(v_0 Z_{\mathrm{HI}}^{\frac{2}{3}})$，为有效离子速度，式(11-27)对 $y_r \geqslant 1.3$ 时成立，在实际问题中，该条件几乎总是能满足的。v_r 为离子与电子的相对速度：

$$\begin{cases} v_r = v_{\mathrm{HI}}\left(1 + \dfrac{v_F^2}{5v_{\mathrm{HI}}^2}\right) & (v_r \geqslant v_F) \\[3mm] v_r = \dfrac{3v_F}{4}\left[1 + \dfrac{2v_{\mathrm{HI}}^2}{3v_F^2} - \dfrac{1}{15}\left(\dfrac{v_{\mathrm{HI}}}{v_F}\right)^4\right] & (v_r < v_F) \end{cases} \tag{11-28}$$

至此得到其他重离子的电子阻止本领计算方法。

但是当离子能量非常低，其速度 $v_{\mathrm{HI}} < v_F$ 时，采用：

$$S_{\mathrm{He}}(v_{\mathrm{HI}}) = S_{\mathrm{He}}(v_F)v_{\mathrm{HI}} \tag{11-29}$$

另外，考虑到半导体材料的能隙结构，其与普通金属靶中导带电子接近于自由电子气的情况不完全相同，因此需要对其进行修正。当 $Z_2 = 6$ 或当 $Z_{\mathrm{HI}} \leqslant 19$ 而 $Z_2 = 14$ 或 32 时，采用：

$$S_{\mathrm{He}}(v_{\mathrm{HI}}) = S_{\mathrm{He}}(v_F)v_{\mathrm{HI}}^{0.75} \tag{11-30}$$

SRIM 程序包中的 SRModule 即是根据上述描述，完成对离子在靶物质中电子阻止本领的计算，是目前公认的标准计算程序，在世界范围内被广泛采用。MC-NDP 采用的是 CORTEO 程序计算得到的电子阻止本领列表，而此列表也是 CORTEO 利用 SRIM 的 SRModule 进行计算得到的。

此外，还需要计算电子阻止过程的能量歧离，目前计算模型有很多种，可采用经典的 Bohr 模型[15]：

$$(\Delta E)_{\mathrm{strag}} = \sqrt{2}\,\mathrm{erf}^{-1}(\omega)\Omega_{\mathrm{Bohr}}$$

$$\Omega_{\mathrm{Bohr}}^2 = 4\pi Z_1^2 Z_2 \mathrm{e}^4 N \tag{11-31}$$

其中 erf^{-1} 是误差函数的反函数，ω 是 $(0, 1)$ 的随机数，Z_1、Z_2 分别是入射离子和靶物质的电荷，e 为单位电荷，N 为靶物质的原子密度。

对靶物质是由多种核素组成的情况，采用 Bragg 法则对电子阻止本领进行计算，既按核素所占比例加权平均计算总的阻止本领及相应的能量歧离。

这样就可以计算每两次核碰撞之间电子阻止本领造成的能量损失：

$$\Delta E_e = S_e L + (\Delta E)_{\mathrm{strag}}\sqrt{L} \tag{11-32}$$

式中：S_e 为电子阻止本领，在两次核碰撞之间的阻止本领认为是恒定的；L 为离子两次核碰撞间的飞行步长。

（2）核碰撞的原因和过程。核碰撞是离子与靶物质原子核发生弹性碰撞的过程,该过程是引起离子飞行方向发生偏移的主要原因。核碰撞过程中,由于两原子之间同时受到引力及斥力的作用,其原子间的势函数较为复杂,是受引力与斥力同时作用的耦合结果。根据原子间距离 r 的不同,其势函数的表达也有多种方式,当原子间距稍小于点阵内原子的平衡间距时,采用 Born-Mayer 势表示。当两个核距离非常近时则采用较为简单的库仑势表示。而在实际碰撞过程中,原子的碰撞过程多数会介于两者之间,一般采用屏蔽库仑势进行描述:

$$V(r) = \frac{Z_1 Z_2 e^2}{r} \phi\left(\frac{r}{a}\right) \tag{11-33}$$

这里的 a 是屏蔽半径, $\phi\left(\frac{r}{a}\right)$ 为屏蔽函数。屏蔽半径与屏蔽函数有多种表达式,包括 Thomas-Fermi 势、C-Kr 屏蔽势等,其中以齐格勒(Ziegler)和比尔萨克(Biersack)等在 1982 年提出的 Universal 屏蔽势最为接近实验结果,对大多数离子的计算结果与实验偏差不超过 5%。这是在总结前人工作的基础上,拟合了 500 多对不同离子与靶的组合进行修正得来的[3]。

$$a = 0.885\,4a_0\left[Z_1^{0.23} + Z_2^{0.23}\right] \tag{11-34}$$

$$\phi(x) = 0.181\,8e^{-3.2x} + 0.509\,9e^{-0.942\,3x} + 0.280\,2e^{-0.402\,9x} + 0.028\,17e^{-0.201\,6x} \tag{11-35}$$

式中, $x = r/a$,为约化半径, a_0 为 Bohr 半径。

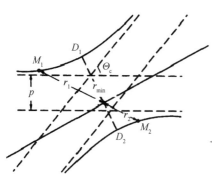

得到原子间的屏蔽势后,即可描述核碰撞过程,如图 11-11 所示,在质心系内, p 为碰撞参数, Θ_c 为散射角。

该体系满足能量与角动量守恒,有

$$\begin{cases} E_c = \frac{1}{2}M_c\left(\left(\frac{dr}{dt}\right)^2 + r^2\left(\frac{d\Theta_c}{dt}\right)^2\right) + V(r) \\ M_c r^2 \frac{d\Theta_c}{dt} = M_c v_0 p \end{cases}$$

图 11-11　质心系碰撞示意图

$$\tag{11-36}$$

式中: E_c 为质心系内相对动能, $E_c = E_0 M_2/(M_1 + M_2)$; E_0 为入射离子在实

验室系内的动能；r 为原子核间距离；t 表示时间；M_c 是质心系折合质量，$M_c = M_1 M_2 / (M_1 + M_2)$；$p$ 为碰撞参数；$V(r)$ 为势能。

$V(r)$ 与质心系散射角的关系为

$$\frac{\mathrm{d}\Theta_c}{\mathrm{d}r} = \frac{\mathrm{d}\Theta_c}{\mathrm{d}t} \frac{\mathrm{d}t}{\mathrm{d}r} = \frac{p}{r^2 \left[1 - \dfrac{V(r)}{E_c} - \dfrac{p^2}{r^2} \right]^{\frac{1}{2}}} \tag{11-37}$$

进一步，对式(11-37)进行积分便可得到碰撞过程造成的散射角：

$$\Theta_c = \pi - 2 \int_{r_{\min}}^{\infty} \frac{p\,\mathrm{d}r}{r^2 \left[1 - \dfrac{V(r)}{E_c} - \dfrac{p^2}{r^2} \right]^{\frac{1}{2}}} \tag{11-38}$$

式中，$r_{\min}$ 为离子与原子核间的最近距离，满足：

$$1 - \frac{V(r_{\min})}{E_c} - \left(\frac{p}{r_{\min}} \right)^2 = 0 \tag{11-39}$$

得到散射角后，便可计算碰撞过程中离子转移给靶原子核的能量为

$$T = \frac{2}{M_2} \left(v_0 M_c \sin \frac{\Theta_c}{2} \right)^2 = \gamma E_0 \sin^2 \frac{\Theta_c}{2} \tag{11-40}$$

式中：v_0 为相对速度；$\gamma = 4 M_1 M_2 / (M_1 + M_2)^2$。

至此，可以发现，问题的关键在于计算质心系散射角 Θ_c 或者 $\sin^2 \dfrac{\Theta_c}{2}$，显然，直接计算式(11-37)是不太现实的，且会非常费时。Biersack 等人利用拟合的结果，提出了一种计算效率相对较高的 Magic 算法[3]，将计算 Θ_c 转化为计算 $\cos \dfrac{\Theta_c}{2}$，这也是 TRIM 所使用的方法。这里，有

$$\cos \frac{\Theta_c}{2} = \frac{B + R_c + \Delta}{R_0 + R_c} \tag{11-41}$$

其中

$$B = p/a, \quad R_0 = r_{\min}/a$$

$$R_c = 2 \times \frac{E - V(r_{\min})}{-V^{'(r_{\min})}} \frac{1}{a} = 2 \times \frac{\varepsilon - \dfrac{\phi(x)}{x}}{-\dfrac{\mathrm{d}\left[\dfrac{\phi(x)}{x} \right]}{\mathrm{d}x}} \Bigg|_{x = \frac{r_{\min}}{a}}$$

$$\Delta = \frac{A(R_0 - B)}{1 + G}$$

$$A = 2(1 + C_1 \epsilon^{-\frac{1}{2}}) \epsilon B^{\frac{C_2 + \epsilon^{\frac{1}{2}}}{C_3 + \epsilon^{\frac{1}{2}}}}$$

$$G = \left(\frac{C_4 + \epsilon}{C_5 + \epsilon}\right) \left[(1 + A^2)^{\frac{1}{2}} - A\right]^{-1}$$

$C_1 \sim C_5$ 为拟合系数，ϵ 为约化能量。

$$\epsilon = E_0 \frac{M_2}{M_1 + M_2} \frac{a}{Z_1 Z_2 e^2} \tag{11-42}$$

Magic 算法虽然在一定程度上提高了计算效率，但求解 $r_{\min}$ 的过程需要进行迭代，如果每次核碰撞都对式(11-41)进行计算，也会使得 TRIM 的计算速度较慢。

Yuan 等[18]提出了一种新的计算散射角的方法——索引插值法，该方法在 CORTEO 程序与 IRIDINA 程序中得到应用，大大提高了计算离子输运过程的效率。该方法的核心思想是将 Θ_c 预先计算好，以列表形式存储，在需要时对其进行索引插值。结合式(11-33)、(11-38)和(11-42)，并令 $b = p/a$ 为约化碰撞参数可以得到：

$$\Theta_c = \pi - 2\int_{r_{\min}}^{\infty} \frac{b\,\mathrm{d}r}{r^2 \left[1 - \frac{\phi(r)}{r\epsilon} - \frac{b^2}{r^2}\right]^{\frac{1}{2}}} \tag{11-43}$$

同样，$r_{\min}$ 满足：

$$1 - \frac{\phi(r_{\min})}{r_{\min}\epsilon} - \left(\frac{b}{r_{\min}}\right)^2 = 0 \tag{11-44}$$

可以看到，Θ_c 是 (ϵ, b) 的组合，即与离子能量及碰撞参数相关。针对不同的 (ϵ, b) 组合，将 Θ_c 预先计算为列表存储，在需要计算核碰撞散射角时进行插值，即可快速得到 Θ_c 的值。

插值方法采用索引插值，离子约化能量及约化碰撞参数以 32 位浮点数存储表示，在 IEEE 二进制浮点数算术标准(IEEE754)中，32 位浮点数存储格式如图 11-12 所示。

0　　10010110　0111**1000110000100000000**

符号　　　指数　　　　　　　小数

图 11 - 12　32 位浮点数的存储方式

其中,第 31 位是符号位,第 30～23 位为指数位,第 22～0 位为小数位。由于指数位需要表示 -127～128,因此采用的是偏移存储的方式,即将指数位表示的数值减去 127 得到所需的指数值。

索引插值的核心是将浮点数转化为 32 位无符号整型的索引地址。如图 11 - 12 所示,若只取指数部分与小数位的前 4 位为所需要的转换位数,小数的其他部分全部忽略,则转换最大误差约为 3%,实际上,绝大多数情况下误差是远远小于该值的,且误差会在几次碰撞或经过几个离子的模拟后就逐渐被消除直至可以忽略不计。转换方法为将浮点数先右移 19 位,将其指针从 32 位浮点型强制转换为 32 位无符号整型,再减去偏移量,即可得到所需的索引地址。偏移量取决于所选择的计算精度,以能量转移为例,若选取最小转移能量单位为 $2^{-19} \approx 1.9 \times 10^{-6}$(eV),则偏移量为 $(127 - 19) \times 24 = 1\,728$。

根据 (ε, b) 计算散射角列表时,将浮点数转化为 32 位无符号整型数,该数值即表示存储地址,同时将计算得到的散射角值存储在该地址中;反之,需要查找散射角值时,同样将 (ε, b) 的组合转化为 32 位无符号整型数,得到对应的存储地址,对该地址所存数值进行读取,即可得到所需要的散射角数值。

索引插值法极大地提高了计算散射角的效率,在保证准确度的情况下提高了核碰撞过程的计算速度。

至此,完成了对核碰撞过程的计算,但在计算核碰撞过程中,仍然存在一个至关重要的因素,碰撞参数 p 的选取,而 p 的选取与飞行步长 L 是密切相关的。

(3) 离子飞行步长 L 的选取方法。一种简单的取法是根据随机态近似,认为在 $(L, L + dL)$ 的间隔里,与一个原子核发生碰撞的概率 $P(L)dL$ 服从泊松(Possion)分布:

$$P(L)dL = e^{-\frac{L}{L_0}}dL \qquad (11 - 45)$$

这里的 L_0 可理解为平均自由程,由于离子与靶原子核的作用距离理论上而言是无限的,因此 L_0 的取法在不同的模型里面也不尽相同,在 CORTEO 中,采用了一种极为基础且简单的方法,即认为 L_0 是靶物质的原子间距[19],此时:

$$L_0 = \frac{1}{\sqrt[3]{\dfrac{4\pi N}{3}}} \qquad (11-46)$$

N 为基体原子密度。L_0 确定后，就可以根据 Possion 分布抽样得到两次核碰撞之间的飞行步长：

$$L = L_0 \ln \omega_1, \quad \omega_1 \in (0, 1) \text{ 为随机数} \qquad (11-47)$$

得到飞行步长后，可以进一步确定碰撞参数 p。碰撞参数的确定以如下模型为基础：认为在离子飞行路径上轴长为 L，半径为（最大碰撞参数）p_{max} 的圆柱内，包含了一个碰撞核，这样有

$$\pi p_{max}^2 L N = 1 \qquad (11-48)$$

因此，碰撞核在半径为 p 的位置出现时发生碰撞的概率 ω_2 满足：

$$\pi p^2 L N = \omega_2 \qquad (11-49)$$

这样就可以得到碰撞参数 p：

$$p = \sqrt{\frac{\omega_2}{\pi L N}} \qquad (11-50)$$

由于 L_0 的值太小，因此这种抽样得到飞行步长 L 的方法使得计算的核碰撞次数大大增加，而当离子能量相对较高时，很多核碰撞的影响是微乎其微的，如果不加区别地对所有的核碰撞都进行计算，会使得计算效率极为低下。

Ziegler 等人提出了一种将飞行步长 L 的选取与离子能量相关联的方法——脉冲近似法（impulse approximation）[20]，这也是 TRIM 程序所采用的方法。脉冲近似法认为，核碰撞的能量转移是在瞬间发生的，且其转移的能量值远小于离子的初始能量（$T \ll E_0$），亦可以表示为 $\sin^2 \dfrac{\Theta_c}{2} \ll 1$。

同时，为了使得每次核碰撞的模拟有研究价值，要求核碰撞转移的能量不小于某一个阈值 T_{min}，T_{min} 可以取靶材料的表面结合能或离位能。当给定转移的能量后，根据式（11-40）即可得到：

$$\sin \frac{\Theta_c}{2} = \sqrt{\frac{T_{min}}{\gamma E_0}} = \frac{f(b_{max})}{2 b_{max} \varepsilon} \qquad (11-51)$$

$f(b)$ 是一个与碰撞中心势有关的函数，分别将 T_{min} 与 E_0 约化为 ε_{min} 和

ε, 则有

$$\sqrt{\frac{\varepsilon_{\min}}{\gamma\varepsilon}} = \frac{f(b_{\max})}{2b_{\max}\varepsilon} \tag{11-52}$$

求解此式便可得到 $b_{\max}$, Ziegler 等拟合出了计算表达式:

$$b_{\max} = \frac{1}{\xi + 0.125\xi^{0.1}} \tag{11-53}$$

其中, $\xi = \sqrt{\dfrac{\varepsilon_{\min}\varepsilon}{\gamma}}$。

这样, 进一步得到 $p_{\max} = ab_{\max}$, 结合式(11-48)与式(11-50)可以得到

$$L = \frac{1}{\pi p_{\max}^2 N} \tag{11-54}$$

其中 $p_{\max} = p / \sqrt{\omega_2}$。

根据式(11-52), 脉冲近似法使得在离子能量较高时, 碰撞参数最大值 $p_{\max}$ 较小, 所取的飞行步长 L 较长; 反之, 离子能量较低时, 所取的飞行步长 L 较短, 这就使得在忽略了大部分高能核碰撞的同时, 兼顾了影响较大的低能核碰撞, 在保证了模拟精度的同时提高了模拟的效率。

MC-NDP 结合了索引插值法和脉冲近似法的优点, 极大地提高了离子输运过程的模拟效率。

11.1.3　四位一体平台技术

为便于理解中子深度分析装置、制靶、实验方法和数据处理等四位一体平台技术, 下面将主要介绍中子深度分析装置、实验样品制备、实验测量方法和数据分析处理计算方法四部分内容。

1) 中子深度分析装置

NDP 装置主要由辐照靶室、束流准直器、束流捕集器与离子能谱测量系统组成, 其结构如图 11-13 所示。

(1) 辐照靶室。辐照靶室是 NDP 装置的核心部分, 也是实现物理过程的主体部分, 它是中子束流照射样品并发生核反应的场所, 辐照靶室内安装有样品支架、探测器及支撑结构等核心器件, 探测器的布置必须使束流不能直接照射探测器。实验过程中, 辐照靶室气压应低于 100 Pa, 以免对测量结果造成影

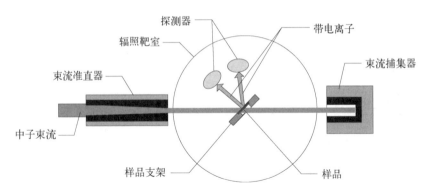

图 11-13　NDP 装置结构示意图

响。靶室上开有中子束流入射窗与出射窗,为降低测量本底,窗口材料可采用纯铝或铝镁合金等中子截面较小的材料制作,厚度尽量薄,不宜超过 1 mm。宜在辐照靶室前端放置用于检测中子束流强度变化的监测器,可选择 ^{3}He 计数管、^{235}U 电离室等,监测器的放置不应阻挡中子束流的正常通行。

（2）束流准直器。束流准直器用于对中子束流形状进行限制,结构如图 11-14 所示,中间为含硼或锂等中子吸收材料的吸收体,吸收体中心开有锥形孔,供中子束流穿过,孔的直径可根据实际使用需求设计（原则上,在采用激光打孔等加工工艺可行的条件下,锥形准直器孔的长径比,越大越好,也就是对于深孔准直器,其束流中子的准直效果越好）。吸收体外为屏蔽体,用于屏蔽次级 γ 射线或带电离子,可选用铅、铋等材料制作。束流准直器应放置在样品前端,根据实验条件可放置于辐照靶室外或辐照靶室内部。

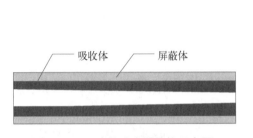

图 11-14　束流准直器结构示意图

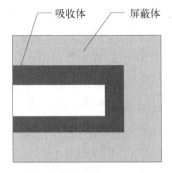

图 11-15　束流捕集器结构示意图

（3）束流捕集器。束流捕集器放置用于捕集、吸收从靶室后端穿出的中子束流,以降低工作环境的测量本底与辐射剂量水平。其结构如图 11-15 所示,中间为含硼或锂等中子吸收材料的吸收体。吸收体外为用于屏蔽次级射线的屏蔽体,可选用铅、铋、混凝土等材料制作。

(4) 离子能谱测量系统。该系统主要由探测器、偏压电源、前置放大器、主放大器、多道分析器以及电脑组成,如图 11 - 16 所示,其目的是能够稳定地测量带电离子从特定角度穿透样品后的能谱。测量时,可根据需求同时安装多套离子能谱测量系统。离子能量探测器可采用 PIPS 探测器。探测器与样品间的距离宜使探测器对样品的张角约占探测器立体角的 0.1%。探测器的测量信号经前置放大器、主放大器放大后,利用 MCA 采集,并输入电脑,开展后续分析工作。

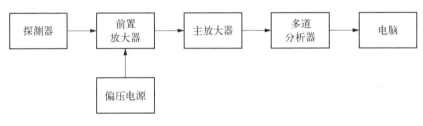

图 11 - 16　离子能谱测量系统框图

2) 实验样品制备

用于 NDP 分析的样品厚度应尽量薄,以降低测量本底,不宜超过 1 mm。样品尺寸可根据中子束流的尺寸大小与样品台架尺寸选择。尺度通常在厘米量级,形状无特殊要求,可为圆形或矩形样品。测量前可用酒精、丙酮等对样品无损害的试剂进行清洗。

3) 实验测量方法

主要测量过程:将样品安装在样品支架上,并调整样品支架使样品对准束流方向;关闭辐照靶室密封门,并抽真空至靶室内气压低于 100 Pa;打开中子束流孔道,中子束流进入辐照靶室,照射样品;开始离子能谱采集;采集的离子能谱满足用户要求后如总有效计数中统计不确定度好于 3%,关闭中子束流通道;卸去辐照靶室真空,待辐射剂量满足安全要求后,打开辐照靶室,取出测量样品,完成实验测量过程。

4) 数据分析处理方法

在 NDP 技术的数据分析处理中,主要发展下述获取目标核素含量随深度分布的能谱反演计算方法与获取目标核素总含量的计算方法。

能谱反演计算方法的基本原理:NDP 测量得到的 MCA 能谱中,第 i 道观

测到的计数 C_i 与目标核素原子浓度沿深度的源分布 $S(x)$ 有关：

$$C_i = \int_0^{x_{\max}} S(x) P_i(x) \mathrm{d}x \quad i = 1, 2, 3, \cdots, N \qquad (11-55)$$

其中，响应函数 $P_i(x)$ 表示在 x 处产生的离子在第 i 道内形成计数的概率，取决于计算到达探测器的离子能量分布模型。式(11-55)为第一类弗雷德霍姆(Fredholm)积分方程，反演计算的本质是通过对观测到的结果 C_i 进行处理，得到引起该结果的原因 $S(x)$ 的过程，是"由果及因"的反问题。此类问题的研究可以追溯到 20 世纪 20 年代，历经近百年的发展，已经发展出多种反演算法，如最小二乘法、迭代法、正则化方法等，后续又涌现出了诸如蒙特卡罗方法、基因算法、神经网络法等反演算法，且反演方法在中子散射、地球物理、大气遥感、医学物理及材料科学等各领域均有重要作用。例如，在用活化探测片测量反应堆堆芯或反射层内某空间位置的中子能谱时，也是依据测量的各活化箔的反应率，求解第一类 Fredholm 积分方程，发展了多种反演方法。在这类问题的求解中，无论是此处的源分布 $S(x)$，还是中子能谱，都难以进行直接测量，通常需要采用反演计算法。

反演问题在不同的研究领域有不同的物理核心，在 NDP 技术中，直接利用 MCA 测量到的各道计数 C_i 求解 $S(x)$ 是非常困难的，原因在于 C_i 的个数是有限的，而需要求出 $x=0$ 到 $x=x_{\max}$ 范围内无数个 $S(x)$。因此，需要对式(11-55)进行处理，将 $S(x)$ 做离散化处理，离散为 M 层离子源强分布，则可以写成

$$C_i = \sum_{j=1}^{M} P_{ij} S_j \quad i = 1, 2, 3, \cdots, N, j = 1, 2, 3, \cdots, M \qquad (11-56)$$

P_{ij} 即表示第 j 层处产生的一个离子源在多道分析器第 i 道能生成计数的概率，其与离子源、基体材料性质、测量几何以及探测器系统性能等相关。进一步，可以将式(11-56)写成矩阵形式：

$$\boldsymbol{PS} = \boldsymbol{C} \qquad (11-57)$$

$\boldsymbol{P}$ 为 $N \times M$ 的矩阵，反演计算的任务即是根据响应矩阵 $\boldsymbol{P}$ 及测量到的能谱 $\boldsymbol{C}$ 求出离子源强度 $\boldsymbol{S}$ 的分布。

若 $M=N$，则是最为理想的情况，此时方程组有一个特解。然而在实际问题中，这种理想状态是不常遇到的，因为反演过程中 MCA 谱的选择和离子源

强度纵向分布 S 的离散化过程是相互独立的，因此大多数情况下 M 与 N 都不相等。

若 $M < N$，则未知数个数小于方程个数，即系数矩阵行数大于列数，此时是一个超定方程，一般无解。

若 $M > N$，则未知数个数大于方程个数，即系数矩阵行数小于列数，此时是一个欠定方程，有无数个解。

由于在 NDP 的反演过程中，根据测量的结果及需求，可以对 M 和 N 的值进行调节，且反演计算所选取的能谱范围和深度分布范围有一定的随机性和随意性，因此，所选用的反演算法需要满足尽可能多的情况，既需要对超定方程及欠定方程都有求解能力，同时也能保证求解过程的稳定性。

下面逐一介绍概率迭代法、奇异值分解求解最小二乘法和约束线性正则化法等三种反演算法的内容。

（1）概率迭代法。该方法按矩阵元进行迭代，与方程的具体形式无关，迭代方法为

$$S_j^{(k)} = \frac{\displaystyle\sum_{i=1}^{N} \frac{Q_{ij} S_j^{(k-1)} C_i}{\displaystyle\sum_{j=1}^{M} P_{ij} S_j^{(k-1)}}}{\displaystyle\sum_{i=1}^{N} Q_{ij}} \tag{11-58}$$

式中，k 为迭代次数；Q_{ij} 为对 $\dfrac{S_j^{(k-1)} C_i}{\displaystyle\sum_{j=1}^{M} P_{ij} S_j^{(k-1)}}$ 进行加权求和的权重因子，可取 $Q_{ij} = P_{ij}$。

（2）奇异值分解求解最小二乘法。对超定方程，最小二乘法是一种常用的求解方法。对式（11-57）进行最小二乘法求解，可等效于求解：

$$\boldsymbol{P}^{\mathrm{T}} \boldsymbol{P} \boldsymbol{S} = \boldsymbol{P}^{\mathrm{T}} \boldsymbol{C} \tag{11-59}$$

对 $\boldsymbol{P}$ 进行奇异值分解：

$$\boldsymbol{P} = \boldsymbol{U} \boldsymbol{W} \boldsymbol{V}^{-1} \tag{11-60}$$

式中：$\boldsymbol{U}$ 的第 i 列为 $\boldsymbol{P}$ 的左奇异向量；$\boldsymbol{W}$ 的元素 W_{jj} 为 $\boldsymbol{P}$ 的奇异值，其他元素值为 0；$\boldsymbol{V}$ 的第 j 列为 $\boldsymbol{P}$ 的右奇异向量。

其中，$\boldsymbol{U}$，$\boldsymbol{V}$ 为正交矩阵，故求解式（11-59）得到

$$S = VW^{-1}U^{\mathrm{T}}C = \sum_{i=1}^{M}\left[\left(\frac{U_{(i)}C}{w_i}\right)V_{(i)}\right] \tag{11-61}$$

实际上,对欠定方程,奇异值分解也是可以进行的,通过此方法求解可得到二范数最小的解。

(3) 约束线性正则化法。对于欠定方程,由于未知数个数大于方程个数,可增加限制条件,以使方程有解,如线性正则化方法:

$$(P^{\mathrm{T}}P + \lambda H)S = P^{\mathrm{T}}C \tag{11-62}$$

式中,H 为某些对称的平滑矩阵;λ 为拉格朗日乘子,可由下式确定:

$$\lambda = \frac{\mathrm{tr}(P^{\mathrm{T}}P)}{\mathrm{Tr}(H)} \tag{11-63}$$

tr 表示矩阵的迹,即对角线元素的和。

矩阵 H 的构造可用:

$$H = B^{\mathrm{T}}B \tag{11-64}$$

矩阵 B 的构造有多种形式,可利用有限差分方法进行线性平滑,如:

$$B = \begin{pmatrix} -1 & 3 & -3 & 1 & 0 & 0 & 0 & \cdots & 0 \\ 0 & -1 & 3 & -3 & 1 & 0 & 0 & \cdots & 0 \\ \vdots & & & & \ddots & & & & \vdots \\ 0 & \cdots & 0 & 0 & -1 & 3 & -3 & 1 & 0 \\ 0 & \cdots & 0 & 0 & 0 & -1 & 3 & -3 & 1 \end{pmatrix} \tag{11-65}$$

为了保证求解式(11-62)的稳定性,可借用最速下降法原理,进行迭代求解,如:

$$\begin{aligned} S^{(k)} &= S^{(k-1)} - \varepsilon\nabla(|PS - C|^2 + \lambda P^{\mathrm{T}}HP) \\ &= S^{(k-1)} - 2\varepsilon[(P^{\mathrm{T}}P + \lambda H)S - P^{\mathrm{T}}C] \\ &= [I - 2\varepsilon(P^{\mathrm{T}}P + \lambda H)]S^{(k-1)} + 2\varepsilon P^{\mathrm{T}}C \end{aligned} \tag{11-66}$$

式中:k 为迭代次数;I 为单位矩阵;η 为决定下降速度的参数,其取值应符合:

$$0 < \eta < 1/(2 \times \max \mathrm{eigenvalue}(R^T R + \lambda H)) \tag{11-67}$$

式中 max eigenvalue() 为矩阵的最大本征值。

目标核素总含量计算方法：虽然可以通过反演计算得到的各层目标核素含量对总的目标核素含量进行计算，但一种更直接的方式是直接计算求解目标核素总含量。为了控制影响测量过程的变量，对样品的测量宜采用相对测量法，即通过与核素含量已知的参考样品的测量结果进行比较。样品内目标核素总含量 T_2 为

$$T_2 = \frac{C_2 F_1}{C_1 F_2} T_1 \tag{11-68}$$

式中：C_2 为样品的总计数率（cps）；F_1 为参考样品测量时束流监测器的中子注量率（$cm^{-2} \cdot s^{-1}$）；C_1 为参考样品的总计数率（cps）；F_2 为样品测量时束流监测器的中子注量率（$cm^{-2} \cdot s^{-1}$）；T_1 为参考样品的目标核素总含量（a/cm^3）。

需要注意的是，这里的束流强度 F_1、F_2 可以是测量信号的相对值，如计数率、电流强度等。

11.1.4　主要应用方向

随着反应堆中子源技术，特别是冷中子源技术的发展，NDP 技术的应用越来越广泛，在锂电池、光学器件、合金，特别是微电子半导体材料近表面某些轻核素的无损检测分析中发挥了重要作用。这些领域的发展，也反过来推动了 NDP 技术的发展及其在高新技术领域的应用。

1）在新能源材料（锂电池）结构分析中的应用

锂离子电池研究是目前 NDP 技术应用最为广泛的领域。常用于锂离子电池的分析方法，如热录像仪（thermography）、扫描电镜（scanning electron microscope，SEM）、原子力显微镜（atomic force microscope，AFM）和透射电镜（transmission electron microscope，TEM）等，主要关注电极的表面形态、相变等性质，无法深入电极内部进行分析，更不能给出锂在电极材料中不同深度处的分布。NDP 利用中子穿透性，可以深入锂电极材料，通过中子与 ^6Li 发生反应（图 11-17），从而实现对锂电池锂浓度的分析。

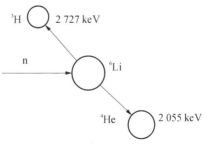

图 11-17　中子与 ^6Li 反应

1975 年，比尔萨克(Biersack)和芬克(Fink)最早利用 NDP 技术对锂进行研究，研究了锂注入半导体后的分布和迁移现象[2]。1999 年，克林斯(Krings)等利用 NDP 研究了电变色 WO_3 膜中的锂扩散现象[21]，介绍了通过 NDP、SIMS、ERD 和 XPS 技术来描绘 WO_3 膜，膜的厚度为 240 nm。值得注意的是，当采用 SIMS 来分析该样品时，SIMS 的缺点是引发锂在样品中的迁移。NDP 则不需要考虑这种影响且不会像 SIMS 一样对样品造成破坏。高迁移性使得 SIMS 的结果可能不可靠，而 NDP 的结果被认为是准确的。采用 ERD 和 XPS 对 WO_3 进行分析并不能满足要求且不能得到准确的测量结果。ERD 使得样品表面退化从而限制了深度分辨率，而 XPS 技术对于准确描述样品内的锂而言不够灵敏。他们认为，NDP 具有很好的灵敏度和深度分辨率，且由于其非破坏性，和其他技术相比是非常有优势的。在随后的一些研究中，利用 NDP 分析锂离子电池的优势越来越受到重视，它可以克服利用传统分析方法分析锂的不足，量化活性锂的损失，研究锂含量分布受电池的充放电速率及存放环境因素的影响，以及固体电解质界面膜(solid electrolyte ihterphase，SEI)的形成及厚度测量等。

NDP 为锂离子电池的寿命评价提供了重要的参考数据，是目前研究锂在锂离子电池中分布行为的最有力工具之一，可对锂离子电池分析技术进行有效补充。

惠特尼(Whitney)等[22]将 NDP 技术全面引入锂离子电池研究。测量了实验室制作的锂电池阴极和商业锂电池阳极中的锂浓度分布。研究了不同存放温度、循环次数、不同充放电电流下锂在电极材料中的迁移过程。并验证了利用 NDP 技术测量不同存放温度、存放时间下 $LiFePO_4$ 电池中石墨阳极上 SEI 层厚度的可行性。此外，测量了进行 100 次充放电循环后 $LiFePO_4$ 和 $LiNi_{1/3}Mn_{1/3}Co_{1/3}O_2$ 阴极上的锂浓度分布，这些研究对了解电池在初始循环时的锂分布是非常有意义的。

Napgure 等[23]利用 NDP 技术对商业电池中锂浓度分布进行了详细分析。有效标定过的 NDP 装置可以给出锂在样品中的定量分布结果，进一步量化活性锂的丢失，为电池性能评价提供重要参考。

图 11-18 和图 11-19 分别给出了利用 NDP 测量锂离子电池电极上锂浓度分布的一些测量结果。

分析对象是圆柱形 $LiFePO_4$ 电池，从电极上取出 6 段(编号越小，越远离电池中心位置)，这里给出了第 1、3、5 段的测量结果。各电池样品的参数如表

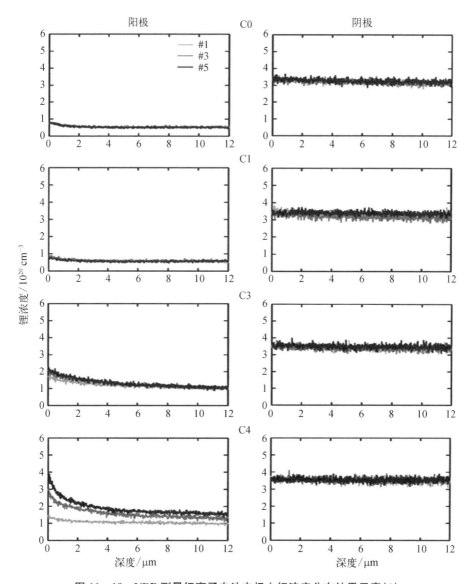

图 11-18　NDP 测量锂离子电池电极上锂浓度分布结果示意(1)

11-4 所示，C_0 被用作参考样品。电池寿期末锂在电极上的浓度分布受充放电的 C 倍率及电池的荷电状态(state of charge，SOC)影响。柱状电池的锂浓度分布随电极由外缘到中心的距离变化，如图 11-18 所示，对阳极而言，锂浓度分布随着阳极厚度的增加呈指数衰减。锂会覆盖阳极材料表面，且其速率随阳极材料离电池中心的距离减小、C 倍率的增大而增加。而在阴极材料表

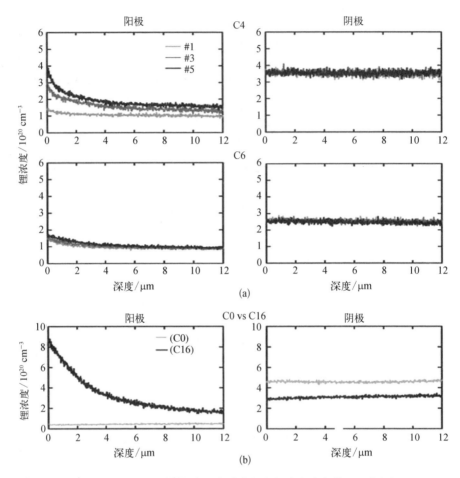

图 11‑19　NDP 测量锂离子电池电极上锂浓度分布结果示意(2)

面没有出现锂的生长覆盖现象。

如图 11‑19(b)所示,当 C 倍率超过某一临界值时,随着 C 倍率的增加,锂在阴极材料上的浓度会有所降低。此外,LiFePO₄ 晶粒的粗化限制了锂在阴极材料中的扩散,锂在阳极的面密度随着 C 倍率增加而增加。对锂在电极材料中浓度分布的定量测量可以对锂扩散模型进行检验。随后,该团队利用 NDP 研究了铜集流体(copper current collector, CCC),证实了铜集流体中存在锂成分,这会对其热、电行为形成影响[24]。锂出现在铜集流体及其他非活性材料中的现象说明有活性锂的损失,这对于了解电池的寿命机理是非常有意义的。

表 11-4 各电极样品参数

样 品	老 化 条 件	剩余容量/%
C_0	新电池,未老化	100
C_1	1C, 0~10% SOC, 45 ℃	~80
C_3	3C, 0~10% SOC, 45 ℃	~80
C_4	4C, 0~10% SOC, 45 ℃	~80
C_6	~6C, 60%~70% SOC, 45 ℃	~80
C_{16}	16C, 45%~55% SOC, 45 ℃	~80

注:SOC 指充电状态。

近年来,NDP 技术已应用于全固态薄膜微电池分析[25]、原位充放电实验测量[26]等领域,已成为锂离子电池研究的重要工具。

2) 在其他领域中的应用

NDP 技术还用于离子注入研究、界面分布研究、沟道阻塞研究、薄膜与浸洗效应研究等领域[8]。

在同位素在线分离技术的工艺研究中,为了获得锂在钽和钨等材料中的扩散行为与处理工艺的关系,J. Vacik 等利用 NDP 技术测量了经过不同退火温度后锂在样品表面分布的变化。

在储氚材料(如镧基合金、钛基合金、镁基合金)与核废物处理方面,结合 NDP 和离子注入技术,对材料中^{3}He 的演化行为进行研究,可为材料的可靠性评价、制造工艺改进和寿命评估提供重要的参考数据。

NDP 技术也可用于聚变能源重要原料锂的痕量分析,聚变反应堆第一壁材料的氢脆研究等。

综上所述,随着高新技术的发展,新能源材料、半导体材料、微电子材料、核能材料等新材料的应用愈加广泛,对材料性能的要求越来越高,NDP 技术作为一种重要的材料近表面检测分析手段,将更广泛地应用于各类研究,推进相关领域发展。

11.2 瞬发 γ 中子活化分析技术

瞬发 γ 中子活化分析(PGAA/PGNAA)主要是通过测量核反应生成的

"瞬发"γ射线,对元素种类及含量进行检测分析。本节将介绍PGAA技术的特点、发展历史与现状、基本原理、四位一体平台技术和主要应用方向等方面的内容。

11.2.1　PGAA技术的特点、发展历史与现状

PGAA基于原子核的瞬发中子辐射俘获(n, γ)反应(一般指γ射线发射时间$< 10^{-12}$ s,也可用于半衰期较短的缓发γ射线),通过测量中子束流照射样品生成的特征γ射线强度,以确定相应核素的含量。理论上,PGAA可以对绝大部分核素进行检测,其灵敏度受(n, γ)反应截面影响,对截面较大的元素(如氢、硼、镉、钆等)更为敏感。在科学研究、工业技术、环境保护、生物科学、文化考古等领域有广泛应用。

1) PGAA技术的特点

PGAA具有无损、适用范围广、灵敏度高、精度高等特点,与传统的反应堆中子活化分析(ReNAA,主要分析缓发γ射线)是相互补充的。一般而言,ReNAA对元素测量的灵敏度更高,但由于其需要在反应堆内进行样品辐照,因此对样品性质、形态等要求更高,制样过程较为复杂。且样品在反应堆内辐照后,剂量较高,需要等待样品冷却才能测量,因此测量周期较长。此外,由于反应堆内中子能谱复杂,ReNAA很容易受到超热中子、快中子引起的核反应(如(n, p)、(n, α)反应)影响。而PGAA,特别是安装在冷中子束流上的PGAA装置,几乎不含超热中子和快中子,可以避免此类因素影响。另外,由于其利用中子束流进行在线测量,因此,测量时间控制较易实现,且对样品形态要求较ReNAA更低,更能达到"无损"分析的要求,固态、液态或气态样品均可进行测量。对大部分元素而言(如钛、铝、铁、锰、镁、钙、钠、钾等),利用PGAA和ReNAA进行主成分分析时都可以取得不错的测量效果,在进行痕量分析时,由于反应堆内的中子注量率往往较中子束流通量高出5~6个数量级,因此ReNAA的效果更好。但对一些元素,由于不存在产生缓发γ射线的反应或反应截面较小,而瞬发γ射线的反应截面较大,用PGAA进行分析更具优势,如氢、硼、氯、硅、铌、钐、钆等。通常而言,对低原子序数元素,PGAA的分析效果会更好。因此,PGAA和ReNAA是互为补充的,两者相结合,几乎可以测量元素周期表上的所有元素,是标准的材料成分分析方法。

2) PGAA技术的发展历史和现状

自1932年发现中子以来,中子及其引发的核反应就被广泛研究。1934

年，Amaldi、Lea 等就发现含氢材料与中子发生俘获反应时会放出高穿透力的 γ 射线，这也是第一次瞬发 γ 测量，而该射线就是 $^1H(n，γ)^2H$ 反应释放的能量为 2 223.284 7 keV 的 γ 射线。

1966 年，Isenhour 与 Morrison 在康奈尔大学建成了首台基于反应堆、采用 NaI 探测器探测 γ 射线的 PGAA 装置。20 世纪 60 年代末，随着锗（Ge）半导体探测器技术的发展，使得探测 γ 射线的能量分辨率相对 NaI 探测器有了数十倍的提升，特别是反康普顿技术的应用，大大促进了 PGAA 技术的发展。1969 年，Comar 等建立了首台使用中子束流导管的 PGAA 装置。20 世纪 80 年代，大体积锗探测器的出现改善了探测高能 γ 射线的效率，掀起全球范围内的 PGAA 装置建设热潮，各实验室都开展了自建 PGAA 装置对各元素分析灵敏度的研究。美国 NIST、密苏里大学，以及日本 JAERI 建成了基于准直中子束流的 PGAA 装置，并体现出由导管引出的低能中子用于 PGAA 研究的优势：灵敏度高、本底低。90 年代，随着高强度热（冷）中子束流的出现，PGAA 技术又得到一次提升，美国 NIST、德国 KFA，日本 JAERI 以及匈牙利布达佩斯中子中心（BNC）建成了基于高强度中子束流的 PGAA 装置。近年来，国内中国工程物理研究院，原子能科学技术研究院也开展了基于研究堆的 PGAA 研究。

在德国 FRM - Ⅱ 反应堆（图 11 - 20）[27] 与匈牙利 BNC[28]，将瞬发 γ 活化成像（prompt gamma-ray activation imaging，PGAI）与中子层析照相技术相

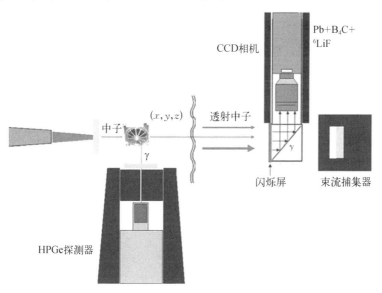

图 11 - 20　德国 FRM - Ⅱ 上建立的 PGAA 与中子层析照相相结合的三维分析装置结构

结合,利用中子层析开展样品内部结构及中子场分布测量,进一步开展 PGAA 测量分析工作,建成了可以进行三维元素扫描、成像的新型分析装置。FRM - Ⅱ上的装置成功对陨石样品、出土的文物进行了无损分析,得到了其内部元素分布的全息图像。国内中国工程物理研究院核物理与化学研究所也开展了相关研究[29]。

世界上建成的 PGAA 装置已有数十台。表 11 - 5 给出了部分基于反应堆的 PGAA 装置及其束流强度。

表 11 - 5　部分基于反应堆的 PGAA 装置

机　　构	建成年份	中子束流强度/$(cm^{-2} \cdot s^{-1})$
美国康奈尔大学	1966	1.7×10^6
法国原子能委员会	1969	2×10^7
德国慕尼黑工业大学	1973	2×10^7
法国劳厄-朗之万研究所	1973	1.5×10^{10}
巴基斯坦核科学与技术研究所	1975	1.2×10^7
委内瑞拉科学研究所	1976	4.8×10^7
美国洛斯阿拉莫斯实验室	1976	4×10^{11}
美国马里兰大学	1979	4×10^8
法国劳厄-朗之万研究所	1979	8×10^8
日本原子能研究所	1980	8×10^7
美国密苏里大学	1981	5×10^8
加拿大麦克马斯特大学	1984	6×10^7
美国麻省理工学院	1984	5×10^5
美国北卡罗来纳大学	1986	1×10^7
法国劳厄-朗之万研究所	1987	1.3×10^8
德国于利希研究中心	1987	2×10^8

（续表）

机　　构	建成年份	中子束流强度/(cm^{-2}·s^{-1})
英国皇家学院	1987	2×10^6
南非原子能公司	1988	
法国核子研究中心	1990	1×10^6
匈牙利布达佩斯中子中心	1993	2×10^6
美国麻省理工学院	1993	6×10^6
美国国家标准技术研究院	1993	1.5×10^8
日本原子能研究所	1993	1.4×10^8，2.4×10^7
美国德克萨斯奥斯丁分校	1995	5×10^7
美国国家标准技术研究院	1996	8×10^8
捷克科学院	2000	3×10^6
印度巴巴原子研究中心	2001	1.4×10^7
韩国原子能研究院	2002	8×10^7
匈牙利布达佩斯中子中心	2002	5×10^7
阿根廷巴里洛切原子能中心	2003	1×10^7
德国慕尼黑工业大学(结合中子照相)	2006/2008	7.0×10^{10}
匈牙利布达佩斯中子中心(结合中子照相)	2012	2.7×10^7
中国工程物理研究院	2018	1.5×10^8
中国原子能科学研究院	2018	4.8×10^8（反应堆 15 MW 运行时）

11.2.2　PGAA 技术的基本原理

为便于理解瞬发 γ 中子活化分析技术的基本原理,下面将主要介绍中子与目标核素的核反应及瞬发 γ 射线的测量两个部分的内容。

1) 中子与目标核素的核反应

对 PGAA 而言,最重要的核反应为原子核与中子发生的辐射俘获(n, γ)反应,原子核吸收中子后,会形成激发态复合核,其激发态能量为中子的结合能与入射动能之和。当用动能为毫电子伏特级别的慢中子照射样品时,激发态能量可以近似认为等于中子的结合能。复合核的衰变过程约为 10^{-16} s, 大多会级联放出 2～4 条 γ 射线,其到达基态时间为 $10^{-12} \sim 10^{-9}$ s。发出的瞬发 γ 射线能量可以用来对核素进行识别,其强度与其原子数成正比。大多数核素可以放出数百条,甚至上千条不同能量的 γ 射线。较轻的核素(^{19}F 以下)俘获态下的能级数较少,具有较简单的瞬发 γ 能谱。

此外,对一些反应产物半衰期较短的核反应,也可以通过瞬发 γ 活化分析进行测量,如 ^{10}B(n, α)^{7}Li*,激发态^{7}Li* 可发射能量为 477.60 keV 的 γ 射线。一些 ReNAA 所使用的射线也能在 PGAA 测量中得到使用,如^{197}Au 活化后成为^{198}Au,其衰变释放出 411.80 keV 的 γ 射线。

2) 瞬发 γ 射线的测量

对 γ 射线测量,根据测量用途的不同,有多种类型的探测器,如气体探测器、闪烁体探测器、半导体探测器等。对 PGAA 而言,希望尽可能高地提高能量分辨率,高纯锗探测器(high purity germanium, HPGe)是较为理想的 γ 探测器。

HPGe 探测器典型结构如图 11-21 所示,该探测器主要由 HPGe 晶体制造,可以加工不同尺寸和形状的高纯锗晶体,小尺寸晶体用于测量低能 γ 射线,而大尺寸晶体用于探测高能 γ 射线。

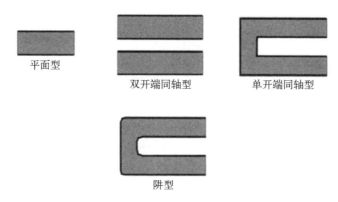

平面型　　双开端同轴型　　单开端同轴型　　阱型

图 11-21　典型 HPGe 探测器结构

使用时利用液氮(温度约为 77 K)对锗晶体进行冷却以减少漏电流,防止其对晶体造成损害,同时,在低温状态下,也可以使其热噪声较低以获取较好的分辨率。γ 射线在探测器耗尽层内产生的电子—空穴对形成的电流通过电子学系统进行进一步处理。

根据掺杂类型的不同,HPGe 探测器可分为 P 型或 N 型,P 型为受主掺杂,N 型为施主掺杂。根据探测器电极的几何布置的不同,又可分为平面型、双开端同轴型、单开端同轴型和阱型[30]。阱型探测器由于其结构特殊,一般不用于 PGAA 测量。而平面型探测器由于其耗尽层只有 2～3 cm,因此常用于测量能量为数百千电子伏特的低能 γ 射线,而同轴型探测器通常体积较大,将轴向做得较长,可用于测量较高能 γ 射线,满足能量低于 10 MeV 的 γ 射线测量需求。

对单开端同轴 P 型探测器,通过扩散在外表面掺杂施主原子(如锂),其厚度在百微米级。对 N 型探测器,通过离子注入方式在外表面掺杂受主原子(如硼),其厚度为微米级。N 型半导体构造又称为倒置电极探测器。N 型探测器都有很好的抗中子辐照损伤性能,由于探测器表面死层更薄,也都可用于低至 5 keV 的光子测量,而 P 型探测器为 30 keV。因此,N 型单开端同轴探测器更适合于 PGAA 测量。

在 PGAA 中,由于是在线测量,因此其 γ 能谱本底较高,为了提高测量信噪比,可采用反康普顿技术进行测量。其原理是在 HPGe 探测器四周布置一圈有多块闪烁体拼成的探测器环(不能阻挡来自样品的 γ 射线),入射 γ 射线在 HPGe 探头内发生康普顿散射后生成的 γ 射线逃离 HPGe 探测器后进入闪烁体探测器,利用反符合测量方法,不对 HPGe 探头测量到的信号做记录,这样可以抑制全能峰的康普顿坪本底,同时也可抑制单逃逸峰和双逃逸峰的出现。常用的闪烁体探测器有 NaI(Tl)或 BGO 探测器,由于 BGO 探测器的探测效率更高,因此 PGAA 常用 BGO 探测器做反康普顿环。

典型的反康普顿结构如图 11 - 22 所示,反康普顿环结构如图 11 - 23 所示,其由多块 BGO 晶体组成。

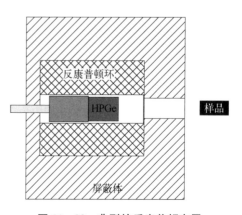

图 11 - 22　典型的反康普顿布置

图 11 - 23   BGO 反康普顿环结构

11.2.3   四位一体平台技术

为便于理解瞬发 γ 中子活化分析装置、制靶、实验方法和数据处理等四位一体平台技术,下面将主要介绍瞬发 γ 中子活化分析装置、实验样品制备、实验测量方法和数据分析处理等四个部分的内容。

1) 瞬发 γ 中子活化分析装置

典型的 PGAA 装置如图 11 - 24 所示。

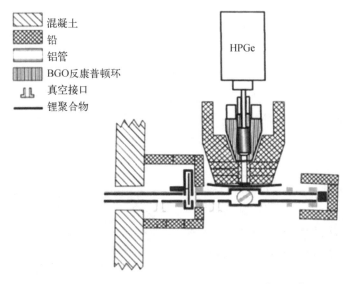

图 11 - 24   匈牙利 Budapest 研究堆上 PGAA 装置示意图

除了 HPGe 探测器系统外,PGAA 装置还包含下述中子源、中子导管及束流、中子吸收体及屏蔽体、快门、样品台、束流捕集器等主要部件,也可对束流通道抽真空,以降低本底,达到更好的测量效果。

(1) 中子源。对 PGAA 而言,有多种中子源可以使用,如散裂源、加速器中子源、同位素中子源、反应堆中子源等。中子发生器和同位素中子源可生产为便携式可移动中子源,用于矿物、水体、工厂、爆炸物检测等现场检测。

与其他中子源相比,反应堆中子源是用于 PGAA 的最丰富和普遍的中子源,不同反应堆的中子束流强度为 $10^5 \sim 10^{10}$ cm^{-2}·s^{-1},大部分处于 $10^5 \sim 10^9$ cm^{-2}·s^{-1} 范围。由于低能区的中子俘获截面较大,因此,反应堆堆芯裂变中子经过慢化后形成的热中子和更低能的中子非常适合用于 PGAA。随着冷中子源技术的发展和普及,可以获得更低能量的冷中子束流,且经过中子导管后的冷中子束流有更低的 γ 本底,更适用于 PGAA 测量。

(2) 中子导管及束流。反应堆堆芯裂变产生的中子经慢化体慢化后,需由中子导管引出形成中子束流照射样品,以开展 PGAA 实验测量。特别是对于冷中子,中子导管可实现中子的长距离传输和聚焦,其功能类似于光纤。利用全反射原理,导管壁由玻璃材质构成,如常用的硼硅玻璃,还可将未反射的中子吸收,以降低束流本底。中子束流聚焦可通过中子透镜实现,利用光学原理,将大横截面的中子束流(~ 10 cm 量级)聚焦为小截面束流(亚毫米至厘米量级),提高局部中子束流强度。中子束流从导管末端引出后,通过准直器将其准直到样品靶位,准直器用于调整靶位中子束流形状及大小,可通过在中子吸收体(如含锂、硼材料等)材料上开孔的方式实现。

(3) 中子吸收体及屏蔽体。吸收体及屏蔽体对降低 PGAA 测量的本底提高其信噪比具有关键作用,其可有效防止被散射后的中子产生本底 γ 信号,并防止中子直接进入 γ 探测器。理想的中子吸收体应该具有较大的吸收截面,且产生的次级辐射较低。常用的吸收体有 ^{6}Li、^{10}B、^{113}Cd 等。由于价格较昂贵,^{3}He 和 Gd 仅在一些特殊场景使用。这些吸收体中,只有 ^{6}Li 和 ^{3}He 不会产生次级 γ 射线,硼和锂常用于高通量条件下的中子快门或捕集器。^{10}B(n,α)^{7}Li 反应有 94% 的概率会生成激发态 ^{7}Li,衰变后释放出 478 keV 的 γ 射线,由于其能量较低,利用铅即可对其进行屏蔽,4 cm 厚的铅可使其强度下降至原来的 1/1 000。^{6}Li(n, α)T 反应不会放出 γ 射线,但其生成的高能氚与轻元素(如氧、氟、锂等)发生(T, n)反应放出快中子,产额约为每个热中子产生 10^{-4} 的快中子,对于 ^{10}B,其与中子反应生产的高能 α 粒子通过(α, n)反应生成快中子的产额会再低 2 个数量级。

含 ^{6}Li 和 ^{10}B 的材料,由于其富集度较高,屏蔽体的尺寸可以做到较小,可用在直接与束流及探测器接触的周边位置。常用的含锂屏蔽材料有碳酸锂、氟化锂、硅酸锂等,含硼屏蔽材料有碳化硼、铝基碳化硼等。

常用中子吸收体参数如表 11-6 所示。

表 11-6　常用中子吸收体参数

核素	丰度/%	截面/b	反　应	产物半衰期,衰变类型	化学形态
^{3}He	0.000 14	5 330	$(n, p)^3$H	12 a, β^-	气体
^{6}Li	7.5	941	$(n, \alpha)^3$H	12 a, β^-	LiF, Li$_2$CO$_3$, 金属,玻璃
^{10}B	19.9	3 838	$(n, \alpha\gamma)^7$Li	稳定	B$_4$C, H$_3$BO$_3$, Na$_2$B$_4$O$_7$
^{108}Cd	0.89	1.1	$(n, \gamma)^{109}$Cd	460 d, ε, γ	金属
^{110}Cd	12.5	0.1	$(n, \gamma)^{111\,m}$Cd	49 min, γ	金属
^{112}Cd	24.13	2.2	$(n, \gamma)^{113\,m}$Cd	14 a, β^-, γ	金属
^{113}Cd	12.22	20 600	$(n, \gamma)^{114}$Cd	稳定	金属
^{114}Cd	28.73	0.23	$(n, \gamma)^{115}$Cd	53 h, β^-, γ	金属
^{114}Cd	28.73	0.036	$(n, \gamma)^{115\,m}$Cd	45 d, β^-, γ	金属
^{116}Cd	7.49	0.05	$(n, \gamma)^{117}$Cd	2.5 h, β^-, γ	金属
^{116}Cd	7.49	0.027	$(n, \gamma)^{117\,m}$Cd	3.4 h, β^-, γ	金属
^{155}Gd	14.8	60 900	$(n, \gamma)^{156}$Cd	稳定	金属
^{157}Cd	15.6	255 000	$(n, \gamma)^{158}$Cd	稳定	金属
^{158}Cd	24.7	3.1	$(n, \gamma)^{159}$Cd	19 h, β^-	金属
^{160}Cd	21.7	1.51	$(n, \gamma)^{161}$Cd	3.7 min, β^-, γ	金属

（4）快门。快门的功能主要是在需要更换样品时,能够将中子束流关闭。在可能的情况下,尽量将其安装在束流前端,以降低样品处的辐照剂量。快门

用含硼或含锂的材料制成,根据屏蔽需要,还可与中子慢化材料、γ屏蔽材料组合使用。

(5) 样品台。样品台主要用于将样品放置在中子束流上,以便于中子束流辐照。理想的样品台材料应该尽量不吸收也不散射中子,且要尽量少地产生次级信号。碳氟化合物是常用材料,如特氟龙,可以将其加工为丝阵或薄膜状。若样品质量较大,则可使用弱中子吸收材料制成样品台,如铝、镁、钒、石墨、石英、硅等。样品腔室通常需要内衬上中子吸收体以屏蔽被样品散射的中子,如 ^6Li。

(6) 束流捕集器。捕集器主要用于收集通过样品后的中子束流,以降低实验环境中的辐照剂量,常用含硼或锂材料制成,并可在其外部加上铅屏蔽体以降低次级γ射线强度。

2) 实验样品制备

需结合被测材料和测量装置的情况对样品进行制作,样品需要足够大以获得较好的计数统计结果,但也不能过大,防止由于计数脉冲过高导致测量能峰的变形,降低测量准确度。此外,样品尺寸应较小,使得样品对中子的自吸收和散射的影响可接受。这些需求都使得测量更倾向于选择小样品,并通过增加测量时间以获得足够的计数。当样品厚度与其宏观截面乘积小于 0.01 时,自屏效应对结果的影响小于 1%,采用小样品可以较好地避免自屏问题。在一些测量实验中,由于中子在样品内的分布对不同元素而言是相同的,因此,利用样品内分布相对均匀的元素作为参照,用来标定其他元素的相对含量,也可以有效处理自屏问题,例如涡轮发动机叶片中 H/Ti 比的测定。

样品的形状也较为重要,特别是含氢等中子散射截面较大的材料。样品受到平行的中子束照射时,中子散射会对中子在样品内的路径造成影响,如图 11 - 25 所示,对各向同性样品影响相对较小,球形样品可有效降低中子散射的影响[30]。

图 11 - 25　不同类型样品散射影响示意图

3) 实验测量方法

实验方法主要包括探测器标定、样品测量等下述两个部分的内容。

(1) 探测器标定。探测器标定是 PGAA 技术的一项重要工作,选取合适的标准 γ 射线源对探测器进行标定,包括探测器能量标定、分辨率标定、探测器效率标定等。采用多道分析器对 γ 能谱进行测量,其不同道址对应不同能量的 γ 射线,道址与能量的对应关系即为能量标定,相同能量射线在多道内形成的全能峰宽度即为分辨率标定,样品的 γ 射线活度与在探测器形成的计数率的关系即为效率标定。

PGAA 的 γ 射线能量范围从 50 keV 到 11.6 MeV,常用的标准放射源有 ^{60}Co、^{137}Cs、^{152}Eu、^{133}Ba,以及反应堆辐照生成的 ^{75}Se、^{110m}Ag、^{169}Yb、^{192}Ir 等,采用一般的放射源,最高能量只能达到约 3.5 MeV(^{56}Co,半衰期约 77 天)。为了覆盖更高能量范围,需要利用(n, γ)反应生成更高能量的 γ 射线,如氮,氯,铬等,对其进行 PGAA 测量,通过其瞬发 γ 能谱对探测器在高能区的能量进行标定。

能量标定可采用将道址与能量进行一一对应的方法,做线性标定;若需要进行更高精度标定,可对多个能量点进行非线性拟合,如采用多项式拟合。采用非线性标定时,若将标定结果外推到超出标定使用的能量范围以外的能量点时,需要非常谨慎,多数情况下不能直接进行外推。

能量分辨率通常受能量为 E 的 γ 射线产生电子空穴对的统计涨落 W_d、对电荷收集的统计涨落 W_x 以及电子学系统的噪声 W_e 影响。前两项受 HPGe 探头晶体的性能影响,电子学噪声一般为系统常数。总的宽度 W_t 为[30]

$$W_t^2 = \sqrt{W_d^2 + W_x^2 + W_e^2} = \sqrt{aE + bE^2 + c} \qquad (11-69)$$

式(11-69)中 a、b、c 为需拟合的参数。

能量分辨率通常采用半高宽(full width at half maximum, FWHM)进行描述,即扣除本底后,在全能峰里最高计数道两侧,计数只有最高计数道一半的道址间的宽度,典型的 HPGe 探测器对 1.33 MeV γ 射线的 FWHM 约为 2 keV。也可采用十分之一高度宽(full width at tenth maximum, FWTM)描述。

探测效率是指被探测器记录的全能峰计数与源放出的 γ 射线数的比值。影响 HPGe 探测器探测效率的主要因素是测量几何及 γ 射线能量。利用多种能量的 γ 射线源分别得到各能量的探测效率后,需要对其进行拟合得到探测

器的效率曲线,一种常用的半经验多项式拟合为

$$\ln \varepsilon(E) = \sum_{i=0}^{n} a_i (\ln E)^i \qquad (11-70)$$

其中 $\varepsilon(E)$ 为对能量为 E 的 γ 射线的探测效率, a_i 为需拟合的参数, n 为选取多项式的最高次幂。

(2) 样品测量。在中子束流关闭状态下,将样品放置在样品台靶位;样品摆放到位后,打开中子束流对样品进行照射,生成瞬发 γ 射线;利用 γ 射线测量系统对瞬发 γ 射线进行在线测量;当测量到的 γ 射线计数满足预期要求时(如计数不确定度小于 3%,基于常用的实验测量经验,对于多种核素样品或同种核素样品进行多次测量时,为使测量的数据具有统一的计数不确定度,在确定全能峰下面积的大小时,可选择以 FWHM 为中心线,并统一以全能峰高斯分布的 3 倍标准差确定起止道),关闭中子束流;待样品辐射剂量满足安全要求后,将其从样品靶位取下,完成测量工作。

4) 数据分析处理方法

在数据分析处理中,其方法主要有 γ 能谱分析和定量计算两种方法,下面逐一进行介绍。

γ 能谱分析方法:γ 能谱分析主要在于获取全能峰能量,通过与数据库的对比,分辨核素种类,对其全能峰净计数进行计算,并结合探测效率、中子源等因素,对核素含量进行定量。

对 γ 能谱全能峰的拟合计算有较为成熟的算法,如常用的软件 GammaVision、Genie2000、Hypermet - PC、HyperLab 等。通常采用高斯函数,结合偏移、拖尾等模型进行拟合,获取全能峰计数[31]。

定量计算方法:在获得特定能量全能峰的计数值后,需要根据其计数值计算出元素含量,具体计算方法可采用下述相对法或 k_0 法。

(1) 相对法。采用相对法需要制作标准样品,利用标准样品测量特定含量的元素在特定能量处的计数率,获取对某种元素的灵敏度 s。

$$s = \frac{N_{\gamma, c}}{t_{m, c} m_c} \qquad (11-71)$$

式中: $N_{\gamma, c}$ 为标准样品元素在特定能量处的净计数; $t_{m, c}$ 为标准样品的测量时间(活时间); m_c 为样品内的元素质量。

通过标准样品测量得到灵敏度 s 后,即可对待测样品的元素含量进行计算。

$$m_x = \frac{N_{\gamma, x}}{t_{m, x} s} \tag{11-72}$$

式中：m_x 为待测样品内的元素质量；$N_{\gamma, x}$ 为待测样品元素在特定能量处的净计数；$t_{m, x}$ 为待测样品的测量时间（活时间）。

通常情况下，标准样品与待测样品不能同时进行测量，因此需要对束流强度变化、样品几何影响等多种因素进行修正。

（2）k_0 法。该方法也称为内标定法，其原理是通过选取待测样品中的某个已知含量元素作为比较器元素，如氢、氯，对所有探测到的元素进行定量分析。

$$k_{0, c}(x) = \frac{s_x / \varepsilon(E_{\gamma, x})}{s_c / \varepsilon(E_{\gamma, c})} = \frac{P_x \theta_x \sigma_{0, x} / M_x}{P_c \theta_c \sigma_{0, c} / M_c} = \frac{\sigma_{\gamma, x} / M_x}{\sigma_{\gamma, c} / M_c} \tag{11-73}$$

式中：下标 x 和 c 为分别表示待测元素和比较器元素；s 为测量灵敏度；ε 为探测效率；P 为发生一次俘获反应后能量为 E 的 γ 射线的发射概率；θ 为同位素丰度；σ_0 为 0.025 3 keV 热中子的俘获截面；M 为元素的相对原子质量；σ_γ 为元素特征 γ 射线的约化微观截面（产生该 γ 射线的核素微观截面与其丰度的乘积）；k_0 是同等质量待测样品元素特征 γ 强度与比较器元素特征 γ 强度的比值。

通过计算可以得到各元素相对比较器元素的 $k_0, c(x)$ 值，以氢做比较器为例：

$$k_{0, H}(x) = 3.03 \times (\sigma_{\gamma, x} / M_x) \tag{11-74}$$

如 ^{10}B 477.6 keV 的 γ 射线约化微观截面约为 716 b，则其 k_0 值为 $3.03 \times \left(\frac{716}{10.811}\right) \approx 200.67$。

进一步，待测元素质量为

$$m_x = \frac{A(E_{\gamma, c})}{A(E_{\gamma, x})} k_{0, c}(x) m_c \tag{11-75}$$

式中，A 为经过测量得到的特征 γ 射线强度。

11.2.4 主要应用方向

PGAA 和 ReNAA 属于两种互补的无损活化分析技术，自两类分析装置研制成功和相关技术开发以来,在核技术应用领域已得到了广泛的应用,并在其他领域产生了良好的社会效益和经济效益,具有广阔的应用前景。本节主要介绍 PGAA 技术的应用发展情况。

1) 在含氢材料检测中的应用

氢是地球大气和地壳中质量含量排名第 9 的元素,几乎存在于所有材料中。众所周知,一些物质的化学性能直接与氢含量相关。有机化合物中的氢含量决定其饱和度及碳–碳键的反应性。美国工业界主要关心的是痕量氢对材料性能的影响。当氢含量达到 $10 \mu g/g$ 时会引起钢的脆化,小于 $50 \mu g/g$ 时也会影响钛合金的开裂强度[32]。在半导体中,浓度达到 $10 \mu g/cm^3$ 甚至更低时会引起体电效应[33]。

PGAA 适用于多种材料中高浓度(质量分数大于 1%)或者低浓度的氢含量测量。样品被中子束流辐照,引发俘获反应。退激过程中原子核发射瞬发 γ 射线,利用高分辨率 γ 射线探测器测量 γ 射线。通过 γ 射线能量鉴别,同时与标准样品的比较,可以实现定量分析。氢通过 H（n，γ）D 反应吸收中子,发射能量为 $2\,223.3$ keV 的 γ 射线。分析过程是非破坏性的,因为中子和 γ 辐射具有穿透性,被中子辐照的整个样品都可以被分析。由于分析的信号是来自核反应而非化学反应,因此,分析结果不依赖于元素的化学形式。随后,因为分析是原位分析,不需要从样品中进行氢取样。

NIST 在氢含量测量方面开展了较多研究[34],有两台 PGAA 装置,1978 年 Maryland–NIST 的热中子 PGAA 装置,可以用于测定材料中大于 1 mg（1 g 样品质量含量大于 0.1%）的氢含量。因为含氢的屏蔽材料使得本底达到约 1 mg,因此这套设备通常不能用于氢的痕量分析。另一台 PGAA 谱仪于 1990 年建造在冷中子装置上,中子波长大于 4 Å,能量小于 0.005 eV。由于其本底很低（小于 $10 \mu g$）,因此可用于分析样品内 $10 \mu g \sim 1$ mg 的氢含量。

2) 在其他领域中的应用

PGAA 具有无损、适用范围广、灵敏度高、精度高等特点,与传统的反应堆中子活化分析（ReNAA,主要分析缓发 γ 射线）是相互补充的,特别是对 ReNAA 不能分析的轻元素（如氢、硼等）,PGAA 更具优势。

除了对已知元素进行定量分析外,PGAA 还可根据测量到的 γ 射线能谱,对材料中存在的未知杂质元素进行鉴别和含量测定,已广泛应用于下述各类研究和与我们生活息息相关的各个方面[30]。

（1）化学应用。标准物质认证:标准物质作为量化标准,广泛应用于全世界各种分析方法的验证和比对研究。其中,最著名的标准物质提供机构是美国国家标准技术研究院 NIST,其利用 PGAA 对其标准物质进行认证工作已经有近 40 年历史,认证了 20 多种材料,包括金属合金、食品、植物学组织、煤、沉淀物、矿泥、硅石、水等样品中包括了氢、硼、碳、氮、钠、铝、硅、硫、氯、钾、钙、钛、镉、钐、钆等核素的含量信息[35-36]。这些标准物质也反过来推动了 PGAA 技术的发展,如日本原子能研究院 JAERI 利用 NIST 的地质学样品、环境样品、化石燃料、生物样品等相关标准物质,对 JAERI 的 PGAA 装置进行了测量精度验证[37],并在此基础上发展、丰富了用于 PGAA 定量分析的 k_0 因子法,对各元素的 k_0 因子进行了测量标定[38-39]。

同位素与化学成分研究:通过传统的质谱法对硫、铁、硅、镍等元素各同位素丰度的测量比较困难。由于各同位素吸收中子后发射的特征瞬发 γ 射线能量不同,因此,PGAA 提供了一种非常理想的用于测定各同位素丰度的非破坏性方法。JAERI 测量结果显示,对于镍而言,其质量数为 58、60、61、62、64 的五种稳定同位素所辐射俘获后所发射特征 γ 射线可以被探测到,并以此测定这些同位素的丰度,进一步以 ^{60}Ni 为参照物,严格测定了不锈钢样品中镍的含量。Yoshikawa 与 Yonezawa 等人利用 PGAA 测量了硅、铁中多种同位素的丰度[40],还对纯硫和石油样品里的 ^{32}S/^{34}S 比例进行测量,纯硫样品为 2%,而各石油样品内的值在 6%~28% 范围内变化。

在一些工业制品中,PGAA 可用于测量成品中的杂质含量,匈牙利布达佩斯反应堆(BRR)实验室利用 PGAA 测量了工业氧化铝粉末中的杂质氢、硼、钠、氯、铁、铜、锌、镓、银、铕,从中检出硼、钠、硫、氯、铁、铜、银,并给出了准确含量值[41]。

(2)工业级相关材料科学应用。国内外同行应用 PGAA 技术已测量和分析了大量工业应用中的相关参考材料,如各类金属及合金中的元素种类(如硼、钛、钒、铬、锰、铁、钴、镍、钼等)与含量,各元素间的含量比等与材料性能密切相关的参数。各类玻璃制品中铝、硼、钡、钙、镉、钆、钾、锰、钠、铅、硅、钐、锶、钛等元素的含量[42]。

各工业原料及材料中的元素含量:如矿石、金属合金、建筑材料、化石燃料、催化剂等原料及材料中关键元素及主要杂质元素的含量。

高新科技行业:PGAA 可用于测量各类特种材料、半导体元器件、石墨烯等新型材料中关键元素(如硼、硅)的含量,为制造工艺、流程的控制和改善提供重要的参考数据。

（3）核工业材料中的应用。在核工程中,核材料对各类元素含量及同位素的丰度有严格要求,特别是对同位素丰度的检测,一般的分析方法无法满足,而 PGAA 可以实现大多数同位素丰度的测定,因此对核材料的鉴定有天然优势。可用于对核级石墨或铍组件中各元素（硼、铝、氯、钪、钛、铬、锰、铁、镍、碳）的检测[43-45],反应堆控制棒与安全棒中核素含量及丰度的测定,可燃毒物组件、硼涂层及用于反应性补偿的硼酸溶液鉴定等。此外,PGAA 结合束流斩波器,可对铀矿石中的 ^{235}U 及 ^{238}U 进行测定[30]。

（4）地理学应用。PGAA 可用于地理化学参考物质的测定,如氢、硼、碳、氮、钠、镁、铝、硅、磷、硫、氯、钾、钙、钛、钒、锰、铁、钴、镍、铜、镉、钕、钐、钆等元素含量的测定。此外,在地球物理、地球化学、宇宙化学研究中,PGAA 可用于分析各样品和标本中的元素含量,为地质勘探、断代、陨石与星际物质研究等领域提供一种重要的分析方法。

（5）艺术考古学应用。由于 PGAA 是非破坏性分析,因此在艺术与考古研究中,相对其他分析方法更具优势,特别是对一些珍贵的艺术品及文物,可以在不对其进行损害的情况下进行直接测量。

人类发展不同时期所使用的工具:石器、青铜器、陶瓷、金属、合金,不同时期的人类使用的染料、颜料、画布材料等。这些分析可以为人类历史断代、活动地域划分、各发展阶段的文化及生产力发展水平研究提供重要参考。德国 FRMII 和匈牙利 BNC 基于反应堆 PGAI 与中子层析结合,对多种文物内的材料成分进行了测量鉴定[27, 46]。

（6）食品和农业中的应用。在食品和农业研究中,也需要大量的标准参考样品,如 NIST 的研究人员利用 PGAA 对 SRM-1548/1548a,SRM-1570a 等样品中的氢、硼、氮、钠、硫、氯、钾、钙、镉等典型元素进行了测定[47]。而日本 Matsue 和 Yonezawa 等也对其本土食品中的元素含量进行了分析[48]。

根据各元素含量的区别,PGAA 还可用于食品原料跟踪溯源,农作物种子甄别等研究,特别是对近年来国内大力推动的食品安全监管、污染源追踪等有重要促进作用。

（7）环境科学应用。环境问题越来越受到社会各界及国家层面的重视,在大气污染物排放及颗粒物分析治理研究中,PGAA 同样可以发挥重要作用。在发达国家,利用 PGAA 对大气污染物进行研究已有多年的历史经验,日本的 Yonezawa 等分析了日本多地空气颗粒物中钆的含量[49],美国马里兰大学与 NIST 合作,对燃煤排放物中的硼、硫/二氧化硫、氯、硅、镉、钆含量进行了分析[50]，并在此基础上研究了其随大气扩散的分布流程。PGAA 结合 ReNAA，可以给出各主要污染物排放点的元素指纹信息，并对其进行溯源，为环境监督及排放监管提供重要的技术支持。这些技术同样适用于水体及土壤污染研究，用于测定元素成分及主要污染物含量。

（8）生物与医疗应用。PGAA 可用于分析生物样品中氢、硼、氮、钾、钙、硫、氯、镉、钐、钆等元素含量，掌握其在各器官、组织中的分布情况，特别是一些重金属污染物在动植物，甚至人体器官内的沉积情况，为生命科学研究提供技术支持。

在医疗方面，硼中子俘获治疗（BNCT）是治疗癌症的一种有效方法，世界上建有多套基于反应堆中子束流的 BNCT 装置，如美国 MIT 的 TRIGA－Ⅱ 反应堆、捷克 LVR－15 反应堆、荷兰 Petten 高通量堆、韩国 HANARO 反应堆、日本的 JRR－4 和我国中国原子能科学研究院的微堆等。这些 BNCT 装置中病人体内的 ^{10}B 分布测量几乎都是通过 PGAA 实现，需要得到准确的 ^{10}B 含量，才能对辐射剂量进行精确控制，达到最佳治疗效果。

（9）国防技术等方面的应用。PGAA 在国防技术方面的应用鲜有报道，但结合其技术特点，可以开展多方面的研究，如航空航天领域重要部件元素含量分析，各类火工品、炸药中关键元素的含量和比例的无损分析，以及受贫铀弹或生化武器攻击地区地质元素的分布和水土污染分布情况等。

综上所述，PGAA 在各领域的应用广泛，特别是与传统 ReNAA 结合，可以对大部分核素进行测量分析，且测量精度较高。目前，广泛应用于世界各地的多种标准物质中，超过半数都是通过中子活化分析标定。PGAA 为材料科学、环境科学、国防科技等领域提供了先进的研究方法，促进各学科的发展。

参考文献

[1] Ziegler J F, Cole G W, Baglin J E E. Technique for determining concentration profiles of boron impurities in substrates [J]. Journal of Applied Physics, 1972, 43 (9): 3809 - 3815.

[2] Biersack J, Fink D. Implantation of boron and lithium in semiconductors and metals [M]. Berlin: Ion Implantation in Semiconductors. Springer, 1975: 211 - 218.

[3] Ziegler J F, Biersack J P, Littmark U. The stopping and range of ions in solids [M]. Oxford: Pergamon Press, 1985.

[4] Sun G, Park B. Neutron activation analysis by neutron capture at HANARO: PGAA and NDP [J]. Neutron News, 2013, 24(2): 36 - 38.

[5] Li R D, Yang X, Wang G B, et al. Development of neutron depth profiling at

CMRR［J］. Nuclear Instruments and Methods in Physics Research Section A: Accelerators, Spectrometers, Detectors and Associated Equipment, 2015, 788: 1 - 4.

［6］ Tang C, Xiao C, Yao Y, et al. Neutron depth profiling system at CARR［J］. Applied Radiation & Isotopes Including Data Instrumentation & Methods for Use in Agriculture Industry & Medicine, 2019.

［7］ Ünlü K, Wehring B W. Neutron depth profiling applications at The University of Texas research reactor［J］. Journal of Radioanalytical and Nuclear Chemistry, 1997, 217(2): 273 - 278.

［8］ Downing R G, Lamaze G P, Langland J K. Neutron depth profiling: overview and description of NIST facilities［J］. Journal of Research of the National Institute of Standards and Technology, 1993, 98(1): 109 - 126.

［9］ Chu W K. Large angle coincidence spectrometry for neutron depth profiling［J］. Radiation Effects and Defects in Solids, 1989, 108(1): 125 - 126.

［10］ Havránek V, Hnatowicz V, Kvítek J, et al. Neutron depth profiling by large angle coincidence spectrometry［J］. Nuclear Instruments and Methods in Physics Research Section B: Beam Interactions with Materials and Atoms, 1993, 73(4): 523 - 530.

［11］ Cady K B, Ünlü K. Development and applications of time of flight neutron depth profiling［R］. Ithaca: Cornell University, 2005.

［12］ Çetiner S M, Ünlü K, Downing R G. Development and applications of time-of-flight neutron depth profiling (TOF-NDP)［J］. Journal of Radioanalytical and Nuclear Chemistry, 2008, 276(3): 623 - 630.

［13］ Mulligan P L, Cao L R, Turkoglu D. A multi-detector, digitizer based neutron depth profiling device for characterizing thin film materials［J］. Review of Scientific Instruments, 2012, 83(7): 073303.

［14］ 窦海峰,李润东,冷军. 中子深度分析的能量展宽修正［J］. 核技术,2011,34(9): 689 - 692.

［15］ Bohr N. The penetration of atomic particles through matter［J］. Matematisk-Fysiske Meddelelser - Kongelige Danske Videnskabernes Selskab, 1948, 18(8): 1 - 144.

［16］ Maki J T, Fleming R F, Vincent D H. Deconvolution of neutron depth profiling spectra［J］. Nuclear Instruments and Methods in Physics Research Section B: Beam Interactions with Materials and Atoms, 1986, 17(2): 147 - 155.

［17］ Yang X, Downing R, Wang G B, et al. A Monte Carlo code to get response spectrum of ions for Neutron Depth Profiling［J］. Journal of Radioanalytical and Nuclear Chemistry, 2014, 301(1): 213 - 220.

［18］ Yuan B, Yu P C, Tang S M. A database method for binary atomic scattering angle calculation［J］. Nuclear Instruments and Methods in Physics Research Section B: Beam Interactions with Materials and Atoms, 1993, 83(3): 413 - 418.

［19］ Schiettekatte F. Fast Monte Carlo for ion beam analysis simulations［J］. Nuclear Instruments and Methods in Physics Research Section B: Beam Interactions with Materials and Atoms, 2008, 266(8): 1880 - 1885.

[20] Ziegler J F, Biersack J P, Ziegler M D. SRIM The stopping and range of ions in matter [M]. Morrisville: Lulu, 2008.

[21] Krings L, Tamminga Y, Van Berkum J, et al. Lithium depth profiling in thin electrochromic WO_3 films [J]. Journal of Vacuum Science & Technology A, 1999, 17(1): 198 - 205.

[22] Whitney S M. Neutron depth profiling benchmarking and analysis of applications to lithium ioncell electrode and interfacial studies research [D]. Austin: The University of Texas at Austin, 2008.

[23] Nagpure S C, Downing R G, Bhushan B, et al. Neutron depth profiling technique for studying aging in Li-Ion batteries [J]. Electrochimica Acta, 2011, 56(13): 4735 - 4743.

[24] Nagpure S C, Downing R G, Bhushan B, et al. Discovery of lithium in copper current collectors used in batteries [J]. Scripta Materialia, 2012, 67(7): 669 - 672.

[25] Oudenhoven J, Labohm F, Mulder M, et al. In situ neutron depth profiling: a powerful method to probe lithium transport in micro-batteries [J]. Advanced Materials, 2011, 23(35): 4103 - 4106.

[26] Lv S, Verhallen T, Vasileiadis A, et al. Operando monitoring the lithium spatial distribution of lithium metal anodes [J]. Nature communications, 2018, 9(1): 1 - 12.

[27] Kudejova P, Meierhofer G, Zeitelhack K, et al. The new PGAA and PGAI facility at the research reactor FRM II in Garching near Munich [J]. Journal of Radioanalytical & Nuclear Chemistry, 2008, 278(3): 691 - 695.

[28] Kis Z, Belgya T. NIPS-NORMA station-A combined facility for neutron-based nondestructive element analysis and imaging at the Budapest Neutron Centre [J]. Nuclear Instruments & Methods in Physics Research, 2015, 779: 116 - 123.

[29] Ma Y, Yang X, Huo H, et al. Measurement study of neutron field relative distribution in sample for PGNAA based on NT [J]. Nuclear Instruments and Methods in Physics Research Section A: Accelerators, Spectrometers, Detectors and Associated Equipment, 2023, 1045: 167451.

[30] Molnar G. Handbook of prompt gamma activation analysis [M]. Berlin: Springer, 2004.

[31] Gilmore G R. Practical gamma-ray spectrometry, 2nd edition [M]. Wenheim, Germany, 2008.

[32] Meyn D. Effect of hydrogen on fracture and inert-environment sustained load cracking resistance of α-β titanium alloys [J]. Metallurgical Transactions, 1974, 5(11): 2405 - 2414.

[33] Chevallier J, Aucouturier M. Hydrogen in crystalline semiconductors [J]. Annual Review of Materials Science, 1988, 18(1): 219 - 256.

[34] Paul R L. Hydrogen Measurement by prompt gamma-ray activation analysis: A

Review [J]. Analyst，1997，122(3)：35R - 41R.

[35] Lindstrom R M. Neutron beam methods in the analysis of reference materials[C]// IAEA. Proceedings of the International Symposium on Harmonization of Health-Related Environmental Measurements Using Nuclear and Isotopic Techniques，1997，Vienna. Vienna：IAEA，1997.

[36] Lindstrom R M. Reference material certification by prompt-gamma activation analysis [J]. Fresenius' Journal of Analytical Chemistry，1998，360(3/4)：322 - 324.

[37] Yonezawa C. Multi-Element Determination by a cold neutron-Induced prompt gamma-ray analysis [J]. Analytical Sciences，1996，12(4)：605 - 613.

[38] Molnár G L，Révay Z，Paul R L，et al. Prompt-gamma activation analysis using the k_0 approach [J]. Journal of Radioanalytical and Nuclear Chemistry，1998，234(1/2)：21 - 26.

[39] Matsue H，Yonezawa C. k_0 Standardization approach in neutron-induced prompt gamma-ray analysis at JAERI [J]. Journal of Radioanalytical & Nuclear Chemistry，2000，245(1)：189 - 194.

[40] Yoshikawa H，Yonezawa C，Kurosawa T，et al. Measurement of ^{30}Si as a tracer by neutron-induced prompt gamma-ray analysis [J]. Journal of Radioanalytical & Nuclear Chemistry，1997，215(1)：95 - 101.

[41] Kasztovszky Z，Révay Z，Belgya T，et al. Investigation of impurities in thermoluminescent Al_2O_3 materials by prompt-gamma activation analysis [J]. Journal of Analytical Atomic Spectrometry，1999，14(4)：593 - 596.

[42] Anderson D L. Ceramic glaze analysis by simultaneous in-beam PGAA and XRFS [J]. Journal of Radioanalytical & Nuclear Chemistry，1995，192(2)：281 - 287.

[43] Jurney E. Application of the thermal (n，γ) reaction to elemental analysis [M]// New York，Springer Verlag，1979：461 - 474.

[44] Yonezawa C，Wood A K H，Hoshi M，et al. The characteristics of the prompt gamma-ray analyzing system at the neutron beam guides of JRR - 3M [J]. Nuclear Instruments & Methods in Physics Research，1993，329(1/2)：207 - 216.

[45] Yonezawa C，Wood A K H. Prompt gamma Ray Analysis for Boron with Cold and Thermal Neutron Guided Beams [J]. Analytical Chemistry，1995，67：4466 - 4470.

[46] Maróti B，Kis Z，Szentmiklósi L，et al. Characterization of a south-levantine bronze sculpture using position-sensitive prompt gamma activation analysis and neutron imaging [J]. Journal of Radioanalytical & Nuclear Chemistry，2017，312(2)：1 - 9.

[47] Lindstrom R M，Asvavijnijkulchai C. Ensuring accuracy in spreadsheet calculations [J]. Fresenius Journal of Analytical Chemistry，1998，360(3/4)：374 - 375.

[48] Yonezawa C. Multielement determination of typical diet reference materials by neutron-induced prompt gamma-ray analysis using k_0 standardization [J]. Journal of Radioanalytical & Nuclear Chemistry，2001，249(1)：11 - 14(14).

[49] Yonezawa C，Matsue H，Hoshi M. Multielement analysis of environmental samples

by cold and thermal guided neutron induced prompt gamma-ray measurement [J]. Journal of Radioanalytical & Nuclear Chemistry, 1997, 215(1): 81 – 85.

[50] Kitto M E, Anderson D L, Zoller W H. Simultaneous collection of particles and gases followed by multielement analysis using nuclear techniques [J]. Journal of Atmospheric Chemistry, 1988, 7(3): 241 – 259.

第 12 章
研究堆退役工程与技术

一座研究堆在达到其使用期限或其他原因停止服役后将转入退役状态。据 IAEA 统计,截至 2023 年 12 月 31 日,全世界在设计和建成的 840 座研究堆中,594 座处于关闭和退役状态。在研究堆退役领域,国际上其他有核国家已积累了较多的经验并建立了相关的标准和规范,我国的研究堆退役尚处于起步阶段,近年来,通过借助国内其他核设施或核工程的退役经验,结合处于关闭和退役阶段的几座研究堆的特点,对这些研究堆退役全过程活动开展了研究和实践,研究和实践结果取得了一定的经验。

研究堆退役工程是一项复杂的系统性核工程,就该工程的技术和管理活动来看,其全过程活动主要包括退役计划制订、安全关闭、源项调查、去污、拆除解体、清除、补救行动和废物管理等。虽然各研究堆的用途具有差异性,在役期间各堆所产生的放射性源项和范围的大小以及退役对象的复杂程度等不完全一样,尤其是近年来新设计、建造和正在役的多用途研究堆,不仅尚未达到退役阶段,而且游泳池内的大型构件、各类垂直辐照回路、堆本体外热室群(包括厚薄屏蔽操作箱)、反应堆大厅和中子散射大厅内的中子导管及其谱仪等与早期建造的研究堆相比均属新增内容,对这些对象也缺乏相关退役经验,但是,在堆芯、生物屏蔽层和主回路系统以及技术管理活动等方面还是具有共性的,为充分借鉴国内外已退役研究堆积淀的经验,满足 1991 年前服役的游泳池式研究堆退役工程与技术要求,给多用途研究堆制订各阶段退役计划提供技术支持,本章将主要介绍研究堆的安全关闭、退役工程各阶段工作和源项调查要求以及去污、拆除解体技术等内容。

12.1　研究堆的安全关闭

一座研究堆的全寿期可划分为前期准备(厂址选择)、设计、建造、运行和退役(包括安全关闭、去污、拆除、退役废物处理与处置等)5个阶段。在其生命周期内,自始至终存在与退役有关的活动[1]。

图 12-1 给出了研究堆生命周期内有关退役活动。

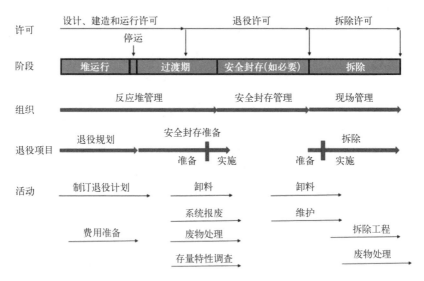

图 12-1　研究堆生命周期内有关退役活动

在研究堆生命周期中,研究堆安全关闭对后续退役产生重要的影响。据报道,世界上的一些早期建成的研究堆,由于当时的认识和客观情况未及时实施安全关闭,造成最终停闭数年后系统内还残留物料[2]。同时,因各种原因缺少维护,系统已不能运行,造成放射性扩散,为退役带来很大困难,最终造成放射性废物大量增加。为此,世界各国对研究堆安全关闭非常重视。

所谓研究堆安全关闭(有时也称为研究堆退役的"过渡期")是指采取行政和技术活动,使设施从运行状态逐渐过渡到一种安全、稳定,直至退役状态的过程。这个过程一般在研究堆运行结束前若干年就已经开始,直至实施退役时结束。

研究堆安全关闭的目的是便于退役工作的开展,防止放射性扩散,尽可能减少废物量。具体包括以下几个方面[3]：

1) 安全关闭目的

(1) 完善安全关闭和退役计划,包括确定终态描述和定义所需的条件。

(2) 开展已经确定可以消除和减少危险的活动。

(3) 完成符合安全关闭的必要活动。

(4) 尽可能有效利用运行时的专业知识、人员和与降低危险相关的操作系统和程序。

(5) 所有相关组织之间建立有效的联系。

(6) 减少监护、维护和其他过渡期活动的费用。

(7) 确定所有物项和废物的处理、储存、整备、运输和处置要求等。

2) 安全关闭工作内容

(1) 从设施内转运乏燃料和其他易裂变/能产生裂变物质的材料。

(2) 固定、处理和/或移走潜在的不稳定材料或废物。

(3) 清理对放射性和化学废物的盘存量有潜在重要影响的,且将来不再运行的系统、生产线和其他设备。

(4) 设置和/或确定避免污染扩散的重要屏障。

(5) 确定适当的实体安全保卫措施。

(6) 处理和处置有害化学品等。研究堆安全关闭期较长,有时甚至需要数年。

12.2　研究堆退役工程各阶段要求

一般来说,研究堆实施退役前均需要开展大量的准备工作。不同研究堆所需的准备工作有所不同。对于Ⅲ类低等级功率水平研究堆,由于其堆内的放射性存量少,退役的安全风险小,退役难度低,退役准备工作相对简单,而对于Ⅱ类中等级和Ⅰ类高等级功率水平研究堆,这些大型核设施的退役准备工作不可忽视,且需要较长时间[4]。一般认为,退役准备工作要求如下:确定退役目标和策略,制订退役计划,进行初步源项调查和场址特性鉴定,编制文件,申请退役许可,建立组织机构,培训人员和筹措经费等[5]。

12.2.1　退役策略和目标的选择要求

为满足退役策略和退役目标的选择要求,下面将主要介绍 3 种退役策略的主要优点、退役策略的选择要求、核设施退役策略的选择要求和退役终态目标的选择要求等 4 个部分的内容。

1）3 种退役策略的主要优点

早在 20 世纪 80 年代初，国际原子能机构曾把退役分为一级退役（封存监护）、二级退役（有限制开放）和三级退役（无限制开放）3 个等级[6]。其实这 3 个阶段是国际原子能机构针对核研究堆退役而提出的要求，并不是普遍要求，随着退役技术的发展和人们对退役认识的提高，三级退役概念已逐渐弃之不用。针对研究堆的特点，对其退役可靠性的总体考虑，国际原子能机构（IAEA）将研究堆退役分为 3 种策略：立即拆除（immediate dismantling）；延缓拆除（deferred dismantling）；埋葬处置（entombment）。

（1）立即拆除策略的优点。立即拆除退役策略的优点主要包括可充分利用现有的劳动力、工艺辅助系统、能尽快地开放或再使用场址、减少潜在的社会影响和可节约由于价格上涨带来的额外成本。

（2）延缓拆除策略的优点。延缓拆除主要是指研究堆的主工艺厂房（如研究堆本体）在安全保障条件下安全封存，让放射性核素进行衰变，然后再对其进行最终拆除，使其达到允许设施解控以供有限制或非限制使用的水平。在安全封存期间，可以对其他无关厂房和辅助设施继续进行退役，开展部分清除工作，如燃料的清除、系统中的放射性液体废物的排出、小型部件的处理等。按延缓的时间来划分，延缓拆除分为 3 种：小于 15 年、15～40 年、大于 40 年。

延缓拆除策略的优点是由于经过长时间的储存，一些短寿命核素基本上衰变掉，因而可以降低研究堆的放射性水平；可降低操作人员在源项调查、去污、拆除等过程中的受照剂量；降低需要处置的放射性废物数量、降低放射性废物运输过程中公众的受照剂量和具有充分的时间为退役筹资；此外，还可以利用安全封存这段时间进行退役技术的开发以及废物处理、整备、储存和处置设施的建设。

表 12-1 给出了研究堆不同封存时间后，放射性废物产生量的比较。

表 12-1　研究堆封存不同时间的放射性废物产生量

安全封存时间/年	10	30	135
放射性废物产生量/%	100	80	30

表 12 - 2 给出了研究堆不同封存时间后,工作人员受照剂量的比较。

表 12 - 2　研究堆封存不同时间的工作人员受照射剂量

安全封存时间/年	10	30	135
工作人员受照射剂量程度/%	100	50	40

从表 12 - 1 和表 12 - 2 可以看出,研究堆经过长时间的安全封存后,其放射性废物的产生量及工作人员的受照剂量明显下降。但是,研究表明,如果封存时间继续延长,放射性废物的产生量和工作人员的受照剂量下降并不是很多,这是因为研究堆设施中的短寿命核素已基本衰变掉,剩下的基本上都是长寿命核素,因此,关于研究堆安全封存的时间,大多数国家都认为安全封存的时间在 50 年左右较合适。

(3) 埋葬处置策略的优点。埋葬处置是把研究堆整体或主要部分处置在现有的位置或研究堆边界范围的地下,让其包容的放射性核素水平衰变到清洁解控或审管部门批准的解控水平。实际上,埋葬处置相当于放射性废物近地表处置,因此经过埋葬处置后,该场址成为实际上的近地表处置场。基于此,被埋葬处置的放射性材料、设备和设施应满足近地表处置的要求。在实施埋葬处置前,需要对放射性水平较高的设施、设备和材料进行去污,以降低其放射性水平。另外,对于含有长寿命放射性核素和核素浓度较高的设备、材料不宜采取埋葬的方式进行处置,需要将其转移出来,另作处理、储存和处置。

埋葬处置策略具有以下优点:可降低退役成本,这是因为可以降低研究堆退役过程中的去污和拆除工作量,同时也减少废物场外运输和处置的工作量;可降低其受照剂量,因为工作人员拆除的工作量大幅度降低。

但是,该策略也存在明显的缺点,诸如:由于存在较多的长寿命放射性核素,可能需要长期维护和监测;由于研究堆变成了放射性废物处置场,公众接受和申请许可的难度较大;退役研究堆场地无限制开放或转为其他用途几乎不可能;增加了后代的负担。

2) 退役策略的选择要求

影响退役策略选择的主要因素较多,因而可供选择的退役策略存在一定的不同,这主要取决于研究堆的类型、地理位置、场地使用情况、对环境的影响

(如土壤、地下水等)、与其他设施的关系等诸多因素。一般说来,退役策略的选择要求考虑以下因素:

(1)国家政策和法规对研究堆退役策略的选择有着很大的影响。例如,日本因国土狭小,核场址必须再利用,故国家政策规定,研究堆最终关闭后立即实施退役,因而在选择退役策略时,不得不选择立即拆除策略。

(2)国内退役技术情况值得关注的是国内的退役技术能够满足哪些退役项目,如果退役技术条件尤其是废物处理处置方面的技术条件不成熟,必然会出现资金浪费,更严重的会造成环境污染。必须为退役拆除、去污等关键性的退役工作做好准备,不然放射性废物很可能会发生流失或污染。

(3)场址土地、厂房是否急于再利用,是否值得再利用。

(4)公众接受能力、退役资金是否到位和环境是否受到威胁。

3)核设施退役策略的选择要求

在核燃料循环设施中,研究堆和后处理设施是两类重要的设施,它们的退役会引起人们的高度关注。前者退役策略的选择要求对于后者具有参考价值。

对于乏燃料后处理工艺设施的退役而言,由于其污染核素主要是铀、钚、硼和长寿命裂变产物,它们的半衰期均很长,因而在短时间内,研究堆的放射性水平不会降低很多或者基本上不降低,延缓几十年拆除对降低工作人员的受照剂量来说受益不大,因此,对这类研究堆可以采用立即拆除的策略[7]。

对于研究堆退役而言,由于其污染物主要是活化产物、裂变产物和锕系元素,其中裂变产物、锕系元素主要包容在元件包壳中,活化产物核素的半衰期较短,研究堆关闭之后,其辐射水平会较快下降[8]。基于此,研究堆退役外围设施和辅助设施可以先进行拆除,以降低监视和维护费用;对于堆本体可考虑安全封闭几十年后再进行退役。表12-3给出了核燃料循环设施适宜的退役策略。

表12-3 核燃料循环设施适宜的退役策略

项　　目	前端设施	后段设施	研　究　堆
主要核素	铀(钍)镭、氡及子体	裂变核素、超铀核素(TRU)	活化和少量FP、TRU
放射性水平	低	高	高

（续表）

项　　目	前端设施	后段设施	研　究　堆
退役技术	简单	复杂 （需要遥控机具）	复杂 （需要遥控机具）
适宜的退役策略	立即拆除	立即拆除	埋葬处置、延缓拆除

　　在国际上，放化设施一般采用立即拆除的策略。对于研究堆退役，各个国家，甚至同一国家不同地方选择的退役策略也不同。德国、日本等国家的研究堆退役一般选择立即拆除的策略，美国、英国等国家一些研究堆退役选择了延缓拆除策略[9]。虽然 IAEA 推荐核电站退役实施立即拆除的策略，但近期退役的核电站约有 50% 选择了延缓拆除策略。

　　4）退役终态目标的选择要求

　　在研究堆退役中，首先要求考虑的是退役最终目标，它关系到退役策略的选择和退役方案的具体化。在国际原子能机构（IAEA）有关研究堆退役的定义中，确定了退役的最终目标是无限制地开放或使用场址，其核心是放射性废物的处理与处置。对于不同的退役策略，其最终目标有所不同。图 12-2 给出了 3 种不同退役策略的终态目标。

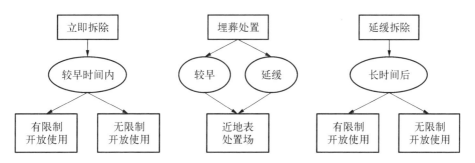

图 12-2　3 种不同退役策略的最终目标

　　对于立即拆除，可以在较早的时间内使研究堆有限制开放使用或无限制开放使用，而延缓拆除只有在较长的时间之后才能实现研究堆有限制开放使用或无限制开放使用，但采用封固埋葬策略的研究堆不能实现有限制开放使用或无限制开放使用，而是一个近地表处置场。

　　另外，对于具体的研究堆退役项目，按其规模、所处地理环境、对环境的影响以及与其他共处设施的关系，退役目标也有一定的差别。特别是大型研究堆退役,因其退役要求的时间较长,因而需要分阶段退役,并设定阶段目标。

12.2.2　退役计划要求

研究堆退役是一项复杂的系统工程,不是简单的去污、拆除活动,其难度和复杂性可能会超过新建工程,因而要求有周密的计划和组织[10]。下面主要介绍研究堆退役计划的特点与内容和制订退役计划需考虑问题等两个部分的要求。

1) 研究堆退役计划的特点与内容要求

每个研究堆均应有退役计划。按照 IAEA 和我国的法律、法规的要求,为了便于退役,研究堆退役计划应该在研究堆设计阶段着手进行,随着研究堆的运行、改造、扩建等,退役计划应不断地修改和完善,直至退役行动开始。但是,实际上国内外所有老的研究堆在设计和建造时,都没有考虑到退役,都没有做退役安排,至今还有不少人认为退役是研究堆关闭之后才考虑的事情,这在一定程度上增加了退役的难度和退役的费用。

退役计划内容丰富,涉及的范围较广,包括退役的策略选择、退役技术、退役费用、组织机构及其责任、项目的筹资、质量保证、环境保护、安全等。按研究堆的不同阶段来划分,退役计划可分为初步计划、中期计划和整体计划,每个计划在内容上要求逐步深入、详细。

(1) 初步计划。该计划是指研究堆的营运者在申请建造许可证时就应完成,并递交审管部门。初步计划并不需要详尽。我国国家标准 GB/T 19597—2004《核设施退役安全要求》规定了初步计划的主要内容:

需要指出的是,经费估算虽然仅是退役计划的一部分,但对后续考虑却很重要。因为只有搞清楚在研究堆运行期间必须筹集多少经费以及筹资途径,才能保证在适当的时间内安全地实施退役。然而,在设计阶段是不可能详细得知研究堆的最终状态,如研究堆最终的放射性物质残留量、设备及建筑物受污染的特性等,但可以作一些假定,并在经费估算中以文件形式给予记载。

(2) 中期计划。该计划是在研究堆运行过程中形成的,是对初期计划的更新和完善。在研究堆运行期间,营运单位必须依照管理部门的要求,定期和在重大事件发生后对初步退役计划进行复查,包括技术、设施现状、法规、费用估算和财务条件等因素的变化。复查后,退役计划和经费估算也要随之更新。

《中华人民共和国放射性废物安全管理条例》中明确规定,随着建造和运行期间设施情况的变化,每 5 年对退役计划进行修改,使之符合设施现状、法规与标准的变化、更安全有效的退役策略与方案和更详细可靠的经费估算。随着时间的延续和资料的积累,先前的假设会越来越接近实际。

（3）整体计划。该计划是实施研究堆退役的依据,是对中期计划的确定和完善。整体退役计划要求营运单位在设施停产前送交审管部门审批。该计划应说明设施停产后是立即组织退役还是准备等待短寿命放射性核素衰变一段时间后再进行退役。整体计划应将各种在退役实施中的活动,诸如辐射源项评估、去污、设备拆卸、放射性污染物移出、辐射与污染水平监测、质量保证、最终辐射调查以及相关资料文件化等进行描述。

2）制订退役计划需考虑问题的要求

（1）研究堆的类型和放射性水平。

（2）退役策略和阶段目标。

（3）依据的法律、法规和标准。

（4）研究堆运行历史、现状及周围环境状况。

（5）设计图纸、维修和改造情况,包括发生的时间/事故与处理情况。

（6）现有设备条件的可利用状况,包括水、电、风、暖、气和废物处理设备、吊运设备等。

（7）放射性和非放射性物质,包括它们的类别、数量和状态等。

（8）临界安全、辐射安全和工业安全问题。

（9）去污、拆除（毁）、环境整治技术的可得性和优化选择。

（10）废物的处理、整备、储存、运输方法和处置条件。

（11）检测分析技术和设备。

（12）管理组织机构的建立和职责分工,人员培训与职业生涯安排。

（13）退役进度考虑。

（14）建筑物和场地使用考虑。

（15）费用估算和筹资方式。

（16）公众反应和态度。

12.2.3　初步源项调查与经费筹措等要求

为满足初步源项调查与经费筹措等要求,下面将主要介绍初步源项调查和场址特性鉴定以及编制文件、申请退役许可证与建立组织机构和人员培训与经费筹措等 3 个要求的内容。

1）初步源项调查和场址特性鉴定以及编制文件要求

该要求是为制订退役计划服务的。此阶段的主要任务是收集、整理现有的各种资料，如研究堆建设图纸、变更图纸和文件、运行记录（包括事件或事故记录）、建筑物情况、放射性物质及有毒有害物质在设施内的残留情况等，并对这些资料进行消化，初步了解研究堆放射性源项情况和场址特性现状，为制订研究堆退役计划打下良好的基础[11]。

为了保障研究堆退役顺利进行，在研究堆退役之前，要求编制大量的文件，如可行性研究报告、环境影响评价报告、质量保证大纲、事故应急预案、退役实施方案等。对于这些文件的编制，我国有关标准中都规定了具体的内容和格式。

2）申请退役许可证与建立组织机构要求

许可证制度是国际上普遍采用的制度。我国于 1986 年颁布了《中华人民共和国民用研究堆安全监督管理条例》及其实施细则，确定了我国民用研究堆的安全许可证制度，规定了申请许可证要求提交的相关资料。《国防科技工业军用核设施安全监督管理规定》确定了军用核设施的许可证制度，规定了申请许可证要求提交的相关资料[12]。

建立组织机构要求是明确职责和分工，这是保证按期和保质保量完成研究堆退役的重要影响因素之一。国际原子能机构在 2006 年发布的《使用放射性物质设施的退役》安全标准中，提出了各个层面上（政府、审管机构和营运者）三方各自的职责。

3）人员培训与经费筹措要求

研究堆退役是一个复杂的系统工程，它要求足够的合格的人力资源。通过对这些人员的培训可以达到提高有关人员的安全意识和退役过程的安全性，缩短完成退役的时间，降低退役费用的目的。对于大型设施退役而言，涉及众多专业，包括核工程、机械、电气、通风、土建、废物管理、辐射防护、自动控制等。一个成功的退役项目需要业务熟练、技术过硬的高素质队伍。

研究堆退役工程的经费筹措要求有两种来源，一种是国拨，另一种是企业筹措。一般来讲，核电站服役期间就要求积累退役经费。但在我国，由于研究堆主要作为一种国家大型研究平台使用，退役的经费基本上都是由国家和政府拨款；只有个别微型研究堆在建设期间的经费是企业投资的，退役经费也就由建设方筹措。退役经费的组成要求主要包括工程费（去污费、拆卸费和废物处理与处置费）、项目管理费、工程监理费、技术服务费、人员培训费等。

12.2.4　退役工程实施要求

退役工程的实施是退役工程的主体,是研究堆实施单位按照审管机构批准的退役方案的要求进行的具体作业,实施内容要求包括退役研究堆特性与放射性源项调查、去污、拆除与拆毁及废物管理等活动。

1) 特性与源项调查技术要求

研究堆特性及源项调查技术即通过测量或取样分析等手段,收集研究堆相关资料信息,为研究堆退役提供各种目的服务,它贯穿于整个研究堆退役过程。在研究堆退役工程中,要求对设施的建(构)筑物、设备、管网系统、控制系统等的实体状况以及设施和周围环境中的放射性活度的总量,类型和存在方式等进行正确估算,估算结果将直接影响整个退役工作的开展。在研究堆退役各个阶段中,特性与源项调查技术按其目的不同可分为安全特性调查、初始场址特性调查、退役过程中特性调查及废物处理处置特性调查。这些特性调查是为确保研究堆退役工作安全顺利开展,明确在去污拆除等作业中屏蔽或远距离操作设备的选取及工作人员辐射防护的要求等提供依据和技术支持[13]。

在进行特性与源项调查时,要求查清设施的单个部件的详细放射性存量、核素类型、特定核素的含量、物理化学形态和分布状况。如果残留的放射性活度主要由短寿命核素组成,要求考虑在退役实施前将放射性衰变至可接受的水平,以减少退役工作人员的职业照射以及退役废物的放射性活度。如果设施中残留的放射性主要由较长寿命的核素组成,尤其是由超铀元素组成,短时间内放射性存量不可能明显减少时,在实施退役时要求选取适宜的去污方法对设施进行去污。

在对研究堆进行退役时,由于反应堆与一回路系统以及相关配套装置等经过中子的照射使得材料活化,设施材料中的某些核素转变成了放射性同位素。所以,在确定其放射性核素水平工作过程中,要求必须考虑下述基本输入参数:

(1) 材料中的核素种类。

(2) 设施服役时间及服役期间设施内中子注量水平。

(3) 入射中子的能量。

2) 去污技术要求

研究堆退役工程中的去污技术主要涉及用物理、化学或生物方法去除或降低放射性污染的过程,其目的是降低辐射场和放射性水平,以便于后续退役活动,使退役工作人员和公众受到的辐射照射降至最低,同时减少后续退役活动产生的放射性和废物量、有利于回收利用废旧设备、简化废物管理等。在选择具体去污工艺时,要求进行必要的代价——利益分析,以确定所选的去污工艺是否适用[14]。

研究堆退役各个阶段都要求进行去污作业。在研究堆退役工程实践中,已经开发了很多可供选择的去污工艺技术。在进行去污作业前,要求对放射性污染的核素种类及其形态、物化特性、污染类型及表面状况等因素进行调查,根据安全性、经济性和可实现性选取具体去污工艺。

研究堆退役工程中,为了得到较好的去污效果,针对具体应用的场合进行设计。选择去污技术时要求考虑以下主要因素:

(1)退役设施的类型和工艺,如不同的研究堆、后处理厂、核燃料加工厂等。

(2)工厂的运行史,包括事故史,是否发生过放射性释放等重大污染事故。

(3)去污对象的材料类型(如不锈钢、混凝土等)和表面粗糙度。

(4)污染类型,属于固定污染还是松散污染。

(5)污染核素,属于活化产物、裂变材料还是铀、钚、锕系元素等。

(6)拟去污部件、设备和材料的处理、处置或再循环再利用的要求(去污因子和所需时间等)。

(7)去污作业的可行性。

3)拆除和拆毁要求

研究堆退役工程大多涉及建(构)筑物混凝土结构的拆毁和金属设备、部件和管道的切割,例如研究堆压力容器、压力容器内部构件、箱体和管道等部件的解体与切割。在进行拆除和拆毁活动之前,要求制订详细的作业方案,方案至少要求包括拆除和拆毁活动中的辐射防护与安全措施、拆除和拆毁的方法、工器具选择、拆除作业的具体步骤和二次废物处理等内容[15]。

拆除方法可以是手动的,也可以是自动远距离拆除。当放射性活度较高时,要求首先考虑采用远距离操作。例如切割研究堆压力容器和其内部构件时,除了要有适当的辐射屏蔽措施外,要求尽可能采用远距离切割。在选择具体拆除和拆毁方法时,要求按照作业场所的辐射水平及拆除和拆毁方法的适用性对多个拆除和拆毁方法进行比较。

　　研究堆退役工程中要求进行拆除或拆毁的作业繁多,以研究堆为例,按作业对象大致可分为

　　(1) 压力容器及其内部构件。

　　(2) 储槽、管道、箱体和其他部件。

　　(3) 混凝土构件。

　　不同的作业对象,使用工具和方法不同,某些场合可能要求研制专门的工具和技术进行拆除和切割。退役工程中常见的拆除切割工具包括电弧锯、等离子弧切割机、氧炔切割、铝热反应枪、磨削切割机等。

　　4) 废物管理要求

　　退役废物管理是研究堆退役的一个重要组成部分。研究堆退役必须高度重视退役废物的最小化和废物优化管理。研究堆退役单位应设置废物管理岗位,负责制订退役废物的转运、处理、整备、储存、运输和处置的程序和方法。在研究堆退役单位制订退役计划时,要求根据估算的废物量和废物类型,制订相应的废物管理策略,以保证退役过程中废物的产生、整备和处置等废物管理活动符合废物最小化和相应的接收准则[16]。在退役开始前,要求制订废物最小化大纲,大纲中要求明确规定退役过程中产生的各类放射性、非放射性和其他有害废物的处理、整备、储存和处置计划及相应程序,包括针对不同形态的退役废物采用的去污、处理和整备工艺方法,如废液蒸发浓缩和水泥固化、固体废物的压实和水泥固定等[17]。

12.2.5　退役工程验收要求

　　在退役项目结束时,将根据主管部门批准的退役计划对退役工程进行验收。根据退役场址的化学和剂量终态监测报告,与监管部门规定的场址开放标准进行比较,得出结论,并编制项目最终退役报告。工程验收的程序要求按主管部门会同监管部门共同制定的规定执行。

12.3　退役研究堆的特性与源项调查要求

　　特性调查是利用测量、取样或分析等方法,收集退役资料,为制订退役方案,估算退役费用、进度和废物量、做好辐射防护和应急准备提供技术支持。

　　退役研究堆的特性调查贯穿退役的全过程,是实现安全退役的保障。退役前期准备阶段,要求确定退役策略和目标,要求通过场址特性调查,收集足

够的信息,做好安全评价,评估设施的安全状况,掌握放射性盘存量和放射性污染分布;在退役过程中,要求对去污效果进行评价,控制流出物的排放,对废物进行分类、处理和处置,确定是否可以豁免或实行再循环再利用;退役终结时,要求对场址进行验收,确定场址符合有限制开放使用还是无限制开放使用的标准,从而进一步进行环境和场址的收尾工作[18]。特性调查对研究堆退役工程的顺利实施、实现批复的退役目标和达到批复的退役指标具有重要意义。

12.3.1 特性调查各阶段主要任务要求

通常,退役研究堆的特性调查过程划分为:可行性研究、初步设计、施工图设计(也称详细设计或工作包设计)、退役实施和退役终态验收等五个阶段,研究堆的特性调查是一个动态的、不断深化的过程,为便于阐释各阶段的调查内涵和工作深度等,下面将介绍各阶段的主要任务要求。

1) 可行性研究阶段的主要任务要求

该阶段的主要任务要求是确定退役的目标和策略、退役阶段的划分、退役总体方案的选择,进行技术、安全、经济分析比较,提出经费估算和初步进度安排。

在该阶段,业主的主要工作内容是围绕退役研究堆的放射性源项和实体状况两个部分开展特性调查,调查的重点是退役研究的整体特征、内部环境和安全特性等,调查结果要形成退役技术方案,并从退役工程的技术可行性、安全性和经济性三个方面进行全面评估,其深度要具备开展初步设计的基础。其中,关于安全特性调查采取的方法,要求结合拟退役研究堆的实际,具体方法要满足适宜性和针对性等要求。通常的做法是考虑到研究堆运行多年,而且设施可能会实施长期封存的策略,综合考虑设施的安全系数,即辅助设施的运行寿命或主要部件(如厂房结构或堆芯承重结构)的最大寿期,这是决定退役策略的依据。特性调查可以通过下述观察法、腐蚀速度计算法、建筑物灰化测量技术等开展工作:

表面观察法主要应用于厂房设备布置情况、杂物堆积情况和关键部位的锈蚀腐蚀情况等。这种方法只能对表面状况进行调查分析,人员可以直接进入现场作业和记录;对于一些狭窄部位和放射性水平高、不允许人员进入的场所,可采用一些先进的探测观察设备进行调查。

腐蚀速度计算法主要是对退役研究堆的设施设备腐蚀速率进行计算,计算结果为安全性评估提供技术支持,此评估单凭表面观察是达不到要求的,要求采取现场介质和物料取样,通过计算、实验测量和比对分析等做出最终的评估。

建筑物灰化测量主要是针对一些研究堆的退役周期可能长达几十年甚至上百年等问题,要保证其退役安全,要求对构筑物或者承重结构进行寿命评估,目前,国内外通常采用建筑专业的物料测量方法与技术,对混凝土构筑物的内部变化情况进行测量评估。

2) 初步设计阶段的主要任务要求

该阶段的主要任务是对本阶段的退役工作提出详细、具体的退役计划和方案,包括退役步骤、程序、技术实施方案、主要设备与材料、所需的人力资源、经费概算和进度安排[19]。

在此阶段,特性调查在调查范围和调查深度上有了进一步的扩大和提高。对于放射性源项调查而言,调查的对象为整个研究堆,且更多的是采用实地测量与必要的计算来获取准确度较高、定量或半定量的数据,以满足初步设计要求的深度。具体来讲,对不同辐射水平的区域,可分别用人工直接取样或测量或遥控设备远距离取样或测量来获得可靠的核材料、放射性核素和污染水平的信息;对实体状况调查而言,本阶段要求对设计所涉及的全部系统的完好性做出定量的结论(特别是那些对防止放射性物质逸出的包容系统、防止射线泄漏的辐射屏蔽系统以及安全重要系统和设备的支承结构)。如不能满足要求,则在设计中要求考虑采取适当措施予以弥补或加固,必要时增设临时装置。总体要求是,调查的范围要全覆盖,以便为投资估算提供可靠的输入参数,实测的数据要给出误差分析。技术状态要固化,深度可为施工图设计提供技术支持。

3) 施工图设计阶段的主要任务要求

该阶段的主要任务是在初步设计方案的基础上,为退役的每项作业提供详细、明确的操作程序、方法、操作用设备和工器具以及材料和试剂、技术要求、验收准则和方法、资源(人、财、物)配置、人员和专用设备和工具进出的路径、临时装置的设置、作业中监测和监视系统的设置、操作人员工作时间限制等。对大型研究堆而言,由于每个工作包涉及的范围较小,它的设计是给具体参与退役操作的工作人员使用的,因此,要求掌握作业范围内的每个设备、管道管段、区域(特别是热点区域)的情况,提出定量的数据。

本阶段的放射性源项调查方法是按规定的方法、程序,用合适的仪表、设备实地测量或取样测定。在此基础上绘制放射性分布详图,为设计作业提供可靠的依据。

本阶段实体状况调查主要是针对安全重要系统和物项,确保作业过程中不发生事故,不危及工作人员和环境。该阶段的调查要求尽可能对所涉及系统的每个部位的细节进行直接或间接的观察或调查。

4) 退役实施阶段的主要任务要求

该阶段的主要任务是按照设计的技术和进展要求对设施实施退役,并达到所规定的目标和指标。尽管不同设施在不同阶段或步骤都有不同的工作内容,但一般包括去污拆除(包括拆卸、解体、分割、切割等)、废物管理(包括分类、搬运、处理、整备、储存、运输和处置,以及再循环、再利用)和环境整治。

在该阶段,随着退役工作的进展,设施的放射性源项和实体状况在不断地变化。为了保证工作人员和环境的安全,要求对退役对象自始至终进行放射性/实体监测/调查、对设计方案进行调整、补充并对作业结果进行评估和总结,其中大部分工作均要求在现场实地进行。这个阶段的放射性源项调查要求对现场的各项作业进行监测和调查,并将所得的数据和信息形成书面文件,妥善保存,这些记录和资料不仅对现场的退役作业有重要作用,而且为以后编制退役终态报告、改进退役设计、丰富退役数据库内容和总结退役经验提供非常有价值的信息。

5) 退役终态验收阶段的主要任务要求

该阶段的主要任务是向主管部门提交退役终态报告,用可信的数据来证明已按国家批复的要求和规定的目标完成退役工作,即研究堆的系统、装置或厂房是否已拆除或拆毁,保留的部分是否已达到规定的无限制使用或有限制使用水平,退役废物是否都按规定的要求进行了储存、处置或再循环和再利用,场地土壤的剩余放射性水平是否达到规定的有条件开放或无条件开放的水平。

这阶段的特性调查主要是放射性源项调查,其主要工作要求对留在现场的废物和建(构)筑物以及场址的环境介质(空气、地表水、地下水和土壤)进行详细的监测,给出留在现场的放射性核素及其活度浓度和总活度,以便主管部门和审管部门对退役是否完成做出判断。

12.3.2　放射性源项调查方法要求

放射性源项调查是对放射性存量、污染核素、污染分布、废物积存情况、废物类型、废物数量和放射性水平进行调查。调查的方法有很多,归纳起来主要

有 3 种方法,即现场调查、文档调查和放射性源项计算。这些方法的具体内容为:

1) 现场调查的内容与方法要求

现场调查的主要内容包括剂量率测量、放射性测量、同位素成分测量等。一般情况下,现场放射性现状调查方法包括取样法和直/吊测法。

如果样品是在场址内一个取样地点收集的,并且随后在实验室对其放射性核素含量进行分析,这种方法叫作取样法。取样法的主要目的是通过取样分析,评估整体部件的放射性水平。由于该方法要求假设该部位的污染分布是均匀的,因而缺乏一定的准确性,或者只能代表该点的放射性水平。如果该部件的放射性分布不均匀,用取样方法评价核设施的整体放射性水平就具有一定的局限性,此时科学的取样布点方法就显得尤为重要。由于样品可能是固体、液体或气体,因此要求准备多种类型的取样工具和技术。其中液体取样工具包括注射器取样器、泵、蒸汽或空气喷射器、远距离操作潜水设备、称重瓶等。固体取样器包括岩心钻取、刮削、磨料、铲取等。气体取样包括抽气、过滤测量、吸收测量等。

直测法是对设施内放射性污染/辐射水平较低、人员可以进入的区域,选用适当的仪表,直接测量欲测部位/设备的放射性污染/剂量水平;吊测法是对放射性污染/剂量水平较高、人员不能进入的区域(如后处理厂设备室、热室等),可选用适当的仪表进行吊测,即将测量仪表的探测器从检查孔吊入设备室/热室内,测量不同深度处的剂量率。直/吊测法可容易鉴别放射体,并通过能谱及其强度确定所含的核素及其活度浓度。利用直/吊测法不能鉴定纯 α 和纯 β 放射体,还要求通过对典型样品的放化分析,确定出 α/β 对 γ 放射体的比值来估算。α/β 对 γ 放射体的比值可以用于 γ 放射体的直/吊测,从而推断出 α 和 β 活度值。

一般来说,如果污染是均匀的话,则取样法是最好的方法。如果污染是非均匀的,而且存在局部热点,那么直/吊测法可能是最好的方法。对于不可靠近的地下放射性废物库(井),仅从顶盖处很难测出其中废物的放射性源项,可以在库壁不同方向上选择若干点并钻孔,然后利用机械臂或机器人进行远程测量。

2) 文档调查的内容与方法要求

文档调查的内容主要包括收集研究堆的各种历史资料,诸如:研究堆建设图片、图纸和反映设施竣工状态的附加文件、大修改建(如果进行过的话)的变更图片、图纸和其他附加文件,研究堆的运行日志、事件或事故记录;研究堆所有建筑物的情况,包括对原有结构的改变,吊车是否存在,防护屏蔽和安全系统的情况;研究堆在运行过程中残留在场址的危险的、放射性的和有毒有害物质的位置、类型、浓度和数量,关于可能影响决定哪种退役方案适合于场址特定情景的资料以及水、气和空气等承压系统的情况。文档调查方法主要包括查阅档案资料、走访相关人员,查阅的资料和访谈的人员要全,以便为放射性源项计算提供真实和可靠的输入参数。

3)放射性源项计算内容与方法要求

该计算的主要内容是基于已有的物理、物料平衡和放射性平衡以及从剂量率水平等放射性源项进行数值模拟计算,由此得到核材料和放射性的存量及其分布的基本源项数据。计算的方法包括理论和数值模拟等方法,具体计算方法将在下节中介绍。在这种方法中要求关注原有的设计和施工资料、运行和检修资料以及事故处理和停运卸料的资料真实性,它们是计算的依据;要求根据运行的工艺参数、放射性流体和颗粒物在设备或管道中的滞留量、主要核素在表面的吸附量以及事故情况和事故处理的结果来估算存量、辐射场强度和表面污染水平。

12.3.3　现场和实验室测量技术要求

研究堆退役测量技术主要包括现场和实验室两项测量技术。现场测量技术主要包括现场剂量率和 α/β 表面污染等两个测量技术的内容,要求选用适当的仪器和测量方法或技术,测定区域内不同部位的剂量率水平,然后作出剂量率分布图,并标示出热点位置,为退役工艺设计、制订辐射防护方案和确定退役人员允许的工作时间提供依据。实验室测量技术主要包括设施内样品和环境样品两项测量技术,其中,设施内样品测量技术要求调查清楚设施内污染核素、污染程度及放射性残存量和厂房内不同区域的放射性气溶胶浓度,环境样品测量技术要求调查退役设施在运行和监护期流出物对周围环境造成的污染区域及污染水平,为退役中环境保护措施和放射性污染清理方案的设计提供数据支持。为进一步详细阐释这些测量技术要求的内涵,下面将逐一介绍相关内容。

1)现场剂量率测量技术要求

现场测量技术要求按照普查方案及布点规则进行剂量率测量。对于设备、管道及地面等而言,通常要求测量距被测物表面 10 cm 处剂量率,空间测量距地面 100 cm 处的剂量率。由于普查现场的辐射场极易变化，因而外照射辐射水平可能迅速增至预计外的严重水平，在此情况下，工作场所应设置警报系统，或者工作人员佩戴具有报警功能的个人剂量计。

对于 X、γ 射线外照射测量，通常，采用的测量方法和技术主要是使用可携式吸收剂量率或照射量率测量仪直接测量，测量结果用以描述 X、γ 辐射场的物理量即吸收剂量率或照射量率。

对于现场 γ 热点测量，传统的做法是采用扫描式普查给出 γ 剂量率的热点位置，随着辐射监测仪表的快速发展，目前应用 γ 相机直接测量 γ 热点，并且对测量可视图片上的热点位置要求以不同的色环表示污染程度，同时给出探测器位置的剂量率，使放射性污染实现可视化。

2）α/β 表面污染测量技术要求

对退役设施表面污染进行测量时，通常，该测量技术要求的网格布点如下：厂房房间地面每平方米测量 4 个点、墙面每平方米测量 1 个点，通风柜内、外部表面每平方米测量 5 个点，工艺设备表面测量 4～5 个点，管道每米测量 2 个点，楼梯每个台阶测量 1 个点。对外环境表面污染进行测量时，该技术要求按距离厂房远近分别进行网格布点：厂房 10 m 范围内按 2 m×2 m 进行网格布点，每个网格内测量 1 个点；厂房 10 m 范围外至本底处按 5 m×5 m 进行网格布点，每个网格内测量 1 个点。

表面污染测量技术又分为直接测量和间接测量技术两种。直接测量技术就是将仪表探头置于污染表面上（探头与被测表面的距离约 5 mm）进行计数测量，测量结果是被测表面的固定污染水平和松散污染水平的总和；间接测量技术（擦拭法）是用酒精浸渍过的滤膜（或棉球）在被测表面上均匀平擦三遍（中等力度，横擦一遍，竖擦一遍，再横擦一遍），擦拭面积（皮肤和工作服取 100 cm^2、设备取 300 cm^2、地面取 1 000 cm^2）视情况而定，擦拭效率一般取 10%（可通过试验确定），然后用仪表测量滤膜（或棉球）。其测量结果表示被测表面的松散污染水平。在有 β 场存在的情况下，测量 β 表面污染时，应注意屏蔽射线，扣除辐射场本底的贡献。特殊情况下，可将被测表面转移至无辐射场的地方进行监测（被测物体积、质量较小，方便搬运），如被测表面为地面，也可采用擦拭法进行间接测量。

不同的测量技术适用于不同的测量对象。设施房间地面、墙面和屋顶可用直接测量技术；工艺设备外表面、通风柜内外部表面、料液罐等设备表面、通排风管道表面（含室外管道）、杂物表面及有 γ 辐射场干扰时使用间接测量技术。

3）实验室测量技术要求

实验室测量技术主要包括样品采集、样品处理、样品源制备、样品源测量等过程技术，在采用实验室测量技术的过程中，要求同时监测装置的校准、测量数据的处理等过程。显然，以上过程均会影响测量结果，最后结果中的总不确定度由各过程不确定度的累积效应所致。

下面逐一介绍样品采集和样品的物理测量两个实验室测量技术要求的内容。

1）样品采集要求

样品的采样要求主要涉及采样总体、气液固样品采集、处理与制样等要求的内容。

采样总体要求是从采样点的布置到样品分析前全过程都需在严格的质量控制措施下进行。要求依据源项调查方案和结合现场具体情况，确定采样容器、设备、方法、方案、采样点的布置和采样量；采样量除保证分析测定用量外，要求留有足够的余量，以备复查；采样器要求符合国家技术标准的规定，使用前必须检查，以保证采样器和样品容器的洁净，防止交叉污染；采样装置要求根据使用的实际条件、放射性核素的收集效率等进行刻度和标定实验，实验结果要求编制文件或标定证书。

气液固样品采集要求满足监测目的，采集的样品也必须具有代表性。大型研究堆的特性调查要求对设施内部的各种物态或特殊部位进行彻底的调查，因此取样方法可能是有针对地对特定部位的调查，为放射性安全包容和防护做好充分的准备。同时样品采集要求考虑进行测定的核素种类、辐射类型、物理特性，以及测量数据的有效性、技术上的可行性、经济上的合理性等因素。

气态样品的采集要求涉及 3 个位置的样品采集，一是特定区域的空气采样，如设施厂房内进行退役活动的气溶胶和空气杂质情况；二是管道或烟囱中气态排出流内的放射性气溶胶采样，其监测目的是确定排出流中 α 或 β 放射性的活度，根据 ISO 2889"气载放射性物质取样的一般原理"的规定，应采取等速取样的方法，使采集样品中的气溶胶粒度分布与排出流中的气溶胶粒度分布相一致，这就要求取样流量与排气流量相对应，以使采集的样品具有代表性；三是环境大气采样，其目的是进行环境空气中放射性本底调查，也可以用来估算研究堆周围居民经吸入空气所致的剂量。这类空气样品的采集位置要求考虑厂区内部放射性浓度最高的 3 个区域或研究堆周围 30 km 内人口密集度最大的三个区域或年主导风向 10、20、30 km³ 的三个区域，若年主导风向为海洋区域,则另外考虑。

研究堆退役中液态样品的采集要求根据其监测目标将其分为三类,一是用于源项调查目标的采样,如退役前对设施内暂存废液的取样;二是用于工艺目标的采样,如采集清洗去污废液样进行分析测量,以确定去污效果,并及时调整去污方法;三是研究堆退役中液态排出流的采样,其目标是控制排出流中放射性排放浓度与总量,保证环境不受污染。

对于退役研究堆内的工艺系统、固体废物、墙面(或地面)等采集固体样品前要求对采样对象进行表面污染、γ 剂量率的调查,再根据系统的分布、固体废物的材质及体积、墙面(或地面)尺寸确定取样点的位置。

取样前要求根据取样对象的特性制订取样方案和防护措施方案,选择合适的取样工具和装样容器,保证取样的代表性,确保取样过程中的人员安全。

放射性气溶胶、液态、固体和生物四类样品的处理与制样要求各不相同。其中,第 1 种样品的处理与制样要求采用直接测量法、假符合法或衰变法,或先将气溶胶样品炭化,再将灰化物均匀铺样测量,对于放射性气体,如用吸附法采样,要求先气洗,再冷凝成液样,然后按液态样品的方法进行再处理和制样;第 2 种样品的处理与制样要求不管是特定区域采集的样品、排出流样品,还是环境样品,其样品处理的目标是使待测核素先转变为溶液体系,破坏有机物,缩小样品体积或减少质量,制样方法因放射性浓度高低而异,处理的一般原则要求不使待测核素损失,可有效地除去有机物及其他干扰物,不使干扰核素或其他杂质进入体系,使待测核素转变为离子态而进入溶液;第 3 种样品处理与制样要求根据样品的材质和选取的测量方法进行处理;第 4 种样品的处理与制样要求采用干灰化法进行前处理,一般来说各核素的回收率将随灰化时间的延长、灰化温度的升高而降低,故须考虑合适的灰化条件,根据各种文献报道及实验经验,实验人员应粗略补偿所关心核素的灰化回收率。

2) 样品的物理测量技术要求

样品的物理测量技术要求包括样品总 α 与总 β 放射性测量、γ 能谱测量与分析和液体闪烁测量技术 4 个部分的内容,下面逐一进行介绍。

样品总 α 放射性测量技术或方法要求主要有薄样法、中层法、厚样法和比较法 4 种方法要求。其中,第 1 种方法要求样品盘内烘干的样品厚度小于 $1\,mg/cm^2$,此时仪器的探测效率可近似认为与薄 α 辐射源直接刻度的探测效率相等(忽略样品的自吸收),但这种方法的结果偏低(10％左右);第 2 种方法要求被测样品在样品盘内的质量厚度不可忽略,但又未达到最大饱和层厚度;

第 3 种方法(也称饱和层法)要求样品盘中被测样品厚度等于或大于 α 粒子在样品中的最大饱和层厚度。最大饱和层的物理意义是在样品的最底层所射出的 α 粒子,垂直穿透样品层及其表面后,其剩余能量刚刚能触发仪器且被仪器记录下来的那一层样品的厚度;第 4 种方法是指将放射性比活度已知的固体粉末,按不同厚度在样品盘内铺成一系列厚度不等的标准样品源,测出每个标准样品源相应的 α 计数率,然后以 α 计数率为纵坐标,标准样品源厚度为横坐标作图,得出样品厚度与计数率的关系曲线。

这里需说明的是,在采用比较法测未知样品时,该方法要求只要知道样品盘内的样品厚度,就可对照厚度与计数率关系曲线,查出相应的 α 计数率,计算出样品的 α 放射性比活度。

样品总 β 放射性测量技术要求将样品均匀铺于样品盘内,厚度在 10～50 mg/cm^2 范围内,一般以 20 mg/cm^2 为宜。如果样品层过厚,低能 β 损失过大,会带来较大的测量误差。对于总 β 放射性的测量和计算过程是,根据仪器的本底计数率、仪器对 β 粒子的探测效率和被测样品的计数率、样品盘内被测样品的质量即可计算出样品总放射性。

样品的 γ 能谱测量技术要求主要是用于环境样品的 γ 射线能量和强度分析谱仪应具有低本底,被测信号具有高信噪比。对于样品中 γ 谱的分析,主要是确定被测样品中 γ 放射性活度及样品中含有哪些 γ 核素,只需分析其全能峰或双逃逸峰就可识别被测核素种类和进行定量分析。

液体闪烁测量技术(或方法)要求使用液体闪烁谱仪或液体闪烁计数器并将待测样品同作为探测介质的闪烁液溶液混在一起进行测量,该谱仪或计数器通常由探测器、电子学测量与控制单元两部分构成。液体闪烁计数方法的特点是,几乎没有样品的自吸收,且具有 4π 立体角的测量条件,是测量低能放射性核素 ^{3}H 和 ^{14}C 的最有效方法。

样品中 β 放射性核素的测量原理是,液体样(或将气体样转变为液体样)中的粒子通过闪烁液时,其辐射能消耗于溶剂分子的电离和激发。溶剂分子激发后回到基态时释放出能量传给闪烁体,闪烁体分子从激发态回到基态时多余的能量以光子形式放出,每种闪烁体都有各自的发射光谱和波长,随后被样品瓶外光电倍增管的光阴极所探测。先测量闪烁液的本底计数率,再将所取水样加入闪烁液中测量计数率,计算出液体中放射性的含量。液体闪烁计数方法测量 α 放射性核素时,可给出接近于 100% 的计数效率。

12.3.4　放射性残留量估算要求

放射性残留量的估算是一项技术要求高、工作量大的工作。退役活动开始前，准确估算研究堆中放射性残留量是很重要的，因为它包括去污、屏蔽、遥控操作、运输和处置，以及工作人员的受照量等工作，甚至直接影响整个退役过程，其中包括退役活动进程的策划和在阶段之间符合要求的时间间隔的确定等。另外，在执行退役计划时，放射性残留量的准确估算能保证研究堆安全、经济、及时地退役，并且可以帮助计划者准确而有效地实施各种决策。退役研究堆的放射性残留量可以分为两类：其一是在研究堆部件及邻近结构中，某些元素因中子活化而产生的放射性；其二是沉积在各种系统的内外表面上的放射性污染物质。

如果残留的放射性物质主要是由短寿命核素组成，那么就可以通过自然衰变，使放射性核素在足够长的时间里进行衰变，放射性残存量便会有效地减少，这将有利于减少工作人员的职业照射和废物中的放射性物质含量，从而使需要处置的放射性废物量减少。如果残留放射性物质含有大量长寿命放射性核素（特别是超铀元素），那么通过延缓拆除不会使残存量的放射性活度显著减少。但是，如果设施长期封存的完整性不允许这些长寿命放射性核素自然衰变，就可以考虑立即拆除的退役策略。

12.3.4.1　放射性物料估算方法及流程要求

放射性源项估算主要用于锕系核素、裂变产物核素及活化产物核素，计算内容可以涵盖放射性核素的数量、活度、衰变热、中子强度、光子强度以及衰变特性等，计算对象可以是乏燃料、受辐照结构材料以及液态的慢化剂和冷却剂等。由于世界范围内 80% 以上的放射性废物都来自核电站和研究堆的运行，所以针对研究堆的计算是放射性源项计算工作的一项主要内容。放射性源项估算工作基于初始源项调查，要求收集生成以下基本数据：

功率运行史（也就是时间-功率历史）与设备的平均中子注量率（针对活化计算），核燃料特性（如：燃料几何尺寸、富集度、燃耗水平等），受辐照设备的几何尺寸与质量和相关材料的化学成分（包括杂质和痕量元素），衰变数据及截面数据和最终停堆后的衰变时间。

根据退役研究堆的不同类型，所关心的放射性核素将有很大的区别。在退役研究堆中，前 50～100 年关心的主要核素是 ^{60}Co，^{60}Co 可发射高能 γ 射线，此后，其他的放射性核素如 ^{63}Ni 和 ^{108}Ag，就变成主要核素了。

表 12-4 列出了研究堆在退役期间可能存在的主要放射性核素,作为退役前期放射性残存量估算参考,并为制订剂量防护措施提供依据。

表 12-4 研究堆退役期间存在的主要放射性

核 素	半衰期/年	主要衰变方式	γ射线能量/MeV	可能产生同位素的原材料
^{3}H	12.3	β^-	—	C, O, S
^{14}C	5 730	β^-	—	G, M, S
^{22}Na	2.6	β^+, EC	0.51, 1.28	O
^{36}Cl	3.1×10^5	β^-, EC	—	C
^{39}Ar	269	β^-	—	C
^{41}Ca	1×10^5	EC	—	C
^{45}Ca	0.4	β^-	—	C
^{49}V	0.9	EC	—	S
^{54}Mn	0.9	EC, γ	0.83	A, M, S
^{55}Fe	2.7	EC	—	C, M, O, S
^{57}Co	0.7	EC, γ	0.12, 0.14	S
^{60}Co	5.3	β^-, γ	1.2, 1.3	C, M, O, S, Z
^{59}Ni	7.5×10^4	EC	—	C, M, O, S, Z
^{63}Ni	100	β^-	—	C, M, O, S
^{65}Zn	0.7	β^+, EC, γ	0.51, 1.12	A
^{93}Zr	1.5×10^6	β^-	—	O, Z
^{94}Nb	2×10^4	β^-, γ	0.70, 0.87	M, O, S, Z
^{93}Mo	3.5×10^3	EC, γ	0.3	M
^{108}Ag	130	EC, γ	0.4, 0.6, 0.7	M, O, S

（续表）

核　　素	半衰期/年	主要衰变方式	γ 射线能量/MeV	可能产生同位素的原材料
^{110}Ag	0.7	β^-, γ	0.6, 0.9	M, O, S
^{133}Ba	10.7	EC, γ	0.08, 0.36	C
^{151}Sm	93	β^-, γ	0.02	C
^{152}Eu	13.4	EC, β^-, γ	0.1	C, G
^{154}Eu	8.2	β^-, γ	0.1, 1.3	C, G

注：C—混凝土；G—石墨；O—其他合金；A—铝合金；Z—锆合金；S—不锈钢；M—低碳钢。

12.3.4.2　计算方法要求

在研究堆退役源项计算方法中，通常，对于放射性残存量的计算方法要求采用下述 3 种方式：

（1）利用表面污染测量仪直接测量得到的 α 或 β 污染测量数据和放化分析书籍，结合特征参数调查数据进行计算。

（2）利用照射量率与活度之间的计算公式进行理论计算，改计算方法适用于简单几何条件的计算，当设备污染均匀分布并不考虑溶液和设备室壁的吸收时要求首先将测量对象假设在点源、面源、线源的辐射场中，然后利用点源、面源、线源辐射场内照射率计算公式，算出设备室内的剂量率。

（3）利用蒙特卡罗方法进行计算，这主要是因为现场实际工况往往不能满足利用照射量率，根据活度计算公式进行理论计算的要求。此计算采用的程序为 MCNP4C，该程序要求的一些假设条件如下：假设室内的核素主要是 ^{137}Cs、假设设备内的溶液体积占设备体积的 80%、设备材料为不锈钢（壁厚 10 mm）、核素在现场均匀分布和不考虑反散射和轫致辐射。

退役研究堆的剂量普查方法的研究经过了很多发展阶段，起初是最原始的探测技术，目前，发展为很多形式的技术，在解决剂量人员的安全和提高工作效率上取得了很多突破性的进展。开发的自动化技术和便携式探测技术在特殊的退役研究堆中都得到了广泛应用。研究堆特性调查的一个主要目的是提供放射性残存量（包括核素种类和活度）。

退役项目中，对研究堆进行放射性物质类型和数量的准确估算是很重要的,因为它直接影响整个退役方式,包括退役活动开始时间的选择和在阶段退役之间符合要求的时间间隔的确定。另外,在执行退役计划时,这种估算是很关键的,以确保设施安全、经济、及时地退役。

研究堆内放射性残存量必须通过现场测量污染面积和污染程度、污染核素,且实验室对样品的分析结果经过数据分析处理和废物量统计才能初步得出。

不同类型的研究堆,其放射性残存量的估算方法存在一定的差异。研究堆的放射性活度存量根据其辐射特性,可以利用活化计算法和对整个设施测量后的外推法计算得出。一般来说,存量中占很大比例的活度主要集中在相对少量的物料中,如靠近堆芯的设备。研究堆的活度估计在 $10^{17} \sim 10^{18}$ Bq 范围内,在 30~100 年后,仅有一些长寿命同位素的活度仍会很高,剩余总的活度将在 $10^{14} \sim 10^{15}$ Bq 范围内,而且绝大多数都属于低能放射体。对于研究堆以外的其配套设施,要求通过对这些设施沾污最严重的部分进行测量,按照所得到的沾污值进行外推得到其放射性残存量,或通过进出该设施的放射性物质或核材料的物料平衡得出放射性残存量。

12.3.4.3 采用中子活化法计算研究堆放射性活度要求

在研究堆本体中,靠近堆芯处的材料都会被中子活化,因而要求对这种材料的感生残余活度进行计算。计算时要求的输入参数包括中子注量率及其能谱、停堆和关闭时间、元件辐照史、相应中子能谱的中子截面、元件的材料组成等数据,通过这些数据可以估算出任何长寿命核素的活度值。在热中子研究堆内,感生放射性核素主要通过热中子的(n,γ)反应产生。元素中的某个稳定核素在热中子辐照下,通过(n,γ)反应产生的感生放射性核素的活度可由下式确定[20]:

$$Q_{(T)} = \frac{0.602\,3\phi \Sigma MP}{A}\left(1 - e^{\frac{-0.643}{T_{1/2}}T}\right) \tag{12-1}$$

式中,$Q_{(T)}$ 为感生放射性核素的活度,Bq;ϕ 为靶体内平均热中子注量率,$\text{cm}^{-2} \cdot \text{s}^{-1}$;$\Sigma$ 为靶盒的热中子(n,γ)反应截面,cm^{-2};P 为靶盒内同位素丰度;M 为靶体质量,g;A 为靶核的相对原子质量;T 为辐照时间,s;$T_{1/2}$ 为感生放射性核素半衰期,s。

当 T 远大于 $T_{1/2}$ 时,感生放射性核素的活度达到饱和值,即

$$Q_{(T)} = \frac{0.602\,3\phi \Sigma MP}{A} \tag{12-2}$$

中子活化计算法还用于计算研究堆内部构件的放射性活度,包括游泳池内容器、生物混凝土屏蔽的钢筋和冷却液中夹带的腐蚀产物等。钢铁的成分可通过钢铁规格和痕量元素测量得出。

12.3.4.4　基于现场源项调查数据计算总活度要求

在进行研究堆特性调查中,要求基于现场测量和取样测量确定放射性污染分布,绘制出放射性污染分布图,掌握放射性核素的种类和数量及同位素组成。一般情况下,要求采用下述方法计算放射性物料的残存量。

1) 基于表面污染分布计算要求

关于退役研究堆现场表面污染源分布的计算,要求利用现场源项调查获得的设备、地面等表面污染水平、污染分布及污染核素类型,按照式(12-3)计算表面污染源总活度[21]。

$$A = \sum_{i=1}^{n} x_i S \qquad (12-3)$$

式中：A 为放射性表面污染总活度,Bq；x_i 为第 i($i=1, 2, 3, 4, \cdots, n$)种放射性核素表面污染水平,Bq/cm；S 为第 i($i=1, 2, 3, 4, \cdots, n$)种放射性核素表面污染为 x_i 的污染面积,cm²。

当污染表面为弱固定污染或强固定污染时,计算结果误差较大,式(12-3)不适用。

2) 基于废物质量、比活度计算要求

通过现场调查,估计废物体积,根据废物材质,估算废物质量。要求按照废物的表面污染水平、表面 γ 剂量率,确定有代表性的取样位置和取样量,并通过实验室测量样品中的放射性核素和比活度,按照式(12-4)计算表面污染源总活度:

$$A = \sum_{i=1}^{n} x_i m \qquad (12-4)$$

式中,A 为放射性废物总活度,Bq；x_i 为第 i($i=1, 2, 3, 4, \cdots, n$)种放射性核素比活度浓度,Bq/kg 或 Bq/L；m(或 V)为放射性废物质量,kg(或体积,L)。

当放射性废物为含有放射性物质的废气时,x 的单位为 Bq/m³,气体体积单位为 m³。

3) 基于辐射源在空气中已知距离处的照射量率计算要求

照射量率是用来表示 γ 辐射体的放射性物质在发生核衰变时产生的 X 或

γ射线在空气中单位时间内产生电离能力大小的辐射量。辐射源在空气中某点的照射量率大小,取决于光子能量、源的活度、源的形状以及与源的距离。如果空气中某点与源的距离一定,且源的活度也相同,那么点源在空气中的照射量率就唯一地取决于辐射源本身的性质。在已知距离、照射量率时,通过点源活度、距离及照射率之间的关系即可计算出点源放射性活度。对于有一定大小和形状且不能视为点源的任何一个辐射源,都可以分割成许多个小块辐射源,以致每一小块辐射源都可以被视为点源。所以该辐射源在某点的照射量率为许多个点源在该点上造成的照射量率的简单叠加,在已知距离、照射量率时,通过点源放射性活度、距离及照射率之间的关系,用数学积分的方法计算出非点源放射性活度。

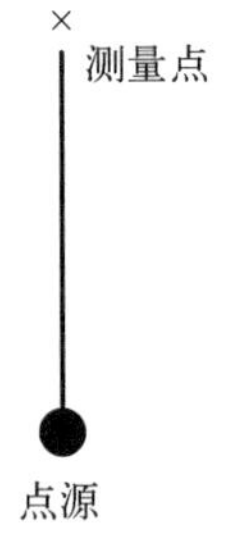

图 12 - 3
点源示意图

×
测量点

●
点源

(1) 点源计算方法。在放射性测量中,如果辐射场中某点(照射量率测量点)与辐射源的距离远远大于辐射源的几何尺寸(大于 5 倍以上),即可把辐射源看成点状的,且称其为点状源,简称点源,辐射源的总活度视为集中于中心点上。例如,研究堆检修、退役拆除下来的阀门、阀芯等体积较小的放射性废物可视为点源,如图 12 - 3 所示。其照射量率按照式(12 - 5)计算:

$$\dot{X} = 1.369 \times 10^{21} K_\gamma A / R^2 \qquad (12-5)$$

式中,$\dot{X}$ 为测量点的照射量率,R/h;R 为测量点或计算点距辐射源中心的距离,m;K_γ 为 β、γ 辐射点源的照射量率常数,R·m²;A 为辐射源总活度,Bq。

(2) 现状辐射源分类及总活度的估算方法。在三维坐标里,放射源的一维尺寸,远远大于另外两维尺寸时,此放射源称为线源。如萃取柱、柱塞泵、仪表杆、管道等。如果圆柱容器的高远远大于圆柱体的半径时,也可以将圆柱体辐射源视为线源。

假定线状源长为 L,活度为 A 时,如图 12 - 4 所示,Q_1、Q_2、Q_3 点的照射量率计算如下。

Q_1 点:过线源端点垂直距离上一点,可按照式(12 - 6)计算:

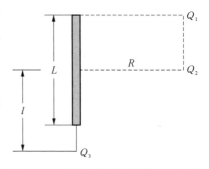

图 12 - 4 线源不同位置计算点示意图

$$\dot{X} = \frac{3.7 \times 10^{10} AK_\gamma}{LR} \arctan \frac{L}{2R} \qquad (12-6)$$

式中，$\dot{X}$ 为测量点的照射量率，$\mu R/s$；A 为辐射源（或辐射源）总活度，Bq；R 为测量点距线源轴线断点的距离，m；L 为线源的总长度，m；$\arctan \dfrac{L}{R}$ 为测量点对线源的张角，弧度。

Q_2 点：过线元中心点的垂直距离上的一点，可按照公式（12-7）计算：

$$\dot{X} = \frac{7.4 \times 10^{10} AK_\gamma}{LR} \arctan \frac{L}{2R} \qquad (12-7)$$

Q_3 点：线源轴线上的一点。

可以看出，当 $R \geqslant 5L$ 时，线源即可视为点源，计算过程就可以简化。对于球面源、球体源、圆盘源、圆柱状面源、无限大体积源、半无限大体积源及有限厚平板源等，均可将其视为由多个小点源组成，在测得各种形状辐射源并已知一点处的照射量率值后，利用该种形状辐射源与照射量率之间的关系，也可以推算出辐射源放射性总活度。

12.3.5　源项和特性调查方案

退役研究堆的放射性源项和特性调查是整个退役活动中的关键任务之一。初期调查的结果直接影响到退役方案的选择；退役过程中的调查关系到退役活动中工作人员的辐射安全、废物最小化及环境辐射安全；终态调查结果是判断退役活动是否结束的重要数据，周边环境的辐射特性调查则是对退役过程中是否有放射性物质向环境超标排放的判据。因此，研究堆退役中制订科学的调查方案是研究堆安全退役的保证。

12.3.5.1　调查方案内容

编写的调查方案要求包含调查目的、依据和应用的法律法规标准、调查前的准备工作、源项调查内容、质量保证和进度计划 5 个部分。现逐一进行介绍。

1）调查目的

开展前期放射性源项和特性调查的主要目的是调查清楚退役设施现状以及设施内放射性残存量，查明放射性污染分布，绘制出放射性污染分布图；掌握污染放射性核素种类和数量（污染核素、污染程度、污染物总量、污染物状态),对放射性水平作出评估;通过源项调查为确定退役策略,制订退役方案和计划、优先退役技术,预估退役费用和受照剂量,确定废物处理处置方案,编写可行性研究报告,编写安全分析报告和环境影响评价书等提供依据。

2) 依据和引用的法律法规标准

在掌握了设施概况、明确了调查目的后,开展源项和特性调查的要求是:明确所依据和引用的国家法律、法规和标准,参照国家主管部门或行业的规范以及退役研究堆营运单位的相关规程等,满足源项计算等的要求。

3) 调查前的准备工作

源项和特性调查前的准备工作主要围绕人、机(调查仪器、取样工具等)、料、法、环几个方面制订。

要求明确提出源项和特性调查方案,开展调查前必须对参与人员进行设施概况、放射性源项调查业务技能、劳动安全、辐射防护及保密培训和考核。

要求在调查方案中给出使用的仪器、设备等的标定、检查结果,保证所使用的仪器、设备均为有效,获得的数据是可靠的或可追溯的。要求调查中所需的材料列出清单,仪器要给出相应的技术指标。

源项和特性调查方案及各种记录表格、调查工作程序和相关的操作规程、调查中的质保大纲和质量控制程序、工业和辐射安全制度是保证源项和特性调查顺利开展的主要资料,要求在编写调查方案中体现和落实。

调查所采取的方法要求结合退役研究堆及其工艺系统的现状进行选择。不同类型的研究堆污染核素不同,采用的测量仪器及方法也有一定的差别。

4) 源项调查内容

要求的源项调查内容主要包括退役研究堆运行史调查、各工艺系统、工艺房间特征及其配套设施等的源项参数调查。

运行史调查以收集设施运行时的历史记录,查清设施的废物来源、热点产生原因以及生产和事故状况为主。

各工艺系统、工艺房间特征及其配套设施等的源项参数调查以设施、工艺系统(设备、管道、容器等)、各类回路、应用装置及其现存放射性废物、杂物等进行详细的特征参数调查(含影像资料)和统计。

源项调查包括调查区域、调查项目和调查方法。其中,调查方法是指完成调查项目所采取的调查手段,源项调查区域通常包含设施内和设施外及 5 km 范围内的敏感区域。调查项目包括本底水平调查、设施内外、表面污染测量、γ 剂量率测量(距被调查区域或距设备、废物等表面 1 m 处空间)、气溶胶取样测量、现存废物的表面(通常指 10 cm 处)剂量率及污染测量(核素种类、比活度)、环境测量及放射性采样及废物量估算等。另外配套设施内化学物、有毒有害物质的调查统计也是现场调查中的一个主要内容。

5) 质量保证和进度计划

为了确保源项和特性调查的质量和进度,要求其方案必须有相关的质量保证大纲做保证,明确调查组织机构、职责及单位间的接口,制订数据和样品管理程序、不符合项处理程序等质量管理程序和文件。

在编写源项和特性调查方案时,要求根据设施现状、调查区域大小、调查内容、样品测量方法以及工程需要等因素制订切实可行的进度计划。

12.3.5.2　现场测量技术选择与特性调查活动要求

现场测量技术主要包括选择的测量仪表、方法和网格点布置等内容。在进行源项和特性调查时,调查内容和调查仪表需根据设施的污染核素选择。例如有些实验室可能只有一种单一核素污染,而研究堆的污染核素较复杂,因此其调查内容应有所不同。由于污染核素的不同,可测量的射线或粒子能量也会有较大差别,要求必须以有效测量主要污染核素为原则对仪表进行选择。

设施内外放射性污染程度不同、人员进入现场难度不同,因此,要求采用的测量技术和方法应有所差别。通常针对设施内高污染区域选择远距离测量,并且不宜进行网格布点式测量。对于剂量率较小的区域应该结合现场几何形状布点测量。外环境调查面积一般较大、辐射水平低,因此在设施厂房周围 10 m 范围内测量点应较密,10 m 范围外至本底处可以根据污染程度和趋势将测量点的间隔距离增大,以流出物流出口周围和上主导风向及液体流出物流域为主,并且环境普查要求选用本底低、灵敏度高的测量仪表。

特性调查活动要求的内容包括在制订设计方案,最终确定放射性源项调查方法时,要求必须针对具体采样对象,使用合理的采样工器具,根据构件几何参数、运行史和积存量进行估算,通过确定采样区域和选择采样点进行样品采集,以确保采样的代表性。具体采样操作要求如下:

(1) 对于受污染的设备、容器、工艺管线,要求按照污染分布进行表面擦拭采样或切割采样。

(2) 对厂房(或水池等)地面、墙壁污染面采样时,要求根据其污染水平和厂房几何形状对厂房内污染表面划分测量区域,测量区域内划分测量网格并以特定的采样方式(梅花、蛇形、星形等)进行刮削或研磨采样。厂房内热点部位应单独采样。

（3）外周围环境放射性样品的采集要求按照环境污染监测方法进行。

（4）对于散存废物，要求结合废物类型的实际情况和放射性污染水平普查结果，采用统计学的方法进行抽样采集。

（5）对外围污染土壤，要求依据污染土壤的实际情况和放射性污染水平普查结果界定表面污染区域并进行表面样品的采集，必要时进行深层采样。

（6）在包装样品期间，要求选择可靠的装样容器，防止发生其他核素对样品的污染。

（7）在样品运输、暂存中，要求防止样品撒落和交叉污染，并防止污染其他区域。

12.3.6 编制终态放射性特性调查报告大纲要求

退役终态放射性特性调查要先编制质量保证大纲，以便按法规标准和审管要求完成全部监测活动。编制质量保证大纲的目的是保证采样、分析、监测、文件、说明和数据的使用不会导致厂址的开放对公众健康产生不可接受的风险。编制质量保证大纲要求主要内容包括人员资质、仪器、调查方法、文件编制。

质量保证大纲应明确规定进行放射性监测的人员的最低资质。监测过程中应选择合适的仪器，一旦仪器选定，应编制详细的操作、检查、标定、储存和移动程序。调查方法包括审查调查程序。合适和准确的文件编制是审管机关进行审查的主要基础，文件应包括厂址的精确地图、材料的历史和与厂址无限开放有关的重要事件。

文件应当包括剂量率测量、表面污染测量或其他仪器测量，或分析结果的记录。记录要求如下：

（1）开放的部件、材料物项或开放的厂址。

（2）行政管理细节包括开放的日期、位置和范围。

（3）测量或采样的位置。

（4）材料或采样的来源。

（5）测量与采样收集的日期。

（6）剂量率、表面污染和体积活度的直接测量结果。

（7）实验室测量特定核素的比活度和放射性水平（用 Bq/g 和 Bq/cm^2 表示）的测量结果。

（8）在所要求的确认范围内的误差。

（9）调查者、采样者和分析者的姓名。

（10）分析数据（各种核素分项，附加说明）。

（11）仪器规格书和标定数据。

（12）探测限值。

（13）验证监测结果的人员姓名。

12.4　研究堆退役去污技术

在研究堆运行过程中，工艺设备、部件或整个设施都有可能受到不同程度的污染，这给研究堆退役带来非常大的困难。本节主要介绍放射性污染与退役去污、退役去污的分类与去污效果、机械—物理去污技术、化学去污技术、电化学去污技术和废金属熔炼去污技术等内容。

12.4.1　放射性污染与退役去污

所谓污染是指放射性污染介质或气体中的放射性元素或化合物，通过化学的、物理的或其他方式在研究堆的系统、部件或构筑物表面上的沉积。放射性污染与核素种类及其形态、理化特性、温度和被污染物的性质、表面形状与放射性物质接触时间等很多因素有关，如研究堆主回路系统的设备管道内表面的放射性污染往往是由研究堆冷却剂内所含的中子活化产物或燃料元件包壳破损释放出的裂变产物沉积所引起的。放射性污染按照污染物的物理化学过程和去污的难易，可以分为两类，即固定性污染和非固定性污染。

退役去污是研究堆退役的一个重要组成部分，它贯穿研究堆退役的整个过程。例如，研究堆退役准备阶段源项调查之前的去污、研究堆拆除之前的去污以及拆除后的设备和部件去污等。所谓研究堆退役去污是指采用不同的手段（如冲洗、加热、化学或电化学方法、机械清除或其他方法等）从放射性污染的设施或设备表面或内部，全部或部分除去污染的放射性核素所进行的操作。退役去污的主要目的包括如下几种：

（1）降低作业场所和作业对象的辐射场强度，简化退役作业操作，减少作业人员的受照剂量，即尽量降低职业性辐照剂量，保护公众和环境。

（2）有利于回收利用设备和材料。

（3）减少需要处置的废物体积或使废物可以降级处置。

（4）便于拆除活动，降低屏蔽和远距离操作的要求，方便退役活动。

（5）有利于场址的开放使用。

（6）减少废物储存、运输和处置的费用。

需要指出的是，去污不能从根本上消除放射性核素，只能将放射性核素的存在形式或位置发生改变，以便于辐射安全管理。因此，退役去污的重点要考虑二次废物的产生量、处理、整备和处置的难易条件。

研究堆退役去污不同于在役检修等去污，后者更关注去污后设备、部件的完整性，而前者因设备、部件退出服役，只要能满足退役阶段去污时的需要，无须更多地受设备、部件完整性、腐蚀性的制约，因而往往采用深度去污。

12.4.2 退役去污的分类与去污效果

自 20 世纪 50 年代后期到 60 年代前期，研究堆去污技术得到了相当大的发展，当时主要针对研究堆发生运行事故后设备、部件及设施产生严重污染而开发了各种去污技术。此后随着大量研究堆投入运行，特别是核电站和后处理设施投入商业运行，为了能定期对这些研究堆进行维修，又开发了各种去污技术[22]。20 世纪 70 年代以来，随着一些研究堆的退役，又开发了针对研究堆退役的各种去污技术。截至目前，研究堆退役技术类别不少，方法繁多，效果不一。

研究堆退役去污可按照诸如退役去污因子、去污对象或去污目的等不同有多种分类方法。

1）按去污原理分类

根据去污原理，研究堆退役去污可分为化学去污技术、机械（物理）去污技术、电化学去污技术、熔炼去污技术、生物去污技术等。在实际应用过程中，往往将几种方法结合起来使用，以达到理想的去污效果。

2）按去污对象分类

不同的去污技术对被去污对象往往有不同的去污效果。去污技术依据去污对象可以分成以下几类：

（1）系统去污技术，例如后处理厂共去污循环系统、高放射性废液蒸发系统等，一般采用化学去污技术。

（2）设备去污技术，主要包括机器设备或其零部件和工具。一般采取单个去污形式。去污方法包括机械（物理）去污、化学去污、熔炼去污等技术。

（3）设施（厂房）去污技术，主要是对建（构）筑物的钢筋混凝土、钢材及其涂层、衬里等的污染进行去污，其去污技术主要是机械（物理）去污，如冲击、研磨、剥离等。

3）去污效果

去污效果的评价可以针对某个特定的核素，也可以针对总体放射性核素。去污效果的表示方法有多种，常用的有以下 3 种[23]。

（1）剩余污率——去污后物体上剩余的放射性活度（$A_后$）占去污前放射性活度（$A_前$）的份数，用 α 表示：

$$\alpha = A_后 / A_前 \tag{12-8}$$

（2）去污率——去污去除的放射性活度占去污前放射性活度的份数，用 β 表示。

$$\beta = (A_前 - A_后) / A_前 \tag{12-9}$$

（3）去污因子——去污前污染物放射性活度与去污后放射性活度之比，习惯上称为去污系数。去污因子（D_F）用 K 来表示：

$$K = D_F = A_前 / A_后 \tag{12-10}$$

下面逐一介绍退役去污所采用的主要去污技术。

12.4.3　机械-物理去污技术

机械-物理技术是利用擦、刷、磨、刮、削、刨、共振等作用除去表面的锈斑、污垢或表面涂层、氧化膜层。这包括吸尘、冲洗（水洗、去污剂洗涤）、机械擦拭、高压射流、超声去污、激光去污和等离子体去污等技术[23]。

1）吸尘与机械擦拭技术

吸尘技术是用吸尘器吸除降落沉积在物体表面上的沉积污染物。此法简单易行，可以用手提或手推器操作，也可以遥控操作。混凝土表面的去污和切割操作，常需要伴随真空吸尘。

机械擦拭技术已有各种形式的商售擦拭器具，利用擦、刷、磨、刮、削、刨、共振等机械手段，除去表面的污染层。例如：一种特殊设计的旋转刷，可以伸入管道内部擦除污染物。擦拭法常伴随有真空吸尘器。

2）高压射流技术

高压射流去污技术是 20 世纪 70 年代发展起来的技术，其原理是用高压泵射出高压水，通过喷嘴正向或切向冲击去污物件的表面。高压射流若将机械力、化学力、热力结合起来，则可更有效地除去污染的表面垢物和氧化膜，其至可对混凝土去污。

高压射流技术主要是利用射流的打击、冲蚀、剥离、切除等作用来除垢、除锈斑、清焦和清洗,去除污染的放射性核素。高压射流特别适合于难以实现擦洗的物体或擦洗工作量太大的物体表面的去污。现在,高压射流技术已广泛用于厂房、槽罐、管道、热室等的去污。

高压射流去污系统由高压泵、调压装置、高压软管、硬管、喷头及控制装置等部件所组成。选用参数因去污对象而异,常用参数如下:

压力	5~70 MPa
水流量	20~200 L/min
功率(高压泵)	3~100 kW

喷射距离以$(150\sim300)D$为最好(D为喷嘴出口直径)。除工作压力、喷射距离之外,射流的入射角对去污效果也有重要影响,入射角以$60°\sim70°$为宜。

我国核工业设施退役过程中也有效地利用了高压水射流去污。由表12-5看出,除了水磨石地板、油漆地面、塑料地面的去污效果较差外,其他去污对象都有较好的效果。

表 12-5　高压水射流清洗工艺厂房去污效果示例

去污对象	工作压力/MPa	去污面积/m²	去污时间/min	去污率/%
塑料地面	40	5	3	86.40
油漆地面	40	2	3	69.28
瓷砖地面	25	6.25	6.63	94.32
水磨石地板	40	4.06	6.4	65.39
碳钢面	40	4.2	18.0	95.99
不锈钢面	25	6	14.7	95.98

影响高压射流去污效果的主要因素有以下7个:

(1) 压力,压力增大,清除污垢的强度和能力增大,但水压提高到一定程度之后,去污效果增大不多。对于松散或弱结合的污染,用$5\sim70$ MPa高压水较宜,对紧密结合的污染物可采用$70\sim250$ MPa(常使用$100\sim200$ MPa)的超高压水喷射。

（2）流量，流量大，去污效果好，但废水量增多，一般用量 0.3～23 L/s。

（3）时间，时间长，去污效果好，但废水量增多。

（4）温度，温度高，可使油脂类垢物容易清除。

（5）喷射方法，包括喷射距离、喷射角度、喷嘴数量，对去污效率都有重要影响。

（6）化学试剂，加化学试剂具有湿润和疏松污垢作用，增强去污效果。

（7）磨料，增加冲击物的质量，加强冲击强度，增强去污效果。

为了减少废水量，高压水射流去污，常设置回收循环系统把废水收集起来，经过处理，再循环再利用。

高压水射流的去污因子为 2～100。为了提高去污效率，有在高压水中加进化学试剂，还有用高压喷射蒸汽，或喷射砂、干砂、氧化铝、锆氧砂、微钢珠、塑料珠、干冰等磨料。磨料可用高压水进行湿喷，也可用压缩空气进行干喷。干喷有粉尘问题，湿喷有废水多的问题。

干砂喷射去污技术能去除 0.1～1 mm 厚度的表面涂层或表面氧化膜层，但表面变得比较粗糙，并且气溶胶污染大。喷射 10～20 目（粒径 2.00～0.85 mm）磨料，去污效果好，但表面损伤大；喷射小于 100 目（粒径 0.148 mm）磨料，表面损伤小，但去污效果差。

干冰喷射去污技术是用压缩空气喷射固态二氧化碳粒子，二氧化碳颗粒打在物体表面上，因撞击而破碎，并迅速气化成二氧化碳气体，气体冲击物体表面层，把污染表面层去除。干冰喷射的优点是去污效果好，不产生废水，主要二次废物是比较容易处理的气体；缺点是过滤器更换频率比较大，使用过程温度快速下降，要间隙作业，要为操作人员提供抗寒的气衣和手套，要防止通风系统的冻结。冰丸喷射去污原理类似干冰喷射，使用液氮冷冻制造尺寸为 1～2.5 mm 的冰丸进行喷射。

磨料喷射去污技术还有使用喷射塑料颗粒的，采用的塑料的硬度比漆膜大，但比基材小，硬度范围为 3～4 莫氏硬度（砂为 7），它可以使漆层除去，但不易损坏铝材。塑料颗粒磨料可以采用聚酯、脲甲醛、聚氰胺甲醛、酚醛、丙烯酸、聚碳酸烯丙酯等，目前使用较多的是脲甲醛颗粒磨料。

射流去污技术在我国民用工业已有广泛应用，包括锅炉、管道、热交换器、设备、外墙的除垢、疏导、去污等，并积累了不少经验，国内已能生产各种高压射流设备。

3）超声去污技术

超声去污技术是利用超声的空化效应、加速度效应、声流效应对清洗液和污垢的直接和间接作用,使污垢层分散、乳化、剥离,而达到去污目的。超声去污的主要作用是空化效应。空化效应的强弱与超声波的频率、功率、清洗液表面张力、蒸汽压、黏度、工作温度和流变特性等许多因素有关。超声波空化气泡瞬时破裂,会产生上千个大气压的冲击力,破坏污染物,并使它们分散在清洗液中,去污效果很好。

超声去污通常选择声强为 $1\sim2$ W/cm^2,频率为 $20\sim50$ kHz,温度为 $60\,℃$,以磷酸为清洗液。把要去污的物体放在网篮中吊在清洗液中,或吊在支架上悬挂于清洗液中,清洗液不断流动更新。清洗槽可以是单槽,也可以是多槽,可以人工操作,也可用机械手遥控操作。超声去污很适用于对阀芯、阀杆、泵、过滤器花板、切割工具等小工件和仪表杆的去污。去污因子可达到 $10\sim1\,000$。

超声去污具有去污效果好、效率高、二次废物少、可远距离操作等优点。为扩大超声去污的应用,发展大容量、高功率密度的超声去污装置,采用大尺寸的去污槽,可对大件物体进行去污。把超声去污和化学去污结合起来可获得更好的去污效果。

4) 激光与等离子体去污技术

激光去污技术不需要清洗液,是一种干式去污法。激光去污是在极短时间内将光能转变成热能的"干式清洗",这是近几年出现的一种新型去污技术。

激光是一种单色性、方向性好的光辐射,通过透镜组合聚焦光束,把光束集中到很小范围区域内,在焦点附近的污染层产生几千摄氏度甚至几万摄氏度的高温,而基体材料的温度几乎无变化,使污垢瞬间气化蒸发或爆裂脱落。激光把物体表面的涂层和氧化膜层消融,产生的挥发物用真空系统和多级过滤器捕集,有机物可用活性炭床捕集。

采用二氧化碳激光器(平均功率为 2 kW,波长为 10.6 μm),产生的温度可高达 $10\,000\,℃$,使物体表面涂层完全气化,金属氧化物消融。二次废物只是废过滤器,二次废物减少 70%。激光清洗去污速度快,效率高。利用 YAG(人工合成钇铝石榴石)激光器可以方便实现遥控去污。

日本动燃团用高功率脉冲二氧化碳激光清洗金属表面铀污染物,除污率达 99% 以上。俄罗斯开发的激光除锈技术,用直径 12 mm 的激光束在金属表面扫描,锈斑和氧化物很快蒸发掉,并且还能改变金属的微米厚表层结构,防止锈斑再生成。

等离子体去污(plasma decontamination)技术是一种干法去污技术。在等离子体中存在着高速运动状态的电子、中性原子、分子、原子团(自由基),离子化的原子、分子,紫外线,未反应的分子、原子等。该去污方法使用的是低温等离子体(温度为几千摄氏度),将附着在物体表面的垢物除去,可应用于不同材料的基体,如金属、高聚物、玻璃、陶瓷等。

12.4.4　化学去污技术

化学去污技术是利用化学试剂的溶解、氧化还原、络合、螯合、钝化、缓蚀、表面润湿等化学作用,除去带有放射性核素的污垢物、油漆涂层、氧化膜层等的一种技术[24]。化学去污法广泛用于管道、部件、设备和设施表面固定性污染的去污。

1) 化学去污技术的优缺点

该方法的主要优点如下:

(1) 可用于难以接近的污染表面的去污,既可以用于初步去污也可以用于深度去污。

(2) 所需的工作时间较少,能就地去污和进行遥控操作。

(3) 去污过程产生的气载有害物较少。

(4) 去污剂经过适当处理后可以重复使用,化学试剂易于获得。

该方法的主要缺点如下:

(1) 对多孔表面的去污效果较差和产生的废物体积大。

(2) 使用不当时会产生腐蚀和安全方面的问题。

(3) 在某些情况下可能会产生混合废物。

(4) 对不同的表面需用不同的试剂,有时还需要考虑临界问题。

2) 去污试剂

能用于研究堆退役化学去污的试剂较多。根据试剂的特性可以分为无机酸类、有机酸类、氧化还原类、螯合剂类、碱类、表面活性剂、缓蚀剂等。它们既可以单独使用,也可以联合使用,还可以制成诸如发泡剂、乳胶、可剥离膜等[25]。

(1) 无机酸及其盐类,研究堆退役去污中常用的无机酸包括盐酸(HCl)、硝酸(HNO_3)、硫酸(H_2SO_4)、磷酸(H_3PO_4)等。其中,用得较多的是硝酸,硫酸、磷酸用得较少。这些酸的稀溶液本身可作为去污剂,也可以使用与酸的盐和其他化合物配制成的混合物以及它们之间的混合液(如 HNO_3 - HCl)。强无机酸主要用于污染金属的去污,其作用是破坏和溶解金属表面的氧化物膜,并降低溶液的 pH 以增加溶解能力或金属离子的离子交换能力。使用强无机酸去污具有价格便宜、去污作用大等优点,但是,由于强酸的腐蚀性强,因而操作比较困难,且存在较大的安全问题(如与一些化学物反应产生可爆炸或有毒的气体)。

在研究堆退役的许多场合,往往采用强酸盐来代替酸本身,或与不同的酸相混合而成为更有效的去污剂。常见的盐类包括硫酸氢钠($NaHSO_4$)、硫酸钠(Na_2SO_4)、硫酸铁[$Fe_2(SO_4)_3$]、氟化钠(NaF)等。无机酸盐去污原理与酸一样,也是溶解或络合金属表面的氧化膜。无机酸盐去污与无机酸去污相比,其主要特征是与材料的相容性问题要少一些。但是,由于其腐蚀性仍然较强,因而一般需要加入缓蚀剂。无机酸盐(硫酸氢钠除外)一般用于碳钢和铝材的适度去污,其优点是增加了酸去污的广泛性,产生较少腐蚀性的溶液,与酸相比,对操作人员较为安全。其缺点是盐溶液对设备和操作人员仍有一定的腐蚀作用,比酸的作用弱[25]。

(2)有机酸,这类试剂一般为弱酸,与强无机酸相比,与材料的相容性好而且安全性较高。常用的有机酸为草酸(CH_2O_4)、柠檬酸($C_6H_8O_7$)、氨基磺酸(NH_2SO_3H)、甲酸($HCOOH$)等,它们常常相互混合使用或与其他去污剂混合使用,一般用于处理或溶解金属表面的氧化膜和络合或溶解金属离子。与强无机酸相比,有机酸的主要优点是作用较缓和,腐蚀性较弱,络合或螯合能力较强,清洗时二次废液中悬浮物及残渣少,几乎不存在与材料的相容性问题。它们不含氯化物或氟化物,可用于不锈钢和高合金钢的去污,同时,这些试剂还可以用于塑料和其他聚合物的去污。其缺点是反应速度慢,高温下易于分解等有机酸在研究堆退役去污中应用较少,主要用于研究堆运行去污。

(3)碱及其盐类,用于研究堆退役去污的碱及其盐类主要包括氢氧化钾(KOH)、氢氧化钠($NaOH$)、碳酸钠(Na_2CO_3)、磷酸钠(Na_3PO_4)和碳酸铵[$(NH_4)_2CO_3$]等。碱、碱盐或其与其他化合物的溶液可用于去除油脂和油膜、中和酸溶液、作为表面钝化剂、去除油漆和其他涂层、去除碳钢的铁锈、作为溶剂在高 pH 溶液中溶解某些物质、作为一种手段为其他化学试剂(主要是氧化剂)提供良好的化学环境等。

强碱(KOH、$NaOH$)常与氧化剂($KMnO_4$、KIO_4)和还原剂(NaH_2PO_3)溶液混合使用,其中,碱性高锰酸钾($NaOH$ 和 $KMnO_4$)是一种广泛使用的金属表面去污剂,一些重要的核素(如碘)采用该去污剂可以有效地去除。

对于油漆、涂层和薄膜等化合物,可利用强碱进行初步腐蚀,然后利用机械方法将其除去。需要指出的是,该方法不能用于铝、镁材料,因为它们与强碱能发生反应生成爆炸性气体。

用碱及其盐类作去污剂的优点是价格比较便宜,使用过程中存在的问题比较少等。其缺点是反应时间较长,具有较强的腐蚀性,操作不慎,会对操作人员造成危害等。

(4) 络合剂,该类试剂可与某些离子选择性地结合形成络合物,阻止一些金属离子形成沉淀物。在去污中最常用的有乙二胺四乙酸(EDTA)和羟乙基乙二胺三乙酸(HEDTA)的一元酸、有机酸、钠和铵的有机酸盐、次氮基三乙酸(NTA)等。EDTA 能与大多数离子络合,但它的价格昂贵,且作为侵蚀金属氧化层的强酸溶液,其 pH 范围太高。EDTA 常和洗涤剂、氧化剂或酸混合使用,以提高去污系数。

络合剂用于研究堆退役去污的优点是,它可以增加大部分去污剂的去污系数,在加入有机酸的情况下具有双重功能,使用较安全。其缺点是,EDTA 等络合剂价格昂贵,使用范围有限,产生的放射性废物较难处理。

(5) 氧化还原剂,该类试剂在研究堆退役去污的作用是增加或降低污染金属表面氧化层的氧化价态,使之变得更容易溶解。一般情况下,氧化剂与还原剂联合使用,以保持一定的氧化态水平。在研究堆退役去污中,常用的氧化还原剂包括高锰酸钾($KMnO_4$)、重铬酸钾($K_2Cr_2O_7$)、过氧化氢(H_2O_2)、Ce(V)、过硫酸钾、连二硫酸钠、羟胺、肼等。

在研究堆退役去污中,氧化剂被广泛用于处理金属氧化膜、溶解裂变产物、溶解各种化学物质以及为达到保护或腐蚀的目的对金属表面进行氧化处理。研究和应用表明,许多金属或其他化合物在高氧化态下易碎裂或溶解,碱金属被氧化后才能溶解。绝大多数金属表面可用氧化剂预处理。但为了防止过分腐蚀,对处理条件应做适当调整。

(6) 洗涤剂和表面活性剂,绝大多数商用洗涤剂含有清洁剂(如十二烷基硫酸钠、油酸钠、烷芳基磺酸盐等,可作为润湿剂或表面活性剂使用)、磷酸盐或碳酸盐(如碳酸钠和磷酸钠)、增稠剂(羧甲基纤维素)和其他填充物。在研究堆退役去污中,使用洗涤剂可有效去除油脂、污垢和某些有机物。表面活性剂(如磺酸盐、季铵盐等)可与洗涤剂混合或单独使用。它一般由亲水基和疏水基两部分组成。亲水基为极性官能团,如羧基、硝基等,疏水基多为链烃。表面活性剂在去污中的作用是湿润表面、活化表面、降低溶液的表面张力、增加金属表面的浸润能力、增加去污剂与待去污物体的表面接触等。

使用洗涤剂和表面活性剂去污的优点是，价格便宜、容易获得。其缺点是作用有限，可能会释放出泡沫或氨气，从而给操作带来不便。

3）常用的去污方法

研究堆退役工程中，常用的去污方法包括化学凝胶去污、泡沫去污、可剥离膜去污和超临界萃取去污 4 种方法。下面逐一进行介绍。

（1）化学凝胶去污法，该方法是将化学凝胶用作去污剂（如 $H_2SO_4/H_3PO_4 + Ce(\text{IV})$）的载体，喷涂在待去污物体的表面上。使去污剂与污染表面维持较长时间的接触。作用一定时间之后，用水漂洗或通过喷淋除去凝胶物，物体表面得到去污。此法优点是二次废物量较少。

糊膏去污类似于凝胶去污。法国应用此法于 G2/G3 研究堆和 PIVER 玻璃固化中间工厂退役的去污，取得很好的去污效果。

（2）泡沫去污法，该方法是将去污剂和湿润剂加压喷涂在待去污的物体的表面，形成泡沫层，使去污剂与污染表面维持较长时间的接触。经过一定时间之后，用水漂洗或喷淋，除去泡沫得到表面去污。如美国西谷后处理厂退役去污，将泡沫去污剂喷涂在设备室内表面，停留 15～30 min，然后用高压热水冲洗，获得很好去污效果。

泡沫去污的作用时间长，对油漆、涂料、锈垢和复杂形状的部件，去污效果都比较好，二次废物量少。

（3）可剥离膜去污法，该方法是利用由化学去污剂和成膜剂做成的具有多种官能团的高分子膜进行去污。因为加入各种络合剂、乳化剂、浸润剂，可剥离膜有较强的去污能力和成膜性能，成膜前它是一种高分子溶液或水性分散乳液，用喷雾法或涂刷法将其施加于待去污物体的表面，干燥后成膜。成膜过程中高分子链上的官能团以及其中的络合剂与污染核素发生作用，污染核素萃取进膜中，剥掉涂膜便达到去污目的。最适用于墙壁、地面和天花板去污，去污因子可达 10～100（甚至可达到 1 000）。俄罗斯圣彼得堡镭学研究所放射化学实验室用此法去污，经过 3 遍可剥离膜去污处理，污染水平从 240 Bq/cm^2 降到 0.1～0.5 Bq/cm^2。

市场上可剥离膜品种很多，主要有三种类型：① 聚乙烯或聚氯乙烯系列；② 聚醋酸乙烯及其改性物系列；③ 聚丙烯酸酯系列。目前国内外相关公司均开发有此类产品，例如，美国莫贝利亚尔公司、日本藤仓化成公司、中国原子能科学研究院和清华大学都开发了相应的可剥离膜。

可剥离膜容易剥离，剥下来的膜易压缩，也可焚烧处理。现在还发展了自剥离膜,这就是干燥之后膜会自裂成鳞片,容易用刷子或真空吸尘器除去。可剥离膜去污的二次废物量比一般化学法减少 2/3,节省工时 1/2,节约费用 1/3。可剥离膜去污对表面光滑的物件去污效果好,对多孔性粗糙物件、复杂结构部件及放射性深部污染情况,去污效果较差。

可剥离膜还可起到封闭包容作用,隔离污染物体,防止污染扩散,可用来保护设备和工具,如涂覆在箱室、墙面、通风管道、切割工具上可防止其受放射性核素污染,这对防止射线污染扩散,有着特别重要的意义。

(4)超临界萃取去污法,该方法是用超临界流体萃取核素。超临界流体是处于临界温度和临界压力以上的流体,它兼有气、液双重特性[27],既有气体的高扩散性、低黏性、可压缩性和渗透性,又有与液体相近的密度和溶解能力。在临界点附近,温度和压力的微小改变,可使临界流体的密度和溶解度产生几个数量级的变化。用超临界流体去污,就是将样品放在萃取室中,超临界流体与待去污物件接触,把氧气加压到 300 个大气压,加热到 80 ℃,维持 20 min,然后抽出二氧化碳。减压升温,使超临界流体变为普通液体,把萃取的放射性核素"释放"出来。这样,就达到去污目的。因为超临界流体表面张力小,扩散能力强,可进入去污部件的微孔,因此可用于复杂结构部件的去污。

为提高超临界萃取的去污效果,在超临界流体中可加入 TBP、β-双酮。硫化磷酸或其他络合剂。例如用含冠醚($DCH_{18}C_6A$)、D_2EHPA(二 2-乙基己基磷酸)和苦味酸的超临界二氧化碳,可除去不锈钢表面污染的、超铀核素与锶和铯。

12.4.5 电化学和废金属熔炼去污技术

为便于理解电化学和废金属熔炼去污技术,下面将主要介绍电化学和废金属熔炼 2 项去污技术的内容。

1)电化学去污技术

该技术是利用电解或电抛光技术,在电回路中的直流电作用下发生阳极溶解除去金属表面的薄膜层,这相当于电镀的相反过程。其工艺一般为将待去污的物件放在含有电解液的槽中,污染物做阳极,电解槽做阴极,通过高密度电流($100 \sim 2\,000$ A/m^2),不断更新电解液,不仅除去金属表面污染物,还使得其表面变得光滑[27]。

电化学去污也可在充满电解液的管道内,用一移动电极进行电抛光。电化学去污方式如下:

（1）浴式浸泡法——适于小件物品。

（2）电解隔离法——适用于局部区域（如部分工具或部件）或很大的表面（如乏燃料储存池覆面）。

（3）电解液抽吸法——适用于研究堆主回路部件（如蒸汽发生器管头、管道）或其他与安全有关的部件。

电解法的电压约为 10 V，电流约为 20 A，电极上的电流密度为 $100\sim400\ A/cm^2$。大电流密度要考虑冷却问题，电解质则应为强碱性或强酸性。在充满电解液的管道内使用移动电极，可使管道得到去污。

电化学去污效率高、速度快、二次废物量小。电化学去污只适用于金属物件，去污功效取决于选择合适的电极、电压、电流密度、温度和电解液。电化学去污过程要控制从电解液释放出的蒸汽，要设置排气罩，要设置加热和搅拌电解液的措施。磷酸和硫酸常用作电解液，以磷酸为更好。如用 5%（质量百分数）H_2SO_4 做电解液，电流密度为 $0.3\ A/cm^2$，温度为 60 ℃，可达到去污因子不小于 10^4，电化学去污易实现遥控操作。它的应用受到电解槽大小和去污物件构造复杂性的限制。当物件表面有油脂、油漆类物质时，要预先将它们除去[28]。

2）废金属熔炼去污技术

该技术指采用冶金法对熔融金属进行去污的技术。低水平污染的金属经熔炼处理后，大部分污染核素进入小体积炉渣中，少部分核素均匀地分布在基体金属中，去污后的金属有的可以复用[29]。熔炼要求有适当的熔炉，尾气需经净化处理，炉渣也要做适当处理。

中国辐射防护研究院对铀污染的铝合金进行了熔炼去污处理，研究了助溶剂、熔炼温度、时间对去污的影响。铝合金中铀的质量分数从 $(1\,200\sim1\,300)\times10^{-6}$ 降到 $(33\sim232)\times10^{-6}$。他们推荐的助熔剂如下：

（1）$NaF:KCl:BaCl_2=14:76:10$。

（2）$KCl:BaCl:CaCl_2=50:40:10$。

（3）$NaCl:Na_2SO_4=26:74$。

熔炼温度为 900 ℃，熔炼时间为 $15\sim30$ min。

12.5 研究堆退役拆除解体技术及关注的问题

在研究堆退役中，拆除、分割和拆毁对象主要包括两大类：① 金属材料，如碳钢、不锈钢、铜、铝等;② 钢筋混凝土。所有这些结构有不同的形状、大小和厚度,因而需要有针对性地选择拆除、分割和拆毁设备、工具,以达到最快的工作效率,减少工作人员的受照剂量。本节主要介绍拆除解体分类、金属材料切割、混凝土拆除、机器人远距离操作以及具体物项拆除解体等技术内容。

12.5.1 拆除解体技术分类

研究堆拆除解体技术较多。早在 20 世纪 80 年代,一些有核国家就已经使用了机械切割、等离子弧切割、定量线性爆破等技术对研究堆金属部件进行切割解体,利用爆破、钻孔、膨胀碎裂、热切割和高压喷枪切割等技术对混凝土进行拆毁。随着研究堆退役技术的发展,退役拆除、分割和拆毁技术得到了快速的发展,开发了远程(机器人)操作技术。

表 12-6 给出了各种拆除、分割和拆毁技术及其适用范围[30]。

表 12-6 各种拆除、分割和拆毁技术及其适用范围

拆除、分割和拆毁技术	适 用 环 境		
	材 料	作业环境	远距离作业的可行性
冷切割			
剪切机	所有金属	空气、水下	可行
动力冲剪	碳钢、不锈钢	空气、水下	可行
机械锯	所有金属	空气、水下	可行
研磨切割机	所有金属、混凝土	空气、水下	可行
控制爆破	所有金属、混凝土	空气、水下	可行
球锤或扁平锤	混凝土	空气、水下	可行
路面破碎机和琢石锤	混凝土	空气、水下	可行
金刚石锯	所有金属、混凝土	空气、水下	不可行
膨胀拆除	混凝土	空气	可行
热切割			
等离子弧	所有金属	空气、水下	可行

(续表)

拆除、分割和拆毁技术	适 用 环 境		
	材 料	作业环境	远距离作业的可行性
火焰切割	碳钢	空气、水下	可行
电弧锯切割	所有金属	空气、水下	可行
铝热反应喷枪	所有金属、混凝土	空气	可行
电火花切割	所有金属	空气、水下	可行
新技术			
激光切割	混凝土	空气、水下	可行
液化气切割		空气	可行

12.5.2　金属材料切割技术

为便于理解金属材料切割技术,下面将主要介绍热切割技术、冷切割技术、辊道切割机及技术和磨切机及用途 4 个部分的内容。

12.5.2.1　热切割技术

热切割技术是利用热能使材料分离的一种技术,最常见的有气体火焰切割、等离子弧切割和激光切割等技术。热切割技术的主要优点包括[31]切割效率高、设备较轻、便于远距离操作和切割时不与工件直接接触反作用力小;主要缺点是容易产生烟尘和气溶胶、需配置预过滤器和高效空气微粒过滤器、部件耗损快和操作过程中易发生火灾。下面主要介绍各种热切割技术。

1) 气体火焰切割技术

气体火焰切割技术是一种热切割技术,它是利用气体火焰的热能将工件切割处预热到一定温度后,喷出高速切割氧流,使材料燃烧并放出热量实现切割的方法,简称气割。该技术是各个工业部门常用的热切割技术,主要用于各种碳钢和低合金钢的切割,在研究堆退役中也得到了广泛的应用。

(1) 气体火焰切割的特点。气割钢的速度比冷切割方法的效率高、可切割截面形状复杂的材料、投资低、设备轻便,但切割尺寸精度低;预热火焰和排出赤热熔渣的过程中可能会发生火灾,烧坏设备和烧伤操作人员;在切割过程中产生放射性气溶胶,需要设置通排风系统。

火焰切割的原理是利用气体火焰(称预热火焰)将金属表面加热到能够在氧气流中燃烧的温度(燃点),然后送进高纯度、高流速的切割氧,使割嘴中的铁在氧氛围中燃烧生成氧化铁熔渣,同时放出大量的热。其反应方程式如下:

$$Fe + 0.5O_2 \Longrightarrow FeO \ (\Delta H = -267.8 \ kJ)$$

$$2Fe + 1.5O_2 \Longrightarrow Fe_2O_3 (\Delta H = -823.2 \ kJ)$$

$$3Fe + 2O_2 \Longrightarrow Fe_3O_4 (\Delta H = -1\ 120.5 \ kJ)$$

借助这些燃烧热和熔渣不断加热钢材的下层和切口前缘,使之也达到燃点,直至钢材的底部。与此同时,切割氧流把氧化铁熔渣吹掉,从而形成切口,将钢材切割开。

(2) 气体火焰切割过程的 3 个阶段。金属的气割过程为预热→燃烧→吹渣的过程。其实质是金属在纯氧中燃烧的过程,而不是金属的熔化过程。三个阶段的具体内容如下:预热阶段,气割开始时,用预热火焰将起割点处的金属表面预热到燃点;燃烧阶段,向被加热到燃点的金属喷射切割氧,使金属在纯氧中剧烈地燃烧;氧化与吹渣阶段,金属氧化燃烧后,放出大量的热,熔渣被切割氧吹掉,放出的热量将下层金属加热到燃点,继续下去就将金属逐渐割穿。

2) 等离子电弧切割技术

在等离子状态下,电流更加容易通过,产生的电弧成为等离子电弧。等离子电弧切割技术是以高温、高速的等离子弧为热源,将被切割件局部熔化并利用压缩的高速气流的机械冲刷力将已熔化的金属或非金属吹走形成狭窄的切口的过程。等离子电弧切割技术与气体火焰切割技术存在本质的区别:气体火焰切割过程实质是金属在纯氧中的燃烧过程,而不是熔化过程;等离子弧切割的实质是金属在等离子弧的作用下熔化,而不是燃烧。等离子切割配合不同的工作气体可以切割所有金属材料和非金属材料。

3) 电弧锯切割技术

电弧锯切割技术由于其设备简单、成本较低、快速方便等优点,被广泛应用于能源、机械等工业部门的实际生产中。在研究堆退役中,电弧锯切割主要用于不锈钢零部件的解体。电弧锯切割时,被切割金属接电源正极,电极接负极。电极的形状主要有旋转圆盘电极和做直线运动的带状电极,也有用棒状的。以圆盘电极为例,接通电源后,圆盘电极一方面做高速旋转,一方面做垂直工件的等速下移,当圆盘电极与工件有一定间隙时,便产生电弧放电。此时,电能转换为热能,熔化工件,熔化后的金属被旋转的圆盘电极带走,达到切断工件的目的。

电弧放电是气体放电的一种形式,电流密度最大,温度高达 2 800～4 500 ℃,且维持放电所需要的电压是辉光放电的电压的 $\frac{1}{10}$ 左右,通常只有数十伏,安全可靠。由于电弧放电具备以上优点,它可以作为切断金属的热源。

4) 激光切割技术

激光切割技术已在金属结构和混凝土结构的切割中得到应用。高能气体激光产生的红外线可通过用水冷却的光反射器产生能量集中的光束,使用这种光束可以切割金属或混凝土。该法只能在空气中进行操作,激光气体可以是惰性的二氧化碳、氦气、氮气,也可以是活性的氧气、空气。二氧化碳激光器使用惰性气体氦气、氮气和二氧化碳的混合气作为产生激光的介质,激光束使被切割的材料熔融或气化,高速喷射的气流可将其从切割面上吹走。该切割系统由激光发生器及其控制器、高压电源、供气系统、光束传输和聚焦光学系统、冷却系统和切割喷嘴组成,可以切断厚板,但是价格昂贵,激光源太大使之占用空间较大,不易放入放射性区域,不易远程操作,为了实际应用需要进行必要的改进,目前主要用作辅助技术。

12.5.2.2　冷切割技术

冷切割技术是在常温下利用机械方法使材料分离的技术,如剪切、锯切(条锯,圆片锯,砂片锯等)、铣切以及水射流切割等。该技术在研究堆退役中应用较为广泛。其主要优点包括产生烟尘及放射性气溶胶量少、投资较少和易于实现自动化操作与控制;主要缺点包括设备重而大、仅适于小体积和较薄的物体、大多需要外加冷却剂以及切割速度较慢与效率低。下面逐一介绍各种冷切割技术。

1) 剪切机及技术

剪切机可实现手动、气动、液压和电动等驱动形式,该种设备主要应用于金属部件的分割和混凝土构筑物的破坏。剪切机通常有 3 种基本类型:

双刃剪刀式剪切装置。它的主要功能是切割小直径管件,根据驱动形式不同分为气动、液压驱动两种,并且这种设备可以实现远程遥控操作。

刀刃和砧板的组合装置。此种设备是利用刃口将工件压向组合砧板来实现剪切。这种装置主要应用于工程建设,其刀身比剪刀类型的刀身更厚大些,因此它能够切割更厚的金属组件,但不同型号的设备也对金属组件的厚度有一定的要求。切割过程是将工件装入固定的位置后,利用可调冲压来遥控切割金属板。

安装在挖掘机或其他大型机械设备内的拆离机设备。剪切形式分为剪刀式和刀刃砧板组合两种,由挖掘机或机器人进行动力驱动,比人员手动操作破坏强度更大,主要应用于高空作业和高强度作业。例如,剪切工形梁或者剪切被压碎混凝土露出的钢筋。

剪切机的切割能力取决于剪切机的尺寸以及驱动夹板的液压或气动马达的功率。现有的剪切机可切割直径为 300 mm、壁厚为 30 mm 的钢管,厚度或直径为 6 mm 的钢板或圆钢。

剪切技术在退役核设施和非反应器设备的拆除中得到了广泛应用。在一些国家,如比利时、德国、英国、美国和挪威等,该技术得到了开发和利用。

2) 机械锯及技术

机械锯是一种典型的冷切割工具,近年来在研究堆退役领域应用较为广泛。机械锯的工作原理是通过液压、电力、气动等驱动方式使得锯条做往复运动或圆周运动,对相对质软或可磨损的材料进行切割。由于机械锯条具有一定的脆性和磨损性,因此,切割金属部件时需要考虑很多因素,如驱动方式、锯条的种类等。

不同种类的机械锯切割技术可用于不同设施的退役拆除,即每一种机械锯都具有一定的适用性。其尺寸从切割小型部件的手持电动钢锯到切割容补器或游泳池壳等的大型台式带锯。机械锯主要包括 3 种形式,即:往复式锯(包括钢锯和切截锯)、带锯、圆锯。

12.5.2.3 辊道切割机及技术

辊道切割机通过手工启动装置或自动推进装置,在管子或容器的外表面或内部移动切割。该设备主要用于管道和圆形容器的切割。它有 3 种切割方式,即磁力管道热切割、轨道固定热切割、轨道固定冷切割。

该切割机主要用于大中型管道的切割,其切割原理主要是利用辊道固定或者磁力固定的方式,驱动机身做圆周运动,使携带的切割设备完成圆周切割,从而割断管道。目前,该切割技术已经实现了冷切割和热切割两种形式的切割。冷切割辊道切割机利用铣刀进行切割,这种设备在设计上要求十分严格,对于辊道固定强度、铣刀刀片设计、调速档配备都需要进行测试分析,对于不同厚度不同材质的管道的切割能够有效解决设备安全、切割效率等问题。

而辊道热切方式由于切割强度不大,对于固定力的要求不高,因此可以实现磁力爬管式,或者辊道固定式,且固定效果适中即可。

对于不锈钢的切割,由于它不具有电磁吸附性,因而不能选用磁力管道切割机,常常使用链条辊道固定等离子切割方式来实现对其切割。

液压冷切割机可以利用液压驱动或气动驱动进行管道切割,切割不锈钢大型管道要求要高于其他普通材料的管道,因此在固定性、动力性能、刀片强度等方面的技术设计上要求较为严格。退役经验表明,市场上出售的普通铣刀爬管式冷切割机对于碳钢和铸铁材料管道的切割效果较好,但在不锈钢大型管道切割过程中会发生短时间内的刀片断裂或固定性不好而行进困难等现象。

需要指出的是,辊道切割机在进行大型管道切割过程中需要有足够的冷却,并对其电气系统采取严格的保护措施。而且选择此类工具进行研究堆拆除作业前要做好现场调查工作,最主要的工作是确定管道周围空间大小是否大于切割机可用最小距离。

爬管式辊道切割机很容易实现远程操控,对于放射性管道部件的切割具有很大的优势。目前,国内外类似的圆周切割设备有很多种,这些辊道链条固定式的切割机需要根据管道的直径大小,通过延长辊道和链条的长度进行调整和安装,而磁力管道切割机对于普通碳钢管道无规格的限制。另外,此种设备还具有管道破口的作用,从而方便管道的封堵。

12.5.2.4　磨切机及用途

金属磨切机是利用电动、液压、气动驱动磨切头对设备连接部位进行切割,使得整个设备相互脱离的一种解体切割工具。磨切头是由氧化铝或碳化硅颗粒用树脂黏合的圆盘、磨机端、切割机轮、磨面等组成。这种磨切机曾用于研究堆内部和研究堆隔热装置的拆除。英国研究堆研究学院对专用磨切机进行了试验。根据研究堆内部的环境要求也可以将该设备进行改造,实现远程作业,通常,一种机械手控制磨切设备可用于切割设备固定螺栓,通过远程监控设施进行监督操作。当然这种切割方式也可以通过手持操作,但仅限于常规部位或低放射性污染部位,最简单的一种是将角磨机安装磨切片进行切割工作,通常用于薄壁和小部件的切割。

12.5.3　混凝土拆除技术

为便于理解混凝土拆除技术,下面将主要介绍控制爆破技术、球锤或扁平锤技术、膨胀拆除与铝热剂反应喷枪技术和金刚石切割机具4个部分的内容。

1）控制爆破技术

控制爆破技术是指通过一定的技术措施严格控制爆炸能量和爆破规模，使爆破的声响、震动、飞石、倾倒方向、破坏区域以及破碎物的散坍范围在规定限度以内的爆破技术[32]。在研究堆退役中，爆破对于一些特殊部位或者大体积厂房的拆除是一种好办法。它包括 3 种重要类型的使用方案：

常见的爆破技术有一个相对低的爆炸限度，爆破时产生膨胀气体和冲击波。该方案主要用于范围较小的场所，产生的破坏力比较集中于一点或一个物体，破坏力较小。

成形爆破技术是高速释放能量和冲击波以及在精确支配方式下将物体断裂的一种技术。在某些情况下，爆破之前需要对被爆破部件进行简单处理，爆破点的排布直接决定产生的爆破效果。目前，此项技术在国外已经成熟。

生产线性爆破技术是指产生的能量用以冲击打入物体内的金属楔子，形成"V"切口从而达到切割目的一种技术。此技术大多将爆破能量集中在一个设备内。

2）球锤或扁平锤技术

球锤或扁平锤技术是一种常用的建筑物拆毁技术，通常用于厚度小于 1 的无钢筋或低配筋混凝土构筑物的拆毁。由于其破坏性较大，容易产生烟尘，因此对于放射性污染的构筑物一般不使用该方法。该技术已经成功用于埃尔克河研究堆安全壳的拆毁[33]。

在拆毁构筑物时，将 2～5 t 重的球锤或扁平锤悬挂在吊车臂上。有两种拆除方法，一是用吊车将球锤吊到构筑物之上 3.05～6.10 m，然后松开缆绳，使球锤落到目标表面。构筑物的最大高度限制为 30.48 m 左右，对于这样的高度，5 t 的球锤需要 200 t 的吊车。在最大限度地控制好球锤的情况下，这种方法可得到良好的构筑物破碎效果；二是使球锤摆动撞击构筑物，并利用收缩线使球复位。由于摆动时和撞击后吊车不稳定，构筑物的最大高度限制在 15.24 m 左右。需要指出的是，后一种方法由于目标区不易被击中，球有可能飞过目标而损坏邻近的构筑物，同时还须给吊臂加荷载，所以一般不予采纳。扁平锤只能在垂直下落方式中使用，其优点是能切断钢筋以及混凝土。

3）膨胀拆除与铝热剂反应喷枪技术

膨胀灌浆技术在民用工程中应用广泛，在研究堆退役中也得到一定的研究和应用，主要用于无钢筋混凝土的拆除。该技术通过打孔并填充湿灌浆混合料来破碎无钢筋混凝土。由于灌浆剂的膨胀，在混凝土基质内产生内应力，从而使混凝土胀裂,达到分割、拆除的目的。本技术已用于 PPA 退役项目中,从非活化污染的混凝土块中分离放射性混凝土。需要指出的是,对混凝土实施膨胀灌浆前,应根据混凝土表面积计算好混凝土上打孔的距离和孔数,以达到良好的破坏效果。

膨胀灌浆技术多用于室内混凝土构筑物的拆除,或者局部不会影响周边建筑物条件下的拆除作业,在我国研究堆退役工程中,利用了 Bristar 膨胀剂对研究堆回路系统房间的混凝土管道底座进行了拆除。其主要优点如下:① 安全性好,无噪声,相对清洁;② 拆除强度小,碎块废物易回取;③ 拆除后的混凝土块体不分散,可直接进行吊装转运;④ 与机械拆除相比,所需人员较少。

成型记忆合金技术是利用这种材料在加热后能恢复到一个预先的形状,在工艺中产生一个极大的力,并利用可膨胀薄膜来破坏混凝土建筑的一种技术。最普通的记忆合金是称为镍钛诺(Nitinol)的镍钛合金。这种特制的合金具有非常好的电阻和机械性质、很长的工作寿期和很高的耐腐蚀能力。这种合金由于具有电阻性质,因此可以通过电加热形式使其发生动作。此方法可用于混凝土结构的拆除。

铝热剂反应喷枪技术是通过管嘴处发生的铝热剂反应来实现喷枪切割,直到管内的全部组合物完全耗尽的一种技术。该技术的铝热剂反应喷枪是一个铁管,其内装有钢、铝和镁金属丝的组合物,管内维持一定气流。管嘴处的温度在 2 204~5 538 ℃范围内,与工作环境(在空气中还是在水下)及其周围条件有着密切的关系。在空气中喷枪用高温源点燃,如氧气割炬或电弧。常用的喷枪长度为 3.2 m,直径为 9.5 mm 或 6.35 mm。实际工作中常使用的喷枪是手提式的。切割系统的构件包括喷枪柄、喷枪、氧气源、维持 0.86 MPa 压力的气量调节器和直径不小于 9.5 mm 的氧气软管。喷枪操作人员必须穿戴完整的防火保护服和面罩。

4) 金刚石切割机具

目前,用于切割拆除的金刚石切割机具主要包括链条、刀片、钻、轴等形式,以电力、液压或空压驱动轮机,利用各种形式的金刚石切割工具头,以研磨、锯切形式完成被切割部件的分割、拆除。典型的研磨机使用含有氧化铝、碳化硅或金刚石的刀具,这些切割刀具(片)由大量密集的切割点组成。研磨切割机可以干切形式进行切割,但在添加冷却剂条件下切割效果会更好,尤其是对有放射性污染的部件的切割,通常保持水循环以减少水的浪费。这种方法在工业上得到广泛应用。

碳化硅和氧化铝这类研磨器具通常用一个固定工具支撑一个圆盘刀具，用来切割金属、砖块和强化混凝土等。这种切割机具大部分在商业上得到了很好的应用。

金刚石切割方法多用于切割强化混凝土或石壁，也可用于切割金属部件。金刚刀或线锯广泛应用于国内建筑切割施工中，在研究堆退役项目中主要用于拆除生物屏蔽层，这种刀具在没有冷却剂条件下也可切割混凝土结构和金属结构部件。

金刚石锯片的类似结构为圆形金刚石锯刀，它可以在不需要冷却剂的情况下用于切割混凝土或钢结构。

12.5.4　机器人远距离操作技术

随着研究堆退役技术的发展，机器人和远距离操作技术在研究堆退役工程中得到较大范围的应用。其作用主要包括以下几个方面：① 在研究堆退役中对于不能用化学去污或其他去污方法达到允许人员接近的环境条件下的作业，必须使用机器人；② 研究堆退役机器人能够部分或全部取代在危险环境中人员的工作，减少或避免工作人员的辐射照射，大大提高工作的安全性；③ 可以加快研究堆退役的进程，缩短退役时间，为环境恢复、区域安全提供充分的条件。

1）源项调查机器人

机器人主要用于源项调查、拆除和废物抓取。而且机器人都配有远程监控系统，以方便在复杂环境进行可控作业。适配的工具头可选择合适的对象进行作业。目前，此类机器人的多功能性的发展是研究堆退役领域的一大突破，解决了很多实际问题。

比较有代表性的一种 Brokk 机器人在进行作业时可配备多种工具头，如液压剪、液压钳、金属剪抓斗、铲斗、剪切机、扩张器、铣刨头、搬运夹、锯等，且适配视频观察器方便远程操控作业。根据作业环境的限制条件，机器人的机身体积、工具头作业灵活性都是退役工程是否能顺利进行的决定性条件，尤其是在进行厂房内部的作业，对这些条件的要求更高。

在美国、欧洲和亚洲，Brokk 机器人越来越广泛地被接受和公认为适用于研究堆退役和放射性废物回取的标准配置。到目前为止，主要核工业场所都配备了 Brokk 机器人，它们也在大量的研究堆和核电站等退役项目中发挥着越来越重要的作用。

除了进行一些拆除活动，废物或污染物的清理工作也作为机器人操作的一个常用工作,在美国华盛顿汉福特(Hanford)原子能研究中心,Brokk 设备被应用于远程监控和填埋坑的挖掘清理工作[34]。在此项工作中,Brokk 机器人出色完成了准确定位、安全鉴别并回收多种带有高辐射燃料的集成碎片等工作。此外,Brokk 机器人还可固定在退役热室厂房内,作为热室内设备的一部分,用于对放射性废物进行分选、切割、装载和处理流程中。在英国的"废物管理及缩减工程项目"(WAMAC)中,也采用了 3 台固定式 Brokk 机器人进行放射性废物的处理。在放射性废物回取和去污项目中,Brokk 机器人已经成为标准的设备选择。

2) 双臂系统和单臂系统机械手

对于拆除热室等高放射性区域,现场实施内部可定位安装驱动和固定设施,以满足机械手的远程操作,其中包括双臂系统和单臂系统机械手。例如,RODDIN 型双臂机械手为装有提升机的双液压机械臂,提升功能可以控制其垂直位置,以区别于落地固定架的机械手系统,安装该系统需要有较大的空间,还需要做更多的固定设计工作,以提高顶吊固定性能和移动性能,并且双臂操作可使拆除工作更便捷并有效提高工作效率;MAESTRO 型机械手是一台 120 kg 重型机械手,可以进行六个自由度的转向操作,它应用于美国橡树岭国家实验室的热室拆除。此外,国外研发的新型拆除和废物抓取所用的机械手,可以进行一些小部件的零件或者钢筋、小型管道等的剪切工作,这些机械手设备,通常安装在场所固定位置或者安装在轨道上进行作业,如国外进行的小型热室的拆除作业。

3) ARTISAN™ 远程机械手

退役工作需要考虑到机械手的选型和工艺性能,如对废料减容、处理、包装等工艺的适应性;与机械手拆除、去污、修理、再安装相关的非有效工时等。

机械手通常通过直径为 25 cm 的孔道安装在热室里,孔道从热室操作厅引出并穿过 1.2 m 厚的混凝土墙。这些机械手可伸进热室内部 3 m 远。

ARTISAN™ 远程遥控机械手系统主要用在大型热室内执行重负载的退役任务,采用液压驱动,由带有位置反馈的操作杆进行控制,机械手充分伸展时负载量为 100 kg,可伸到的最长长度为 4.6 m,能大幅提高退役操作效率。

12.5.5　具体物项拆除解体技术

为便于理解具体物项拆除解体技术,下面将主要介绍大型管道的拆除、重混凝土构筑物的切割拆除和研究堆厂房结构的拆除解体 3 项技术的内容。

1）大型管道的拆除技术

研究堆及其工艺系统包含的管道数量大，规格种类多，工艺布置错综复杂，其中最具特点的属大型管道[35]。对此类管道进行拆除具有很大的风险和技术上的难题，使用常规的切割拆除方法在一定作业条件下难以满足要求，或者在工作人员工作中存在很多安全隐患。对于小型工艺管道的拆除，由于其拆卸前不能发生运动，因此可选择管道爬行器、液压刀锯、往复锯、金刚石线锯等切割工具。国内核设施退役科研项目中曾使用爬管式冷切割、爬管式热切割和金刚石线锯进行了拆除实验；对于大型主回路、通风等管道和堆内部件的分段切割可采用滚轮式和转动平台式管道切割设备，该设备配备的切割臂系统和转动驱动系统可以根据管道的规格和位置进行调整，灵活性很强，适用于大中型管道的切割。其设计原理和管道爬行器不同，通过滚轮驱动和平面转动带动管道转动，通过移动切割机可调整割锯纵向和横向位置，只要切割机调整好后点火就可完成管道的圆周切割工作[36]。

目前，这种切割解体设备设置有封闭隔离功能，可通过玻璃窗口进行可视化操作，已成功应用于国内退役工程项目中的"三废"治理工程，完成了管道和其他大体积部件的切割，满足了废物治理要求。

2）重混凝土构筑物的切割拆除技术

在研究堆厂房构筑物、生物屏蔽体、水下运输通道屏蔽体和热室等的切割拆除过程中，针对具有一定放射性水平的生物屏蔽体等的拆除，必须坚持产生烟尘量少、易转运、碎片易回收等原则。虽混凝土构筑物在研究堆厂房内的相对放射性污染水平不高，但拆除难度较金属部件的拆除也有其特殊性[37]。

国内某研究堆退役项目采用了一些清洁的拆除方法，如 Bristar 破坏剂、金刚石线锯切割等[38]。Bristar 破坏剂是利用了一种具有特殊性质的化学试剂，通过钻孔将这种试剂注入构筑物内部，固化过程发生体积膨胀，就可将混凝土构筑物胀裂，而且这种方法产生灰尘量少、块体积大。例如，该技术用于研究堆混凝土管道底座拆除项目的实施过程：首先在底座上打孔后注入 Bristar 破坏剂，数日后，混凝土底座破碎；然后利用了剪切工具将与地面连接的配筋割断；最后将膨胀后产生的大量碎片转运至特定储存库，进行处理、检验前的中间储存。该项技术的主要工作为打孔、试剂注入和转运，与其他的拆除方法相比，有效地减少了工作人员的工作量和一些安全隐患，并且在清洁和无噪声的条件下即可完成拆除工作。

此外，国内曾用弹簧烧结型金刚石串珠绳锯对研究堆重混凝土实施切割实验,并对切割参数进行了验证。验证结果表明,该拆除方法对于混凝土的切割效率高,效果好,对于特殊作业环境的适应性也很好。

3）研究堆厂房结构的拆除解体技术

研究堆厂房内部放射性废物清理完成后,大部分厂房建筑都需要进行全部拆除。大型研究堆厂房的拆除工程量大,对周围影响也大,但是大部分研究堆厂址都位于偏远地方。因此,在拆除过程中,一般选择快速拆除方法,而不考虑破坏性的影响,如爆破拆除法。此外,对于一些高配筋混凝土厂房具有很强的防爆和抗震性能,目前通常采用重型机械拆除法。

12.5.6　研究堆退役关注的问题

研究堆退役工程是一项复杂的系统工程,目前,我国的研究堆退役工作中值得关注的有下述问题。

1）拆除工作的远程操控技术有待发展的问题

目前,国内研究堆的拆除大部分还只能通过人员手动进行,原因是研究堆的放射性物质大多集中于核心部位,大多数部位的污染程度较轻,允许人员直接进行作业。对于核心部位的拆除则应在退役拆除前期将工具设备的选择与源项调查、去污、废物管理等工作紧密联系起来,考虑在确保安全问题的基础上发展远程操控设备和技术,实现远程操控作业,以减少现场工作人员的受照剂量水平。

2）考虑退役计划和技术可行性问题

依据我国《放射性污染防治法》中提出的"核设施营运单位应当制订核设施退役计划"以及 HAF1000 号和 HAF1004 号两个文件相关要求,在设计阶段应考虑拟建研究堆的退役计划,近年来,新设计的研究堆均已考虑了制订相应的退役计划并分析了实施退役技术的可行性。但是,鉴于研究堆运行和退役两个阶段伴随的风险具有不同的风险指引,应将最终退役计划纳入重要的安全许可文件进行管理。针对早期设计和建造的研究堆缺乏其退役计划的问题,可采取老堆老办法和新堆新政策的策略,在追溯性补遗材料的申请和审评之间,营运单位可借鉴国内外其他研究堆已有的经验反馈,考虑后期退役计划和将采用的相关退役技术,其源项可采取数值模拟进行计算,计算结果的正确性可用拟退役研究堆的运行历史和释能数据等进行校核。

参考文献

［1］ International Atomic Energy Agency. IAEA safety glossary. version 1. 0［S］.

Vienna：IAEA，2000.

［2］ International Atomic Energy Agency. Status of the decommissioning of nuclear facilities around the world［R］. Vienna：IAEA，2004.

［3］ IAEA. 大型核设施退役的组织与管理［Z］. 孙东辉，滕利军，邓国清，等译. 北京：核科学技术情报研究所，2002.

［4］ 罗上庚，张振涛，张华. 核设施与辐射设施的退役［M］. 北京：中国环境科学出版社，2010.

［5］ 王超. 世界核研究堆退役策略及其影响因素分析［R］. 北京：中国核科技信息与经济研究院，2010.

［6］ Neal A Yancey. 退役拆除技术创新：放射性废物管理与核设施退役［R］. 纽约：美国爱达荷国家工程与环境实验室，2004.

［7］ 赵亚民，吴浩，叶民. 核设施及辐射设施退役理念的重要变化［J］. 辐射防护，2004，24(5)，318－325.

［8］ International Atomic Energy Agency. Transition from operation to decommissioning of nuclear installations［R］. Vienna：IAEA，2004.

［9］ 美国能源部. 核设施退役手册(1994)［Z］. 王世盛，薛维明，陈德生，等译. 北京：核科学技术情报研究所，1996，56.

［10］ International Atomic Energy Agency. Selection of decommissioning strategies：issues and factors：IAEA－TECDOC－1478［R］. Vienna：IAEA，2004.

［11］ International Atomic Energy Agency. Design and construction of nuclear power plants to facilitate decommissioning：IAEA-Techical Reports Series No.382［R］. Vienna：IAEA，1997.

［12］ 赵华松. 退役及废物最小化策略［R］. 北京：中国核科学技术进展报告(第一卷)：核化工分卷，2009.

［13］ 中国辐射防护研究院. 核设施退役安全要求：GB/T 19597—2004［S］. 北京：标准化出版社，2005.

［14］ International Atomic Energy Agency. Decommissioning of medical，industrial and research facilities：Safety Standards Series No. WS－G－2.2［R］. Vienna：IAEA，1999.

［15］ 欧洲原子能共同体. 核设施退役手册(1995)［Z］. 吴良喜，陈永晔，蒋云清，等译. 北京：核科学技术情报研究所，1998：132.

［16］ International Atomic Energy Agency. Decommissioning of nuclear facilities other than reactors：Technical Reports Series No.386［R］. Vienna：IAEA，1998.

［17］ IAEA. 放射性废物管理原则［M］. 赵亚民，陈竹舟，译. 北京：原子能出版社，1999：45－46.

［18］ 李昕. 核设施退役过渡期策略的选择和实施［J］. 核科技进展，2008，5(4)，32.

［19］ 王邵，刘坤贤，张天祥. 核设施退役工程［M］. 北京：中国原子能出版社，2013.

［20］ Macarthur D，Rawool-Sullivan M，Dockray T. Monitoring pipes for residual alpha contamination［C］//American Nuclear Society. Proceedings of SPECTRUM '96，Int. Topical Meeting on Nuclear and Hazardous Waste Management，Seattle，

Aug. 18 - 23, 1996, WA, USA, Inc. La Grange Park, IL, USA: American Nuclear Society, 1996: 1086 - 1090.

[21] 邢宏传,周荣生,徐济鋆. 退役核设施放射性存留量估算方法研究[J]. 核动力工程, 2005,26(6): 20 - 30.

[22] 石博显吉. 核设施去污技术[M]. 左明,李学群,马吉增,译. 北京:原子能出版社,1997.

[23] 罗上庚,管宗洲. 放射性污染的去污[J]. 化学清洗,1993,9(1): 33 - 39.

[24] 赵华松,赵世信. 放化厂退役去污[J]. 清洗世界,2004,20(1): 25 - 28.

[25] 赵世信,林森. 核设施退役(I)[M]. 北京:原子能出版社,1994.

[26] A. Π. 齐蒙. 去污[M]. 北京:原子能出版社,1986.

[27] IAEA. 核设施去污和拆除的最新技术[Z]. 孙先荣,李承,刘捷,等译. 北京:核科学技术情报研究所,2002.

[28] 陆春海,孙颖. 化学去污技术的发展及其在核设施退役中应用[J]. 环境技术, 2002, (1).

[29] Blankingship C W, Carter G J, et al. Removalaction report for the 233 - S plutonium concentration facility[R]. New York: DOE/RL - 97 - 08, 1997.

[30] Weed R D. Decontamination-historical survey In: J. A. Ayresed[M]. New York: Ronald Press, 1970: 24.

[31] Gaudie S C, Wilkins J D, Turner A D. Evaluation of arklone for the decontamination of non-combustible plutonium contaminated materials[R]. New York: DE88750795/HDM, 1989.

[32] International Atomic Energy Agency. State of the art technology for decontaminationanddismantling of nuclear facilities[R]. Vienna: IAEA, 1999.

[33] Oak Rage National Laboratory. Remote operations for D&D activities final report [R]. New York: prepared for US DOE, 2007.

[34] 卡尔斯鲁厄后处理厂的退役[R]. 王超,译. 北京: Nuclear Engineering International, 2004.

[35] 美国汉福特热室退役采用的远距离系统技术[J]. 张炎,译. 北京:放射性废物管理与核设施,2004(2).

[36] 李烨,谭昭怡,张东,等. 研究堆重混凝土拆除解体模拟实验[J]. 核科技进展,2008, 6(4): 558.

[37] International Atomic Energy Agency. Decommissioning of nuclear facilities[M]. Vienna: IAEA, 2010.

[38] International Atomic Energy Agency. perspectives on decommissioning and environmental restoration activities in the United States of America[R]. Vienna: IAEA, 2010.

索　引

A

安全限值　9，46，47，52，78，81，
123，124，128，180，192，196，214，
215，217，220，223—225，228，236，
237，245，246，248，258，289，327，
343

C

残余应力　87，417，430 — 433，
460，461，464，482，483，493，499，
500

层析成像　353，363 — 365，383，
386，401

D

单色器　76，374，375，387 — 389，
391，417，418，430，431，433，434，
436，444，445，453—460，465，466，
475—478，481，490—492，504

单通道　150，172，173，195，197，
205

等离子体去污　595，598

碘坑深度　128，302

F

筏基　23，255—259，261，263

反中子阱　1，5，6，10，30—32，45，
47，48，51—53，77，79，80，82，88，
91，115，145，167，173，206，216，
218，225，228，229，246，249，255，
263，271，272，276，303，327，414

辐照管道　47，48，57，79，236 —
238，298

G

高性能　5，8，12，14，15，22，30，
82，83，97，101，117，127，177，276，
290，414，417

固定中子源　1，5，12，13，412，413

H

核安全　10，22，26 — 29，39，87，
90，92，213 — 218，220，224，236，
238，249，251，253，254，294，295，
303—306，310，313，314，327，342，
343

核应急　251—253，304，343，344

J

激光去污　595,598

K

可燃毒物　32,178,301,303,338,
395,396,398,555

控制棒驱动线　32,33,37,38,41,
88,185,187—189,238,250,273,
274,311

L

冷中子成像　75,351—354,383,
387

冷中子源技术　38, 53, 57, 69,
535,547

临界热流密度　81,155,156,160,
169,229

灵敏度　130,131,233,353,354,
360—364,369,404,405,412,460,
468,511,519,536,540,541,551—
553,591

P

品质因子　8,93,95,127

平衡氙　34,128,285,300—302

S

三步法　93,96,97,100,112,117,
229,280

"三无"事故　221,223,249

生物屏蔽层　43,45—47,52,54—
57,75—77,90,177,221,257—

259,261,270,561,613

首次临界点　279,280,284

数字化保护系统　198,199,209,
212

W

物项　20,27,31,38—41,77,90,
91,214,216,218,255,257,293,
304—306,312,313,563,576,592,
605,614

Y

研究堆　1—6,8—10,12—15,
19—32,36,38—45,47,48,50—
53,56,57,69,72—84,86—97,
99—101,104,106,108,112,115,
121,123—130,132,136,141,142,
145,146,150,151,153,156,159,
167,168,170,173,174,177—179,
182—185,189,194—198,201—
203,205—211,213—226,228—
230,233,234,236—247,249—
259,261—265,269—280,283—
315,320,327—334,337,339—
345,347,351,354—356,369,387,
388,391,399,405,411,413—415,
417,445,504,507,509,510,520,
541,546,561—578,580,581,
583—591,593,594,599—602,
604—618

异常事件　296,308,342—345

源项调查　561,563,564,569—

571,573,575,576,580,581,583,
587,589—591,593,613,616

Z

中子成像技术　5，69，347，352，
353，363，366，367，382—384，389，
390，393，395，400，401，403—405

中子导管　9，26，38，53，54，56，
69，73—77，96，277，356，417，419，
511，546，547，561

中子活化分析　3，5，10，298，507，
539，540，543，546，553，556

中子碰撞概率　97，98

中子散射技术　3，5，12，69，383，
411—413，416，417，419，430，493，
494，504

中子深度分析　57，507，513，529，
557

中子小角散射　380，414，418，
419，430，435—438，440—442，
460，466—468，486，488，493—
496，505

中子衍射技术　430，432

中子注量率　1，2，4—6，8—10，
12—15，21，28，32，38，46，48，52，
54，56，75—77，80，91，93，95—97，
114，116—119，121—123，127—
133，136—138，141，142，178，182，
194，201—203，205，226，247，281，
282，285，286，289，300—303，331，
336，338，355，356，368，369，374，
414，415，511，514，519，535，583，
586

子通道　172，173，229，243，254

最小烧毁比　156，224